6

DE LA VARIATION

DES ANIMAUX

ET DES PLANTES

1154. — ABBEVILLE. — TYP. ET STÉR. GUSTAVE RETAUX.

DE LA VARIATION

DES

ANIMAUX

ET DES PLANTES

A L'ÉTAT DOMESTIQUE

PAR

CHARLES DARWIN

M. A., F. R. S., ETC.

TRADUIT SUR LA SECONDE ÉDITION ANGLAISE

Par Ed. BARBIER

PRÉFACE DE CARL VOGT

AVEC 43 GRAVURES SUR BOIS

TOME SECOND

PARIS

C. REINWALD, LIBRAIRE-ÉDITEUR

15, RUE DES SAINTS-PÈRES, 15

—

1880

VARIATION

DES ANIMAUX ET DES PLANTES

A L'ÉTAT DOMESTIQUE.

CHAPITRE XIII

HÉRÉDITÉ *(suite)*. — RETOUR OU ATAVISME.

Différentes formes de retour chez les races pures ou non croisées de pigeons, de poulets, de bestiaux et de moutons ; chez les plantes cultivées.—Retour chez les animaux et les plantes redevenus sauvages. — Retour chez les variétés et les espèces croisées. — Retour par propagation de bourgeons, et par segments chez une meme fleur ou un meme fruit. — Dans les différentes parties du corps, chez un meme animal. — Le croisement comme cause directe du retour. — Cas divers, instincts. — Autres causes immédiates du retour. — Caractères latents. — Caractères sexuels secondaires. — Développement inégal des deux côtés du corps. — Apparition avec l'âge de caractères dérivant du croisement. — Objet admirable que le germe avec tous ses caractères latents. — Monstruosités. — Pélorie chez les fleurs due dans quelques cas au retour.

Les agriculteurs et les savants de divers pays, ont admis toute l'importance du principe que nous allons maintenant discuter, comme le prouvent le terme scientifique d'*atavisme,* dérivant du latin *atavus,* ancêtre ; les expressions anglaises de *reversion,* ou *throwing-back ;* celles de *pas en arrière* ou *retour,* en français ; et celles de *Rückschlag* ou *Rückschritt,* en allemand. Nous ne nous étonnons guère qu'un enfant ressemble à l'un de ses grands-parents, plus qu'à ses parents immédiats, bien que ce fait soit certainement très-remarquable ; mais, lorsque l'enfant ressemble à un ancêtre plus reculé, ou à quelque membre éloigné d'une branche collatérale de la famille, — ce qui doit être attribué au fait que tous les membres de la famille descendent d'un ancêtre commun — nous éprouvons alors à juste titre un grand étonnement. Lorsqu'un des parents présente seul quelque caractère nouveau et généralement transmissible, et que les enfants n'en héritent pas, cela peut tenir à ce que l'autre parent possède une puissance de transmission prépondérante. Mais lorsque les parents possèdent tous deux un même caractère, et que l'enfant, pour quelque cause que ce soit d'ailleurs, n'hérite pas de ce caractère et ressemble à ses grands-parents, nous nous trouvons alors en présence d'un des cas les plus simples du retour. Nous observons continuellement un autre cas d'atavisme qui est peut-être encore plus simple, bien qu'on ne le considère pas généralement comme tel : c'est celui où le fils ressemble davantage à son grand-père maternel qu'à son grand-père paternel par quelque attribut masculin, comme une particularité de la barbe chez l'homme, les cornes chez le taureau, la collerette ou la crête chez le coq, ou par quelque maladie nécessairement circonscrite au sexe masculin; la mère ne pouvant posséder ni manifester les attributs du sexe masculin, l'enfant doit hériter de son grand-père maternel par l'entremise de sa mère.

On peut grouper les cas de retour en deux classes principales, lesquelles cependant, se confondent parfois l'une avec l'autre : la première classe comprend les cas qui surgissent chez une variété ou chez une race qui n'a jamais été croisée, mais qui a perdu, par variation, quelque caractère qu'elle possédait autrefois, lequel caractère reparaît ensuite. La seconde classe renferme tous les cas dans lesquels un individu, une sous-variété, une race ou une espèce, ayant un caractère particulier, ont été antérieurement croisés avec une forme distincte, et, par le fait de ce croisement, ont acquis un caractère, qui, après avoir disparu pendant une ou plusieurs générations, réapparaît subitement. On pourrait former une troisième classe, ne différant des deux autres que par le mode de reproduction, et qui comprendrait les cas de retour effectués au moyen de bourgeons, et, par conséquent, indépendants de la génération vraie ou génération séminale. Peut-être même devrait-on en établir une quatrième, qui comprendrait les retours par fractions, sur une même fleur ou sur un même fruit, ou sur diverses parties du corps d'un même animal, à mesure qu'il avance en âge. Toutefois les deux premières classes principales suffisent au but que nous nous proposons.

Retour à des caractères perdus chez des formes pures ou non croisées. — Nous avons cité, dans le sixième chapitre, des exemples frappants de cette première classe de faits, c'est-à-dire la réapparition accidentelle, chez des races de pigeon diversement colorées, d'oiseaux bleus portant toutes les marques qui caractérisent le *Columba livia*. Nous avons observé des cas analogues chez les races gallines. Nous savons que les jambes de l'ancêtre sauvage de l'âne étaient presque toujours rayées, nous pouvons donc affirmer que l'apparition de semblables raies chez l'âne domestique constitue un simple cas de retour. Mais, comme j'aurai à revenir encore sur les cas de ce genre, je les laisse de côté pour le moment.

Les espèces primitives dont descendent nos bestiaux et nos moutons domestiques, possédaient certainement des cornes, et cependant il existe actuellement plusieurs races très-fixes sans cornes. Toutefois, chez ces dernières races, — les moutons *southdowns* par exemple, — il n'est pas très-rare de rencontrer, parmi les agneaux mâles, quelques individus pourvus de petites cornes. Ces appendices, qui reparaissent aussi occasionnellement chez d'autres races sans cornes, se développent parfois mais le plus souvent sont fixés complétement à la peau seule, ballottent et finissent par tomber [1]. Les races de bétail de Galloway et de Suffolk sont dépourvues de cornes depuis cent cinquante ans environ, et, cependant, on voit, de temps à autre, naître un veau pourvu de cornes fixées peu solidement à la peau [2].

Il y a lieu de croire que les moutons, quand ils ont été réduits en domesticité, étaient bruns ou noir terne ; cependant, dès l'époque de David, il est question de moutons aussi blancs que la neige. Certains auteurs classiques affirment que les moutons d'Espagne étaient noirs, rouges ou fauves [3]. Actuellement, malgré tous les soins, on voit apparaître parfois, souvent même

---

[1] Youatt, *On Sheep*, p. 20, 234. — On a aussi observé en Allemagne l'apparition de cornes chez les races sans cornes ; Bechstein, *Naturg. Deutschlands*, vol. I, p. 362.
[2] Youatt, *On Cattle*, p. 155, 174.
[3] Id. *On Sheep*. 1838. p. 17, 145.

chez nos races les plus estimées et les plus perfectionnées, telles
que les *Southdowns*, des agneaux partiellement ou même entièrement noirs. Depuis le siècle dernier, c'est-à-dire depuis
l'époque du célèbre Bakewell, on a apporté les plus grands soins
à la reproduction des moutons *Leicester*, et cependant on voit
parfois encore apparaître chez cette race des agneaux à face grise,
tachetés de noir, ou tout à fait noirs [4]; le cas se présente encore
plus fréquemment chez les races moins perfectionnées, comme
la race *Norfolk* [5]. Comme exemple de la tendance que présente
le mouton à faire retour aux teintes foncées, je puis constater
(bien que par là j'empiète sur le domaine du retour chez les
races croisées et aussi sur la question de l'influence prédomi-
nante) que, d'après le Rév. W.-D. Fox, sept brebis *Southdowns*
blanches, couvertes par un bélier espagnol portant deux petites
taches noires sur les côtés, mirent bas treize agneaux, tous parfaitement noirs. M. Fox croit que ce bélier appartenait à une
race qu'il a autrefois élevée, et qui est toujours tachetée de noir,
et il a observé que les moutons *Leicester*, croisés avec ces béliers,
produisent toujours des agneaux noirs : il a continué à recroiser ces moutons métis avec des *Leicester* blancs et purs, et pendant trois générations successives, il a obtenu le même résultat.
M. Fox a également appris de l'éleveur qui lui avait fourni le
bélier tacheté, qu'il avait, pendant sept générations, croisé un
de ces béliers avec des brebis blanches, et qu'il avait toujours
obtenu des agneaux noirs.

On observe des faits analogues chez les races sans queue de
certains animaux ; M. Hewitt [6], par exemple, affirme que des
poulets sans croupion assez parfaits et assez purs pour avoir
mérité une prime dans un concours, ont reproduit chez lui à plusieurs reprises des poulets chez lesquels les plumes de la queue
étaient complétement développées. Après renseignements, il apprit
de l'éleveur de ces poules que, depuis qu'il les possédait, elles
avaient plusieurs fois produit des oiseaux à queue bien fournie,

---

[4] Je tiens ce fait du Rév. W.-D. Fox, sur l'autorité de M. Wilmot. Voir un article de
la *Quarterly Review*, 1849, p. 395.
[5] Youatt, *O. C.*, p. 19, 234.
[6] M. Tegetmeier, *Poultry Book*, 1866, p. 231.

mais que ces derniers, à leur tour, reproduisaient de nouveau des poulets sans croupion.

Des cas de retour analogues se rencontrent dans le règne végétal ; ainsi, les graines recueillies sur les plus belles variétés cultivées de Pensées (*Viola tricolor*), produisent fréquemment des plantes dont les feuilles et les fleurs présentent des caractères absolument sauvages [7] ; mais, le retour, dans ce cas, ne s'effectue pas vers une période bien ancienne, car les plus belles variétés de Pensées actuellement cultivées, sont d'origine assez récente. Chez tous nos végétaux cultivés, on remarque quelque tendance au retour, vers ce qui était, ou, tout au moins, ce qu'on présume avoir été leur état primitif ; le fait serait bien plus évident si les horticulteurs n'avaient pas l'habitude d'enlever de leurs plates-bandes, au fur et à mesure qu'ils les aperçoivent, toutes les plantes qui dévient de la variété qu'ils veulent obtenir. Nous avons déjà fait remarquer que certains pommiers et certains poiriers obtenus par semis affectent l'aspect général des arbres sauvages dont ils descendent, sans être cependant identiques avec ces derniers. Dans nos champs de navets [8] et de carottes, certains individus fleurissent trop tôt, et, dans ce cas, les racines sont ordinairement dures et filandreuses, comme chez l'espèce parente. A l'aide de la sélection, continuée pendant un petit nombre de générations, on ramènerait probablement la plupart de nos plantes cultivées à l'état sauvage ou presque sauvage, sans modifier beaucoup les conditions de leur existence. M. Buckman a réalisé ce fait pour le panais [9] ; M. Hewett C. Watson m'apprend que, pendant trois générations il a choisi pour les faire reproduire les individus les plus divergents du *Scotch kail*, une des variétés les moins modifiées du chou, et qu'il a obtenu, à la troisième génération, quelques plantes ressemblant beaucoup aux formes qu'on rencontre en Angleterre, autour des vieilles murailles, et qu'on regarde comme indigènes.

Retour chez les animaux et chez les plantes redevenus sau-

---

[7] Loudon, *Gard. Magaz.*, vol. X, 1834, p. 396. Un pépiniériste très-expert sur la matière m'a également assuré que le fait se présente quelquefois.
[8] *Gard. Chron.*, 1855, p. 777.
[9] *Ibid.*, 1862, p. 721.

vages. — Dans les cas que nous avons envisagés jusqu'à présent, les animaux et les plantes faisant retour n'ont pas été exposés à des changements brusques et considérables des conditions d'existence, changements qui auraient pu développer chez eux cette tendance ; il en est tout autrement pour ceux qui sont redevenus sauvages. Plusieurs auteurs ont souvent affirmé de la façon la plus positive que les animaux et les plantes, rendus à l'état de nature, font invariablement retour à leur type primitif. Cette opinion ne repose que sur des preuves bien incomplètes et bien insignifiantes. La plupart de nos animaux domestiques ne pourraient pas subsister à l'état sauvage ; ainsi, les variétés les plus perfectionnées du pigeon seraient incapables de chercher elles-mêmes leur nourriture dans les champs. Les moutons ne sont jamais redevenus sauvages ; ils auraient été promptement détruits par les animaux féroces [10]. Dans beaucoup de cas, nous ne connaissons pas l'espèce parente primitive, il ne nous est donc pas possible de savoir s'il y a eu ou non un retour plus ou moins accentué vers la forme originelle. On ne sait jamais quelle est la variété qui a été la première rendue à la liberté ; il est probable que, dans certaines circonstances, plusieurs ont dû ainsi redevenir sauvages, et leurs croisements réciproques suffiraient à expliquer la perte de leurs caractères propres. Nos animaux et nos plantes domestiques doivent toujours être exposés à de nouvelles conditions d'existence, lorsqu'ils reviennent à l'état sauvage, car, comme l'a remarqué M. Wallace [11], il leur faut désormais chercher leur nourriture, et lutter contre la concurrence des productions indigènes. Si, dans ces circonstances, nos animaux domestiques n'éprouvaient pas des changements de quelque nature, un tel résultat serait contraire à toutes les conclusions auxquelles nous sommes arrivés jusqu'à présent. Toutefois, je ne doute point que le fait même de leur retour à la vie

---

[10] M. Boner, *Chamois-Hunting*, 2ᵈ édit., 1860, p. 92, affirme que des mout ns s'échappent souvent et redeviennent sauvages dans les Alpes bavaroises. Il a bien voulu, à ma demande, prendre de nouveaux renseignements ; il en résulte que les moutons redevenus sauvages ne survivent pas ; la neige glacée qui s'attache à leur toison les fait bientôt mourir de froid ; ils ont d'ailleurs perdu l'habitude nécessaire pour parcourir les pentes glacées des qu'elles sont un peu inclinées. Deux brebis cependant ont survécu pendant un hiver, mais leurs agneaux périrent.

[11] M. Wallace, *Journal Proc. Linn. Soc.*, 1858, vol. III, p. 60.

sauvage, ne doive déterminer chez nos animaux et chez nos
plantes une certaine tendance à un retour vers l'état primitif,
mais je pense que quelques auteurs ont beaucoup trop exagéré
cette tendance.

Examinons brièvement les exemples les plus authentiques. On ne connaît
pas la souche primitive du cheval ou celle du bœuf ; nous avons vu, dans les
premiers chapitres, que ces animaux ont, dans divers pays, repris des couleurs différentes. Ainsi. les chevaux sauvages de l'Amérique du Sud sont
généralement bai brun, et ceux d'Orient, isabelle ; la tête est devenue plus
grosse et moins fine, ce qui peut être dû à un effet de retour. Nous ne pos-
sedons aucune description satisfaisante de la chèvre marronne. Les chiens
redevenus sauvages, dans diverses parties du monde, n'affectent presque
nulle part un type uniforme ; mais ils descendent probablement de plusieurs
races domestiques, et primitivement de plusieurs espèces distinctes. En Europe
et à la Plata, les chats redevenus sauvages sont régulièrement rayés; la taille,
dans quelques cas, a considérablement augmenté, mais ils ne diffèrent des
chats domestiques sous aucun autre rapport. Les lapins domestiqués de couleurs variées, rendus à la liberté en Europe, font ordinairement retour à la
couleur de l'animal sauvage ; il est très-probable que ce retour a effectivement
lieu, mais il ne faut pas oublier que les lapins à couleurs apparentes, sont
plus exposés aux attaques des animaux carnassiers et aux coups des chasseurs ; ils doivent être promptement détruits et remplacés par le lapin
commun, avant d'avoir pu revenir au type de ce dernier. C'est du moins
l'opinion émise par un propriétaire qui avait essayé en vain de peupler ses
bois de lapins presque blancs. Nous avons vu que les lapins marrons de la
Jamaïque et surtout ceux de Porto–Santo, ont pris des caractères nouveaux,
ainsi qu'une autre coloration. Le cas de retour le mieux connu, et celui sur
lequel paraît surtout reposer l'opinion si accreditée de son universalité, est
celui du porc. Dans les Indes occidentales, dans l'Amérique du Sud, et aux
iles Falkland, où ces animaux sont redevenus sauvages, ils ont partout repris
le pelage foncé, les soies épaisses, et les grandes défenses du sanglier sauvage ;
les jeunes revêtent également la livrée du marcassin, avec ses raies longitudinales. Mais Roulin a remarqué que les porcs à demi-sauvages que l'on
rencontre dans diverses parties de l'Amérique du Sud, diffèrent sous plusieurs rapports. Dans la Louisiane[12], le porc marron diffère un peu par sa
forme et beaucoup par sa couleur, de l'animal domestique, sans toutefois
ressembler de très-près au sanglier européen. Quant aux pigeons et aux
poules[13], on ignore quelles sont les variétés qui ont repris les premières

---

[12] Dureau de la Malle, *Comptes-rendus*, t. XLI, 1855, p. 807. L'auteur conclut des
renseignements recueillis que les porcs marrons de la Louisiane ne descendent pas du *Sus scrofa*
europeen.

[13] Le Cap. W. Allen, *Expédition au Niger*, constate que des poules à l'état marron se
trouvent dans l'île d'Annobon, et se sont modifiées quant à la forme et à la voix, mais son

leur liberté, ainsi que les caractères qu'ont pu revêtir les oiseaux marrons. Dans les Indes occidentales, la pintade redevenue sauvage paraît varier davantage qu'à l'état domestique.

Le Dr Hooker[14] a fortement insisté sur l'insuffisance des preuves sur lesquelles se base l'opinion générale du retour à la forme primitive chez les plantes redevenues sauvages. Godron[15] a décrit le navet, la carotte et le céleri sauvage ; mais, à l'état cultivé, ces plantes diffèrent à peine de leurs prototypes sauvages, si ce n'est par l'ampleur et la succulence de certaines parties, — caractères qui se perdraient certainement dès qu'elles se trouveraient dans un sol moins riche, et qu'elles auraient à lutter contre la concurrence d'autres plantes voisines. Aucune plante cultivée ne s'est autant répandue à l'état sauvage que le cardon (*Cynara cardunculus*), à la Plata. Tous les botanistes qui l'ont vu croître dans ce pays, sur des espaces immenses, et atteindre à la hauteur d'un cheval, ont été frappés de son aspect singulier ; mais j'ignore si cette plante diffère par des points importants de la forme espagnole cultivée, qu'on dit n'être pas épineuse comme sa descendante américaine ; ou si elle diffère de l'espèce sauvage méditerranéenne, qu'on dit n'être pas sociable, bien que ce dernier point puisse dépendre simplement des conditions extérieures.

Retour chez les sous-variétés, les races et les espèces, à des caractères provenant d'un croisement. — Lorsqu'un individu possédant quelque caractère particulier s'unit à un autre individu appartenant à la même sous-variété, mais qui en est dépourvu, ce caractère reparaît souvent chez les descendants, après un intervalle de plusieurs générations. Qui de nous n'a entendu parler par ses parents d'enfants ressemblant physiquement ou moralement, ou même par l'expression, ce caractère si complexe et si fugitif, à un de leurs grands-parents, ou même à quelque parent collatéral éloigné. Beaucoup d'anomalies de conformation et de maladies [16], nous en avons cité de nombreux exemples dans le chapitre précédent, introduites dans une famille par un seul de ses membres, ont reparu dans la descendance, après avoir sauté deux ou trois générations. L'exemple suivant m'a été communiqué par une autorité excellente et digne de toute confiance. Une chienne pointer (arrêt), avait mis bas sept petits en une

récit est incomplet et très-vague. Cependant je trouve que Dureau de la Malle (*Comptes-rendus*, t. XLI, 1855, p. 690) considère ce cas comme un excellent exemple de retour à la souche primitive, et confirmant une assertion encore plus vague émise par Varron.

[14] *Flora of Australia*, 1859 ; introd., p. IX.

[15] *De l'Espèce*, t. II, p. 54, 58, 60.

[16] M. Sedgwick, cite de nombreux exemples dans *Brit. and for. Med.-Chir. Review*, avril et juillet 1863, p. 448, 188.

seule portée, quatre étaient tachetés de bleu et de blanc ; cette
couleur est si extraordinaire chez les pointers, qu'on crut d'a-
bord à une mésalliance avec un des lévriers, et toute la portée
fut condamnée ; le garde-chasse fut toutefois autorisé à garder
un des petits comme curiosité. Un ami du propriétaire, voyant
ce chien deux ans plus tard, déclara qu'il ressemblait exactement à sa vieille Sapho, la seule chienne pointer bleue et blanche
de race pure qu'il eût jamais vue. On se livra en conséquence à
une enquête minutieuse, et il fut démontré que le chien en question se trouvait être l'arrière-petit-fils au deuxième degré de
Sapho, et qu'il avait, par conséquent, dans les veines, pour nous
servir de l'expression ordinairement employée, un seizième du
sang de cette chienne. Je puis citer un autre cas que m'a signalé
M. R. Walker, grand éleveur de bestiaux, dans le Kincardine-
shire. M. Walker avait acheté un taureau noir, fils d'une vache
noire, mais qui avait les jambes, le ventre et une partie de la
queue blancs ; tous les descendants de ce taureau furent noirs
jusqu'en 1870 ; il obtint alors un veau tacheté de blanc exactement comme la vache dont nous venons de parler ; c'était un
arrière-petit-fils de cette vache à la cinquième génération. Voilà
des preuves incontestables de la réapparition, après trois générations dans un cas, après cinq générations dans un autre, d'un
caractère dérivé d'un croisement avec un individu appartenant à
. la même variété.

On sait aujourd'hui à n'en pouvoir douter que, lorsqu'on
croise deux races distinctes, les produits ont toujours une grande
tendance, qui se manifeste pendant plusieurs générations, à faire
retour à l'une des formes parentes, ou même à toutes deux. J'ai
constaté moi-même ce fait, chez les pigeons croisés et chez certaines plantes. M. Sidney [17] affirme que, dans une portée de
porcs d'Essex, il trouva deux petits, qui ressemblaient exactement à un verrat du Berkshire dont, vingt-huit ans auparavant,
il s'était servi pour donner à sa race une plus forte constitution
et une plus grande taille. Dans la ferme de Betley-Hall, j'ai remarqué des poules qui ressemblaient beaucoup à des Malaises,
et M. Tollet m'apprit que, quarante ans auparavant, il avait

---

[17] Dans son édit. de Youatt, *On the Pig*, 1860, p. 27.

croisé ses poules avec des Malais ; il ajouta qu'il avait voulu d'abord effacer ce caractère, mais qu'après de vains efforts il y avait renoncé, car le caractère Malais reparaissait toujours.

Cette tendance prononcée qu'ont les races croisées à faire retour, a donné lieu à des discussions interminables relativement au nombre de générations qui doivent intervenir avant qu'une race puisse être considérée comme pure, et ne plus être exposée à des chances de retour, lorsqu'elle a subi un croisement, soit avec une race distincte, soit seulement avec un animal inférieur. Personne n'admet qu'il faille moins de trois générations ; la plupart des éleveurs croient que six, sept, et même huit générations sont nécessaires, d'autres en veulent encore davantage [18]. On ne peut indiquer aucune règle générale quant au laps de temps nécessaire pour effacer toute tendance au retour, soit dans le cas où une race a été souillée par un seul croisement, soit dans celui où, en vue d'établir une race intermédiaire, on a, pendant plusieurs générations successives, accouplé des animaux croisés. La longueur de ce laps de temps dépend de la différence qui existe entre les deux parents au point de vue de la force ou de la puissance de transmission, de l'étendue de leurs différences réelles, et aussi des conditions d'existence auxquelles sont soumis les produits du croisement. Il faut éviter avec soin de confondre ces cas de retour avec des caractères acquis par suite d'un croisement, et avec ceux de la première classe, dans lesquels des caractères primitivement communs aux *deux* parents, mais perdus à une époque antérieure, reparaissent de nouveau, car ces derniers caractères peuvent réapparaître après un nombre presque indéfini de générations.

La loi du retour est également puissante chez les hybrides, lorsqu'ils sont assez féconds pour se reproduire les uns avec les les autres, ou, lorsqu'on les recroise avec l'une ou l'autre des formes parentes pures ; il en est de même chez les métis. Presque tous les naturalistes qui ont étudié ce sujet chez les plantes, depuis Kölreuter jusqu'à nos jours, ont signalé cette tendance ; Gärtner en cite d'excellents exemples, mais personne n'en a ob-

---

[18] Dr P. Lucas, *Héred. Nat.*, t. I, p. 314, 892. — Voir un excellent mémoire a ce sujet dans *Gardener's Chronicle*, 1856, p. 620.

servé d'aussi frappants que Naudin [19]. La tendance au retour varie en force et en étendue suivant les groupes, et, comme nous allons le voir, paraît dépendre en partie de ce que les plantes parentes ont subi une culture prolongée. Bien que la tendance au retour soit très-générale chez presque tous les hybrides, on ne peut pas la considérer comme un caractère invariable chez eux ; il y a aussi lieu de croire qu'elle peut être maîtrisée par une sélection longtemps prolongée ; mais ce sont là des points que nous discuterons plus tard, à l'occasion des croisements. Ce que nous venons de voir relativement à la puissance et à la portée du retour, tant dans les croisements des races pures, que dans ceux des variétés ou des espèces, nous autorise à conclure que des caractères de toute nature peuvent reparaître après avoir été perdus pendant un temps très-long. Il n'en résulte cependant pas que, dans chaque cas particulier, certains caractères doivent nécessairement reparaître ; c'est ce qui n'arrivera pas, par exemple, si on croise une race avec une autre race, douée d'une puissance de transmission prépondérante. Parfois, le pouvoir de retour peut faire complétement défaut, sans que nous puissions indiquer la cause de cette disparition ; ainsi, on a constaté en France que, chez une famille dont quatre-vingt-cinq membres sur six cents avaient, dans le cours de six générations, été atteints de cécité nocturne, il ne s'est pas présenté un seul cas de cette affection chez les enfants de parents qui eux-mêmes n'en avaient pas été atteints [20].

Retour par propagation de bourgeons. — *Retour partiel, par segments, sur une même fleur ou sur un même fruit, ou sur différentes parties du corps d'un même animal.* — Nous avons, dans le onzième chapitre, cité un certain nombre de cas de retour par bourgeons, indépendamment de toute fécondation séminale ; ainsi par exemple, un bourgeon foliifère d'une variété panachée, frisée ou laciniée, qui reprend tout à coup ses caractères ordinaires ;

---

[19] Kolreuter, *Dritte Fortsetzung*, 1766, p. 53, 59, et dans ses *Mémoires sur Lavatera et Jalapa.* — Gartner, *Bastarderzeugung*, p. 437, 441, etc. — Naudin, *Recherches sur l'Hybridité*, *Nouv. Archives du Muséum*, t. 1, p. 25.

[20] Cité par M. Sedgwick, dans *Med.-Chir. Review*, 1861, p. 485. — Le Dr H. Dobell, dans *Med.-Chir. Transactions*, vol. XLVI, cite un cas analogue ; un épaississement des articulations des doigts se transmit pendant cinq générations à plusieurs membres d'une nombreuse famille ; mais une fois la difformité disparue, elle ne reparut jamais,

l'apparition d'une rose moussue sur un rosier de Provence, ou
d'une vraie pêche sur un pêcher à fruit lisse. Dans quelques-
uns de ces cas, une partie seulement, une moitié, par exemple,
de la fleur ou du fruit, ou une fraction moindre, ou seulement des
bandes étroites, reprennent leur ancien caractère, ce qui constitue un retour par segments. Vilmorin [21] a signalé aussi, chez
des plantes obtenues par semis, que certaines fleurs font retour à
leurs couleurs primitives au moyen de taches ou de raies; il a
constaté que, pour observer ce phénomène, il faut commencer
par créer une variété blanche ou de couleur claire; lorsqu'on
propage longtemps cette variété par semis, on obtient de temps
en temps des plantes à fleurs rayées que l'on peut ensuite multiplier par semis.

Les segments ou les raies dont nous venons de parler ne sont
pas, autant que nous pouvons le savoir, dus à un retour à des caractères acquis par croisements, mais à des caractères perdus par
variation. Ces cas, comme Naudin [22] le soutient dans sa discussion sur la disjonction des caractères, se rapprochent beaucoup de ceux que nous avons cités dans le onzième chapitre,
relativement à des plantes résultant de croisements, qui ont produit des fruits ou des fleurs rayés, ou qui affectent sur chacune
de leurs moitiés les caractères des deux formes parentes, ou bien
encore qui portent sur un même pied deux sortes de fleurs distinctes. Il est probable qu'il faut attribuer aux mêmes causes la
robe pie de beaucoup d'animaux. Les cas de cette nature, comme
nous le verrons en parlant du croisement, semblent résulter de
ce que certains caractères ne peuvent pas se confondre intimement et facilement les uns dans les autres; il résulte de cette
incapacité que les descendants ressemblent tout à fait à un des
deux parents, ou ressemblent à l'un dans une partie de leur
corps et à l'autre dans une autre partie; ou bien encore, il peut
arriver que, pendant la jeunesse, les descendants possèdent des
caractères intermédiaires, et fassent retour, en tout ou partie, à
mesure qu'ils avancent en âge, à l'un ou l'autre des parents ou à

---

[21] Verlot, *des Variétés*, 1865, p. 63.
[22] *Nouv. Archives du Muséum*, t. I, p. 25. — Alex. Braun, *Rejuvenescence*, etc., 1853,
p. 135, paraît partager la même opinion.

tous deux. Ainsi, par exemple, chez les jeunes *Cytisus Adami*, le
feuillage et les fleurs présentent des caractères intermédiaires
à ceux des deux formes parentes, mais chez les individus plus
âgés, on observe continuellement des bourgeons qui, en tout ou
en partie, font retour à l'une ou à l'autre des deux formes. Les
modifications survenues pendant la croissance, chez des *Tropœo-
lum*, des *Cereus*, des *Datura* et des *Lathyrus* croisés constituent
des cas analogues. Toutefois, comme ces plantes sont des hybrides
de la première génération, et que leurs bourgeons en arrivent,
au bout d'un certain temps, à ressembler aux parents et non
aux grands-parents, on pourrait conclure, à première vue, que
ces cas ne constituent pas un retour au véritable sens du mot;
néanmoins, comme le changement s'effectue par une succession
de générations de bourgeons sur une même plante, je crois
qu'on peut les comprendre dans cette catégorie.

On a observé dans le règne animal des faits analogues, qui
sont d'autant plus remarquables qu'ils se présentent rigoureusement sur le même individu, et non, comme chez les plantes,
sur une suite de générations par bourgeons. Chez les animaux,
l'acte du retour, si je puis m'exprimer ainsi, ne s'opère pas dans
le cours d'une génération, mais dans celui des premières phases
de la croissance de l'animal. Par exemple, j'ai croisé plusieurs
poules blanches avec un coq noir; un certain nombre de poulets,
qui étaient parfaitement blancs pendant la première année, re-
vêtirent des plumes noires l'année suivante; d'autre part,
quelques poulets qui étaient d'abord noirs, devinrent ensuite
tachetés de blanc ou pies. Un grand éleveur [23] affirme que si une
poule Brahma rayée, a dans les veines une quantité si petite que
ce soit du sang de la variété Brahma clair, elle produit parfois
un poulet bien rayé pendant la première année, mais qui, à la
mue devient brun sur les épaules, et qui, pendant la seconde
année ne ressemble plus en rien à ce qu'il était d'abord. On observe le même fait chez les Brahmas clairs, lorsqu'ils ne sont
pas de sang pur, et j'ai constaté des faits identiques chez les
jeunes pigeons provenant du croisement de pigeons de diverses
couleurs. Mais voici un cas plus remarquable encore : j'ai

---

[23] M. Teebay, *Poultry Book.* p. 72.

croisé un Tambour avec un Turbit, chez lequel les plumes du poitrail retroussées forment une espèce de fraise; un des pigeonneaux issus de cette union ne portait pas trace de fraise, mais, à la troisième mue, une fraise parfaitement distincte, quoique petite, apparut sur sa poitrine. D'après Girou [24], les veaux produits d'une vache rouge par un taureau noir, ou d'une vache noire par un taureau rouge, naissent fréquemment rouges, et deviennent ultérieurement noirs. Je possède une chienne, fille d'une chienne terrier blanche par un boule dogue fauve foncé; toute jeune ma chienne était complétement blanche; à six mois, une tache noire parut sur son museau et des taches brunes sur ses oreilles. A un âge un peu plus avancé, elle se blessa assez grièvement sur le dos; la cicatrice de cette blessure se couvrit de poils bruns semblables au pelage du père. Ce fait est d'autant plus remarquable que, chez presque tous les animaux ayant des poils colorés, les poils qui repoussent sur une cicatrice sont toujours blancs.

Dans les cas précédents, les caractères qui ont reparu chez l'animal appartenaient à la génération immédiatement précédente; mais certains caractères reparaissent quelquefois après un laps de temps beaucoup plus considérable. Ainsi, les veaux d'une race de bétail sans cornes, originaire de Corrientes, bien que d'abord dépourvus de cornes, acquièrent parfois, en devenant adultes, des petites cornes tordues fixées seulement à la peau, qui, par la suite, s'attachent quelquefois au crâne [25]. Les Bantams blancs, ainsi que les noirs, qui les uns et les autres propagent ordinairement leurs caractères avec fidélité, revêtent quelquefois, en vieillissant, un plumage jaune safran ou rouge. On a cité, par exemple, un Bantam noir de race pure, qui, pendant trois saisons, était resté complétement noir, puis qui devint ensuite, tous les ans, de plus en plus rouge; il faut noter que, quand cette tendance au changement de couleur se manifeste chez le Bantam, elle est presque certainement héréditaire [26]. Chez le coq Dorking coucou, ou à plumage bleu marbré, les plumes de la collerette, qui sont normalement bleu grisâtre,

---

[24] Cité par Hofacker, *Ueber die Eigenschaften*. etc., p. 98.
[25] Azara, *Hist. nat. du Paraguay*, t. II, 1801, p. 372.
[26] M. Hewitt, dans Tegetmeier, *Poultry Book*. 1866, p. 248.

deviennent quelquefois jaunes ou orangées, lorsqu'il avance en âge [27]. Or, comme le *Gallus bankiva* est coloré de rouge et d'orange, et que les Dorkings, ainsi que les Bantams, descendent de cette espèce, nous sommes autorisés à conclure que le changement qui se manifeste occasionnellement chez ces oiseaux, à mesure qu'ils vieillissent, est le résultat d'une tendance chez l'individu à faire retour au type primitif.

Le croisement considéré comme cause directe du retour. — On sait depuis longtemps que les hybrides et les métis font souvent retour à l'une ou l'autre des formes parentes, ou à toutes deux, après un intervalle de deux à sept ou huit générations, et même, suivant quelques autorités, plus tard encore. Toutefois, je ne crois pas qu'on ait encore démontré que le croisement lui-même détermine le retour, en tant que provoquant la réapparition de caractères depuis longtemps perdus. Ce qui le prouve, c'est que certaines particularités, qui ne caractérisent pas les parents immédiats, et qui ne peuvent, par conséquent, provenir d'eux, apparaissent souvent chez les descendants de deux races croisées, tandis qu'elles ne se présentent jamais, ou du moins sont extrêmement rares, chez les descendants de ces mêmes races, aussi longtemps qu'on les empêche de se croiser. Cette conclusion est si curieuse et si nouvelle, que je crois devoir en donner les preuves en détail.

MM. Boitard et Corbié ont affirmé que, lorsqu'ils croisaient certaines races de pigeons domestiques, ils obtenaient presque invariablement, parmi les produits du croisement, des oiseaux présentant les couleurs du biset sauvage (*C. livia*), ou celles du pigeon de colombier ordinaire, c'est-à-dire des oiseaux bleu ardoisé, avec la double barre ou des taches noires sur les ailes, le croupion blanc, des bandes noires sur la queue, et les rectrices extérieures bordées de blanc. Frappé de ces observations, j'ai entrepris une série d'expériences dont j'ai donné les résultats dans le sixième chapitre. J'ai choisi pour mes expériences des pigeons appartenant à des races pures et anciennes, dont aucune n'avait la coloration bleue, ni trace des marques précitées; en les croisant ensemble et en recroisant leurs produits hybrides, j'ai obtenu continuellement des oiseaux plus ou moins colorés en bleu ardoisé, et ayant tout ou partie des marques caractéristiques qui accompagnent ce plumage. Je puis rappeler au lecteur le cas d'un pigeon qu'on pouvait à peine distinguer d'un shetlandais sauvage, et qui était le petit-fils d'un pigeon heurté rouge, d'un paon blanc et de deux barbes noirs ; oiseaux reproduisant rigoureusement leur type, et chez lesquels, accouplés entre eux et sans croisement, la production d'un pigeon semblable au biset eût été un véritable prodige.

J'ai aussi décrit, dans le septième chapitre, les expériences que j'ai faites sur les races gallines. J'ai choisi des races fixes depuis longtemps, parfaitement pures, et chez lesquelles il n'y avait pas trace de rouge, couleur qui reparut cependant sur les plumes de plusieurs des métis issus de leur croisement : j'ai obtenu particulièrement un oiseau magnifique, produit d'un coq espagnol noir et d'une poule soyeuse blanche, dont le plumage était presque exactement semblable à celui du *G. bankiva* sauvage. Or, quiconque s'est occupé de l'élevage des oiseaux de basse-cour, sait qu'on peut élever des milliers de poules espagnoles pures et de poules soyeuses pures, sans rencontrer la moindre apparence d'une plume rouge. L'apparition fréquente, d'après M. Tegetmeier, chez les oiseaux hybrides, de plumes transversalement barrées, comme celles de beaucoup de gallinacés, est également un cas de retour vers un caractère que possédait autrefois quelque ancêtre reculé de la famille. Grâce à l'obligeance de cet excellent observateur j'ai pu étudier quelques plumes de la collerette et quelques rectrices d'un hybride entre la poule commune et une espèce très-distincte, le *Gallus varius*; ces plumes étaient rayées transversalement et d'une manière fort remarquable de gris et de bleu métallique, caractère qui ne pouvait provenir d'aucun des deux parents immédiats.

M. B.-P. Brent m'a appris qu'ayant croisé un canard Aylesbury blanc avec une cane Labrador noire, deux races pures et très-constantes, il obtint dans la couvée un caneton mâle ressemblant beaucoup au canard sauvage (*Anas boschas*). Il existe deux sous-races assez constantes du canard musqué (*Cairina moschata*), dont l'une est blanche et l'autre ardoisée; or, le Rév. W. D. Fox, m'informe que, lorsqu'on accouple un mâle blanc avec une femelle ardoisée, on obtient toujours des oiseaux noirs, tachetés de blanc comme le canard musqué sauvage. M. Blyth m'apprend que les hybrides du canari et du chardonneret ont toujours sur le dos des plumes rayées; or, ces races doivent descendre du canari sauvage primitif.

Nous avons vu dans le quatrième chapitre que le lapin, dit himalayen avec son corps blanc et les oreilles, le museau, la queue et les pattes noirs, se reproduit exactement. On sait que cette race provient du croisement de deux variétés de lapins gris argenté ; par conséquent, lorsqu'une lapine himalayenne, accouplée avec un lapin gris, a produit un lapin gris argenté, il y a eu évidemment là un cas de retour à l'une des variétés parentes primitives. Les lapins himalayens sont blanc de neige en naissant, et les marques foncées ne paraissent que quelque temps après ; mais il naît occasionnellement des lapins d'un gris argenté, clair, teinte qui disparaît bientôt ; nous avons donc là une trace, pendant les premières périodes de la vie, d'un retour aux variétés parentes en dehors de tout croisement récent.

Nous avons démontré, dans le troisième chapitre, que quelques races de bétail, dans les parties les plus sauvages de l'Angleterre, étaient autrefois blanches avec les oreilles de couleur foncée, et qu'actuellement le bétail qu'on conserve à demi sauvage dans quelques parcs, ainsi que le bétail marron dans deux parties éloignées du globe, affectent également cette couleur. Un éleveur habile, M. J. Beasly, du Northamptonshire [28], a croisé quelques vaches West Highland soigneusement choisies, avec des taureaux courtes-cornes de race pure. Ces derniers étaient rouges, rouge et blanc, rouge foncé, et toutes les vaches étaient rouge nuancé de jaune clair. Une notable portion des produits étaient blancs, ou blancs avec les oreilles rouges. Or, si on considère qu'aucun des parents n'était blanc et que tous étaient de race pure, il est excessivement probable que les veaux, en conséquence du croisement, ont fait retour à la couleur de quelque ancienne race à demi sauvage. Le cas suivant rentre, sans doute, dans le même ordre de faits ; à l'état de nature, les vaches n'ont que des mamelles peu développées, et sont bien loin de fournir autant de lait que les vaches domestiques ; or, on a remarqué [29] que les animaux issus du croisement de deux races également bonnes laitières, telles que les Alderneys et les Courtes-cornes, sont souvent très-inférieurs sous ce rapport.

Nous avons indiqué, en parlant du cheval, les raisons qui nous autorisent à conclure que la souche primitive devait être rayée et de couleur isabelle ; nous avons ensuite démontré par des faits que, dans toutes les parties du monde, on voit souvent reparaître le long de l'épine dorsale, sur les jambes et sur les épaules, parfois même sur la face et sur le corps des chevaux de toutes races et de toutes couleurs, des raies de couleur foncée quelquefois doubles ou triples. Toutefois, les raies se présentent plus fréquemment sur les chevaux de couleur isabelle. Elles sont parfois très-apparentes chez le poulain, et s'effacent ensuite. La nuance isabelle et les raies sont fortement héréditaires lorsqu'on croise avec un cheval, appartenant à une race quelconque, un individu qui possède ces caractères ; mais je ne saurais fournir la preuve que le croisement de deux races distinctes, qui ni l'une ni l'autre n'affectent la couleur isabelle, amène généralement la production de chevaux isabelles rayés, bien que cela arrive quelquefois.

Les jambes de l'âne portent souvent des raies, fait qu'on peut regarder comme un retour à la forme primitive sauvage, ordinairement rayée de la même manière, l'*Equus tæniopus* d'Abyssinie [30]. Chez l'animal domestique, les bandes des épaules sont parfois doubles ou se bifurquent à leur extrémité, comme chez certaines espèces de zèbres. Il y a raison de croire que l'ânon porte plus souvent des raies sur les jambes que l'animal adulte. De même que pour le cheval, je ne saurais affirmer que le croisement de va-

---

[28] *Gardener's Chronicle and Agricult. Gazette*, 1866, p. 528.
[29] *Ibid.*, 1860, p. 343. — Je suis heureux de constater qu'un éleveur aussi distingué que M. Willoughby-Wood (*Gard. Chron.*, 1869, p. 1216) admet le principe que j'ai formulé, c'est-à-dire que le croisement développe la tendance au retour.
[30] Sclater, *Proc. Zoolog. Soc.*, 1862, p. 163.

riétés différemment colorées détermine chez les produits la formation des raies.

Passons aux résultats du croisement de l'âne avec le cheval. Bien qu'en Angleterre les mulets soient moins abondants que les ânes, j'en ai vu un très-grand nombre qui portent des raies sur les jambes, raies beaucoup plus apparentes que chez l'une ou l'autre des formes parentes, surtout chez les mulets de couleur claire. J'ai observé chez un individu une raie des épaules profondément fourchue à son extrémité, et, chez un autre, une raie double, bien qu'elle se confondît en une seule en certains endroits. M. Martin a dessiné un mulet espagnol, ayant sur les jambes des raies semblables à celles du zèbre [31], et il constate que ce genre de taches est très-fréquent chez ces animaux. Roulin affirme [32], que, dans l'Amérique du Sud, ces mêmes raies sont beaucoup plus fréquentes et beaucoup plus apparentes chez le mulet que chez l'âne. Aux États-Unis, d'après M. Gosse [33], les neuf dixièmes des mulets portent sur les jambes des raies transversales foncées.

J'ai vu, il y a quelques années, au Jardin Zoologique de Londres, un triple hybride singulier, provenant d'une jument baie et d'un métis de zèbre femelle par un âne. Cet animal, ayant déjà un certain âge, n'avait presque plus de raies ; mais le surveillant m'a assuré, que lorsqu'il était jeune, il portait sur les épaules des raies accentuées, et sur les flancs et sur les jambes des raies assez indistinctes. Je mentionne surtout ce fait à l'appui de l'hypothèse que les raies tendent à disparaître avec l'âge.

Le zèbre porte sur les jambes et sur le corps des raies très-distinctes ; on pouvait donc s'attendre à retrouver le même caractère chez les hybrides provenant de l'accouplement de cet animal avec l'âne ; or, les figures données par le Dr Gray dans ses *Knowsley Gleanings*, et plus encore celles données par Geoffroy et F. Cuvier [34], semblent prouver que les raies sur les jambes sont beaucoup plus apparentes que sur le reste du corps ; il faut, pour expliquer ce fait, admettre que, par sa puissance de réversion, l'âne contribue à développer ce caractère chez le produit métis.

Le quagga porte comme le zèbre des raies sur toute la partie antérieure du corps, mais il n'en a pas sur les jambes ou n'en a que de faibles traces. Toutefois, le fameux hybride élevé par lord Morton [35], hybride provenant du croisement d'une jument arabe baie, presque pure, avec un quagga mâle, portait sur les jambes des raies beaucoup plus nettement définies et plus foncées que celles du quagga. Couverte ultérieurement par un cheval arabe noir, la même jument mit bas deux poulains, qui, tous deux, comme nous l'avons déjà dit, portaient des raies distinctes sur les jambes, l'un avait aussi des raies sur le cou et sur le corps.

---

[31] *History of the Horse*, p. 212.
[32] *Mém. savants étrangers*, t. VI, 1835, p. 338.
[33] *Letters from Alabama*, 1859, p. 280.
[34] *Hist. nat. des Mammifères*, 1820, vol, 1.
[35] *Philos. Transact.*, 1821, p. 20.

L'*Equus Indicus* [36] porte une raie sur le dos, mais il n'en a ni sur les épaules, ni sur les jambes ; parfois, cependant, on remarque des traces de raies sur les jambes des adultes [37]. Le colonel S. Poole, qui a eu l'occasion de faire de nombreuses observations sur ces animaux, m'affirme que, chez l'ânon, à sa naissance, la tête et les jambes portent souvent des raies, mais que la raie des épaules est moins prononcée que chez l'âne domestique ; toutes ces raies, celle du dos exceptée, disparaissent bientôt. Or, un métis élevé à Knowsley [38], provenant d'une femelle de cette espèce par un âne domestique mâle, portait sur les quatre jambes des raies très-prononcées ; il avait trois raies courtes sur chaque épaule, et même quelques raies zébrées sur la face. Le Dr Gray m'apprend qu'il a eu occasion de voir un second métis de même provenance, rayé de la même manière.

Ces divers faits prouvent que le croisement entre les différentes espèces du genre *Equus*, a une tendance évidente à déterminer la réapparition de raies sur différentes parties du corps, et surtout sur les jambes. Nous ignorons si l'ancêtre primitif du genre portait des raies semblables, nous ne pouvons donc les attribuer à un effet de retour qu'à titre de simple hypothèse. Toutefois, si on considère les faits analogues et incontestables qui ont été observés chez les pigeons, les poules, les canards, etc., on doit en arriver à la même conclusion relativement au genre cheval ; il faut alors admettre que l'ancêtre du groupe devait porter sur les jambes, sur les épaules, sur la face, et probablement sur tout le corps, des raies semblables à celles du zèbre.

Enfin, le professeur Jaeger [39] a observé un cas très-intéressant chez les cochons. Il a croisé la race Japonaise avec la race Allemande commune, et il a obtenu des produits possédant des caractères intermédiaires. Il a croisé alors un de ces métis avec un individu de race japonaise pure ; au nombre des petits, il y en eût un qui ressemblait absolument à un sanglier; il avait un museau allongé, des oreilles relevées et des raies sur le dos. Il importe de remarquer que les jeunes de race japonaise ne portent pas de raies, qu'ils ont un museau court et les oreilles pendantes.

Il semble que les animaux croisés aient la même tendance à recouvrer les instincts aussi bien que d'autres caractères perdus. Il est certaines races de poules qu'on nomme pondeuses constantes, parce qu'elles ont absolument perdu l'instinct de couver, au point qu'on a cru devoir, dans les ouvrages sur la basse-cour,

---

[36] Sclater, *Proc. Zoolog. Soc.*, 1862, p. 163. Cette espèce est le Ghor Khur du N.-O. de l'Inde, et a été souvent appelée l'Hémione de Pallas. — Voir Blyth, *Journal Asiat. Soc. of Bengal*, vol. XXVIII, 1860, p. 229.

[37] Une autre espèce d'ane sauvage, le vrai *E. Hemionus* ou *Kiang*, qui ordinairement n'a pas de raies sur les épaules, en porte cependant quelquefois, qui, comme chez le cheval et l'âne, peuvent etre doubles. Voir *Indian sporting Review*, 1856, p. 320. — Col. Ham. Smith, *Nat. Library, Horses*, p. 318. — *Dict. class. d'Hist. nat.*, t. III, p. 563.

[38] Dr J.-E. Gray, *Gleanings from the Knowsley Menageries*.

[39] *Darwin'sche Theorie and ihre Stellung zu Moral und Religion*, p. 83.

signaler les rares exceptions où on a vu couver des poules appartenant à ces races [40]. L'espèce originelle devait cependant être bonne couveuse ; d'ailleurs, à l'état de nature, il est peu d'instincts qui soient plus énergiquement développés que celui-là. Or, il arrive si souvent que des poules provenant du croisement de deux races qui, l'une et l'autre, ont perdu l'habitude de couver, deviennent des couveuses de premier ordre, qu'il faut attribuer à un retour par croisement la réapparition de cet instinct perdu. Un auteur va même jusqu'à dire qu'un croisement entre deux variétés non couveuses produit presque invariablement un métis qui se met à couver avec une constance remarquable [41]. Un autre auteur, après avoir cité un exemple frappant du même genre, remarque que la seule explication de ce fait réside dans le principe que deux négations valent une affirmation. On ne saurait toutefois pas affirmer que les poules, provenant d'un croisement entre deux races non couveuses, recouvrent invariablement l'instinct perdu, pas plus qu'on ne saurait affirmer que les pigeons ou les poules croisés reprennent toujours le plumage bleu ou rouge de leurs prototypes. J'ai élevé plusieurs poulets provenant d'une poule Huppée par un coq Espagnol, — deux races qui ne couvent pas, — et aucune des jeunes poules ne recouvra d'abord l'instinct perdu ; mais une de ces poules, la seule que j'aie conservée, se mit à couver pendant la troisième année, et éleva toute une couvée de poulets. Dans ce cas, la réapparition d'un instinct primitif se produit à un âge plus avancé, fait analogue à celui que nous avons signalé à propos du plumage rouge du *Gallus bankiva*, lequel réapparaît, chez des individus croisés ou purs de diverses races, à mesure qu'ils avancent en âge.

---

[40] *Poultry Chronicle*, 1855, vol. III, p. 477, cas de poules espagnoles et Huppées devenues couveuses.

[41] M. Tegetmeier, *Poultry Book*, 1866, p. 119, 163. L'auteur, qui invoque le principe des deux négations (*Journ. of Hort.*, 1862, p. 325), raconte que deux couvées, provenant d'un coq espagnol et d'une poule Hambourg rayée argentée, deux races qui ne couvent pas, produisirent huit poules, dont sept se montrèrent couveuses obstinées. Le Rév. E.-S. Dixon (*Ornamental Poultry*, 1848, p. 200) affirme que des poules provenant d'un croisement entre des races Huppées noires et dorées, sont devenues d'excellentes couveuses. M. B.-P. Brent a également obtenu de très-bonnes couveuses d'un croisement entre des Hambourgs rayés et des races Huppées. Le *Poultry Chronicle*, vol. III, p. 13, mentionne une poule croisée d'un coq espagnol (race non couveuse) et d'une poule cochinchinoise (couveuse), comme ayant été un modèle de couveuse. Le *Cottage Gardener*, 1860, p. 388, relate, d'autre part, un cas exceptionnel relatif à une poule provenant d'un coq espagnol et d'une poule Huppée, qui ne devint pas couveuse.

Les ancêtres de tous nos animaux domestiques devaient évidemment avoir, dans le principe, un naturel sauvage; or, lorsqu'on croise une espèce domestique avec une espèce distincte, domestiquée ou simplement apprivoisée, on obtient souvent des hybrides tellement sauvages, que le seul moyen d'expliquer ce fait, que le croisement a dû provoquer, est d'admettre un retour partiel au naturel primitif.

Le comte de Powis a autrefois importé de l'Inde du bétail à bosse complétement domestiqué, qu'il croisa avec des races anglaises, lesquelles appartiennent à une espèce distincte; son garde me fit remarquer, sans que je lui eusse posé aucune question, que les produits de ce croisement sont singulièrement sauvages. Le sanglier européen et le porc chinois domestique appartiennent presque certainement à deux espèces distinctes; sir F. Darwin a croisé une truie appartenant à cette dernière race avec un sanglier très-apprivoisé; or, bien que les petits eussent une moitié de sang domestique dans les veines, ils devinrent excessivement sauvages, et refusèrent de manger les lavures de vaisselle comme le font les porcs ordinaires anglais. Le capitaine Hutton a croisé dans l'Inde une chèvre apprivoisée avec un bouc sauvage de l'Himalaya; il m'écrit que les petits sont extrêmement sauvages. M. Hewitt, qui a opéré un grand nombre de croisements entre des faisans mâles apprivoisés et cinq races de poules, fait remarquer qu'une grande sauvagerie caractérise tous les produits de ces unions [12]; j'ai cependant vu une exception à cette règle. M. S.-J. Salter [13], qui a élevé un grand nombre d'hybrides provenant d'un croisement entre une poule Bantam et un coq *Gallus Sonneratii*, a remarqué aussi qu'ils étaient tous très-sauvages. M. Waterton [14] a élevé quelques canards sauvages provenant d'œufs couvés par une cane ordinaire; il laissa ensuite ces canards se croiser librement, tant les uns avec les autres qu'avec les canards domestiques ordinaires, et remarqua que les produits de ces croisements étaient à moitié sauvages, à moitié apprivoisés, et que, tout en s'approchant des fenêtres pour venir prendre

[12] Tegetmeier, *Poultry Book*, 1866, p. 165, 167.
[13] *Natural History Review*, avril 1863, p. 277.
[14] *Essays on Natural History*, p. 917.

leur nourriture, ils conservaient un air défiant et circonspect tout à fait singulier.

D'autre part, les mulets qui proviennent du croisement entre la jument et l'âne ne sont certainement pas sauvages, mais ils ont un caractère obstiné et vicieux. M. Brent, qui a croisé des Canaris avec plusieurs espèces de pinsons, n'a pas remarqué que les produits fussent particulièrement sauvages; je dois ajouter toutefois que M. Jenner Weir, la plus haute autorité en ces matières, a une opinion toute contraire. M. Weir fait remarquer que le tarin est un des oiseaux de cette famille que l'on apprivoise le plus facilement et que, cependant, les jeunes croisés sont aussi sauvages que les oiseaux dont on vient de s'emparer et qu'ils essaient continuellement de s'échapper. Trois personnes, qui ont élevé des hybrides entre le canard commun et le canard musqué, m'ont affirmé qu'ils n'étaient point sauvages, mais M. Garnett [45] a constaté chez ses hybrides femelles, certaines dispositions sauvages et migratoires dont on ne trouve aucune trace ni chez le canard ordinaire ni chez le canard musqué. Le canard musqué ne cherche jamais à s'échapper, et il n'est redevenu sauvage ni en Europe, ni en Asie sauf, toutefois, d'après Pallas, sur les bords de la mer Caspienne; quant au canard commun, il ne redevient sauvage que dans les pays où se trouvent de grands lacs et des marais. On sait cependant qu'un assez grand nombre [46] d'hybrides provenant de ces deux canards ont été tués à l'état complétement sauvage, bien que le nombre de ceux qu'on élève soit très-restreint relativement à celui des deux espèces pures. Il est improbable que ces hybrides doivent leur caractère sauvage à l'union d'un canard musqué avec un véritable canard sauvage; on sait, en tout cas, qu'il n'en est pas ainsi dans l'Amérique du Nord; nous sommes donc autorisés à conclure que, chez ces hybrides, la sauvagerie, ainsi que la faculté de voler, sont des effets de retour.

---

[45] M. Orton, *Physiology of Breeding*, p. 12.

[46] E. de Selys-Longchamps, *Bulletin Acad. Roy. de Bruxelles*, t. XII, n° 10, cite plus de sept de ces hybrides tués en Suisse et en France. M. Deby, *Zoologist.*, vol. V, 1845-46, p. 1254, affirme qu'on en a aussi tué plusieurs dans diverses parties de la Belgique et du nord de la France. — Audubon, *Ornitholog. Biography*, vol. III, p. 168, dit que, dans l'Amérique du Nord, ces hybrides s'échappent de temps en temps et redeviennent tout à fait sauvages.

Ces derniers exemples nous rappellent les remarques que les voyageurs ont si souvent faites dans toutes les parties du monde, sur la dégradation et le caractère sauvage des races humaines croisées. Personne ne conteste qu'il existe des mulâtres dont le caractère et le cœur sont excellents ; il serait difficile de rencontrer un peuple plus doux et plus aimable que les habitants de l'île de Chiloé, originaires de croisements, en proportions variées, entre Indiens et Espagnols. D'autre part, il y a bien des années, longtemps avant de songer au sujet que je traite actuellement, j'ai été frappé du fait que, dans l'Amérique du Sud, les hommes descendant de croisements complexes entre des Nègres, des Indiens et des Espagnols présentaient rarement, quelle qu'en puisse être la cause, un aspect sympathique [47]. Après avoir décrit un métis du Zambesi, que les Portugais lui signalaient comme un monstre d'inhumanité, Livingstone remarque : « Je ne saurais dire pourquoi les métis, comme l'homme en question, sont infiniment plus cruels que les Portugais, mais le fait est incontestable. » Un habitant·disait à Livingstone : « Dieu a créé l'homme blanc, et Dieu a créé l'homme noir ; mais c'est le diable qui a créé les métis [48]. » Lorsque deux races, toutes deux inférieures, viennent à se croiser, leurs descendants paraissent être extrêmement méchants. Ainsi, le grand Humboldt, qui n'avait aucun préjugé contre les races inférieures, s'exprime en termes énergiques sur le caractère sauvage et méchant des Zambos, ou métis des Indiens et des Nègres, et plusieurs observateurs ont confirmé sa manière de voir [49]. Ces faits doivent peut-être nous faire admettre que l'état de dégradation dans lequel se trouvent tant de métis, peut être attribué autant à un retour vers une condition primitive et sauvage déterminé par le croisement, qu'au détestable milieu moral dans lequel ils sont généralement placés.

Résumé des causes immédiates déterminant le retour. — Lorsque des animaux ou des plantes de race pure reprennent des caractères depuis longtemps perdus, — lorsque par exemple l'âne naît avec des raies transversales sur les jambes, ou lorsque

[47] *Voyage d'un naturaliste autour du Monde*, Paris (Reinwald), 1843, p. 71.
[48] *Expédition to the Zambesi*, 1865, p. 25, 150.
[49] Dr Broca, *de l'Hybridité dans le genre Homo*, 1864.

des pigeons noirs ou blancs de race pure, produisent un oiseau bleu ardoisé, ou quand une pensée cultivée à fleurs grandes et rondes produit par semis une plante à fleurs petites et allongées, — il nous est impossible d'indiquer quelle peut être la cause immédiate de ce phénomène. La tendance au retour, qui existe sans doute chez les animaux redevenus sauvages, bien que cette tendance ait été fort exagérée, est chez eux compréhensible jusqu'à un certain point. Ainsi, chez les porcs redevenus sauvages, l'exposition aux intempéries doit favoriser la croissance des soies, ce que l'on a constaté d'ailleurs pour le poil d'autres animaux domestiques, et, par corrélation, les crocs tendent à se développer aussi. Mais on ne saurait attribuer à l'action directe des conditions extérieures, la réapparition des raies longitudinales qui caractérisent la robe des jeunes marcassins marrons. Dans ce cas, comme dans beaucoup d'autres, nous nous bornons à dire que les changements d'habitudes favorisent probablement une tendance, inhérente ou latente chez l'espèce, à revenir à l'état primitif.

Nous démontrerons dans un chapitre subséquent que la position des fleurs au sommet de l'axe et celle des graines dans la capsule, déterminent quelquefois une tendance au retour, ce qui paraît dépendre de la quantité de sève ou de nourriture qui arrive aux bourgeons florifères et aux graines. La position des bourgeons, tant sur les branches que sur les racines, détermine aussi parfois, comme nous l'avons démontré, la transmission du caractère propre à la variété, ou son retour à un état antérieur.

Nous venons de voir que, lorsque l'on croise deux races ou deux espèces, on observe chez les produits une tendance prononcée à une réapparition de caractères perdus depuis longtemps, et qui n'existent ni chez les parents immédiats ni chez les grands parents. Lorsqu'on accouple deux pigeons de races fixes, rouges, blancs ou noirs, les produits héritent presque sûrement des mêmes couleurs ; mais, lorsqu'on croise des oiseaux de couleurs différentes, il semble que les forces héréditaires opposées s'annulent mutuellement, et que les tendances qu'ont les deux parents à produire des petits bleu ardoisé l'emportent. Il en est de même dans plusieurs autres cas. Mais lorsqu'on croise par exemple l'âne commun avec l'*E. indicus*, ou avec le cheval, —

animaux dont les jambes ne sont pas rayées, — et que les métis
portent des raies apparentes sur les membres et même sur la face,
tout ce qu'on peut dire c'est que le fait du croisement détermine
dans l'organisme quelque perturbation qui provoque une tendance inhérente au retour.

Le retour aux caractères propres à l'un ou l'autre des parents
de race pure est beaucoup plus commun et même presque uni-
versel chez les descendants d'animaux croisés. En règle générale,
les produits croisés possèdent, pendant la première génération,
des caractères presque intermédiaires à ceux de leurs parents ;
mais pendant la seconde génération et les générations suivantes,
ils font constamment retour dans une mesure plus ou moins
grande à l'un ou à l'autre de leurs ancêtres. Plusieurs auteurs
ont soutenu que les hybrides et les métis possèdent tous les caractères de leurs parents, non pas confondus ensemble, mais seulement mélangés en proportions diverses dans les différentes
parties du corps, ou, selon l'expression de Naudin [50], l'hybride
est une mosaïque vivante dans laquelle les éléments discordants
sont assez complétement mélangés pour que l'œil ne puisse les
découvrir. Cette remarque doit être vraie dans un certain sens;
nous voyons, par exemple, les éléments des deux espèces se séparer chez l'hybride, et former des segments distincts sur un
même fruit ou sur une même fleur, par une sorte d'attraction
ou d'affinité pour soi; cette séparation se produit aussi bien dans
la reproduction séminale que dans celle par bourgeons. Naudin
croit en outre que la séparation des deux essences ou éléments
spécifiques doit s'opérer dans les matériaux de reproduction
mâles et femelles, et c'est ainsi qu'il explique la tendance presque
universelle au retour qui se manifeste chez les générations successives d'hybrides. Cette tendance serait, en un mot, le résultat
naturel de l'union du pollen et des ovules, chez lesquels les
éléments de la même espèce se seraient séparés en vertu
de leur affinité. Si, d'autre part, le pollen renfermant les
éléments d'une même espèce venait à s'unir avec les ovules comprenant les éléments de l'autre espèce, l'état intermédiaire ou
hybride se conserverait, et il n'y aurait pas de retour. Mais je crois

[50] *Nouvelles archives du Muséum*, t. I, p. 151.

qu'il serait plus correct de dire que les éléments des deux espèces parentes existent chez l'hybride dans un double état, soit mélangés ensemble, soit complétement séparés. Dans le chapitre où je discuterai l'hypothèse de la pangénèse, j'essayerai de démontrer comment cela est possible, et quelle signification il convient d'attribuer à l'expression d'essence ou d'élément spécifique.

L'hypothèse de Naudin, telle qu'il la présente, n'explique pas la réapparition de caractères perdus depuis longtemps par variation ; elle s'applique à peine quand il s'agit de races ou d'espèces qui, après avoir été croisées à quelque époque antérieure avec une forme distincte, croisement dont elles ont depuis perdu toutes traces, produisent occasionnellement un individu qui fait retour à la forme croisante, comme dans le cas du petit-fils à la troisième génération de la chienne Sapho. Le cas de retour le plus simple à savoir, celui d'un métis ou d'un hybride à son grand-parent, peut se relier par une série parfaitement graduée au cas extrême d'une race pure recouvrant des caractères qu'elle avait perdus depuis nombre de générations, ce qui doit nous faire admettre que tous les cas doivent avoir quelque lien commun.

Gärtner paraît croire que seules les plantes hybrides très-stériles manifestent une tendance au retour vers leurs formes parentes. Cette conclusion erronée tient peut-être à la nature des plantes qu'il a étudiées, car il admet que cette tendance diffère suivant les genres. Les observations de Naudin contredisent directement l'assertion de Gärtner, assertion contredite aussi par le fait bien connu que des métis absolument féconds manifestent cette tendance au plus haut degré, à un plus haut degré même d'après Gärtner lui-même, que les hybrides [51].

Gärtner affirme, en outre, que des exemples de retour se présentent rarement chez les plantes hybrides provenant d'espèces qui n'ont pas été cultivées, tandis qu'ils sont fréquents chez les hybrides d'espèces cultivées depuis longtemps. Cette assertion nous permet d'expliquer les affirmations différentes de deux savants : Max Wichura [52], qui a étudié exclusivement des

---

[51] *Bastarderzeugung*, p. 438, 582, etc.
[52] *Die Bastardbefruchtung…. der Weiden*, 1865, p. 23. — Gärtner, *Bastarderzeugung*, p. 474, 582.

saules n'ayant pas été soumis à la culture, n'a jamais observé un cas de retour ; il va jusqu'à soupçonner le soigneux Gärtner de n'avoir pas suffisamment abrité ses hybrides contre le pollen des espèces parentes : Naudin, au contraire, qui a surtout expérimenté sur les Cucurbitacés et quelques autres plantes cultivées, insiste plus que tout autre auteur sur la tendance au retour de tous les hybrides. L'assertion que l'état des espèces parentes, en tant qu'affectées par la culture, est une des causes immédiates déterminant le retour, concorde assez bien avec le cas inverse, c'est-à-dire que les animaux domestiques et les plantes cultivées sont sujets au retour lorsqu'ils redeviennent sauvages, car, dans les deux cas, la constitution ou l'organisation doivent éprouver, quoique d'une manière différente, certaines perturbations [53].

Enfin, nous avons vu que certains caractères reparaissent souvent chez les races pures, sans qu'il nous soit possible d'indiquer la cause de cette réapparition. Lorque ces races redeviennent sauvages, le fait, nous le savons, est plus ou moins directement déterminé par les changements survenus dans les conditions d'existence. Chez les races croisées, l'acte même du croisement détermine certainement la réapparition de caractères perdus depuis longtemps, ainsi que la réapparition de caractères dérivés de l'une ou l'autre des formes parentes. Le changement des conditions, résultant de la culture, de la position relative des bourgeons, des fleurs et des graines sur la plante, paraît favoriser cette même tendance. Le retour peut avoir lieu, tant par reproduction de bourgeons que par reproduction séminale, habituellement dès la naissance, mais quelquefois plus tard ; il peut se manifester seulement sur des segments, ou sur des parties de l'individu. Il est certainement étonnant de voir qu'un être au moment de sa naissance ressemble par certains caractères à un ancêtre séparé de lui par deux, trois, et, dans certains cas, par des centaines et des milliers de générations. On dit, dans ce cas, que l'enfant tient directement ses caractères de ses ancêtres plus ou moins reculés ; mais il est difficile de comprendre cette

---

[53] Le professeur Weismann, dans son curieux mémoire sur les formes différentes produites à différentes saisons par une même espèce de papillons (*Saison Dimorphismus der Schmetterlinge*, p. 27, 28). en arrive à une conclusion analogue, c'est-à-dire que toute cause tendant à troubler l'organisation, telle que l'exposition des cocons à la chaleur, ou même la manipulation fréquente des cocons, détermine une tendance au retour.

explication. Toutefois, si nous supposons que tous les caractères dérivent exclusivement du père ou de la mère, mais que certains caractères demeurent latents pendant plusieurs générations chez les parents, les faits précédents deviennent compréhensibles. Nous examinerons dans un chapitre subséquent de quelle manière on peut concevoir un état latent des caractères.

Caractères latents. — Expliquons ce que nous entendons par des caractères latents. Les caractères sexuels secondaires nous en offrent l'exemple le plus sensible. Chez chaque femelle, tous les caractères secondaires mâles, et, chez chaque mâle, tous les caractères secondaires femelles, semblent exister à l'état latent, prêts à se manifester dans certaines conditions. On sait qu'un grand nombre d'oiseaux femelles, telles que les poules, diverses faisanes, les femelles de perdrix, de paons, les canes, etc., revêtent partiellement les caractères secondaires mâles propres à leur espèce, après l'ablation des ovaires, ou lorsqu'elles vieillissent. Chez la poule faisane, ce phénomène paraît se présenter plus fréquemment pendant certaines années [54]. Une cane âgée de dix ans, a revêtu le plumage parfait d'hiver et d'été du canard mâle [55]. Waterton [56] cite l'exemple curieux d'une poule, qui, après avoir cessé de pondre, revêtit le plumage, la voix, les ergots, et le caractère belliqueux du coq ; elle était toujours prête à combattre l'adversaire qu'on lui présentait. Tous les caractères, y compris l'instinct du combat, étaient donc restés assoupis chez cette poule, tant que les ovaires avaient rempli leurs fonctions. On sait que les femelles de deux espèces de cerfs ont acquis des cornes en vieillissant, et, comme l'a fait remarquer Hunter, on peut observer quelque chose d'analogue chez l'espèce humaine.

On sait d'autre part que, chez les animaux mâles, les caractères sexuels secondaires disparaissent plus ou moins à la suite

---

[54] Yarrell, *Philos. Transact.*, 1827, p. 268. — D' Hamilton, *Proc. Zool. Soc.*, 1862, p. 23.

[55] *Archiv. Skand. Beitrage zur Naturgesch.*, VIII, p. 397-413.

[56] *Essays on Nat. Hist.* 1838. — M. Hewitt, *Journ. of Horticult.*, 12 juillet 1864, p. 37, cite des cas analogues relatifs à des poules faisanes. — Isid. Geoffroy Saint-Hilaire, *Essais de Zoologie générale*, 1842, p. 496-513, a réuni les cas de dix oiseaux différents. Il paraît qu'Aristote connaissait les changements de caractère qui surviennent chez les vieilles poules.

de la castration. Ainsi, lorsqu'on opère un jeune coq, Yarrell
assure qu'il cesse de chanter; la crête, les caroncules et les ergots n'atteignent pas leur développement complet, et les plumes
de la collerette affectent un état intermédiaire entre celles du coq
·et celles de la poule. On a signalé des cas où la captivité, qui réagit souvent sur le système reproducteur, avait causé des effets
analogues. Le mâle acquiert quelquefois des caractères propres
à la femelle; ainsi, le chapon se met à couver et élève les poulets;
et, ce qui est curieux, les hybrides mâles complétement stériles
du faisan et de la poule agissent de même, et saisissent le moment où les poules quittent leur nid pour prendre leur place [57].
Réaumur [58] affirme qu'on peut amener un coq à prendre soin des
jeunes poulets, en le tenant longtemps enfermé seul et dans l'obscurité; il pousse alors un cri particulier, et conserve ensuite, pendant toute sa vie, ce nouvel instinct maternel. Un certain nombre
de cas bien constatés relatifs à divers mammifères mâles, qui ont
produit du lait, prouvent que les glandes mammaires rudimentaires peuvent conserver les facultés fonctionnelles à l'état
latent.

Nous voyons donc que dans bien des cas, et probablement
dans tous les caractères de chaque sexe demeurent à l'état latent
chez le sexe opposé, prêts à se développer dans certaines circonstances particulières. Nous pouvons donc ainsi comprendre comment une vache bonne laitière peut transmettre à travers sa progéniture mâle ses bonnes qualités aux générations futures, car nous
devons croire que ces qualités sont présentes, mais à l'état latent
chez les mâles de chaque génération. Il en est de même du coq
de combat qui transmet à sa progéniture mâle, par l'entremise
de la femelle, sa vigueur et son courage; on sait aussi que chez
l'homme [59], les maladies qui, comme l'hydrocèle, sont nécessairement spéciales au sexe masculin, peuvent se transmettre au
petit-fils par l'entremise de la femme. Les faits de cette nature
constituent, comme nous l'avons dit au commencement de ce
chapitre, les exemples les plus simples du retour; ils deviennent
compréhensibles, si on admet que les caractères communs au

[57] *Cottage Gardener*, 1860, p. 379.
[58] *Art de faire éclore*, etc, 1749, t. II, p. 8.
[59] Sir H. Holland, *Médical Notes and Réflections*, 3ᵉ édit., 1855, p. 31.

grand-parent et au petit-fils du même sexe, sont présents, mais latents, dans le parent intermédiaire du sexe opposé.

Cette question des caractères latents est, comme nous le verrons par la suite, si importante, que je veux en donner un autre exemple. Plusieurs animaux ont le côté droit et le côté gauche du corps inégalement développés : on sait qu'il en est ainsi chez les poissons plats, chez lesquels un des côtés diffère de l'autre par son épaisseur, sa couleur et la forme des nageoires ; un des yeux, pendant la croissance du jeune animal, se transporte graduellement de la face inférieure à la face supérieure, comme l'a démontré Steenstrup [60]. Chez la plupart des poissons plats, le côté gauche est aveugle, mais chez quelques-uns c'est le droit ; dans les deux cas, du reste, on voit des poissons renversés, c'est-à-dire qui sont développés dans le sens contraire à celui qui leur est habituel ; chez le *Platessa flesus*, le développement a lieu indifféremment, et aussi souvent d'un côté que de l'autre. Chez les Gastéropodes, le côté droit et le côté gauche sont très-inégalement développés ; le plus grand nombre des espèces sont dextres et présentent de rares cas de renversement ; un petit nombre sont normalement senestres ; mais quelques espèces de Bulimes, et plusieurs Achatinelles [61], sont aussi souvent dextres que senestres. La classe des articulés présente un cas analogue ; chez les *Verruca* [62], les deux côtés sont si dissemblables, que c'est seulement par une dissection très-attentive qu'on peut arriver à reconnaître les parties correspondantes des deux côtés opposés du corps ; mais cette différence si singulière peut se présenter indifféremment sur le côté droit ou le côté gauche. J'ai observé une plante [63] dont la fleur est inégalement développée, suivant qu'elle est placée sur l'un ou l'autre côté de l'épi. Dans tous les cas cités jusqu'à présent, l'animal est parfaitement symétrique pendant son jeune âge. Lorsqu'une espèce est ainsi susceptible de se développer inégalement d'un côté ou de l'autre, nous pouvons

---

[60] Steenstrup, sur l'obliquité des plies, *Annals and Mag. of Nat. Hist.*, 1865, p. 361. J'ai résumé, dans l'*Origine des Espèces*, les opinions de Malm sur ce phénomène.

[61] Dr E. von Martens, *Annals and Mag. of Nat. Hist.*, 1866, p. 209.

[62] Darwin, *Balanidæ.* — *Ray Society*, 1854, p. 499 ; avec remarques sur le développement capricieux en apparence des membres thoraciques droits et gauches chez les crustacés supérieurs.

[63] *Mormodes ignea.* (Darwin, *Fertilization of Orchids*, 1862, p. 251.)

admettre que la même capacité de développement existe, mais à l'état latent du côté non développé. Or, comme des inversions de ce genre se rencontrent chez beaucoup d'animaux différents, cette capacité latente est probablement très-commune.

Les exemples les plus simples mais peut-être les plus frappants de caractères latents sont ceux que nous avons déjà signalés relativement à des poulets et à des pigeonneaux qui, provenant du croisement d'oiseaux différemment colorés, affectent d'abord la couleur d'un des parents, et, au bout d'un an ou deux, prennent celle de l'autre ; car, dans ce cas, la tendance à un changement de plumage existe évidemment à l'état latent chez le jeune oiseau. Il en est de même des races de bétail sans cornes, où quelques individus acquièrent en vieillissant des petites cornes. Les Bantams purs, noirs et blancs, ainsi que quelques autres volatiles, revêtent parfois, en avançant en âge, les plumes rouges de l'espèce primitive. Je crois devoir citer ici un cas un peu différent, mais qui relie, d'une manière frappante, deux ordres de caractères latents. M. Hewitt [64] possédait une poule Bantam Sebright galonnée or, qui, en vieillissant, revêtit, à la suite d'une affection des ovaires, des caractères masculins. Les mâles et les femelles de cette race se ressemblent complétement à l'exception de la crête, des caroncules, des ergots et des instincts ; on devait donc s'attendre à ce que cette poule n'aurait acquis que les caractères masculins propres à sa race, tandis qu'elle reprit en plus une queue bien recourbée, des plumes en faucille longues d'un pied, des plumes sétiformes sur le cou, — tous ornements qui, selon M. Hewitt, « seraient considérés comme abominables chez cette race. » Le Bantam Sebright doit son origine [65] à un croisement fait vers l'an 1800, entre un Bantam ordinaire et la race Huppée, recroisé par un Bantam à queue de poule, et soumis à une sélection subséquente très-rigoureuse ; il est donc très-probable que, chez la vieille poule précitée, les plumes sétiformes et les pennes en faucille dérivaient, soit de l'ancêtre Huppé, soit du Bantam commun. Nous voyons donc que, non—

---

[64] *Journal of Horticulture*, juillet 1864, p. 38. Grâce à l'obligeance de M. Tegetmeier j'ai pu examiner ces plumes remarquables.

[65] Tegetmeier, *Poultry Book*, 1866, p. 241.

seulement certains caractères masculins, spéciaux aux Bantams
Sebright, mais aussi certains autres caractères, appartenant aux
premiers ancêtres de la race, éloignés déjà d'une soixantaine
d'années, sont restés à l'état latent chez cette poule, mais prêts
à se développer, ce qui eut lieu aussitôt que les ovaires furent
affectés.

Ces divers faits nous obligent à admettre que certains caractères, certaines aptitudes et certains instincts, peuvent demeurer à l'état latent chez un individu, et même chez une série d'individus sans qu'il nous soit possible de découvrir aucune trace
de leur présence. Lorsqu'on croise des volailles, des pigeons,
ou du bétail de couleurs différentes, et que nous voyons leur
progéniture changer de coloration avec l'âge ; lorsque nous
voyons le Turbit croisé reprendre la fraise caractéristique à sa
troisième mue, ou les Bantams purs recouvrer partiellement le
plumage rouge de leur prototype, nous devons admettre que ces
qualités ont dû exister dès l'abord chez l'individu, mais à l'état
latent, comme les caractères du papillon dans la chenille. Or,
si ces mêmes animaux, avant d'avoir réacquis avec l'âge leurs
caractères nouveaux, avaient dans l'intervalle donné naissance
à des produits auxquels ils les auraient probablement transmis,
ceux-ci sembleraient tenir ces mêmes caractères de leurs grands-
parents ou d'aïeux plus éloignés. Nous aurions donc constaté un
cas de retour, c'est-à-dire de réapparition chez l'enfant, d'un
caractère appartenant à un ancêtre, caractère réellement présent, quoique latent, chez le parent immédiat pendant la jeunesse
de ce dernier ; nous pouvons certainement admettre que c'est ce
qui arrive dans les diverses formes du retour aux ancêtres,
même les plus reculés.

L'hypothèse de cet état latent, dans chaque génération, de
tous les caractères qui réapparaissent par retour, est confirmée,
tant par leur présence réelle dans quelques cas, pendant la jeunesse seulement, que par leur apparition plus fréquente et leur
plus grande netteté pendant cet âge qu'à l'état adulte. C'est ce
que nous avons remarqué à propos des raies sur les jambes ou
la face des diverses espèces du genre cheval. Le lapin Himalayen,
lorsqu'on le croise, produit souvent des animaux qui font retour
à la race parente gris argenté, et nous avons vu la fourrure gris

pâle reparaître dans la première jeunesse chez des animaux de race pure. Nous pouvons être certains que les chats noirs produisent occasionnellement par retour des chats tachetés, et on aperçoit presque toujours sur les jeunes chats noirs de race pure [66] de faibles traces de raies qui disparaissent ensuite. Le bétail sans cornes de Suffolk produit occasionnellement par retour des animaux à cornes, et Youatt [67] affirme que, même chez les individus sans cornes, on peut souvent, dans le jeune âge, sentir au toucher des rudiments de cornes.

Il peut sans doute, à première vue, sembler fort improbable qu'à chaque génération, il y ait chez chaque cheval une aptitude latente et une tendance à produire des raies qui peuvent ne se manifester qu'une fois sur un millier de générations ; que, chez chaque pigeon blanc, noir, ou de toute autre couleur, qui a pu, pendant des siècles transmettre sa coloration propre, il y ait cette même tendance latente à reprendre le plumage bleuâtre, marqué de certaines barres caractéristiques ; que, chez tout enfant appartenant à une famille sexdigitée, il y ait cette même disposition à la production d'un doigt additionnel, et ainsi pour les autres cas. Il n'y a pourtant pas d'improbabilité plus grande à ce qu'il puisse en être ainsi, qu'il n'y en a à ce qu'un organe inutile et rudimentaire se transmette pendant des millions de générations, comme cela s'observe sur une multitude d'êtres organisés. Il n'est pas plus improbable de voir chaque porc domestique, conserver, pendant un millier de générations, l'aptitude et la tendance à développer de grands crocs si on le place dans des conditions appropriées, qu'il ne l'est de voir le jeune veau conserver dans sa mâchoire, depuis un nombre infini de générations, des incisives rudimentaires, qui n'ont jamais percé la gencive.

Je terminerai le chapitre suivant par un résumé des trois chapitres précédents, mais, comme j'ai surtout insisté ici sur des cas isolés et frappants du retour, je désire mettre le lecteur en garde contre l'idée que les phénomènes du retour ne sont dus qu'à des combinaisons de circonstances rares ou accidentelles.

[66] C. Vogt, *Leçons sur l'Homme,* trad. française, 1878, p. 535.
[67] *On Cattle,* p. 174.

Il n'est pas douteux que la réapparition d'un caractère, perdu depuis des centaines de générations, ne doive résulter de quelque combinaison particulière ; mais on peut constamment observer des retours, au moins aux générations immédiatement antérieures, dans les produits de la plupart des unions. C'est ce qu'on a généralement reconnu dans les cas d'hybrides et de métis, mais seulement parce que chez eux, par suite de la différence existant entre les formes parentes, la ressemblance des produits avec leurs grands-parents ou avec leurs ancêtres plus éloignés n'en devenait que plus saillante et plus facile à apprécier. M. Sedgwick a également démontré que le retour est aussi presque invariablement la règle dans les cas de certaines maladies. Nous devons donc conclure qu'une tendance à cette forme particulière de transmission fait partie intégrante des lois générales de l'hérédité.

Monstruosités. — Tout le monde admet qu'un grand nombre de monstruosités et d'anomalies moins importantes proviennent d'un arrêt de développement, c'est-à-dire de la persistance d'un état embryonnaire.

Toutefois, il y a beaucoup de monstruosités qu'on ne saurait expliquer ainsi, car on voit parfois apparaître des parties, dont l'embryon n'offre pas la moindre trace, mais qui existent chez d'autres membres de la même classe d'animaux et de plantes, et qu'on doit probablement attribuer à un effet de retour. Comme j'ai discuté complétement ce point dans le premier chapitre de mon ouvrage sur la *Descendance de l'Homme,* je n'y reviendrai pas ici.

Les botanistes considèrent généralement comme un retour à l'état primitif les modifications qui se produisent dans les cas de pélorie chez les fleurs, c'est-à-dire, lorsque les fleurs, normalement irrégulières, deviennent régulières. Toutefois, le Dr Maxwel Masters [68] fait remarquer que lorsque, par exemple, tous les sépales d'un *Tropæolum* prennent une forme semblable et deviennent verts, au lieu d'être colorés et que l'un d'eux se prolonge en forme d'éperon, ou, lorsque tous les pétales d'une *Linaria* deviennent simples et réguliers, on peut attribuer ce cas à un simple arrêt de dévelop-

---

[68] *Nat. Hist. Review,* avril 1863, p. 258. — Voir aussi sa conférence à l'Institution Royale, 16 mars 1860. — Moquin-Tandon, *Eléments de Tératologie,* 1841, p. 184, 332.

pement ; car, chez ces fleurs, tous les organes sont symétriques pendant les premières phases de leur développement, et ne pourraient pas devenir irréguliers s'ils étaient arrêtés à ce point de leur évolution. De plus, si l'arrêt de développement se produisait encore plus tôt, il aurait pour résultat une simple touffe de feuilles vertes, ce que personne ne regarderait probablement comme un cas de retour. Le Dr Masters désigne les premiers de ces cas sous le nom de pélorie régulière, et ceux dans lesquels toutes les parties correspondantes revêtent une forme irrégulière mais semblable, comme lorsque tous les pétales d'une *Linaria* se transforment en éperons, sous le nom de pélorie irrégulière. Nous n'avons pas le droit d'attribuer ces derniers cas à un retour, tant qu'on n'a pas prouvé que, par exemple, la forme parente du genre *Linaria* a eu tous les pétales en forme d'éperon ; en effet, un changement de cette nature pourrait résulter de l'extension d'une structure anormale, en vertu d'une loi que nous discuterons dans un chapitre subséquent,c'est-à-dire de la tendance qu'ont les parties homologues à varier d'une manière semblable. Mais, comme les deux formes de pélorie se présentent souvent sur une même *Linaria* [69], elles ont probablement des rapports intimes l'une avec l'autre. Si on admet que la pélorie est un simple arrêt de développement, on comprend difficilement qu'un organe, frappé d'arrêt de très-bonne heure dans son évolution, puisse acquérir toute sa perfection fonctionnelle, qu'un pétale puisse, dans ces circonstances, revêtir de brillantes couleurs et servir d'enveloppe à la fleur, ou qu'une étamine puisse produire du pollen efficace ; ce qui arrive cependant chez beaucoup de fleurs péloriques. On ne saurait attribuer non plus la pélorie à une simple variabilité accidentelle ; elle doit donc être due à un arrêt de développement ou à un effet de retour ; c'est ce qui me paraît résulter d'une observation faite par Ch. Morren [70], à savoir que les familles qui ont des fleurs irrégulières reviennent souvent par ces formes monstrueuses à leur état régulier, tandis qu'on ne voit jamais une fleur régulière acquérir la structure d'une fleur qui ne l'est pas.

Il est certainement des fleurs qui sont, par retour, devenues plus ou moins péloriques comme le prouve le fait suivant. La *Corydalis tuberosa* a normalement un des deux nectaires incolore, dépourvu de nectar, moitié plus petit que l'autre, et, par conséquent, dans un état jusqu'à un certain point rudimentaire ; le pistil est recourbé vers le nectaire complet, et le capuchon formé par les pétales internes ne peut s'écarter du pistil et des étamines que dans une seule direction, de sorte que lorsqu'une abeille suce le nectaire parfait, son corps vient frotter contre le stigmate et les étamines. Plusieurs genres voisins comme le *Dielytra*, etc., possèdent deux nectaires complets, le pistil est droit et le capuchon s'écarte de l'un ou de l'autre côté, suivant que l'abeille se porte sur l'un ou l'autre nectaire. Or, j'ai

---

[69] Verlot, *des Variétés*, 1865, p. 89. — Naudin, *Nouvelles Archives du Muséum*, t. I, p. 137.

[70] Discussion sur quelques Calcéolaires péloriques, cité dans *Journal of Horticulture*, 24 févr. 1863, p. 152.

examiné plusieurs *Corydalis tuberosa*, chez lesquelles les deux nectaires étaient également développés et contenaient du nectar ; il y avait donc là un redéveloppement d'un organe partiellement avorté, mais ce redéveloppement était accompagné du redressement du pistil, et de la libre action du capuchon qui pouvait s'écarter d'un côté ou de l'autre ; d'où un retour de la fleur vers cette structure parfaite, si favorable à l'action des insectes, qui caractérise les *Dielytra* et les genres voisins. Ces modifications ne peuvent être attribuées au hasard, ni à une variabilité corrélative, mais bien plutôt à un retour vers un état primordial de l'espèce.

Les fleurs péloriques du *Pelargonium* ont les cinq pétales semblables sous tous les rapports, et ne renferment pas de nectaire ; elles ressemblent donc aux fleurs symétriques du genre voisin des *Géraniums* ; mais les étamines alternes sont parfois aussi dépourvues d'anthères, et seulement représentées par des filaments rudimentaires, et elles ressemblent sous ce rapport aux fleurs symétriques d'un autre genre voisin, celui des *Erodiums*. Ceci nous porte à supposer que les fleurs péloriques du *Pélargonium* ont probablement fait retour à l'état de quelque forme primordiale, ancêtre des trois genres voisins des *Pélargoniums*, des *Géraniums* et des *Érodiums*.

Dans la forme pélorique de l'*Antirrhinum majus*, les fleurs allongées et tubulaires diffèrent étonnamment de celles du muflier commun ; le calice et le sommet de la corolle consistent en six lobes égaux, comprenant six étamines égales au milieu de quatre inégales. Une des deux étamines supplémentaires est évidemment formée par le développement d'une très-petite papille qu'on peut trouver dans toutes les fleurs du muflier commun, à la base de la lèvre supérieure, ainsi que j'ai pu l'observer sur dix-neuf plantes. La preuve que cette papille est bien le rudiment de l'étamine m'a été fournie par ses différents degrés de développement chez des plantes que j'ai examinées, et qui provenaient de croisements entre la variété pélorique du muflier et la forme commune. J'ai eu encore dans mon jardin un *Galeobdolon luteum* pélorique, qui avait cinq pétales égaux, tous rayés comme le pétale inférieur ordinaire, et qui portait cinq étamines égales au lieu de quatre inégales. M. R. Keely, qui m'a envoyé cette plante, m'informe que ses fleurs varient beaucoup, et peuvent présenter de quatre à six lobes sur leurs corolles et de trois à six étamines [71]. Or, comme les membres des deux grandes familles auxquelles appartiennent l'*Antirrhinum* et le *Galeobdolon*, sont normalement pentamères, ayant quelques parties confluentes et d'autres manquant, nous ne devons pas plus regarder la sixième étamine et le sixième lobe de la corolle comme dus à un retour, que les pétales supplémentaires des fleurs doubles dans ces deux mêmes familles. Pour la cinquième étamine de l'*Antirrhinum* pélorique, le cas est différent, parce qu'elle est due au redéveloppement d'un rudiment toujours présent, et qui, en ce qui concerne les étamines, nous révèle probablement l'état de la fleur

---

[71] Pour d'autres cas de six divisions dans les fleurs péloriques des Labiées et des Scrofulariées, voir Moquin-Tandon, *Tératologie*, p. 192.

à quelque époque antérieure. Il serait difficile d'admettre qu'après avoir subi un arrêt de développement à un âge embryonnaire très-peu avancé, les quatre autres étamines et les pétales eussent pu atteindre la perfection de leur couleur, de leur conformation et de leurs fonctions, si ces organes n'avaient, à une époque antérieure, normalement passé par des phases de croissance analogues. Il me paraît donc probable que l'ancêtre du genre *Antirrhinum* doit, à une époque reculée, avoir porté cinq étamines et des fleurs ressemblant, dans une certaine mesure, à celles que produisent actuellement ses formes péloriques. Le fait que la forme nouvelle se transmet souvent par hérédité, comme par exemple chez l'*Antirrhinum* et le *Gloxinia* péloriques et parfois aussi chez le *Corydalis solida* pélorique, prouve que la pélorie n'est pas une simple monstruosité n'ayant aucun rapport avec un état antérieur de l'espèce [72].

On a, enfin, cité beaucoup de cas de fleurs, qu'on ne considère pas généralement comme péloriques, et chez lesquelles certains organes normalement peu nombreux se sont trouvés accidentellement augmentés en nombre. Une telle augmentation ne pouvant être due ni à un arrêt de développement, ni au développement des parties rudimentaires, puisqu'il n'en existe pas, et ces parties additionnelles rapprochant d'ailleurs la plante des autres formes qui sont ses voisines naturelles, elles doivent être probablement considérées comme des retours à une condition primordiale.

Ces divers faits et tout particulièrement les arrêts de développement déterminant l'atrophie partielle ou la suppression totale de certaines parties, — le redéveloppement de parties actuellement dans un état plus ou moins rudimentaire, — la réapparition d'organes dont on ne peut découvrir la moindre trace, —et, enfin, quand il s'agit d'animaux, la présence, pendant le jeune âge, et la disparition ultérieure de certains caractères qui sont quelquefois conservés pendant toute la vie, prouvent de façon intéressante combien certains états anormaux sont intimement connexes. Quelques naturalistes regardent toutes ces structures anormales comme un retour au type idéal du groupe auquel l'animal affecté appartient; mais il est difficile de comprendre ce qu'ils entendent par là. D'autres soutiennent avec plus de probabilité que le lien commun qui réunit les différents faits précités est un retour partiel, mais réel, à la structure de l'ancêtre primitif du groupe. Si cette hypothèse est fondée, nous devons admettre qu'une grande quantité de caractères susceptibles d'évo-

[72] Godron, *Mémoires de l'Acad. de Stanislas*, 1868.

lution restent cachés dans chaque être organisé. Mais il ne faudrait pas supposer que le nombre de ces caractères soit également
grand chez tous. Nous savons, par exemple, que des plantes
appartenant à beaucoup d'ordres divers peuvent être affectées de
pélorie, mais on en a observé bien plus de cas chez les Labiées
et chez les Scrofulariées que chez tout autre ordre ; chez le genre
Linaria, faisant partie des Scrofulariées, on a décrit jusqu'à treize
espèces qui ont présenté des cas de pélorie [73]. Si l'on admet cette
hypothèse relativement à la nature des plantes péloriques, et
si l'on tient compte de certaines monstruosités qui se présentent
dans le règne animal, il faut admettre que les ancêtres primitifs
de la plupart des plantes et des animaux ont laissé sur les
germes de leurs descendants, une impression susceptible d'un
redéveloppement.

Le germe fécondé d'un animal supérieur, soumis comme il
l'est à une immense série de changements, depuis la vésicule
germinative jusqu'à la vieillesse, — incessamment ballotté par
ce que de Quatrefages appelle si bien le *tourbillon vital,* — est
peut-être l'objet le plus étonnant qu'il y ait dans la nature. Il est
probable qu'aucun changement, quel qu'il soit, ne peut affecter
l'un ou l'autre parent, sans laisser de traces sur le germe. Mais
ce dernier, dans l'hypothèse du retour, telle que nous venons de
l'exposer, devient bien plus remarquable encore, car, outre les
changements visibles auxquels il est soumis, il faut admettre
qu'il est bourré de caractères invisibles, propres aux deux sexes,
aux deux côtés du corps, et à une longue lignée d'ancêtres
mâles et femelles éloignés de nous par des centaines ou même
par des milliers de générations ; caractères qui, semblables à
ceux qu'on trace sur le papier avec une encre sympathique, sont
toujours prêts à être évoqués, sous l'influence de certaines conditions connues ou inconnues.

[73] Moquin-Tandon, *Tératologie,* p. 186.

CHAPITRE XIV

HÉRÉDITÉ (*suite*). — FIXITÉ DES CARACTÈRES.
PRÉPONDÉRANCE. — LIMITATION
SEXUELLE. — CORRESPONDANCE DES AGES.

La fixité des caractères ne semble pas due à ce que le caractère est depuis plus longtemps héréditaire. — Prépondérance de la transmission chez les individus d'une même famille, dans les races et les espèces croisées ; souvent plus forte chez un sexe que chez l'autre ; quelquefois due à la présence d'un même caractère visible chez une race et latent chez l'autre. — L'hérédité limitée par le sexe. — Caractères nouvellement acquis chez nos races domestiques souvent transmis, quelquefois perdus par un sexe seul. — Hérédité aux époques correspondantes de la vie. — Importance du principe au point de vue de l'embryologie ; démontrée par les animaux domestiques ; par l'apparition et la disparition de maladies héréditaires ; et leur apparition à un âge plus tendre chez l'enfant que chez le parent. — Résumé des trois chapitres précédents.

Après avoir, dans les précédents chapitres, discuté la nature et la puissance de l'hérédité, les circonstances qui peuvent la modifier, et la tendance au retour avec ses éventualités remarquables, je me propose d'étudier actuellement quelques autres phénomènes qui se rattachent aussi au même sujet de l'hérédité.

FIXITÉ DES CARACTÈRES.

Les éleveurs croient généralement qu'un caractère est d'autant plus fixe, d'autant plus héréditaire qu'il a été transmis depuis plus longtemps chez une même race. Je ne me propose pas de contester le bien fondé de l'hypothèse que l'hérédité gagne en énergie simplement par une continuité prolongée, mais je doute qu'on puisse en apporter la preuve. Dans un sens, la proposition est évidente en elle-même ; en effet, si un caractère est

resté constant pendant un grand nombre de générations, il est
manifeste qu'il y a peu de probabilité pour qu'il se modifie si les
conditions d'existence restent les mêmes. Il en est de même
quand il s'agit de l'amélioration d'une race ; si, pendant un temps
assez long, on écarte soigneusement tous les individus inférieurs,
la race tend évidemment à se fixer, n'ayant pas, pendant un
grand nombre de générations, été croisée avec un animal inférieur. Nous avons vu, sans toutefois pouvoir en dire la cause,
que lorsqu'un caractère nouveau vient à surgir, il arrive parfois
qu'il se fixe très-fortement d'emblée, ou bien il présente beaucoup
de fluctuations, ou bien encore il n'est pas héréditaire. Il en est de
même de la réunion des légères différences qui caractérisent une
nouvelle variété, car, de prime-abord, quelques-unes propagent
leur type beaucoup plus exactement que d'autres. Les plantes
mêmes qu'on multiplie par bulbes, par marcottes, etc., et qu'on
peut considérer, en somme, comme parties intégrantes d'un même
individu, présentent des différences à cet égard ; on sait, en effet,
que certaines variétés conservent et transmettent, beaucoup plus
fidèlement que d'autres, au travers d'une série de générations
par bourgeons, les caractères qu'elles ont nouvellement acquis.
Dans aucun de ces cas, pas plus que dans les suivants, il ne paraît
y avoir le moindre rapport entre l'énergie de transmission d'un
caractère et le temps pendant lequel il a déjà été transmis. Certaines variétés, telles que les jacinthes jaunes et blanches, les
pois de senteur blancs, transmettent leur couleur plus fidèlement
que ne le font les variétés qui ont conservé la coloration naturelle. Dans la famille irlandaise dont il a été question dans le
douzième chapitre, la coloration tricolore spéciale des yeux se
transmettait plus constamment que les couleurs ordinaires. Les
moutons Ancon et Mauchamp, le bétail Niata, qui sont toutes
des races relativement modernes, manifestent une très-grande
puissance d'hérédité : on pourrait citer encore bien des exemples
analogues.

Tous les animaux domestiques et toutes les plantes cultivées
ont varié ; tous, cependant, descendent de formes primitivement
sauvages, qui, sans doute, avaient conservé les mêmes caractères
pendant une période très-prolongée ; il semble donc en résulter
qu'aucun degré d'ancienneté ne peut assurer la transmission

intégrale d'un caractère. On peut, il est vrai, dans ce cas, dire
que les changements dans les conditions d'existence ont déterminé certaines modifications, sans que la puissance d'hérédité
ait fait défaut; mais partout où ce défaut d'hérédité vient à se
produire, il est évident qu'une cause interne ou externe a dû intervenir. En règle générale, les organes ou les parties de nos
produits domestiques qui ont varié, ou qui continuent encore à
varier, — c'est-à-dire qui ne conservent pas leur état antérieur,
— sont précisément ceux qui diffèrent chez les différentes espèces naturelles d'un même genre. La théorie de la descendance
avec modifications veut que les espèces d'un même genre se
soient modifiées depuis qu'elles ont divergé en se séparant d'un
ancêtre commun; il en résulte que les caractères distinctifs de ces
espèces ont varié, tandis que les autres parties de l'organisme
ne se sont pas modifiées; on pourrait en conclure que ces mêmes
caractères varient actuellement sous l'influence de la domestication, ou ne sont pas héréditaires, en raison même de leur antiquité moindre. Mais, à l'état de nature, la variation semble dépendre en grande partie des modifications des conditions d'existence; or, les caractères qui ont déjà varié dans ces conditions
doivent être plus aptes à continuer à le faire, étant donnés les
changements plus considérables encore qu'entraîne la domesticité
indépendamment du plus ou moins d'ancienneté de ces variations.

On a souvent cherché à apprécier la fixité des caractères ou
de l'hérédité d'après les caractères qui, dans les croisements
entre des races distinctes, prédominent chez le produit croisé;
mais ici intervient la prépondérance de transmission, qui, comme
nous allons le voir, est tout autre chose que l'énergie ou la faiblesse de l'hérédité [1]. On a souvent observé que les races d'a-
nimaux habitant des régions montagneuses et sauvages ne peuvent
pas être modifiées d'une manière permanente par nos races améliorées; or, comme celles-ci sont d'origine moderne, on a pensé
que la résistance qu'opposaient à toute amélioration par croisement les races plus sauvages venait de leur plus grande an-

[1] Youatt, On Cattle, p. 69, 78, 88, 92, 163. — Id., On Sheep, p. 325. — Dr Lucas, Hérédité naturelle, t. II, p. 310.

cienneté; mais il est bien plus probable que cette résistance provient de ce que leur constitution et leur conformation sont mieux adaptées aux conditions ambiantes. Les plantes assujetties pour la première fois à la culture transmettent assez fidèlement leurs caractères pendant les premières générations, c'est-à-dire ne varient pas, ce qu'on a attribué à la force d'hérédité d'anciens caractères ; mais on pourrait, avec tout autant ou même plus de probabilité, attribuer ce fait à ce qu'il faut un certain temps aux nouvelles conditions extérieures pour accumuler leur action. Toutefois, il serait peut-être téméraire de nier que les caractères deviennent plus fixes en se transmettant plus longtemps, et je crois qu'on peut résumer ainsi les remarques que nous venons de faire : tous les caractères, quels qu'ils soient, anciens ou nouveaux, tendent à devenir héréditaires, et ceux qui ont déjà résisté à toutes les influences contraires et se sont transmis fidèlement continuent, en règle générale, à résister à ces influences, et par conséquent restent héréditaires.

PRÉPONDÉRANCE DANS LA TRANSMISSION DES CARACTÈRES.

Nous avons constaté, dans le chapitre précédent, que lorsqu'on accouple deux individus appartenant à une même famille, mais assez distincts pour être facilement reconnaissables, ou qu'on croise deux races bien tranchées ou deux espèces, les produits, pendant la première génération, ont des caractères intermédiaires à ceux de leurs parents, ou ressemblent partiellement à l'un et à l'autre. Ce n'est cependant pas là une règle invariable, car on a reconnu que, dans bien des cas, certains individus, certaines races ou certaines espèces exercent une influence prépondérante au point de vue de la transmission de leurs caractères. Prosper Lucas [2] a admirablement traité ce sujet rendu très-complexe par le fait que cette action prépondérante appartient parfois également aux deux sexes, ou est parfois plus énergique dans un sens que dans l'autre ; en outre, la présence de caractères sexuels secondaires rend très-difficile la comparaison des produits métis avec les races parentes.

[2] *Hérédité naturelle*, t. II, p. 112-120.

Il semble que, dans certaines familles, un ancêtre ait eu une puissance très-grande de transmission sur la ligne descendante mâle ; il serait autrement difficile de comprendre que certains traits caractéristiques aient pu se transmettre après des unions avec des femmes appartenant aux familles les plus diverses, ainsi, par exemple, dans la famille impériale d'Autriche. Niebuhr affirme que les qualités intellectuelles se sont également transmises dans certaines familles romaines [3]. Le fameux taureau Favourite [4] passe pour avoir exercé une influence prépondérante sur la race Courtes-cornes. On a également observé [5], chez les chevaux de course anglais, que certaines juments ont généralement transmis leurs caractères propres à leurs produits, tandis que d'autres juments, de sang également pur, ont laissé prévaloir les caractères de l'étalon. M. C.-M. Brown m'apprend que tous les petits d'un fameux levrier noir, Bedlamite, étaient invariablement noirs, quelle que fût d'ailleurs la couleur de la mère, mais Bedlamite était fils de parents noirs et avait par conséquent dans le sang une prépondérance pour le noir.

Les effets de la prépondérance apparaissent mieux dans le croisement des races distinctes. Les Courtes-cornes améliorés, bien qu'appartenant à une race comparativement moderne, possèdent ordinairement, au plus haut degré, le pouvoir d'imprimer leur cachet aux autres races, et c'est surtout à cause de cette faculté qu'ils sont recherchés pour l'exportation [6]. Godine cite un cas curieux : un bélier appartenant à une race du cap de Bonne-Espérance qui ressemble à la chèvre, croisé avec des brebis appartenant à douze races différentes, engendra des petits qui lui ressemblaient de façon absolue. Deux brebis provenant de ce croisement, plus tard couvertes par un bélier mérinos, produisirent des agneaux très-semblables à la race mérinos. Girou de Buzareingues [7] a croisé, pendant plusieurs générations successives, des brebis appartenant à deux races françaises, avec des béliers mérinos ; il a constaté que les brebis d'une de ces races transmettaient leurs caractères à leurs agneaux beaucoup plus longtemps que celles de l'autre. Sturm et Girou citent des cas analogues relatifs à d'autres races de bétail et de moutons, mais où la prépondérance se trouvait du côté mâle. D'après les informations que j'ai recueillies dans l'Amérique du Sud,

[3] Sir H. Holland, *Chapters on Mental Physiology*, 1852, p. 234.
[4] *Gardener's Chronicle*, 1860, p. 270.
[5] N.-H. Smith, *Observations on Breeding ; Encycl. of rural Sports*, p. 278.
[6] Bronn, *Geschichte der Natur*, vol. II, p. 170. — Sturm, *Ueber Racen*, 1825, p. 104-107. — Pour les niatas, voir *Voyage d'un naturaliste autour du Monde*, Paris (Reinwald).
[7] Lucas, *Hércd. Nat.*, t. II, p. 112.

le bétail Niata, dans les croisements avec le bétail ordinaire, est toujours
prépondérant, qu'on se serve des mâles ou des femelles, mais celles-ci ont
une prépondérance encore plus grande que les mâles. Le chat de l'île de
Man a les jambes postérieures longues et est dépourvu de queue ; le docteur
Wilson a croisé un chat de l'île de Man avec des chattes ordinaires, et
sur vingt-trois petits chats, issus de ce croisement, dix-sept étaient dépourvus de queue : dans le cas inverse, c'est-à-dire le croisement d'une
chatte de l'île de Man avec les chats ordinaires, tous les petits étaient
pourvus d'une queue, mais courte et imparfaite [8].

Dans les croisements réciproques entre les pigeons Grosse-gorge et les
pigeons Paons, la race Grosse-gorge semble, quel que soit le sexe, avoir la prépondérance sur l'autre ; mais je crois que ce résultat est plutôt dû à une
faiblesse très-grande du pouvoir de transmission chez le pigeon Paon qu'à
une augmentation extraordinaire de celui du Grosse-gorge, car j'ai observé
que les Barbes ont aussi la prépondérance sur les pigeons Paons. Bien
que la race des pigeons Paons soit ancienne, il paraît que cette faiblesse de son pouvoir de transmission est générale [9] ; j'ai cependant
constaté une exception à cette règle dans un croisement entre un
pigeon Paon et un Rieur. Le cas le plus frappant dont j'aie connaissance
comme faiblesse de transmission chez les deux sexes est relatif au pigeon
Tambour. Cette race, qui est connue depuis cent trente ans environ, se reproduit avec constance, ainsi que me l'ont assuré ceux qui l'élèvent depuis
longtemps ; elle est caractérisée par une touffe particulière de plumes sur
le bec, par une huppe sur la tète, par ses pattes emplumées, et par un roucoulement tout spécial, ne ressemblant en rien à celui des autres races. J'ai
croisé les deux sexes avec des Turbits de deux sous-races, avec des Culbutants
Amandes, des Heurtés et des Runts, j'ai élevé plusieurs métis et les ai recroisés ; or, bien que les produits aient hérité de la huppe et des pattes emplumées (ce qui arrive généralement dans la plupart des races), ils n'ont jamais
présenté aucune trace de la touffe du bec, ni du roucoulement du Tambour.
Boitard et Corbié [10] affirment qu'on obtient toujours ce résultat quand on
croise les pigeons Tambours avec d'autres races. Neumeister [11] dit cependant
qu'en Allemagne on a, rarement il est vrai, obtenu des métis ayant la touffe
et le cri spécial du Tambour ; j'ai fait venir d'Allemagne une paire de ces
métis à huppe, mais je n'ai jamais entendu le roucoulement particulier à la
race. M. Brent [12] assure que des produits croisés d'un Tambour, recroisés
pendant trois générations avec d'autres Tambours, produisirent des petits
qui, quoique contenant 7/8 de sang du pigeon Tambour, ne possédaient pas
la touffe de plumes sur le bec. Cette touffe reparut à la quatrième génération,
mais le roucoulement faisait encore défaut, bien que les oiseaux eussent

[8] M. Orton, *Physiology of Breeding*, 1855, p. 9.
[9] Boitard et Corbié, *Les Pigeons*, 1824, p. 224.
[10] Id., *Ibid.*, p. 178, 198.
[11] *Das Ganze*, etc., 1837, p. 39.
[12] *The Pigeon Book*, p. 46.

alors dans les veines 15 16 de sang du Tambour. Cet exemple prouve quelle différence énorme il y a entre l'hérédité et la prépondérance, car nous avons là une race ancienne et bien établie, qui transmet fidèlement ses caractères, mais qui n'a presque point de puissance pour transmettre ses deux particularités caractéristiques, dès qu'on la croise avec une autre race.

Je me propose d'emprunter encore aux poules et aux pigeons un autre exemple de l'énergie et de la faiblesse de la transmission d'un même caractère à leur descendance croisée. La poule Soyeuse se reproduit exactement, et paraît être une race fort ancienne : cependant, lorsque j'élevai un grand nombre de métis d'une poule Soyeuse, par un coq Espagnol, pas un ne présenta la moindre trace du plumage dit soyeux. M. Hewitt affirme aussi que jamais cette race croisée avec une autre variété ne transmet ses plumes soyeuses. M. Orton constate cependant que, sur un grand nombre d'oiseaux provenant du croisement entre une poule Bantam et un coq Soyeux, trois avaient des plumes soyeuses [13]. Il semble donc certain que cette race a rarement le pouvoir de transmettre à sa progéniture croisée son plumage spécial. D'autre part, il existe une sous-variété du pigeon Paon, dont les plumes sont à peu près dans le même état que celles de la poule Soyeuse : or, nous venons de voir le peu d'énergie que possèdent les pigeons Paons en général, pour transmettre leurs qualités à leurs produits lorsqu'on les croise ; cependant, la sous-variété soyeuse transmet invariablement ses plumes soyeuses, lorsqu'on la croise avec une autre race de petite taille [14].

M. Paul, célèbre horticulteur, m'apprend qu'il a fécondé réciproquement la rose-trémière dite *Prince noir* avec le pollen de la variété dite *Globe blanc* et la variété dite *Limonade* avec la variété *Prince Noir* ; or, aucun des produits de ces croisements n'a hérité de la couleur noire de la variété *Prince noir*. De même, M. Laxton qui s'est beaucoup occupé des croisements entre les diverses variétés de pois m'écrit que, lorsqu'on croise une variété à fleurs blanches avec une variété à fleurs pourpres, ou une variété à graines blanches avec une variété à graines tachetées de pourpre, ou de brun, les produits semblent perdre presque tous les caractères de la variété à fleurs blanches ou de la variété à graines blanches; le résultat est le même quand on s'est servi de ces variétés soit comme élément mâle soit comme élément femelle.

En cas de croisements entre espèces, la loi de la prépondérance se manifeste dans les mêmes conditions que lorsqu'il s'agit de croisements entre des races ou entre des individus. Gärtner [15] a démontré qu'il en est incontestablement ainsi chez les plantes. Pour n'en citer qu'un exemple : lorsqu'on croise le *Nicotiana paniculata* avec le *N. vincæflora*, les caractères du *N. paniculata* disparaissent complètement chez l'hybride ; mais si on

---

[13] *Physiology of Breeding*, p. 22. — M. Hewitt, *Poultry Book*, de M. Tegetmeier, 1866, p. 224.

[14] Boitard et Corbié, *Les Pigeons*, p. 226.

[15] *Bastarderzeugung*, p. 256, 290. — Naudin, *Nouvelles Arch. du Muséum*, t. I, p. 149, cite un exemple frappant de la prépondérance du *Datura stramonium*, quand on le croise avec deux autres espèces.

croise le *N. quadrivalvis* avec le *N. vincæflora*, celui-ci, si prépondérant dans le cas précédent, cède à son tour, et disparaît sous l'influence du *N. quadrivalvis*. Il est assez remarquable que, comme l'a démontré Gärtner, la prépondérance de transmission d'une espèce sur une autre soit tout à fait indépendante de la plus ou moins grande facilité avec laquelle l'une féconde l'autre.

Chez les animaux, le chacal a la prépondérance sur le chien ; c'est ce que constate M. Flourens à la suite de plusieurs croisements opérés entre ces animaux ; j'ai observé le même fait chez un métis de chacal et de terrier. Les observations de Colin et autres prouvent que l'âne a incontestablement sur le cheval une prépondérance plus prononcée du côté du mâle que de la femelle ; ainsi le mulet ressemble plus à l'âne que le bardot [16]. D'après les descriptions de M. Hewitt [17], et les hybrides que j'ai pu observer, le faisan mâle a la prépondérance sur les races gallines domestiques ; mais ces dernières possèdent une grande force de transmission quand il s'agit de la couleur, car des hybrides obtenus de cinq poules différemment colorées présentaient de grandes différences dans le plumage. J'ai eu autrefois l'occasion de voir au Jardin zoologique de Londres des hybrides curieux, obtenus par le croisement du canard Pingouin avec l'oie Égyptienne (*Anser Ægyptiacus*) ; or, bien que je ne sois pas disposé à affirmer que la variété domestique l'emporte sur l'espèce naturelle, il n'en est pas moins vrai que la variété domestique avait transmis aux hybrides le port relevé si particulier qui la caractérise.

Je sais que quelques auteurs attribuent les phénomènes que nous venons d'indiquer non pas à la faculté que possède une espèce, une race, ou un individu, d'imprimer son cachet de façon prépondérante sur ses descendants croisés, mais à de prétendues règles d'après lesquelles le père influence les caractères extérieurs, et la mère les organes internes ou vitaux. Mais la grande diversité des règles indiquées par les différents auteurs prouve leur fausseté. Le docteur Prosper Lucas [18] a soigneusement discuté ce point, et il a démontré qu'aucune de ces règles (et je pourrais en ajouter d'autres à

---

[16] Flourens, *Longévité humaine*, p. 144, sur les chacals croisés. Quant à la différence du mulet et du bardot, on l'a généralement attribuée à ce que le père et la mère transmettent différemment leurs caractères. Mais Colin, qui, dans son *Traité de Physiologie comparée*, t. II, p. 537-539, donne la description la plus complète que je connaisse de ces hybrides réciproques, penche fortement vers la prépondérance de l'âne dans les deux croisements, mais à un degré inégal. C'est aussi la conclusion de Flourens et celle de Bechstein, *Naturgeschichte Deutschlands*, vol. I, p. 294. La queue du bardot ressemble beaucoup plus à celle du cheval que ne le fait la queue du mulet, ce qu'on explique généralement en disant que les mâles des deux espèces transmettent plus fortement cette partie de leur conformation ; cependant j'ai vu au Jardin zoologique de Londres un métis complexe, provenant d'une jument croisée par un métis âne-zèbre, et dont la queue ressemblait tout à fait à celle de la mère.

[17] M. Hewitt, qui a élevé un grand nombre de ces hybrides, dit (*Poultry Book*, de Tegetmeier, 1866, p. 165-167) que chez tous la tête était dépourvue de caroncules, de crête et de lobules auriculaires, et qu'ils ressemblaient au faisan par la forme de la queue et le contour général du corps. Ces hybrides ont été obtenus par le croisement de plusieurs poules diverses avec un faisan mâle ; mais un autre hybride, obtenu par le croisement d'une faisane avec un coq Bantam galonné d'argent, portait une crête rudimentaire et des caroncules.

[18] *Héréd. Nat.*, t. II, livre II, chap. I.

celles qu'il a citées) n'est applicable à tous les animaux. Gärtner [19] a prouvé que des règles analogues énoncées pour les plantes sont également erronées. Tant qu'on ne s'attache qu'à des races domestiques appartenant à une seule espèce, ou peut-être même aux espèces d'un même genre, quelques-unes de ces règles peuvent être vraies ; il semble, par exemple, que dans les croisements réciproques des diverses races gallines, le mâle transmet généralement sa couleur [20], mais j'ai eu sous les yeux des exceptions très-frappantes. Il semble que chez les moutons, c'est le bélier qui donne aux produits croisés ses cornes et sa toison spéciale ; et que, chez le bétail, c'est du taureau que dépend la présence ou l'absence des cornes.

J'aurai, dans le chapitre suivant, où nous traiterons du croisement, l'occasion de démontrer que certains caractères ne se mélangent que rarement ou jamais, dans le produit du croisement, mais sont transmis sans altération par l'un ou l'autre parent ; je mentionne ici ce phénomène, parce qu'il est quelquefois accompagné d'une prépondérance marquée de l'un des parents, ce qui semble donner à celle-ci plus d'énergie qu'elle n'en a réellement. Je démontrerai, dans le même chapitre, que la rapidité avec laquelle une espèce ou une race en efface ou en absorbe une autre au moyen de croisements réitérés dépend principalement de la prépondérance de sa puissance de transmission.

En résumé, quelques-uns des cas précités, — celui du pigeon Tambour, par exemple, — prouvent qu'il existe une grande différence entre l'hérédité simple et la prépondérance, laquelle, dans l'ignorance où nous sommes, nous paraît agir le plus souvent de façon tout à fait capricieuse. Un même caractère, même anormal ou monstrueux, tel que les plumes soyeuses, peut être transmis par différentes espèces, lorsqu'on les croise, ou très-fortement ou très-faiblement. Il est évident qu'une forme pure, à quelque sexe qu'elle appartienne, dans tous les cas où il n'y aura pas prépondérance plus énergique chez un sexe que chez l'autre, doit l'emporter dans la transmission de ses caractères sur une forme métis et déjà variable [21]. Plusieurs exemples cités précédemment nous permettent de conclure que le seul fait de l'ancienneté d'un caractère ne le rend pas pour cela nécessairement

---

[19] *Bastarderzeugung*, p. 264-266. — Naudin, *Nouv. Arch. du Muséum*, t. I, p. 148, est arrivé à une conclusion semblable.

[20] *Cottage Gardener*, 1856, p. 101, 137.

[21] Voir quelques remarques sur ce sujet à propos du mouton, par M. Wilson, *Gardener's Chronicle*, 1863, p. 15. M Malingié-Nouel cite plusieurs exemples frappants des résultats obtenus par les croisements entre les races ovines anglaises et françaises (*Journal Roy. Agricult. Soc.*, vol. XIV, 1853, p. 220). Il constate qu'il est parvenu à assurer la prépondérance de la race anglaise en croisant des pur-sang anglais avec des hybrides français.

prépondérant. Dans quelques cas, la prépondérance paraît dépendre de ce qu'un même caractère est présent et visible chez une des deux races qu'on croise, et latent ou invisible chez l'autre ; il est naturel que, dans ce cas, le caractère étant potentiellement présent chez les deux ascendants, il soit prépondérant. Ainsi, nous avons tout lieu de croire qu'il y a chez tous les chevaux, une tendance latente à affecter la couleur isabelle et à porter des raies ; en conséquence, lorsqu'on croise un cheval ainsi caractérisé avec un autre affectant une couleur quelconque, il est presque certain que le produit est rayé. Les moutons présentent aussi une tendance à prendre une couleur foncée, et nous avons vu avec quelle énergie un bélier, n'ayant que quelques taches noires, croisé avec des brebis blanches de diverses races, tendait à colorer sa descendance. Tous les pigeons ont une tendance latente à revêtir un plumage bleu ardoisé, avec des marques spéciales, et on sait que, lorsqu'on croise un oiseau de cette couleur avec un pigeon affectant une couleur quelconque, il est ensuite très-difficile d'éliminer la nuance bleue. Les Bantams noirs, qui, en devenant vieux, tendent à reprendre des plumes rouges, offrent un cas analogue. Mais la règle souffre des exceptions ; car les races de bétail sans cornes, qui possèdent une tendance latente à pousser des cornes, peuvent cependant se croiser avec des races à cornes, sans que les produits en aient toujours.

Les plantes nous offrent des exemples analogues. Les fleurs rayées, quoique pouvant se propager exactement par semis, ont une tendance latente à prendre une coloration uniforme ; mais une fois qu'on les a croisées avec une variété unicolore, elles ne reproduisent plus ensuite par semis des plantes rayées [22]. Le cas suivant est encore plus curieux à certains égards ; certaines plantes péloriques portant des fleurs régulières ont une tendance latente si forte à reproduire leurs fleurs normales et irrégulières que le changement a lieu par bourgeons, simplement en les transplantant dans un sol plus pauvre ou plus riche [23]. J'ai croisé le muflier (*Antirrhinum majus*) pélorique, décrit dans le chapitre

[22] Verlot, *des Variétés*, 1865, p. 66.
[23] Moquin-Tandon, *Tératologie*, p. 191.

précédent, en le fécondant par du pollen de la forme ordinaire,
et réciproquement ce dernier par du pollen pélorique, et pas
une des nombreuses plantes produites par les deux semis ne fut
affectée de pélorie. Naudin [24] a obtenu le même résultat en croisant le Linaria pélorique avec la forme ordinaire. L'examen
attentif des fleurs de quatre-vingt-dix plants d'Antirrhinum
croisés, me prouva que leur conformation n'avait été aucunement
affectée par le croisement, sauf que, chez quelques-unes, le faible
rudiment de la cinquième étamine qui est toujours présent, était
plus ou moins développé. On ne peut pas attribuer cette disparition complète de la pélorie chez ces plantes croisées à un défaut dans la puissance de transmission ; car j'ai obtenu par semis
une grande quantité de plants de l'Antirrhinum pélorique, fécondé par son propre pollen ; seize d'entre eux, qui seuls passè-
rent l'hiver, étaient aussi complétement péloriques que la plante
mère. C'est là un excellent exemple de l'énorme différence qui
existe entre l'hérédité d'un caractère et le pouvoir de le transmettre à un produit croisé. Je laissai les plantes croisées,
semblables au muflier ordinaire, se semer d'elles-mêmes, et, sur
cent dix-sept qui levèrent, quatre-vingt-huit reproduisirent le
muflier commun, deux possédaient des caractères intermédiaires entre la forme normale et la forme pélorique ; et trente-sept,
entièrement péloriques, avaient fait retour à la conformation
d'un des grands-parents. Ce cas semble d'abord faire exception
à la règle en vertu de laquelle un caractère présent chez un
ascendant, et latent chez l'autre, est généralement prépondérant
chez le produit du croisement. En effet, toutes les Scrofulariées et surtout les genres Antirrhinum et Linaria, ont, comme
nous l'avons vu précédemment, une tendance latente prononcée
à la pélorie ; les plantes péloriques possèdent aussi, comme
nous l'avons vu, une tendance encore plus forte à reprendre
leur conformation normale irrégulière. Il existe donc chez les
mêmes plantes deux tendances latentes opposées. Or, chez les
Antirrhinums croisés, la tendance à produire des fleurs irrégulières, mais normales, a prévalu pendant la première génération,
tandis que la tendance à la pélorie, paraissant s'être fortifiée par

[24] *Nouv. Arch. du Muséum,* t. I, p. 137.

l'interposition d'une génération, a largement prévalu chez les
plantes du second semis. Nous examinerons dans le chapitre sur
la pangenèse, comment un caractère peut se renforcer par l'interposition d'une génération.

En résumé, différentes causes contribuent à rendre très-complexe la question de la prépondérance. Les principales causes
sont : la variation de l'énergie de la prépondérance, alors
même qu'il s'agit d'un même caractère chez des animaux
différents ; les différences qu'elle présente suivant les sexes,
car, elle se manifeste tantôt également chez les deux sexes,
tantôt, ce qui arrive souvent chez les animaux, mais non chez
les plantes, elle se manifeste beaucoup plus fortement chez un
sexe que chez l'autre ; l'existence de caractères sexuels secondaires ; la limitation par le sexe de la transmission de certains
caractères, point que nous allons développer ; le défaut de fusion
de certains caractères ; et peut-être encore les effets d'une fécondation antérieure de la mère. Il n'est donc pas étonnant que,
jusqu'à présent, on n'ait pas réussi à formuler des règles générales sur la question de la prépondérance.

LIMITATION DE L'HÉRÉDITÉ PAR LE SEXE.

On voit souvent apparaître chez un sexe des caractères nouveaux, qui se transmettent ensuite au même sexe, soit exclusivement, soit à un degré plus prononcé qu'à l'autre. Ce sujet n'est
pas sans importance, car, chez beaucoup d'animaux à l'état de
nature, il existe des caractères sexuels secondaires très-appa-
rents, qui n'ont aucun rapport direct avec les organes de la
reproduction. Ces caractères secondaires, chez nos animaux
domestiques, diffèrent souvent très-considérablement de ceux
qui caractérisent les deux sexes de l'espèce parente ; le principe
de l'hérédité limitée par le sexe explique ce phénomène.

Le Dr P. Lucas [25], a démontré que lorsqu'une particularité, n'ayant d'ailleurs aucun rapport avec les organes reproducteurs, apparaît chez l'un
des deux parents, elle est souvent transmise exclusivement aux produits du

---

[25] *Héréd. Nat.*, t. II, p. 137-163. — Voir aussi les travaux de M. Sedgwick, cités dans
la note 27.

même sexe, ou tout au moins à un plus grand nombre d'entre eux qu'à ceux du sexe opposé. Ainsi, Lambert ne transmit qu'à ses fils et à ses petit-fils sa peau si particulière ; on a observé le même fait de transmission dans des cas d'ichthyose, de doigts additionnels, de phalanges ou de doigts manquants, et, à un degré moindre, de quelques maladies, surtout l'incapacité de distinguer les couleurs ou le daltonisme et la diathèse hémorrhagique, c'est-à-dire l'extrême perte de sang à la suite de la blessure la plus légère. D'autre part, des mères ont, pendant plusieurs générations, transmis à leurs filles seules des doigts additionnels ou incomplets, le daltonisme et d'autres particularités. De sorte qu'une même singularité peut s'attacher à un sexe, et être longtemps héréditaire chez ce seul sexe; mais, dans certains cas, cet attachement a lieu plus fréquemment sur un sexe que sur l'autre. Une même particularité peut aussi devenir héréditaire indistinctement chez les deux sexes. Le docteur Lucas cite des faits qui prouvent que le père peut occasionnellement transmettre ses caractères particuliers à ses filles seules, et la mère à ses fils seuls ; mais, même dans ces cas, nous voyons que l'hérédité est encore, jusqu'à un certain point, quoique en sens inverse, réglée par le sexe. Après avoir pesé l'ensemble des preuves, le Dr Lucas conclut que tout caractère particulier tend plus ou moins à devenir héréditaire chez le sexe où il a apparu d'abord. J'ai, d'ailleurs, démontré dans un autre ouvrage [26] qu'une règle plus définie s'applique ordinairement, c'est-à-dire que les variations qui se produisent pour la première fois chez l'un ou l'autre sexe, à une période avancée de la vie, alors que les fonctions reproductrices sont en pleine activité, tendent à se développer chez le sexe seul qui a été affecté, tandis que les variations qui surgissent dans l'enfance, chez l'un ou l'autre sexe se transmettent ordinairement aux deux sexes. Je me garderais cependant d'affirmer que ce soit là la seule cause déterminante.

Il convient de résumer brièvement quelques-uns des cas recueillis par M. Sedgwick [27]. Le daltonisme, sans qu'on sache pourquoi, se manifeste plus souvent chez les hommes que chez les femmes ; sur plus de deux cents cas observés par M. Sedgwick, les 9/10 se rapportaient à des hommes ; mais, cette affection se transmet très-facilement par les femmes. Dans un cas signalé par le Dr Earle, les membres de huit familles alliées furent affectés pendant cinq générations ; ces familles comprenaient soixante et un individus, trente-deux du sexe masculin, dont les 9 16 étaient incapables de distinguer les couleurs, et vingt-neuf du sexe féminin, dont 1/15 seulement présentait la même affection. Bien que le daltonisme semble généralement s'attacher au sexe mâle, on cite cependant un exemple de son apparition chez une femme ; cette affection se perpétua pendant cinq générations, chez treize personnes, toutes du sexe féminin. Une diathèse hémorrhagique

---

[26] Darwin, *La Descendance de l'Homme.*
[27] Sur la limitation sexuelle des maladies héréditaires, *British and Foreign Med.-Chir. Review,* avril 1861, p. 477 juillet, p. 198 ; avril 1863, p. 445 ; et juillet, p. 159. Voir aussi dans le même recueil, en 1867, un mémoire sur l'*Influence de l'âge dans les maladies héréditaires.*

accompagnée de rhumatismes, a été observée pendant cinq générations chez les hommes seuls d'une famille, bien que l'affection ait été transmise par les femmes. Les femmes seules d'une famille pendant dix générations, héritèrent de doigts trop courts par suite de l'absence d'une phalange. Un père de famille présentant la même anomalie aux mains et aux pieds, transmit ce caractère à ses deux fils et à une fille ; mais, à la troisième génération, composée de dix-neuf petits enfants, douze garçons héritèrent du défaut de famille, tandis que les sept filles n'en offrirent pas de traces. Dans les cas ordinaires de limitation sexuelle, les fils ou les filles héritent du caractère particulier du père ou de la mère, quel qu'il puisse être, et le transmettent à leurs enfants du même sexe ; mais dans les cas de diathèse hémorrhagique, d'insensibilité pour les couleurs, et quelques autres, les fils n'héritent jamais de la particularité directement du père, mais la tendance latente est transmise par les filles seules, de sorte qu'elle ne se manifeste que chez les enfants mâles de ces dernières. Ainsi, le père, son petit-fils et le petit-fils de ce dernier présentent un caractère particulier qui a été transmis à l'état latent par la grand'mère, la fille et l'arrière petite-fille. Nous nous trouvons donc en présence, comme le fait remarquer M. Sedgwick d'un double atavisme ; chaque petit-fils recevant en apparence son caractère particulier de son grand père, et chaque fille tenant de sa grand'mère la tendance latente à le transmettre.

Les divers faits signalés par le Dr Lucas, M. Sedgwick et d'autres, semblent prouver que des particularités qui apparaissent d'abord chez l'un ou l'autre sexe, tout en n'ayant aucun rapport immédiat avec le sexe, ont une forte tendance à reparaître chez les descendants appartenant au même sexe, mais sont souvent transmises à l'état latent par le sexe opposé.

Chez les animaux domestiques, certains caractères, qui ne sont pas spéciaux à l'espèce parente, sont souvent restreints à un seul sexe ou héréditaires chez lui ; mais nous ignorons l'histoire de leur première apparition. Nous avons vu que les moutons mâles de certaines races diffèrent beaucoup des femelles, par la forme de leurs cornes, qui font même quelquefois complétement défaut chez les brebis, par le développement de la graisse chez les races à grosse queue, et par le contour du front. A en juger par les caractères des espèces sauvages voisines, on ne peut pas attribuer ces différences à des formes primitives distinctes. On remarque aussi une notable divergence dans les cornes des deux sexes d'une race indienne de la chèvre. Le zébu mâle possède, dit-on, une bosse plus grosse que la femelle. Chez le lévrier écossais, les deux sexes présentent une différence de taille beaucoup plus prononcée qu'elle ne l'est chez toutes les autres races de chiens[28], et, à en juger par analogie, que chez l'espèce primitive. La particularité de coloration des chats dits tricolores est très-rare chez les mâles qui affectent en général une teinte fauve.

Chez diverses races gallines, les mâles et les femelles offrent souvent de

---

[28] W. Scrope, *Art of Deer Stalking*, p. 354.

grandes différences, qui sont loin d'être les mêmes que celles qui distinguent les deux sexes, chez l'espèce primitive, le *Gallus bankiva* ; elles se sont, par conséquent, développées sous l'influence de la domestication. Certaines sous-variétés de la race de Combat nous offrent le cas peu ordinaire de poules différant les unes des autres plus que ne le font les coqs. Les poules de la race indienne blanche et enfumée ont toujours la peau noire et les os recouverts d'un périoste de même couleur, caractères qu'on ne rencontre jamais ou très-rarement chez les coqs. La grande famille des pigeons offre un exemple plus intéressant encore : en effet, les deux sexes ne diffèrent presque pas, et notamment les mâles et les femelles de l'espèce souche, le *C. livia*, ne peuvent être distingués les uns des autres ; or, nous avons vu que chez les Grosses-gorges, la faculté de distendre le jabot qui est caractéristique de la race, est beaucoup plus développée chez le mâle que chez la femelle ; chez d'autres sous-variétés, les mâles seuls sont tachetés ou rayés de noir. Chez les Messagers anglais, la différence qui existe entre les mâles et les femelles, quant au développement des caroncules du bec et des yeux, est très-apparente. Nous avons donc là des cas d'apparition de caractères secondaires sexuels domestiques chez des races appartenant à une espèce qui, à l'état de nature, n'offre rien de semblable.

Par contre, certains caractères sexuels secondaires, propres à l'espèce à l'état de nature, diminuent beaucoup ou disparaissent parfois entièrement sous l'influence de la domestication. Ainsi, par exemple, les races améliorées de nos porcs domestiques ont de très-petites canines, comparativement aux crocs du sanglier. Les mâles de certaines sous-races gallines ont perdu leurs belles rectrices ondoyantes et les plumes de la collerette ; chez certaines autres, il n'y a aucune différence de coloration entre les deux sexes. Dans quelques cas, le plumage barré, qui, chez les gallinacés, est l'apanage de la poule, a été transféré au coq, comme chez les sous-races coucous. Dans d'autres, les caractères masculins ont été partiellement transmis à la femelle, comme le magnifique plumage de la poule de Hambourg pailletée dorée ; l'énorme crête de la poule Espagnole ; l'humeur belliqueuse de la poule de Combat ; enfin, les ergots. qui se développent quelquefois chez les poules de diverses races. Chez la race huppée, les deux sexes portent une huppe, formée, chez le mâle, par des plumes semblables aux plumes de la collerette, ce qui constitue un caractère masculin nouveau pour le genre *Gallus*. En résumé, autant que je puis en juger, les caractères nouveaux semblent apparaître plus volontiers chez les mâles de nos animaux domes-

tiques que chez les femelles [29], pour se transmettre ensuite exclusivement, ou tout au moins beaucoup plus fréquemment, à la
descendance mâle. Enfin, le principe de la limitation de l'hérédité
par le sexe, nous permet de conclure que l'apparition et l'augmentation, chez les espèces naturelles, des caractères sexuels secondaires ne présente pas de difficulté particulière, car ces caractères découlent de cette forme de la sélection que j'ai appelée
sélection sexuelle.

HÉRÉDITÉ AUX PÉRIODES CORRESPONDANTES DE LA VIE.

Depuis la publication de l'*Origine des Espèces*, je n'ai eu aucune raison pour mettre en doute la vérité de l'explication que
j'ai donnée alors d'un phénomène biologique extrêmement intéressant, à savoir la différence qui existe entre l'embryon et l'animal adulte. Les variations, en effet, ne se produisent pas nécessairement ni généralement à une époque très-antérieure du développement embryonnaire, et elles sont héréditaires à l'âge correspondant. Il en résulte que l'embryon, même lorsque la forme
parente a subi de grandes modifications, ne se modifie que très-
légèrement; en outre, les embryons d'animaux très-différents,
descendant d'un ancêtre commun, continuent, sous bien des rapports importants, à ressembler les uns aux autres et à leur ancêtre primitif commun. Il en résulte aussi que l'embryologie jette
une vive lumière sur le système naturel de la classification, qui
doit, autant que possible, être généalogique. Lorsque l'embryon
mène une vie indépendante, c'est-à-dire lorsqu'il devient larve,
il faut que, par sa conformation et ses instincts, indépendamment
de ce que peuvent être ces circonstances chez ses parents, il puisse
s'adapter aux conditions extérieures dans lesquelles il se trouve;
c'est ce que rend possible l'hérédité aux périodes correspondantes de la vie.

Ce principe est, en un certain sens, tellement évident, qu'il
échappe à notre attention. Nous possédons de nombreuses races
d'animaux et de plantes qui, comparées les unes aux autres et à

---

[29] J'ai cité, dans la *Descendance de l'Homme*, un nombre de faits suffisant pour prouver
que les animaux mâles sont ordinairement plus variables que les femelles.

leurs formes primitives, présentent, tant à l'état parfait qu'imparfait, des différences considérables. Les graines des différentes sortes de pois, de fèves, de maïs, se propagent avec constance et diffèrent cependant beaucoup au point de vue de la forme, de la couleur et de la grosseur, tandis que les plantes adultes diffèrent très-peu. D'autre part, le feuillage et le mode de croissance des choux diffèrent considérablement, tandis que les graines ne diffèrent presque pas. On peut, en un mot, établir en règle générale que les différences entre les plantes cultivées, à diverses périodes de leur croissance, n'ont aucun rapport réciproque nécessaire, car des plantes très-divergentes au point de vue de la graine peuvent se ressembler à l'état adulte, tandis qu'inversement des plantes très-différentes, une fois développées, peuvent fournir des graines semblables. Chez les diverses races gallines qui descendent d'une seule espèce, les différences que l'on constate chez les œufs, les poulets, le plumage de la première mue et des mues suivantes, la crête et les caroncules, sont toutes héréditaires. Il en est de même, chez l'homme, des particularités que présentent les deux dentitions ; la longévité est aussi souvent transmissible. De même, chez nos races améliorées de bétail et de moutons, la précocité, y compris un prompt développement des dents, et chez certaines races gallines l'apparition précoce des caractères secondaires sexuels, sont autant de faits qui se rattachent à l'hérédité aux périodes correspondantes.

Je pourrais citer un grand nombre de faits analogues. Le ver à soie nous offre un des meilleurs exemples ; en effet, chez les races qui transmettent le mieux leurs caractères, les œufs diffèrent au point de vue de la grosseur, de la couleur et de la forme ; les vers varient par la couleur, par le nombre des mues, qui peut être de trois ou de quatre, par une marque foncée ressemblant à un sourcil, par la perte de certains instincts ; les cocons diffèrent par la forme, la grosseur, la couleur et la qualité de la soie ; or, malgré toutes ces différences, le papillon définitif est à peu près toujours le même.

On peut dire que si, dans les cas précités, une nouvelle particularité devient héréditaire, elle ne peut l'être qu'à la phase correspondante du développement ; car un œuf ou une graine ne peut ressembler qu'à un œuf ou à une graine, et la corne d'un

bœuf adulte ne peut ressembler qu'à une corne. Les cas qui
suivent prouvent plus clairement l'hérédité aux époques correspondantes, parce qu'ils ont trait à des particularités qui auraient
pu surgir plus tôt ou plus tard, et qui, cependant, sont devenues
héréditaires à la même période que celle où elles ont paru pour
la première fois.

Dans la famille Lambert, les excroissances de l'épiderme ont paru chez le
père et chez les fils, au même âge, c'est-à-dire environ neuf semaines après
la naissance [30]. Dans la famille velue si extraordinaire décrite par M. Crawfurd [31], trois générations vinrent au monde avec les oreilles velues ; le
poil avait commencé à pousser sur le corps du père à l'âge de six ans ; un
peu plus tôt chez sa fille, c'est-à-dire à un an ; dans les deux générations,
les dents de lait avaient été tardives, et les dents définitives restèrent très-
imparfaites. On a observé, chez quelques familles, la transmission de cheveux gris à un âge très-précoce. Ces cas touchent de près aux maladies qui
se transmettent héréditairement à des époques correspondantes de la vie ;
nous aurons bientôt à nous en occuper.

On sait que chez les pigeons Culbutants amande, les caractères particuliers et la beauté complète de leur plumage ne se manifestent qu'après la seconde ou la troisième mue. Neumeister a décrit et figuré une race de pigeons chez lesquels le corps est blanc, à l'exception du cou, de la tête et
de la gorge ; mais, avant la première mue, toutes les plumes blanches ont un
bord coloré. Chez une autre race, le premier plumage est noir, les ailes
portent des bandes rougeâtres, et la poitrine une marque en forme de croissant ; ces marques deviennent ensuite blanches et conservent cette couleur
pendant trois ou quatre mues ; enfin le blanc s'étend sur tout le corps, et
l'oiseau perd toute sa beauté [32]. Les canaris de prix ont la tête et la queue
noires ; mais cette coloration ne durant que jusqu'à la première mue, il
faut les présenter aux concours avant que ce changement ait eu lieu. Il va
sans dire que tous les oiseaux de cette race ont la queue et les ailes noires
pendant la première année [33]. On a cité un fait analogue très-curieux relatif
à une famille de freux sauvages pie [34] observés pour la première fois à Chal-
font, en 1798 ; depuis cette époque jusqu'à celle de la publication de la
notice à leur sujet, en 1837, on avait remarqué, dans chaque couvée annuelle,
quelques oiseaux partie blancs et partie noirs. Ce plumage panachée disparaît toutefois après la première mue ; il reste cependant toujours quelques individus pie dans les jeunes familles successives. Ces modifications

[30] Prichard, *Phys. Hist. of Mankind*, 1051, vol. I, p. 349.
[31] *Embassy to the Court of Ava*, vol. I, p. 320. — La troisième génération a été décrite
par le Cap. Yule dans *Narrative of the Mission to the Court of Ava*, 1855, p. 94.
[32] *Das Ganze der Taubenzucht*, 1837, p. 21. table I, fig. 4 ; p. 24, table IV, fig. 2.
[33] Kidd, *Treatise on the Canary*, p. 18.
[34] Charlesworth, *Mag. of Nat. Hist.*, vol. I, 1837, p. 167.

de plumage qui surgissent et deviennent héréditaires aux mêmes périodes
de la vie, chez le pigeon, chez le canari et chez le freux, sont très-remarquables, car les espèces parentes ne présentent aucun changement de ce genre.

Les maladies héréditaires fournissent une preuve de l'hérédité aux
époques correspondantes, peut-être moins importante à certains égards que
les cas précédents, parce que les maladies ne sont pas nécessairement liées à
des modifications de conformation; mais, d'un autre côté, elles ont de l'importance, parce qu'on a mieux observé les époques de leur apparition.
Quelques maladies peuvent être communiquées par une sorte d'inoculation
aux enfants, qui en sont dès lors affectés dès la naissance ; ces cas sont
étrangers à notre sujet, et nous pouvons les laisser de côté. Plusieurs catégories de maladies apparaissent ordinairement à une certain période, telle
que la danse de Saint-Guy dans la jeunesse, la phthisie dans l'âge moyen, la
goutte plus tard et l'apoplexie plus tard encore; elles sont naturellement
héréditaires aux mêmes époques. Mais, même pour des maladies de ce
genre, on a, comme pour la danse de Saint-Guy, des exemples qui prouvent que la tendance à contracter cette maladie plus tôt ou plus tard est
héréditaire [35]. Dans la plupart des cas, l'apparition d'une maladie héréditaire est provoquée par certaines périodes critiques dans la vie de chaque
personne, ainsi que par des conditions défavorables. Il y a beaucoup d'autres
maladies qui, sans se rattacher à aucune période particulière, tendent à se
montrer chez l'enfant au même âge que celui où elles ont éclaté chez le
parent, et on pourrait citer à l'appui de cette assertion un bon nombre des
plus hautes autorités anciennes et modernes. C'était l'opinion de l'illustre
Hunter, et Piorry [36] recommande au médecin d'observer attentivement l'enfant, lorsqu'il arrive à l'âge où quelque maladie héréditaire grave s'est déclarée chez le parent. Le Dr Lucas [37], après avoir puisé des faits à toutes
les sources, affirme que les affections de toute nature, même celles qui ne
sont liées à aucune période particulière de la vie, tendent à reparaître chez
les descendants à l'époque où elles ont apparu chez l'ascendant.

Vu l'importance du sujet, nous citerons encore quelques exemples
choisis dans le but de prouver que, lorsqu'il y a une déviation à la règle,
l'enfant peut être affecté plus tôt que ne l'a été son parent. Dans la famille Lecompte, la cécité fut héréditaire pendant trois générations, et vingt-
sept enfants et petits-enfants devinrent tous aveugles à peu près au même
âge entre dix-sept et vingt-deux ans [38]. Dans un autre cas, un père et ses
quatre enfants furent atteints de cécité à l'âge de vingt et un ans ; dans un
autre, une grand'mère devint aveugle à trente-cinq ans, sa fille à dix-neuf
et ses trois petits enfants à treize et à onze ans [39]. De même pour la surdités

---

[35] Lucas, *Héréd. Nat.*, t. II, p. 713.

[36] *L'hérédité dans les maladies*, 1840, p. 135.   Pour Hunter, voir Harlan, *Medical
Researches*, p. 530.

[37] *O. C.*, t. II, p. 850.

[38] Sedgwick, *O. C.*, 1861, p. 485. On porte parfois le nombre des enfants et des petits
enfants à 37. C'est là une erreur.

[39] Lucas, *O. C.*, t. I, p. 400.

deux frères, leur père et leur grand-père paternel devinrent tous sourds à l'âge de quarante ans [40].

Esquirol cite quelques exemples frappants d'aliénation mentale qui s'est déclarée au même âge ; entre autres celui d'un grand-père, du père et du fils, qui tous se suicidèrent aux environs de leur cinquantième année ; et celui d'une famille entière, dont tous les membres furent atteints d'aliénation mentale à l'âge de quarante ans [41]. D'autres affections cérébrales paraissent soumises à la même règle, comme l'apoplexie et l'épilepsie. Une femme mourut d'apoplexie dans sa soixante-troisième année ; une de ses filles dans sa quarante-troisième année, et une autre dans sa soixante-septième année ; cette dernière eut douze enfants, qui moururent tous de méningite tuberculeuse [42]. Je mentionne ce dernier cas comme exemple d'un fait assez fréquent, le changement dans la nature de la maladie héréditaire, bien que cette dernière continue d'affecter le même organe.

On a vu l'asthme frapper divers membres d'une même famille à l'âge de quarante ans, et ceux d'autres familles pendant leur enfance. Les maladies les plus différentes, telle que l'angine pectorale, la pierre et des affections de la peau, peuvent se déclarer dans les générations successives à peu près au même âge. Le petit doigt ayant, par une cause inconnue, commencé à se recourber en dedans chez un homme, le même fait se présenta chez ses deux fils au même âge que chez le père. Des affections névralgiques étranges et inexplicables se déclarent souvent chez les parents et chez les enfants, à la même période de leur existence [43].

Voici encore deux cas qui sont intéressants comme exemples de la disparition aussi bien que de l'apparition d'une maladie aux âges correspondants. Deux frères, leur père, leurs oncles paternels, sept cousins et le grand père paternel, avaient tous été semblablement affectés d'une maladie de la peau nommée *pityriasis versicolor;* cette affection, qui fut rigoureusement circonscrite aux mâles de la famille (bien que transmise par les femmes) parut à l'époque de la puberté et disparut entre quarante et quarante-cinq ans. Dans l'autre cas, quatre frères à l'âge de douze ans souffraient chaque semaine de violents maux de tête ; leur père, leurs oncles paternels, leur grand-père et leurs grands-oncles paternels avaient tous éprouvé ces mêmes maux de tête, qui avaient disparu à l'âge de cinquante-cinq à cinquante-six ans, et dont aucune des femmes de la famille n'avait été affectée [44].

Il est impossible d'examiner les faits qui précèdent et tant d'autres signalés de toutes parts relativement à des maladies qui apparaissent au même âge chez plusieurs membres d'une même

[40] Sedgwick, *O. C.*, p. 202.
[41] Piorry, *O. C.*, p. 109. — Lucas, t. II, p. 739.
[42] Lucas, *O. C.*, t. II, p. 748.
[43] Lucas, t. II, p. 678, 700, 702. — Sedgwick, 1863, p. 449; et juillet 1863, p. 162. — Dr J. Steinan, *Essay on Hereditary Disease*, 1843, p. 27, 34.
[44] Dr H. Stewart, *Med.-Chir. Review*, avril 1863, p. 449, 477.

famille, et dans le cours de trois générations et même davantage, surtout quand il s'agit d'affection rares dont la coïncidence ne peut être attribuée au hasard, sans arriver à la conclusion qu'il existe une tendance évidente à la transmission héréditaire des maladies aux époques correspondantes de la vie. Les exceptions, lorsqu'il s'en présente, ont lieu dans le sens d'une manifestation plus précoce de la maladie chez l'enfant que chez son parent, et très-rarement dans le sens inverse. Le Dr Lucas [45] cite plusieurs cas de maladies héréditaires qui se sont déclarées beaucoup plus tôt chez l'enfant ; nous en avons cité un exemple très-frappant, c'est-à-dire la cécité qui s'est propagée dans une famille pendant trois générations ; M. Bowman remarque que cela arrive souvent pour la cataracte. Il en est de même pour le cancer ; sir J. Paget, qui a tout spécialement étudié ce sujet, m'apprend que, neuf fois sur dix, la dernière génération affectée est toujours atteinte du mal à un âge plus précoce que la précédente. Il ajoute que, dans le cas où le rapport est inverse, c'est-à-dire où le cancer se déclare chez les membres des dernières générations à un âge plus avancé que chez les générations précédentes, les parents non affectés du cancer ont atteint un âge très-avancé. La longévité d'un parent non atteint du mal semblerait donc déterminer la période fatale chez son descendant ; c'est encore là un élément nouveau qui vient compliquer la question de l'hérédité.

Les faits qui tendent à établir que parfois, fréquemment même, certaines maladies héréditaires apparaissent chez les descendants à un âge plus précoce, ont une réelle importance relativement à la théorie générale de la descendance, car on est autorisé à conclure que le même phénomène doit se produire quand il s'agit des modifications ordinaires de la conformation. Une longue série d'avances de ce genre aurait pour résultat final l'oblitération graduelle des caractères propres à l'embryon et à la larve, qui tendraient ainsi à ressembler de plus en plus à la forme parente adulte. Mais toute conformation utile à l'embryon ou à la larve serait conservée par la destruction, à cette phase de son développement, de tout individu qui manifesterait une tendance à perdre trop tôt ses caractères propres,

[45] O. C., t. II, p. 852.

En résumé, l'observation des races nombreuses de plantes cultivées et d'animaux domestiques, chez lesquels les graines ou les œufs, les jeunes ou les adultes, diffèrent les uns des autres et des espèces parentes ; — l'apparition de nouveaux caractères à une période particulière, caractères devenus héréditaires à la même période ; — l'étude de la transmission des maladies, nous autorisent à admettre le grand principe de l'hérédité aux époques correspondantes de la vie.

Résumé des trois chapitres précédents. — Quelle que soit l'énergie de l'hérédité, elle permet l'apparition incessante de caractères nouveaux. Ces caractères avantageux ou nuisibles se transmettent souvent par hérédité chez l'homme, chez les animaux inférieurs et chez les plantes, qu'ils soient d'ailleurs insignifiants comme une nuance de couleur chez une fleur ou sur une mèche de cheveux, ou un simple geste ; ou qu'ils aient la plus haute importance, comme lorsqu'ils affectent le cerveau ou un organe aussi parfait et aussi complexe que l'œil; qu'ils soient assez sérieux pour mériter d'être qualifiés de monstruosités, ou assez exceptionnels pour ne pas se rencontrer normalement chez aucun autre membre du même groupe naturel. Il suffit souvent, pour qu'une particularité devienne héréditaire, qu'elle se trouve chez un seul ascendant. Les inégalités des deux côtés du corps sont transmissibles, bien que contraires à la loi de la symétrie. Les effets mêmes des mutilations et des accidents deviennent souvent héréditaires, surtout lorsque les causes qui les ont produits sont accompagnées de maladie; peut-être même ne le sont-ils que dans ce dernier cas. Les effets fâcheux résultant de conditions nuisibles, auxquelles l'ascendant a pu être exposé pendant longtemps, peuvent se transmettre à ses descendants. Il en est de même, comme nous le verrons par la suite, des effets de l'usage ou du défaut d'usage des organes et des habitudes mentales. Les habitudes périodiques sont également héréditaires, mais il semble qu'elles ne se transmettent qu'avec peu d'énergie.

Il en résulte donc que nous devons regarder l'hérédité comme la règle et le défaut d'hérédité comme l'exception. Mais, dans l'état actuel de la science, l'hérédité nous paraît quelquefois très-capricieuse dans ses manifestations, car elle transmet les caractères tantôt avec une très-grande énergie, tantôt avec une faiblesse inexplicable. Une même particularité, l'aspect pleureur d'un arbre, par exemple, ou les plumes soyeuses d'un oiseau, etc., peut se transmettre fortement ou pas du tout à différents membres d'un même groupe, et même à divers individus d'une même espèce, bien que tous soient traités de la même manière. Ces exemples nous prouvent que l'énergie de la transmission est une qualité purement individuelle. Il en est des légères différences qui distinguent les races ou les sous-variétés comme des caractères isolés, car certaines races peuvent être propagées aussi sûrement que ces espèces, tandis que d'autres n'offrent rien de certain. La même règle s'applique aux plantes qu'on propage par boutures, par bulbes, etc., plantes qui, à un certain point de vue, constituent des portions d'un même individu, car quelques variétés conservent et transmettent leurs caractères d'une manière beaucoup plus constante que d'autres, à travers plusieurs générations successives de bourgeons.

Certains caractères, bien que n'étant pas spéciaux à l'espèce souche primitive, sont certainement devenus héréditaires depuis une époque fort ancienne, et peuvent par conséquent être considérés comme très-fixes ; il est cependant douteux que la longueur de l'hérédité puisse en elle-même donner de la fixité aux caractères, bien que toutes les chances soient évidemment pour qu'une particularité qui a été longtemps transmise sans altération continue à l'être tant que les conditions extérieures restent les mêmes. Nous savons qu'un grand nombre d'espèces, après avoir conservé un même caractère pendant des siècles, tant qu'elles ont vécu dans leurs conditions naturelles, ont considérablement varié dès qu'elles ont été réduites en domesticité, c'est-à-dire qu'elles ont cessé de transmettre leur forme primitive ; il en résulte qu'aucun caractère ne paraît devoir être regardé comme absolument fixe. Nous pouvons quelquefois expliquer le défaut d'hérédité par l'obstacle qu'opposent les conditions d'existence au développement de certains caractères ; plus souvent, chez les plantes propagées par bourgeons et par greffes, par exemple, par de nouvelles et incessantes modifications provoquées par ces mêmes conditions d'existence. Il n'y a donc pas, dans ces cas, précisément défaut d'hérédité, mais une addition continuelle de nouveaux caractères. Dans quelques cas peu nombreux, où les deux ascendants présentent les mêmes caractères, l'hérédité paraît, sous l'action combinée des deux parents, acquérir une énergie telle, qu'elle se contrarie elle-même et qu'il en résulte une nouvelle modification.

Il est des cas où les parents ne transmettent pas leur type à leurs descendants par suite d'un croisement opéré antérieurement dans la race, le descendant tenant alors de son aïeul ou de son ancêtre plus reculé de sang étranger. Dans d'autres cas, où il n'y a pas eu de croisement dans la race, mais où un ancien caractère a été perdu par variation, ce caractère reparaît parfois par retour, de sorte que les parents semblent n'avoir pas eu la faculté de transmettre leur propre ressemblance. Nous pouvons admettre, toutefois, que, dans tous les cas, l'enfant tient bien la totalité de ses caractères de ses parents, chez lesquels certains caractères existent à l'état latent, comme les caractères secondaires d'un sexe le sont chez l'autre. Lorsque, après une longue série de générations par bourgeons, une fleur ou un fruit se partage en plusieurs segments différents, qui affectent la couleur ou les autres caractères des deux formes parentes, il est certain que ces caractères existaient à l'état latent chez les bourgeons antérieurs, bien qu'on ne pût pas les y déceler ou qu'ils fussent alors complétement confondus. Il en est de même des animaux descendant de parents croisés et chez lesquels on découvre, à mesure qu'ils avancent en âge, des caractères dérivés de l'un de leurs parents et dont on n'apercevait d'abord aucune trace. Certaines monstruosités ressemblant à ce que les naturalistes appellent la forme typique du groupe auquel appartient l'animal, semblent constituer également des phénomènes de retour. Il est certainement étonnant que les éléments sexuels mâles et femelles, que les bourgeons, et même que les animaux adultes, puissent conserver certains caractères, pendant plusieurs générations chez les races croisées, et pendant des milliers de générations chez les races pures, tracés pour ainsi dire avec une encre sympathique, prêts à tout instant à se révéler lorsque les conditions requises se trouvent réunies.

Nous ignorons quelles sont exactement ces conditions; en tout cas, une cause quelconque assez puissante pour amener une perturbation dans l'organisation ou la constitution semble être suf-

fisante. L'acte du croisement détermine certainement une tendance prononcée à la réapparition de caractères physiques et
moraux perdus depuis longtemps. Chez les espèces végétales
croisées après une longue culture, et dont la constitution a été
ébranlée par la culture aussi bien que par l'acte du croisement,
cette tendance est beaucoup plus énergique que chez des espèces
croisées après qu'elles ont toujours vécu à l'état naturel. Les
animaux et les plantes redevenus sauvages ont aussi une tendance au retour, mais on en a beaucoup exagéré l'énergie.

Lorsqu'on croise des individus appartenant à une même famille, ou à des races et à des espèces distinctes, on remarque
souvent que l'un a sur l'autre une prépondérance marquée dans
la transmission de ses propres caractères. Une race douée d'une
puissance d'hérédité très-énergique peut cependant, quand on la
croise, céder à la prépondérance de toute autre race ; c'est ce
que nous avons vu pour les pigeons Tambours. Cette préponde-
rance de transmission peut être égale chez les deux sexes d'une
même espèce, mais elle est souvent plus prononcée chez un des
sexes que chez l'autre. Elle joue un rôle important, car elle détermine la rapidité avec laquelle une race peut être modifiée
ou entièrement absorbée par des croisements répétés avec une
autre race. Il est rare que nous puissions indiquer pourquoi une
race ou une espèce l'emporte sur une autre à cet égard, mais
cela dépend quelquefois de ce qu'un même caractère est présent
et visible chez l'un des ascendants, et latent ou potentiellement
présent chez l'autre.

Certains caractères peuvent apparaître d'abord chez l'un ou
l'autre sexe, mais plus souvent chez le mâle, et être ensuite
transmis aux descendants du même sexe. Nous pouvons, dans ce
cas, admettre que le caractère en question existe, quoiqu'à l'état
latent, chez le sexe opposé. Il en résulte que le père peut transmettre par sa fille un caractère quelconque à son petit-fils, et,
inversement, la mère à sa petite-fille. Ceci nous prouve, et le
fait est important, que la transmission et le développement constituent deux facultés distinctes. Ces deux facultés semblent parfois être en lutte ou incapables de se combiner chez un même
individu, car on a signalé plusieurs cas où le fils qui n'a pas reçu
un caractère directement de son père, ne l'a pas non plus trans-

mis directement à son fils, mais l'a transmis par l'entremise de
sa fille non affectée, comme il l'avait reçu par l'entremise de sa
mère également non affectée. La limitation de l'hérédité par le
sexe nous aide à comprendre comment les caractères sexuels
secondaires ont pu se produire à l'état de nature; leur conservation et leur accumulation dépendent ensuite des services qu'ils
rendent à chacun des sexes.

A quelque époque de la vie qu'apparaisse un caractère nouveau, il demeure généralement à l'état latent chez les descendants, jusqu'à ce qu'ils aient atteint l'âge correspondant, et alors
il se développe ; si cette loi fait défaut, le caractère se manifeste
ordinairement chez l'enfant à un âge plus précoce qu'il ne s'était
manifesté chez le parent. Ce principe de l'hérédité aux époques
correspondantes nous explique pourquoi la plupart des animaux
revêtent, depuis le germe jusqu'à l'état adulte, une si remarquable série de caractères.

En résumé, et bien qu'il reste encore beaucoup de points obs-
curs dans le vaste domaine de l'hérédité, nous pouvons considérer les lois suivantes comme assez bien établies : 1° tous les
caractères, anciens ou nouveaux, tendent à se transmettre par
génération séminale ou par génération par bourgeons, bien que
cette tendance soit souvent contrariée par diverses causes connues et inconnues ; 2° le retour ou l'atavisme, qui dépend de ce
que la puissance de transmission et celle de développement constituent deux facultés distinctes, agit suivant divers modes et à
différents degrés, tant dans la génération séminale que dans celle
par bourgeons ; 3° la prépondérance de transmission peut être
limitée à un seul sexe ou être commune aux deux sexes ; 4° la
transmission, limitée par le sexe, a généralement lieu au sexe
dans lequel le caractère héréditaire a paru pour la première fois,
ce qui dans la plupart des cas et probablement dans tous, dépend
de ce que le caractère nouveau a paru à un âge plus ou moins
avancé ; 5° l'hérédité aux époques correspondantes de la vie,
avec une certaine tendance à un développement plus précoce
du caractère héréditaire. Nous pouvons entrevoir, dans ces lois
de l'hérédité telles qu'elles se manifestent sous l'influence de la
domestication, d'amples ressources pour la production de nouvelles formes spécifiques par la variabilité et la sélection naturelle.

CHAPITRE XV

DU CROISEMENT.

Le libre entre-croisement efface les différences entre les races voisines. — Lorsque deux races sont mélangées en nombre inégal, l'une absorbe l'autre. — La rapidité de l'absorption est déterminée par la prépondérance de transmission, par les conditions extérieures et par la sélection naturelle. — Tous les etres organisés se croisent occasionnellement : exceptions apparentes. — Sur certains caractères qui ne peuvent se combiner ; principalement ou exclusivement ceux qui ont surgi subitement chez l'individu. — Modifications apportées à d'anciennes races, et formation de nouvelles races par le croisement. — Races croisées qui ont reproduit fidèlement leur type dès leur formation. — Des croisements d'espèces distinctes dans leurs rapports avec la formation des races domestiques.

En discutant, dans les deux précédents chapitres, le retour et la prépondérance, j'ai dû nécessairement signaler plusieurs faits relatifs au croisement. Je me propose maintenant d'examiner le rôle que joue le croisement dans deux directions opposées : — premièrement, il contribue à faire disparaître certains caractères, et s'oppose par conséquent à la formation de races nouvelles ; secondement, il tend à modifier les races anciennes, et contribue à former de nouvelles races intermédiaires, par la combinaison des caractères. Je chercherai aussi à prouver que certains caractères ne sont pas susceptibles de fusion intime.

Les effets du libre croisement entre les membres d'une même variété ou de variétés voisines, quoique fort importants, sont trop évidents pour que nous ayons à les discuter longuement. C'est le libre croisement qui contribue le plus, tant à l'état de nature qu'à l'état de domesticité, à maintenir l'uniformité chez les individus d'une même espèce ou d'une même variété, aussi longtemps qu'ils vivent ensemble, sans être exposés à aucune cause déterminant une variabilité excessive. L'obstacle au libre croisement, et l'accouplement judicieux des individus, sont les pierres angulaires de l'art de l'éleveur. Personne de sensé ne songerait à améliorer ou à modifier une race dans un sens donné, ou à maintenir une race existante conforme à son type, sans tenir ses animaux séparés, ou, ce qui revient au même, sans détruire, à mesure qu'ils se présentent, les individus inférieurs. Dans les contrées peu ou point civilisées, où les habitants ne peuvent pas séparer leurs animaux, il existe rarement pour ne pas dire jamais plus d'une seule race de la même espèce. Autre-fois, même dans un pays aussi civilisé que l'était l'Amérique du Nord, lorsque tous les moutons étaient mélangés, il n'y avait point de races distinctes [1]. Marshall [2], le célèbre agriculteur, a fait remarquer à propos des moutons que, dans un troupeau constamment enfermé dans un enclos, ou confié à la garde d'un berger, tous les individus ont une grande similitude, pour ne pas dire une uniformité absolue de caractère ; en effet, ces indivi-dus s'accouplent librement les uns avec les autres sans pouvoir se croiser avec d'autres races ; dans les parties non encloses de l'Angleterre, au contraire, les moutons d'un même troupeau qui n'est pas confié à la garde d'un berger sont loin d'être uniformes, par suite du croisement et du mélange de plusieurs races. Nous avons vu que, dans les différents parcs anglais qui renferment du bétail à demi sauvage, les animaux d'un même parc ont des ca-ractères uniformes, mais qu'ils diffèrent d'un parc à l'autre, parce qu'ils se reproduisent entre eux depuis un grand nombre de générations sans avoir été ni mélangés ni croisés.

Il n'est pas douteux que le nombre considérable des variétés et des sous-variétés du pigeon, que l'on peut évaluer à cent cin-quante au moins, ne soit dû en grande partie à ce que, différant en cela des autres oiseaux domestiques, ils s'accouplent pour la vie. D'autre part, les races de chats importées dans un pays dis-paraissent bientôt par suite de leurs habitudes vagabondes et nocturnes, ce qui ne permet pas de surveiller leurs croisements. Rengger [3] cite à cet égard un fait très-intéressant : dans les par-

[1] *Communications to the Board of Agriculture*, vol. I, p. 367.
[2] *Review of Reports, North of England*, 1808, p. 200.
[3] *Saugethiere von Paraguay*, 1830, p. 212.

ties reculées du Paraguay, le chat, probablement par suite de l'effet du climat, a pris des caractères particuliers ; mais, dans les environs de la capitale, le chat n'a pas subi ces modifications à cause des croisements fréquents qui ont lieu dans la localité entre la race indigène et les chats qui arrivent d'Europe. Dans tous les cas analogues à ceux que nous venons de citer, les effets d'un croisement accidentel ont augmenté par l'accroissement de la vigueur et de la fécondité des produits, comme nous le verrons plus loin, car on constate une augmentation plus rapide des formes croisées que des races parentes pures.

Le résultat du libre croisement entre des races distinctes est toujours un produit hétérogène ; c'est ce qu'on remarque, par exemple, chez les chiens du Paraguay, qui sont loin d'être uniformes, et qu'on ne peut plus rattacher à leurs formes parentes [4]. Le caractère qu'un groupe d'animaux croisés revêt définitivement, dépend de plusieurs éventualités, — à savoir, du nombre relatif des individus de deux ou plusieurs races qui peuvent se croiser librement ; de la prépondérance d'une race sur une autre quant à la transmission des caractères ; enfin, des conditions d'existence. Lorsque deux races au moment du mélange se trouvent en nombre égal, elles finissent par se confondre plus ou moins promptement l'une avec l'autre ; mais pas aussi vite qu'on aurait pu s'y attendre, si l'on suppose que les deux races se trouvent dans des conditions également favorables. C'est ce que prouve le calcul suivant [5] : si on fonde une colonie composée d'un nombre égal de blancs et de noirs, et que l'on admette qu'ils se marient indistinctement, qu'ils soient également féconds, qu'il naisse un individu et qu'il en meure un sur trente chaque année, au bout de soixante-cinq ans, la colonie contiendra un nombre égal de noirs, de blancs et de mulâtres ; au bout de quatre-vingt-onze ans, la population se décomposera comme suit : un dixième de blancs, un dixième de noirs, et huit dixièmes de mulâtres, soit d'individus affectant une couleur intermédiaire ; au bout de trois siècles il ne resterait pas la centième partie des blancs.

---

[4] Rengger, O. C., p. 154.
[5] White, *Regular gradation in Man*, p. 146.

Lorsqu'une des deux races mélangées excède numériquement l'autre de beaucoup, la moins nombreuse est rapidement absorbée par l'autre et disparaît [6]. Ainsi les porcs et les chiens européens qui ont été abondamment introduits dans les îles de l'océan Pacifique ont absorbé les races indigènes dans le cours d'une soixantaine d'années [7]; mais il est probable que les races importées ont été favorisées. On peut regarder les rats comme des animaux à demi domestiques. Quelques rats (*Mus alexandrinus*) s'étant échappés du Jardin zoologique de Londres, les gardiens attrappèrent fréquemment, pendant très-longtemps, des rats croisés, d'abord à l'état demi-sang, puis les caractères du *Mus alexandrinus* allèrent toujours en s'affaiblissant et finirent par disparaître tout à fait [8]. D'autre part, il est certains quartiers de Londres, surtout près des Docks, où des rats étrangers arrivent fréquemment; on rencontre dans ces quartiers une variété infinie de formes intermédiaires entre les rats bruns, les rats noirs et le *Mus alexandrinus*, que, cependant, on considère ordinairement comme trois espèces distinctes.

On a souvent discuté la question de savoir combien il faut de générations pour qu'une espèce ou une race puisse en absorber une autre par une série de croisements répétés [9]; on a probablement beaucoup exagéré le nombre des générations nécessaires. Quelques auteurs ont soutenu qu'il en faut une douzaine, une vingtaine ou plus encore, ce qui est peu probable en soi, puisqu'à la dixième génération les descendants ne renferment plus que 1/1024 du sang étranger. Gärtner [10], expérimentant sur les plantes, a trouvé qu'une espèce peut en absorber une autre au bout de trois à cinq générations, et il affirme que l'absorption est toujours complète au bout de six ou sept générations. Dans un cas cependant, Kölreuter [11] parle des produits du *Mirabilis vulgaris*, croisé pendant huit générations successives avec le *M.*

---

[6] Le Dr W. F. Edwards, dans *Caractères physiologiques des races humaines*, p. 24, a le premier appelé l'attention sur ce sujet, qu'il a discuté avec talent.
[7] Rev. D. Tyerman et Bennett, *Journ. of Voyages*, 1821-29, vol. I, p. 300.
[8] M. S. J. Salter, *Journ. Linn. Soc.*, vol. XI, 1862, p. 71.
[9] Sturm, *Ueber Racen*, etc., 1825, p. 107. — Bronn, *Geschichte der Natur*, vol. II, p. 170, a dressé un tableau indiquant les proportions de sang après des croisements successifs. Dr P. Lucas, *Héréd. Nat.*, t. II, p. 308.
[10] *Bastarderzeugung*, p. 463, 470.
[11] *Nova Acta Petrop.*, 1794, p. 393.

longiflora, comme ressemblant tellement à cette dernière espèce, que l'observation la plus scrupuleuse n'aurait pu déceler *vix aliquam notabilem differentiam ;* il avait réussi, comme il le dit, *ad plenariam fere transmutationem.* Mais cette expression même prouve que l'absorption n'était pas absolument complète, bien que ces plantes croisées ne continssent plus que la 256me partie du *M. vulgaris.* Les conclusions d'observateurs aussi exacts que Gärtner et Kölreuter ont une tout autre valeur que celles faites sans but scientifique par les éleveurs.

L'observation la plus exacte que je connaisse a été faite par Stonehenge [12] qui en a photographié les différentes phases. M. Hanley a croisé une chienne lévrier avec un bouledogue, et a, dans chacune des générations successives, recroisé les descendants de ce premier croisement avec des lévriers pur sang. Comme Stonehenge le fait remarquer avec raison, on devait naturellement s'attendre à ce qu'il fallût plusieurs croisements pour éliminer les formes massives du bouledogue ; toutefois *Hysterics,* petite-fille du bouledogue à la quatrième génération, ne portait plus dans ses formes extérieures aucune trace de la race de son ancêtre. Mais, de même que tous ses frères et sœurs de la même portée, cette chienne manquait de vigueur bien qu'elle fût très-rapide. *Hysterics* a été couverte par un fils de *Bedlamite,* « mais le résultat de ce cinquième croisement n'est pas plus satisfaisant que celui des croisements qui l'ont précédé . »

D'autre part, Fleischmann [13] a démontré combien, chez les moutons, sont persistants les effets d'un seul croisement : la race primitive allemande à laine grossière produit 5,500 fibres de laine par pouce carré ; après un troisième ou un quatrième croisement avec le mérinos, cette race produisait environ 8000 fibres par pouce carré ; 27,000 après le vingtième croisement ; le mérinos pur sang produit de 40,000 à 48,000 fibres par pouce carré. Il en résulte que le mouton ordinaire allemand, croisé successivement vingt fois avec le mérinos, était encore bien loin d'avoir acquis une laine aussi fine que celle de cette race pure. En tout

---

[12] *The Dog,* 1867, p. 179-184.
[13] Cité dans *True Principles of Breeding,* par C. H. Macknight and Dr H. Madden, 1865, p. 11,

cas, la rapidité de l'absorption doit dépendre beaucoup des conditions extérieures, selon qu'elles sont plus ou moins favorables
à tel ou tel caractère ; or, il se peut que le climat de l'Allemagne
soit peu favorable à la laine du mérinos, et que seule une sélection attentive en arrête la dégénérescence ; c'est ce qui explique
peut-être le cas remarquable dont nous venons de parler. La
rapidité de l'absorption doit encore dépendre des différences appréciables qui peuvent exister entre les deux formes croisées, et
surtout, comme le dit Gärtner, de la prépondérance de transmission que peut avoir une des formes sur l'autre. Nous avons vu
dans le chapitre précédent que, sur deux races ovines françaises
croisées avec le mérinos, l'une avait perdu ses caractères beaucoup plus lentement que l'autre ; l'exemple que nous venons de
citer d'après Fleischmann constitue peut-être un cas analogue
sous ce rapport. Mais, dans tous les cas, il existe pendant plusieurs
générations successives, une tendance plus ou moins prononcée
au retour, et c'est probablement ce qui a conduit les auteurs à
soutenir la nécessité d'une vingtaine de générations ou plus pour
qu'une race soit entièrement absorbée par une autre. Nous ne
devons pas non plus oublier, en envisageant le résultat final du
croisement et du mélange de deux ou plusieurs races, que l'acte
du croisement par lui-même tend à rappeler des caractères depuis longtemps perdus, et qui n'existaient pas chez les formes
parentes immédiates.

L'influence des conditions extérieures sur deux races qui se
croisent librement est très-probablement différente pour chacune
d'elles, à moins que toutes deux ne soient indigènes ou depuis
longtemps acclimatées, et cette inégalité d'action tend à modifier
le résultat du croisement. Il est même rare que les deux races
indigènes soient également bien adaptées aux circonstances extérieures, surtout lorsqu'on les abandonne à elles-mêmes et qu'on
leur permet d'errer de part et d'autre, ce qui arrive ordinairement quand on laisse les races se croiser librement. Il en résulte,
dans une certaine mesure, l'intervention de la sélection naturelle :
les plus aptes l'emportent, ce qui contribue encore à déterminer le caractère définitif du groupe nouveau produit par le
mélange.

Personne ne peut dire combien de temps il faut pour qu'un

pareil ensemble d'animaux revête, dans un espace limité, un caractère uniforme ; nous pouvons être certains que le libre croisement et la persistance des plus aptes doivent infailliblement amener ces animaux à l'uniformité ; mais, les observations que nous avons faites précédemment nous autorisent à conclure que ces animaux n'auront jamais ou presque jamais des caractères exactement intermédiaires à ceux des deux races parentes. Quant aux légères différences qui peuvent exister entre les individus d'une même sous-variété, et même de variétés voisines, il est évident que le libre croisement devra bientôt effacer des distinctions aussi insignifiantes. Il y aurait donc là un obstacle à la formation de nouvelles variétés, indépendamment de toute sélection, à moins qu'une même variation ne se représentât continuellement sous l'influence d'une cause prédisposante énergique. Nous devons donc conclure que le libre croisement a, dans tous les cas, joué un rôle important pour donner à tous les membres d'une même race domestique, ou d'une même espèce naturelle, une grande uniformité de caractères, bien que ceux-ci soient très-modifiés par la sélection naturelle et par l'action directe des conditions ambiantes.

Sur la possibilité de l'entrecroisement accidentel de tous les êtres organisés. — On peut se demander si le libre croisement a pu se produire chez les animaux et chez les plantes hermaphrodites. Tous les animaux supérieurs et les quelques insectes qui ont été réduits en domesticité, ont les sexes séparés et doivent nécessairement s'accoupler pour chaque reproduction. Quant aux croisements des hermaphrodites, le sujet est trop vaste pour que je puisse l'aborder dans le présent volume ; j'ai brièvement résumé, d'ailleurs, dans l'*Origine des espèces*, les raisons qui me portent à croire que tous les êtres organisés se croisent [14] occasionnellement, bien que, dans quelques cas, le croisement n'ait lieu qu'à de longs intervalles. Je me contenterai de rappeler que beaucoup de plantes, bien qu'hermaphrodites au point de vue de la conformation, sont unisexuelles au point de vue de

[14] Le Dr Hildebrand a publié un mémoire remarquable sur ce sujet relativement aux plantes : *Die Geschlechter-Vertheilung bei den Pflanzen*, 1867, dans lequel il arrive aux mêmes conclusions générales que moi. Depuis lors plusieurs savants et tout particulièrement H. Müller et Delpino ont publié d'importants mémoires sur le même sujet.

la fonction ; telles sont celles que C. K. Sprengel a nommées *dichogames*,chez lesquelles le stigmate et le pollen portés par une même fleur parviennent à maturité à des époques différentes ; ou celles que j'ai appelées *réciproquement dimorphes*, chez lesquelles le propre pollen d'une fleur n'est pas apte à féconder son propre stigmate; ou encore, les fleurs assez nombreuses chez lesquelles il existe des combinaisons mécaniques curieuses qui rendent impossible toute fécondation de la fleur par elle-même. Il y a toutefois beaucoup de plantes hermaphrodites qui ne possèdent aucune conformation spéciale de nature à favoriser l'entre-croisement, et qui, cependant, se mélangent aussi librement que les animaux à sexes séparés. C'est ce qui arrive chez les choux, les radis et les oignons, comme je m'en suis assuré par l'expérience; les paysans de la Ligurie disent même qu'il faut empêcher les choux de « devenir amoureux » les uns des autres. Gallesio [15] remarque que, chez les orangers, les croisements continuels et presque réguliers qui se produisent constituent un obstacle puissant à l'amélioration des diverses variétés. Il en est de même pour une foule d'autres plantes.

D'autre part, certaines plantes cultivées ne s'entre-croisent que rarement ou jamais, le pois commun ou le pois de senteur (*Lathyrus odoratus*), par exemple, bien que la conformation de leurs fleurs soit certainement favorable à la fécondation croisée. Les variétés de tomates et d'aubergines (*Solanum*) et de piments (*Pimenta vulgaris* [?]) ne se croisent jamais, à ce qu'on assure [16], même lorsqu'elles poussent les unes à côté des autres. Mais il importe de remarquer que ces plantes sont toutes exotiques, et nous ne savons pas comment elles se comportent dans leur pays natal, alors qu'elles sont visitées par des insectes ayant des adaptations spéciales.

Je me suis assuré que le pois commun est rarement croisé parce qu'il se féconde prématurément lui-même. Il existe, cependant, certaines plantes qui, à l'état de nature, semblent se féconder toujours elles-mêmes, l'Ophride abeille (*Ophrys apifera*) et quelques autres orchidées par exemple, bien qu'on

[15] *Teoria della Riproduzione*, etc., 1816, p. 12.
[16] Verlot, *des Variétés*, 1865, p. 72.

remarque chez ces plantes des dispositions de structure tendant évidemment à assurer la fécondation croisée. En outre, on croit que quelques plantes produisent seulement des fleurs closes, nommées fleurs *cléistogènes* qui opposent des obstacles invincibles à la fécondation croisée. On a pensé longtemps qu'il fallait compter le *Leersia oryzoïdes* au nombre de ces plantes [17], mais on sait aujourd'hui que cette graminée porte de temps en temps des fleurs parfaites qui produisent de la graine.

Bien que certaines plantes indigènes ou acclimatées ne portent jamais de fleurs, ou du moins n'en portent que rarement, et ne produisent jamais de graines quand elles fleurissent, chacun sait cependant que les plantes phanérogames sont adaptées pour produire des fleurs, et celles-ci pour produire des graines.

Quand ces plantes ne produisent ni fleurs ni graines, nous sommes autorisés à croire que, placées dans des conditions différentes, elles rempliraient les fonctions qui leur sont propres, ou tout au moins qu'elles les ont remplies autrefois et les rempliront à nouveau.

Des motifs analogues me portent à penser que les fleurs anomales, dont nous venons de parler, qui actuellement ne s'entrecroisent pas, s'entre-croiseraient parfois si elles étaient placées dans des conditions différentes, ou qu'elles se sont autrefois croisées par intervalles ; en tout cas, elles conservent ordinairement encore les organes nécessaires au croisement, et elles se croiseront sans doute dans un avenir plus ou moins rapproché à moins d'extinction. Cette hypothèse est la seule qui permette d'expliquer plusieurs points de la conformation et de l'action des organes reproducteurs chez les plantes et chez les animaux hermaphrodites, comme, par exemple, le fait que les organes mâles et femelles ne sont jamais si complétement renfermés que tout accès du dehors soit impossible. Nous pouvons donc conclure que le plus important de tous les moyens tendant à amener l'uniformité chez les individus d'une même espèce, c'est-à-dire la possibilité d'entre-croisements occasionnels,

---

[17] Duval-Jouve, *Bull. Soc. Bot. de France*, t. X, 1863, p. 194 ; voir le Dr Ascherson, *Bot. Zeitung*, 1864, p. 350, sur les fleurs parfaites produisant des graines.

existe ou a existé chez tous les êtres organisés, à l'exception peut-être des plus infimes.

Sur certains caractères qui ne se confondent pas. — En règle générale, lorsqu'on croise deux races, les caractères propres à chacune d'elles tendent à se confondre d'une manière intime ; il est, toutefois, certains caractères qui semblent refuser de se combiner, et qui sont transmis par un des deux parents, ou, par tous deux, sans aucune modification au produit du croisement. Lorsqu'on accouple des souris grises avec des souris blanches, les jeunes souris obtenues n'affectent pas une nuance intermédiaire, elles sont tachetées ou toutes blanches, ou toutes grises ; il en est de même lorsqu'on accouple les tourterelles blanches avec l'espèce commune. M. J. Douglas dit, au sujet des coqs de combat, que lorsqu'on croise la variété blanche avec la variété noire, on obtient pour produits des oiseaux des deux variétés parfaitement francs de couleur. Sir R. Heron a croisé les uns avec les autres, pendant plusieurs années, des lapins angoras blancs, noirs, bruns et fauves ; il n'a jamais trouvé une seule fois ces diverses nuances mélangées chez un même individu, bien que souvent les quatre couleurs se trouvassent dans une même portée [18]. Il existe toutes sortes de gradations entre les cas analogues à ceux que nous venons de citer, dans lesquels les couleurs des parents se transmettent séparément et des cas où la fusion des couleurs est complète. Je n'en veux citer qu'un seul exemple : un homme au teint clair, aux cheveux blonds mais aux yeux noirs, épousa une femme brune ayant les cheveux noirs ; leurs trois enfants avaient les cheveux blonds, mais une recherche attentive fit découvrir sur la tête de chacun d'eux une douzaine de cheveux noirs perdus au milieu des cheveux blonds.

Lorsqu'on croise avec les races ordinaires les chiens bassets et les moutons Ancon, qui ont les membres rabougris, les produits ne présentent pas des caractères intermédiaires ; ils ressemblent à l'un ou à l'autre de leurs parents. Quand on croise des animaux sans queue ou sans cornes, avec des animaux complets, il arrive fréquemment, mais pas toujours, que les produits possèdent ces organes à l'état parfait ou en sont complétement dépourvus. Rengger affirme que le chien du Paraguay dépourvu de poils transmet complétement ce caractère à ses métis, ou ne le transmet pas du tout ; toutefois, j'ai eu occasion de voir un chien de cette origine dont la

---

[18] Extrait d'une lettre de Sir R. Heron à M. Yarrell, 1838. — *Annales des Sciences nat.*, t. 1, p. 180, pour les souris. — Pour les tourterelles, Boitard et Corbié, *Les Pigeons*, etc., p. 238. — Pour les coqs de combat, *Poultry Book*, 1866, p. 128. Pour les croisements des poules sans queue, Bechstein, *Naturg. Deutschl.*, vol. III, p. 403. — Bronn *Gesch. der Natur.*, vol. II, p. 170, cite des faits analogues relativement aux chevaux. — Pour les chiens de l'Amérique méridionale dépourvus de poils, Rengger, *Saugethiere von Paraguay*, p. 152. J'ai vu toutefois, au Jardin zoologique de Londres, des métis provenant d'un semblable croisement qui étaient nus, ou tout velus par places. — Pour les croisements de Dorkings et autres races gallines, *Poultry Chronicle*, vol. II, p 335. — Pour les porcs croisés, lettre de Sir R. Heron précitée. Voir aussi Lucas, *Héréd. naturelle*, t. I, p. 212.

peau était en partie velue, en partie nue, les différentes parties étant aussi distinctement séparées que le sont les couleurs chez un animal pie. Lorsqu'on croise les poules dorkings à cinq doigts avec d'autres races, les poulets obtenus ont souvent cinq doigts à une patte et quatre à l'autre. Sir R. Héron a élevé quelques porcs provenant du croisement de la race commune avec le porc à sabots pleins ; les métis n'avaient pas les quatre pieds dans un état intermédiaire, chez deux des pieds les sabots étaient normalement divisés et réunis chez les deux autres.

On a observé des faits analogues chez les plantes. Le major Trevor Clarke a fécondé une petite giroflée (*Matthiola*) annuelle à feuilles glabres, avec le pollen de la giroflée bisannuelle à grandes fleurs rouges et à feuilles rudes ; il obtint en semant la graine qui résulta de ce croisement moitié plantes à feuilles glabres, et moitié à feuilles rudes, mais aucune d'elles n'offrait des caractères intermédiaires. Les plantes à feuilles glabres descendaient certainement de la variété à feuilles rudes, et non d'une fécondation accidentelle par le pollen même de la plante mère, car elles avaient la grande taille et l'aspect de la première [19]. Dans les générations subséquentes obtenues par semis de la graine des hybrides à feuilles rudes, il se présenta quelques plantes à feuilles glabres, ce qui prouve que le caractère glabre, incapable de se combiner avec celui des feuilles rudes ou de le modifier, était resté à l'état latent chez ces plantes. Les produits des croisements réciproques opérés entre l'Antirrhinum ordinaire et sa forme pélorique, dont nous avons parlé précédemment, nous offrent un exemple analogue ; en effet, pendant la première génération, toutes les plantes ressemblaient à la forme commune ; pendant la seconde, deux seulement sur cent trente-sept avaient des caractères intermédiaires, tous les autres ressemblant à la forme commune ou à la forme pélorique. Le major Trevor Clarke a aussi fécondé la giroflée à fleurs rouges, mentionnée ci-dessus, avec du pollen d'une variété pourpre ; une moitié environ des plantes provenant de ce croisement avaient à peu près l'aspect et exactement la couleur de la plante mère, et l'autre moitié portait des fleurs pourpres, comme celles de la plante paternelle. Gärtner a croisé un grand nombre d'espèces et de variétés de *Verbascum* à fleurs blanches et jaunes, sans que ces couleurs se soient jamais mélangées dans les produits, qui tous donnèrent des fleurs blanches ou jaunes, les premières étant en plus forte proportion [20]. Le Dr Herbert a obtenu par semis des produits du croisement du navet de Suède avec deux autres variétés ; ces plantes n'ont jamais produit de fleurs ayant des nuances intermédiaires, elles affectaient toutes la nuance de celles d'une des formes parentes. J'ai fécondé le pois de senteur pourpre (*Lathyrus odoratus*), dont la fleur a l'étendard pourpre rougeâtre foncé, les ailes et la carène violettes, avec le pollen d'une autre variété, dont l'étendard est de couleur cerise pâle, les ailes et la carène presque blanches ;

[19] *Internat. Hort. and Bot. Congress of London*, 1866.
[20] *Bastarderzeugung*, p. 307. — Kolreuter, *Dritte Fortzetzung*, p. 34, 39, a toutefois obtenu des formes intermédiaires dans des croisements de *Verbascum*. Voir, pour les navets, Herbert, *Amaryllidaceœ*, 1837, p. 370.

j'ai obtenu à deux reprises, en semant les graines d'une même gousse, des plantes ressemblant aux deux variétés, mais le plus grand nombre ressemblait à la forme paternelle. La ressemblance était si complète que j'eusse pu croire à quelque erreur, si les plantes, qui étaient d abord identiques à la variété paternelle, n'avaient pas, plus tard dans la saison, produit, comme nous l'avons dit dans un chapitre précédent, des fleurs tachetées ou rayées de pourpre foncé. J'ai élevé des petits-enfants et des arrière-petits-enfants de ces plantes croisées, qui ont continué à ressembler à la même variété ; mais, bien que les dernières générations fussent un peu plus tachetées de pourpre, aucune ne fit complétement retour à la plante mère originelle, le *L. odoratus* pourpre. Le cas suivant, quoique un peu différent, est cependant analogue : Naudin [21] a élevé de nombreux hybrides entre le *Linaria vulgaris* jaune, et le *L. purpurea* pourpre ; les couleurs demeurèrent distinctes dans différentes parties de la même fleur pendant trois générations. Des gradations insensibles nous font passer des cas comme ceux que nous venons de signaler, chez lesquels les produits de la première génération ressemblent complétement à l'un ou à l'autre des parents, à ceux chez lesquels des fleurs diversement colorées, portées par une même racine, ressemblent aux deux parents, puis à ceux où une même fleur ou un même fruit est tacheté ou rayé des deux couleurs parentes, ou porte une seule raie de la couleur ou une trace quelconque de toute autre particularité caractéristique appartenant à une de ses formes ascendantes. Il arrive souvent, et même assez généralement, qu'une partie du corps d'un hybride ressemble à un de ses ascendants et une autre partie au second ; il semble donc que, là encore, il y ait quelque résistance au mélange ou à la fusion des caractères, ou, ce qui revient au même, intervention de quelque affinité mutuelle entre les atomes organiques similaires ; car, autrement, toutes les parties du corps devraient présenter des caractères intermédiaires. De même aussi, lorsque les descendants d'hybrides qui ont eux-mêmes des caractères presque intermédiaires font retour complétement ou par segments à leurs ancêtres, ce doit être en vertu du principe de l'affinité des atomes similaires et de la répulsion des atomes dissemblables. Nous aurons, dans notre chapitre sur la pangenèse, à revenir sur ce principe qui paraît être très-général.

Il est un point remarquable, sur lequel Isidore Geoffroy Saint-Hilaire a beaucoup insisté au sujet des animaux, c'est que la transmission des caractères sans fusion intime est excessivement rare quand il s'agit de croisements entre des espèces. Je ne connais qu'une exception, qui se rencontre chez les hybrides produits naturellement entre deux espèces de corneilles, le *Corvus corone* et le *C. cornix*, qui d'ailleurs sont deux espèces très-voisines ne différant que par la couleur. Je n'ai jamais rencontré de cas bien avéré de transmission de ce genre, même lorsqu'une des formes est fortement prépondérante sur l'autre, et lorsqu'on croise deux races qui ont été lentement formées par la sélection de l'homme, et qui, par conséquent, ressemblent

[21] *Nouv. Archives du Muséum*, t. I, p. 100.

jusqu'à un certain point aux espèces naturelles. Les cas comme ceux de chiens d'une même portée ressemblant à deux races distinctes, sont probablement dus à une superfétation, — c'est-à-dire à l'influence de deux pères. Tous les caractères énumérés plus haut, qui se transmettent exactement à certains descendants et pas aux autres, — tels que des couleurs distinctes, la peau nue, les feuilles glabres, l'absence de queue ou de cornes, les doigts additionnels, la pélorie, etc., sont tous connus pour avoir surgi subitement chez des individus tant végétaux qu'animaux. En conséquence de ce fait, et de ce que les légères différences accumulées qui distinguent les unes des autres les races domestiques et les espèces ne paraissent pas susceptibles de cette forme particulière de transmission, nous pouvons conclure que cette forme de transmission est liée de façon quelconque avec l'apparition soudaine des caractères en question.

Modifications des races anciennes et formation des races nouvelles par le croisement. — Jusqu'ici nous n'avons guère envisagé le croisement que comme un moyen de déterminer l'uniformité des caractères ; nous allons maintenant apprécier ses effets au point de vue opposé. Il ne peut y avoir de doute que le croisement, joint à une sélection rigoureuse continuée pendant plusieurs générations, n'ait été un moyen puissant de modifier d'anciennes races et d'en créer de nouvelles. Lord Orford a croisé une fois seulement sa fameuse meute de lévriers avec le bouledogue, afin de donner à ses lévriers du courage et de la ténacité. Le Rev. W. D. Fox m'apprend que certains chiens d'arrêt (*Pointers*) ont été croisés avec les chiens employés à la chasse du renard (*Foxhounds*), pour donner aux premiers de la fougue et de la rapidité. On a infusé quelque peu de sang de la race de Combat dans quelques familles de Dorkings ; j'ai connu un grand éleveur de pigeons qui, dans une seule circonstance, a croisé ses Turbits avec des Barbes, pour augmenter un peu la largeur du bec.

Dans les exemples que nous venons de citer, les races n'ont été croisées qu'une fois, dans le but de modifier un caractère particulier ; mais, chez la plupart des races améliorées du porc, qui actuellement se reproduisent fidèlement, des croisements réitérés ont eu lieu. Ainsi, la race Essex améliorée, doit sa valeur à des croisements répétés avec la race napolitaine, et probablement à quelque infusion de sang chinois [22]. Il en a été de même

---

[22] Richardson, *Pigs,* 1847, p. 37, 42. — Edit. Sidney de Youatt, *On the pig,* 1860, p. 3.

pour les moutons anglais, dont presque toutes les races, la race
dite *Southdown* exceptée, ont été largement croisées ; c'est, du
reste, l'histoire de toutes les races principales [23]. Pour en
donner un exemple, les moutons dits *Oxfordshire Downs*
comptent actuellement comme une race fixe [24]. Ils ont été obtenus
en 1830 par des croisements de brebis de la race dite *Hampshire*
et dans quelques cas de brebis *Southdown*, avec des béliers
Cotswold ; le bélier *Hampshire* était lui-même le produit de
croisements répétés entre les *Hampshire* et les *Southdown* ; et
les *Cotswold* à longue laine ont été améliorés par des croisements avec les *Leicester*, ces derniers étant eux-mêmes, à ce
qu'on assure, le résultat d'un croisement entre plusieurs moutons à longue laine. Après avoir étudié tous les cas qui ont été
enregistrés avec suffisamment de soin, M. Spooner arrive à la
conclusion qu'on peut créer une nouvelle race par l'accouplement judicieux d'animaux croisés. On a, sur le continent, des
données assez précises sur l'histoire de plusieurs races de bétail
et même d'autres animaux croisés. Au bout de vingt-cinq ans,
soit six ou sept générations, le roi de Wurtemberg a créé une
nouvelle race de bétail, provenant du croisement d'une race
suisse avec une race hollandaise, combinée avec quelques autres
races encore [25]. Le Bantam Sebright, qui est actuellement une
race aussi fixe qu'aucune autre, a été créé il y a environ
soixante ans par un croisement complexe [26]. Les Brahmas foncés,
que quelques éleveurs considèrent comme une espèce distincte,
sont nés récemment aux États-Unis [27], d'un croisement entre les
Chittagongs et les Cochinchinois. Quant aux plantes, il est à peu
près certain que certaines variétés de navets, actuellement très-
répandues, sont des races croisées, et on possède des données
authentiques sur l'histoire d'une variété de froment obtenue au
moyen du croisement de deux variétés bien distinctes, et qui
devint fixe après six ans de culture [28].

---

[23] W. C. Spooner, sur les croisements, *Journ. Roy. Agric. Soc.*, vol. XX, part. II. —
Ch. Howard, *Gardener's Chronicle*, 1860, p 320.
[24] *Gardener's Chronicle*, 1857, p. 649, 652.
[25] *Bull. de la Soc. d'acclimatation*, 1862, t. IX, p. 463. — Moll et Gayot, *du Bœuf*,
1860, p. xxxii.
[26] *Poultry Chronicle*, vol. II, 1834, p. 36.
[27] *Poultry Book*, 1866, p. 58.
[28] *Gardener's Chronicle*, 1852, p. 765.

Jusque dans ces derniers temps, les éleveurs expérimentés et prudents, quoique assez disposés à opérer une infusion unique de sang étranger, étaient généralement convaincus que toute tentative pour établir une nouvelle race intermédiaire entre deux races bien distinctes était inutile ; « ils se cramponnaient avec une ténacité superstitieuse à la doctrine de la pureté du sang, en dehors de laquelle on ne pouvait avoir aucune sécurité [29]. » Cette conviction n'était pas déraisonnable. En effet, lorsqu'on croise deux races distinctes, les produits de la première génération ont généralement des caractères uniformes ; mais cela n'est pas toujours le cas, surtout dans les croisements des chiens et des races gallines, dont les jeunes présentent quelquefois une assez grande diversité. Les animaux croisés étant généralement vigoureux et de forte taille, on les a produits en grande quantité pour la consommation immédiate. Mais, pour la reproduction, ils ne sont guère utiles, car bien qu'ayant eux-mêmes des caractères uniformes, ils produisent, quand on les accouple, des descendants qui, pendant plusieurs générations, peuvent être étonnamment diversifiés. L'éleveur se désespère et conclut à l'impossibilité de créer une nouvelle race intermédiaire. Mais, les cas que nous avons cités, et un grand nombre d'autres, semblent prouver que ce n'est qu'une affaire de patience ; car, selon la remarque de M. Spooner, la nature n'offrant pas d'obstacle au mélange, on peut arriver à créer une nouvelle race avec du temps, une sélection et une épuration rigoureuses. Après six ou sept générations, on obtient, le plus souvent, le résultat désiré, mais il peut même alors arriver un retour, et il faut s'y attendre. Toutefois, la tentative échoue certainement si les conditions extérieures se trouvent être décidément défavorables aux caractères de l'une ou l'autre des races parentes [30].

Bien que les produits de la seconde génération et des suivantes soient ordinairement, chez les animaux croisés, extrêmement variables, on a observé quelques exceptions curieuses à cette règle, tant chez les races que chez les espèces croisées. Ainsi, MM. Boi-

---

[29] Spooner, *Journ. Roy. Agric. Soc.*, vol. XX, part. II.
[30] Colin, *Traité de Phys. comp. des Animaux domestiques*, t. II, p. 536, a fort bien traité ce sujet.

tard et Corbié [31] assurent qu'en croisant un Grosse-gorge et un
Runt, « on obtient un Cavalier, que nous avons rangé dans les
pigeons de race pure, parce qu'il transmet toutes ses qualités à sa
postérité. » Le rédacteur en chef du *Poultry Chronicle*[32] a obtenu,
en croisant un coq espagnol noir et une poule malaise, quelques
oiseaux bleuâtres, qui demeurèrent de génération en génération
constants au point de vue de la couleur. La race Himalayenne du
lapin a été formée en croisant deux variétés du lapin gris argenté,
et, bien qu'elle ait surgi brusquement avec ses caractères actuels
qui sont très-différents de ceux de ses parents, elle s'est depuis
facilement et constamment propagée sans changement. J'ai croisé
des canards Labradors avec des canards Pingouins, et recroisé
leurs produits avec des Pingouins ; la plupart des canards élevés
pendant trois générations étaient presque uniformes, de couleur
brune, avec une marque blanche en forme de croissant sur la
partie inférieure de la poitrine, et quelques taches blanches à la
base du bec ; de sorte qu'en exerçant une certaine sélection une
nouvelle race eût facilement pu être formée. Pour les plantes,
M. Beaton [33] constate que « le croisement opéré par Melville entre
un chou écossais et un autre chou précoce a fourni un produit
aussi fixe qu'aucune autre variété de chou connue ; » mais il est
probable que, dans ce cas, la sélection a été employée. Gärtner [34] cite cinq hybrides dont la descendance s'est mainte-
nue constante ; des hybrides provenant du croisement entre le
Dianthus armeria et le *D. deltoïdes* sont restés fixes et uniformes
jusqu'à la dixième génération. Le Dr Herbert m'a également
montré un hybride de deux espèces de *Loasa*, qui, dès son apparition, est resté constant pendant plusieurs générations.

Nous avons vu, dans le premier chapitre de cet ouvrage,
que quelques-uns de nos animaux domestiques, tels que le chien,
le bétail, le porc, etc., sont presque certainement les descendants
de plus d'une espèce. Le croisement entre des espèces primitivement distinctes a donc probablement dû jouer dès une période
très-reculée un rôle dans la formation de nos races actuelles.

[31] *Les Pigeons*, p. 37.
[32] Vol. I, 1854, p. 101.
[33] *Cottage Gardener*, 1856, p. 110.
[34] *O. C.*, p. 553.

Les observations de Rütimeyer tendent à prouver qu'il en a été ainsi pour le bétail ; mais, dans la plupart des cas, il est probable que, dans ces croisements libres, une des formes a absorbé et fait disparaître les autres. Il n'est pas présumable, en effet, que des hommes à demi civilisés aient lù alors se donner la peine de modifier par sélection leurs troupeaux mélangés, croisés et fluctuants. Cependant, les animaux les mieux adaptés aux conditions ambiantes ont dù survivre grâce à la sélection naturelle, et le croisement a dù, de cette manière, contribuer indirectement à la formation des races domestiques primitives.

Dans les temps plus modernes, en ce qui concerne du moins les animaux, les croisements entre espèces distinctes n'ont contribué que pour peu ou même pour rien à la formation et à la modification de nos races. On ne sait pas encore si les espèces de vers à soie qu'on a récemment croisées en France produiront des races permanentes. Chez les plantes qu'on peut propager par bourgeons et par boutures, l'hybridation a opéré des merveilles, comme chez les Roses, les Rhododendrons, les Pélargoniums, les Calcéolaires et les Pétunias. Presque toutes ces plantes peuvent facilement se propager par semis, mais bien peu se reproduisent ainsi d'une manière constante.

Quelques auteurs admettent que le croisement est la principale cause de la variabilité, — c'est-à-dire de l'apparition de caractères absolument nouveaux. Il en est qui ont été jusqu'à le regarder comme en étant la cause unique; mais les faits que nous avons cités relativement aux variations par bourgeons s'opposent à cette conclusion. Si l'hypothèse en vertu de laquelle des caractères qui n'existent chez aucun des parents ni chez les ancêtres, peuvent devoir leur origine au fait du croisement, est très-douteuse, il n'en est pas moins très-probable que ces caractères apparaissent fréquemment à l'occasion d'un croisement ; mais la discussion de ce sujet sera mieux placée dans le chapitre où nous traiterons des causes de la variabilité.

Nous donnerons, à la fin du dix-neuvième chapitre, un résumé succinct de ce chapitre et des trois qui vont suivre, en y ajoutant quelques remarques sur l'hybridité.

CHAPITRE XVI

CAUSES QUI ENTRAVENT LE LIBRE CROISEMENT DES VARIÉTÉS. — INFLUENCE DE LA DOMESTICATION SUR LA FÉCONDITÉ.

Il est difficile d'apprécier la fécondité des croisements entre variétés. — Causes diverses qui tendent à maintenir une distinction entre les variétés, l'époque de la reproduction et les préférences sexuelles par exemple. — Variétés de froment qu'on dit rester stériles lorsqu'on les croise. Variétés de Maïs, de Verbascums, de Houx, de Courges, de Melons et de Tabacs, rendues mutuellement stériles jusqu'à un certain point. — Élimination, au moyen de la domestication, de la tendance à la stérilité naturelle aux espèces croisées. — Augmentation de la fécondité des animaux et des végétaux non croisés sous l'influence de la domestication et de la culture.

Les races domestiques d'animaux et de plantes sont, à très-peu d'exception près, absolument fécondes à la suite de croisements, et, dans quelques cas, elles le sont même davantage que les races parentes pures. Les produits de ces croisements sont aussi d'ordinaire, comme nous le verrons dans le chapitre suivant, plus vigoureux et plus féconds que leurs parents. D'autre part, les espèces croisées et leurs produits hybrides sont presque toujours stériles dans une certaine mesure ; il semble donc y avoir là une distinction prononcée et infranchissable entre les races et les espèces. L'importance de ce sujet au point de vue de l'origine des espèces est évidente, et nous aurons à y revenir.

Il est à regretter que nous possédions un bien petit nombre d'observations précises sur la fécondité des animaux ou des plantes métis, pendant plusieurs générations consécutives. Le Dr Broca [1] a fait remarquer que personne n'a observé si, par

---

[1] *Journal de Physiologie*, t. II, 1859, p. 385.

exemple, des chiens métis, reproduits *inter se*, sont indéfiniment féconds ; cependant dès que, par une observation attentive des produits du croisement entre des formes naturelles, on croit apercevoir une ombre d'infécondité, on s'empare de ce fait pour conclure à leur distinction spécifique. Toutefois, on a croisé et recroisé de toutes manières tant de races de moutons, de bétail, de porcs, de chiens, et d'oiseaux de basse-cour, que toute stérilité réelle eût été certainement remarquée, car elle eût été nuisible. L'étude de la fécondité des variétés croisées donne lieu à bien des difficultés. Toutes les fois que Kölreuter, et plus encore Gärtner, qui comptait minutieusement les graines contenues dans chaque capsule, ont observé la moindre trace de stérilité entre deux plantes, quelque voisines qu'elles fussent, ces botanistes considéraient d'emblée les deux formes comme des espèces distinctes ; or, en suivant cette règle, on n'arriverait assurément jamais à prouver que les variétés croisées restent stériles à quelque degré que ce soit. Nous avons vu que certaines races de chiens ne s'accouplent pas volontiers ; mais on n'a jamais recherché si, lorsqu'on les accouple, elles produisent le nombre ordinaire de petits, et si ces derniers sont parfaitement féconds *inter se* ; mais, en admettant qu'on constatât chez eux quelque degré de stérilité, les naturalistes en concluraient simplement que ces races descendent d'espèces primitives distinctes, et il serait à peu près impossible de vérifier si l'explication est, oui ou non, la vraie.

Les Bantams Sebright sont beaucoup moins féconds qu'aucune autre race galline. On sait qu'ils descendent d'un croisement entre deux races bien distinctes, dont les produits ont été recroisés avec une troisième variété ; mais il serait téméraire de conclure que la fécondité moindre de cette race ait aucun rapport avec son origine, car on peut, avec plus de probabilité, l'attribuer à des unions consanguines trop longtemps prolongées, ou à une tendance innée à la stérilité en corrélation avec l'absence des plumes de la collerette et des pennes en forme de faucille de la queue.

Avant de passer à l'examen des cas, peu nombreux d'ailleurs, des formes qu'on doit regarder comme des variétés et qui manifestent quelque stérilité lorsqu'on les croise, je dois faire re-

marquer que d'autres causes font parfois obstacle au libre croisement des variétés les unes avec les autres. On peut citer, par
exemple, les trop grandes différences de taille, comme chez
quelques races de chiens et de poulets ; ainsi, le directeur du
Journal of Horticulture, etc. [2], affirme qu'on peut conserver
dans un même enclos les Bantams et les grandes races sans qu'il
y ait grand danger de croisements, mais non pas les Bantams avec
les plus petites races, telles que les races de Combat, de Hambourg, etc. Chez les plantes, une différence dans l'époque de la
floraison suffit pour maintenir les variétés distinctes, comme
dans les diverses sortes de maïs et de froment ; le colonel Le
Couteur [3] fait remarquer à ce sujet que le froment Talavera conserve sa pureté, parce qu'il fleurit beaucoup plus tôt que toutes
les autres variétés. Dans diverses parties des îles Falkland, le
bétail s'est réparti en troupeaux affectant des couleurs différentes ; ceux qui occupent les points les plus élevés de l'île, à ce
que m'apprend Sir J. Sulivan, mettent ordinairement bas trois
mois plus tôt que ceux qui habitent les régions basses, différence qui doit évidemment être un obstacle à tout mélange entre
ces troupeaux.

Certaines races domestiques témoignent d'une préférence marquée pour les individus de leur type, fait qui a quelque importance, car c'est une preuve de ce sentiment instinctif qui contribue, à l'état de nature, à conserver une distinction entre les
espèces très-voisines. Nous savons aujourd'hui, et nous avons des
preuves nombreuses à cet égard, que si ce sentiment n'existait pas
il se produirait naturellement bien plus d'hybrides que cela n'est
le cas. Nous avons vu, dans le premier chapitre, que le chien
alco du Mexique a de l'antipathie pour les chiens des autres races,
et que le chien sans poil du Paraguay se croise moins volontiers
avec les chiens européens que ceux-ci ne le font entre eux. On dit
qu'en Allemagne, la chiennne Spitz reçoit plus volontiers le renard que ne le font les chiennes des autres races ; en Angleterre,
une femelle du Dingo australien attirait les renards sauvages.
Ces différences de l'instinct sexuel et du pouvoir d'attraction des

[2] Déc. 1863, p. 484.
[3] *On the Varieties of Wheat*, p. 66.

diverses races, peuvent être entièrement dues à ce qu'elles descendent d'espèces différentes. Au Paraguay, où les chevaux jouissent d'une grande liberté, on a observé [4] que les chevaux indigènes ayant une même robe et une même taille, s'unissent entre eux de préférence, et qu'il en est de même pour les chevaux importés de la province de Entre Rios et du Banda oriental dans le Paraguay. En Circassie, on reconnaît six races de chevaux qui ont reçu des noms distincts; un grand propriétaire de la localité affirme [5] que les chevaux appartenant à trois de ces races refusent, lorsqu'ils vivent en liberté, de se mêler et de se croiser, et que même ils s'attaquent mutuellement avec fureur.

On a remarqué, dans un district où se trouvent ensemble de gros moutons du Lincolnshire et de légers Norfolk, que les deux variétés, bien qu'élevées ensemble, se séparent dès qu'on les met en liberté, les Lincolnshire recherchent les terrains gras, tandis que les Norfolk préfèrent les terrains légers et secs; tant que l'herbe est abondante les deux races restent aussi séparées que les corbeaux et les pigeons. Dans ce cas, des habitudes différentes tendent à maintenir les races distinctes. Dans une des îles Féroë, qui n'a pas plus de huit cents mètres de diamètre, les moutons indigènes noirs à demi sauvages ne se mélangent pas volontiers avec les moutons blancs importés. Chose encore plus singulière, les moutons Ancons demi-monstrueux, d'origine moderne, réunis avec d'autres moutons, dans un même enclos, se séparent du reste du troupeau pour se rapprocher les uns des autres [6]. Quant au daim, qui vit à un état demi-domestique, M. Bennett [7] affirme que les troupeaux à robe foncée et à robe claire, qui ont vécu longtemps ensemble dans la forêt de Dean, dans les bois de High Meadow, et dans New Forest, ne se sont jamais mélangés; on croit que les daims à pelage foncé ont été importés de Norwège par Jacques Ier, à cause de leur plus grande vigueur. J'ai importé de l'île de Porto Santo deux lapins, qui diffèrent des lapins communs, comme nous l'avons vu dans le quatrième cha-

---

[4] Rengger, O. C., p. 336.
[5] Lherbette et Quatrefages, Bull. Soc. d'acclimat., t. VIII, juillet 1861., p. 312.
[6] Pour les Norfolk, Marshall, Rural Economy of Norfolk, vol. II, p. 136. — Rev. Landt, Descript. of Faroé, p. 66. — Pour les moutons Ancon, Phil. Transact, 1813, p. 90.
[7] White, Nat. Hist. of Selbourne, édit. par Bennett, p. 39. — Pour l'origine des daims a pelage foncé, E. P. Shirley, Some account of English Deer Parks.

pitre ; tous deux étaient mâles, et bien qu'ils aient vécu pendant quelques années au Jardin Zoologique de Londres, M. Bartlett, le surveillant, a inutilement essayé de les accoupler avec des lapins apprivoisés ; mais on ne saurait dire si ce refus était dû à quelque changement d'instinct, ou simplement à leur excessive sauvagerie, ou si, comme cela arrive souvent, la captivité les avait rendus stériles.

Lorsque, pour mes expériences sur les croisements entre les races de pigeons, je dus accoupler plusieurs des formes les plus distinctes, il m'a souvent semblé que les oiseaux, tout en restant fidèles à leur compagne, conservaient quelque préférence pour leur propre race. En conséquence, j'ai demandé à M. Wicking, qui a élevé en Angleterre un nombre considérable de races variées, s'il croyait que les pigeons préférassent s'apparier avec leurs semblables, en supposant qu'il y eût assez de mâles et de femelles de chaque sorte ; il m'a répondu qu'il en était certainement ainsi. On a souvent remarqué que le pigeon de colombier paraît avoir une véritable aversion pour les races de fantaisie [8] ; cependant, les uns et les autres descendent d'un ancêtre commun. Le Rév. W. D. Fox m'informe que ses troupeaux d'oies chinoises, blanches et communes, se maintiennent séparés.

Ces divers faits et ces affirmations, — il est impossible d'ailleurs de vérifier ces dernières, simple résumé de l'opinion d'observateurs expérimentés, — prouvent que, par suite de certaines habitudes différentes, quelques races domestiques tendent jusqu'à un certain point à rester distinctes, et que d'autres préfèrent s'accoupler avec leur propre type ; ces races se comportent donc, à peu près, quoique à un degré moindre, de la même manière que le font les espèces à l'état de nature.

Je ne connais aucun cas bien constaté de stérilité résultant de croisements entre des races domestiques animales. Les grandes différences de conformation qui existent entre certaines races de pigeons, de poulets, de porcs, de chiens, etc., rendent ce fait assez extraordinaire ; il en résulte un contraste frappant avec la stérilité qui accompagne si souvent les croisements chez les espèces naturelles même très-voisines. Nous essaierons cependant

    [8] Rev. E. S. Dixon, The Dovecote, p. 155. — Bechstein, Naturg. Deutschlands, vol. IV, 1795, p. 17.

de démontrer ci-après que ce fait est moins étrange qu'il ne le paraît d'abord. Il importe de rappeler ici que l'étendue des différences extérieures qui peuvent exister entre deux espèces ne nous permet pas de préjuger d'avance si elles pourront ou non se reproduire ensemble ; en effet, quelques espèces très-voisines restent complétement stériles quand on les croise les unes avec les autres, tandis que d'autres espèces très-dissemblables présentent, dans les mêmes conditions, une certaine fécondité. J'ai dit plus haut que nous n'avions pas de preuve satisfaisante de la stérilité chez les races croisées ; voici cependant un cas qui, à première vue, me paraît digne de foi. M. Youatt [9] affirme qu'autrefois, dans le Lancashire, on a opéré de fréquents croisements entre des animaux à longues cornes et des bestiaux à courtes cornes ; le premier croisement donnait des résultats excellents, mais les produits étaient incertains ; à la troisième ou quatrième génération, les vaches étaient mauvaises laitières, de plus, la conception devenait fort incertaine, et un bon tiers des vaches ne vêlèrent pas. Ceci semble d'abord très-significatif, mais, d'autre part, M. Wilkinson [10] constate qu'une race dérivée du même croisement a été établie dans une autre partie de l'Angleterre, où on eût certainement remarqué et signalé son infécondité, si elle se fût trouvée dans ce cas. On pourrait soutenir, d'ailleurs, en admettant que Youatt ait fourni la preuve du fait en question, que la stérilité provenait entièrement de ce que les deux races mères descendaient d'espèces primitives distinctes.

Voyons ce qui se passe chez les plantes. Gärtner a fécondé treize (et ultérieurement neuf autres) panicules d'un maïs nain à grains jaunes [11] avec le pollen d'un maïs très-grand à grains rouges ; une seule tête produisit de bonnes graines, mais au nombre de cinq seulement. Ces plantes sont monoïques et n'exigent par conséquent pas la castration, j'aurais cependant soupçonné quelque accident dans la manipulation, si Gärtner n'avait expressément constaté qu'il a élevé ces deux variétés ensemble pendant plusieurs années sans qu'elles se fussent croisées spontanément. Ces plantes étant monoïques, leur pollen abondant, et se croisant d'ordinaire librement, le fait ne paraît explicable qu'en admettant que ces deux variétés doivent être, jusqu'à un certain point, réciproquement infécondes. Les plantes hybrides, levées des cinq graines précitées, avaient une conformation intermédiaire ; elles étaient très-variables et complétement fécondes [12]. De même, le professeur Hildebrand [13] n'a pu parvenir à féconder les fleurs femelles d'une plante produisant des grains bruns avec le pollen d'une autre variété produisant des grains jaunes, bien que d'autres fleurs du même plant fécondées avec leur propre pollen aient produit d'excellentes graines. Personne, que je sache, ne suppose que ces deux variétés de maïs constituent des espèces distinctes, ce qu'aurait immédiatement conclu Gärtner, si les hybrides avaient

[9] Cattle, p. 202.
[10] J. Wilkinson, Remarks addressed to Sir J. Sebright, 1820, p. 38.
[11] Bastarderzeugung, p. 87, 169.
[12] Ibid., p. 87, 577.
[13] Bot. Zeit., 1868, p. 327.

été le moins du monde stériles. Je ferai remarquer que, pour les espèces incontestables, il n'y a pas nécessairement de relation étroite entre la stérilité
d'un premier croisement et celle des produits hybrides. Quelques espèces
peuvent se croiser avec facilité et produire des hybrides entièrement stériles ; d'autres, qui ne se croisent qu'avec beaucoup de peine, peuvent produire des hybrides passablement féconds. Je ne connais cependant pas, chez
les espèces naturelles, de cas absolument analogue à celui du maïs précité,
c'est-à-dire d'un premier croisement difficile produisant des hybrides parfaitement féconds [14].

Le cas suivant, beaucoup plus remarquable encore, a évidemment embar-
rassé Gärtner, préoccupé avant tout d'établir une ligne de démarcation bien
tranchée entre les variétés et les espèces. Ce botaniste a fait, pendant dix-
huit ans, un grand nombre d'expériences sur le genre Verbascum, dont il
a croisé 1085 fleurs en ayant soin de compter les graines produites. Un grand
nombre de ces expériences ont consisté à croiser les variétés blanches et
jaunes du *V. lychnitis* et du *V. blattaria*, avec neuf autres espèces et leurs hybrides. Personne ne doute que les plantes à fleurs blanches et celles à fleurs
jaunes ne soient de véritables variétés des deux espèces ci-dessus nommées ;
Gärtner est même parvenu à obtenir, chez les deux espèces, une même variété
en se servant de la graine de l'autre. Or, dans deux de ses ouvrages [15], il
affirme nettement que les croisements entre fleurs de la même couleur produisent plus de graines que ceux entre fleurs de couleurs différentes ; de
sorte que la variété à fleurs jaunes de l'une ou de l'autre espèce (et inversement pour la variété à fleurs blanches), fécondée avec son propre pollen,
produit plus de graines que lorsqu'on la féconde avec du pollen de la variété
blanche ; c'est ce qui arrive aussi lorsqu'on croise des espèces de couleurs
différentes. On trouve les résultats généraux dans la table qui termine son
ouvrage. Il cite dans un cas les détails suivants [16], mais il importe de remarquer que Gärtner, pour se garder contre toute exagération relativement
à la stérilité des croisements, compare toujours le nombre *maximum* de
graines produites par le croisement avec le nombre *moyen* de graines que
produit naturellement la plante mère pure. La variété blanche du *V. lychnitis*, fécondée naturellement par son propre pollen, produisit douze capsules
contenant chacune en moyenne 96 bonnes graines ; tandis que vingt fleurs,
fécondées avec le pollen de la variété jaune de la même espèce, produisirent
un maximum de 89 bonnes graines par capsule, ce qui, d'après l'échelle employée par Gärtner, donne une proportion de 1000 à 908. Je serais disposé
à croire qu'une différence aussi faible pourrait être attribuée aux effets nuisibles d'une castration nécessaire, mais Gärtner a démontré que la variété
blanche du *V. lychnitis*, fécondée d'abord par la variété blanche du *V. blat-*

---

[14] M. Shirreff pensait autrefois (*Gard. Chron.*, 1838, p. 771), que les descendants d'un
croisement entre certaines variétés de froment devenaient stériles à la quatrième génération ;
mais il admet aujourd'hui (*Improvement of the Cereals*, 1873), que cette opinion est
erronée.

[15] *Kenntniss der Befruchtung*, p. 137. — *Bastarderzeugung*, p. 92, 181, 307.

[16] *Bastarderzeugung*, p. 216.

taria, et ensuite par la variété jaune de cette même espèce, produisit des graines dans la proportion de 632 à 438, la castration ayant été opérée dans les deux cas. Or, la stérilité résultant du croisement des variétés différemment colorées de la même espèce est tout aussi forte que celle qu'on observe dans beaucoup de cas lorsqu'on croise des espèces distinctes. Malheureusement, Gärtner n'a comparé entre eux que les résultats des premières unions et non la stérilité des deux catégories d'hybrides produits par la variété blanche du *V. lychnitis*, fécondée par les variétés blanche et jaune du *V. blattaria*; il est probable qu'il eût trouvé une différence sous ce rapport.

M. J. Scott m'a communiqué les résultats d'une série d'expériences entreprises par lui au jardin botanique d'Édimbourg [17]. Il répéta quelques-uns des essais faits par Gärtner sur des espèces distinctes, mais n'obtint que des résultats incertains, quelques-uns confirmatifs, le plus grand nombre contradictoires; mais ces derniers me semblent néanmoins insuffisants pour renverser les conclusions auxquelles Gärtner a été conduit par des expériences faites sur une beaucoup plus grande échelle. M. Scott expérimenta, en second lieu, la fécondité relative d'unions entre des variétés de même couleur ou de couleurs différentes d'une même espèce. Ainsi, il féconda six fleurs de la variété jaune du *V. lychnitis*, avec leur propre pollen, et obtint six capsules; représentant par cent le nombre de bonnes graines contenues dans chacune, il trouva que la même variété jaune, fécondée par la blanche, avait produit sept capsules, contenant en moyenne quatre-vingt-quatorze graines. L'expérience faite de la même manière sur la variété blanche du *V. lychnitis*, fécondée avec son pollen (six capsules), puis par le pollen de la variété jaune (huit capsules), produisit un rendement en graines dans la proportion 100 à 82. La variété jaune du *V. thapsus* fécondée avec son pollen (huit capsules), et avec la variété blanche (deux capsules), produisit des graines dans la proportion de 100 à 94. Enfin la variété blanche du *V. blattaria* fécondée avec son pollen (huit capsules), et avec celui de la variété jaune (cinq capsules), donna le rapport de 100 à 79. Il résulte de ces essais que, dans tous les cas, les unions de variétés d'une même espèce affectant des couleurs différentes ont été moins fécondes que celles des variétés affectant des couleurs semblables; l'ensemble des cas réunis donne une diminution de fécondité dans le rapport de 86 à 100. Quelques autres essais furent encore faits, et, au total, trente-six unions de mêmes couleurs ont produit trente-cinq capsules saines, tandis que trente-cinq unions entre couleurs différentes n'ont produit que vingt-six bonnes capsules. Un *V. phœniceum* pourpre fut encore croisé avec une variété rose et avec une variété blanche de la même espèce; ces deux dernières variétés furent aussi croisées entre elles, et tous les produits de ces divers croisements donnèrent moins de graines que le *V. phœniceum*, fécondé avec son propre pollen. Il résulte donc des expériences de M. Scott que, dans le

[17] Les résultats de ces expériences ont été publiés depuis lors dans *Journ. As. Soc. of Bengal*, 1867, p. 145.

genre Verbascum, les variétés semblables et dissemblables au point de vue
de la couleur se comportent, quand on les croise, comme des espèces très-
voisines, mais distinctes [18].

Ce fait remarquable de l'affinité sexuelle des variétés semblablement
colorées, tel que l'ont observé MM. Scott et Gärtner, peut n'être pas très-
rare, car aucun autre botaniste ne s'est occupé de cette question. Je cite le
cas suivant, comme un exemple de la difficulté qu'il y a à éviter des
erreurs. Le Dr Herbert [19] a remarqué qu'on peut avec certitude obtenir par
semis des variétés doubles et de diverses couleurs de la rose-trémière
(*Althea rosea*), lorsque ces plantes croissent près les unes des autres. Les
horticulteurs, qui produisent de la graine pour la vente, ne séparent pas
leurs plantes ; je me procurai donc de la graine de dix-huit variétés dénommées, sur lesquelles onze me donnèrent soixante-deux plantes parfaitement
conformes à leur type ; les sept autres produisirent quarante-neuf plantes,
dont une moitié fut conforme, et l'autre moitié fausse. M. Masters, de
Canterbury, m'a cité un cas encore plus frappant ; il a recueilli de la graine
de vingt-quatre variétés distinctes, plantées en rangées voisines les unes
des autres ; or, toutes les variétés se reproduisirent conformes à leur type,
et il constata à peine une légère différence dans la nuance de quelques-unes.
Chez la rose-trémière, le pollen très-abondant, est mûr et presque tout
répandu avant que le stigmate de la fleur soit prêt à le recevoir [20], et,
comme les abeilles couvertes de pollen, vont sans cesse d'une fleur à
l'autre, il semble que les variétés avoisinantes ne puissent guère échapper
à un croisement. Tel n'est cependant pas le cas ; il me parut donc probable
que le pollen de chaque variété doit avoir une action prépondérante sur son
propre stigmate, mais je n'ai aucune preuve à cet égard. M. C. Turner de
Slough, habile horticulteur, m'apprend que l'état double des fleurs
empêche les abeilles de pénétrer jusqu'au pollen et au stigmate, et qu'il est
même difficile de les croiser artificiellement. Je ne sais si cette remarque

[18] Les faits suivants, cités par Kölreuter dans *Dritte Fortsetzung*, p. 34, 39, paraissent
d'abord fortement confirmer les assertions de M. Scott et de Gärtner, et le font, en effet,
jusqu'à un certain point. Kölreuter affirme, d'après de nombreuses observations, que les
insectes transportent sans cesse le pollen d'une espece ou d'une variété de Verbascum à une
autre, fait que je puis confirmer ; cependant, il a trouvé que les variétés blanches et jaunes du
V. lychnitis croissent souvent mélangées à l'état sauvage ; de plus, ayant cultivé pendant
quatre ans un grand nombre de ces deux variétés dans son jardin, elles restèrent constantes
par semis, et, croisées, elles produisirent des fleurs affectant une nuance intermédiaire. On
pourrait donc penser que chacune des deux variétés doit avoir, pour son propre pollen, une
affinité élective plus forte que pour celui de l'autre ; cette affinité élective de chaque espèce
pour son propre pollen est d'ailleurs un fait parfaitement bien constaté (Kölreuter, *Dritte
Fortsetzung*, p. 39, et Gärtner, *Bastarderzeugung*). Mais la valeur des faits qui précèdent est
fort amoindrie par les expériences de Gärtner, qui, au contraire de Kölreuter, n'a jamais
obtenu (*Bastard.*, p. 307) une nuance intermédiaire dans ses croisements entre les variétés
à fleurs blanches et à fleurs jaunes du Verbascum. De sorte que le fait que les variétés
blanches et jaunes se maintiennent distinctes par semis, ne prouve pas qu'elles n'aient pas
été mutuellement fécondées par le pollen que les insectes ont pu porter de l'une à l'autre.
[19] *Amaryllidaceæ*, 1837, p. 366, Gärtner a fait une observation analogue.
[20] Kölreuter, *Mém. Acad. Saint-Pétersbourg*, vol. III, p. 127. — C. K. Sprengel, *Das
Entdeckte Geheimniss*, p. 345.

suffit pour expliquer que des variétés croissant très-près les unes des autres se propagent néanmoins d'une manière aussi constante par semis.

Les cas suivants présentent un certain intérêt, parce qu'ils se rapportent à des formes monoïques, chez lesquelles la castration n'est par conséquent pas nécessaire. Girou de Buzareingues a croisé trois variétés de courges [21] ; il assure que leur fécondation réciproque est d'autant moins facile qu'elles présentent plus de différences. Les formes de ce groupe étaient, jusque tout récemment, très-imparfaitement connues, mais Sageret [22], qui les a classées d'après leur fécondité mutuelle, regarde les trois formes précitées comme des variétés, comme le fait d'ailleurs M. Naudin [23]. Sageret [24] a observé que certains melons ont une tendance plus prononcée, quelle qu'en puisse être la cause, à se maintenir plus constants que d'autres ; d'après M. Naudin, certaines variétés se croisent plus facilement que d'autres de la même espèce : il n'a cependant pas pu démontrer la vérité de cette conclusion, l'avortement fréquent du pollen sous le climat de Paris constituant une grande difficulté. Néanmoins, il a pu élever ensemble, pendant sept ans, quelques formes de Citrullus, qu'on regarde comme des variétés, parce qu'elles se croisent facilement et donnent des produits féconds ; elles conservent toutefois leur type, si on ne les croise pas artificiellement. D'autre part, il y a quelques variétés du même groupe qui se croisent avec une facilité telle que, d'après Naudin, si on ne les tient pas très éloignées, elles ne peuvent pas se maintenir constantes.

Je signalerai encore un autre cas un peu différent, mais très-remarquable et parfaitement constaté. Kölreuter a décrit minutieusement cinq variété du tabac commun [25], qui, réciproquement croisées, donnèrent des produits intermédiaires aussi féconds que les parents ; d'où il conclut qu'elles sont de véritables variétés, ce dont, autant que je le sache, personne ne doute. Il croisa aussi ces cinq variétés réciproquement avec le *N. glutinosa*, et les produits restèrent stériles ; mais ceux provenant de la variété *perennis*, employé tant comme plante paternelle que comme plante maternelle, furent moins stériles que les hybrides des quatre autres variétés [26]. Les capacités sexuelles de cette dernière variété ont donc été

---

[21] Les Barbarines, les Pastissons, les Giraumons, *Ann. Soc. Nat.*, t. XXX, 1833, p. 398, 405.

[22] *Mém. sur les Cucurbitacées*, 1826, p. 46, 55.

[23] *Annales des Sc. nat.*, 4ᵉ série, t. VI. M. Naudin considère ces formes comme des variétés incontestables du *Cucurbita pepo*.

[24] *Mém. Cucurbitacées*, p. 8.

[25] *Zweite Fortsetz.*, p. 53. (1) *Nicotiana major vulgaris* ; (2) *perennis* ; (3) *Transylvanica* ; 4) une sous-variété de cette dernière ; (5) *major latifol. fl. alb.*

[26] Frappé de ce fait, Kölreuter craignit que, dans ses expériences, un peu de pollen du *N. glutinosa* ne se fût peut-etre mélangé accidentellement à celui de la variété *perennis*, et n'eût ainsi aidé à son action fécondante. Mais nous savons maintenant d'une manière certaine, par Gärtner (*Bastarderzeugung*, p. 34, 43), que deux sortes de pollen n'agissent jamais conjointement sur une troisième espèce ; par conséquent, le pollen d'une espèce distincte, mélangé avec celui de la plante même, surtout si celui-ci est en quantité suffisante, aura encore moins d'effet. Le seul effet du mélange des deux sortes de pollen est de produire, dans une même capsule, des graines qui donnent des plantes tenant, les unes d'un des parents, les autres de l'autre.

certainement un peu modifiées, de manière à se rapprocher de celles du
N. glutinosa [27].

Ces faits relatifs aux plantes prouvent que, dans quelques cas,
les fonctions sexuelles de certaines variétés ont été modifiées en ce
sens qu'elles se croisent les unes avec les autres moins facilement et produisent moins de graines que d'autres variétés de la
même espèce. Nous verrons bientôt que les fonctions sexuelles
de la plupart des animaux et des plantes sont très-sensibles à
l'action des conditions extérieures ; ensuite, nous discuterons
brièvement la portée que peuvent avoir ces faits, ainsi que
d'autres, sur les différences qui existent entre la fécondité des
variétés croisées et celle des espèces croisées.

*La domestication élimine la tendance à la stérilité qui est si
générale chez les espèces croisées.* — Plusieurs auteurs ont adopté
cette hypothèse, avancée d'abord par Pallas [28]. Je ne trouve
presque pas de faits directs pour l'appuyer ; mais malheureusement personne n'a, ni chez les animaux, ni chez les plantes, comparé la fécondité de variétés anciennement domestiquées et
croisées avec une espèce distincte, à celle de l'espèce primitive
sauvage, croisée de la même manière. On n'a jamais comparé,
par exemple, la fécondité du *Gallus bankiva* et de l'espèce galline domestique, croisés avec une espèce distincte de *Gallus* ou
de *Phasianus*, essai qui serait du reste, dans tous les cas, entouré
de bien des difficultés. Dureau de la Malle, si versé dans la litté-
rature classique, assure [29] que, du temps des Romains, le mulet
commun était beaucoup plus difficile à produire que de nos jours ;
je ne saurais dire, cependant, jusqu'à quel point cette assertion

---

[27] M. Scott a fait les mêmes observations sur la stérilité absolue d'une primevère pourpre
et blanche (*Primula vulgaris*), fécondée par du pollen de la primevère commune (*Journ. of
Proc. of Linn. Soc.*, vol. VIII, 1864, p. 98) ; mais ces observations demandent à être confirmées. J'ai levé de graines que m'a obligeamment envoyées M. Scott, un certain nombre de
plantes à fleurs pourpres et à long style, et, bien que toutes offrissent un certain degré de
stérilité, elles étaient plus fécondes avec du pollen de la primevère commune qu'avec le leur
propre. M. Scott a aussi décrit une primevère (*P. veris*), qu'il a trouvée très-stérile quand
il l'a croisée avec la primevère commune ; mais cela n'a pas été le cas pour plusieurs plantes
à fleurs rouges que j'ai obtenues par semis. Cette variété présente la particularité remarquable de réunir des organes mâles en tout semblables à ceux de la forme à style court
avec des organes femelles ressemblant partiellement à ceux de la forme à long style ; il y a
donc là l'anomalie singulière de deux formes combinées dans une même fleur. Il n'est pas
étonnant alors que ces fleurs soient fécondes par elles-mêmes à un très-haut degré.

[28] *Act. Acad. Saint-Pétersbourg*, 1780, part. II, p. 84, 100.

[29] *Ann. des Sc. Nat.*, t. XXI, 1re série, p. 61.

est fondée. M. Groenland [30] signale un cas un peu différent, mais très-important : quelques plantes que, par leurs caractères intermédiaires et leur stérilité, on sait être des hybrides de l'Ægilops et du froment, se sont propagées, depuis 1857, sous l'influence de la culture, *avec un accroissement rapide mais variable de fécondité à chaque génération.* A la quatrième génération, ces plantes, qui conservaient encore leurs caractères intermédiaires, étaient devenues aussi fécondes que le froment ordinaire cultivé.

Les preuves indirectes en faveur de la doctrine de Pallas me paraissent être très-importantes. J'ai cherché à démontrer, au commencement de cet ouvrage, que nos diverses races de chiens descendent de plusieurs espèces sauvages, ce qui probablement est aussi le cas pour le mouton. Il n'y a aucun doute que le Zébu, ou bœuf indien à bosse, n'appartienne à une espèce distincte de celle de notre bétail européen ; celui-ci, en outre, descend lui-même de deux formes qu'on peut appeler espèces ou races. Nous avons la preuve que nos porcs appartiennent à deux types spécifiques au moins, le *S. scrofa* et le *S. Indicus.* L'analogie nous porte à croire que si ces diverses espèces voisines avaient été croisées, au moment où elles ont été réduites en domesticité, elles auraient, tant dans leurs premiers croisements que dans leurs produits hybrides, manifesté un certain degré de stérilité. Néanmoins, les différentes races domestiques qui en descendent sont actuellement toutes fécondes les unes avec les autres, autant du moins que nous pouvons le savoir. Nous devons donc admettre avec Pallas qu'une domestication longtemps prolongée, tend à éliminer, la stérilité qui se manifeste naturellement chez les espèces quand elles se croisent dans leur état primitif.

Augmentation de la fécondité résultant de la domestication et de la culture. — Il convient de dire ici quelques mots de l'augmentation de la fécondité résultant de la domestication sans intervention de croisements. Ce sujet se rattache indirectement à deux ou trois points qui ont trait aux modifications des êtres organisés.

---

[30] *Bull. Soc. Bot. de France,* 27 déc. 1861, t. VIII, p. 612.

Buffon avait déjà remarqué [31] que les animaux domestiques font
plus de portées dans l'année et plus de petits par portée que les
animaux sauvages de même espèce ; ils commencent aussi à se
reproduire à un âge moins avancé. Je n'aurais pas insisté davantage sur ce fait, si quelques auteurs n'avaient pas récemment
cherché à prouver que la fécondité augmente ou diminue en raison
inverse de la quantité de nourriture. Cette étrange doctrine paraît provenir de ce que parfois des individus auxquels on a pro-
digué une quantité extraordinaire d'aliments, ou qu'on a nourris
avec des plantes croissant dans un sol excessivement riche, sur du
fumier, par exemple, deviennent souvent stériles, point sur lequel
j'aurai bientôt à revenir. Nos animaux domestiques, qui depuis
longtemps ont été habitués à recevoir une nourriture régulière et
copieuse, sans avoir la peine de se la procurer, sont, presque sans
exception, plus féconds que les mêmes animaux à l'état sauvage.
On sait combien les chiens et les chats portent souvent, et combien de petits ils peuvent faire d'une seule portée. Le lapin sauvage porte quatre fois l'an et fait de quatre à huit petits ; le lapin
domestique fait de six à sept portées annuelles, chacune de quatre
à onze petits. M. Harrison Weir m'a même signalé une lapine
qui a mis bas dix-huit petits qui tous ont vécu. Le furet,
quoique tenu en étroite captivité, est plus prolifique que son prototype sauvage supposé. La femelle du sanglier est remarquablement féconde, car elle porte souvent deux fois par an, et peut
produire par portée de quatre à huit, et même jusqu'à douze
petits ; la truie domestique met bas deux fois l'an régulièrement,
et porterait plus souvent si on le lui permettait ; une truie qui
donne moins de huit petits par portée est peu estimée, et on s'em-
presse de l'engraisser pour le boucher. La quantité de nourriture
agit sur la fécondité d'un même animal ; ainsi les brebis ,
qui ne produisent sur les montagnes qu'un seul agneau à la fois,
donnent souvent des jumeaux lorsqu'on les amène dans les pâturages des plaines: Cette différence ne paraît pas due à la température froide des régions élevées, car les moutons et les autres
animaux domestiques sont très-féconds en Laponie. Une mau-

---

[31] Cité par Isid. Geoffroy Saint-Hilaire, *Hist. Nat. Gen.*, t. III, p. 476. — Une discussion complète de ce sujet se trouve dans un ouvrage qui vient de paraître tout dernièrement,
Principles of Biology, 1867, vol. II, p. 457, de M. Herbert Spencer.

vaise nourriture peut retarder l'époque à laquelle les animaux
commencent à concevoir, car, dans les îles du nord de l'Écosse.
on a reconnu qu'il est désavantageux de faire porter les vaches
avant l'âge de quatre ans [32].

Chez les oiseaux, l'augmentation de la fécondité résultant de la domestication est encore plus marquée ; la femelle du *Gallus bankiva* sauvage pond
de six à dix œufs, chiffre qui serait faible pour une poule domestique. La
cane sauvage pond de cinq à dix œufs ; la cane domestique en pond de
quatre-vingts à cent dans le cours d'une année. L'oie sauvage pond de cinq
à huit œufs ; l'oie domestique de treize à dix-huit, et pond même une
seconde fois. Une nourriture abondante, des soins et une température
modérée développent, comme l'a fait remarquer M. Dixon, une fécondité
qui devient héréditaire dans une certaine mesure. Je ne saurais dire si le
pigeon de colombier à demi domestique est plus fécond que le bizet sauvage ; mais les races essentiellement domestiques sont près de deux fois
aussi productives que les pigeons de colombier ; ces derniers toutefois,
élevés en cage et bien nourris, deviennent aussi féconds que les pigeons
domestiques. M. Caton m'apprend qu'aux États-Unis l'oie sauvage ne pond
pas à un an comme le fait toujours l'oie domestique. Seule de tous nos
animaux domestiques, la femelle du paon semble, s'il faut en croire
quelques auteurs, être plus féconde à l'état sauvage, dans l'Inde son pays
natal, qu'à l'état domestique en Europe, où elle est exposée à un climat
beaucoup plus froid [33].

Quant aux plantes, personne ne s'attend à voir le blé pousser plus abondamment, ou les épis contenir plus de grains, dans un sol pauvre que dans
un sol riche, ou à obtenir une récolte abondante de pois ou de fèves, dans
un sol pauvre. Le nombre des graines varie tellement qu'il est difficile d'en
fixer la quantité ; mais, si l'on compare les carottes cultivées dans les jardins à celles qui croissent à l'état sauvage, les premières paraissent en
produire à peu près deux fois autant. Les choux cultivés donnent à la

---

[32] Pour les chats et chiens, Bellingeri, *Ann. des Sc. Nat.*, 2ᵉ série, Zoologie, t. XII,
p. 155. — Pour le furet, Bechstein, *Naturg. Deutschlands*, vol. I, 1801, p. 786, 795. —
Lapins, *id.*, p. 1123, 1131 ; et Bronn, *Gesch. der Natur*, vol. II, p. 99, 102. — Truie
sauvage, Bechstein, *O. C.*, I, p. 534 ; — Porc domestique, Youatt, *On the pig.* 1860, p. 62.
— Pour la Laponie, Acerbi, *Travels to the North Cape*, vol. II, p. 222. — Vaches des
Highlands, Hogg, *On Sheep*, p. 263.
[33] Pour les œufs du *Gallus bankiva*, Blyth, *Ann. and Mag. of Nat. Hist.*, 2ᵉ série, I,
p. 456, 1848. — Canards, Macgillivray, *British Birds*, vol. V. p. 37, et *Die Enten*, p. 87.
— Oies sauvages, L. Lloyd, *Scandinavian Adventures*, vol. II, p. 413, 1854, et oies domestiques, Dixon, *Ornament. Poultry*, p. 139. — Pigeons, Pistor, *Das Ganze der Taubenzucht*,
1831, p. 46, et Boitard et Corbié, *Les Pigeons*, p. 158. — Quant aux Paons, d'après Temminck (*Hist. Nat. Gén. des Pigeons*, 1813, t. II, p. 41), la femelle pond dans l'Inde jusqu'à
vingt œufs; mais d'après Jerdon et un autre écrivain (cité dans Tegetmeier, *Poultry Book*,
1866, p. 280, 282), elle ne pond dans ce pays que de quatre à neuf ou dix œufs: en Angleterre, on dit, *Poultry Book*, qu'elle en pond de cinq à six, et d'après un autre auteur de
huit à douze.

mesure environ trois fois autant de siliques que les choux sauvages croissant sur les rochers du pays de Galles. L'asperge cultivée, comparée à la
plante sauvage, fournit un nombre beaucoup plus considérable de baies.
Sans doute, une grande quantité de plantes très-cultivées, comme les poires,
les ananas, les bananes, les cannes à sucre, etc., sont presque stériles ou le
sont même tout à fait ; mais je crois qu'il faut attribuer le fait à un excès
de nourriture, et à d'autres conditions peu naturelles, point sur lequel
nous aurons à revenir.

Dans quelques cas, comme pour le porc, le lapin, etc., et
chez les plantes qu'on recherche pour leur graine, il est probable qu'une sélection directe des individus les plus féconds a
contribué pour beaucoup à l'augmentation de leur fécondité ;
dans tous les cas, d'ailleurs, cette augmentation peut être le résultat indirect de la chance plus grande que la progéniture plus
nombreuse des individus les plus féconds a de persister. Mais,
quand il s'agit des chats, des furets et des chiens, ou de plantes
comme les carottes, les choux et les asperges, qu'on ne recherche
pas pour leurs qualités prolifiques, la sélection ne peut avoir
joué qu'un rôle secondaire ; l'augmentation de la fécondité doit
donc être attribuée aux conditions extérieures plus favorables
auxquelles ces espèces ont longtemps été exposées.

CHAPITRE XVII

DES EFFETS AVANTAGEUX DU CROISEMENT, ET DES RÉSULTATS NUISIBLES DES UNIONS CONSANGUINES.

Définition du terme union consanguine. — Accroissement des tendances morbides. — Preuves générales des effets avantageux résultant des croisements et des effets nuisibles résultant des unions consanguines. — Unions consanguines chez le bétail ; bétail demi-sauvage conservé longtemps dans un même parc. — Moutons. — Daims. — Chiens. — Lapins. — Porcs. — Origine de l'aversion de l'homme pour les mariages incestueux. — Poules. — Pigeons. Abeilles. — Plantes ; considérations générales sur les avantages du croisement. — Melons, Arbres fruitiers, Pois, Choux, Froment et Arbres forestiers. — L'accroissement de la taille des hybrides n'est pas exclusivement dû à leur stérilité. — Certaines plantes normalement ou anormalement impuissantes par elles-mêmes, sont féconds, tant du coté mâle que du côté femelle, lorsqu'on les croise avec des individus distincts appartenant à la même espèce ou à une autre espèce. — Conclusion.

On s'est beaucoup moins préoccupé de l'augmentation de la vigueur constitutionnelle qui résulte d'un croisement accidentel entre des individus appartenant à une même variété, mais membres de familles différentes, ou entre des individus appartenant à des variétés distinctes, que des effets nuisibles qui peuvent résulter des unions consanguines. Le premier point est cependant le plus important, en ce qu'il est le mieux démontré des deux. Les effets nuisibles résultant de l'accouplement d'animaux consanguins sont difficiles à reconnaître, car ils s'accumulent lentement, ils diffèrent beaucoup d'ailleurs en intensité selon les espèces ; tandis que les effets avantageux qui suivent presque toujours un croisement se manifestent de suite. Il faut toutefois reconnaître que les avantages qu'on peut tirer de la reproduction entre individus consanguins, au point de vue de la conservation et de la transmission d'un caractère donné, sont incontestables et l'emportent souvent sur l'inconvénient qui peut résulter d'une

légère perte de vigueur constitutionnelle. Relativement à la
domestication, la question a une certaine importance, parce que
les unions consanguines trop prolongées peuvent nuire à l'amélioration des races anciennes. La reproduction consanguine a également une certaine importance, par sa portée indirecte sur l'hybridité, et peut-être sur l'extinction des espèces, dès qu'une forme
est devenue assez rare pour être réduite à quelques individus, vivant sur un espace peu étendu. Elle réagit de façon importante
sur l'influence qu'exerce le libre croisement; elle tend, en effet, à
effacer les différences individuelles, et contribue à amener l'uniformité des caractères chez les individus d'une même race ou d'une
même espèce; car, s'il résulte du croisement une plus grande vigueur et plus de fécondité chez les produits, ceux-ci se multiplient
et deviennent prépondérants, et le résultat est beaucoup plus considérable qu'il ne l'aurait été autrement. Enfin, relativement au
genre humain, la question a une grande portée; aussi la discu-
terons-nous en détail. Les faits tendant à prouver les effets nuisibles des unions consanguines étant plus abondants, quoique
moins décisifs que ceux que nous possédons relativement aux
effets favorables des croisements, c'est par les premiers que
nous commencerons pour chaque groupe d'êtres organisés.

Il est certes facile de définir le terme croisement; mais il
n'en est pas de même pour le terme unions consanguines ou
« l'accouplement en dedans » (*breeding in and in*), parce que,
comme nous allons le voir, un même degré de consanguinité
peut affecter d'une manière différente les diverses espèces d'animaux. L'accouplement entre le père et la fille, ou entre la mère
et le fils, ou entre frère et sœur, continué pendant plusieurs
générations, constitue le degré le plus rapproché de l'union consanguine. Quelques juges compétents, comme Sir J. Sebright,
estiment que l'accouplement entre le frère et la sœur constitue
une union consanguine plus rapprochée que celle des parents
avec leurs enfants; car, dans l'union du père avec sa fille, il n'y
a croisement qu'avec la moitié de son propre sang. On admet
généralement que les conséquences d'unions aussi rapprochées,
continuées pendant longtemps, sont une diminution de la taille,
de la vigueur constitutionnelle et de la fécondité, accompagnée
quelquefois d'une tendance à la difformité. Les inconvénients qui

résultent de l'accouplement entre les individus aussi proches parents ne se manifestent pas nettement pendant les deux, trois, ou même les quatre premières générations; toutefois, plusieurs causes nous empêchent d'apercevoir le mal, telles que la lenteur de l'altération, qui est graduelle, et la difficulté de distinguer entre les effets nuisibles directs et le développement inévitable des tendances morbides qui peuvent exister à l'état apparent ou à l'état latent chez les parents consanguins. D'autre part, l'avantage qui résulte du croisement, même lorsqu'il n'y a pas eu d'unions consanguines antérieures, se manifeste presque toujours tout d'abord. On a des raisons pour croire, et c'est l'opinion d'un de nos observateurs les plus expérimentés, Sir J. Sebright [1], que les effets nuisibles des unions consanguines peuvent être amoindris ou même détruits complétement en séparant pendant quelques générations, et en exposant à des conditions d'existence différentes, les individus ayant une parenté trop rapprochée. Beaucoup d'éleveurs partagent aujourd'hui cette opinion; M. Carr [2], par exemple, fait remarquer qu'on sait maintenant à n'en pouvoir douter qu'un changement de sol et de climat opèrent peut-être des modifications presque aussi considérables dans la constitution qu'une infusion de sang nouveau. J'espère pouvoir démontrer dans un autre ouvrage que la consanguinité en elle-même ne compte pour rien, mais que ses effets proviennent uniquement de ce que les organismes parents ont ordinairement une constitution semblable et ont été exposés dans la plupart des cas à des conditions analogues.

Beaucoup de savants ont nié que les unions consanguines, à quelque degré de parenté qu'elles aient lieu, puissent produire des effets nuisibles; mais aucun éleveur pratique, que je sache, ne partage cette opinion, et surtout aucun de ceux qui ont élevé des animaux se propageant rapidement. Plusieurs physiologistes attribuent les effets nuisibles de ces unions exclusivement à la combinaison et à l'augmentation qui en est la conséquence des tendances morbides communes aux deux parents, et il n'est pas douteux qu'il existe là une cause défavorable puissante. On sait

[1] *The art of improving the breed*, etc., 1809, p. 16.
[2] *The history of the rise and progress of the Killerby, etc., herds*, p. 41.

malheureusement, en effet, que des hommes et des animaux domestiques, doués d'une constitution misérable, et présentant une forte prédisposition héréditaire à la maladie, sont parfaitement capables de procréer, s'ils ne sont pas absolument malades. Les accouplements consanguins, d'autre part, entraînent souvent la stérilité, ce qui implique un effet tout à fait distinct d'un accroissement des tendances morbides communes aux deux parents. Les faits que nous allons examiner m'autorisent à conclure qu'il est une grande loi naturelle, en vertu de laquelle un croisement accidentel entre individus qui ne sont pas en rapports de parenté trop rapprochée constitue un avantage chez tous les êtres organisés ; et que, d'autre part, l'accouplement longtemps continué entre individus consanguins produit des effets nuisibles.

Plusieurs considérations générales ont beaucoup contribué à déterminer ma conviction, mais le lecteur aura probablement plus de confiance dans les faits spéciaux et l'autorité d'observateurs expérimentés, qui a toujours une certaine valeur, même lorsqu'ils ne donnent pas les motifs de leur opinion. Or, presque tous ceux qui ont élevé beaucoup d'espèces d'animaux et qui ont écrit sur le sujet, comme Sir J. Sebright, André Knight, etc. [a], ont exprimé leur profonde conviction de l'impossibilité de continuer longtemps les croisements consanguins. Ceux qui ont compilé des ouvrages sur l'agriculture, et qui ont beaucoup fréquenté les éleveurs, tels que Youatt, Low, etc., partagent également cette opinion ; le Dr P. Lucas, s'appuyant principalement sur des autorités françaises, arrive à une conclusion analogue. Le célèbre agriculteur allemand, Hermann von Nathusius, l'auteur de l'ouvrage le plus remarquable que je connaisse sur ces questions, est du même avis. Comme j'aurai à citer ses travaux, je dois ajouter que Nathusius ne connaît pas seulement à fond tous les ouvrages sur l'agriculture écrits dans toutes les langues, mais qu'il est plus au courant des généalogies de nos races britanniques que la plupart des Anglais eux-mêmes ; qu'il a importé un grand nombre de nos animaux les plus améliorés, et qu'il est lui-même un éleveur très-expérimenté.

[a] Voir A. Walker, *On Intermarriage*, 1838, p. 227. — Sir J. Sebright, cité note 1.

On peut assez promptement s'assurer des conséquences nuisibles des unions consanguines répétées chez les animaux qui,
comme les poules, les pigeons, etc., se propagent rapidement,
et qui, étant élevés dans un même local, se trouvent exposés aux
mêmes conditions d'existence. J'ai pris des informations auprès
d'un grand nombre d'éleveurs, et n'en ai pas trouvé jusqu'à présent un seul qui ne fût profondément convaincu qu'un croisement avec une autre famille d'une même sous-variété est de temps
à autre absolument nécessaire. La plupart des éleveurs d'oiseaux
de fantaisie très-améliorés attachent toujours le plus grand prix
à la souche qu'ils possèdent, et, crainte d'une altération, ré-
pugnent à faire un croisement, d'autant que l'achat d'un oiseau
de premier ordre appartenant à une autre famille est coûteux,
et que les échanges sont difficiles ; cependant, d'après ce que j'ai
pu voir, tous les éleveurs, à l'exception de ceux qui conservent
dans différents endroits un certain nombre de lignées distinctes
pour les besoins du croisement, sont, au bout de quelque temps,
forcés d'en arriver là.

Une autre considération générale qui me paraît très-importante est que, chez tous les animaux ou chez toutes les plantes
hermaphrodites, qu'on pourrait supposer s'être perpétuellement
fécondés eux-mêmes, et s'être ainsi reproduits pendant des
siècles, dans les conditions de la consanguinité la plus rapprochée, il n'existe pas une seule espèce, autant toutefois que je
puisse le savoir, dont la conformation soit telle qu'elle ne puisse
être fécondée que par elle-même. Au contraire, comme nous
l'avons vu dans les cas succinctement rapportés dans le quinzième chapitre, il existe des conformations qui amènent inévitablement des croisements accidentels entre un hermaphrodite et
un autre de même espèce, et qui, autant que nous pouvons en
juger, ne peuvent pas avoir d'autre but.

Chez le gros bétail, on peut certainement continuer pendant longtemps
les accouplements consanguins avec avantage relativement aux caractères
extérieurs, et sans inconvénients bien marqués quant à la constitution. On
a souvent cité le cas du bétail à longues cornes de Bakewell, race qui,
pendant une très-longue période, s'est propagée par des unions consanguines ;

cependant Youatt [4] assure que la race avait fini par acquérir une constitution si délicate qu'elle exigeait des soins tout spéciaux, et que sa propagation
était souvent incertaine. Toutefois, c'est chez les Courtes-cornes qu'on trouve
l'exemple le plus frappant d'unions consanguines prolongées ; ainsi, le fameux taureau Favourite (qui lui-même était le fils d'un demi-frère et d'une
sœur de Foljambe), fut successivement accouplé avec sa fille, avec sa petite-
fille et avec son arrière-petite-fille ; de sorte que la vache produit de cette
dernière union contenait dans ses veines les 15 16 ou 93.75 p. 0 0, du
sang de Favourite. Accouplée avec le taureau Wellington, qui lui-même
renfermait dans ses veines 62.5 p. 0 0 du sang de Favourite, cette vache
produisit Clarissa, laquelle, accouplée avec le taureau Lancaster, aussi
un descendant de Favourite, avec 68.75 p. 0 0 du sang de ce dernier,
donna des produits de grande valeur [5]. Néanmoins, Collins, l'éleveur de
ces animaux et grand partisan lui-même des unions consanguines, croisa
une fois sa race avec un Galloway, et obtint de ce croisement des vaches
qui atteignirent les prix les plus élevés. Le troupeau de Bates était considéré comme le plus remarquable qui fût au monde. Pendant treize ans, il
se livra aux accouplements consanguins les plus rapprochés, mais, pendant
les dix-sept années suivantes, quoique ayant la plus haute idée de la race
qu'il possédait, il introduisit, à trois reprises différentes, du sang nouveau
dans son troupeau, non pas, dit-on, pour améliorer la forme de ses animaux,
mais à cause de leur fécondité amoindrie. D'après un éleveur célèbre [6], l'o-
pinion personnelle de M. Bates était que « l'accouplement *in and in* pratiqué avec une mauvaise souche ne peut qu'amener la ruine et la dévastation,
mais qu'on peut le pratiquer avec impunité, dans certaines limites, lorsque les
individus de parenté rapprochée descendent d'animaux de premier ordre. »
Nous voyons donc que les unions consanguines ont été poussées très-loin
chez les Courtes-cornes ; mais Nathusius, après un examen très-approfondi
de la généalogie de ces animaux, dit n'avoir trouvé aucun exemple d'un éleveur qui ait suivi cette marche pendant toute sa vie. Ses études et son expérience le portent à conclure à la nécessité des unions consanguines pour anoblir
la souche, mais il ajoute qu'il faut apporter à leur emploi de très-grandes
précautions par suite de la tendance à la stérilité et à l'affaiblissement qui
peut en résulter. Je puis ajouter qu'une autre autorité [7] a constaté que les

[4] *Cattle*, p. 199.
[5] Nathusius, *Ueber Shorthorn Rindvieh*, 1857, p. 71. — *Gardener's Chronicle*, 1860,
p. 270. Toutefois, M.J. Storer, grand éleveur de bestiaux, m'apprend que la généalogie de
Clarissa n'est pas bien établie. Dans la première édition du *Herd Book* on indique qu'elle
donna six descendants à Favourite, « ce qui était évidemment une erreur », et dans toutes les
éditions subséquentes on mentionne quatre descendants seulement. M. J. Storer a même
quelques doutes à cet égard et croit qu'à la génération suivante sa descendance s'éteignit. —
Plusieur cas analogues sont cités dans un mémoire récent de MM. C. Macknight et D[r] H.
Maddem *On the true principles of Breeding*, Melbourne, Australia, 1865.
[6] M. Willoughby Wood, *Gardener's Chronicle*, 1855, p. 411, et 1860, p. 270. — Voir
les généalogies et les tables citées par Nathusius, *Rindvieh*, p. 72-77.
[7] M. Wright, *Journ. of Roy. Agric. Soc.*, vol. VII, 1846, p. 204. M. J. Downing, éleveur distingué en Irlande, m'apprend que les éleveurs des grandes familles de courtes-cornes
dissimulent avec soin la stérilité et la faible constitution de ces animaux. Il ajoute que

Courtes-cornes produisent beaucoup plus de veaux difformes qu'aucune autre race de bétail.

Bien que, par une sélection attentive des meilleurs animaux (comme cela arrive à l'état de nature en conséquence de la loi de la lutte pour l'existence), on puisse continuer longtemps les unions consanguines chez le gros bétail, cependant, les effets avantageux d'un croisement entre deux races quelconques se manifestent de suite par une augmentation de la taille et de la vigueur des produits ; et, comme me l'apprend M. Spooner, le croisement de races distinctes améliore certainement les individus destinés à la boucherie. Ces animaux croisés n'ont, cela va sans dire, aucune utilité pour l'éleveur, mais pendant longtemps on en a produit dans diverses parties de l'Angleterre pour la boucherie *, et leur mérite est actuellement si bien reconnu, qu'aux expositions de bétail gras, on a établi, pour les recevoir, une classe séparée. Le plus beau bœuf gras de la grande exposition d'Islington, en 1862, était un animal croisé.

Culley et d'autres ont invoqué le bétail à demi sauvage, conservé probablement depuis quatre ou cinq cents ans dans les parcs de l'Angleterre, comme un exemple d'unions consanguines longtemps prolongées dans un même troupeau, sans qu'il paraisse en être résulté d'inconvénients. Quant au bétail du parc de Chillingham, feu lord Tankerville a reconnu qu'il était mauvais reproducteur *. Dans une lettre que M. Hardy, le surveillant, m'a adressée en mai 1861, il estime que, sur un troupeau de cinquante têtes, le chiffre moyen des animaux annuellement abattus, tués en se battant, ou morts, est d'environ de dix, soit un sur cinq. Le troupeau se maintenant toujours à peu près au même nombre, le taux d'accroissement doit être également de un sur cinq. Les taureaux se livrent des combats terribles, de sorte qu'il doit en résulter une stricte sélection des mâles les plus vigoureux. M. D. Gardner, l'agent du duc de Hamilton, m'a fourni les renseignements suivants sur le bétail sauvage conservé dans le parc de Lanarkshire, qui occupe une superficie d'environ 200 acres. Les bêtes sont au nombre de soixante-cinq à quatre-vingts ; la mortalité annuelle s'élève à huit ou dix, de sorte que le taux des naissances ne doit être que de un sur six. Dans l'Amérique du Sud, où les troupeaux sont à demi sauvages et offrent par conséquent un assez bon terme de comparaison, l'accroissement naturel du bétail est, d'après Azara, d'environ un tiers à un quart du nombre total des bêtes d'une estancia, ou de un sur trois ou quatre, ce qui ne s'applique sans doute qu'aux animaux adultes, propres à la consommation. Le bétail des parcs de l'Angleterre, chez lequel les unions consanguines ont longtemps prévalu dans les limites d'un même troupeau, est donc, relativement, beaucoup moins fécond. Bien que, dans un pays ouvert comme le Paraguay, il doive se faire de temps en temps quelques croisements entre les divers trou-

---

M. Bates, après avoir accouplé *in and in* son troupeau pendant quelques années, perdit en une seule saison vingt-huit veaux par suite de leur faible constitution.

[8] Youatt, *Cattle*, p. 202.

[9] *Report British Assoc. Zoology. Sect.*, 1838.

peaux, les habitants croient cependant qu'il est indispensable d'introduire
de temps à autre des animaux d'une localité éloignée, pour empêcher la dégénérescence et une diminution dans la fécondité [10]. La taille des bestiaux
des parcs de Chillingham et de Hamilton a dû diminuer considérablement
depuis les temps anciens, puisque le professeur Rütimeyer a démontré
qu'ils descendent presque certainement du gigantesque *Bos primigenius*.
Cette diminution de taille peut sans doute être attribuée en grande partie à
des conditions d'existence moins favorables, quoiqu'on ne puisse cependant
pas regarder comme étant dans des conditions désavantageuses des animaux
qui peuvent errer dans de vastes parcs, et qui sont nourris pendant les hivers rigoureux.

Il y a eu aussi chez les moutons, et dans un même troupeau, des unions
consanguines longtemps continuées ; mais je ne saurais dire si des individus
de parenté très-rapprochée ont été aussi souvent accouplés les uns avec les
autres que cela a eu lieu pour le bétail Courtes-cornes. MM. Brown n'ont
introduit, pendant cinquante ans, aucun sang étranger dans leur excellente
souche de Leicesters. M. Barford a fait de même pour ses troupeaux de
Foscote, depuis 1810. Il soutient qu'une expérience d'un demi-siècle lui a
enseigné que, lorsque deux animaux proches parents ont une constitution
parfaitement saine, les unions consanguines n'entraînent aucune dégénéres
cence ; mais il ajoute qu'il ne se fait pas un point d'orgueil de ne faire reproduire que des animaux consanguins les plus rapprochés. Le troupeau
Naz, en France, a été maintenu pendant soixante ans, sans l'introduction
d'un seul bélier étranger [11]. Néanmoins, la plupart des grands éleveurs de
moutons protestent contre une trop grande prolongation des unions consanguines [12]. Un des éleveurs modernes les plus célèbres, Jonas Webb, opérait
sur cinq familles séparées pour maintenir ainsi une distance convenable
dans le degré de parenté des deux sexes [13], et, ce qui probablement est plus
important encore, les troupeaux séparés étaient exposés à des conditions
d'existence quelque peu différentes.

Bien qu'on puisse, sans inconvénient apparent, continuer longtemps les
unions consanguines chez le mouton, les fermiers ont souvent l'habitude de
croiser des races distinctes pour produire des animaux de boucherie, fait
qui prouve que cette pratique est avantageuse. M. S. Druce [14] nous a fourni
d'excellents renseignements à cet égard. Il donne en détail le nombre relatif de quatre troupeaux de races pures et d'un troupeau de race croisée que
l'on peut conserver sur un même terrain, et il indique le produit de chacun
d'eux en laine et en viande. Une haute autorité, M. Pusey, a calculé quels
seraient les résultats en argent pour un temps égal et il trouve, en chiffres

---

[10] Azara, *Quadrupèdes du Paraguay*, t. II, p. 354, 368.
[11] Pour le cas de MM. Brown, *Gardener's Chronicle*, 1855, p. 26. — Pour les Foscotes,
ibid., 1860, p. 416. — Pour le troupeau Naz, *Bull. Soc. d'Accl.*, 1860, p. 477.
[12] Nathusius, *O. C.*, p. 65. — Youatt, *On Sheep*, p. 495.
[13] *Gardener's Chronicle*, 1861, p. 631.
[14] *Journ R. Agricult. Soc.*, vol. XIV, 1853, p. 212.

ronds : pour les *Cotswolds* : 6,200 fr.; pour les *Leicesters*, 5,575 fr.; pour les *Southdowns*, 5,100 fr.; pour les *Hampshire Downs*, 5,600 fr.; et pour la race croisée, 7,325 fr. Lord Somerville, ancien éleveur célèbre, dit expressément que ses demi-sang provenant de croisements entre des Ryelands et des moutons Espagnols étaient beaucoup plus grands, soit que les Ryelands, soit que les Espagnols purs. M. Spooner résume son excellent ouvrage sur le croisement en constatant qu'il y a un avantage pécuniaire direct à tirer des croisements judicieux, surtout lorsque le mâle est plus grand que la femelle [15].

Comme quelques-uns de nos parcs anglais sont fort anciens, j'avais pensé qu'il devait y avoir eu des unions consanguines très-prolongées chez les daims (*Cervus dama*) qu'on y conserve ; mais, après information, il paraît que l'usage ordinaire est d'y introduire de temps à autre du sang nouveau au moyen de mâles tirés d'autres parcs. M. Shirley [16], qui a beaucoup étudié l'élevage du daim, admet qu'il y a des parcs dans lesquels, de mémoire d'homme, il n'y a eu aucun mélange de sang étranger. Il conclut en disant que « les unions consanguines constantes doivent certainement finir par « tourner au désavantage du troupeau entier, bien qu'il faille très-long- « temps pour pouvoir le constater ; de plus, quand nous trouvons, ce qui « est constamment le cas, qu'une introduction de sang nouveau a toujours « été avantageuse au cerf, tant au point de vue de l'amélioration de la taille et de l'aspect que pour éloigner certaines maladies auxquelles cet ani- « mal est sujet lorsque le sang n'a pas été renouvelé, je crois qu'il n'y a « pas de doute à avoir qu'un croisement judicieux avec une bonne souche « n'ait les conséquences les plus heureuses, et ne soit même, tôt ou tard, « essentiel, pour maintenir un parc dans un état prospère. »

On a invoqué l'exemple des fameux chiens pour la chasse au renard de M. Meynell, pour prouver que les unions consanguines n'amènent pas des effets nuisibles; Sir J. Sebright s'est assuré auprès de lui qu'il accouplait souvent père et fille, mère et fils, et quelquefois même frères et sœurs. On a souvent aussi opéré des unions consanguines chez les lévriers, mais les éleveurs les plus expérimentés pensent que ce système peut avoir de mauvaises conséquences [17]. Sir J. Sebright [18] déclare toutefois qu'à la suite d'accouplements *in and in*, c'est-à-dire entre frères et sœurs, il a vu des épagneuls de forte race devenir des petits chiens très-faibles. Le Rév. D. W. Fox m'a signalé le cas d'une petite souche de limiers qui avaient été longtemps conservés dans la même famille; ils étaient devenus très-mauvais reproducteurs, et avaient presque tous une grosseur osseuse sur la queue. Un seul croisement avec une souche différente de limier leur rendit leur

---

[15] Lord Somerville, *Facts on Sheep and Husbandry*, p. 6. — M. Spooner, *Journal of Roy. Agric. Soc. of England*, vol. XX, part. II. — Voir, sur le même sujet, un excellent mémoire de M. Howard, *Gardener's Chronicle*, 1860, p. 321.

[16] Evelyn P. Shirley, *Some account of English Deer Parks*, 1867.

[17] Stonehenge, *The Dog*, 1867, p. 175-188.

[18] *The Art of improving the Breed*, etc., p. 13. — Scrope, *Art of Deer stalking*, p. 350-353.

fécondité et fit disparaître la tendance à la difformité de la queue. On m'a communiqué un autre cas relatif au limier, dans lequel il fallait maintenir la femelle pendant l'accouplement. Si on considère avec quelle rapidité le chien se reproduit, il est difficile de comprendre le prix si élevé des individus des races les plus améliorées, qui supposent précisément une longue série d'unions consanguines, à moins d'admettre que cette pratique diminue leur fécondité, tout en augmentant les chances de maladie. M. Scrope, une haute autorité à cet égard, attribue en grande partie aux unions consanguines, la rareté du chien courant écossais et la diminution de la taille des individus ; en effet, le petit nombre des individus qui existent encore dans le pays, sont tous parents à un degré très-rapproché.

Il est toujours plus ou moins difficile d'amener les animaux très-améliorés à reproduire rapidement ; tous, d'ailleurs, ont une constitution très-délicate. Un grand connaisseur en lapins [19] affirme qu'on force trop dans leur jeune âge les femelles à longues oreilles pour qu'elles puissent avoir une grande valeur pour la reproduction ; en effet, elles sont souvent mauvaises mères ou stériles. Elles abandonnent souvent leurs petits, de sorte qu'il faut employer des nourrices d'une autre race pour élever ces derniers. Je ne prétends pas, d'ailleurs, attribuer aux unions consanguines tous ces résultats déplorables [20].

Les éleveurs sont presque unanimement d'accord, pour reconnaître chez le porc les effets fâcheux des unions consanguines. M. Druce, l'éleveur bien connu des Oxfordshire améliorés (race croisée), assure qu'il faut absolument choisir de temps en temps un nouveau mâle dans une autre famille de la même race si l'on veut conserver la vigueur de ces animaux. M. Fisher Hobbs, le créateur de la célèbre race dite Essex améliorée, avait divisé ses animaux en trois familles séparées ; il parvint ainsi à conserver sa race pendant vingt ans, par une sélection judicieuse faite chez les *trois familles distinctes* [21]. Lord Western importa le premier une truie et un verrat napolitains. « Il appliqua à ce couple et à ses produits le système de l'accouplement *in and in* jusqu'au moment où la race menaçait de s'éteindre, résultat invariable, fait remarquer M. Sidney, de l'accouplement *in and in*. Lord Western croisa alors ses porcs napolitains avec ceux de l'ancienne race d'Essex et fit ainsi le premier pas vers la race d'Essex améliorée. Voici

[19] *Cottage Gardener*, 1861, p. 327.
[20] M. Huth cite (*The marriage of near Kin*, 1875, p. 302) d'après le *Bulletin de l'Acad. R. de Méd. de Belgique*, vol. IX, 1866, p. 287, 305, plusieurs assertions de M. Legrain relativement à des croisements entre lapins frères et sœurs pendant cinq ou six générations successives sans qu'il en soit résulté aucun effet nuisible. J'ai été si surpris de ces assertions et du succès constant des expériences de M. Legrain, que j'ai cru devoir demander à un éminent naturaliste de la Belgique s'il était un observateur digne de foi. J'ai appris que plusieurs membres de l'Académie avaient exprimé des doutes, quant à l'authenticité de ces expériences, et qu'en conséquence une commission d'enquête avait été nommée ; à une réunion suivante de l'Académie (*Bull.* 1867, 3° série, vol. I. n° 1 à 5) le D' Crocq déposa son rapport dans lequel il était dit : « Il est matériellement impossible que M. Legrain ait fait les expériences qu'il annonce. » M. Legrain n'a pas répondu.
[21] Youatt, *On the Pig*, édit. de Sidney, 1860, p. 30, 33, citation de M. Druce ; — p. 29, cas de lord Western.

un cas plus intéressant encore : M. J. Wright, éleveur connu [22], croisa un verrat avec sa fille, sa petite-fille, son arrière-petite-fille, et ainsi de suite pendant sept générations. Le résultat fut que, dans plusieurs cas, les produits furent stériles ; d'autres périrent, et, parmi ceux qui survécurent, un certain nombre étaient comme idiots, ne pouvant même pas téter, et incapables de marcher droit. Il faut noter que les deux dernières truies résultant de cette longue série d'unions consanguines, couvertes par des verrats d'une autre famille, produisirent plusieurs portées de porcs parfaitement sains. La meilleure truie, sous le rapport de l'apparence extérieure, procréée dans ces sept générations, fut la dernière ; accouplée avec son père elle resta stérile, mais produisit immédiatement dès qu'elle fut couverte par un verrat de sang étranger. Il résulte de ces faits, qu'une série d'unions consanguines très-rapprochées n'affecte ni les formes extérieures, ni le mérite des jeunes, mais exerce une action sérieuse sur la constitution générale, sur les facultés mentales, et surtout sur les fonctions de la reproduction.

Nathusius [23] cite un cas analogue et encore plus frappant ; ayant importé d'Angleterre une truie pleine de la grande race du Yorkshire, il accoupla successivement pendant trois générations les petits de cette truie les uns avec les autres ; le résultat fut défavorable ; les jeunes avaient une faible constitution, et leur fécondité était très-diminuée. Une des dernières truies, qui lui semblait un bon animal, accouplée avec son oncle (qui s'était montré fécond avec des truies d'autres races), fit une première portée de six, et ensuite une seconde de cinq petits très-faibles. Il fit ensuite couvrir cette truie par un verrat d'une petite race noire aussi importée d'Angleterre, lequel, accouplé avec des truies appartenant à la même race que lui, produisait de sept à neuf petits ; la truie de la grande race, si peu productive auparavant, produisit, couverte par le petit porc noir, une première portée de vingt et un petits et une seconde de dix-huit ; soit un total de trente-neuf beaux produits pendant une seule année.

Comme nous l'avons déjà vu pour d'autres animaux, et même lorsque les unions consanguines modérées ne produisent pas d'effets fâcheux apparents, il n'en est pas moins vrai, ainsi que le dit un célèbre éleveur, M. Coate, que « les croisements sont très-profitables au fermier pour obtenir une plus forte constitution et plus de rapidité de croissance ; mais pour moi, qui élève les porcs pour la reproduction, je ne puis en faire, parce qu'il faut des années pour revenir à la pureté du sang [24]. »

Presque tous les animaux dont nous nous sommes occupés jusqu'à présent, vivent en société ou en troupeau ; il en résulte que les mâles doivent fréquemment s'accoupler avec leur propre fille, car ils chassent de la bande

[22] *Journ. Roy. Agric. Soc. of England*, 1846, vol. VII, p. 205.
[23] *O. C.*, p. 78. Le colonel Le Couteur, qui a rendu à Jersey tant de services à l'agriculture, m'écrit que, désirant perpétuer une belle race de porcs, il a accouplé de très-proches parents ; il a accouplé, par exemple, les frères et les sœurs pendant deux générations successives, mais presque tous les jeunes moururent subitement au milieu de convulsions.
[24] Sidney, *On the Pig*, p. 36, note p. 34. — Richardson, *On the Pig*, 1847, p. 26.

tous les jeunes mâles aussi bien que tous les mâles étrangers qui voudraient
s'y introduire, jusqu'à ce qu'ils soient forcés, par l'âge et par la perte de
leur vigueur, à laisser le champ libre à quelque individu plus fort. Il est
donc assez probable que les animaux vivant en société sont moins susceptibles que les espèces non sociables de ressentir les conséquences nuisibles
des unions consanguines, et qu'ils peuvent ainsi vivre en troupes, sans
inconvénient pour leurs descendants. Nous ne savons malheureusement pas
si un animal comme le chat, qui ne vit pas en société, souffrirait plus des
unions consanguines, que nos autres animaux domestiques. Le porc, autant
que j'ai pu m'en assurer, n'est pas absolument sociable, et nous avons vu
qu'il paraît très-sensible aux effets nuisibles des unions consanguines,
longtemps prolongées. M. Huth attribue (page 285) ces effets, chez le porc, à
ce que cet animal a été cultivé, pour ainsi dire, dans le but de produire de
la graisse, ou à ce que les individus dont on s'est servi pour faire les
expériences, avaient une faible constitution; nous devons nous rappeler,
toutefois, que nous avons emprunté les cas cités précédemment à de grands
éleveurs, qui sont beaucoup plus familiers que qui que ce soit avec les
causes de nature à affaiblir la fécondité de leurs animaux.

Relativement à l'homme, la question des unions consanguines,
sur laquelle je ne m'étendrai pas longuement, a été discutée à
divers points de vue par plusieurs auteurs [25]. M. Tylor [26] a démontré que, dans les parties du monde les plus diverses, et chez
les races les plus différentes, les mariages entre parents, —
même éloignés — ont été rigoureusement interdits. Il y a toutefois bien des exceptions à cette règle, exceptions indiquées en
détail par M. Huth [27]. Il n'en est pas moins intéressant de se
demander comment ces interdictions ont pu se produire pendant
les temps primitifs et les époques barbares. M. Tylor est disposé
à croire que la prohibition presque universelle des mariages
consanguins doit son origine à l'observation des effets nuisibles

[25] Le Dr Dally a publié un excellent article (traduit dans *Anthrop. Review Mag.* 1864
p. 65), où il critique tous les auteurs qui ont soutenu que les mariages consanguins entraînent
de fâcheuses conséquences. Il est vrai que plusieurs avocats de ce côté de la question ont
gâté leur cause par des inexactitudes; ainsi Devay, *Du Danger des Mariages*, etc., 1862,
p. 141, dit que le législateur de l'Ohio a prohibé les mariages entre cousins; mais, après
information prise aux États-Unis je me suis assuré que cette assertion est inexacte.
[26] *Early History of Man*, 1865, chap. X.
[27] *The marriage of near Kin*, 1875. Les preuves accumulées par M. Huth sur ce point
et sur quelques autres auraient eu, je crois, encore plus de poids qu'elles n'en ont s'il les
avait empruntées seulement aux auteurs qui ont longtemps résidé dans le pays dont ils parlent
ou dans le jugement et la prudence desquels on peut avoir toute confiance. Voir aussi
M. W. Adam, *On consanguinity in marriage*, dans la *Fortnightly Review*, 1865, p. 710; Hofacker, *Ueber die Eigenschaften*, etc., 1828,

qui en résultent; il explique, de façon ingénieuse, quelques anomalies apparentes dans la prohibition, qui ne s'applique pas également aux mêmes degrés de parenté du côté masculin et du côté féminin. Il admet toutefois que d'autres causes, telles que le développement des alliances, ont pu jouer un rôle dans cette question. D'autre part, M. W. Adam pense que les mariages entre parents rapprochés sont vus avec répugnance et prohibés, par suite de la confusion qui en résulterait dans la transmission de la propriété, et d'autres raisons encore plus abstraites; mais, je ne puis admettre cette hypothèse, en présence du fait que les sauvages de l'Australie et de l'Amérique du Sud [28], qui n'ont pas de propriétés à transmettre, ni de sens moral bien délicat, et qui s'inquiètent, d'ailleurs, fort peu de ce qui peut arriver à leurs descendants, ont horreur de l'inceste.

Ce sentiment, d'après M. Huth, est le résultat indirect de l'exogamie; il soutient, en effet, que, dès qu'une tribu cesse de pratiquer l'exogamie pour devenir endogame, de sorte que les mariages se font strictement désormais dans le sein même de la tribu, il est probable qu'une trace des anciens usages se perpétue et qu'on défend le mariage avec des parents trop rapprochés. Quant à l'exogamie en elle-même, M. Mac Lennan attribue cette coutume à la rareté des femmes, conséquence du meurtre des enfants du sexe féminin et de quelques autres habitudes.

M. Huth a clairement démontré qu'il n'existe pas chez l'homme de sentiment instinctif contre l'inceste, pas plus qu'il n'en existe chez les autres animaux sociables. Nous savons avec quelle facilité un sentiment ou un préjugé quelconque peut se transformer en une véritable horreur, chez les Hindous, par exemple, par rapport à tous les objets qui peuvent leur causer une souillure. Bien qu'il ne semble y avoir chez l'homme aucun sentiment héréditaire bien prononcé contre l'inceste, il est possible que les hommes, pendant les temps primitifs, aient pu être excités davantage par les femmes qui leur étaient étrangères, que par celles avec lesquelles ils cohabitaient habituellement;

---

[28] Sir G. Grey, *Journal of Expeditions into Australia*, vol. II, p. 243. — Dobrizhoffer, *On the Abipones of South America*.

M. Cupples [29], par exemple, a remarqué que les lévriers mâles préfèrent les chiennes étrangères, tandis que les chiennes préfèrent les chiens qui les ont déjà couvertes. S'il est vrai qu'un sentiment analogue ait autrefois existé chez l'homme, il est possible qu'il ait engendré une préférence pour les mariages en dehors des parents les plus rapprochés; cette préférence a dû se développer ensuite davantage, en raison de ce que les descendants de semblables mariages devaient survivre en nombre plus considérable, comme l'analogie nous porte à le penser.

On ne saura jamais avec certitude, jusqu'à ce qu'on ait fait un recensement particulier pour s'en assurer, si les mariages consanguins tolérés chez les peuples civilisés, et qui ne constitueraient pas chez les animaux domestiques des unions consanguines, sont ou non de nature à amener une certaine dégénérescence chez l'homme.

Mon fils, Georges Darwin, s'est livré à ce sujet aux recherches statistiques les plus complètes qu'il soit possible de faire à notre époque; ces recherches et celles du docteur Mitchell, qu'il a contrôlées avec soin, l'autorisent à conclure que les témoignages sont contradictoires en tant qu'il s'agit d'effets nuisibles, mais, en tout cas, que le préjudice causé par ces mariages est extrêmement faible [30].

Oiseaux. — Nous pourrions citer un grand nombre d'autorités qui condamnent les unions consanguines chez les races gallines. Sir J. Sebright constate que les nombreuses expériences qu'il a tentées sur ce point ont toujours eu pour résultat des oiseaux à longues pattes, à petit corps, et mauvais reproducteurs [31]. Il a obtenu les fameux Bantams, qui portent son nom, au moyen de croisements complexes, et d'unions consanguines à un degré très-rapproché; depuis la création de cette race les éleveurs lui ont appliqué le système des unions consanguines et les Bantams sont aujourd'hui notés comme mauvais reproducteurs. J'ai vu des Bantams argentés descendant directement des poules de sir J. Sebright; ils étaient devenus aussi stériles que des hybrides, car, sur deux fortes couvées on n'obtint pas un seul poulet. M. Hewitt a remarqué que, chez les Bantams, la stérilité du mâle est, à de rares exceptions près, étroitement liée à la perte de cer-

[29] *La Descendance de l'homme* (Reinwald, Paris).
[30] *Journal of Statistical Soc.* juin 1875, p. 153; *Fortnightly Review*, juin 1875.
[31] *Art of improving the breed*, p. 13.

tains caractères masculins secondaires, et il ajoute : « J'ai constaté, comme règle générale, que la moindre déviation du caractère féminin du Bantam Sebright mâle, — ne fût-ce que l'allongement de quelques millimètres des deux principales rectrices, — correspond à une probabilité d'augmentation de la fécondité [32]. »

M. Wright [33] affirme que les célèbres coqs de combats de M. Clark, appariés constamment les uns avec les autres, avaient fini par perdre leur caractère belliqueux, et se laissaient hacher sur place sans opposer la moindre résistance ; en même temps leur taille avait diminué au point qu'ils n'avaient plus le poids voulu pour concourir aux grands prix ; mais, à la suite d'un croisement avec une autre famille, ils retrouvèrent leur poids et leur courage primitifs. Comme on pesait toujours les coqs avant le combat, l'augmentation ou la diminution en poids a été bien réellement constatée. M. Clark ne paraît pas avoir accouplé les frères avec les sœurs, le mode d'union le plus nuisible ; après beaucoup d'essais, il a reconnu que l'union du père avec la fille amenait une plus grande diminution en poids que celle de la mère avec le fils. M. Eyton, grand éleveur de Dorkings, m'apprend que ces poulets deviennent plus petits et moins féconds, si on ne les croise pas de temps en temps avec une autre souche. Il en est de même d'après M. Hewitt pour les Malais, au point de vue de la taille [34].

Un auteur expérimenté [35] a fait remarquer qu'un même amateur, comme on le sait du reste, maintient rarement longtemps la supériorité de ses oiseaux ; ce qui est incontestablement dû à ce que tous appartiennent à la même famille ; il est donc indispensable de les croiser de temps en temps avec un oiseau d'une autre famille. Cela n'est pas nécessaire pour les éleveurs qui ont soin d'élever plusieurs familles séparées dans des stations différentes. Ainsi, M. Ballance qui élève des Malais depuis plus de trente ans, et qui a déjà, avec ses oiseaux, remporté plus de prix qu'aucun autre éleveur en Angleterre, soutient que l'accouplement *in and in* n'est pas une cause absolue de dégénérescence, mais que tout dépend de la manière de faire. « J'ai, dit-il, adopté le système d'établir, en autant de localités, cinq ou six familles distinctes, d'élever chaque année environ trois cents poulets, de choisir dans chaque famille les meilleurs oiseaux pour les croisements, et de m'assurer ainsi un mélange de sang suffisant pour empêcher toute détérioration [36]. »

Tous les éleveurs sont donc unanimes à reconnaître que, pour les poulets élevés dans une même localité, les unions consanguines à un degré qui se-

---

[32] M. Tegetmeier, *The Poultry Book*, 1866, p 245.
[33] *Journ. Roy. Agric. Soc.*, 1846, vol. VII, p. 205. — Ferguson, *On the Fowl*, p. 83, 317. — M. Tegetmeier, *Poultry Book*, 1866, p. 135, assure que les éleveurs de coqs de combat ont reconnu qu'on peut pousser les unions consanguines jusqu'à un certain point, qu'on peut, par exemple, croiser de temps en temps une mère et un fils, mais qu'il faut éviter la répétition d'unions de ce genre.
[34] *Poultry Book*, 1866, p. 79.
[35] *Poultry Chronicle*, 1854, vol. I, p. 43.
[36] *Poultry Book*, 1866, p. 79.

rait sans conséquence pour la plupart des quadrupèdes, entraînent très-
promptement des effets nuisibles. On admet, en outre, d'une manière très-
générale, que les poulets croisés sont les plus robustes et les plus faciles à
élever [37]. M. Tegetmeier [38], très-compétent dans la matière, dit que les
poules Dorkings, couvertes par les coqs Houdan ou Crèvecœur, produisent,
au commencement du printemps, des poulets, qui, par leur taille, leur vigueur, leur précocité et leurs qualités pour le marché, sont bien préférables
à ceux des races pures. M. Hewitt établit, en règle générale, que le croisement
chez les races gallines augmente la taille. Les hybrides entre l'espèce galline et
le faisan sont beaucoup plus grands que l'un ou l'autre des ascendants ;
ceux du faisan doré et de la poule faisane commune sont dans le même
cas [39]. Je reviendrai sur la question de l'augmentation de la taille chez les
hybrides.

Comme nous l'avons déjà dit, les éleveurs sont aussi d'accord que, pour
les Pigeons, il est absolument indispensable, malgré la dépense que cela
occasionne, de croiser les oiseaux les plus estimés avec des individus d'une
autre famille, mais appartenant, bien entendu, à la même variété. Il faut
remarquer que, lorsqu'une grande taille est un des points qu'on cherche à
obtenir, comme chez les Grosse-gorge [40], les effets nuisibles des croisements consanguins se manifestent beaucoup plus rapidement que chez les
oiseaux plus petits, comme les Culbutants courte-face. Les races de haute
fantaisie, comme les Culbutants et les Messagers, ont une délicatesse
extrème. Ces oiseaux sont sujets à beaucoup de maladies, et périssent fréquemment dans l'œuf ou à la première mue, et il faut le plus souvent faire
couver leurs œufs par d'autres oiseaux. Bien que ces races, hautement pri-
sées, aient nécessairement été soumises à de nombreuses unions consanguines, je ne sais si ce fait seul suffit à expliquer entièrement leur grande
délicatesse de constitution. M. Yarrell m'apprend que Sir J. Sebright avait
poussé si loin l'accouplement *in and in*, chez les pigeons Hiboux, que la
famille menaça de s'éteindre entièrement par suite de sa grande stérilité.
M. Brent [41] essaya de créer une race de Tambours en croisant un pigeon
commun et en recroisant sa fille, sa petite-fille, son arrière-petite-fille, et
enfin une fille de cette dernière, avec un même pigeon Tambour ; il obtint
ainsi un oiseau contenant 15/16 de sang Tambour ; mais l'expérience finit
là, car la reproduction s'arrêta. Neumeister [42] affirme aussi que les produits
des pigeons de colombier avec ceux d'autres races sont robustes et féconds,
et MM. Boitard et Corbié [43], après quarante-cinq ans d'expérience, recommandent aux amateurs de croiser leurs races, parce que, s'ils n'obtiennent
pas des oiseaux intéressants, ils y gagneront tout au moins au point de vue

[37] *Poultry Chronicle*, vol. I, p. 89
[38] *Poultry Book*, 1866, p. 210.
[39] *Poultry Book*, 1866, p. 167. — *Poultry Chronicle*, vol. III, 1855, p. 15.
[40] J. M. Eaton, *Treatise on Fancy Pigeons*, p. 56.
[41] *The Pigeon Book*, p. 46.
[42] *Das Ganze*, etc., 1837, p. 18.
[43] *Les Pigeons*, 1824, 35.

économique, les métis étant toujours plus féconds que les individus de race pure.

Disons quelques mots de l'abeille, qu'un entomologiste distingué invoque comme un exemple d'unions consanguines inévitables. La ruche ne contenant qu'une seule femelle, on pourrait croire que ses descendants mâles et femelles doivent toujours se reproduire entre eux, d'autant plus que les abeilles de différentes ruches étant hostiles les unes aux autres, aucune ouvrière étrangère ne peut entrer dans une ruche qui n'est pas la sienne sans être attaquée. Mais M. Tegetmeier [44] a démontré qu'il n'en est pas de même pour les mâles, qui peuvent entrer dans toutes les ruches, de sorte qu'il n'y a *à priori* aucune improbabilité à ce que la reine puisse recevoir un mâle étranger. Le fait, d'ailleurs, que l'accouplement de ces insectes a toujours lieu en plein air, semble assurer la possibilité d'un croisement étranger et garantir ainsi la souche contre les inconvénients d'unions consanguines trop prolongées. Quoi qu'il en soit, l'expérience a prouvé que, depuis l'introduction de la race Ligurienne à raies jaunes en Allemagne et en Angleterre, les abeilles se croisent librement. M. Woodbury, qui a introduit les abeilles Liguriennes dans le Devonshire, a observé que, pendant une seule saison, trois essaims situés à deux ou trois kilomètres de la ruche ont été croisés par ses bourdons; dans un des cas, il faut que ceux-ci aient passé par-dessus la ville d'Exeter et un grand nombre de ruches intermédiaires. Dans une autre circonstance, plusieurs reines noires ordinaires ont été croisées par les bourdons Liguriens à une distance de quatre kilomètres [45].

PLANTES.

Aussitôt qu'une plante d'une espèce nouvelle est introduite dans un pays et qu'elle se propage par graine, il surgit bientôt un grand nombre d'individus, et la présence des insectes convenables ne tarde pas à occasionner des croisements. Les arbres de nouvelle importation, ou les plantes qui ne se propagent pas par graine, ne sont pas ici en cause. Pour les plantes anciennement connues, on fait constamment des échanges de graines, grâce auxquels des individus qui ont été exposés à des conditions d'existence diverses, — ce qui, comme nous l'avons vu, atténue les inconvénients des croisements consanguins, — sont de temps en temps introduits dans d'autres localités.

Gärtner [46], dont l'expérience et l'exactitude sont incontestables, a constaté que cette opération a eu fréquemment de très-bons résultats pour les individus appartenant à une même sous variété, surtout chez quelques

---

[44] *Proc. Entom. Soc.*, 6 août 1860, p. 126.
[45] *Journ. of Horticulture*, 1861, p. 39, 77, 158, et 1864, p. 206.
[46] *Beitrage zur Kenntniss der Befruchtung*, 1844, p. 366.

genres exotiques, dont la fécondité était quelque peu amoindrie, comme les
Passiflores, les Lobélias et les Fuchsias. Herbert [47] dit également : « Je crois
avoir tiré quelque avantage de ce que j'ai fécondé la fleur dont je voulais
avoir la graine par du pollen pris sur un autre individu appartenant à la
même variété, ou au moins sur une autre fleur. » Le professeur Lecoq
s'est assuré que les produits dérivés d'un croisement sont plus vigoureux
et plus robustes que leurs parents [48].

Comme les affirmations générales de ce genre n'offrent rien de précis, j'ai
entrepris une série d'expériences, qui, si elles continuent à donner les
mêmes résultats que jusqu'à présent, trancheront définitivement la question
relative aux effets avantageux du croisement entre des plantes distinctes
appartenant à une même variété, et aux inconvénients de la fécondation
longtemps continuée de la plante par elle-même. Elles jetteront aussi quelque lumière sur le fait que toutes les fleurs sont conformées de manière à
permettre, à favoriser ou à nécessiter le concours de deux individus pour
la reproduction. Nous serons alors en position de comprendre pourquoi il existe
des plantes monoïques et dioïques, des plantes dimorphes et trimorphes, et
d'autres cas analogues. J'ai, pour ces expériences, placé mes plantes dans un
même vase ou dans des vases de même grandeur, ou en pleine terre très-rapprochées les unes des autres ; je les mets à l'abri des visites des insectes ; je
féconde quelques fleurs avec le pollen de la même fleur, et d'autres, sur la
même plante, avec le pollen d'une plante voisine distincte. Dans beaucoup
d'expériences, les plantes croisées ont fourni beaucoup plus de graines que
celles qui ont été fécondées par elles-mêmes, et jamais l'inverse ne s'est
présenté. Je plaçais les graines des deux catégories sur du sable humide
dans un même vase, et, à mesure qu'elles germaient, je les plantais par paires
des deux côtés opposés d'un même pot, en ayant soin de les placer de façon
à ce qu'elles reçussent une lumière égale. Dans d'autres cas, les graines ont
été simplement semées dans le même pot en face les unes des autres. J'ai
ainsi suivi divers systèmes ; mais, dans tous les cas, j'ai pris toutes les précautions possibles pour que les deux lots fussent dans des conditions analogues. J'ai observé avec soin la croissance des plantes levées de ces deux
catégories de graines chez certaines espèces appartenant à cinquante-deux
genres ; or, j'ai pu constater les différences les plus évidentes et les plus
marquées au point de vue de la croissance, et, dans certains cas, au point
de vue de la résistance qu'elles opposaient à des conditions défavorables. Il
est important de semer les deux lots de graines sur les côtés opposés du
même vase, pour que les jeunes plantes aient à lutter l'une contre l'autre,
parce que si on les sème séparément et à l'aise dans un bon sol, il n'y a souvent que peu de différence dans leur croissance.

Voici quelques brèves indications sur les deux premiers cas que j'ai observés. Six graines provenant d'un croisement, et six graines provenant de

---

[47] *Amaryllidaceæ*, p. 371.
[48] *De la Fécondation*, 2 édit., 1862, p. 79.

la fécondation par elle-même de l'*Ipomœa purpurea*, ont été plantées par
paires, aussitôt après qu'elles eurent germé, sur les côtés opposés de deux
vases, avec des baguettes d'égale grosseur pour s'y enrouler. Cinq des
plantes produites par les graines croisées poussèrent d'abord beaucoup plus
vite que les plantes opposées ; la sixième était faible et fut d'abord battue
par son antagoniste, mais enfin sa constitution plus robuste l'emporta, et
elle finit par la dépasser. Dès que chaque plante croisée eut atteint le sommet de son support ayant 2 mètres 33 de hauteur, je mesurai la plante
opposée ; les plantes croisées avaient atteint 2 mètres 33 de hauteur alors
que les autres n'avaient atteint en moyenne que 1 mètre 79 de hauteur.
Les plantes croisées fleurirent un peu avant les plantes fécondées par elles-
mêmes et beaucoup plus abondamment que ces dernières. Je semai un grand
nombre de graines des deux catégories dans un autre petit vase, pour
réaliser les conditions de la lutte pour l'existence, et, là encore, les plantes
croisées remportèrent l'avantage ; bien qu'elles n'atteignissent pas tout à
fait le sommet de la tige de 2 mètres 35, leur hauteur moyenne était à celle
des plantes provenant des graines fécondées par elles-mêmes, comme 7 est
à 5.2. L'expérience a été répétée pendant plusieurs générations successives,
absolument dans les mêmes conditions et à peu près avec les mêmes résultats. A la seconde génération, les plantes croisées, recroisées de nouveau,
produisirent 121 capsules à graines, tandis que les plantes fécondées par
elles-mêmes n'en produisirent que 84.

Je fécondai quelques fleurs de *Mimulus luteus* avec leur propre pollen, et
d'autres avec du pollen pris sur des plantes distinctes croissant dans le même
vase. Je semai ces graines dans un même pot vis-à-vis les unes des autres.
Les jeunes plantes avaient d'abord une hauteur égale ; mais bientôt une
différence se produisit, car les plantes croisées avaient atteint 13 millimètres
de hauteur, que les autres n'avaient encore que 6 millimètres. Cette différence proportionnelle ne se maintint pas ; en effet, quand les plantes
croisées atteignirent 114 millimètres de hauteur les autres avaient atteint
76 millimètres ; ce dernier rapport subsista jusqu'à la croissance complète.
Les plantes croisées semblaient beaucoup plus vigoureuses que les autres,
elles fleurirent plus tôt et produisirent aussi un bien plus grand nombre
de capsules. Je répétai les mêmes essais pendant plusieurs générations
successives. Si je n'avais observé attentivement, pendant toute leur croissance, ces *Mimulus* et ces *Ipomœa*, je n'aurais jamais cru possible
qu'un fait aussi insignifiant que l'emploi d'un pollen pris sur une autre
plante croissant dans un même pot, au lieu de celui de la fleur même, pût
déterminer dans la croissance et la vigueur des produits une différence aussi
étonnante. Ce phénomène, au point de vue physiologique, est des plus
remarquables.

On a publié un grand nombre de documents sur les avantages du croisement de variétés distinctes. Sageret [19] insiste sur la vigueur des melons

---

[19] *Mémoire sur les Cucurbitacées*, p. 28, 30, 36.

obtenus par le croisement de diverses variétés, et ajoute qu'ils sont plus aisément fécondés que les melons ordinaires, et produisent des bonnes graines en abondance. Voici, sur le même sujet, les paroles d'un horticulteur anglais : « J'ai beaucoup mieux réussi cette année, dans la culture des melons, en pleine terre, en employant des graines d'hybrides, obtenus par des fécondations croisées, qu'avec les anciennes variétés. Les produits de trois hybridations différentes, et surtout ceux provenant des deux variétés les plus différentes que j'aie pu trouver, ont tous été beaucoup plus grands et beaucoup plus beaux que les produits des vingt ou trente variétés connues [50]. »

A. Knight [51] a reconnu chez les plantes provenant d'un croisement entre diverses variétés de pommiers, beaucoup plus de vitalité et d'exubérance ; et M. Chevreul [52] fait remarquer la vigueur extrême de quelques arbres fruitiers croisés, obtenus par Sageret.

Knight [53] après avoir décrit de nombreuses expériences sur les croisements entre diverses variétés de pois ajoute : « Ces expériences m'ont fourni un exemple frappant des excellents effets qui résultent du croisement des variétés ; en effet, la variété la plus petite dont la hauteur excède rarement 60 centimètres atteignit jusqu'à 1 mètre 80, tandis que la taille de la grande variété ne fut réduite que de fort peu. » M Laxton m'a donné des pois provenant des croisements de quatre sortes distinctes ; j'ai obtenu en les semant des plantes ayant une vigueur extraordinaire, et dépassant toutes de 60 à 80 centimètres de hauteur les formes parentes qui poussaient à côté d'elles.

Wiegmann [54] a opéré beaucoup de croisements entre diverses variétés de choux ; il obtint des métis qui, par leur grandeur et leur vigueur, provoquèrent l'étonnement de tous les jardiniers qui les virent. M. Chaundy a obtenu un grand nombre de métis en plantant ensemble six variétés distinctes de choux. Ces métis présentaient une grande diversité de caractères, mais aussi cette particularité très-remarquable qu'ils résistèrent au froid d'un hiver rigoureux qui fit périr tous les autres choux et brocolis du même jardin.

M. Maund a exposé devant la Société royale d'Agriculture [55] des échantillons de froments croisés, à côté des variétés dont ils provenaient ; ces froments avaient des caractères intermédiaires, « et présentaient cette vigueur qui paraît être, tant dans le règne végétal que dans le règne animal, le résultat d'un premier croisement ; » Knight croisa aussi plusieurs variétés de froment [56], et il fait remarquer « qu'en 1795 et 1796, années où la récolte du blé fut

[50] Loudon, *Gard. Magaz.*, vol. VIII. 1832, p. 52.
[51] *Transact. Hort. Soc.*, vol. I, p. 25.
[52] *Ann. des Sc. nat.*, 3ᵉ série, Bot., vol. VI, p. 189.
[53] *Philos. Transact.*, 1799, p. 200.
[54] *Ueber die Bastarderzeugung*, 1828, p. 32, 33. — Loudon, *Gard. Magaz.*, vol. VII, 1831, p. 696, pour le cas de M. Chaundy.
[55] *Gardener's Chronicle*, 1846, p. 601.
[56] *Philosoph. Transact.*, 1799, p. 201.

niellée dans tout le pays, ces variétés échappèrent seules, bien que plantées dans plusieurs situations et dans plusieurs sols différents. »

M. Clotzsch [57] a croisé le *Pinus sylvestris* avec le *P. nigricans*, le *Quercus robur* avec le *Q. pedunculata*, l'*Alnus glutinosa* avec l'*A. incana*, l'*Ulmus campestris* avec l'*U.effusa*, et a semé les unes près des autres des graines croisées et celles des races pures. Au bout de huit ans, les hybrides étaient déjà d'un tiers plus élevés que les autres.

Les cas cités précédemment se rapportent tous à des variétés incontestables (les arbres croisés par Clotzsch exceptés) que la plupart des botanistes regardent comme des races bien marquées, des sous-espèces ou même des espèces. Il est évident que de véritables hybrides, issus d'espèces entièrement distinctes, bien que perdant en fécondité, gagnent souvent en taille et en vigueur constitutionnelle. Il serait inutile de citer des faits, car tous les observateurs, Kölreuter, Gärtner, Herbert, Sageret, Lecoq et Naudin, ont été frappés de la vigueur étonnante, de la hauteur, de la grosseur, de la ténacité, de la précocité, etc., de leurs produits hybrides. Gärtner [58] exprime très-nettement sa conviction sur ce point. Kölreuter [59] a donné des indications précises sur le poids et sur la hauteur de ses hybrides, comparées à celles des formes parentes, et parle avec étonnement de leur « *statura portentosa* » et de leur « *ambitus vastissimus ac altitudo valde conspicua* ». Gärtner et Herbert ont toutefois observé quelques exceptions à la règle, que présentent certains hybrides très-stériles ; mais les exceptions les plus frappantes ont été signalées par Max Wichura [60], qui a remarqué que les saules hybrides ont généralement une constitution délicate, qu'ils restent nains, et ont peu de longévité.

Kölreuter considère le grand accroissement des racines, des tiges, etc., de ses hybrides, comme le résultat d'une sorte de compensation due à leur stérilité, de même que beaucoup d'animaux émasculés sont plus grands que les mâles entiers. Cette hypothèse paraît d'abord très-probable, et a été admise par plusieurs auteurs [61] ; mais Gärtner [62] a remarqué avec raison qu'on ne peut guère l'accepter complétement, car il est beaucoup d'hybrides chez lesquels il n'y a aucun rapport entre le degré de stérilité et l'accroissement de la taille et de la vigueur. Les cas les plus remarquables de croissance exubérante ont été observés chez des hybrides qui n'étaient pas stériles à un haut degré. Certains hybrides du genre *Mirabilis*, extrêmement féconds, ont transmis à leurs descendants leur croissance luxuriante et leurs énormes racines [63]. Dans tous les cas, ce résultat doit être, dû en partie à

[57] Cité dans *B.ll. Soc. Bot. France*, vol. II, 1855, p. 327.
[58] Gärtner, *O. C.*, p. 259, 518, 526, etc.
[59] *Fortsetzung*, 1763, p. 29. — *Dritte Forts.* p. 44, 96. — *Act. Acad. Saint-Pétersbourg*, 1782, vol. II, p. 251. — *Nova acta*, 1793, p. 391, 394. — *Nova acta*, 1795, p. 316, 323.
[60] *Die Bastardbefruchtung*, etc., 1865, p. 31, 41, 42.
[61] Max Wichura admet cette opinion (*O. C.*, p. 43), ainsi que le Rév. M. J. Berkeley, *Journal of Hort. Soc.*, 1866, p. 70.
[62] *O. C.*, p. 394, 526, 528.
[63] Kölreuter, *Nova acta*, 1795, p. 316.

l'économie de force vitale et de nutrition qu'entraîne le peu d'action ou l'i-
naction complète des organes sexuels, mais plus spécialement à la loi générale des bons effets du croisement. Car il faut se rappeler que certains
animaux et certaines plantes métis, loin d'être stériles, sont souvent au contraire plus féconds, en même temps qu'ils sont plus grands, plus robustes et
plus vigoureux. Il est remarquable qu'un pareil accroissement de vigueur
puisse ainsi se manifester dans des conditions aussi opposées que le sont la
fécondité et la stérilité.

On a constaté [64] d'une manière positive que les hybrides s'accouplent plus
volontiers avec l'un ou l'autre de leurs parents, ou même avec une espèce
distincte, que les uns avec les autres, Herbert veut expliquer ce fait par les
avantages qui résultent du croisement; mais Gärtner, avec plus de raison,
l'attribue à ce que le pollen et probablement les ovules de l'hybride sont un
peu viciés, tandis que les ovules et le pollen des parents purs ou d'une troisième espèce sont sains. Il est néanmoins quelques faits remarquables bien
constatés, qui, comme nous allons le voir, prouvent que l'acte du croisement tend incontestablement par lui-même à augmenter ou à rétablir la
fécondité des hybrides.

La même loi, c'est-à-dire que les descendants croisés soit de variétés soit
d'espèces sont plus grands que les formes parentes, s'applique aussi bien aux
hybrides des animaux qu'à ceux des plantes. M. Bartlett qui a étudié cette
question avec tant de soin dit à ce sujet :   On remarque une grande augmentation de taille chez tous les hybrides des animaux vertébrés. » Puis, il
énumère des exemples nombreux empruntés aux mammifères, y compris
les singes, et à diverses familles d'oiseaux [65]

*De certaines plantes hermaphrodites, qui normalement ou anor-
malement ne peuvent être fécondées que par le pollen provenant
d'un individu distinct ou d'une espèce distincte.* — Les faits dont
nous allons parler diffèrent des précédents en ce que la stérilité
qui paraît affecter la plante fécondée par elle-même ne résulte
pas des effets d'unions consanguines prolongées. Ils se rattachent
cependant à notre sujet actuel, en ce que, dans les cas où ils se
présentent, un croisement avec un individu distinct est également nécessaire ou avantageux. Les plantes dimorphes ou trimorphes, bien qu'hermaphrodites, doivent être réciproquement
croisées, une série de formes par l'autre, pour être tout à fait
fécondes, et même, dans quelques cas, pour l'être un peu. Je
n'aurais toutefois pas mentionné ces plantes si le Dr Hildebrand
n'avait observé les cas suivants [66] :

[64] Gärtner, *O. C.*, p. 430.
[65] Cité par le Dr Murie, dans *Proc. Zool. Soc.*, 1870, p. 40.
[66] *Botanische Zeitung*, Janv. 1864, p. 3.

Le *Primula sinensis* est une espèce réciproquement dimorphe ; le Dʳ Hildebrand, ayant fécondé vingt-huit fleurs de chaque forme, chacune avec du pollen de l'autre, obtint un nombre considérable de capsules, contenant chacune en moyenne 42,7 graines ; c'est-à-dire une fécondité entière et normale. Quarante-deux fleurs de chaque forme, fécondées avec du pollen de la même forme, mais pris sur une plante distincte, produisirent toutes des capsules ne contenant en moyenne que 19,6 graines. Enfin, ayant fécondé quarante-huit fleurs des deux formes avec leur propre pollen, il n'obtint que trente-deux capsules, qui ne renfermaient qu'une moyenne de 18,6 graines, soit une de moins par capsule que dans le cas précédent, De sorte que, dans ces unions illégitimes, la fécondation est moins assurée, et la fécondité moindre lorsque les ovules et le pollen appartiennent à la même fleur, que lorsqu'ils proviennent de deux individus distincts appartenant à la même forme. Le Dʳ Hildebrand a récemment entrepris sur la forme à long style de l'*Oxalis rosea* des expériences analogues, qui lui ont donné les mêmes résultats [67].

On a récemment découvert que certaines plantes, croissant dans leur pays natal et dans leurs conditions naturelles, ne peuvent être fécondées avec le pollen de la même plante. Elles sont parfois si complétement impuissantes par elles-mêmes, que, bien qu'elles puissent être facilement fécondées par le pollen appartenant à une espèce distincte, et même à un genre différent, elles ne produisent jamais une seule graine quand elles sont fécondées avec leur propre pollen. Dans quelques cas, en outre, le pollen et le stigmate d'une même plante exercent l'un sur l'autre une action réciproque nuisible. La plupart des faits connus se rapportent aux Orchidées, mais je citerai d'abord un exemple emprunté à une famille très-différente.

Le Dʳ Hildebrand [68] a fécondé soixante-trois fleurs du *Corydalis cava*, portées par différents pieds, avec du pollen pris sur d'autres plantes de la même espèce ; il obtint cinquante-huit capsules contenant chacune 4, 5 graines en moyenne, Il féconda ensuite, les unes par les autres, seize fleurs portées sur le même racème ; il n'obtint que trois capsules, dont une seule renfermait de bonnes graines, et au nombre de deux seulement, Enfin, il féconda vingt-sept fleurs avec leur propre pollen, et en laissa cinquante-sept se féconder elles-mêmes, ce qui serait certainement arrivé, si cela eût été possible, car non-seulement les anthères touchent le stigmate, mais le Dʳ Hildebrand a même constaté la pénétration, des tubes polliniques, dans ce dernier ; cependant pas une de ces quatre-vingt-quatre fleurs ne produisit une seule capsule à

[67] *Monatsbericht Acad. Wissenschaft Berlin,* 1866, p. 372.
[68] *International Hort. Congress.,* London, 1866.

graines. Cet exemple est très-intéressant en ce qu'il prouve combien est différente l'action du même pollen, selon qu'on le place sur le stigmate de la même
fleur, sur celui d'une autre fleur appartenant à la même grappe, ou sur celui
d'une plante distincte.

M. John Scott [69] a observé plusieurs cas analogues chez des Orchidées
exotiques. L'*Oncidium sphacelatum* possède un pollen efficace, car
M. Scott a pu en l'employant féconder deux espèces distinctes ; les
ovules de cette plante sont également susceptibles de fécondation, puisqu'ils
ont pu être fécondés avec le pollen de l'*O. divaricatum ;* cependant, sur près
de deux cents fleurs fécondées avec leur propre pollen, et bien que les
stigmates aient été pénétrés par les tubes polliniques, pas une ne produisit
une seule capsule. M. Robertson Munro, du jardin Botanique Royal
d'Édimbourg, m'apprend aussi (1864), qu'il a fécondé avec leur propre
pollen cent vingt fleurs de la même espèce, sans obtenir une seule capsule ;
mais que huit fleurs fécondées avec le pollen de l'*O. divaricatum* produisirent
quatre belles capsules. De même, deux ou trois cents fleurs de cette dernière
espèce, fécondées avec leur propre pollen, ne produisirent pas une seule capsule,
tandis que douze de ces mêmes fleurs, fécondées avec le pollen de l'*O.
flexuosum,* en produisirent huit. Nous avons donc là trois espèces complétement impuissantes par elles-mêmes, bien qu'elles soient pourvues d'organes mâles et femelles parfaits, comme le prouve leur fécondation mutuelle,
et chez lesquelles la fécondation n'a pu être effectuée que par l'intervention
d'une espèce distincte. Mais, comme nous allons le voir, des plantes distinctes
levées de graines de l'*Oncidium flexuosum*, et probablement aussi des autres
espèces, seraient parfaitement aptes à se féconder réciproquement, car
c'est là la marche naturelle. M. Scott a aussi constaté l'efficacité du pollen
de l'*O. microchilum,* au moyen duquel il féconda deux autres espèces distinctes ;
les ovules étaient également sains, puisqu'il les féconda avec succès en employant le pollen d'une espèce différente et celui d'une plante distincte
d'*O. microchilum* ; mais il ne put féconder la fleur par le pollen de la même
plante, bien qu'il ait constaté la pénétration des tubes polliniques dans le
stigmate. M. Rivière [70] a signalé un cas analogue chez deux plants d'*O. Caven-
dishianum,* qui tous deux, stériles par eux-mêmes, se fécondèrent réciproquement. Tous les exemples cités jusqu'à présent se rapportent au genre
Oncidium, mais M. Scott a observé qu'il est impossible de féconder avec
son propre pollen le *Maxillaria atro-rubens,* appartenant à un genre tout
différent, tandis qu'il féconde et qu'il est réciproquement fécondé par une
espèce très-distincte, le *M. squalens.*

J'avoue que ces expériences ne me paraissaient pas bien concluantes car
toutes ces Orchidées avaient été cultivées dans des conditions artificielles et
dans des serres ; j'étais donc disposé à croire que leur stérilité provenait de

---

[69] *Proc. Bot. Soc. of Edinburgh,* mai 1863 ; ces observations sont reproduites en même
temps que d'autres dans *Journal of Proc. of Linn. Soc.,* vol. VIII, Bot., 1864, p. 162.
[70] Lecoq, *de la Fécondation,* 2ᵉ édit., 1862, p. 76.

cette cause. Mais M. Fritz Müller m'apprend qu'à Desterro, au Brésil, où la plante est indigène, il a fécondé plus de cent fleurs de l'*Oncidium flexuosum*, tant avec son propre pollen qu'avec du pollen emprunté à des plantes distinctes ; toutes celles de la première catégorie restèrent stériles, tandis que les fleurs fécondées avec le pollen d'une autre plante de la même espèce devinrent fécondes. Pendant les trois premiers jours, il ne remarqua aucune différence dans l'action des deux sortes de pollen placé sur le stigmate, le pollen se séparait en grains à la manière ordinaire, émettait ses tubes polliniques qui pénétraient dans la colonne, et la chambre stigmatique se fermait ; mais les fleurs qui avaient reçu le pollen d'une plante distincte produisirent seules des capsules contenant des graines. Ces expériences recommencées plus tard sur une plus grande échelle produisirent les mêmes résultats. F. Müller observa que quatre autres espèces indigènes d'*Oncidium* restaient stériles quand elles étaient fécondées avec leur propre pollen, mais qu'elles devenaient fécondes quand elles étaient fécondées avec le pollen d'autres plantes : quelques-unes produisirent également des capsules à graines, après avoir été fécondées avec le pollen de genres très-différents, tels que le *Cyrtopodium* et le *Rodriguezia*. Il est cependant une espèce, l'*Oncidium crispum*, qui diffère des espèces précédentes en ce qu'elle présente des différences dans le degré de stérilité lorsqu'elle est fécondée par elle-même ; parfois, en effet, elle produit de belles capsules, d'autres fois pas ; dans deux ou trois cas, Fritz Müller a observé que les capsules produites par l'action du pollen emprunté à une autre fleur de la même plante, étaient plus grandes que celles produites par le propre pollen de la fleur. Chez l'*Epidendrum cinnabarinum*, qui appartient à une autre division de la famille, quelques fleurs ont produit de belles 'capsules après fécondation avec leur propre pollen, mais elles ne contenaient en poids que la moitié de la graine renfermée dans les capsules provenant de fleurs fécondées avec du pollen emprunté à une plante distincte, et, dans un cas, à une espèce différente ; en outre, une grande proportion, et quelquefois la totalité des graines produites par la fleur fécondée avec son propre pollen ne contenaient pas d'embryon. Quelques capsules de *Maxillaria*, produites dans les mêmes conditions, se trouvèrent dans le même cas.

Fritz Müller a encore fait une autre observation des plus remarquables, c'est que, chez plusieurs Orchidées, le pollen propre à la plante est non-seulement impropre à féconder la fleur, mais exerce sur le stigmate une action nuisible ou vénéneuse, et réciproquement ; action qui se manifeste par une modification de la surface du stigmate et du pollen lui-même, qui, au bout de trois à cinq jours, deviennent brun foncé et tombent en pourriture. Ces changements ne sont point causés par des cryptogames parasites que F. Müller n'a observés que dans un seul cas, comme on peut s'en assurer en posant, en même temps et sur le même stigmate, du pollen provenant de la fleur elle-même et du pollen provenant d'une plante distincte de la même espèce ou même d'un genre différent. Par exemple, on a placé du pollen d'une fleur d'*Oncidium flexuosum* sur le stigmate, à côté de pollen emprunté à un autre individu, ce dernier était encore frais et intact au bout de cinq

jours, tandis que le pollen de la plante elle-même était devenu brun.
D'autre part, du pollen emprunté à une plante distincte d'*Oncidium flexuosum*,
et du pollen de l'*Epidendrum zebra* (*nov. spec. ?*), placés sur le même stigmate, se comportèrent tous deux de la même manière ; les grains après
s'être séparés émirent des tubes qui pénétrèrent dans le stigmate, de sorte
qu'au bout de onze jours, les deux masses de pollen ne pouvaient plus se
distinguer que par la différence de leurs caudicules, qui, bien entendu, ne
subissent aucun changement. F. Müller a de plus opéré un grand nombre
de croisements entre des Orchidées appartenant à des espèces et à des genres
distincts, et, dans tous les cas, il a observé que lorsque les fleurs ne sont
pas fécondées, leurs pédoncules commencent à se flétrir d'abord, le dépérissement gagne lentement jusqu'à ce que les ovaires finissent par tomber, au
bout d'une à deux, et dans un cas de six à sept semaines ; mais, même dans
ce dernier cas et dans beaucoup d'autres, le pollen et le stigmate ne subissent pas d'altération. Parfois, le pollen brunit à sa surface externe qui n'est
pas en contact avec le stigmate, comme cela arrive toujours pour le pollen
provenant de la fleur elle-même.

F. Müller a observé l'action vénéneuse du pollen propre de la plante chez
l'*O. flexuosum*, l'*O. unicorne*, l'*O. pubes* (?), chez deux autres espèces non
dénommées, et également chez deux espèces de *Rodriguezia*, chez deux espèces de *Notylia*, chez une espèce de *Burlingtonia*, et chez un quatrième
genre du même groupe. Dans tous les cas, sauf le dernier, il a prouvé que,
comme on pouvait s'y attendre, on peut féconder les fleurs avec du pollen
emprunté à un individu distinct de la même espèce. Un grand nombre de
fleurs d'une espèce de *Notylia*, fécondées avec du pollen pris sur la même
grappe, se flétrirent toutes au bout de deux jours, les ovules se raccornirent,
les masses polliniques brunirent, et pas un grain de pollen n'émit de tube
pollinique ; l'action délétère de son propre pollen est donc encore plus rapide chez cette Orchidée que chez l'*Oncidium flexuosum*. Müller féconda
huit autres fleurs de la même grappe avec le pollen d'une autre plante de la
même espèce ; il disséqua deux de ces fleurs et trouva que les stigmates
étaient pénétrés par de nombreux tubes polliniques ; les ovaires des six
autres fleurs se développèrent parfaitement. D'autres fleurs qui, dans une
autre circonstance, avaient été fécondées par leur propre pollen, tombèrent
toutes au bout de quelques jours, tandis que des fleurs faisant partie de la
même grappe, qu'on n'avait pas fécondées, restèrent adhérentes et conser-
vèrent longtemps leur fraîcheur. Nous avons vu que, dans les croisements
entre des Orchidées très-distinctes, le pollen se conserve longtemps sans s'altérer, mais les *Notylia* se comportent différemment sous ce rapport ; car,
lorsqu'on place leur pollen sur le stigmate de l'*Oncidium flexuosum*, le pollen
et le stigmate deviennent promptement brun foncé, tout comme si l'on avait
appliqué sur le stigmate le pollen de la plante même.

F. Müller pense que, comme, dans tous ces cas, le propre pollen de la
plante est non-seulement impuissant (ce qui rend impossible en fait la fécondation de la fleur par elle-même), mais empêche également l'action d'un

pollen étranger qui pourrait ultérieurement intervenir, — comme cela a été bien constaté dans les cas du *Notylia* et de l'*Oncidium flexuosum*, — il serait avantageux pour la plante que son pollen devint de plus en plus délétère ; car les ovules seraient ainsi promptement tués, et leur chute épargnerait la nutrition d'une partie devenue inutile.

Le même naturaliste a trouvé au Brésil trois plants de Bignonia croissant l'un près de l'autre. Il a fécondé avec leur propre pollen vingt-neuf fleurettes sur l'un de ces plants et il n'obtint pas une seule capsule. Puis il féconda treize fleurs avec du pollen pris sur un des autres plants voisins et il obtint seulement deux capsules. Enfin, il féconda cinq fleurs avec du pollen pris sur une plante de la même espèce croissant à une certaine distance et il obtint cinq capsules. Fritz Müller pense que les trois plantes qui croissaient l'une près de l'autre étaient des semis d'une même plante parente et que, en raison même de leur proche parenté, le pollen de l'une agissait très-faiblement sur le stigmate de l'autre. Cette hypothèse semble fondée car il a, depuis, démontré dans un mémoire remarquable [71] que, chez quelques espèces brésiliennes d'Abutilon, steriles quand on les féconde avec leur propre pollen, les hybrides proches parents sont beaucoup moins féconds *inter se,* que quand le degré de parenté est moins étroit.

Nous arrivons maintenant à des faits analogues aux précédents, mais qui en diffèrent en ce que l'impuissance ne se manifeste que chez des plantes individuelles de l'espèce. Cette impuissance n'est pas causée par un état incomplet du pollen ou des ovules, car tous deux essayés sur d'autres plantes de la même espèce ou d'une espèce différente, sont parfaitement actifs. Le fait que des plantes ont acquis spontanément une constitution spéciale, qui les rend plus aptes à être fécondées par le pollen d'une autre espèce que par le leur propre, est précisément l'inverse de ce qui a lieu chez toutes les espèces ordinaires. Chez ces dernières, en effet, les deux éléments sexuels d'une même plante agissent librement l'un sur l'autre, et sont constitués de manière à être plus ou moins impuissants lorsqu'on les met en contact avec les éléments sexuels d'une espèce distincte, et produisent des hybrides plus ou moins stériles.

Gärtner [72] a expérimenté sur deux plants de *Lobelia fulgens*, provenant de localités différentes ; il s'assura de l'efficacité de leur pollen, en fécon-

[71] *Jenaische Zeitschrift für Naturwiss.*, vol. VII, p. 22, 1872 et p. 441, 1873. Une grande partie de ce mémoire a été traduit dans *American naturalist*, 1874, p. 223.
[2] *O. C.*, p. 64, 357.

dant avec lui un *L. cardinalis* et un *L. syphilitica* ; il s'assura de même de la qualité des ovules, en les fécondant avec du pollen des deux dernières espèces ; toutefois, ces deux plants de *L. fulgens* ne purent pas être fécondés avec leur propre pollen, comme cela a ordinairement lieu chez cette espèce. Gärtner [73] a observé, en outre, qu'il pouvait avec le pollen d'un plant de *Verbascum nigrum*, croissant en pot, féconder un *V. lychnitis* et un *V. Austriacum* ; il put également féconder les ovules du *V. nigrum* avec du pollen du *V. thapsus* ; mais il ne put féconder les fleurs avec leur propre pollen. Kölreuter [74] cite aussi le cas de trois plants de *Verbascum phœniceum* des jardins, qui portèrent pendant deux ans beaucoup de fleurs, qu'il féconda avec succès au moyen de pollen emprunté à quatre espèces distinctes, mais dont pas une fécondée avec son propre pollen ne produisit une seule graine ; ces mêmes plantes, ainsi que d'autres levées de graine, présentèrent des fluctuations bizarres, étant tantôt, momentanément stériles du côté mâle ou du côté femelle, tantôt des deux côtés, ou tantôt fécondes des deux côtés ; deux d'entre elles restèrent fécondes tout l'été.

J'ai observé que certains *Reseda odorata* restent stériles quand on les féconde avec leur propre pollen ; il en est de même pour le *Reseda lutea* indigène. Les plantes des deux espèces stériles dans ces conditions sont parfaitement fécondes quand on les imprègne avec du pollen emprunté à un autre individu de la même espèce. Je publierai, d'ailleurs, ces observations dans un autre ouvrage, en même temps que j'attirerai l'attention sur le fait que des graines d'*Eschscholtzia californica* qui m'ont été envoyées par Fritz Müller ont produit des plantes légèrement stériles quand elles sont fécondées avec leur propre pollen, alors que, dans les mêmes conditions, elles le sont complétement au Brésil.

Il paraît [75] que certains *Lilium candidum* portent des fleurs que l'on peut plus facilement féconder avec du pollen emprunté à des individus distincts, qu'avec le leur propre. Il en est de même pour certaines variétés de la pomme de terre. Tinzmann [76], qui a fait beaucoup d'expériences sur cette plante, dit que le pollen d'une autre variété exerce souvent une influence puissante ; il a observé que certaines variétés de pommes de terre, qui fécondées avec leur propre pollen ne portaient point de graines, en produisaient aussitôt qu'elles l'avaient été avec un autre pollen. On ne semble pas, dans ce cas, avoir prouvé que le pollen, qui avait été inefficace sur le stigmate de la même fleur, fût bon en lui-même.

On sait depuis longtemps que plusieurs espèces du genre *Passiflora* ne produisent pas de fruits, si on ne les féconde pas avec du pollen provenant

[73] Id., p. 357.

[74] *Zweite Fortsetzung.* p. 10. — *Dritte*, etc., p. 40. M. Scott a également fécondé avec leur propre pollen cinquante-quatre fleurs de *Verbascum phœniceum* et il n'obtint pas une seule capsule. Beaucoup de grains de pollen émirent leurs tubes mais quelques-uns seulement pénétrèrent dans les stigmates ; un certain effet fut cependant produit, car la plupart des ovaires se développèrent quelque peu : *Journ. Asiatic. Soc. Bengal*, 1867, p. 150.

[75] Duvernoy, cité par Gärtner, *Bastarderzeugung*, p. 334.

[66] *Gardener's Chronicle*, 1846, p. 183.

d'une autre espèce : ainsi, M. Mowbray [77] a observé qu'il ne pouvait obtenir du fruit du *P. alata* et du *P. racemosa*, qu'en les fécondant réciproquement chacun par le pollen de l'autre. Des faits analogues ont été signalés en Allemagne et en France [78], et j'ai moi-même reçu deux communications authentiques relatives à un *P. quadrangularis*, qui fécondé avec son propre pollen n'avait jamais produit de fruit, mais qui en produisit, lorsqu'il fut fécondé dans un cas avec le pollen d'un *P. cærulea*, et dans un autre cas avec le pollen d'un *P. edulis*. Toutefois, dans trois autres cas, un *P. quadrangularis* a produit des fruits, bien que fécondé avec son propre pollen. L'observateur attribue, dans un cas, ce résultat favorable à ce que la température de la serre a été élevée de quelques degrés *C.* immédiatement après la fécondation des fleurs [79]. Un agriculteur expérimenté a récemment remarqué [80] que les fleurs du *P. laurifolia* doivent être fécondées avec le pollen du *P. cærulea*, ou d'une autre espèce commune, leur propre pollen n'exerçant sur elles aucune action fécondante. M. Scott et M. Robertson Munro [81] ont donné sur ces plantes des détails complets : des *Passiflora racemosa*, des *P. cærulea*, et des *P. alata*, ont, pendant plusieurs années, abondamment fleuri au Jardin Botanique d'Édimbourg, sans produire aucune graine, bien qu'ils eussent été fécondés à maintes reprises avec leur propre pollen ; ils en produisirent aussitôt qu'on se mit à les croiser de diverses manières. Dans le cas du *P. cærulea*, trois plantes, dont deux du Jardin Botanique, devinrent toutes fécondes, dès qu'on les féconda chacune avec le pollen de l'autre. Le même résultat fut atteint pour un *P. alata* sur trois. Comme nous avons énuméré tant d'espèces impuissantes par elles-mêmes, constatons que chez le *P. gracilis*, qui est annuel, les fleurs sont presque aussi fécondes qu'elles soient fécondées avec leur pollen ou avec un autre ; ainsi, seize fleurs fécondées spontanément par elles-mêmes ont produit des fruits contenant en moyenne 21,3 graines, tandis que quatorze autres fleurs croisées, ont produit en moyenne 24,1 graines.

M. Robertson Munro m'a communiqué, en 1866, quelques détails intéressants sur le *P. alata*. Nous en avons déjà mentionné trois, dont un en Angleterre, stériles fécondés par eux-mêmes, et M. Munro m'apprend qu'il en a vu plusieurs autres qui, malgré bien des essais répétés pendant plusieurs annees, étaient dans le même cas. Cette espèce paraît cependant dans d'autres localités produire des fruits quand elle est fécondée avec son propre pollen. A Taymouth-Castle, il existe un *P. alata* qui a autrefois été greffé par M. Donaldson sur une espèce distincte, dont le nom est inconnu, et qui, depuis cette opération, a toujours produit du fruit en abondance, bien que fécondé avec son propre pollen ; de sorte que ce faible changement dans l'état de la plante a suffi pour lui rendre sa fécondité ! Quelques plantes levées de

[77] *Trans. Hort. Soc.*, vol. VII, 1830, p. 95.
[78] Prof. Lecoq. *de la Fécondation*, 1845, p. 70.
[79] *Gard. Chronicle*, 1868, p. 1341.
[80] *Gardener's Chronicle*, 1866, p. 1068.
[81] *Journ. of Proc. of Linn. Soc.*, vol. VIII, 1864, p. 1168; M. Robertson Munro, *Trans. Bot. Soc. of Edinburgh*, vol. IX, p. 399.

la graine de Taymouth-Castle sont stériles non-seulement quand elles sont
fécondées avec leur propre pollen, mais aussi avec le pollen les unes des
autres, et avec celui d'espèces distinctes. Du pollen de ces mêmes plantes
n'a pas pu féconder certaines plantes de la même espèce, mais réussit sur
une plante dans le Jardin Botanique d'Édimbourg. Des plantes ayant été
levées de la graine de cette union, M. Munro tenta de féconder quelques
fleurs avec leur propre pollen, mais elles furent aussi stériles que la plante
mère, sauf cependant lorsqu'elles furent fécondées ainsi par la plante greffée
de Taymouth, ainsi que par les propres semis de cette dernière. En effet,
M. Munro ayant fécondé dix-huit fleurs de la plante mère, impuissante avec
du pollen de ses produits par semis également impuissants à se féconder
par eux-mêmes, obtint, à son grand étonnement, dix-huit belles capsules
pleines d'excellente graine ! Je ne connais pas chez les plantes d'exemple plus
propre que ce dernier à démontrer de quelles causes minimes et mystérieuses peuvent dépendre une fécondité complète ou une stérilité absolue.

Les faits cités jusqu'à présent ont trait à la diminution ou à la
disparition complète de la fécondité chez les espèces pures, lorsqu'elles ont été imprégnées par leur propre pollen, comparativement à leur fécondité lorsqu'elles sont, au contraire, fécondées
avec du pollen emprunté à des individus ou à des espèces distinctes ; on a observé chez les hybrides des faits de même nature.

Herbert [82] constate qu'ayant en même temps en fleurs neuf *Hippeastrum*
hybrides, d'origine complexe, et dérivant de plusieurs espèces, il observa
que presque toutes les fleurs fécondées avec du pollen provenant d'un autre
croisement produisaient de la graine en abondance, tandis que celles qui
étaient fécondées avec leur propre pollen ne produisaient pas de graines,
ou ne produisaient que des capsules de dimension très-réduite, et
ne contenant que peu de graines. Il ajoute dans le *Horticultural Journal*
que si on féconde une seule fleur avec le pollen d'un autre *Hippeastrum*
croisé (quelque compliqué qu'ait été le croisement), on arrête presque certainement la fructification des autres. Dans une lettre qu'il m'écrivait en
1839, le Dr Herbert m'apprend qu'il avait déjà répété ces expériences pendant cinq années consécutives ; il les a répétées depuis avec les mêmes résultats. Il fut alors conduit à tenter des essais analogues sur une espèce pure,
l'*Hippeastrum aulicum* qu'il avait récemment importé du Brésil ; ce bulbe
produisit quatre fleurs, dont trois furent fécondées avec leur propre pollen,
et la quatrième avec du pollen provenant d'un triple croisement entre *H. bul-*

[82] *Amaryllidaceæ*, 1837, p. 371. — *Journ. of Hort. Soc.*, vol. II, 1847, p. 19.

bulosum, *H. reginæ* et *H. vittatum ;* il en résulta que les ovaires des trois premières fleurs cessèrent bientôt de croître, et périrent au bout de quelques jours, tandis que la capsule fécondée par l'hybride fît de rapides progrès vers la maturité, et produisit des graines excellentes qui germèrent parfaitement. C'est là certainement, comme le fait remarquer Herbert, un fait étrange, mais pas aussi étrange qu'il le paraissait alors.

Comme confirmation de ces faits, je puis ajouter que M. M. Mayes [83], qui a fait beaucoup d'expériences sur les croisements des *Amaryllis* (*Hippeastrum*), affirme que les espèces pures et les hybrides produisent beaucoup plus de graines quand ils sont fécondés avec le pollen d'une plante distincte qu'avec le leur propre. M. Bidwell [84], dans la Nouvelle-Galles du Sud, constate que l'*Amaryllis belladona*, fécondée avec le pollen du *Brunswigia* (*Amaryllis* de quelques auteurs) *Josephinæ* ou avec celui du *B. multiflora*, produit beaucoup plus de graines que lorsque la fécondation a été faite avec son propre pollen. M. Beaton a fécondé quatre fleurs de *Cyrtanthus* avec leur propre pollen, et quatre avec celui du *Vallota* (*Amaryllis*) *purpurea ;* le septième jour, la croissance des premières s'arrêta, et elles ne tardèrent pas à périr, les quatre autres croisées avec le *Vallota* continuèrent à croître [85]. J'ai signalé ici ces derniers cas, qui, comme ceux cités précédemment sur les Passiflores, les Orchidées, etc., se rapportent à des espèces non croisées, parce que les plantes dont il est question appartiennent au même groupe que les Amaryllidacées.

Si, dans ses expériences sur les *Hippeastrum* hybrides, Herbert avait observé que le pollen de deux ou trois variétés eût seul été plus actif sur certaines plantes que leur pollen propre, on aurait pu arguer que, par suite de leur origine mixte, elles pouvaient avoir plus que les autres des affinités mutuelles énergiques ; mais cette explication est inadmissible, puisque les essais ont été tentés réciproquement en avant et en arrière sur neuf hybrides différents, et que les croisements ont toujours produit de bons effets dans toutes les directions. J'ajoute un cas analogue d'essais très intéressants faits par le Rév. A. Rawson, de Bromley-Common, sur des hybrides compliqués du *Gladiolus*. Cet habile horticulteur possédait un grand nombre de variétés françaises, ne différant les unes des autres que par la couleur et la grosseur des fleurs, et toutes descendant du *Gandavensis* [86], un ancien hybride bien connu, qu'on dit descendre du *G. Natalensis* fécondé avec le pollen du *G. oppositiflorus*. Après des essais répétés, M. Rawson a constaté qu'aucune des variétés ne produisait de graine quand elle était fécondée par son propre

---

[83] Loudon, *Gardener's Magaz.*, vol. XI, 1835, p. 260.
[84] *Gardener's Chronicle*, 1850, p. 470.
[85] *Jour. Hort. Soc.*, vol. V, p. 135. — Les plantes levées de cette graine furent données à la Société d'Horticulture, mais malheureusement elles périrent l'hiver suivant.
[86] M. D. Beaton, *Journ. Hort. Soc.*, 1861, p. 453. — Lecoq, *de la Fécondation*, 1862, p. 369, affirme que cet hybride descend du *G. psittacinus* et du *G. cardinalis ;* ce qui est contraire à l'expérience de Herbert, qui a trouvé que la première de ces espèces ne pouvait être croisée.

pollen, même pris sur des plantes distinctes de la même variété, qui avait
été, bien entendu, propagée par des bulbes ; tandis qu'elles produisaient
toutes des graines abondantes après avoir été fécondées avec le pollen d'une
autre variété. Par exemple, *Ophir*, stérile avec son propre pollen, produisit
dix belles capsules, fécondé avec le pollen de *Janire*, de *Brenchleyensis*,
de *Vulcain* et de *Linné* ; le pollen d'*Ophir* était bon, puisque *Linné*, fécondé
par lui, produisit sept capsules ; cette dernière variété resta également stérile avec son propre pollen qui était efficace sur *Ophir*. En 1861, M. Rawson
féconda en tout vingt-six fleurs de quatre variétés, avec du pollen pris sur
d'autres variétés, et chaque fleur produisit une belle capsule à graines ;
tandis que cinquante-deux fleurs des mêmes plantes, fécondées en même
temps avec leur propre pollen, restèrent stériles. M. Rawson, dans quelques
cas, féconda les fleurs alternes, dans d'autres, toutes celles d'un même côté
de l'épi avec le pollen étranger, les autres fleurs étant fécondées par elles-
mêmes ; j'ai vu ces plantes lorsque les capsules étaient presque mûres, et
leur disposition curieuse démontrait de la manière la plus péremptoire combien le croisement de ces hybrides leur avait été avantageux.

Le Dr E. Bornet, d'Antibes, qui a opéré beaucoup de croisements entre
les diverses espèces de *Cistus*, mais dont les observations sont encore iné-
dites, m'apprend que lorsque ces hybrides sont féconds, on peut dire que,
quant aux fonctions, ils sont dioïques ; les fleurs, en effet, restent toujours stériles lorsque le pistil est fécondé avec du pollen de la même fleur,
ou des fleurs de la même plante. Mais ils sont souvent féconds, si on emploie le pollen d'un individu distinct de la même nature hybride, ou d'un
hybride provenant d'un croisement réciproque.

Conclusion. —Il paraît d'abord contraire à toute analogie que les
plantes fécondées par elles-mêmes restent stériles, bien que les
deux éléments sexuels soient aptes à la reproduction. Pour les espèces qui, vivant dans leurs conditions naturelles, présentent
dans leurs organes reproducteurs cette tendance particulière,
nous pouvons conclure que cette auto-stérilité a été acquise dans
le but de les empêcher réellement de se féconder par elles-mêmes.
Le cas est analogue à celui des plantes dimorphes ou trimorphes,
qui ne peuvent être complétement fécondées que par les plantes
appartenant à la forme opposée, et non pas, comme dans les cas
précédents, fécondées indifféremment par tout autre individu
appartenant à la même espèce. Quelques-unes de ces plantes
dimorphes sont complétement stériles quand elles sont fécondées
avec le pollen pris sur la même plante ou la même forme. Quant
aux espèces vivant dans leurs conditions naturelles et dont cer-

tains individus seulement restent stériles quand ils sont fécondés par eux-mêmes (chez le *Reseda lutea*, par exemple), il est probable que ces individus sont devenus impuissants pour assurer un croisement éventuel, tandis que d'autres individus restent féconds pour assurer la propagation de l'espèce. Le cas semble parallèle à celui des plantes qui, comme l'a découvert Hermann Müller, produisent deux formes, l'une portant des fleurs brillantes adaptées tout spécialement à la fécondation par les insectes, l'autre des fleurs moins brillantes disposées pour se féconder elles-mêmes. Toutefois, l'auto-stérilité de quelques-unes des plantes que nous avons citées dépend des conditions dans lesquelles elles ont été placées, ainsi, par exemple, l'*Eschscholtzia*, le *Verbascum phœniceum* (dont la stérilité varie selon la saison) et le *Passiflora alata* qui a recouvré son auto-fécondité quand on l'a greffé sur une souche différente.

Il est curieux d'observer, dans les cas signalés précédemment, une série graduée, à partir des plantes qui, fécondées par leur propre pollen, produisent la quantité normale de graines, mais qui, semées, produisent des plantes un peu diminuées au point de vue de la taille, — puis d'autres plantes qui ne produisent que peu de graines, — puis enfin celles qui n'en produisent pas du tout, mais dont l'ovaire se développe un peu,—jusqu'à celles où le stigmate et le pollen exercent l'un sur l'autre une action vénéneuse.

Il est aussi très-intéressant d'observer de quelle légère différence dans la nature du pollen ou des ovules doit dépendre dans quelques cas l'auto-stérilité ou l'auto-fécondité complète. Chacun des individus appartenant aux espèces auto-stériles semble pouvoir produire le nombre normal de graines quand il est fécondé avec le pollen d'un autre individu quel qu'il soit, sauf toutefois par un parent très-rapproché, si l'on en juge par les faits relatifs à l'*Abutilon*; mais aucun de ces individus n'est sensible à l'action de son propre pollen. Chaque organisme, on le sait, diffère à un degré quelcónque de tous les individus appartenant à la même espèce, et il doit en être de même du pollen et des ovules. Nous sommes donc autorisés à conclure que, dans les cas cités précédemment, l'auto-stérilité ou l'auto-fécondité complète dépend de ces légères différences existant chez le pollen

et les ovules et non pas de ce qu'ils ont été différenciés de façon
spéciale par rapport les uns aux autres; il est, en effet, impossible d'admettre que les éléments sexuels de plusieurs milliers
d'individus aient été spécialisés pour se trouver en rapport
avec chacun des autres individus. Toutefois, chez quelques espèces, chez certains *Passiflores* par exemple, on n'obtient des
différences entre le pollen et les ovules assez sensibles pour
assurer la fécondation qu'en employant le pollen d'une espèce
distincte; mais cela provient probablement de ce que ces plantes
sont devenues quelque peu stériles par suite des conditions peu
naturelles auxquelles elles ont été exposées.

Les animaux exotiques enfermés dans les ménageries se trouvent quelquefois à peu près dans le même état que les plantes
impuissantes dont nous avons parlé; car, comme nous le verrons
dans le chapitre suivant, quelques singes, les grands carnassiers, les oies, les faisans, se croisent les uns avec les autres et
même plus volontiers que ne le font les individus de la même
espèce. Nous aurons aussi à constater des cas d'incompatibilité
sexuelle entre certains animaux domestiques mâles et femelles,
qui sont cependant féconds lorsqu'on les accouple avec d'autres
individus de la même espèce.

Nous avons démontré, au commencement de ce chapitre, que
le croisement de formes distinctes, plus ou moins voisines,
assure aux produits qui en résultent une plus grande taille et
plus de vigueur constitutionnelle, et, sauf dans le cas de croisements entre espèces, augmente aussi leur fécondité. C'est ce
qu'établissent les témoignages des éleveurs (car il faut observer
que je ne parle pas ici des effets déplorables des unions consanguines), ainsi que la plus grande valeur qu'ont les produits croisés au point de vue de la consommation immédiate. Les résultats avantageux du croisement ont également, pour beaucoup
d'animaux et de plantes, été mis en évidence par des pesées et
des mesures. Bien que le croisement doive nécessairement altérer les animaux de race pure, en ce qui concerne leurs qualités
caractéristiques, il ne paraît pas y avoir d'exception à la règle
que les croisements sont avantageux, même lorsqu'ils n'ont pas
été précédés par des unions consanguines. La règle s'applique à
tous les animaux, même au bétail et aux moutons, qui peuvent le

mieux et le plus longtemps résister à des unions consanguines entre les parents les plus rapprochés.

Quand il s'agit de croisements entre espèces, on observe, à peu d'exceptions près, une amélioration au point de vue de la taille, de la précocité, de la vigueur et de la résistance, mais on remarque une diminution de la fécondité, à un degré plus ou moins prononcé; toutefois, l'amélioration ne peut pas être exclusivement attribuée au principe de la compensation, car il n'y a pas de rapport exact entre le degré de stérilité et l'augmentation de taille et de vigueur du produit hybride. On a même clairement démontré que les métis absolument féconds, présentent ces avantages au même degré que ceux qui sont stériles.

Il ne semble y avoir chez les animaux supérieurs aucune adaptation spéciale pour assurer des croisements éventuels entre des familles distinctes. Il suffit, toutefois, pour atteindre ce but de l'ardeur des mâles qui amène des luttes violentes ; en effet, chez les animaux mêmes qui vivent en société, les vieux mâles, qui ont jusque-là exercé la prépondérance, se trouvent dépossédés au bout d'un certain temps, et ce serait pur hasard qu'un mâle de la même famille et son proche parent devînt son successeur. La plupart des animaux hermaphrodites inférieurs sont conformés de telle façon que les ovules ne peuvent être fécondés par l'élément mâle du même individu; il en résulte que le concours de deux individus est indispensable. Dans les autres cas, l'accès de l'élément mâle d'un individu distinct est au moins possible. Chez les plantes qui, fixées au sol, ne peuvent errer comme les animaux, les nombreuses adaptations qui assurent la fécondation croisée sont étonnamment parfaites ; c'est ce qu'admettent tous ceux qui ont étudié cette question.

La dégénérescence amenée par les unions consanguines trop prolongées étant très-graduelle, les effets nuisibles qui en résultent sont moins appréciables que les effets avantageux qui suivent le croisement. Néanmoins, l'opinion générale de tous ceux qui ont le plus d'expérience sur le sujet est qu'il en résulte inévitablement des inconvénients, plus tôt ou plus tard, suivant les animaux, et surtout chez ceux qui se propagent avec rapidité. Une idée fausse peut, sans aucun doute, se répandre comme une superstition, mais il est cependant difficile d'admettre que

tant d'observateurs habiles et sagaces aient pu se tromper ainsi
aux dépens de leur temps et de leur peine. On peut quelquefois
accoupler un animal mâle avec sa fille, avec sa petite-fille, et
ainsi de suite pendant sept générations, sans qu'il se produise
aucun résultat manifestement mauvais; mais on n'a jamais
essayé de pousser aussi loin les unions entre frères et sœurs,
qu'on regarde comme la forme la plus rapprochée des unions
consanguines. On a tout lieu de croire qu'en conservant les
membres d'une même famille, par groupes distincts, dans des
conditions extérieures un peu différentes, et qu'en croisant de
temps en temps les membres de ces divers groupes, on peut
atténuer considérablement ou même éviter tout à fait les inconvénients de ce mode de reproduction. On peut perdre quelque
peu de la vigueur constitutionnelle, de la taille et de la fécondité,
mais il n'en résulte pas de détérioration nécessaire dans la forme
générale du corps ou dans les autres qualités. Nous savons qu'on
a créé, par croisements consanguins longtemps continués, des
porcs de premier ordre, mais que ces animaux sont devenus
stériles lorsqu'on les accouple avec des parents trop rapprochés.
Cette perte de la fécondité, lorsqu'elle se manifeste, n'est jamais
absolue, mais seulement relative chez les animaux du même
sang; cette stérilité est donc, jusqu'à un certain point, analogue
à celle que nous observons chez les plantes impuissantes à se
féconder elles-mêmes, mais qui sont complétement fécondes avec
le pollen de tout autre individu de la même espèce. La stérilité
de cette nature toute particulière, étant un des résultats d'une
longue série d'unions consanguines, on peut en conclure que
l'action de ce mode de reproduction ne consiste pas seulement à
combiner et à augmenter les diverses tendances morbides qui
peuvent être communes aux deux parents; en effet, les animaux
qui présentent de pareilles tendances peuvent généralement, s'ils
ne sont pas eux-mêmes absolument malades, propager leur
espèce. Bien que les descendants provenant de l'union de parents
très-rapprochés n'aient pas nécessairement une conformation mauvaise, quelques auteurs croient cependant qu'ils sont
très-sujets aux difformités, ce qui n'a rien d'improbable,
puisque tout ce qui amoindrit la puissance vitale, agit de cette
manière. On a signalé des exemples de ce genre chez les

porcs, chez les chiens limiers, et chez quelques autres animaux.

En résumé, un grand nombre de faits prouvent que le croisement a des effets manifestement avantageux, et que la reproduction consanguiné exagérée paraît, au contraire, avoir des effets nuisibles ; en outre, tout semble concourir, dans le monde organisé, à rendre possible l'union éventuelle d'individus distincts ; nous sommes donc autorisés à conclure à l'existence d'une grande loi naturelle, à savoir que le croisement des animaux et des plantes qui n'ont pas de rapports de parenté trop rapprochés est avantageux ou même nécessaire, et que les unions consanguines, prolongées pendant un grand nombre de générations, ont, au contraire, des conséquences nuisibles.

CHAPITRE XVIII

AVANTAGES ET INCONVÉNIENTS
DES CHANGEMENTS DANS LES CONDITIONS D'EXISTENCE.
—DIVERSES CAUSES DE LA STÉRILITÉ.

Sur les avantages résultant de légers changements dans les conditions d'existence. — Je me suis demandé s'il n'y aurait pas quelques faits bien établis qui pussent jeter quelque jour sur les conclusions indiquées dans le chapitre précédent, à savoir que les croisements sont utiles, et qu'en vertu d'une loi naturelle les êtres organisés doivent se croiser de temps en temps; j'ai pensé que les excellents effets qui résultent de légers changements dans les conditions d'existence pourraient peut-être, en raison de l'analogie du phénomène, remplir ce but. Il n'est pas deux individus, encore moins deux variétés, qui soient absolument identiques au point de vue de la structure et de la constitution; lorsque le germe de l'un est fécondé par l'élément mâle de l'autre, nous pouvons admettre qu'il se passe alors quelque chose d'analogue à ce qui a lieu lorsqu'on expose un

individu à des conditions d'existence légèrement modifiées,
Tout le monde connaît l'influence remarquable qu'exerce,
sur les convalescents, un changement de résidence, et aucun
médecin ne met en doute la réalité du fait. Les petits fermiers
qui n'ont que peu de terres sont convaincus des bons effets qui
résultent pour leur bétail d'un changement de pâturage. Pour les
plantes, il est bien démontré qu'on retire de grands avantages
à échanger les graines, les tubercules, les bulbes et les boutures, et à les transporter d'un endroit ou d'un terrain à d'autres
aussi différents que possible.

L'opinion fondée ou non que les plantes trouvent un avantage à changer
de résidence a été soutenue depuis Columelle, qui écrivait peu après le
commencement de l'ère chrétienne, jusqu'à nos jours ; cette opinion est aujourd'hui généralement adoptée en Angleterre, en France et en Allemagne [1].
Bradley, observateur sagace, écrivait, en 1724 [2] : « Lorsque nous arrivons
à posséder une bonne sorte de graines, nous devrions la remettre entre deux
ou trois mains, où les situations et les terrains soient aussi différents que possible ; nous devrions les échanger chaque année ; de cette manière la qualité
de la graine se maintient pendant plusieurs années. Bien des fermiers ont,
faute de ce soin, manqué leurs récoltes et subi de grandes pertes. » Un
auteur moderne [3] affirme que tous les agriculteurs sont d'avis que la
croissance continue d'une variété dans un même district la rend susceptible de détérioration, en qualité comme en quantité ! Un autre constate
qu'il a semé en même temps et dans le même champ, deux sortes de froment, dont les graines étaient le produit d'une même souche primitive, mais
dont l'une avait été recueillie dans le même pays, l'autre dans une localité
éloignée ; il y eut, en faveur de la récolte provenant de cette dernière graine,
une différence considérable. Un agriculteur du Surrey qui a longtemps élevé
du froment pour le vendre comme semence, et qui a toujours obtenu sur les
marchés des prix plus élevés que d'autres, m'a assuré qu'il a reconnu la nécessité de changer continuellement ses graines, et que, dans ce but, il a
dû établir deux fermes très-différentes au point de vue de la situation et
de la nature du sol.

Partout aujourd'hui l'usage d'échanger les tubercules de pommes de terre
est adopté. Les grands cultivateurs de pommes de terre dans le Lancashire,
se procuraient autrefois des tubercules en Écosse, mais ils ont reconnu de-

---

[1] Pour l'Allemagne, Metzger, *Getreidearten*, 1841, p. 63. — Pour la France, Loiseleur
Deslongchamps, *Consid. sur les Céréales*, 1843, p. 200, donne de nombreuses références sur
ce point. — Pour le midi de la France, Godron, *Florula Juvenalis*, 1854, p. 28.
[2] *General Treatise of Husbandry*, vol. III, p. 58.
[3] *Gardener's Chronicle and Agricult. Gazette*, 1858, p. 247 et 1850, p. 702. — Rev.
D. Walker, *Prize Essay of Highland Agric. Soc.*, vol. II, p. 200. — Marshall, *Minutes of
Agriculture*, Nov. 1775.

puis que l'échange avec les pays tourbeux et *vice versa* suffit généralement. En France, la récolte des pommes de terre dans les Vosges s'était, dans l'espace d'une soixantaine d'années, réduite dans le rapport de 120-150 boisseaux à 30-40 ; et le fameux Oberlin attribue en grande partie les bons résultats qu'il a obtenus au fait qu'il a changé les espèces [4].

Un jardinier célèbre [5], M. Robson, affirme positivement qu'il y a un avantage incontestable à faire venir des bulbes, des pommes de terre, et diverses graines d'une même variété, de différentes parties de l'Angleterre. Il ajoute que, pour les plantes propagées par boutures, comme les Pelargoniums, et surtout les Dahlias, il y a grand avantage à se procurer des plantes de la même variété, mais qui ont été cultivées dans une autre localité, ou, si la place dont on dispose le permet, à prendre ses boutures dans une espèce de terrain pour les planter dans un autre, afin de leur fournir le changement qui est si nécessaire à leur prospérité, changement auquel le cultivateur est toujours forcé d'avoir recours, qu'il y soit préparé ou non. Un autre jardinier, M. Fish, a fait des observations analogues ; il a remarqué que des boutures d'une même variété de Calcéolaire qu'il tenait d'un voisin étaient beaucoup plus vigoureuses que les siennes propres, quoique traitées de la même manière, fait qu'il attribue à ce que ses plantes s'étaient en quelque sorte usées et fatiguées de leur demeure. Quelque chose d'analogue paraît se présenter dans les greffes d'arbres fruitiers ; car, selon M. Abbey, les greffes prennent généralement mieux et plus facilement sur une variété ou même une espèce distincte ou sur une souche antérieurement greffée, que sur des souches levées de graine de la variété qu'on veut greffer, ce qui ne peut s'expliquer entièrement par la meilleure adaptation des souches au sol et au climat de l'endroit. Il faut toutefois ajouter que, bien que les greffes faites sur des variétés très-différentes paraissent d'abord prendre et croître plus vigoureusement que celles greffées sur des sujets plus voisins, elles deviennent souvent maladives par la suite.

J'ai étudié les longues expériences de M. Tessier [6] faites en vue de réfuter l'opinion commune, qu'un changement de graines est avantageux ; il prouve certainement qu'on peut, avec des soins, cultiver une même graine dans la même ferme (il n'indique pas si c'est sur le même terrain), pendant dix ans consécutifs sans désavantage. Un autre observateur, le colonel Le Couteur [7], est arrivé à la même conclusion, mais il ajoute expressément que, « si l'on emploie la même graine, celle qui a crû une année sur un terrain à fumure mixte devient propre l'année suivante pour un terrain chaulé, celle-ci donne de la graine pour un terrain amendé avec des cendres, puis pour une fumure mixte, et ainsi de suite. » Mais ceci n'est autre chose qu'un échange systématique de graines, fait dans les limites de la même ferme.

---

[4] Oberlin's *Memoirs* (trad. angl.). p. 73. — Marshall, *Review of Reports*, 1808, p. 295.
[5] *Cottage Gardener*. 1856, p. 186. — *Journal of Horticulture*, Fév. 18, 1866, p. 121. — Pour les remarques sur les greffes par M. Abbey, voir *id.*, Juillet 18, 1865, p. 44.
[6] *Mém. de l'Acad. des Sciences*, 1790, p. 209.
[7] *On the Varieties of Wheat*, p. 52.

En somme, l'opinion partagée par un grand nombre d'agriculteurs habiles, que l'échange des graines produit de bons résultats, paraît être assez bien fondée. Vu la petitesse de la plupart des graines, on ne peut guère croire que les avantages du changement de terrain puissent résulter de ce qu'elles trouvent dans l'un un élément chimique qui manque dans un autre et cela en quantité suffisante pour affecter toute la croissance ultérieure de la plante. Comme, une fois germées, les graines se fixent naturellement à leur place, on doit s'attendre à ce que les bons effets du changement se manifestent plus nettement que chez les animaux, qui errent continuellement; et c'est bien ce qui paraît avoir lieu. La vie consiste en un jeu incessant des forces les plus complexes; il semble donc que leur action doive être en quelque sorte stimulée par les légers changements qui peuvent survenir dans les circonstances auxquelles chaque organisme est exposé. Toutes les forces, dans la nature, comme le fait remarquer M. Herbert Spencer[8], tendent vers un équilibre, tendance qui, pour la vie de chaque individu, doit nécessairement être combattue. Les hypothèses et les faits qui précèdent peuvent probablement jeter quelque jour, d'une part sur les effets utiles du croisement des races, dont les germes ainsi légèrement modifiés subissent l'action de forces nouvelles, et, d'autre part, sur les effets nuisibles des unions consanguines, prolongées pendant un grand nombre de générations, car, dans ce dernier cas, le germe se trouve toujours soumis à l'action d'un élément mâle ayant presque identiquement la même constitution.

Stérilité résultant de changements dans les conditions d'existence.—Je vais maintenant essayer de démontrer que les animaux et les plantes, enlevés à leurs conditions naturelles, deviennent plus ou moins stériles ou le deviennent même complétement, et que cette stérilité peut résulter même de changements peu considérables. Cette conclusion n'est pas nécessairement contraire

---

[8] M. Spencer a discuté très-complétement l'ensemble du sujet dans *Principles of Biology*, 1864, vol. II, chap. X. — Dans la 1re édition de mon *Origine des Espèces*, 1859, p. 267, j'ai parlé des effets avantageux résultant de légers changements dans les conditions d'existence et du croisement, et des effets nuisibles produits par de grands changements de conditions et par le croisement de formes trop différentes, comme deux séries de faits unis par un lien commun, mais inconnu, qui est en rapport intime avec le principe de la vie.

à celle que nous venons d'exprimer, à savoir que des changements moins importants d'une autre nature sont avantageux pour
les êtres organisés. Le sujet a une certaine importance, à cause de
son intime connexité avec les causes de la variabilité. Il a peut-
être aussi quelque rapport indirect avec la stérilité qui résulte
des croisements entre espèces ; car, si, d'une part, de légères
modifications dans les conditions d'existence sont favorables aux
animaux et aux plantes, et que le croisement des variétés augmente
la taille, la vigueur et la fécondité des produits ; d'autre part,
certains autres changements dans les conditions d'existence
entraînent la stérilité ; or, comme cette conséquence résulte aussi
du croisement entre des formes très-modifiées, ou espèces, nous
avons là une série double et parallèle de faits, qui sont très-probablement intimement liés les uns aux autres.

Beaucoup d'animaux, bien qu'entièrement apprivoisés, refusent,
comme on sait, de se reproduire en captivité. Aussi, I. Geoffroy
Saint-Hilaire [9] a-t-il tracé une ligne absolue de démarcation
entre les animaux apprivoisés qui ne se reproduisent pas en
captivité, et les animaux vraiment domestiques, qui se reproduisent facilement — plus facilement même qu'à l'état de nature,
comme nous l'avons vu dans le seizième chapitre. Il est possible
et généralement facile, d'apprivoiser la plupart des animaux,
mais l'expérience a prouvé qu'il est très-difficile de les amener à
se reproduire régulièrement, si même on y arrive. Je discuterai
ce point avec quelques détails, mais en me bornant à l'exposé des
cas qui me paraissent les plus probants. J'ai puisé mes matériaux
dans des notices dispersées dans plusieurs ouvrages, et surtout
dans un rapport dressé pour moi par les soins obligeants
des membres de la Société Zoologique de Londres, rapport qui a
une valeur toute particulière, attendu qu'il relate, pendant
un espace de neuf ans, de 1838 à 1846, tous les cas d'animaux
qu'on a vus s'accoupler sans donner de produits, ainsi que ceux
chez lesquels on n'a jamais observé d'accouplement. J'ai com-
plété et corrigé ce rapport manuscrit, à l'aide des rapports
annuels publiés jusqu'en 1865 [10]. Le magnifique ouvrage du

[9] *Essais de Zoologie générale*, 1841, p. 256.
[10] Depuis la publication de la première édition de cet ouvrage, M. Sclater a publié (*Proc.
Zoolog. Soc.*, 1868, p. 623) une liste des espèces de mammifères qui se sont reproduits au

Dr Gray, intitulé : *Gleanings from the Menageries of Knowsley Hall*, m'a fourni beaucoup de faits sur la reproduction des animaux. J'ai pris également des informations auprès du conservateur des oiseaux de l'ancien Jardin Zoologique de Surrey. Je dois constater qu'un léger changement dans le mode de traitement des animaux, peut amener une grande différence dans leur fécondité, et il est possible que, pour cette raison, les résultats observés dans différentes ménageries puissent différer. Quelques animaux, dans nos Jardins Zoologiques, sont devenus plus productifs depuis 1846. Il résulte aussi de la description du Jardin des Plantes [11], par F. Cuvier, que les animaux s'y reproduisaient autrefois beaucoup moins facilement qu'en Angleterre ; ainsi, dans la famille des canards, qui est très-prolifique, une seule espèce avait jusqu'alors produit des petits.

Les cas les plus remarquables sont toutefois ceux d'animaux conservés dans leur pays natal, et qui, quoique bien apprivoisés, en parfaite santé, et même jouissant d'une certaine liberté, sont absolument incapables de se reproduire. Rengger [12], qui a particulièrement étudié cette question au Paraguay, signale six quadrupèdes qui sont dans ce cas, et deux ou trois autres qui ne se reproduisent que très-rarement. M. Bates, dans son admirable ouvrage sur les Amazones, mentionne des cas semblables [13] ; il fait remarquer que si des mammifères et des oiseaux indigènes tout à fait apprivoisés ne se reproduisent pas chez les Indiens, on ne peut pas expliquer entièrement ce fait par leur indifférence ou leur négligence, car le dindon et la poule ont été adoptés et sont élevés par plusieurs tribus très-éloignées les unes des autres. Dans presque toutes les parties du monde, — ainsi dans plusieurs des îles polynésiennes et dans l'intérieur de l'Afrique, — les naturels aiment beaucoup à apprivoiser les mammifères et les oiseaux indigènes, mais il est rare qu'ils réussissent à les faire reproduire.

Le cas le plus connu d'un animal qui ne se reproduit pas en captivité, est celui de l'éléphant. On emploie ces animaux en grand nombre dans les Indes, ils parviennent à un grand âge, et sont assez vigoureux pour exécuter les travaux les plus pénibles ; cependant, à une ou deux exceptions près, on n'a pas connaissance qu'ils se soient jamais accouplés, bien que le

Jardin zoologique de Londres de 1848 à 1867 inclusivement. Sur 83 espèces d'artiodactyles conservées dans le jardin, 1 espèce sur 1.9 s'est reproduite au moins une fois pendant le vingt ans ; sur 28 espèces de marsupiaux, 1 espèce sur 2.3 s'est reproduite ; sur 74 carnivores, 1 espèce sur 3.0 ; sur 52 rongeurs, 1 sur 4.7 ; sur 75 espèces de quadrumanes, 1 espèce sur 6.2.

[11] De Réel, Annales du Muséum, 1807, vol. IX, p. 120.
[12] Sa gethiere von Paraguay, 1830, p. 49, 106, 118, 124, 201, 208, 249, 265, 327.
[13] The Naturalist on the Amazons, 1863, vol. I, p. 99, 193. — Vol. II, p. 113.

mâle et la femelle entrent périodiquement en rut. Toutefois, si nous allons un peu à l'est en Birmanie, M. Crawfurd [14] nous apprend que, à l'état domestique, ou plutôt semi-domestique, où on tient les femelles, elles reproduisent parfaitement bien; M. Crawfurd croit qu'il faut attribuer cette différence uniquement au fait qu'on laisse les femelles errer dans les forêts avec quelque liberté. Le rhinocéros captif paraît, d'après l'évêque Heber [15], se reproduire dans l'Inde plus facilement que l'éléphant. Quatre espèces sauvages du genre *Equus* se sont reproduites en Europe, bien que s'y trouvant exposées à de grands changements dans leurs conditions naturelles d'existence; mais, on a généralement croisé les espèces les unes avec les autres. La plupart des membres de la famille des porcs se reproduisent bien dans nos ménageries : même le *Potamochœrus penicillatus,* des plaines suffocantes de l'Afrique occidentale, s'est reproduit deux fois au Jardin Zoologique de Londres. Il en a été de même du Pécari (*Dicotyles torquatus*) ; mais une autre espèce, le *D. labiatus,* quoique apprivoisée au point d'être devenue à demi domestique, se reproduit si rarement dans son pays natal le Paraguay, que, d'après Rengger [16], le fait aurait besoin d'être confirmé. M. Bates remarque que le tapir ne se reproduit jamais, quoique souvent apprivoisé par les Indiens dans les Amazones.

Les Ruminants se reproduisent facilement en Angleterre, bien que provenant des climats les plus différents, comme le prouvent les Rapports annuels du Jardin Zoologique, et les observations faites dans la ménagerie de lord Derby.

Les Carnivores, à l'exception des plantigrades, se reproduisent généralement presque aussi volontiers que les Ruminants, mais présentent quelquefois des exceptions capricieuses. Plusieurs espèces de Félides se sont reproduites dans diverses ménageries, bien qu'importées de climats divers et étroitement enfermées. M. Bartlett, le surintendant actuel du Jardin Zoologique de Londres [17], remarque que, de toutes les espèces du genre, c'est le lion qui paraît se reproduire le plus fréquemment et donne le plus de petits par portée. Le tigre ne s'est reproduit que rarement, mais on connaît plusieurs cas authentiques de tigres femelles ayant produit avec le lion. Si étrange que le fait puisse paraître, il est constant qu'en captivité beaucoup d'animaux s'unissent avec des espèces distinctes, et produisent avec elles des hybrides, tout aussi facilement et même plus facilement qu'avec leur propre espèce. D'après des renseignements fournis par le Dr Falconer et d'autres, il paraît que le tigre captif dans l'Inde ne se reproduit pas, quoiqu'il s'accouple. Le guépard (*Felis jubata*) ne s'est jamais reproduit en Angleterre, mais il s'est reproduit à Francfort ; il ne se reproduit pas non plus dans l'Inde, où on le conserve en grand nombre pour la chasse; mais, comme il n'y a que les individus qui ont déjà chassé pour leur propre compte à l'état de nature, qui

[14] *Embassy to the Court of Ava*, vol. II, p. 534.
[15] *Journal*, vol. 1, p. 213.
[16] *Saugethiere*, p. 327.
[17] *On the Breeding of the larger Felidæ, Proc. Zool. Soc.*, 1861, p. 140.

puissent être utilisés, et qui vaillent la peine d'être dressés [18], on n'a jamais cherché à les faire se reproduire en captivité. D'après Rengger, il y a au Paraguay deux espèces de chats sauvages, qui, quoique apprivoisés, ne se reproduisent jamais. Bien que beaucoup de Félides s'accouplent facilement au Jardin Zoologique de Londres, l'accouchement ne suit pas toujours la conception : le rapport des neuf années signale plusieurs espèces comme s'étant accouplées soixante-treize fois, et il est probable que d'autres accouplements ont dû passer inaperçus, et n'ont cependant produit que quinze naissances. Au Jardin Zoologique de Londres, les Carnivores étaient autrefois moins exposés à l'air et au froid qu'actuellement ; et, à ce que m'a assuré l'ancien directeur, M. Miller, ce changement a beaucoup augmenté leur fécondité. M. Bartlett, juge des plus compétents, constate à ce sujet qu'il est remarquable que, dans les ménageries ambulantes, les lions se reproduisent beaucoup plus facilement qu'au Jardin Zoologique de Londres ; il est possible que l'excitation constante produite par le mouvement ou par le changement d'air puisse avoir quelque influence sur la reproduction.

Beaucoup de membres de la famille des chiens se reproduisent facilement en captivité. Le Dhole est un des animaux les plus sauvages de l'Inde, et cependant une paire tenue en captivité par le Dr Falconer a produit des petits. Les renards, d'autre part, ne produisent que rarement, je n'ai même jamais entendu dire que cela soit arrivé au renard européen ; le renard argenté de l'Amérique du Nord (*Canis argentatus*) s'est toutefois reproduit plusieurs fois au Jardin Zoologique de Londres ; il en a été de même pour la loutre. Chacun sait combien le furet à demi domestique se reproduit facilement, quoique enfermé dans d'horribles petites cages, mais d'autres espèces de *Viverra* et le *Paradoxurus* refusent absolument de se reproduire au Jardin Zoologique de Londres. La Genette s'y est reproduite, ainsi qu'au Jardin des Plantes, elle a même produit des hybrides. L'*Herpestes fasciatus* a été dans le même cas, mais on m'a assuré autrefois que cela n'était jamais arrivé au *H. griseus*, qu'on conservait en assez grand nombre au Jardin.

Les carnivores plantigrades se reproduisent en captivité moins facilement que les autres membres du groupe, sans qu'on puisse en indiquer la raison. Dans le Rapport des neuf ans, il est dit qu'on a observé l'accouplement fréquent des ours au Jardin Zoologique, mais qu'avant 1848, les conceptions avaient été rares. Dans les Rapports postérieurs à cette date, trois espèces ont produit des petits (hybrides dans un cas) et, chose étonnante, l'ours blanc est du nombre. Le blaireau (*Meles taxus*) s'est reproduit plusieurs fois au Jardin Zoologique de Londres, mais c'est à ma connaissance le seul exemple en Angleterre, et le fait doit être fort rare, car un cas signalé en Allemagne a été jugé digne d'une mention spéciale [19]. Le *Nasua* indigène au Paraguay, quoique conservé pendant bien des années par couples et parfaitement apprivoisé, ne s'est, d'après Rengger, jamais reproduit, et, selon M. Bates, ni cet

---

[18] Sleeman, *Rambles in India,* vol. II, p. 10.
[19] Wiegmann's *Archiv für Naturgesch.*, 1837, p. 162.

animal, ni le *Cercoleptes* ne se reproduisent dans la région des Amazones. Deux autres genres de plantigrades, les *Procyon* et les *Gulo*, ne se sont jamais reproduits au Paraguay, où on les garde souvent à l'état apprivoisé. On a vu, au Jardin Zoologique de Londres, des espèces de *Nasua* et de *Procyon* s'accoupler, mais sans résultat.

Les lapins domestiques, les cochons d'Inde et les souris blanches, sont très-prolifiques en captivité sous divers climats ; on aurait donc pu s'attendre à trouver, chez la plupart des autres membres de la famille des Rongeurs, une égale aptitude à se reproduire dans les mêmes conditions, mais cela n'est pas le cas. Il faut noter, car c'est une preuve que l'aptitude à la reproduction accompagne parfois les affinités de conformation, le fait qu'un rongeur indigène du Paraguay, le *Cavia aperea*, qui s'y reproduit facilement et a donné un grand nombre de générations successives, ressemble tellement au cochon d'Inde, qu'on l'a à tort regardé comme la souche primitive de ce dernier [20]. Quelques rongeurs se sont accouplés au Jardin Zoologique de Londres, mais n'ont point produit de petits ; d'autres ne se sont jamais accouplés ; un petit nombre, comme le porc-épic, le rat de Barbarie, le lemming, le chinchilla, et l'agouti (*Dasyprocta aguti*), se sont reproduits plusieurs fois. Ce dernier animal a aussi produit au Paraguay, mais les petits étaient mort-nés ou difformes ; dans la région des Amazones, selon M. Bates, il ne se reproduit jamais, bien que ces animaux apprivoisés se trouvent en grand nombre dans les habitations. Le Paca (*Cœlogenys paca*) est dans le même cas. Le lièvre commun ne s'est, à ce que je crois, jamais reproduit en Europe à l'état de captivité [21], bien que, d'après une assertion récente, il se soit croisé avec le lapin. Le loir ne s'est jamais reproduit non plus en captivité. Les écureuils offrent un cas plus curieux : à une seule exception près, aucune espèce n'a produit de petits au Jardin Zoologique de Londres, où on a, cependant, renfermé dans la même cage pendant plusieurs années quatorze *Sciurus palmarum*. Le *S. cinerea* s'accouple, mais ne produit pas de petits ; cette espèce ne se reproduit pas non plus dans son pays natal, l'Amérique du Nord, où on l'apprivoise facilement [22]. La ménagerie de lord Derby contenait un grand nombre d'écureuils de plusieurs espèces ; le surveillant, M. Thompson, m'a affirmé qu'aucun d'eux ne s'était jamais reproduit là ni ailleurs. Je n'ai jamais entendu dire que l'écureuil anglais se soit reproduit en captivité. Or, au Jardin Zoologique de Londres, l'écureuil volant, *Sciuropterus volucella*, a plusieurs fois fait des petits ; de même, près de Birmingham,

[20] Rengger, *Saügethiere*, etc., p. 276. — Pour l'origine du cochon d'Inde, I. Geoffroy Saint-Hilaire, *Hist. nat. générale*. J'ai envoyé à M. H. Denny de Leeds, les poux que j'ai recueillis sur l'*aperea* sauvage dans la province de la Plata ; il m'apprend qu'ils appartiennent à un genre distinct de ceux que l'on trouve sur le cochon d'Inde. Ce fait nous autorise à conclure que l'*aperea* n'est pas l'ancêtre du cochon d'Inde ; et il est d'autant plus important de le mentionner, que quelques auteurs supposent à tort que le cochon d'Inde, depuis qu'il est réduit à l'état domestique, est devenu stérile quand on le croise avec l'*aperea*.

[21] Bien que l'existence du *Léporide* décrit par le Dr Broca (*Journ l de Physiol*. vol. II, p. 370) soit actuellement niée, le Dr Pigeaux, *Ann. and Mag. of Nat. Hist.*, vol. XX, 1867, p. 75, affirme que le lièvre et le lapin ont produit des hybrides.

[22] *Quadrupeds of North America*, par Audubon et Bachman, 1846, p. 268.

mais la femelle n'a jamais dépassé le chiffre de deux par portée, tandis qu'en Amérique elle en a fait de trois à six ; or, de tous les membres de la famille des écureuils, c'est certainement celui qu'on aurait cru le moins susceptible de se reproduire en captivité [23].

Le Rapport des neuf ans qui m'a été communiqué par les autorités du Jardin Zoologique de Londres signale de fréquentes unions entre les singes, toutefois, pendant cette période, sur un nombre considérable de ces animaux, on n'a constaté que sept naissances. Je ne connais comme se reproduisant en Europe qu'un singe américain, le Ouistiti [24]. D'après Flourens, un Macaque s'est reproduit à Paris, et plusieurs espèces du même genre en ont fait autant à Londres, surtout le *Macacus rhesus*, qui, partout, fait preuve d'une aptitude toute spéciale à se reproduire en captivité. On a, soit à Paris, soit à Londres, obtenu des hybrides de ce genre. Le *Cynocephalus hamadryas* [25] et un Cercopithèque se sont reproduits au Jardin Zoologique de Londres, et cette dernière espèce aussi chez le duc de Northumberland. Plusieurs lémuriens ont produit des hybrides au Jardin Zoologique de Londres. Il est à remarquer que les singes se reproduisent très rarement en captivité, dans leur pays natal ; ainsi le *Cebus Azaræ* est fréquemment apprivoisé au Paraguay, mais Rengger [26] affirme qu'il se reproduit rarement, car il n'a pu voir que deux femelles qui aient eu des petits. La même observation a été faite au sujet des singes que les indigènes apprivoisent souvent au Brésil [27]. Dans la région des Amazones, on apprivoise un grand nombre de ces animaux ; M. Bates en a compté jusqu'à treize espèces dans les rues de Para, mais ils ne se reproduisent jamais en captivité [28].

OISEAUX.

L'étude des oiseaux nous fournit des renseignements plus précis que celle des quadrupèdes au point de vue de l'action des changements des conditions d'existence sur la fécondité ; en effet, on conserve dans les ménageries un nombre plus considérable d'oiseaux, et ils se reproduisent beaucoup plus rapidement [20]. Nous avons vu que les animaux carnassiers sont plus féconds

---

[23] Loudon, *Mag. of Nat. Hist.*, vol. IX, 1836, p. 571. — Audubon et Bachman, *Quadrupeds of North America*, p. 221.

[24] Flourens, *de l'Instinct*, etc., 1845, p. 88.

[25] *Annual Reports Zoolog. Soc.*, 1855, 1858, 1863, 1864. — *Times*, 10 Août 1847. Flourens, *de l'Instinct*, p. 85.

[26] *Säugethiere*, etc., p. 34, 49.

[27] *Article Brazil, Penny Cyclop.*, p. 363.

[28] *The Naturalist on the Amazons*, vol. I, p. 99.

[20] Depuis la publication de la première édition de cet ouvrage, M. Sclater a publié dans *Proc. Zool. Soc.*, 1869, p. 626, une liste des espèces d'oiseaux qui se sont reproduits au Jardin zoologique de Londres de 1848 à 1869 inclusivement. Sur 31 espèces de *Columbæ* et sur 80 espèces d'*Anseres* élevées au jardin, 1 espèce sur 2.6 dans chaque famille a produit des petits une fois au moins pendant ces vingt années ; sur 83 espèces de *Gallinæ*, 1 espèce sur 2.7 s'est reproduite ; sur 57 espèces de *Grallæ*, 1 sur 9 s'est reproduite ; sur 110 espèces

en captivité que la plupart des autres mammifères; c'est le contraire chez les oiseaux carnivores. On a employé [30], dit-on, en Europe pour les usages de la fauconnerie, dix-huit espèces d'oiseaux de proie et plusieurs autres en Perse et dans l'Inde [31] ; ces espèces ont été élevées dans leur pays natal dans les meilleures conditions, on s'en est servi pour la chasse pendant six, huit ou neuf ans [32], et, cependant, on ne connaît pas chez elles un seul cas de reproduction. Il n'est pas douteux qu'on a essayé tous les moyens possibles pour faire reproduire ces oiseaux, car il fallait les importer à grands frais d'Islande, de Norwège et de Suède, outre les dépenses que nécessitait leur capture. Il ne s'est produit aucun cas d'accouplement au Jardin des plantes de Paris [33]. Aucun faucon, aucun vautour ou aucun hibou n'a jamais produit d'œufs féconds au Jardin Zoologique de Londres ni à celui du Surrey ; dans une seule circonstance, au Jardin Zoologique, un condor et un milan (*Milvus niger*) se sont reproduits. On a cependant observé que quelques individus se sont accouplés, ainsi, par exemple, l'*Aquila fusca*, le *Haliœtus leucocephalus*, le *Falco tinnunculus*, le *F. subbuteo* et le *Buteo vulgaris*. M. Morris [34] signale comme un fait unique un cas de reproduction d'un *Falco tinnunculus* élevé en volière. Le Hibou, dont on a constaté l'accouplement au Jardin Zoologique de Londres était un grand-duc (*Bubo maximus*), qui paraît d'ailleurs avoir des dispositions à se reproduire en captivité, car une paire conservée au château d'Arundel, dans des conditions plus voisines de l'état de nature que ne le sont d'ordinaire les animaux privés de leur liberté [35], finit par élever ses petits. M. Gurney cite un autre cas analogue, relatif au même oiseau, et un second relatif à une autre espèce de hibou, *Strix passerina*, qui se sont reproduits en captivité [36].

On a apprivoisé et élevé pendant longtemps dans leur pays natal un grand nombre d'oiseaux granivores plus petits, et cependant la plus haute autorité [37], en matière d'oiseaux de volière, constate que leur propagation est extrêmement difficile. Le canari fournit la preuve qu'il n'y a aucune difficulté inhérente à ce que les petits oiseaux puissent se reproduire en captivité, et, d'après Audubon [38], le *Fringilla (Spiza) ciris* de l'Amérique du Nord se propage aussi bien que le canari. Pour beaucoup de ces petits oiseaux qu'on a élevés en captivité, il est très-remarquable que, bien qu'on puisse nommer plus d'une douzaine d'espèces qui ont donné

de *Prehensores*, 1 sur 22 s'est reproduite; sur 178 espèces de *Passeres*, 1 sur 25.4 c'est reproduite ; sur 94 espèces d'*Accipitres*, 1 sur 47 s'est reproduite ; sur 25 espèces de *Picariæ*, et sur 35 espèces d'*Herodiones*, pas une seule espèce ne s'est reproduite.

[30] *Encyc. of Rural Sports*, p. 691.

[31] D'après Sir A. Burnes (*Caboul*, etc., p. 51), dans le Scinde, on utilise huit espèces pour la chasse.

[32] Loudon *Mag. of Nat. Hist.*, vol. VI, 1833, p. 110.

[33] F. Cuvier, *Ann. du Muséum*, vol. IX, p. 128.

[34] *The Zoologist.* vol. VII-VIII, 1849-50, p. 2648.

[35] Knox, *Ornithological Rambles in Sussex*, p. 91.

[36] *The Zoologist*, vol. VII-VIII, 1849-50, p. 2566. — Vol. IX-X, 1851-52, p. 3207.

[37] Bechstein, *Naturg. der Stubenvögel*, 1840, p. 20.

[38] *Ornithological Biography*, vol. V, p. 517.

des hybrides avec le canari, il n'y en a aucune, le *Fringilla spinus* excepté, qui se soit reproduite par elle-même. Le bouvreuil (*Loxia pyrrhula*) a même, quoique appartenant à un genre distinct, reproduit avec le canari aussi souvent qu'avec sa propre forme [39]. J'ai entendu parler d'alouettes (*Alauda arvensis*), qui, conservées en cage pendant sept ans, n'ont jamais fait de petits, ce que m'a confirmé un grand éleveur de petits oiseaux ; on signale cependant un cas de reproduction observé chez cette espèce [40]. Le Rapport des neuf ans de la Société Zoologique énumère vingt-quatre espèces qui ne se sont jamais reproduites, et chez quatre desquelles seulement on a observé un accouplement.

Les perroquets vivent très-longtemps ; Humboldt mentionne à cet égard un fait curieux : un perroquet de l'Amérique du Sud parlait la langue d'une tribu indienne éteinte, et conservait ainsi l'unique reste d'un langage perdu. Nous avons lieu de croire [41] que, même chez nous, cet oiseau peut vivre pendant près d'un siècle ; cependant, bien qu'on en ait élevé un grand nombre en Europe, ils se reproduisent si rarement qu'on a cru devoir consigner dans les ouvrages les plus sérieux les cas qui ont pu se présenter [42]. Toutefois, après que M. Buxton eut mis en liberté un grand nombre de perroquets dans le comté de Norfolk, trois couples ont enfanté et élevé dix petits ; on peut attribuer ce résultat à la mise en liberté de ces oiseaux [43]. D'après Bechstein [44], l'espèce africaine *Psittacus erithacus* s'est reproduite plus souvent qu'aucune autre en Allemagne ; le *P. macoa* pond parfois des œufs féconds, mais réussit rarement à les faire éclore ; l'instinct de l'incubation est pourtant si développé chez cet oiseau qu'on peut lui faire couver des œufs de poule ou de pigeon. Au Jardin Zoologique de Londres ainsi qu'à celui de Surrey, quelques perroquets se sont accouplés, mais sans résultat, trois perruches exceptées. Il est un fait plus remarquable encore que m'apprend Sir R. Schomburgk : les Indiens de la Guyane prennent dans les nids un grand nombre de perroquets, les élèvent et les apprivoisent complétement ; ces perroquets volent en liberté dans les maisons et viennent, quand on les appelle, chercher leur nourriture comme les pigeons; or, il n'a pas entendu dire qu'ils se reproduisent jamais [45]. M. Hill [46], naturaliste habitant la Jamaïque, remarque qu'il n'y a pas d'oiseaux qui se soumettent plus facilement à l'homme que les perroquets, et cependant on ne connaît encore chez eux aucun cas de reproduction à l'état domestique.

---

[39] *The Zoologist*, vol. I-II, 1843 45, p. 453. — Vol. III-IV, p. 1075. — Bechstein, *O. C.*, p. 139, assure que les bouvreuils font des nids, mais se reproduisent rarement.

[40] Yarrell, *Hist. Brit. Birds*, 1839, vol, 1, p. 412.

[41] Loudon, *Mag. of Nat. Hist.*, vol. IX, 1836, p. 347.

[42] *Mém. du Museum*, t. X, p. 314, signale cinq cas de reproduction observés en France chez des perroquets. Voir aussi *Report. Brit. Assoc. Zoolog.*, 1843.

[43] *Annals and Mag of Nat. Hist.*, Nov. 1868, p. 311.

[44] *Stubenvogel*, p. 83, 105.

[45] Le Dr Hancock, *Charlesworth Mag. of Nat. Hist.*, vol. II, 1838, p. 492, remarque que, parmi les oiseaux utiles si nombreux dans la Guyane, aucun ne se propage chez les Indiens, bien que la poule ordinaire soit élevée en abondance dans tout le pays.

[46] *A Week at Port-Royal*, 1855, p. 7.

M. Hill énumère encore un certain nombre d'oiseaux apprivoisés aux Indes occidentales, qui ne se reproduisent pas davantage.

La grande famille des pigeons offre un contraste frappant avec les perroquets; le Rapport des neuf ans du Jardin Zoologique de Londres signale treize espèces qui ont reproduit, et, ce qui est plus remarquable, deux seulement se sont accouplées sans résultat; les rapports subséquents renferment chaque année des cas de reproduction chez plusieurs espèces. Les deux magnifiques espèces couronnées, *Goura coronata* et *G. Victoriæ*, ont produit des hybrides; M. Crawfurd m'apprend, toutefois, qu'une douzaine d'oiseaux appartenant à la première de ces espèces élevés dans un parc à Penang, sous un climat parfaitement convenable, ne se sont pas reproduits une seule fois. Le *Columba migratoria*, qui, dans l'Amérique du Nord, son pays natal, pond toujours deux œufs, n'en a jamais pondu qu'un seul dans la ménagerie de lord Derby. On a observé le même fait relativement au *C. leucocephala* [47].

Les Gallinacés appartenant à plusieurs genres manifestent également une grande aptitude à se reproduire en captivité, surtout les faisans; l'espèce anglaise cependant pond rarement dans cet état plus de dix œufs, tandis qu'à l'état sauvage la ponte est ordinairement de dix-huit à vingt œufs [48]. Mais on rencontre chez les Gallinacés, comme chez les oiseaux de tous les autres ordres, des exceptions frappantes et inexplicables, relativement à la fécondité de certains genres et de certaines espèces tenus en captivité. Ainsi, malgré les nombreuses tentatives faites sur la perdrix commune, elle pond rarement, même dans de grandes volières, et jamais la femelle n'a voulu couver ses propres œufs [49]. Les Cracidés américains qui s'apprivoisent avec une facilité remarquable, sont de très-mauvais reproducteurs [50] en Angleterre; autrefois, cependant, en Hollande, on a réussi avec des soins à les faire se reproduire assez bien [51]. Les Indiens apprivoisent facilement les oiseaux de cette espèce, mais bien qu'habitant leur pays natal, ils ne se reproduisent jamais [52]. On pouvait s'attendre à ce que, vu ses habitudes, et surtout parce qu'il languit et périt promptement, le *Tetrao scoticus* (coq de bruyère) ne dût pas se propager en captivité [53]; on a cependant signalé plusieurs cas de reproduction. Le *Tetrao urogallus* a produit au Jardin Zoologique; il s'est reproduit facilement aussi en captivité en Norwége; on en a élevé cinq générations consécutives en Russie; le *T. tetrix* s'est reproduit en Norwége; le

[45] Audubon, *American Ornithology*, vol. V, p. 552, 557.
[48] Mowbray, *On Poultry*, 7ᵉ édit., p. 133.
[49] Temminck, *Hist. nat. gén. des Pigeons*, etc., 1813, t. III, p. 288, 382. — *Ann. and Mag. of Nat. History*, vol. XII, 1843, p. 453. D'autres espèces de perdrix se sont occasionnellement reproduites; ainsi la *P. rubra*, dans une grande cour en France (*Journal de Physique*, t. XXV, p. 294) et au Jardin Zoologique en 1856.
[50] Rév. E. S. Dixon, *The Dovecote*, 1851, p. 213 252.
[51] Temminck, *O. C.*, t. II, p. 456, 458; t. III, p. 2, 13, 47.
[52] Bates, *The Naturalist on the Amazons*, vol. I, p. 193; vol II, p. 112.
[53] Temminck, *O. C.*, t. III, p. 125. — Pour le *Tetrao Urogallus*. L. Lloyd, *Fieldsports of North of Europe*, vol. I, p. 287, 314; et *Bull. Soc. d'acc.*, t. VII, 1860, p. 600. — Pour *T. scoticus*, Thompson. *Nat. Hist. of Ireland*, vol. II, 1850, p. 49.—Pour *T. cupido*, *Boston Journ. of Nat. Hist.*, vol. III, p. 199.

T. Scoticus en Irlande ; le *T. umbellus* chez lord Derby ; et le *T. cupido* dans l'Amérique du Nord.

Il est difficile de concevoir un plus grand changement dans les habitudes et les conditions que celui auquel sont exposés les membres de la famille des autruches, qui, après avoir erré en liberté dans les plaines et dans les forêts des tropiques, sont enfermés dans de petits enclos sous nos climats tempérés. Presque toutes les espèces cependant, même le *Casuarius Benettii*, de la Nouvelle-Irlande, ont souvent produit des petits dans les différentes ménageries européennes. L'autruche africaine, qui vit en bonne santé et longtemps dans le midi de la France, ne pond jamais plus de douze à quinze œufs, tandis que, dans son pays natal, elle en pond de vingt-cinq à trente [54]. C'est là un autre exemple de fécondité amoindrie par la captivité, mais non perdue, de même que pour l'écureuil volant, la poule faisane et deux espèces de pigeons américains.

La plupart des échassiers peuvent s'apprivoiser avec la plus grande facilité, à ce que m'apprend le Rév. E.S. Dixon ; mais plusieurs ne vivent pas longtemps en captivité, de sorte que leur stérilité dans cet état n'est pas surprenante. Les grues se reproduisent mieux que les autres genres : le *Grus montigresia* s'est reproduit plusieurs fois à Paris et au Jardin Zoologique de Londres, ainsi que le *G. cinerea* dans ce dernier endroit ; et le *G. antigone* à Calcutta. Parmi d'autres membres de ce grand ordre, le *Tetrapteryx paradisea* s'est reproduit à Knowsley, un *Porphyrio* en Sicile, et le *Gallinula chloropus* au Jardin Zoologique. Plusieurs oiseaux du même ordre ne se reproduisent pas il est vrai dans leur pays natal, la Jamaïque, quand ils sont en captivité ; il en est de même des *Psophia*, que les Indiens de la Guyane élèvent dans leurs maisons [55].

Il n'est guère d'oiseaux qui se reproduisent avec plus de facilité en captivité que les membres de la grande famille des canards, ce à quoi on ne se serait guère attendu, vu leurs mœurs errantes et aquatiques, et leur genre de nourriture. La reproduction a été observée au Jardin Zoologique chez plus de vingt-quatre espèces, et M. Selys Longchamps a constaté la production d'hybrides chez quarante-quatre membres différents de la famille, cas auxquels le professeur Newton en a ajouté quelques autres [56]. M. Dixon [57] croit qu'il n'y a pas dans le monde entier une oie qu'on ne puisse réduire en domesticité dans le sens le plus strict du mot, c'est-à-dire qui ne soit capable de se reproduire en captivité, mais cette assertion est peut-être un peu hasardée. L'aptitude à se reproduire varie par fois chez les individus d'une même espèce ; ainsi Audubon [58] a élevé quelque oies sauvages (*Anser Canadensis*) pendant huit ans, sans qu'elles aient voulu s'accoupler,

[54] Marcel de Serres, *Ann. des Sciences nat.*, 2ᵉ série, Zoologie, t. XIII, p. 175.
[55] Dʳ Hancock, *O. C.*, p. 491. — R. Hill, *O. C.*, p. 8. — *Guide to the Zoological Gardens*, by P. L. Sclater, 1859 p. 11, 12. — *The Knowsley Menagerie*, par Dʳ Gray, 1846, pl. XIV. — E. Blyth, *Report Asiatic Soc. of Bengal*, Mai 1855.
[56] Prof. Newton, *Proc. Zool. Soc.*, 1860, p. 336.
[57] *The Dovecote and Aviary*, p. 428.
[58] *Ornithological Biography*, vol. III, p. 9.

tandis que d'autres individus appartenant à la même espèces produisirent des petits dès la deuxième année. Je ne connais dans toute la famille qu'une seule espèce qui refuse absolument de reproduire en captivité ; c'est le *Dendrocygna viduata*, quoiqu'il soit, d'après Sir R. Schomburgk, apprivoisé facilement par les Indiens de la Guyane[59]. Enfin, avant l'année 1848, on ne connaissait aucun cas d'accouplement et de reproduction des mouettes, bien qu'on en eût depuis longtemps élevé, tant au Jardin Zoologique qu'à celui de Surrey ; mais, depuis cette époque, le *Larus argentatus* s'est souvent reproduit, soit au Jardin Zoologique de Londres, soit à Knowsley.

Il y a lieu de croire que la captivité agit sur les insectes, comme sur les animaux supérieurs. On sait que les *Sphingidés* ne se reproduisent que rarement dans ces circonstances. Un entomologiste[60] de Paris, a élevé vingt-cinq *Saturnia pyri*, sans pouvoir en obtenir un seul œuf fécond. Un certain nombre de femelles d'*Orthosia munda* et de *Mamestra suasa*, élevées en captivité, n'attirèrent pas les mâles[61]. M. Newport a élevé près de cent individus appartenant à deux espèces de *Vanessa*, sans qu'aucun s'accouplât ; ceci provient peut-être de ce que ces insectes ont l'habitude de s'accoupler pendant le vol[62]. Dans l'Inde, M. Atkinson n'a jamais réussi à faire reproduire le *Bombyx Tarroo* en captivité[63]. Il parait qu'un certain nombre de phalènes, surtout les *Sphingidés*, sont complétement stériles lorsqu'elles éclosent en automne, hors de la saison ordinaire ; cependant il règne encore quelque obscurité sur ce point[64].

Outre le fait que beaucoup d'animaux ne s'accouplent pas en captivité, ou s'accouplent sans résultat, il est des preuves d'un autre genre qui témoignent d'une perturbation de leurs fonctions sexuelles. On a constaté, en effet, que beaucoup d'oiseaux mâles perdent en captivité leur plumage caractéristique. Ainsi la linotte commune (*Linota cannabina*) n'acquiert pas en cage la belle nuance cramoisie qui recouvre sa poitrine, et un bruant (*Emberiza passerina*) perd la coloration noire de sa tête. Un *Pyrrhula* et un *Oriolus* ont revêtu le plumage peu brillant de la femelle, et le *Falco albidus* est revenu au plumage de sa jeunesse[65]. M. Thompson, directeur de la ménagerie de Knowsley, m'a signalé de nombreux faits analogues. Les bois d'un cerf mâle

[59] *Geograph. Journal*, vol. XIII, 1844, p. 32.
[60] Loudon, *Mag. of Nat. Hist.*, vol. V, 1832, p. 133.
[61] *Zoologist*, vol. V-VI, 1847-48, p. 1660.
[62] *Transact. Entom. Soc.*, vol. IV, 1843, p. 60.
[63] *Transact. Linn. Soc.*, vol. VII, p. 40.
[64] M. Newman, *Zoologist*, 1857, p. 5764. — Dr Wallace, *Proc. Entom. Soc.*, Juin 4, 1860, p. 119.
[65] Yarrell, *British Birds*, vol. I, p. 506. — Bechstein, *Stubenvogel*, p. 185. — *Philos. Transact.*, 1772, p. 271. — Bronn, *Geschichte der Natur*, vol. II, p. 96, a recueilli un certain nombre de cas. Pour le cerf, *Penny Cyclopedia*, vol. VIII, p. 350.

(*Cervus Canadensis*) qui s'étaient mal développés pendant le voyage d'Amérique, furent ultérieurement à Paris remplacés par des bois complets.

Lorsque la conception a lieu en captivité, les jeunes animaux sont souvent mort-nés, ou meurent bientôt, ou sont mal conformés. C'est ce qui arrive souvent au Jardin Zoologique, et, d'après Rengger, aux animaux indigènes tenus en captivité au Paraguay. Le lait de la mère tarit souvent. Nous pouvons aussi attribuer à la perturbation des fonctions sexuelles l'instinct monstrueux qui porte la mère à dévorer ses petits, — cas mystérieux d'apparente dépravation.

Nous avons cité un nombre suffisant de faits pour prouver que, lorsque les animaux sont réduits en captivité, les organes reproducteurs sont souvent affectés. Il semble tout naturel d'attribuer cet effet à une perte sinon de santé, du moins de vigueur; mais on ne peut guère soutenir cette hypothèse quand on considère la santé, la longévité et la vigueur dont jouissent en captivité un grand nombre d'animaux, comme les perroquets, les faucons employés pour la chasse, les guépards qu'on utilise au même but, et les éléphants. Les organes reproducteurs en eux-mêmes ne sont point malades, et les maladies qui causent ordinairement la mort des animaux dans les ménageries ne sont pas de celles qui portent atteinte à la fécondité. Aucun animal domestique n'est plus sujet aux maladies que le mouton, qui est cependant extrêmement prolifique. Le défaut de reproduction chez les animaux captifs a été souvent attribué exclusivement à la perte des instincts sexuels; cela peut arriver quelquefois, mais on ne peut concevoir pour quelle raison et comment ces instincts pourraient être affectés chez les animaux complétement apprivoisés, autrement que par la perturbation même du système reproducteur. En outre, nous avons cité des cas d'accouplements qui ont eu lieu librement en captivité, sans avoir été suivis de conception; ou, si celle-ci a eu lieu et que des jeunes aient été produits, ils ont été moins nombreux qu'ils ne le sont naturellement chez l'espèce. Dans le règne végétal, où l'instinct ne joue aucun rôle, nous verrons bientôt cependant que les plantes enlevées à leurs conditions naturelles sont affectées à peu près de la même manière que les animaux. La perte de la fécondité ne peut

être causée par le changement de climat, car, tandis que beaucoup d'animaux importés en Europe et provenant des climats
les plus divers se reproduisent facilement, un grand nombre
d'autres restent complétement stériles quand ils sont réduits en
captivité dans leur propre pays. Le changement de nourriture ne
peut pas non plus être la cause principale de la stérilité, car les
autruches, les canards et bien d'autres animaux, qui ont éprouvé
sous ce rapport de grands changements, se reproduisent cependant facilement. Les oiseaux de proie captifs sont très-stériles,
tandis que la plupart des mammifères carnassiers, les plantigrades exceptés, sont assez féconds. La quantité de nourriture
ne peut pas davantage être en cause, car on donne toujours aux
animaux de valeur une nourriture suffisante, et pas en plus
grande abondance qu'on ne le ferait à nos animaux domestiques
qui conservent leur fécondité complète. Enfin, nous pouvons
conclure des cas de l'éléphant, du guépard, du faucon, et de
beaucoup d'autres animaux, auxquels, dans leur pays natal, on
accorde une grande liberté, que ce n'est pas non plus le manque
d'exercice qui cause la stérilité.

Il semble que tout changement un peu prononcé dans les habitudes, quelles qu'elles puissent être, tende à affecter d'une
manière inexplicable le système reproducteur. Le résultat dépend plus de la constitution de l'espèce que de la nature du
changement, car certains groupes entiers sont plus affectés que
d'autres ; mais il y a toujours des exceptions, et on remarque dans
les groupes les plus féconds, certaines espèces qui refusent de
se reproduire, et inversement, dans les groupes les plus stériles,
des espèces qui se propagent facilement. Les animaux qui se reproduisent en captivité ne le font au Jardin Zoologique, à ce que
j'apprends, que rarement avant un ou deux ans après leur importation. Lorsqu'un animal, ordinairement stérile en captivité,
vient à se reproduire, les jeunes en général n'héritent pas de la
même aptitude, car, s'il en eût été ainsi, les mammifères ou les
oiseaux curieux seraient devenus communs. Le docteur Broca [66]
affirme même que beaucoup d'animaux du Jardin des Plantes,
après s'être reproduits pendant trois ou quatre générations suc-

[66] *Journal de physiologie*, t. II, p. 347.

cessives, sont devenus stériles; mais ceci peut être le résultat d'unions consanguines trop rapprochées. Il est à remarquer que beaucoup de mammifères et d'oiseaux ont, en captivité, produit des hybrides plus facilement qu'ils n'ont pu propager leur propre espèce. On a cité bien des exemples de ce fait [67], qui nous rappelle ces plantes cultivées qu'on ne peut féconder avec leur propre pollen, mais que l'on féconde facilement avec celui d'une espèce distincte. En résumé, nous sommes amenés à conclure, si limitée que soit cette conclusion, que les changements des conditions d'existence exercent une action nuisible spéciale sur le système reproducteur. Le cas est dans son ensemble assez particulier, car les organes, quoique n'étant pas malades, deviennent incapables de remplir leurs fonctions propres, ou ne les remplissent que d'une manière imparfaite.

Stérilité causée chez les animaux domestiques par les changements des conditions extérieures. — La domestication des animaux dépendant surtout de l'aptitude qu'ils ont de pouvoir se reproduire en captivité, nous ne devons pas nous attendre à ce que leur système reproducteur soit sensiblement affecté par des changements peu considérables. Ce sont les ordres de mammifères et d'oiseaux dont les espèces se reproduisent le plus facilement dans les ménageries, qui nous ont fourni le plus grand nombre de nos productions domestiques. Dans toutes les parties du monde, les sauvages aiment à apprivoiser les animaux [68] : de sorte que ceux qui, à l'état de captivité, peuvent produire régulièrement des jeunes, tout en étant utiles, sont par le fait domestiqués. Si ensuite, accompagnant leurs maîtres dans d'autres contrées, il se trouvent aptes à résister à des climats divers, ils n'en deviennent que plus utiles; or, il paraît que les animaux qui se reproduisent en captivité s'accoutument généralement bien à des climats différents; il faut cependant excepter le chameau et le renne. La plupart de nos animaux domestiques peuvent supporter, sans amoindrissement de fécondité, les conditions les moins naturelles; ainsi les lapins, le cochon d'Inde et les furets peuvent se reproduire dans les clapiers les plus étroits. Peu de chiens européens résistent au climat de l'Inde, qui détermine chez eux une dégénérescence; mais, d'après le docteur Falconer, ils conservent leur fécondité pendant toute leur vie. Il en est de même, selon le docteur Daniell, des chiens anglais im-

[67] F. Cuvier, *Ann. du Muséum*, t. XII, p. 119.

[68] Livingstone (*Voyages*, etc., p. 217) raconte que le roi des Barotsé, tribu de l'intérieur, qui n'avait jamais eu de communication avec les blancs, aimait beaucoup à apprivoiser les animaux, et qu'on lui apportait toutes les jeunes antilopes. M. Galton m'apprend qu'il en est de même chez les Damaras; la même coutume règne chez les Indiens de l'Amérique du Sud. Le cap. Wilkes dit que les Polynésiens des îles Samoa apprivoisent les pigeons, et les Nouveaux Zélandais apprivoisent plusieurs espèces d'oiseaux.

portés à la Sierra-Leone. L'espèce galline, originaire des fourrés brûlants de
l'Inde, est, dans toutes les parties du globe, plus féconde que la souche parente. jusqu'aux limites du Groenland et de la Sibérie septentrionale, où
elle cesse de se reproduire. Des poules et des pigeons qni m'ont été en-
voyés directement de la Sierra-Leone et qui sont arrivés en automne, étaient
tout disposés à s'accoupler [69]. J'ai vu aussi des pigeons importés, depuis un
an à peine, du Nil supérieur, se reproduire aussi bien que les pigeons ordinaires. La pintade, originaire des déserts chauds et arides de l'Afrique.
pond une très-grande quantité d'œufs sous notre climat humide et froid.

Nos animaux domestiques présentent néanmoins quelquefois un amoindrissement de fécondité, lorsqu'ils se trouvent transportés dons des milieux
différents. Roulin affirme que, dans les chaudes vallées des Cordillères, sous
l'équateur, les moutons ne sont pas très-féconds [70], et, d'après lord Somerville [71], les mérinos qu'il avait importés d'Espagne ne furent pas d'abord
très-féconds. On prétend que les juments [72] qu'on met au vert, au sortir
du régime sec de l'écurie, ne reproduisent pas de suite. La femelle du paon
ne pond pas autant d'œufs en Angleterre que dans l'Inde. Il a fallu longtemps avant que le canari devînt complétement fécond et, encore à l'heure
qu'il est, les oiseaux de premier ordre comme reproducteurs ne sont pas
très-communs [73]. Le docteur Falconer m'informe que, dans la province
chaude et sèche de Delhi, les œufs du dindon, quoique couvés par une poule
sont sujets à manquer. D'après Roulin, des oies transportées depuis peu
sur le plateau élevé de Bogota pondirent d'abord rarement, et quelques œufs
seulement ; un quart de ceux-ci purent éclore, et la moitié des jeunes oiseaux périt ; ces oies devinrent plus fécondes à la seconde génération, et, à
l'époque ou Roulin écrivait, elles commençaient à être aussi fécondes qu'en
Europe. Les seules oies qui habitent la vallée de Quito, dit Morton [74], sont
quelques oies importées d'Europe et elles ne veulent pas se reproduire.Dans
l'archipel des Philippines, on prétend que l'oie ne se reproduit pas et ne pond
même pas d'œufs. [75] Roulin affirme, et c'est là un fait très-curieux, que la
poule ne voulut pas se reproduire à Cusco en Bolivie, lors de son introduction
dans le pays, mais elle est depuis devenue complétement féconde ; la race de
Combat anglaise, n'avait pas encore atteint un degré de fécondité bien considérable, car on s'estimait heureux de pouvoir élever deux ou trois poulets par couvée. En Europe, la réclusion trop absolue de l'espèce galline
exerce un effet marqué sur sa fécondité ; on a constaté qu'en France, chez
les poules auxquelles on laisse une certaine liberté, il y a environ 20 pour
100 d'œufs qui ne réussissent pas, 40 pour 100 chez les poules qu'on laisse

[69] Pour des cas analogues, Réaumur, *Art de faire éclore*, etc., 1749, p. 243. — Col.
Sykes, *Proc. Zoolog. Soc.*, 1832, etc.— Pour la poule ne se reproduisant pas dans les régions
septentrionales, voir Latham, *Hist. of Birds*, vol. VIII, 1823, p. 169.
[70] *Mém. savants étrangers*, 1835, t. VI, p. 347.
[71] Youatt, *On Sheep*, p. 181.
[72] J. Mills, *Treatise on Cattle*, 1776, p. 72.
[73] Bechstein, *Stubenvogel*, p. 242.
[74] *The Andes and the Amazon*, 1870, p. 107.
[75] Crawfurd, *Descriptive Dict. of the Indian Islands*, 1856, p. 145.

moins libres, et, chez celles qu'on tient enfermées, jusqu'à 68 pour 100 qui n'éclosent pas [76]. Il résulte de ce qui précède qu'un changement dans les conditions d'existence peut exercer sur nos animaux les plus complétement domestiqués, la même influence, mais à un degré moins prononcé, que sur les animaux réduits en captivité.

Il n'est pas rare de rencontrer certains mâles et certaines femelles qui ne veulent pas s'accoupler bien que les uns et les autres soient parfaitement féconds avec d'autres femelles et d'autres mâles. Comme il n'y a aucune raison de supposer que cela provienne de ce que ces animaux ont été exposés à un changement de conditions ou d'habitudes, ces cas rentrent à peine dans notre sujet actuel et sont dûs, selon son apparence, à une incomptabilité sexuelle innée du couple qu'on veut accoupler. Plusieurs cas de ce genre m'ont été signalés par M. W.-C. Spooner, M. Eyton, M. Wicksted, M. Waring de Chelsfield et d'autres éleveurs, relativement anx chevaux, aux bêtes bovines, aux porcs, aux chiens et aux pigeons [77]. Dans ces cas, des femelles fécondes, soit antérieurement, soit postérieurement, ne produisirent rien avec certains mâles, avec lesquels on désirait tout particulièrement les accoupler. Il se peut que, dans certains cas, il soit survenu quelque changement de constitution chez la femelle avant qu'on la livre au second mâle ; mais il est des cas où cette explication n'est pas soutenable, car une femelle, connue pour ne pas être stérile, a pu sans résultat être couverte sept ou huit fois par un même mâle également reconnu fécond. Pour les juments de gros trait qui quelquefois ne produisent rien avec des étalons de pur sang, mais qui ont ensuite porté après avoir été couvertes par des étalons de gros trait, M. Spooner croit qu'on doit attribuer l'insuccès à la puissance sexuelle moins énergique du cheval de sang. Mais M. Waring, le plus grand éleveur actuel de chevaux de course, m'affirme qu'il arrive souvent qu'une jument, couverte pendant une ou deux saisons par un étalon reconnu fécond, et restée stérile, donne ensuite un produit par un autre cheval. Ces faits comme beaucoup d'autres précédemment signalés, prouvent de quelles faibles différences constitutionnelles peut souvent dépendre la fécondité d'un animal.

De la stérilité des plantes occasionnée par les changements dans les conditions d'existence et par d'autres causes. — On remarque souvent dans le règne végétal des cas de stérilité analogues à ceux que nous venons de signaler dans le règne animal. Mais le sujet se complique de plusieurs circonstances que nous allons examiner et qui sont : la contabescence des anthères, nom que Gärtner à donné à une affection particulière ; — les monstruosités ; — la duplication de la fleur ; — l'agrandissement du

---

[76] *Bull. Soc. Acc.*, t. IX, 1862, p. 380, 384.
[77] Dr Chapuis, *Le Pigeon voyageur belge*, 1865. p. 66.

fruit, — et la propagation par bourgeons excessive ou longtemps
continuée.

On sait que, dans nos jardins et nos serres, beaucoup de plantes ne produisent que rarement ou parfois même jamais de graines, bien que se trouvant
d'ailleurs en parfaite santé. Je n'ai pas ici en vue les plantes qui, par excès
d'humidité, de chaleur ou de fumier, poussent en feuilles et ne produisent
pas l'organe reproducteur ou la fleur, cas qui est tout différent; ni les fruits
qui ne mûrissent pas faute de chaleur, ou qui pourrissent par trop d'humidité. Mais il est des plantes exotiques, dont le pollen et les ovules paraissent
sains, et qui cependant ne produisent aucune graine. Dans bien des cas,
comme je m'en suis assuré par moi-même, la stérilité provient simplement
de l'absence des insectes nécessaires pour porter le pollen au stigmate ; mais,
en outre, il y a des plantes chez lesquelles le système reproducteur a été sérieusement affecté par les changements dans les conditions auxquelles elles
ont été exposées.

Il serait oiseux d'entrer dans de trop longs détails. Linné a observé, il
y a longtemps [78], que les plantes alpestres, quoique naturellement chargées
de graines, n'en produisent que peu ou point lorsqu'on les cultive dans les
jardins. Mais on rencontre des exceptions : le *Draba sylvestris*, plante essentiellement alpestre, se multiplie par semis dans le jardin de M. H.-C. Watson près de Londres, et Kerner, qui s'est particulièrement occupé de la
culture des plantes alpestres, a trouvé que plusieurs d'entre elles, cultivées,
se sèment d'elles-mêmes [79]. Certaines plantes qui croissent naturellement
dans les terrains tourbeux deviennent tout à fait stériles dans nos jardins.
J'ai observé le même fait sur quelques liliacées, qui croissent cependant
vigoureusement.

Un excès d'engrais rend quelques plantes complétement stériles comme
j'ai eu occasion de m'en assurer par moi-même. La tendance à la stérilité
due à cette cause varie suivant les familles, car, d'après Gärtner [80], tandis
qu'il est presque impossible de donner trop d'engrais à la plupart des Gra-
minées, des Crucifères et des Légumineuses, les plantes succulentes et à
racines bulbeuses en sont très-aisément affectées. Une grande pauvreté de
sol est moins apte à déterminer la stérilité : toutefois, des *Trifolium minus*
et des *T. repens* nains, croissant sur une pelouse souvent fauchée et jamais
fumée, n'ont jamais produit de graines. La température du sol et l'époque
où on arrose les plantes exercent souvent une action marquée sur leur fécondité, comme l'a observé Kölreuter sur les *Mirabilis* [81]. M. Scott a

[78] *Swedish Acts*, vol. I, 1739, p. 3. — Pallas a fait la même remarque, *Voyages*, vol.
I, p. 292. (Trad. angl.)
[79] A. Kerner. *Die Cultur der Alpenpflanzen*, 1864, p. 139. — Watson, *Cybele Britannica*, vol. I, p. 131. — D. Cameron, *Gardener's Chronicle*, 1848, p. 253, 268, mentionne
quelques plantes qui produisent de la graine.
[80] *Beiträge zur Kenntniss der Befruchtung*, 1844, p. 333.
[81] *Nova Acta Petrop.*, 1793, p. 391.

observé, au Jardin Botanique d'Édimbourg, qu'un *Oncidium divaricatum,* planté dans un panier, prospérait mais sans produire de graines, tandis que la même plante placée dans un pot où elle avait plus d'humidité produisait des graines en abondance. Le *Pelargonium fulgidum* a produit de la graine pendant plusieurs années après son introduction, puis il est devenu stérile ; il est actuellement fécond [82], si on a soin de le placer pendant l'hiver dans une serre tempérée. Certaines autres variétés de Pelargoniums sont les unes fécondes, les autres stériles sans que nous puissions indiquer la cause de ces différences. De très-légers changements dans la position d'une plante, suivant qu'elle est placée au sommet ou à la base d'un monticule, suffisent pour la rendre féconde ou stérile. La température paraît aussi exercer sur la fécondité des plantes une influence beaucoup plus prononcée que sur celle des animaux. Il est néanmoins étonnant de voir quelles variations de température certaines plantes peuvent supporter sans diminution de leur fécondité ; ainsi, le *Zephyrantes candida,* originaire des rives modérément chaudes de la Plata, se sème spontanément dans les régions sèches et chaudes des environs de Lima et résiste aux gelées les plus fortes du Yorkshire ; j'ai vu des graines provenant de gousses qui avaient été sous la neige pendant trois semaines [83]. Le *Berberis Wallichii,* originaire des chaudes vallées de Khasia dans l'Inde, supporte sans inconvénient nos froids les plus intenses, et mûrit son fruit dans nos étés si frais. Je crois cependant qu'il convient d'attribuer à des changements de climat la stérilité de plusieurs plantes exotiques ; ainsi le lilas perse et le lilas chinois (*Syringa Persica* et *S. Chinensis*), quoique très-vigoureux, ne produisent jamais de graines dans nos pays ; le lilas commun (*S. Vulgaris*), grène assez bien en Angleterre, mais dans certaines parties de l'Allemagne les capsules ne contiennent jamais de graines [84]. Quelques-uns des cas signalés dans le chapitre précédent relativement aux plantes impuissantes par elles-mêmes, auraient pu trouver leur place ici, car cet état semble le résultat des conditions auxquelles ces plantes ont été exposées.

Il est d'autant plus remarquable que de légers changements des conditions affectent ainsi la fécondité des plantes, que le pollen en voie de formation ne s'altère pas facilement ; on peut transplanter une plante, ou couper une branche à bourgeons floraux et la mettre dans l'eau, sans empêcher le pollen de parvenir à maturité ; le pollen, une fois mûr, peut se conserver pendant des semaines et même des mois entiers [85]. Les organes femelles sont plus delicats, car Gärtner [86] a trouvé que les plantes dicotylédones, quoique transplantées avec assez de soin pour ne présenter aucun signe de dépérissement, ne peuvent être fécondées que rarement ; ce fait se produit même chez les plantes cultivées en pot si les racines sortent par

[82] *Cottage Gardener,* 1856, p. 44, 109.
[83] Dr Herbert, *Amaryllidacées,* p. 176.
[84] Gärtner, *O. C.,* p. 560, 564.
[85] *Gardener's Chronicle,* 1844, p. 215 ; — 1850, p. 470 ; Faivre a admirablement résumé cette question dans, *La variabilité des Espèces,* 1868, p. 155.
[86] *O. C.,* p. 252, 333.

l'ouverture ménagée au fond du pot. Dans quelques cas, cependant, chez la
Digitale, par exemple, la transplantation n'empêche pas la fécondation ;
Mawz affirme même que la *Brassica rapa*, arrachée et placée dans l'eau, a
pu mûrir ses graines. Les pédoncules floraux de plusieurs monocotylédones
coupés et mis dans l'eau ont également produit des graines. Mais je présume que, dans ces cas, les fleurs avaient déjà été fécondées, car Herbert [87]
a observé qu'on peut transplanter ou mutiler le Crocus après sa fécondation, sans nuire à la maturation des graines ; si, au contraire, la transplantation a lieu avant la fécondation, l'application ultérieure du pollen
demeure sans effet.

Les plantes cultivées depuis longtemps peuvent généralement supporter
des changements considérables, sans que leur fécondité en soit amoindrie ;
mais, dans la plupart des cas, elles ne résistent pas à d'aussi grands changements de climat que les animaux domestiques. Dans ces circonstances,
un grand nombre de plantes sont affectées au point que les proportions et
la nature de leurs éléments chimiques sont modifiées, sans que leur fécondité soit amoindrie. Ainsi, le Dr Falconer m'apprend qu'il y a une grande
différence dans les caractères de la fibre du chanvre, dans la quantité de
l'huile de la graine du lin, dans les proportions de la narcotine et de la
morphine chez le pavot, dans celles de la farine et du gluten chez le froment, selon que ces plantes sont cultivées dans les plaines ou dans les régions montagneuses de l'Inde ; elles n'en demeurent pas moins complètement fécondes.

Contabescence. — Gärtner a désigné sous ce nom un état particulier que
présentent les anthères de certaines plantes, chez lesquelles elles se rata-
tinent, deviennent brunes et dures, et ne contiennent point de bon pollen.
Elles ressemblent exactement, dans cet état, aux anthères des hybrides les
plus stériles. Gärtner [88] a, en discutant ce point, démontré que cette affection
peut se rencontrer chez des plantes appartenant à beaucoup d'ordres, mais
qu'elle atteint surtout les Caryophyllées et les Liliacées, auxquels on peut,
je crois, ajouter les Ericacées. La contabescence varie quant au degré, mais
généralement toutes les fleurs d'une même plante sont affectées d'une manière à peu près égale. Les anthères sont déjà atteintes de très bonne heure
dans le bourgeon floral, et conservent le même état, à une exception connue
près, pendant toute la vie de la plante. Aucun changement de traitement
ne guérit cette affection, qui se propage par marcottes, par boutures, etc.,
et peut-être même par semis. Les organes femelles sont rarement affectés
chez les plantes contabescentes ; ils offrent simplement un développement
plus précoce. La cause de cette affection est incertaine et paraît différer
suivant les cas. Avant d'avoir lu la discussion de Gärtner, je l'avais attribuée, comme l'avait fait Herbert, au traitement artificiel des plantes ; mais
la persistance de la maladie, malgré un changement de conditions et la

[87] *Journ. of Hort. Soc.*, vol. II, 1847, p. 83.
[88] *O. C.*, p. 117, etc. — Kölreuter, *Zweite Fortsetzung*, p. 10, 121. — *Dritte,* etc.,
p. 57. — Herbert, *O. C.*, p. 355. — Wiegmann, *Ueber die Bastarderzeugung*, p. 27.

bonne santé des organes femelles, n'autorisent pas cette supposition. Le fait
que plusieurs plantes indigènes deviennent contabescentes dans nos jardins
paraît également lui être contraire ; Kölreuter soutient que c'est un résultat de leur transplantation. Wiegmann a trouvé des *Dianthus* et des
Verbascum contabescents à l'état sauvage ; ces plantes croissaient sur un
talus sec et stérile. Le fait que les plantes exotiques sont éminemment
sujettes à cette affection semble aussi indiquer qu'elle résulte en quelque
manière du traitement artificiel auquel elles sont soumises. Dans certains cas, pour le *Silène* par exemple, l'opinion de Gärtner paraît la plus
probable, c'est-à-dire que l'affection est causée par une tendance inhérente
chez l'espèce à devenir dioïque. J'y ajouterai encore une autre cause, qui
est l'union illégitime de plantes réciproquement dimorphes ou trimorphes,
car j'ai observé des produits obtenus par semis de trois espèces de *Primula*
et du *Lythrum salicaria*, provenant de plantes fécondées par leur propre
pollen, dont les anthères étaient en tout ou en partie à l'état contabescent.
Il y a peut-être une cause additionnelle, qui est la fécondation de la plante
par elle-même ; car un grand nombre de *Dianthus* et de *Lobelias*, levés de
graines dues à une fécondation de ce genre, avaient leurs anthères dans cet
état ; toutefois ces cas ne sont pas décisifs, parce que d'autres causes peuvent
déterminer la même affection chez les deux genres précités.

On rencontre également des cas inverses c'est-à-dire des plantes chez
lesquelles la stérilité frappe les organes femelles, tandis que les organes
mâles restent intacts. Gärtner [89] a décrit un *Dianthus Japonicus*, un *Passiflora* et un *Nicotiana* qui se trouvaient dans cet état inusité.

Des monstruosités comme cause de stérilité. — De grandes déviations de
conformation amènent quelquefois la stérilité chez les plantes, alors même
que les organes reproducteurs ne sont pas eux-mêmes sérieusement affectés.
D'autres fois, il est vrai, des plantes peuvent devenir monstrueuses au plus
haut degré, sans que leur fécondité s'en ressente aucunement. Gallesio [90],
qui avait certainement une grande expérience, attribue souvent la stérilité
à cette cause, mais on peut soupçonner que, dans quelques-uns des
cas qu'il signale, la stérilité était la cause, non le résultat de l'état monstrueux. Le curieux pommier de Saint-Valéry, porte des fruits, mais produit rarement de la graine. Les fleurs étonnamment anormales du *Begonia
frigida,* que nous avons précédemment décrites, sont stériles, quoique paraissant tout à fait aptes à la fructification [91]. On dit que les espèces de
Primula, dont le calice est brillamment coloré, sont souvent stériles [92],
bien que j'en aie observé qui ne l'étaient pas. Verlot signale d'autre part
plusieurs cas de fleurs prolifères aptes à être propagées par semis ; entre
autres, le cas d'un pavot qui était devenu monopétale par suite de l'union
de ses pétales [93]. Un autre pavot extraordinaire, dont les étamines étaient

[89] *Bastarderzeugung*, p. 356.
[90] *Teoria della Riproduzione*, 1816, p. 84. — *Traité du Citrus*, 1811, p. 67.
[91] C. W. Crocker, *Gard. Chronicle*, 1861, p. 1092.
[92] Verlot, *des Variétés*, 1865, p. 80.
[93] Id., *ibid.*, p. 88.

remplacées par de nombreuses petites capsules supplémentaires, s'était également reproduit par semis. Le même fait s'est présenté chez un *Saxifraga geum*, chez lequel s'était développée, entre les étamines et les carpelles normaux, une série de carpelles adventifs, portant des ovules sur les bords [94]. Enfin, pour ce qui concerne les fleurs péloriques, qui s'écartent considérablement de la conformation naturelle, — celles du *Linaria vulgaris* paraissent être généralement plus ou moins stériles, tandis que celles de l'*Antirrhinum majus*, fécondées artificiellement par leur propre pollen, sont tout à fait fécondes, quoique stériles lorsqu'on les laisse à elles-mêmes, car les abeilles ne peuvent pas s'introduire dans leur étroite fleur tubulaire. Les fleurs péloriques du *Corydalis solida*, sont d'après Godron [95], tantôt stériles, tantôt fécondes ; tandis que celles du *Gloxinia* produisent de la graine en abondance. Chez nos Pelargoniums de serre, la fleur centrale de la touffe est souvent pélorique, et M. Masters a, pendant plusieurs années, essayé en vain d'en obtenir de la graine. J'ai également fait de nombreuses tentatives inutiles, mais j'ai cependant réussi à féconder cette fleur en employant le pollen d'une fleur normale d'une autre variété ; j'ai aussi fait plusieurs fois l'opération inverse, c'est-à-dire que j'ai fécondé des fleurs ordinaires en employant du pollen pélorique. Je n'ai réussi qu'une fois à obtenir une plante provenant d'une fleur pélorique fécondée avec le pollen d'une fleur pélorique appartenant à une autre variété, mais je dois ajouter qu'elle ne présenta rien de particulier dans sa conformation. Nous ne pouvons donc formuler aucune règle générale ; mais toute déviation considérable de la conformation normale entraîne certainement une impuissance sexuelle, même lorsque les organes reproducteurs ne sont pas eux-mêmes sérieusement affectés.

Fleurs doubles. — Lorsque les étamines se transforment en pétales, la plante devient stérile du côté mâle ; lorsque la transformation porte sur les étamines et le pistil, la plante devient complétement stérile. Les fleurs symétriques dont les étamines et les pétales sont nombreux sont les plus sujettes à devenir doubles, ce qui résulte probablement de la tendance à la variabilité que présentent tous les organes multiples. Les fleurs qui n'ont que peu d'étamines, ou celles qui ont une conformation asymétrique peuvent quelquefois devenir doubles, comme nous le voyons chez les *Ulex*, et les *Antirrhinums*. Les Composées portent ce que nous appelons des fleurs doubles par suite du développement anormal de la corolle des fleurettes centrales. Cette particularité, qui paraît quelquefois liée à la croissance continue [96] de l'axe de la fleur, est fortement héréditaire. On n'a jamais, comme le fait remarquer Lindley [97], obtenu des fleurs doubles en favorisant la parfaite santé d'une plante, et leur production paraît au contraire due

---

[94] Prof. Allman, cité dans *Phytologist*, vol. II, p. 483. Je tiens du professeur Harvey, sur l'autorité de M. Andrews, qui a découvert la plante, que cette monstruosité se propage par graines. — Prof. Gœppert, *Journal of Horticulture*, 1er Juillet 1863, p. 171.
[95] *Comptes rendus*, 19 Déc. 1864, p. 1039.
[96] *Gardener's Chronicle*, 1866, p. 681.
[97] *Theory of Horticulture*, p. 333.

a l'influence de conditions d'existence peu naturelles. On a quelques raisons
de croire que des graines conservées pendant très-longtemps, ou qui ont
dû n'être qu'imparfaitement fécondées, produisent plus sûrement des fleurs
doubles que les graines récentes et complétement fécondées[98] ; mais la
cause excitante la plus ordinaire parait être la culture longtemps continuée
dans un sol riche. Un *Narcisse* et un *Anthemis nobilis* doubles sont redevenus simples après transplantation dans un sol pauvre[99] ; j'ai vu également
une primevère blanche double devenir simple, et cela d'une manière permanente, après avoir été divisée et transplantée pendant qu'elle était en
pleine floraison.

Le professeur Morren a observé que les fleurs doubles et la panachure
des feuilles sont deux états antagonistes, mais on a récemment signalé tant
d'exceptions à cette règle[100], que, bien qu'elle soit assez générale, on ne
peut pas la considérer comme invariable. La panachure semble résulter
ordinairement de pléthore. D'autre part, la culture dans un sol très-pauvre
parait quelquefois, quoique rarement, déterminer la production des fleurs
doubles ; j'ai autrefois décrit[101] quelques fleurs complétement doubles,
produites en grand nombre sur des plants sauvages et rabougris de *Gentiana
amarella*, croissant sur un sol calcaire très-pauvre. J'ai constaté une tendance prononcée à la production des fleurs doubles chez un *Ranunculus repens*, un *Æsculus pavia*, et un *Staphylea*, croissant dans des conditions
très-défavorables. Le professeur Lehmann[102] a trouvé plusieurs plantes sauvages, croissant près d'une source d'eau chaude, et dont les fleurs étaient
doubles. Quant à la cause de cette modification qui, comme nous le voyons,
se manifeste dans des circonstances bien différentes, j'essaierai bientôt de
démontrer que l'explication la plus probable est que certaines conditions
artificielles déterminent d'abord une tendance à la stérilité, et qu'ensuite,
en vertu du principe de la compensation, les organes reproducteurs n'ac-
complissant pas leurs fonctions propres, se développent en pétales, ou qu'il
se forme des pétales additionnels. M. Laxton[103] a récemment soutenu
cette hypothèse, à propos d'un cas qu'il a observé sur le pois commun, qui,
après une longue période de fortes pluies, fleurit une seconde fois, et produisit des fleurs doubles.

Fruits sans graines. — Un grand nombre de nos fruits les plus estimés,
bien que formés d'organes très-différents au point de vue homologique,
sont ou tout à fait stériles, ou ne produisent que très-peu de graines. Il en

[98] M. Fairweather, *Trans. Hort. Soc.*, vol. III, p. 406. — Bosse, cité par Bronn, *Geschichte der Natur*, vol. II, p. 77. — Sur les effets de l'enlèvement des anthères, Leitner,
dans Silliman, *North Amer. Journ. of Science*, vol. XXIII, p. 47. — Verlot, *des Variétés*,
p. 84.
[99] Lindley, *Theory of horticulture*, p. 333.
[100] *Gardener's Chronicle*, 1863, p. 626 ; 1866, p. 290, 730, et Verlot, *O. C.*, p. 75.
[101] *Gardener's Chronicle*, 1843, p. 628, article où j'ai formulé sur les fleurs doubles la
théorie suivante. Carrière a adopté cette hypothèse, *Production et fix. des variétés*, 1856
p. 67.
[102] Cité par Gärtner, *O. C.*, p. 567.
[103] *Gardener's Chronicle*, 1866, p. 901.

est ainsi chez nos meilleures poires, nos raisins, nos figues, nos ananas, chez nos bananes, chez le fruit de l'arbre à pain, chez la grenade, l'azerole, la datte et quelques membres de la famille des oranges. Les variétés infé-rieures de ces mêmes fruits produisent habituellement ou accidentellement des graines [104]. La plupart des horticulteurs considèrent la grosseur et le développement anormal du fruit comme la cause, et la stérilité comme le résultat ; mais, comme nous allons le voir, c'est l'hypothèse contraire qui est la plus probable.

Stérilité par suite du développement excessif des organes de la végétation. — Les plantes qui, pour une cause quelconque, croissent d'une manière trop luxuriante et produisent en excès des feuilles, des tiges, des coulants, des rejetons, des tubercules, des bulbes, etc., ne fleurissent souvent pas, ou, si elles fleurissent ne produisent pas de graines. Pour que les légumes euro-péens produisent de la graine sous le climat chaud de l'Inde, il faut mo-dérer leur végétation, et, lorsqu'ils sont parvenus au tiers de leur crois-sance, on les relève et on les coupe ou on mutile leurs tiges et leurs pi-vots [105]. Il en est de même pour les hybrides ; ainsi le professeur Lecoq [106] avait trois plants de *Mirabilis* qui, après une croissance excessive, n'avaient donné que des fleurs stériles ; il brisa la plupart des branches d'une des ces plantes et celles qui restèrent ensuite produisirent des graines excellentes. La canne à sucre, qui croît avec vigueur et fournit en abondance des tiges succulentes, ne produit, au dire de plusieurs observateurs, jamais de graines dans les Indes occidentales, à Malaga, dans l'Inde, à la Cochinchine, ou dans l'archipel Malais [107]. Les plantes qui produisent un grand nombre de tubercules sont sujettes à devenir stériles, comme cela a lieu, jusqu'à un certain point, chez la pomme de terre ; M. Fortune m'apprend qu'en Chine, la patate (*Convolvulus batatas*), autant qu'il a pu le voir, ne produit jamais de graines. Le Dr Royle [108] fait remarquer que, dans l'Inde, l'*Agave vivipara*, planté dans un sol riche, ne produit que des bulbes, mais pas de graines ; si on cultive cette plante dans un terrain pauvre et un climat sec on obtient un résultat tout contraire. M. Fortune, a observé, en Chine, le développe-ment, dans les aisselles des feuilles de l'igname, d'une immense quantité de petites bulbes, mais la plante ne produit pas de graines. La question de savoir si, dans ces cas, comme dans le cas des fleurs doubles et des fruits

---

[104] Lindley, *Theory of Horticulture*, p. 175-179. — Godron, *de l'Espèce*, t. II, p, 106. — Pickering, *Races of Man ;* — Gallesio, *Teoria*, etc., 1816, p. 101-110. — Meyen, *Reise um Erde*, t. II, p. 214, dit qu'à Manille une variété de la Banane produit beaucoup de graines ; Chamisso, *Hooker's Bot. Miscell.*, vol. I, p. 310, décrit une variété du fruit de l'arbre à pain aux îles Mariannes, qui est petit et renferme des graines qui sont souvent parfaites. Burnes, dans son voyage à Bokhara, signale comme une particularité remarquable que le Grenadier produit des graines à Mazenderan.

[105] Ingledew, *Trans. of Agric. and Hort. Soc. of India*, vol. II.

[106] *De la Fécondation*, 1862, p. 308.

[107] Hooker, *Bot. Misc.*, vol, I, p. 99. — Gallesio, *Teoria*, etc., p. 110. Le Dr J. de Cordemoy signale, *Trans. of the Roy. Soc. of Mauritius*, nouv. sér. vol. VI, 1873, p. 60-67, un grand nombre de plantes qui ne produisent jamais de graines ; certaines de ces espèces sont indigènes.

[108] *Transac. Linn. Soc.*, vol. XVII, p. 563.

sans graine, la stérilité sexuelle résultant de changements dans les conditions d'existence est la cause principale du développement excessif que prennent les organes de la végétation, peut être douteuse, quoiqu'on puisse invoquer quelques faits favorables à cette hypothèse. Mais il est peut-être plus probable que les plantes qui se propagent largement d'une manière, par bourgeons par exemple, n'aient plus assez de puissance vitale ou de matière organisée pour l'autre mode de reproduction c'est-à-dire par génération sexuelle.

Plusieurs botanistes éminents et des praticiens expérimentés admettent que la propagation longtemps continuée par boutures, par marcottes, par tubercules, par bulbes, etc., indépendamment du développement excessif de ces différentes parties, est la cause pour laquelle de nombreuses plantes ne produisent pas de fleurs, ou ne produisent que des fleurs stériles, comme si elles avaient perdu l'habitude de la génération sexuelle [109]. Il est certain qu'un grand nombre de plantes propagées par ces méthodes restent stériles, mais je ne me hasarderai pas, faute de preuves suffisantes, à affirmer que cette forme de reproduction longtemps continuée soit la cause réelle de la stérilité.

L'étude de certaines plantes qui doivent longtemps avoir vécu à l'état de nature nous permet de conclure que les végétaux peuvent se propager par bourgeons pendant de très-longues périodes, sans le secours de la génération sexuelle. Beaucoup de plantes alpestres habitent les montagnes au-dessus de la limite où elles peuvent produire des graines [110]. Certaines espèces de *Poa* et de *Festuca*, croissant dans les pâturages des montagnes, se propagent, d'après M. Bentham, presque exclusivement par bulbilles. Kalm cite un fait plus curieux : plusieurs arbres américains [111] croissent en telle abondance dans des marais ou dans d'épaisses forêts, qu'ils sont certainement bien adaptés à ces stations, cependant, ils ne produisent presque jamais de graines ; ils en sont chargés, au contraire, s'ils se trouvent accidentellement en dehors des forêts ou des marais. Le lierre commun habite le nord de la Suède et de la Russie, mais il ne produit des fleurs et des fruits que dans les provinces méridionales. L'*Acorus calamus* habite une grande partie du globe, mais il produit si rarement des graines parfaites, que peu de botanistes ont eu occasion d'en voir ; Caspary affirme que tous les grains de pollen de cette plante sont inefficaces [112]. L'*Hypericum calycinum*, qui se propage si facilement par rhizomes dans nos plantations, et qui est acclimaté en Irlande, fleurit abondamment, mais produit rarement des graines et cela

---

[109] Godron, *de l'Espèce*, t. II, p. 106. — Herbert, *On Crocus (Journ. of Hort. Soc.*, vol. I, 1846, p. 254). — Le Dr Wight, d'apres ses observations faites dans l'Inde, admet cette hypothese ; *Madras Journ. of Lit. and Science*, vol. IV, 1836, p. 61.

[110] Wahlenberg décrit huit especes qui se trouvent dans cet état, dans les Alpes laponnes. Voir Appendice à Linné, *Tour en Laponie*, trad. par Sir J.-É. Smith vol. II, p. 274, 280.

[111] *Travels in North. America* (trad. angl., vol. III, p. 175).

[112] Dr Bromfield, *Phytologist*, vol. III, p. 376, pour le lierre et l'*Acorus* ; voir aussi Lindley et Vaucher pour l'*Acorus*.

seulement pendant certaines années; il n'en a pas produit davantage dans mon jardin, même après avoir été fécondé avec du pollen emprunté à des plantes croissant à distance. Le *Lysimachia nummularia*, qui est pourvu de longs coulants, produit si rarement des capsules à graine, que le professeur Decaisne [113], qui a tout particulièrement étudié cette plante, n'en a jamais vu le fruit. Le *Carex rigida* ne parvient ordinairement pas à porter ses graines à maturité en Écosse, en Laponie, au Groenland, en Allemagne, et dans le New-Hampshire aux États-Unis [114]. La petite pervenche (*Vinca minor*), qui se propage facilement par coulants, n'a presque jamais produit de fruits en Angleterre [115]; mais comme cette plante exige le concours d'insectes pour sa fécondation, il se peut que les insectes convenables soient rares ou absents. Le *Jussiæa grandiflora* est acclimaté dans le sud de la France [116]; cette plante s'y est répandue par ses rhizomes, au point de devenir un obstacle à la navigation dans les eaux où elle habite, mais elle n'a jamais produit de graines fécondes. Le raifort (*Cochlearia armoracia*), acclimaté dans diverses parties de l'Europe, se propage avec beaucoup de facilité; bien qu'il porte des fleurs il produit très-rarement des capsules; le professeur Caspary, qui a étudié cette plante avec soin depuis 1851, n'en a jamais vu le fruit; 65 p. % des grains de pollen sont inefficaces. Le *Ranunculus ficaria* commun produit rarement des graines en Angleterre, en France et en Suisse; j'ai observé cependant, en 1863, des graines sur quelques plantes qui croissaient près de ma maison [117]. Je pourrais citer d'autres cas analogues, par exemple quelques espèces de mousses et de lichens qui ne fructifient pas en France.

La stérilité de quelques-unes de ces plantes indigènes ou acclimatées est probablement due à leur multiplication excessive par bourgeons, d'où une incapacité pour produire et nourrir la graine. Mais la stérilité de certaines autres doit plus probablement provenir des conditions particulières dans lesquelles elles se trouvent, comme le lierre dans le nord de l'Europe, et les arbres dans les marais des États-Unis; cependant, ces plantes sont, à certains égards, bien adaptées aux stations qu'elles occupent, car elles ont à lutter et à maintenir leur place contre une foule de concurrents.

En résumé, il est rare que l'extrême stérilité qui accompagne souvent la production des fleurs doubles ou le développement

---

[113] *Ann. des sc. nat.*, 3e sér., t. IV, p. 280. — M. Decaisne cite des cas analogues pour les mousses et les lichens près de Paris.

[114] M. Tuckerman, Silliman's *Americ. Jour. of Science*, vol. XLV, p. 41.

[115] Sir J.-E. Smith, *English Flora*, vol. I, p. 339.

[116] G. Planchon, *Flore de Montpellier*, 1864, p. 20.

[117] Sur la non-production de graines en Angleterre, Crocker, *Gard. Weekly Magazine*, 1852, p. 70. — Vaucher, *Hist. phys. des plantes d'Europe*, t. I, p. 33. — Lecoq, *Géographie Bot. de l'Europe*, t. IV, p. 466. — D' D. Clos, dans *Ann. des S'. nat.*, 3 série, *Bot.*, t. XVII, 1852, p. 129. Cet auteur cite d'autres cas analogues. Sur la non-production du pollen chez cette plante, voir Caspary, *Die Nuphar* (*Abhand. Naturw. Gesellsch. zu Halle*, vol. XI, 1870, p. 40, 78).

excessif du fruit se produise immédiatement. On constate ordinairement d'abord une tendance naissante, puis la sélection continue achève l'œuvre. L'hypothèse qui paraît la plus probable et
qui, en reliant les uns aux autres les faits qui précèdent, permet
de les faire rentrer dans notre cadre actuel, est que les conditions
d'existence artificielles et modifiées déterminent d'abord une tendance à la stérilité, en conséquence de laquelle les organes de la
reproduction n'étant plus aptes à remplir complétement leurs
fonctions propres, une certaine quantité de matière organisée,
non employée pour le développement de la graine, devient dis-
ponible et se porte, soit sur ces mêmes organes et les rend folia-
cés, soit sur le fruit, les tiges, les tubercules, etc., dont elle
augmente ainsi la grosseur et la succulence. Mais il est probable
qu'il existe aussi, indépendamment de toute stérilité naissante,
un antagonisme entre les deux formes de la reproduction, celle
par graines et celle par bourgeons, lorsque l'une ou l'autre
est poussée à l'extrême. Mais je conclus d'un certain nombre de
faits, que la stérilité naissante joue un rôle important dans la
production des fleurs doubles et dans les autres phénomènes
relatés précédemment. Lorsque la fécondité disparaît en conséquence d'une cause différente, notamment par suite de l'hybridation, il existe, d'après Gärtner [118], une forte tendance chez les
fleurs à devenir doubles, tendance qui est héréditaire. En outre,
il est notoire que, chez les hybrides, les organes mâles deviennent stériles avant les organes femelles, et que, chez les
fleurs doubles, les étamines deviennent foliacées les premières.
C'est ce qu'on peut observer chez les fleurs mâles des plantes
dioïques qui, d'après Gallesio [119], deviennent aussi doubles les
premières. Gärtner [120] affirme, en outre, que les fleurs des hybrides complétement stériles, qui ne produisent pas de graines,
produisent cependant des capsules ou des fruits parfaits, phénomène observé fréquemment par Naudin chez les Cucurbitacées, de sorte qu'on peut expliquer la production des fruits chez
des plantes devenues stériles par une autre raison quelconque.

---

[118] *O. C.*, p. 565. — Kolreuter, *Dritte Forts*, p. 73, 87, 119, démontre que lorsqu'on
croise deux espèces, l'une simple et l'autre double, les hybrides sont sujets à être extremement
doubles.
[119] *Teoria*, etc., 1816, p. 73.
[120] *Bastarderzeugung*, p. 573.

Kölreuter a aussi exprimé son étonnement de la grosseur des tubercules chez certains hybrides, et tous les observateurs [121] ont signalé la tendance prononcée qu'ils présentent à se multiplier par racines, par coulants ou par drageons. Si l'on considère que les plantes hybrides, plus ou moins stériles en raison de leur nature même, tendent ainsi à produire des fleurs doubles ; que le fruit, c'est-à-dire la partie qui enveloppe la graine, est bien développé alors même qu'il ne renferme pas de graines ; qu'elles produisent parfois des racines énormes ; qu'elles ont une tendance presque invariable à se multiplier par drageons et par d'autres moyens analogues ; si l'on se rappelle, en outre, que les faits nombreux cités au commencement de ce chapitre prouvent que presque tous les êtres organisés tendent, lorsqu'on les expose à des conditions artificielles, à devenir plus ou moins stériles, on en arrive à la conclusion que, chez les plantes cultivées, la stérilité est la cause déterminante, et que les fleurs doubles, les fruits sans graines, le développement exclusif des organes de la végétation, etc., en sont les résultats indirects, — et que ces résultats ont été, dans la plupart des cas, considérablement augmentés par la sélection continue de l'homme.

[121] *Ibid.*, p. 527.

CHAPITRE XIX

RÉSUMÉ DES QUATRE CHAPITRES PRÉCÉDENTS,
AVEC REMARQUES SUR L'HYBRIDITÉ.

Sur les effets du croisement. — Influence de la domestication sur la fécondité. — Unions consanguines. — Bons et mauvais effets résultant des changements dans les conditions d'existence. — Les croisements entre variétés ne sont pas toujours féconds. — Différences de fécondité chez les croisements entre les espèces et ceux entre les variétés. — Conclusions relatives à l'hybridité. — Explication de l'hybridité par la progéniture illégitime des plantes dimorphes et trimorphes. — Stérilité des espèces croisées due à des différences circonscrites au système reproducteur, et ne s'accumulant pas par sélection naturelle. — Motifs pour lesquels les variétés domestiques ne sont pas mutuellement stériles. — On a trop insisté sur la différence dans la fécondité des croisements entre espèces et de ceux entre variétés. — Conclusion.

Nous avons démontré, dans le quinzième chapitre, que lorsque des individus appartenant à une même variété, ou même à une variété distincte, s'entre-croisent librement, il en résulte, en définitive, l'uniformité des caractères. Certains caractères, il est vrai, semblent ne pas pouvoir se confondre les uns avec les autres ; mais ces caractères sont peu importants, car ils sont presque toujours semi-monstrueux et ont apparu brusquement. Il en résulte que pour conserver à nos races domestiques leur vrai type, ou pour les améliorer au moyen de la sélection méthodique, il faut nécessairement les maintenir séparées. Néanmoins, un ensemble d'individus peut se modifier lentement par suite de la sélection inconsciente, sans qu'on ait divisé ces individus en groupes distincts, comme nous le verrons bientôt. On a souvent modifié avec intention des races domestiques en opérant un ou deux croisements avec une race voisine, et parfois même en opérant des croisements répétés avec des races très-dis-

tinctes ; mais, dans presque tous ces cas, une sélection soigneuse
et longtemps continuée est indispensable à cause de l'excessive
variabilité des produits du croisement, en vertu du principe du
retour. Dans quelques cas peu nombreux, on a cependant vu des
métis conserver, dès leur origine, un caractère uniforme.

Lorsque l'une des deux variétés qui peuvent s'entre-croiser
librement, est beaucoup plus nombreuse que l'autre, la plus
nombreuse finit par absorber l'autre. Si les deux variétés sont en
nombre à peu près égal, il faut probablement un temps considérable avant que l'uniformité de caractères soit réalisée ; les caractères définitivement acquis dépendent beaucoup de la prépondérance de transmission des variétés en présence et des conditions
d'existence ; car, suivant leur nature, ces conditions favorisent
ordinairement une variété plus que l'autre, et font ainsi entrer
en jeu une sorte de sélection naturelle. A moins que les produits
croisés ne soient indistinctement détruits par l'homme, il peut
aussi intervenir un certain degré de sélection non méthodique.
Ces diverses considérations nous autorisent à conclure que
lorsque deux ou plusieurs espèces voisines se sont trouvées
réunies sous la domination d'une même tribu humaine, les croisements n'ont pas pu influer sur les caractères des produits futurs
autant qu'on l'a souvent supposé, bien que, dans quelques cas,
ils aient dû probablement exercer une action considérable.

En règle générale, la domestication augmente la fécondité des
animaux et des plantes ; elle élimine la tendance à la stérilité que
l'on observe chez les espèces enlevées à l'état de nature et croisées. Nous manquons sur ce point de preuves directes ; mais,
comme nos races de chiens, de porcs, etc., descendent presque
certainement de souches primitives distinctes et sont actuellement parfaitement fécondes les unes avec les autres ou tout au
moins incomparablement plus fécondes que la plupart des espèces
quand on les croise, nous pouvons admettre cette conclusion en
toute sécurité.

Nous avons cité des preuves nombreuses à l'appui des avantages
qui résultent du croisement, quant à la taille, la vigueur et la
fécondité dont paraissent jouir les produits, lorsque le croisement n'a pas été précédé d'une trop longue série d'unions consanguines à un degré très-rapproché. Ces bons effets se manifestent

aussi bien chez les individus d'une même variété, pris dans des familles différentes, que chez les variétés, les sous-espèces, et quelquefois même les espèces. Dans ce dernier cas, quoiqu'on gagne en taille, on perd en fécondité, mais on ne saurait expliquer l'augmentation de grandeur et de vigueur chez beaucoup d'hybrides, uniquement par une compensation résultant de l'inaction du système reproducteur. Certaines plantes croissant dans leurs conditions naturelles, certaines autres cultivées, certaines enfin d'origine hybride sont devenues impuissantes fécondées par elles-mêmes, quoique parfaitement robustes ; on ne peut ramener la fécondité chez ces plantes qu'en les croisant avec d'autres individus appartenant à la même espèce, ou même à une espèce distincte.

Les unions consanguines longtemps continuées entre individus de parenté très-rapprochée diminuent, au contraire, la taille, la vigueur et la fécondité des descendants, et entraînent parfois à leur suite des difformités, mais n'amènent pas invariablement la dégénérescence générale des formes ou de la structure. Ce défaut de fécondité indique que les effets nuisibles des unions consanguines sont indépendants de l'augmentation des tendances morbides communes aux deux parents, bien que cette augmentation soit, sans aucun doute, souvent très-déplorable. Notre croyance aux inconvénients qui résultent des unions consanguines repose en grande partie sur l'expérience pratique des éleveurs, surtout de ceux qui se sont livrés à l'élevage d'animaux qui se reproduisent avec rapidité ; mais elle est également appuyée par des essais faits avec soin. On peut, chez quelques races d'animaux, pratiquer impunément les unions consanguines pendant une longue période, à condition qu'on choisisse attentivement les individus les plus vigoureux et les mieux portants ; mais, tôt ou tard, il en résulte de graves inconvénients. Le mal arrive toutefois si lentement et si graduellement, qu'il échappe facilement à l'observation ; mais on peut très-nettement s'en rendre compte par la rapidité avec laquelle les animaux issus d'unions consanguines répétées recouvrent leur taille, leur vigueur et leur fécondité normales, lorsqu'on les croise avec une famille distincte.

Si l'on rapproche de ces deux grandes catégories de faits, à

savoir les avantages qui résultent du croisement, les inconvénients provoqués par les unions consanguines répétées, et l'étude
des innombrables adaptations naturelles qui paraissent obliger,
favoriser ou au moins permettre les unions éventuelles entre des
individus distincts, on est autorisé à conclure que la loi naturelle
veut que les êtres organisés ne se fécondent pas toujours par
eux-mêmes. A. Knight, en 1799, a le premier formulé en quelque
sorte cette loi à propos des plantes [1]; peu après, Kölreuter, l'observateur sagace, après avoir prouvé que les Malvacées sont admirablement adaptées pour le croisement, se demande : « An id
aliquid in recessu habeat, quod hujuscemodi flores nunquam
proprio suo pulvere, sed semper eo aliarum suæ speciei impre-
gnentur, merito quæritur? Certe natura nil facit frustra. » On
pourrait, il est vrai, contester l'assertion de Kölreuter, que la
nature ne fait rien en vain, quand on voit tant d'êtres organisés
conserver des organes rudimentaires inutiles ; cependant l'argument tiré des innombrables combinaisons qui tendent à favoriser
le croisement entre individus distincts d'une même espèce n'en a
par moins incontestablement un grand poids. La conséquence la
plus importante de cette loi est l'uniformité des caractères qu'elle
tend à amener chez les individus d'une même espèce. Dans le cas
de certains hermaphrodites, qui ne s'entre-croisent probablement qu'à de longs intervalles, et chez les animaux unisexués
qui, habitant des localités séparées, ne peuvent qu'occasionnellement se rencontrer et s'accoupler, la plus grande vigueur et la
plus grande fécondité des produits croisés tend à l'uniformisation
des caractères. Mais, lorsque nous dépassons les limites d'une
même espèce, le libre entre-croisement est arrêté par la stérilité.

En étudiant les faits propres à élucider la cause des bons effets
qui résultent des croisements, ainsi que des inconvénients qu'entraînent les unions consanguines, nous avons vu que, d'une part,
l'opinion que de légers changements des conditions d'existence

---

[1] *Trans. Phil. Society*, 1799, p. 202. — Kölreuter, *Mém. Acad. de Saint-Pétersbourg*,
t. III, 1809 (publié en 1811), p. 197.— En lisant l'ouvrage remarquable de C. K. Sprengel, *Das entdeckte Geheimniss,* etc., 1793, il est curieux de remarquer combien cet observateur
si attentif et si sagace a souvent méconnu la signification de la conformation des fleurs
qu'il a si bien décrites, faute de n'avoir pas constamment présente à l'esprit la clef du
problème, à savoir, les bons effets qui résultent du croisement de plantes individuelles
distinctes.

sont favorables aux animaux et aux plantes, est très-répandue et très-ancienne ; il semblerait, en outre, que, de façon quelque peu analogue, le germe soit plus efficacement stimulé par l'élément mâle, lorsque ce dernier provient d'un individu distinct, et, par conséquent, légèrement modifié dans sa nature, que lorsqu'il provient d'un mâle ayant une constitution identique. Des faits nombreux nous ont prouvé, d'autre part, que lorsqu'on réduit les animaux en captivité, même dans leur pays natal, et bien qu'on leur laisse beaucoup de liberté, leurs fonctions reproductrices s'amoindrissent souvent ou s'annulent même complétement. Certains groupes sont plus fortement affectés que d'autres, mais, dans chacun, on peut rencontrer de capricieuses exceptions. Certains animaux ne s'accouplent que rarement ou jamais en captivité ; d'autres s'accouplent souvent, mais ne conçoivent jamais. Les caractères masculins secondaires, les instincts et les affections maternelles sont souvent affectés. On a observé des faits analogues chez les plantes soumises pour la première fois à la culture. Nous devons probablement nos fleurs doubles, nos beaux fruits sans graines, nos tubercules parfois si volumineux, etc., à une stérilité naissante jointe à une alimentation abondante. Les animaux domestiqués depuis une longue période ou les plantes cultivées depuis longtemps peuvent ordinairement supporter de grands changements dans leurs conditions d'existence, sans que leur fécondité en soit altérée, bien que les uns et les autres puissent d'ailleurs être quelquefois légèrement affectés. Chez les animaux, c'est l'aptitude quelque peu rare de se reproduire facilement en captivité qui, jointe à leur utilité, a pour ainsi dire désigné les espèces qui ont été domestiquées.

Nous ne pouvons, dans aucun cas, indiquer de façon précise quelle peut être la cause de l'amoindrissement de la fécondité chez un animal qui vient d'être capturé, ou chez une plante qu'on soumet pour la première fois à la culture ; tout au plus pouvons-nous conjecturer que cet amoindrissement doit être attribué à quelque changement dans les conditions naturelles de leur existence. L'excessive susceptibilité dont le système reproducteur fait preuve à l'égard des moindres changements de ce genre, — susceptibilité qui ne se rencontre dans aucun autre organe, — a probablement une influence importante sur la variabilité, comme nous le verrons dans un chapitre subséquent.

Il existe entre les deux classes de faits auxquels nous venons de faire allusion un double parallélisme frappant. D'une part, de légers changements des conditions d'existence, et les croisements opérés entre des formes ou des variétés légèrement différentes, sont avantageux au point de vue de la fécondité et de la vigueur de la constitution. D'autre part, des changements plus considérables ou de nature différente dans les conditions d'existence, ainsi que les croisements entre formes qui ont été lentement et considérablement modifiées par des moyens naturels, — soit, en d'autres termes, entre les espèces, — sont extrêmement nuisibles au système reproducteur, et quelquefois même portent atteinte à la vigueur constitutionnelle. Ce parallélisme est-il accidentel ? N'indique-t-il pas plutôt quelque rapport réel ? De même que le feu s'éteint si on ne le remue pas, de même, d'après M. Herbert Spencer, les forces vitales tendent toujours vers un état d'équilibre, à moins qu'elles ne soient constamment excitées et renouvelées par l'action d'autres forces.

Dans quelques cas, diverses causes distinctes, soit une différence dans l'époque de la reproduction, soit une taille trop disparate, soit une préférence sexuelle, tendant à maintenir la démarcation qui existe entre les variétés. Mais le croisement des variétés, loin d'amoindrir la fécondité, ajoute plutôt à celle de la première union, ainsi qu'à celle des produits métis. Nous ne savons pas positivement si les variétés domestiques les plus distinctes sont toutes invariablement et complétement fécondes lorsqu'on les croise ; il faudrait beaucoup de temps et de peine pour faire les expériences nécessaires, qui d'ailleurs présenteraient beaucoup de difficultés, à cause de la descendance des diverses races d'espèces primitives distinctes, des doutes qu'on peut élever sur la valeur de certaines formes, et la question de savoir si on doit les considérer comme des espèces ou des variétés. Néanmoins, la longue expérience des éleveurs permet d'affirmer que la plupart des variétés, quand bien même il s'en trouverait par la suite qui ne fussent pas indéfiniment fécondes *inter se*, sont beaucoup plus fécondes, lorsqu'on les croise, que la grande majorité des espèces naturelles voisines.

Toutefois, quelques cas remarquables, avancés sur l'autorité
d'excellents observateurs, ont prouvé que, chez les plantes,
certaines formes qui ne peuvent être regardées que comme des
variétés, produisent, lorsqu'elles sont croisées, moins de graines
que ne le font les espèces parentes. Les organes reproducteurs
d'autres variétés semblent avoir été si complétement modifiés
qu'elles sont tantôt plus fécondes, tantôt moins, lorsqu'on les
croise avec une espèce distincte, que ne l'étaient leurs parents.

Un fait incontestable n'en subsiste pas moins : les variétés
domestiques d'animaux et de plantes qui, quoique différant
beaucoup les unes des autres au point de vue de la conformation,
descendent cependant d'une même espèce primitive, telles que
les races gallines, les pigeons et beaucoup de végétaux, sont
très-fécondes lorsqu'on les croise les unes avec les autres ; circonstance qui semble élever une barrière infranchissable entre
les variétés domestiques et les espèces naturelles. Je vais, toutefois, essayer de démontrer que la distinction n'est ni aussi grande
ni aussi importante qu'elle peut le paraître à première vue.

*Différence de la fécondité des variétés et des espèces croi-
sées.* — Sans vouloir traiter à fond la question de l'hybridité,
dont j'ai fait un exposé assez complet dans mon *Origine des
espèces*, je me bornerai à rappeler ici les conclusions générales
absolument fondées qui se rattachent au sujet qui nous occupe.

Premièrement. Les lois qui président à la production des
hybrides sont identiques, ou à peu près, chez le règne végétal
et chez le règne animal.

Secondement. La stérilité des espèces distinctes, lorsqu'on les
unit pour la première fois, ainsi que celle de leurs produits
hybrides, passe par une infinité de phases graduelles depuis
zéro, alors que l'ovule n'est jamais fécondé et qu'il ne se forme
jamais de capsule à graine, jusqu'à la fécondité complète. Nous
ne pouvons échapper à la conclusion qu'il y a des espèces complétement fécondes lorsqu'on les croise, qu'en décidant de dési-
gner sous le nom de variétés toutes les formes qui, croisées,
produisent des descendants féconds. Ce haut degré de fécondité est cependant très-rare ; néanmoins, on voit des plantes qui,
placées dans des conditions artificielles, se modifient d'une

manière si particulière, qu'elles sont plus fécondes lorsqu'on les croise avec une espèce distincte que fécondées avec leur propre pollen. La réussite d'un premier croisement entre deux espèces et la fécondité de leurs hybrides dépendent beaucoup du fait que les conditions d'existence sont favorables ou non. La stérilité inhérente aux hybrides de même provenance, et levés de la graine provenant d'une même capsule, peut beaucoup différer quant au degré.

Troisièmement. Le degré de stérilité que peut présenter un premier croisement entre deux espèces n'est pas toujours égal à celui de leurs produits hybrides; on connaît beaucoup d'espèces qui se croisent aisément, mais qui produisent des hybrides entièrement stériles, et, inversement, des espèces qui ne se croisant qu'avec une grande difficulté, produisent néanmoins des hybrides assez féconds. Si l'on admet que les espèces ont été douées d'une stérilité réciproque, spécialement destinée à les maintenir distinctes, ce fait est inexplicable.

Quatrièmement. Le degré de stérilité diffère souvent beaucoup chez deux espèces réciproquement croisées; la première peut facilement féconder la seconde, tandis que celle-ci est incapable, malgré des essais répétés, de féconder la première. Les hybrides provenant de croisements réciproques opérés entre deux mêmes espèces diffèrent parfois aussi beaucoup au point de vue du degré de stérilité. Ces faits sont également inexplicables si l'on admet que la stérilité est une qualité spéciale.

Cinquièmement. Le degré de stérilité que présentent les premiers croisements, ainsi que les croisements des hybrides qui en résultent, est, jusqu'à un certain point, lié à l'affinité générale ou systématique des formes qu'on cherche à unir. En effet, les espèces appartenant à des genres différents ne peuvent se croiser que rarement, et les espèces appartenant à des familles différentes ne peuvent jamais se croiser. Cependant, ce parallélisme est loin d'être complet; car une foule d'espèces très-voisines ne peuvent s'accoupler, ou ne le font qu'avec une extrême difficulté, tandis que d'autres espèces bien plus différentes les unes des autres se croisent très-facilement. La difficulté ne résulte pas de différences constitutionnelles, car on peut souvent croiser très-aisément les uns avec les autres des arbres à feuilles caduques et des arbres toujours verts, des plantes annuelles et des plantes vivaces, ou des plantes fleurissant en différentes saisons, et vivant naturellement sous les climats les plus opposés. La facilité ou la difficulté du croisement paraît exclusivement dépendre de la constitution sexuelle des espèces à unir, ou de leur affinité sexuelle élective, c'est-à-dire le *Wahlverwandtschaft* de Gärtner. Comme les modifications chez les espèces portent rarement ou jamais sur un seul caractère, sans que plusieurs autres se modifient en même temps, et comme l'affinité systématique comprend toutes les ressemblances et toutes les dissemblances visibles, toute différence existant entre deux espèces au point de vue de la constitution sexuelle est nécessairement plus ou moins liée à leur situation dans le système de classification.

Sixièmement. La stérilité des espèces lors du premier croisement et celle des hybrides peuvent dépendre jusqu'à un certain point de causes distinctes. Chez les espèces pures, les organes reproducteurs se trouvent dans un état parfait, tandis qu'ils sont souvent très-visiblement altérés chez les hybrides. Un hybride à l'état embryonnaire, participant de la constitution du père et de la mère, ne se trouve pas dans des conditions tout à fait naturelles, tant qu'il est nourri dans la matrice, l'œuf ou la graine, de la forme maternelle ; or, comme nous savons que les conditions artificielles déterminent souvent la stérilité, il se pourrait que les organes reproducteurs de l'hybride fussent, dès le principe, affectés d'une manière permanente. Cette cause, il est vrai, n'a aucune influence sur la stérilité du premier croisement. La diminution du nombre des produits des premières unions peut souvent résulter de la mort prématurée de la plupart des embryons hybrides. Toutefois, nous verrons qu'il existe probablement une loi inconnue qui détermine une stérilité plus ou moins complète chez les produits d'unions déjà peu fécondes ; c'est, jusqu'à présent, tout ce qu'on peut dire à ce sujet.

Septièmement. Les hybrides et les métis, à l'exception de la fécondité, présentent du reste la plus grande analogie sous tous les autres rapports, par leur ressemblance avec leurs ascendants, leur tendance au retour, leur variabilité et leur absorption à la suite de croisements répétés avec l'une ou l'autre de leurs formes parentes

Depuis que je suis arrivé aux conclusions précédentes, j'ai été conduit à étudier un sujet qui élucide considérablement la question de l'hybridité, c'est-à-dire la fécondité des plantes dimorphes et trimorphes, lorsqu'on les unit illégitimement. J'ai déjà, dans plusieurs occasions, fait allusion à ces plantes, et je crois devoir donner ici un résumé succinct de mes observations. Plusieurs plantes appartenant à divers ordres distincts présentent deux formes, existant à peu près en nombre égal, et qui ne diffèrent l'une de l'autre que par leurs organes reproducteurs ; l'une a un long pistil et de courtes étamines ; l'autre, un pistil court et des étamines longues, les grains de pollen affectent des grosseurs différentes. Chez les plantes trimorphes on observe également trois formes, différant par la longueur des pistils et des étamines, la grosseur et la couleur des grains de pollen, et par quelques autres points ; or, comme chez chacune de ces trois formes il y a deux séries d'étamines, on compte au total six sortes d'étamines et trois de pistils. Ces organes sont, quant à la longueur, en proportions telles que, chez deux formes quelconques, la moitié des étamines de chacune des formes arrivent à la hauteur du stigmate de la troisième. J'ai démontré, et le fait a été confirmé par d'autres observateurs, que, pour que ces plantes atteignent leur maximum de fécondité, il faut que le stigmate d'une forme soit fécondé par du pollen pris sur des étamines de même hauteur chez une autre forme. Il y a donc, chez les espèces dimorphes deux unions qu'on peut appeler légitimes et qui sont fécondes, et deux que nous appellerons illégitimes, et qui sont plus ou moins stériles. Chez les espèces trimorphes, six unions sont légitimes ou complètement fécondes, et douze illégitimes ou plus ou moins stériles [2].

La stérilité qu'on peut observer chez les diverses plantes dimorphes et trimorphes, lorsqu'elles ne sont pas légitimement fécondées, c'est-à-dire avec du pollen provenant d'étamines ayant la même longueur que le pistil, varie beaucoup quant au degré, et peut être absolue, exactement comme cela a lieu dans les

---

[2] Mes recherches sur le caractère et la nature hybride des descendants des unions illégitimes des plantes dimorphes ou trimorphes ont été publiées dans le *Journ. of the* [Linnean *Soc.*, vol. X, p. 393. Le résumé que j'en donne ici est à peu près le même que celui qui a paru dans la dernière édition de l'*Origine des Espèces* (Reinwald, Paris).

croisements entre espèces distinctes. Dans ce dernier cas, la stérilité dépend principalement de ce que les conditions d'existence
sont plus ou moins favorables ; il en est de même pour les unions
illégitimes. On sait que si l'on place sur le stigmate d'une fleur
du pollen emprunté à une espèce distincte, et qu'ensuite, même
longtemps après, on y place le propre pollen de la fleur, l'action
de ce dernier est tellement prépondérante qu'elle annule ordinairement l'effet du pollen étranger ; il en est de même du pollen
des diverses formes d'une même espèce ; car, placés sur un
même stigmate, le pollen légitime est fortement prépondérant
sur le pollen illégitime. J'ai vérifié ce fait en fécondant plusieurs
fleurs, d'abord avec du pollen illégitime, et vingt-quatre heures
après avec du pollen légitime, pris sur une variété affectant une
couleur spéciale ; toutes les plantes obtenues par le semis de la
graine ainsi produite affectèrent cette même couleur ; cette expérience prouve que le pollen légitime, quoique appliqué vingt-
quatre heures plus tard, avait entièrement annihilé l'action du
pollen illégitime appliqué auparavant. On observe parfois de
grandes différences dans les résultats qu'on obtient en faisant
des croisements réciproques entre deux mêmes espèces ; il en
est de même pour les plantes trimorphes ; ainsi, on peut facilement féconder illégitimement la forme à style moyen du *Lythrum
salicaria* en employant du pollen pris sur les étamines longues
de la forme à style court, et on obtient beaucoup de graines ;
mais la forme à style court ne produit pas une seule graine,
lorsqu'on la féconde avec du pollen pris sur les longues étamines de la forme à style moyen.

À tous ces points de vue les formes d'une même espèce, unies
illégitimement, se comportent donc exactement de la même manière que deux espèces qui se croisent. Cela m'a conduit à
observer, pendant quatre ans, un grand nombre de plantes
levées de graine provenant de ces unions illégitimes ; le résultat
m'a prouvé que ces plantes illégitimes, si on peut leur donner
ce nom, ne sont pas complétement fécondes. On peut, au moyen
des espèces dimorphes, obtenir des plantes illégitimes à style
long et à style court ; et, également, au moyen des plantes trimorphes, obtenir les trois formes illégitimes. On peut ensuite
féconder celles-ci légitimement ; après quoi, il n'y a aucune raison

apparente pour qu'elles ne produisent pas autant de graines que les plantes parentes légitimement fécondées. Or, tel n'est pas le cas ; elles sont toutes stériles mais à des degrés divers ; quelques-unes au point de n'avoir pas produit, pendant quatre saisons consécutives, une seule graine ni même une seule capsule. Ces plantes illégitimes qui restent si stériles, bien qu'unies légitimement, peuvent se comparer rigoureusement aux hybrides croisés *inter se*, qui sont, comme on le sait, si généralement stériles. Lorsque, d'autre part, on croise un hybride avec l'une ou l'autre des espèces parentes pures, la stérilité diminue ordinairement ; c'est aussi ce qui arrive lorsqu'on féconde une plante illégitime avec le pollen d'une plante légitime. De même que la stérilité des hybrides n'est pas toujours en rapport avec la difficulté qu'on éprouve à opérer le premier croisement entre les deux espèces parentes, de même la stérilité des plantes illégitimes est quelquefois très-grande, bien que l'union dont elles proviennent n'ait pas présenté une stérilité bien prononcée. Les hybrides provenant des graines contenues dans une même capsule peuvent varier au point de vue de la stérilité ; il en est de même chez les plantes illégitimes. Enfin, un grand nombre d'hybrides fleurissent avec persistance et avec profusion, tandis que d'autres plus stériles ne donnent que peu de fleurs et restent nains et faibles ; on observe le même phénomène chez les produits illégitimes de diverses plantes dimorphes et trimorphes.

Il y a donc, en résumé, une identité remarquable au point de vue du caractère et de la manière dont se comportent les hybrides et les plantes illégitimes. On peut soutenir sans exagération que ces dernières sont des hybrides, produits dans les limites d'une même espèce, par l'union illégitime de certaines formes, tandis que les hybrides ordinaires sont le produit de l'union illégitime de deux espèces distinctes. Nous avons déjà vu qu'il y a, sous tous les rapports, la plus grande similitude entre les premières unions illégitimes et les premiers croisements entre des espèces distinctes. Un exemple fera mieux comprendre le fait : supposons qu'un botaniste ait rencontré deux variétés bien distinctes (et il en existe), de la forme à long style du *Lythrum salicaria* trimorphe, et qu'il ait voulu s'assurer par un croisement de leur spécificité. Il trouverait alors qu'elles ne produisent que le cinquième de la quantité normale de graine, et se comportent, sous tous les rapports indiqués précédemment, comme deux espèces distinctes. Mais, pour s'assurer du fait, il sèmerait cette graine qu'il regarde comme hybride et obtiendrait des plantes chétives, naines et stériles, et, à tous égards, analogues à des hybrides ordinaires. Il affirmerait sans doute alors qu'il aurait démontré, conformément à l'opinion reçue, que les deux variétés sont des espèces parfaitement distinctes ; or, il serait complétement dans l'erreur.

Les faits que nous venons de citer au sujet des plantes dimorphes et trimorphes sont importants, parce qu'ils prouvent, premièrement, que le fait physiologique de la diminution de fécondité, tant chez les premiers croisements que chez les hybrides, n'est pas un critérium absolu de distinction spécifique ; secondement, qu'il doit y avoir une loi inconnue qui relie l'infécondité des unions illégitimes à celle de leurs descendants illégitimes, rapport qui existe également entre les premiers croisements et les hybrides ; troisièmement, ce qui me paraît avoir une importance toute spéciale, qu'une même espèce peut présenter deux ou trois formes distinctes, stériles lorsqu'on les croise d'une certaine manière les unes avec les autres, sans présenter, d'ailleurs, au point de vue extérieur, aucune différence de structure ou de constitution. Nous devons nous rappeler, en effet, que l'union des éléments sexuels des individus appartenant à la même forme, l'union, par exemple, de deux individus de la forme à long style, cause la stérilité, tandis que l'union des éléments sexuels appartenant à deux formes distinctes est féconde. En conséquence, il semble à première vue que ce soit exactement le contraire de ce qui arrive dans les unions ordinaires d'individus appartenant à une même espèce, et dans les croisements entre individus appartenant à des espèces distinctes. Toutefois, il est douteux qu'il en soit réellement ainsi ; mais je ne veux pas m'étendre sur ce sujet si obscur.

En tout cas, l'étude des plantes dimorphes et trimorphes nous autorise à conclure que la stérilité des croisements opérés entre des espèces distinctes et celle de leurs descendants hybrides dépend exclusivement de la nature des éléments sexuels et non pas d'une différence de structure ou de constitution générale.

L'étude des croisements réciproques chez lesquels le mâle d'une espèce ne peut pas s'unir utilement, ou ne s'unit qu'avec la plus grande difficulté avec une femelle appartenant à une seconde espèce, tandis que le croisement inverse s'effectue avec la plus grande facilité, nous conduit à la même conclusion. Gärtner, observateur si consciencieux, a conclu également que les croisements entre espèces restent stériles à cause des différences limitées à leur système reproducteur.

L'homme qui, à l'aide de la sélection, cherche à améliorer ses variétés domestiques, est obligé de les séparer les unes des autres ; en vertu de ce principe, il est évident qu'il serait avantageux pour les variétés à l'état de nature, c'est-à-dire pour les espèces naissantes, qu'elles ne pussent se mélanger, soit par suite d'une répugnance sexuelle, soit à cause de leur stérilité mutuelle. Il m'a donc semblé probable, ainsi qu'à beaucoup d'autres naturalistes, que la sélection naturelle aurait pu amener cette stérilité. Dans cette hypothèse, nous devons supposer qu'une légère stérilité a pu se manifester spontanément, comme toute autre modification, chez certains individus d'une espèce croisés avec d'autres individus appartenant à la même espèce, et que, par suite de l'avantage obtenu, cette stérilité a toujours été en augmentant par degrés insensibles. Ceci paraît d'autant plus probable que, si nous admettons que la sélection naturelle a déterminé les différences de conformation entre les formes des plantes dimorphes et trimorphes, telles que la longueur et la courbure du pistil, etc., nous devons attribuer la même cause à leur stérilité mutuelle. La sélection naturelle doit avoir déterminé la stérilité dans d'autres buts très-différents, comme chez les insectes neutres en vue de leur économie sociale. Chez les plantes, les fleurs de la circonférence de la touffe de la Boule de neige (*Viburnum opulus*), et celles du sommet de l'épi du *Muscari comosum*, ont revêtu de brillantes couleurs et semblent en conséquence être devenues stériles, pour que les insectes puissent facilement découvrir les fleurs parfaites et les visiter. Mais, dès que nous cherchons à appliquer le principe de la sélection naturelle à l'acquisition d'une stérilité mutuelle par les espèces distinctes, nous nous trouvons en présence de grandes difficultés. Il faut, en premier lieu, remarquer que des régions éloignées sont sou-

vent habitées par des groupes d'espèces, ou des espèces isolées
qui, rapprochées et croisées, restent plus ou moins stériles ; il
n'y a évidemment aucun avantage à ce que ces espèces séparées
soient devenues réciproquement stériles, ce qui, par conséquent,
n'a pu être causé par la sélection naturelle ; mais on pourrait
peut-être objecter que si une espèce est devenue stérile avec une
espèce quelconque, habitant un même lieu, la stérilité avec d'autres espèces en a été la conséquence nécessaire. En second lieu,
il est tout aussi contraire à la théorie de la sélection naturelle
qu'à celle des créations spéciales que, dans les croisements réciproques, l'élément mâle d'une forme ait été rendu impuissant
sur une seconde, l'élément mâle de celle-ci restant capable de
féconder la première, car cet état particulier du système reproducteur n'aurait pu être avantageux à aucune des deux espèces.

Dès que l'on étudie attentivement la question de savoir s'il
est probable que la sélection naturelle a pu intervenir pour déterminer chez les espèces la stérilité réciproque, on se trouve
en présence d'une difficulté presque insurmontable, c'est-à-dire
qu'on peut observer tous les degrés depuis la fécondité légèrement amoindrie jusqu'à la stérilité absolue. On peut admettre,
d'après ce qui précède, qu'il ait pu être avantageux pour une
espèce naissante de rester stérile jusqu'à un certain point dans
ses croisements avec ses formes parentes, ou quelques autres
variétés, car cette légère stérilité tendrait à empêcher la production d'un trop grand nombre d'individus bâtards et dégénérés,
aptes à infuser leur sang dans celui de la nouvelle espèce en voie
de formation. Mais, si on veut réfléchir à la marche qu'a dû
suivre cette stérilité naissante pour atteindre, grâce à la sélection naturelle, le degré élevé auquel elle est arrivée chez tant
d'espèces, et qui est commun à toutes celles qu'on a groupées
dans des genres ou des familles différents, le sujet est très-complexe. Après mûre réflexion, il ne me semble pas que la sélection naturelle ait pu agir dans ce cas. Prenons deux espèces
quelconques qui croisées ne produisent que des descendants
stériles et peu nombreux ; qu'est-ce qui pourrait favoriser la
persistance des individus doués d'une stérilité mutuelle un peu
plus prononcée, et qui par là se rapprochent un peu de la stérilité absolue ? Cependant, si l'on applique la théorie de la sélec-

tion naturelle, des cas de ce genre ont dû constamment se présenter chez beaucoup d'espèces, car un très-grand nombre sont
réciproquement stériles. Nous avons des raisons pour croire que
la sélection naturelle a lentement accumulé chez les insectes
neutres des modifications de structure, en raison des avantages
qui pouvaient en résulter indirectement pour la communauté à
laquelle ils appartenaient, vis-à-vis des autres communautés de
la même espèce; mais tout autre individu, qui devient légèrement stérile au point de vue du croisement avec une autre variété, ne peut tirer pour lui-même aucun avantage de ce fait et,
puisqu'il n'appartient pas à une communauté sociale, il ne peut
en résulter aucun avantage indirect pour ses proches ou pour
les autres individus appartenant à la même variété, avantage
qui, seul, expliquerait sa conservation.

Il serait, d'ailleurs, superflu de discuter cette question en détail. Nous savons, en effet, de façon presque certaine, que, chez les
plantes, la stérilité des espèces croisées résulte d'un principe absolument indépendant de la sélection naturelle. Gärtner et Kölreuter ont démontré que si l'on jette un regard d'ensemble sur
de nombreuses espèces, on peut former une série partant d'espèces qui, croisées, produisent de moins en moins de graines, et
aboutissant à des espèces qui ne produisent pas une seule graine
mais qui sont cependant affectées par le pollen de certaines
autres espèces, car le germe gonfle sous l'influence de ce pollen.
Il est manifestement impossible d'opérer dans ce cas une sélection des individus les plus stériles qui ont déjà cessé de produire
des graines, de sorte que la sélection n'a pu déterminer ce point
extrême de la stérilité où le germe seul est affecté. Or, les lois
qui régissent les différentes phases de la stérilité sont si uniformes dans le règne animal et dans le règne végétal que cette
uniformité nous permet de conclure que la cause de la stérilité,
quelle que soit cette cause, est, dans tous les cas, la même ou
presque la même.

Les espèces ne doivent donc pas leur stérilité mutuelle à
l'action accumulatrice de la sélection naturelle; en outre, les
considérations qui précèdent et un grand nombre de considérations plus générales nous autorisent à conclure qu'elles ne la
doivent pas davantage à un acte de création; nous devons ad-

mettre, en conséquence, que cette propriété a dû se produire incidemment pendant leur lente formation, et qu'elle se trouve liée à quelques modifications inconnues de leur organisation. En parlant d'une propriété qui se développe incidemment, je fais allusion à des cas tels que l'action différente qu'exercent, sur certains animaux ou sur certaines plantes, les poisons auxquels ils ne sont pas naturellement exposés ; cette différence de susceptibilité dépend évidemment de quelque modification inconnue de leur organisation. De même, l'aptitude qu'ont divers arbres à être greffés les uns sur les autres, ou sur une troisième espèce, diffère beaucoup et ne leur procure aucun avantage, mais résulte de différences fonctionnelles ou constitutionnelles de leur tissu ligneux. Il n'y a rien d'étonnant à ce que la stérilité puisse incidemment résulter de croisements entre des espèces distinctes, descendants modifiés d'un ancêtre commun, lorsque nous songeons que le système reproducteur est facilement affecté par diverses causes, souvent par de légers changements dans les conditions d'existence, par les unions consanguines et d'autres influences. Il importe de se rappeler certains cas tels que celui du *Passiflora alata*, qui recouvra son auto-fécondité après avoir été greffé sur une autre espèce ; — les cas de plantes qui, normalement ou anormalement, sont impuissantes par elles-mêmes, mais qui peuvent être facilement fécondées par le pollen d'une espèce distincte, et enfin les cas d'animaux domestiques qui manifestent, les uns vis-à-vis des autres, une incompatibilité sexuelle absolue.

Nous en arrivons maintenant au point le plus important. Comment se fait-il, qu'à quelques exceptions près fournies par les plantes, les variétés domestiques, telles que celles du chien, du poulet, du pigeon, de quelques arbres fruitiers et de quelques végétaux culinaires, qui diffèrent plus au point de vue des caractères extérieurs que bien des espèces, soient parfaitement féconds lorsqu'on les croise, et même féconds à l'excès, tandis que des espèces très-voisines sont presque toujours stériles? Nous pouvons, jusqu'à un certain point, répondre à cette question d'une manière satisfaisante. Sans nous occuper de l'étendue des différences extérieures entre deux espèces, différences qui ne semblent pas en rapport avec leur degré de stérilité mutuelle, car des différences semblables dans le cas des variétés ne signifieraient pas davantage, nous savons que, chez les espèces, la stérilité est exclusivement due à des différences de constitution sexuelle. Or, les conditions auxquelles les animaux domestiques et les plantes cultivées ont été soumis ont si peu modifié le système reproducteur dans le sens de la stérilité, que nous avons de bonnes raisons pour accepter la doctrine directement contraire de Pallas, qui admet que les conditions de la domestication tendent à éliminer la stérilité, de manière que les descendants domestiques d'espèces qui, croisées à leur état naturel auraient été stériles dans une certaine mesure, deviennent complétement féconds les uns avec les autres. Quant . aux plantes, la culture est si loin d'agir dans le sens d'une stérilité mutuelle, que, dans quelques cas bien établis dont nous avons souvent parlé, certaines espèces ont été affectées d'une manière bien différente ; elles sont devenues, en effet, impuissantes par elles-mêmes, tout en conservant l'aptitude de féconder d'autres espèces distinctes et d'être fécondées par elles. Si l'on admet la doctrine de Pallas sur l'élimination de la stérilité au moyen d'une domestication prolongée, et on ne peut guère la rejeter, il devient improbable au plus haut degré que des circonstances analogues puissent tantôt provoquer, tantôt éliminer une même tendance, bien que, dans certains cas, la stérilité puisse être ainsi éventuellement provoquée chez des espèces douées d'une constitution particulière. C'est ainsi que nous pouvons, je crois, comprendre pourquoi, chez les animaux domestiques, il ne s'est pas produit de variétés mutuellement stériles, et pourquoi on n'en connaît, chez les végétaux, qu'un petit nombre d'exemples, observés par Gärtner chez certaines variétés de maïs et de *Verbascums*, chez certaines variétés de courges et de melons par divers botanistes, et par Kölreuter chez une variété de tabac.

Quant aux variétés qui ont pu prendre naissance à l'état de nature, il n'est guère possible de prouver par démonstration directe qu'elles soient devenues mutuellement stériles ; car, si on venait à constater chez elles la moindre trace de stérilité, elles seraient immédiatement regardées par les naturalistes comme des espèces distinctes. Si, par exemple, l'assertion de Gärtner, que les formes à fleurs bleues et à fleurs rouges de l'*Anagallis arvensis* sont stériles lorsqu'on les croise l'une avec l'autre, venait à être confirmée, je présume que tous les botanistes qui actuellement, pour différents motifs, regardent ces deux formes comme des variétés flottantes, admettraient aussitôt leur spécificité. .

La véritable difficulté du sujet qui nous occupe n'est pas, ce me semble, pourquoi les variétés domestiques croisées ne sont pas devenues mutuellement stériles, mais pourquoi cela est si souvent arrivé aux variétés naturelles, aussitôt qu'elles ont été modifiées à un degré permanent, suffisant pour prendre rang comme espèces. La véritable cause nous échappe ; mais nous comprenons que les espèces, par suite de la lutte pour l'existence avec de nombreux concurrents, doivent avoir été, pendant de longues périodes, exposées à des conditions d'existence plus uniformes que les variétés domestiques, ce qui peut bien avoir déterminé de grandes différences dans le résultat. Nous savons, en effet, que les animaux et les plantes sauvages, enlevés à leurs conditions naturelles et réduits en captivité, deviennent ordinairement stériles ; or, les fonctions reproductrices d'êtres organisés qui ont toujours vécu dans des conditions naturelles et qui se sont lentement modifiés sous leur influence, doivent probablement être aussi excessivement sensibles à l'action d'un croisement peu naturel. Les productions domestiques, d'autre part, qui, comme le prouve le fait même de leur domestication, n'ont pas dû être, dans l'origine, très-sensibles à des changements des conditions d'existence, et résistent encore actuellement à des changements répétés de même nature, sans que leur fécondité en soit diminuée, ont dû produire des variétés dont les facultés reproductrices sont plus aptes à résister à l'influence d'un croisement, surtout quand il s'opère avec des variétés ayant une origine analogue à la leur.

Quelques naturalistes me paraissent avoir attaché trop d'importance aux différences de fécondité que l'on remarque chez les variétés et chez les espèces croisées. Quelques espèces voisines d'arbres ne se laissent pas greffer les unes sur les autres ; toutes les variétés peuvent l'être. Quelques animaux voisins sont affectés très-différemment par un même poison, et, jusque tout récemment, on ne connaissait encore aucun fait analogue chez les

variétés, mais on a prouvé depuis que l'immunité contre certains
poisons est, dans quelques cas, en corrélation avec la coloration
des poils. La durée de la gestation diffère généralement beaucoup
chez les espèces distinctes, fait qui n'a que tout récemment été
remarqué chez les variétés. Il y a là diverses différences physiologiques, auxquelles on pourrait probablement en ajouter d'autres,
entre les espèces appartenant à un même genre, qui ne se remarquent pas, ou très-rarement du moins chez les variétés ; ces
différences dépendent probablement, en tout ou en partie, d'autres
différences de constitution, de même que la stérilité des espèces
croisées dépend de différences portant exclusivement sur le
système sexuel. Pourquoi donc leur attribuer une plus grande
importance qu'aux autres différences constitutionnelles, quelle
que soit l'utilité indirecte qu'elles puissent avoir en contri-
buant à maintenir distincts les habitants d'une même localité ?
On ne peut répondre d'une manière satisfaisante à cette question.
Le fait que les variétés domestiques les plus distinctes sont, à de
rares exceptions près, très-fécondes lorsqu'on les croise, et produisent des descendants féconds, tandis que les croisements
entre les espèces voisines sont à de rares exceptions près plus
ou moins stériles, ne constitue donc pas une objection aussi
formidable qu'elle peut le paraître d'abord, à la théorie de la
descendance commune des espèces voisines.

CHAPITRE XX

SÉLECTION PAR L'HOMME.

La sélection est un art difficile. — Sélection méthodique, inconsciente et naturelle. — Résultats de la sélection méthodique. — Soins à prendre. — Sélection des plantes. — La sélection chez les anciens et chez les peuples à demi civilisés. — Attention portée sur des caractères même peu importants. — Sélection inconsciente. — Les animaux domestiques se sont, sous l'influence de la sélection inconsciente, modifiés lentement avec les circonstances. — Influence qu'exercent différents éleveurs sur une même sous-variété. — Action de la sélection inconsciente sur les plantes. — Effets de la sélection manifestés par l'étendue des différences existant sur les points les plus recherchés par l'homme.

L'influence de la sélection, qu'elle soit pratiquée par l'homme ou qu'elle résulte, à l'état de nature, de la lutte pour l'existence et de la persistance ultérieure du plus apte, dépend absolument de la variabilité des êtres organisés. Sans celle-ci rien ne peut être fait, mais il suffit de légères différences individuelles pour que la sélection puisse entrer en jeu, et ce sont probablement les seules qui aient contribué à la production d'espèces nouvelles. La discussion sur les causes et les lois de la variabilité à laquelle nous nous livrerons plus loin, aurait donc dû, dans l'ordre strict, précéder la discussion actuelle, ainsi que celle de l'hérédité, des croisements, etc. J'ai dû cependant préférer le présent arrangement comme plus pratique. L'homme n'essaye point de déterminer la variabilité ; bien qu'en fait et sans intention de sa part, elle résulte de ce qu'il place les organismes dans de nouvelles conditions d'existence, et de ce qu'il croise des races déjà formées. Mais la variabilité admise, il opère des merveilles. Sans l'intervention d'une certaine sélection, le libre entre-croisement des individus appartenant à une même variété ne tarde pas, ainsi que nous l'avons vu, à effacer les faibles différences qui peuvent apparaître, et à imprimer ainsi à l'ensemble des individus une certaine uniformité de caractères. Dans des localités séparées, une exposition longtemps prolongée à des conditions d'existence différentes peut parfois déterminer, sans l'aide de la sélection, la formation de nouvelles races; mais nous aurons à revenir sur l'action directe des conditions d'existence.

Lorsque des animaux ou des plantes apportent en naissant quelque caractère nouveau apparent et héréditaire, la sélection se réduit à la conservation des individus qui le présentent, et à l'empêchement ultérieur de tout croisement; nous n'avons donc pas besoin d'insister plus longuement sur ce point. Mais, dans la grande majorité des cas, un caractère nouveau, ou la supériorité d'un caractère ancien, ne sont d'abord que peu prononcés, et ne sont pas fortement héréditaires; c'est alors qu'on peut apprécier toute la difficulté qu'il y a à appliquer judicieusement la sélection, et la patience, le discernement, et le jugement que nécessite son emploi. Il faut toujours se proposer un but bien déterminé. Peu d'hommes possèdent toutes ces qualités réunies, surtout celle de discerner de très-légères différences ; une longue expérience peut seule leur faire acquérir le jugement nécessaire, et l'absence d'une seule des qualités requises peut faire perdre le travail d'une vie entière. J'ai été bien étonné, lorsque des éleveurs célèbres, dont l'habileté et l'expérience sont consacrées par les succès qu'ils ont remportés dans les concours, en me montrant leurs animaux, qui me paraissaient tous semblables, m'indiquaient leurs motifs pour accoupler tel individu avec tel autre. L'importance du grand principe de la sélection réside principalement dans cette aptitude à reconnaître des différences à peine appréciables, qui sont néanmoins transmissibles, et qu'on peut accumuler, jusqu'à les rendre évidentes aux yeux de tous.

On peut reconnaître trois sortes de sélection. La *sélection méthodique* est celle que pratique l'homme, qui cherche systématiquement à modifier une race d'après un type préconçu et déterminé à l'avance. La *sélection inconsciente* est celle qui résulte de ce que l'homme conserve naturellement les individus qui ont le plus de valeur, et détruit ceux qui sont inférieurs, sans aucune

intention d'améliorer la race ; il est certain que cette habitude
suffit seule à déterminer très-lentement des changements importants. La sélection inconsciente se confond facilement avec la
sélection méthodique, au point qu'on ne peut nettement séparer
que les cas extrêmes ; en effet, celui qui possède un animal utile
et supérieur, l'emploie généralement comme reproducteur, dans
l'espoir d'obtenir des produits ayant les mêmes qualités ; mais
tant qu'il n'a pas pour but déterminé d'améliorer la race, on
peut dire qu'il ne fait que de la sélection inconsciente [1]. Enfin,
la *sélection naturelle*, qui implique que les individus qui sont
le mieux adaptés aux conditions complexes et changeantes,
dans le cours des temps, au milieu desquels ils se trouvent, persistent et se reproduisent. Chez les produits domestiques, la
sélection naturelle intervient dans une certaine limite, en dehors
de l'action de l'homme, et même parfois, contrairement à sa
volonté.

Sélection méthodique. — Nos expositions de bétail amélioré et
d'oiseaux de fantaisie, prouvent clairement ce que l'homme a pu
accomplir dans ces derniers temps à l'aide de la sélection
méthodique. On doit, en Angleterre, les grandes améliorations
du gros bétail, des moutons et des porcs, à des hommes bien
connus, — Bakewell, Colling, Ellman, Bates, Jonas Webb, les
lords Leicester et Western, Fisher Hobbs et d'autres. Les auteurs
agricoles sont unanimes à reconnaître l'efficacité de la sélection,
et nous trouverions dans leurs écrits de nombreux faits à l'appui
de notre thèse ; quelques-uns suffiront. Youatt, observateur
sagace et expérimenté, dit [2] que le principe de la sélection permet à l'agriculteur, non-seulement de modifier les caractères de
son troupeau, mais de les changer entièrement. Un éleveur de
courtes-cornes [3] dit à leur sujet, « que les éleveurs modernes ont
beaucoup amélioré les courtes-cornes de Ketton, en corrigeant les
défauts de l'articulation de l'épaule, et en changeant la position

---

[1] Le terme de sélection inconsciente a été contesté comme impliquant une contradiction ;
mais le professeur Huxley, *Nat. Hist. Review*, Oct. 1864, p. 578, fait à ce sujet d'excellentes observations, et remarque que, lorsque le vent amoncelle des dunes de sable, il
trie et choisit d'une *manière inconsciente*, au milieu du gravier de la grève, les grains de
sable de grosseur égale.

[2] *Sheep*, 1838, p. 60.

[3] J. Wright, *On Shorthorn Cattle ; Journ. of R. Agric. Soc.*, vol. VII, p. 208, 209.

de son sommet de manière à remplir la cavité qui se trouvait par derrière... La mode a influencé à diverses époques la forme et la position de l'œil; autrefois l'œil était haut et saillant, plus tard il fut terne et enfoncé, extrêmes qui ont disparu pour faire place à un œil clair, saillant, au regard placide. »

Un excellent connaisseur en porcs [4] remarque: « il ne faut pas que les pattes soient plus longues qu'il n'est nécessaire pour empêcher le ventre de l'animal de toucher la terre; la jambe étant la partie la moins profitable du porc, il est inutile qu'il y en ait plus qu'il ne faut absolument pour soutenir le reste du corps ». Il n'y a qu'à comparer le sanglier sauvage au porc de nos races améliorées actuelles, pour juger de l'énorme réduction qu'ont subie les membres de ces dernières.

Peu de personnes, les éleveurs exceptés, se doutent des soins systématiques qu'il faut apporter à la sélection des animaux, et de la nécessité d'entrevoir nettement dans l'avenir le but qu'on se propose. Lord Spencer qui avait tant d'habileté et de jugement écrit à ce sujet [5] : « celui qui veut élever du bétail ou des moutons, doit commencer avant tout, par déterminer quelles sont les formes et les qualités qu'il désire obtenir, et poursuivre avec constance le but qu'il s'est proposé. Lord Somerville, parlant des améliorations remarquables apportées par Bakewell et ses successeurs, aux moutons New Leicester, dit « qu'ils ont d'abord dessiné une forme parfaite, à laquelle ils ont ensuite donné la vie ». Youatt insiste [6] sur la nécessité d'examiner annuellement chaque troupeau, parce que beaucoup d'animaux s'écartent certainement du type de perfection que l'éleveur s'est proposé. Même pour un oiseau aussi peu important que le canari, on a établi, il y a déjà longtemps (1780 à 1790), des règles, et fixé un type de perfection, auquel tous les éleveurs de Londres ont cherché à ramener leurs diverses sous-variétés [7]. Un éleveur de pigeons [8], parlant du Culbutant courte face amande, dit : « s'il y a beaucoup d'amateurs qui recherchent ce qu'on

---

[4] H. D. Richardson, *On Pigs*, 1847, p. 44.
[5] *Journ. of R. Agric. Soc.*, vol. I, p. 24.
[6] *Sheep*, p. 319, 520.
[7] Loudon, *Mag. of Nat. Hist.*, vol. VIII, 1835, p. 618.
[8] *Treatise on the Art of Breeding the Almond Tumbler*, 1851, p. 9.

appelle le bec de chardonneret, qui est fort beau, d'autres prennent pour modèle une grosse cerise ronde, dans laquelle ils insèrent un grain d'orge pour représenter le bec ; d'autres préfèrent un grain d'avoine, mais comme j'estime que le bec de chardonneret est le plus élégant, je conseille à l'amateur inexpérimenté de se procurer une tête de chardonneret, et de l'avoir toujours sous les yeux » . Or, si différents que soient les becs du biset et du chardonneret, le but a été presque atteint, en ce qui concerne du moins les proportions et la forme extérieure.

Il ne suffit pas d'examiner avec soin les animaux vivants, mais, comme dit Anderson[9], il faut encore scruter leur cadavre, et ne réserver pour la reproduction que les descendants de ceux qui, selon l'expression des bouchers, se laissent bien découper. On a réussi à obtenir chez le bétail un grain voulu de la viande, une distribution et une marbrure égales de la graisse[10], et un dépôt plus ou moins considérable de cette dernière dans l'abdomen des moutons. Un auteur[11] parlant des poulets Cochinchinois, qui diffèrent beaucoup au point de vue de la qualité de la chair, recommande d'acheter deux coqs frères, d'en tuer un, de l'apprêter et de le servir ; si la chair est médiocre, on peut tuer l'autre et faire un nouvel essai ; si, au contraire la chair est fine et de bon goût, on pourra conserver le frère pour la reproduction.

On a appliqué à la sélection le principe de la division du travail. Dans certaines localités[12], on confie l'élève des taureaux à un nombre limité de personnes, qui, vouant toute leur attention à ce travail, peuvent d'année en année livrer des taureaux qui améliorent constamment la race du district. L'élève et le louage des béliers de choix ont été longtemps une des principales sources de profit de plusieurs éleveurs célèbres. Ce principe est poussé à l'extrême en Allemagne pour le mouton mérinos[13]. On regarde une bonne sélection des animaux reproducteurs comme si importante, « que les propriétaires des troupeaux ne se fient « ni à leur propre jugement ni à celui de leurs bergers, mais

[9] *Recreations in Agriculture*, vol. II, p. 409.
[10] Youatt, *On Cattle*, p. 191, 227.
[11] Ferguson, *Prize Poultry*, 1854, p. 208.
[12] Wilson, *Trans. Highland Agr. Soc.*, cité dans *Gard. Chronicle*, 1844, p. 29.
[13] Simmonds, cité dans *Gardener's Chronicle*, 1855, p. 637. — Youatt, *On Sheep*, p. 171.

« emploient des classificateurs de moutons, qui sont spécialement
« chargés de s'occuper de cette partie de l'aménagement des
« troupeaux, et de conserver ainsi ou d'améliorer s'il est possible
« les bonnes qualités des parents chez leurs agneaux. En Saxe,
« lorsque les agneaux sont sevrés, on les place chacun à son
« tour sur une table, pour en examiner minutieusement la forme
« et la laine. Les plus beaux sont réservés pour la reproduction
« et reçoivent une première marque. A l'âge d'un an, avant de
« les tondre, on soumet ceux qui ont reçu la première marque
« à un second examen, on marque une seconde fois ceux qu'on
« trouve sans défauts, et le reste est condamné. Quelques mois
« après, on procède à une troisième et dernière visite, les béliers
« et les brebis de premier choix reçoivent une troisième marque,
« mais la plus légère imperfection suffit pour faire rejeter l'ani-
« mal. » On n'élève ces moutons que pour la finesse de leur
laine, et le résultat répond au travail auquel on se livre pour
leur sélection. On a inventé des instruments pour mesurer exactement l'épaisseur des fibres, et on a obtenu des toisons autri-
chiennes dont douze brins de laine égalent une seule fibre de
la laine d'un mouton Leicester.

Dans tous les pays producteurs de soie, on choisit avec le
plus grand soin les cocons qu'on destine à produire les papillons pour la reproduction. Un bon sériciculteur [14] doit aussi
examiner les papillons et détruire ceux qui ne sont pas parfaits.
En France, certaines familles s'occupent spécialement de la production des œufs pour la vente [15]. Près de Shanghaï en Chine, les
habitants de deux petits districts ont le privilège de fournir la
graine pour toute la contrée avoisinante, et, afin qu'ils puissent
consacrer tout leur temps à cette occupation, la loi leur interdit
la production de la soie [16].

Les éleveurs apportent la plus grande attention à l'accouplement de leurs oiseaux. Sir J. Sebright, le célèbre créateur de la
la race Bantam qui porte son nom, passait souvent deux ou trois
jours à examiner cinq ou six oiseaux, à consulter ses amis et à

----

[14] Robinet, *Vers à soie*, 1848, p. 271.
[15] Quatrefages, *Les maladies des vers à soie*, 1859, p. 101.
[16] M. Simon, *Bull. Soc. d'accl.*, t. IX, 1862, p. 221.

discuter avec eux sur les qualités ou les défauts de ses élèves [17]. M. Bult, dont les pigeons Grosse-gorge ont remporté tant de prix, et ont été exportés jusqu'aux États-Unis, m'a dit qu'il délibérait souvent pendant plusieurs jours avant d'accoupler ses oiseaux. Ces faits nous permettent de comprendre les conseils d'un éleveur éminent qui écrit : « Je dois tout d'abord vous donner un conseil important : ne vous entourez pas de trop nombreuses variétés de pigeons ; autrement vous apprendrez à les connaître toutes un peu, mais vous n'en connaîtrez aucune comme il le faut. » Il semble, en vérité, à entendre le même auteur, que l'élevage de toutes les variétés de pigeons constitue un effort trop considérable pour l'intelligence humaine : « Il est possible que quelques éleveurs connaissent superficiellement un grand nombre de variétés, mais la plupart se figurent savoir ce qu'en réalité ils ignorent complétement. » Le plumage, le port, la tête, le bec et l'œil constituent les cinq qualités principales d'une sous-variété, le Culbutant amande ; mais ce serait une véritable présomption chez un débutant que de vouloir s'occuper de ces cinq points à la fois. « Il est de jeunes éleveurs trop ambitieux, dit à ce sujet le même auteur, qui veulent obtenir d'un coup les cinq qualités que je viens d'indiquer ; la plupart du temps ils n'obtiennent rien du tout. » Il résulte de tout ceci que l'élevage des pigeons, même des variétés de fantaisie, n'est pas chose aussi simple qu'on pourrait le croire ; la solennité de ces préceptes peut même provoquer le sourire, mais celui qui raille ne gagne jamais de prix.

Comme nous l'avons déjà fait remarquer, ce sont nos concours qui démontrent le mieux ce qu'il est possible de faire à l'aide de la sélection appliquée aux animaux. Les moutons appartenant à quelques anciens éleveurs tels que Bakewell et lord Western, avaient été tellement modifiés que bien des personnes ne pouvaient croire qu'ils n'avaient pas été croisés. Nos porcs, comme le fait remarquer M. Corringham [19], ont subi, pendant ces vingt dernières années, une métamorphose complète, due tant à des

---

[17] *The Poultry Chronicle,* vol. I, 1854. p. 607.
[18] J. M. Eaton, *Treatise on Fancy Pigeons,* 1852, p. 14. — *Treatise on Almond Tumbler,* 1851, p. 11.
[19] *Journ. Roy. Agric. Soc.,* vol. VI, p. 22,

croisements qu'à une sélection rigoureuse. La première exposition d'oiseaux de basse-cour a eu lieu en 1845, au Jardin Zoologique, et les améliorations obtenues depuis cette époque sont considérables. M. Bailey m'a fait remarquer, que la mode avait autrefois voulu que le coq espagnol eût une crête redressée, et au bout de quatre ou cinq ans, tous les bons oiseaux en étaient pourvus; on prescrivit pour le coq Huppé l'absence de crête et de plumes de la collerette, aujourd'hui un oiseau qui en aurait serait laissé de côté; on prescrivit ensuite la barbe, et à l'exposition de 1860, au palais de Cristal, tous les coqs exposés dans cinquante-sept compartiments, portaient une barbe. Il en a été de même pour une foule d'autres cas. Mais, dans tous les cas, les juges ne prescrivent que ce qui peut éventuellement se produire, et ce qui peut être amélioré on rendu constant par la sélection. L'augmentation constante du poids de nos poulets, de nos dindons, de nos canards et de nos oies est très-remarquable; des canards pesant six livres sont actuellement communs, la moyenne était autrefois de quatre livres. On a malheureusement, dans la plupart des cas, négligé d'indiquer le temps nécessaire pour opérer un changement : il est donc intéressant de savoir qu'il a fallu treize ans à M. Wicking pour donner une tête blanche au Culbutant amande, « un triomphe, » dit un autre éleveur, dont il peut être fier à juste titre [20]. »

M. Tollet, de Betley Hall, a choisi des vaches et surtout des taureaux descendant de bonnes laitières, dans l'unique but d'améliorer les bestiaux pour la production du fromage; et, au bout de huit ans, il avait augmenté ses produits dans la proportion de quatre à trois. Voici un exemple curieux [21] d'un progrès continu mais lent, bien que le but ne soit pas encore complétement atteint; une race de vers à soie, introduite en France en 1784, produisait sur mille cocons, cent cocons jaunes; actuellement, après une sélection rigoureuse continuée pendant soixante-cinq générations, la proportion des cocons jaunes est réduite à trente-cinq pour mille.

Appliquée aux plantes, la sélection a donné d'aussi bons résul-

---

[20] *Poultry Chronicle*, vol. II, 1855, p. 596.
[21] Isid. G. Saint-Hilaire, *Hist. nat. gén.*, t. III, p. 254.

tats que pour les animaux, mais le procédé est plus simple, car les deux sexes se trouvent réunis dans la grande majorité des plantes; on doit, cependant, chez la plupart, prendre, afin d'éviter les croisements, autant de précautions que pour les animaux et les plantes unisexués. Chez quelques plantes, comme les pois, ces précautions paraissent moins nécessaires. Chez toutes les plantes améliorées, sauf, bien entendu, celles qui se propagent par boutures, par bourgeons, etc., il est indispensable d'examiner tous les individus obtenus par semis, et de détruire tous ceux qui s'écartent du type voulu. Cette épuration est, au résumé, une forme de sélection, tout comme la destruction des animaux inférieurs. Les horticulteurs expérimentés recommandent toujours de conserver les plus belles plantes pour la production de la graine.

Bien que, chez les plantes, on observe souvent des variations plus apparentes que chez les animaux, il faut cependant une grande attention pour distinguer tous les changements peu prononcés et favorables. M. Masters [22] raconte combien, dans sa jeunesse, il consacrait de temps à apprécier les différences dans les grains de pois destinés à servir de graines. M. Barnet [23] fait remarquer que, pendant plus d'un siècle, on a cultivé l'ancienne fraise écarlate américaine sans produire une seule variété ; un autre auteur ajoute que ce fruit se mit à varier dès que les jardiniers commencèrent à s'en occuper ; le fait est, sans doute, qu'il avait toujours varié, mais qu'aucun résultat apparent n'avait été obtenu, tant que la sélection des variations légères et leur propagation par semis n'avaient pas été faites. Les différences les plus légères chez le froment ont fait l'objet d'une sélection aussi attentive que les caractères chez les animaux supérieurs ; on peut s'en assurer en consultant les ouvrages du col. Le Couteur et surtout du major Hallett.

Il n'est peut-être pas inutile de citer quelques exemples de la sélection méthodique appliquée aux plantes ; d'ailleurs, on peut attribuer à l'action continue de la sélection, partiellement inconsciente, partiellement méthodique, les grandes améliorations de toutes les plantes les plus anciennement cultivées. J'ai démontré,

[22] *Gardener's Chronicle*, 1850, p. 198.
[23] *Transact. Hort. Soc.*, vol. VI, p. 152.

dans un chapitre précédent, combien une culture et une sélection systématiques ont augmenté le poids de la groseille épineuse. Les fleurs de la Pensée ont également augmenté en grandeur et gagné en régularité de contours. M. Glenny[24], alors que les cinéraires portaient des fleurs irrégulières, étoilées et d'une couleur mal définie, a été assez audacieux pour fixer un type qui fut alors regardé comme impossible à atteindre, et qui, fût-il réalisé, n'offrirait, disait-on, aucun avantage, parce qu'il nuirait à la beauté des fleurs. Il n'en poursuivit pas moins son projet, et la suite lui donna raison. On est plusieurs fois parvenu, à l'aide de la sélection, à créer des fleurs doubles ; le Rév. W. Williamson[25], après avoir semé pendant plusieurs années de la graine d'*Anemone coronaria*, obtint une plante pourvue d'un seul pétale additionnel ; il en sema la graine, et, en persévérant dans la même direction, finit par obtenir plusieurs variétés avec six ou sept séries de pétales. La rose d'Écosse simple se doubla et produisit huit variétés au bout d'une dizaine d'années[26]. Le *Campanula medium*, grâce à une sélection attentive, devint double au bout de quatre générations[27]. Grâce à une culture et à une sélection rigoureuse, M. Buckman[28] a converti en quatre ans le panais sauvage obtenu par semis en une nouvelle variété excellente. La sélection continuée pendant plusieurs années a fait avancer de dix à vingt et un jours l'époque de la maturité des pois[29]. Depuis que la betterave est cultivée en France, son rendement en sucre est devenu à peu près le double de ce qu'il était ; c'est grâce à une sélection attentive que l'on a pu obtenir ce résultat ; on détermine régulièrement la densité des racines et on réserve les meilleures pour la production de la graine[30].

De la sélection chez les peuples anciens et à demi civilisés. — Nous attribuons, on le voit, une importance considérable à la sélection des animaux et des plantes ; on peut objecter, il est

---

[24] *Journ. of Horticult.*, 1862, p. 369.
[25] *Trans. Hort. Soc.*, vol. IV, p. 381.
[26] *Ibid.*, p. 285.
[27] Rev. W. Bromehead, *Gard. Chron.*, 1857, p. 550.
[28] *Gardener's Chronicle*, 1862, p. 721.
[29] Dr Anderson, *The Bee*, vol. VI, p. 96. — Barnes, *Gardener's Chronicle*, 1844, p. 476.
[30] Godron, *De l'espèce*, 1859, t. II, p. 69. — *Gardener's Chronicle*, 1854, p. 258.

vrai, que les anciens n'ont pas dû pratiquer la sélection méthodique. Un naturaliste distingué affirme de son côté qu'il serait
absurde de supposer que des peuples à demi civilisés aient pu appliquer une sélection quelconque. Il est incontestable que, pendant
les cent dernières années, on est arrivé à comprendre le principe de
la sélection et qu'on l'a appliqué sur une bien plus grande échelle
qu'à aucune époque antérieure. On a, en conséquence, obtenu
depuis lors des résultats considérables ; mais ce serait une grande
erreur, comme nous allons le voir, de supposer qu'on n'ait pas
reconnu l'importance de la sélection à une époque plus ancienne,
et qu'elle n'ait pas été appliquée par des peuples à demi civilisés.
Il importe de constater d'abord que la plupart des faits que je
vais signaler prouvent seulement qu'on entourait l'élevage de
grands soins, mais, dans ce cas, il est à peu près évident que la
sélection intervient dans une certaine mesure. Nous serons plus
tard mieux à même de juger jusqu'à quel point, pratiquée de
temps à autre et seulement par quelques habitants d'un pays, la
sélection peut, à la longue, amener des résultats importants,
alors même que seuls quelques habitants d'un pays l'appliquent
de temps en temps.

Un passage célèbre du trentième chapitre de la *Genèse* contient les règles à observer pour modifier, ce qu'on croyait alors
possible, la couleur des moutons ; on y parle de certaines races
foncées ou tachetées que l'on élevait à part. Au temps de David,
la blancheur des toisons était comparée à celle de la neige.
Youatt[31] a discuté tous les passages de l'Ancien Testament qui
·ont trait à l'élevage des animaux; il conclut que, dès cette période
primitive, on connaissait et on appliquait avec suite plusieurs
des principes essentiels de l'élevage. Moïse ordonne « de ne pas
laisser le bétail engendrer avec une autre espèce ; » mais, comme
on achetait des mulets[32], il faut que, dès cette époque reculée,
d'autres nations aient croisé le cheval et l'âne. Erichthonius[33],
quelques générations avant la guerre de Troie, possédait beaucoup de juments, au moyen desquelles et grâce à un choix judicieux d'étalons, il avait créé une race de chevaux supérieure à

[31] *On Sheep*, p. 18.
[32] Volz, *Beitrage zur Kulturgeschichte*, 1852, p. 47.
[33] Mitford, *History of Greece*, vol. I, p. 73.

toutes celles des pays avoisinants. Homère (chant V), parle des
chevaux d'Énée, qui descendaient de juments couvertes par les
coursiers de Laomédon. Dans sa *République*, Platon dit à Glau-
cus : « Je vois que tu élèves chez toi beaucoup de chiens pour la
chasse. Prends-tu donc des soins pour leur accouplement et leur
reproduction? Parmi les animaux de bonne race n'y en a-t-il pas
toujours quelques-uns qui soient supérieurs aux autres? » Glau-
cus répond affirmativement[34]. Alexandre le Grand avait choisi
les plus beaux taureaux indiens pour améliorer la race de la
Macédoine[35]. D'après Pline[36], le roi Pyrrhus possédait une race
de bêtes à cornes très-précieuse ; il ne permettait pas qu'on
accouplât les vaches et les taureaux avant l'âge de quatre ans,
pour que la race ne dégénérât pas. Virgile (*Géorgiques*, liv. III),
donne des conseils aussi précis que pourrait le faire un agriculteur moderne, sur la nécessité de choisir avec soin les animaux
reproducteurs ; de noter leur tribu et leur généalogie ; de marquer les produits ; de choisir les moutons du blanc le plus pur,
et de rejeter ceux qui ont la langue noire. Nous avons vu que les
Romains établissaient la généalogie de leurs pigeons, ce qui
n'aurait eu aucune raison d'être s'ils n'avaient apporté de grands
soins à leur reproduction. Columelle donne des instructions détaillées pour l'élevage des races gallines : « il faut donc que les
poules aient une belle couleur, le corps robuste, carré, une large
poitrine, de grosses têtes et des crêtes dressées et d'un rouge
vif. On croit que les poules à cinq doigts sont les meilleures[37]. »
D'après Tacite, les Celtes faisaient grande attention à la race de
leurs animaux domestiques ; César affirme qu'ils donnaient des
prix élevés aux marchands pour les beaux chevaux qu'ils im-
portaient[38]. Quant aux plantes, Virgile parle de la nécessité de
recueillir annuellement les plus belles graines, et Celse ajoute,
« que là où le blé et la récolte sont faibles, il faut choisir les
meilleurs épis, et conserver à part les grains qui en proviennent[39]. »

[34] D. Dally, *Anthropol. Review*, 1864, p. 101.
[35] Volz, *O. C.*, p. 80.
[36] *Hist. du monde*, chap. 45.
[37] *Gardener's Chronicle*, 1848, p. 323.
[38] Reynier, *De l'Economie des Celtes*, 1818, p. 487, 503.
[39] Le Couteur, *On Wheat*, p. 15.

Au commencement du IXe siècle, Charlemagne avait expressément ordonné à ses officiers d'avoir grand soin de ses étalons,
et de le prévenir avant de leur livrer les juments, lorsqu'ils
seraient trop vieux ou mauvais[40]. A la même époque, en Irlande,
Pays bien peu civilisé, il semblerait, d'après quelques vers[41],
décrivant une rançon exigée par Cormac, qn'on estimait les animaux de certaines localités, ou ayant des caractères particuliers :
« J'ai apporté d'Aengus deux porcs de Mac Lir, un bélier et
une brebis tous deux rouges et gras. J'ai ramené avec moi un
étalon et une jument des magnifiques haras de Manannan ; un
taureau et une vache blanche de Druim Caïn. » En 930, Athelstan reçut en cadeau des chevaux de course allemands et défendit l'exportation des chevaux anglais. Le roi Jean importa de
Flandre une centaine d'étalons choisis[42]. Le 16 juin 1305, le
prince de Galles écrivit à l'archevêque de Canterbury, pour lui
demander en prêt un étalon de choix, en promettant de le rendre
à la fin de la saison[43]. L'histoire ancienne de l'Angleterre contient de nombreux documents relatifs à l'importation d'animaux
de choix de races diverses, ainsi qu'à des lois ridicules contre
leur exportation. Sous les règnes d'Henri VII et d'Henri VIII,
on ordonna aux magistrats de faire, à la Saint–Michel, une
battue générale dans les communaux, et de détruire toutes les
juments au-dessous d'une certaine taille[44]. Quelques-uns des
premiers rois d'Anglerre ont édicté des lois contre l'abattage des
béliers appartenant à de bonnes races, avant qu'ils aient atteint
l'âge de sept ans, afin qu'ils aient le temps de reproduire. Le
cardinal Ximenès fit publier en Espagne, en 1509, des règlements sur la sélection des meilleurs béliers pour la reproduction[45].

On dit qu'avant l'an 1600, l'empereur Akbar-Khan avait considérablement amélioré ses pigeons en croisant les races, ce qui
implique nécessairement l'application d'une sélection attentive.

---

[40] Michel, *Des Haras*, 1861, p. 84.
[41] Sir W. Wilde, *Essay on unmanufactured animal remains*, etc., 1860, p. 11.
[42] Col. H. Smith, *Nat. Library*, vol. XII, Horses, p. 135, 140.
[43] Michel, *O. C.*, p. 90.
[44] Baker, *History of the Horse, Veterinary*, vol. XIII, p. 423.
[45] L'abbé Carlier, *Journal de physique*, vol. XXIV, 1784, p. 181 ; ce mémoire renferme
beaucoup de renseignements sur la sélection ancienne des moutons ; c'est là que j'ai trouvé
le fait relatif à la défense d'abattre les jeunes béliers en Angleterre.

A la même époque, les Hollandais s'adonnaient avec passion à l'élève du pigeon. Belon (1555) dit qu'en France on examinait la couleur des jeunes oies, afin d'obtenir des oies blanches et de meilleure qualité. En 1631, Markham conseille aux éleveurs de choisir toujours les lapins mâles les plus beaux et les plus gros, et il entre dans de longs détails à cet égard. Sir J. Hanmer écrivait, en 1660, [46] relativement aux plantes d'ornement, que les meilleures graines sont les plus pesantes, qu'on les trouve sur les tiges les plus vigoureuses ; puis il recommande de ne laisser sur les plantes destinées à produire de la graine qu'un petit nombre de fleurs, ce qui prouve qu'on s'occupait déjà, il y a 200 ans, de ces détails dans nos jardins. J'ajouterai, pour prouver que la sélection a été appliquée dans des endroits où on pourrait le moins s'y attendre, qu'au milieu du siècle dernier, et dans une partie reculée de l'Amérique du Nord, M. Cooper avait amélioré par une sélection attentive tous ses légumes, qui devinrent, par ce fait, très-supérieurs à ceux de ses voisins. « Lorsque ses radis, par exemple, sont propres à l'usage, il en prend dix ou douze des meilleurs, qu'il plante à cent mètres de distance d'autres qui fleurisent en même temps ; il traite de la même manière toutes ses autres plantes, en variant les circonstances suivant leur nature [47]. »

Dans le grand ouvrage sur la Chine, publié au siècle dernier par les jésuites, simple compilation d'anciennes encyclopédies chinoises, il est dit que l'amélioration des moutons consiste à choisir, avec un soin tout particulier, les agneaux destinés à la reproduction, à les bien nourrir, et à tenir les troupeaux séparés. Les Chinois ont appliqué les mêmes principes à diverses plantes et à certains arbres fruitiers [48]. Un édit impérial recommande le choix des graines remarquables par leur grosseur ; la sélection a même été appliquée par des mains impériales, car on dit que le *Ya-mi*, ou riz impérial, ayant été remarqué dans un champ par l'empereur Khang-hi, fut recueilli et semé dans son jardin ; ce riz s'est depuis répandu, à cause de sa pré-

[46] *Gardener's Chronicle*, 1843, p. 389.
[47] *Communications to Board of Agriculture*, cité dans *Phytologia*, du Dr Darwin, 1800, p. 451.
[48] *Mémoire sur les Chinois*, 1786. t. XI, p. 55 ; t. V, p. 507.

cieuse propriété d'être le seul riz qui puisse croître au nord de la grande muraille[49]. Parmi les fleurs, l'arbre pivoine (*P. moutan*) a, d'après les traditions chinoises, été cultivé depuis 1400 ans ; il a produit deux ou trois cents variétés, qu'on cultive avec autant de soin que les Hollandais le faisaient autrefois pour les tulipes[50].

Passons maintenant aux peuples à demi civilisés et aux sauvages. D'après ce que j'avais vu dans diverses parties de l'Amérique du Sud où il n'existe pas de clôtures, et où les animaux ont peu de valeur, il m'avait semblé qu'on ne prenait aucun soin pour leur sélection ou leur reproduction, et le fait est assez généralement vrai. Roulin[51] décrit toutefois, en Colombie, une race de bétail nu, qu'on ne laisse pas augmenter à cause de la délicatesse de sa constitution. D'après Azara[52], il naît souvent au Paraguay des chevaux à poils frisés, que les habitants détruisent, parce qu'ils ne les aiment pas ; tandis que, d'autre part, ils ont conservé un taureau sans cornes né en 1770, et qui a propagé son type. On m'a parlé de l'existence d'une race à poils renversés dans le Banda oriental, et le bétail niata, si extraordinaire, a pris naissance à La Plata, où il est resté distinct. On constate donc dans ces pays, si peu favorables à une sélection attentive, des variations apparentes qui se sont conservées pendant que d'autres ont été détruites. Nous avons vu aussi que les habitants introduisent dans leurs troupeaux du bétail étranger pour éviter les inconvénients des unions consanguines. Je tiens d'autre part de bonne source que, dans les Pampas, les Gauchos ne prennent aucun soin pour choisir les meilleurs étalons ou les meilleurs taureaux pour la reproduction, ce qui explique probablement l'uniformité remarquable que présentent les chevaux et le bétail dans toute l'étendue de la république Argentine.

Dans l'ancien monde, « le Touareg du Sahara apporte autant de soins à la sélection des Maharis (race fine du dromadaire) qu'il destine à la reproduction, que l'Arabe en apporte à celle de ses chevaux. Les généalogies se transmettent de génération en

---

[49] *Recherches sur l'agriculture des Chinois*, par L. D'Hervey Saint-Denys, 1850, p. 229. — Pour Khang-hi, voir Huc, *Chinese Empire*, p. 311.

[50] Anderson, *Linn. Transact.*, vol. XII, p. 253.

[51] *Savants étrangers*, t. VI, 1835, p. 333.

[52] *Des Quadrupèdes du Paraguay*, 1801, t. II, p. 333, 371.

génération et plus d'un Mahari peut se vanter de posséder une généalogie bien plus ancienne que les descendants du cheval arabe de Darley [53] ». Les Mongols, au dire de Pallas, cherchent à propager les Yaks à queue blanche, pour vendre celle-ci aux mandarins chinois qui s'en servent comme chasse-mouches ; soixante-dix ans après Pallas, Moorcroft constate qu'on choisissait encore pour la reproduction les individus à queue blanche [54].

Nous avons vu, en parlant du chien, que les sauvages de la Guyane et de diverses parties de l'Amérique du Nord croisent leurs chiens avec des canidés sauvages, comme le faisaient, selon Pline, les anciens Gaulois, pour leur donner plus d'énergie et de vigueur ; de même, les gardes de certaines garennes croisent quelquefois leurs furets (à ce que m'apprend M. Yarrell) avec la fouine sauvage pour leur donner, comme ils disent, « plus de diable. » Varron nous apprend qu'on cherchait autrefois à s'emparer d'ânes sauvages pour les croiser avec l'âne domestique afin d'améliorer la race ; les Javanais chassent encore aujourd'hui leur bétail dans les forêts pour qu'il se croise avec le Banteng (*Bos sondaicus*) sauvage [55]. Dans la Sibérie septentrionale, les chiens des Ostiaques sont tachetés de différentes manières, mais, dans chaque district, ils sont tachetés d'une manière uniforme de blanc et de noir [56] ; ce fait seul nous permet de conclure à une sélection attentive, d'autant plus que les chiens de certaines localités sont réputés dans tout le pays pour leur supériorité. Certaines tribus d'Esquimaux tiennent à honneur d'avoir pour leurs attelages de traîneaux des chiens d'une couleur uniforme. En Guyane, d'après sir R. Schomburgk [57], les chiens des Indiens Turumas sont fort estimés et font l'objet d'un grand trafic ; un bon chien coûte aussi cher qu'une femme ; on enferme les chiens dans des espèces de cages, et, pendant l'époque du rut, les Indiens les surveillent avec soin pour que les femelles ne soient pas couvertes par des mâles de qualité inférieure. Les Indiens ont dit à sir Robert qu'ils ne tuaient pas les chiens mau-

[53] Rev. H. B. Tristram, *The Great Sahara*, 1860, p. 238.
[54] Pallas, *Acta Acad. Saint-Pétersbourg*, 1777, p. 249. — Moorcroft et Trebeck, *Travels in the Himalayan Provinces*, 1841.
[55] Raffles, *Indian Field*, 1859, p. 196. — Pour Varron, voir Pallas, *O. C.*
[56] Erman, *Travels in Siberia* (trad. angl.), vol. I, p. 453.
[57] Voir *Journ. of R. Geograph. Soc.*, vol. XIII, part. 1, p. 65.

vais ou inutiles, mais qu'ils les abandonnaient à eux-mêmes. Il
y a peu de peuplades plus barbares que les naturels de la Terre
de Feu, et cependant un missionnaire, M. Bridges, m'affirme
que lorsqu'ils possèdent une belle chienne vigoureuse et active,
ils la font couvrir par un beau chien, et prennent soin de la
nourrir convenablement, pour que ses petits soient beaux et vigoureux.

Dans l'intérieur de l'Afrique, les nègres qui n'ont jamais eu
de rapports avec les blancs se donnent beaucoup de peine pour
améliorer leurs animaux ; ils choisissent toujours les mâles les
plus grands et les plus forts : les Malakolos furent enchantés de
la promesse que leur fit Livingstone de leur envoyer un taureau,
et quelques Bakalolos ont transporté dans l'intérieur un coq
vivant qu'ils s'étaient procuré à Loanda [58]. M. Winwood Reade
a remarqué à Falaba un cheval extraordinairement beau ; en
réponse à ses questions, le roi nègre lui apprit que le propriétaire de ce cheval était bien connu pour son habileté comme
éleveur de chevaux. Plus au midi, Andersson a vu un Damara
donner deux bœufs en échange d'un chien qui lui avait plu. Les
Damaras aiment à ce que tous les individus de leurs troupeaux
de bétail aient une même couleur ; ils estiment leurs bœufs en
proportion de la longueur de leurs cornes. Les Namaquas ont
une vraie manie pour les attelages uniformes ; presque toutes
les peuplades de l'Afrique méridionale estiment leur bétail à
l'égal de leurs femmes, et mettent leur amour-propre à posséder
des animaux de belle race. Ils n'emploient jamais ou fort rarement un bel animal comme bête de somme [59]. Ces sauvages
possèdent un jugement étonnant, et peuvent reconnaître à quelle
tribu appartient quelque bétail que ce soit. M. Andersson m'apprend, en outre, que les indigènes accouplent souvent des taureaux et des vaches choisis.

Garcilazo de la Vega, un descendant des Incas, rapporte certainement l'exemple le plus curieux qui ait été relaté de la sélection
appliquée par un peuple à demi civilisé ; cette sélection était en
usage au Pérou avant que le pays ait été conquis par les Espa-

---

[58] Livingstone, *First travels,* p. 191, 439, 565. — *Exped. to the Zambesi,* 1865, p. 495,
pour un cas analogue relatif à une race de chèvres.
[59] Andersson, *Travels in South Africa,* p. 232, 318, 319.

gnols [60]. Les Incas faisaient chaque année de grandes chasses pendant lesquelles les animaux sauvages, répandus sur d'immenses espaces, étaient rabattus vers un point central. On commençait par détruire les bêtes féroces comme nuisibles. On tondait les Guanacos et les Vigognes sauvages ; on abattait les vieux individus, mâles et femelles, puis on rendait la liberté aux autres. On examinait les diverses espèces de cerfs, les individus âgés étaient détruits, puis on mettait en liberté les femelles les plus jeunes et les plus belles ainsi qu'un certain nombre de mâles, choisis parmi les plus beaux et les plus vigoureux. Nous avons là un exemple de la sélection par l'homme venant en aide à la sélection naturelle. Les Incas faisaient exactement le contraire de ce qu'on reproche à nos chasseurs écossais, qui, en tuant toujours les plus beaux cerfs, font ainsi dégénérer la race entière [61]. Quant aux lamas et aux alpacas domestiques, ils étaient, du temps des Incas, classés par troupeaux selon leur couleur, et si un individu de couleur différente naissait dans un troupeau, on l'enlevait pour le placer dans un autre.

Le genre Auchenia comprend quatre formes : le Guanaco et la Vigogne, qui sont sauvages et qui constituent incontestablement des espèces distinctes ; le Lama et l'Alpaca, qu'on ne connaît qu'à l'état domestique. Ces quatre animaux sont si différents que la plupart des naturalistes, et surtout ceux qui les ont étudiés dans leur pays natal, soutiennent qu'ils sont spécifiquement distincts, quoiqu'on n'ait jamais rencontré de lama ou d'alpaca sauvage. M. Ledger, qui a étudié de près ces animaux soit au Pérou, soit pendant leur exportation en Australie, et qui a fait de nombreuses expériences sur leur reproduction, donne des arguments, qui me paraissent concluants, pour prouver que le Lama est le descendant domestiqué du Guanaco, et l'Alpaca celui de la Vigogne [62]. Or, maintenant que nous savons qu'il y a plusieurs siècles qu'on élève systématiquement ces animaux et qu'on leur applique la sélection, il n'y a rien d'étonnant à ce qu'ils aient subi des changements aussi considérables.

J'étais autrefois assez disposé à croire que si les peuples an—

[60] Dr Vavasseur, Bull. Soc. d'acclimat., t. VIII, 1861, p. 136.
[61] Natural History of Dee Side, 1855, p 476.
[62] Bull. Soc. d'acclimat., t. VII, 1860, p. 457.

ciens ou à demi civilisés avaient pu s'occuper de l'amélioration
des animaux les plus utiles, quant aux points essentiels, ils
devaient avoir négligé les caractères insignifiants. Mais la nature
humaine est la même dans le monde entier ; partout règne la
mode, et l'homme est toujours enclin à estimer ce qu'il possède.
Nous avons vu conserver, dans l'Amérique du Sud, le bétail
niata, dont la face courte et les narines retroussées n'ont certainement aucune utilité. Les Damaras de l'Afrique méridionale
recherchent chez leur bétail l'uniformité de la couleur et un
énorme développement des cornes. Je vais maintenant essayer de
démontrer qu'il n'y a pas de particularité chez nos animaux utiles
qui, grâce à la mode, à la superstition, ou à tout autre motif,
n'ait été recherchée, et par conséquent conservée. Youatt [63]
cite relativement au bétail un ancien document, où il est question
de cent vaches blanches à oreilles rouges réclamées comme compensation par les princes du pays de Galles ; la compensation
devait s'élever à cent cinquante vaches, si les animaux étaient de
couleur foncée ou noire. On s'inquiétait donc dans ce pays de la
couleur du bétail à une époque antérieure à celle de son annexion
à l'Angleterre. Dans l'Afrique centrale, on abat un bœuf qui
qui frappe le sol avec sa queue, et, dans le sud, quelques Damaras
ne veulent pas manger la chair d'un bœuf tacheté. Les Cafres
estiment un animal qui a une voix musicale ; dans une vente qui
eut lieu dans la Cafrerie anglaise, le beuglement d'une génisse
excita une telle admiration, qu'une foule d'acheteurs se dispu-
tèrent sa possession, et elle atteignit un prix considérable [64]. En
ce qui concerne les moutons, les Chinois préfèrent les béliers
sans cornes ; les Tartares préfèrent ceux qui les ont enroulées
en spirale, parce qu'ils croient que les béliers sans cornes sont
moins courageux [65]. Certains Damaras ne veulent pas manger la
viande du mouton sans cornes. En France, à la fin du xv° siècle,
les chevaux à robe dite *liart pommé* étaient les plus estimés. Les
Arabes ont un proverbe : « N'achète jamais un cheval aux quatre
pieds blancs, car il porte son linceul avec lui [66] ; » et, comme

[63] *Cattle*, p. 48.
[64] Livingstone, *Travels*, p. 576. — Andersson, *Lake Ngami*, 1856, p. 222. — Pour la
vente en cafrerie, *Quarterly Review*, 1866, p. 139.
[65] *Mémoire sur les Chinois* (par les jésuites), 1786, t. XI, p. 57.
[66] F. Michel, *Des Haras*, p. 47, 50.

nous l'avons vu, ils méprisent les chevaux isabelles. Anciennement, Xénophon et d'autres avaient des préjugés contre certaines
couleurs chez le chien, et on n'estimait pas les chiens de chasse
blancs ou de nuance ardoisée [67].

Les anciens gourmets romains recherchaient le foie de l'oie
blanche qu'ils regardaient comme plus délicate. On élève au
Paraguay les volailles à peau noire, parce qu'on les regarde
comme plus productives et que, d'après les idées des habitants,
la chair en est plus saine pour les malades [68]. Sir R. Schomburgk
m'apprend que les naturels de la Guyane ne veulent manger ni
la chair ni les œufs des poules ; ils élèvent cependant deux races
distinctes de poulets à titre d'oiseaux d'ornement. On élève, aux
îles Philippines, jusqu'à neuf sous-variétés distinctes et dénommées de la race de Combat, il faut donc qu'on les maintienne
séparées.

En Europe, chez nos animaux les plus utiles, on fait aujour-
d'hui attention à la plus petite particularité, soit par mode, soit
comme preuve de la pureté du sang. Je citerai deux exemples
parmi le grand nombre de ceux qu'on connaît. Dans les comtés
occidentaux de l'Angleterre, le préjugé contre un porc blanc est
presque aussi prononcé que l'est celui contre un porc noir dans
le Yorkshire. Chez une des sous-races du Berkshire, le blanc
doit être restreint aux quatre pieds, une petite tache entre les
yeux, et quelques poils blancs derrière les épaules. Trois cents
porcs en la possession de M. Saddler portaient ces marques [69].
Vers la fin du siècle dernier, Marshall [70], parlant d'une modification survenue chez une des races bovines du Yorkshire, dit
qu'on a considérablement modifié les cornes ; « une corne petite,
nette et aiguë, est à la mode depuis une vingtaine d'années. »
Dans une partie de l'Allemagne, la race de Gfœhl est estimée pour
plusieurs bonnes qualités, mais il faut que les cornes aient une
certaine nuance et une courbure particulière, au point que lorsqu'elles menacent de prendre une mauvaise direction, on a recours à des moyens mécaniques pour les ramener dans la bonne ;

[67] Col. H. Smith, *Dogs, Nat. Library,* vol. X, p. 103.
[68] Azara, *O. C.,* t. II, p. 324.
[69] Youatt, édition Sidney, 1860, p. 24, 25.
[70] *Rural Economy of Yorkshire,* vol. II, p. 182.

mais les habitants considèrent comme une condition de la plus
haute importance, indispensable même, que les naseaux du taureau soient de couleur chair, et les poils des cils blonds. On
n'achéterait pas, ou on ne donnerait qu'un prix très-minime d'un
veau à naseaux bleu-foncé [71]. Personne ne peut donc dire qu'il y
ait des caractères ou des détails trop insignifiants pour attirer
l'attention et mériter les soins des éleveurs.

Sélection inconsciente. — Ainsi que je l'ai déjà expliqué,
j'entends par cette expression, la conservation par l'homme des
individus les plus estimés, et la destruction des individus inférieurs, sans intention volontaire de sa part d'altérer ou de modifier la race. Il est difficile de citer des preuves directes des résultats qui découlent de ce mode de sélection, mais les preuves
indirectes abondent. En fait, dans un des cas, l'homme agit avec
intention, et dans l'autre, sans intention, et cela constitue à peu
près toute la différence qu'il y a entre la sélection méthodique
et la sélection inconsciente. Dans les deux cas, l'homme conserve
les animaux qui lui sont le plus utiles, ou qui lui plaisent le
plus, et détruit ou néglige les autres. Mais les résultats de la sélection méthodique sont incontestablement plus prompts que
ceux de la sélection inconsciente. L'épuration des plates-bandes
par les horticulteurs, et la loi promulguée sous le règne de
Henri VIII, ordonnant la destruction de toutes les juments au-
dessous d'une certaine taille, sont des exemples du contraire de
la sélection dans le sens ordinaire du mot, mais des moyens qui
conduisent néanmoins au même résultat général. On compren-
dra mieux l'influence qu'exerce la destruction d'individus doués
d'un caractère particulier, si l'on réfléchit qu'il faut détruire
tous les agneaux ayant la moindre tache noire, pour conserver
un troupeau bien blanc ; s'il était besoin d'une autre preuve,
nous pourrions citer les effets des guerres meurtrières de Napoléon sur la taille moyenne des hommes en France : la plupart
des hommes de grande taille ont péri, et les plus petits seuls
sont restés pour devenir pères de famille. C'est du moins la conclusion à laquelle sont arrivés ceux qui ont étudié de près la

[71] Moll et Gayot, *Du Bœuf*, 1860, p. 547.

conscription, et il est positif que, depuis le temps de Napoléon, le minimum de la taille pour l'armée a dû être abaissé à deux ou trois reprises.

La sélection inconsciente se confond tellement avec la sélection méthodique qu'il est bien difficile de les distinguer l'une de l'autre. Lorsqu'un ancien éleveur a remarqué un pigeon au bec particulièrement court, ou un autre ayant des rectrices plus développées qu'à l'ordinaire, bien qu'il ait fait reproduire ces oiseaux, avec l'idée arrêtée de propager ces variétés, il ne pouvait pas alors avoir l'intention de créer un Culbutant-courte face ou un pigeon-paon, et il était bien loin de se douter qu'il eût fait le premier pas dans cette direction. S'il avait pu prévoir le résultat final, il eût été frappé d'étonnement, mais, d'après ce que nous savons des habitudes des amateurs, probablement pas d'admiration. Nos Messagers, nos Barbes, etc., ont été considérablement modifiés de la même manière, comme le prouvent les renseignements historiques cités dans le chapitre sur le Pigeon, ainsi que la comparaison des oiseaux importés de pays éloignés.

Il en a été de même pour les chiens; nos chiens courants pour la chasse au renard diffèrent beaucoup de l'ancien chien courant anglais; nos lévriers sont devenus plus légers; le chien d'Écosse, pour la chasse au cerf, s'est modifié et est maintenant rare. Nos bulldogs diffèrent de ceux employés autrefois pour combattre le taureau. Nos pointers et nos terre-neuves ne ressemblent guère aux chiens qu'on trouve actuellement dans les pays d'où ils ont été importés. Ces changements ont été en partie effectués par des croisements; mais, dans tous les cas, le résultat a été amené par une sélection rigoureuse. Nous n'avons, toutefois, aucune raison de supposer que l'homme ait intentionnellement et méthodiquement voulu amener les races à être exactement ce qu'elles sont aujourd'hui. A mesure que nos chevaux sont devenus plus rapides, le pays plus cultivé et plus uni, on a désiré des chiens courants plus légers et plus rapides, et on en a produit, sans que personne ait probablement prévu distinctement ce qu'ils deviendraient. Nos pointers et nos setters, — ces derniers descendent certainement de grands épagneuls — ont été très-modifiés pour répondre aux besoins de la mode, et en

vue d'obtenir une rapidité plus grande. Les loups se sont éteints,
les cerfs devenus rares, les combats de chiens et de taureaux ont
cessé, et ces changements ont entraîné des modifications correspondantes chez les races de chiens. Mais nous pouvons être
certains que, lorsqu'on a discontinué les combats de taureaux et
de chiens, personne ne s'est dit : « Je vais maintenant faire des
chiens plus petits et créer la race actuelle. » A mesure que les
circonstances ont changé, l'homme a aussi changé, lentement et
d'une manière inconsciente, la direction primitive qu'il avait
d'abord imprimée à la sélection.

Chez les chevaux de course la sélection a été méthodiquement
poursuivie en vue d'augmenter la vitesse, et nos chevaux actuels
battraient facilement leurs ancêtres. L'augmentation de taille, et
l'apparence différente du cheval de course anglais sont telles,
qu'il serait impossible de concevoir actuellement qu'il descend
de l'union du cheval arabe avec la jument africaine [72]. La sélection inconsciente, c'est-à-dire les efforts faits dans chaque génération pour produire des chevaux aussi beaux que possible,
jointe à une nourriture abondante et à un entraînement régulier,
sans aucune intention préconçue de leur donner l'apparence
qu'ils ont aujourd'hui, a probablement joué un grand rôle dans
l'élevage du cheval. Youatt [73] affirme que l'importation, au temps
de Cromwell, de trois étalons célèbres venant d'Orient, modifia
promptement la race anglaise, car lord Harleigh se plaignait que
le grand cheval disparût rapidement. C'est là une preuve excellente de la façon rigoureuse avec laquelle on a appliqué la sélection, car, autrement, les traces d'une si petite infusion de sang
oriental n'eussent pas tardé à disparaître et à être absorbées. Bien
que le climat de l'Angleterre n'ait jamais été considéré comme
particulièrement favorable au cheval, une sélection longtemps
soutenue, tant méthodique qu'inconsciente, succédant à celle
pratiquée par les Arabes, dès une époque très-reculée, n'en a
pas moins fini par nous donner une des meilleures races de chevaux qui soit au monde. Macaulay [74] fait à ce sujet la remarque
suivante : « Deux hommes qui étaient réputés de grandes auto-

[72] *Indian Sporting Review*, vol. II, p. 181. — Cécil *The Stud Farm*, p. 58.
[73] *The Horse*, p. 22.
[74] *History of England*, vol. I, p. 316.

rités dans la matière, le duc de Newcastle et sir J. Fenwick,
avaient prononcé que la moindre rosse, venant de Tanger, donnerait une meilleure descendance que celle qu'on pourrait espérer du meilleur étalon indigène. Ils étaient loin de prévoir qu'il
viendrait un temps où les princes et les nobles des pays voisins
seraient aussi désireux de se procurer des chevaux anglais que
les Anglais d'alors l'étaient de se procurer des chevaux arabes. »

Le cheval de gros trait de Londres, si différent par son aspect
de toute espèce naturelle, et dont l'énorme taille a tellement
étonné bien des princes orientaux, doit probablement son origine à une sélection, poursuivie pendant un grand nombre de
générations, des animaux les plus lourds et les plus puissants
de l'Angleterre et des Flandres, sans aucune intention de créer
un cheval comme celui que nous possédons aujourd'hui. Si nous
remontons le cours de la période historique, nous voyons dans
les statues de l'antiquité grecque, ainsi que le fait remarquer
Schaaffhausen, [75] des chevaux ne ressemblant ni au cheval de
course, ni au cheval de trait, et différant de toute race connue.

On peut nettement apprécier les effets de la sélection inconsciente à l'état naissant, si nous pouvons nous exprimer ainsi,
par les différences que présentent les troupeaux descendant d'une
même souche, mais élevés séparément par de bons éleveurs.
Youatt [76] cite, comme un exemple frappant de ce fait, les moutons
appartenant à MM. Buckley et Burgess, qui « descendent de la
souche créée par Bakewell et qui, depuis plus de cinquante ans,
n'ont été croisés avec aucune autre souche. Quiconque s'est
occupé de ce sujet sait que ces deux éleveurs n'ont jamais altéré
par un croisement le sang pur de la souche originelle de Bakewell ; cependant, les différences entre les moutons de ces deux
troupeaux sont assez considérables pour qu'ils paraissent appartenir à des variétés différentes. » J'ai observé des exemples analogues et très-marqués chez les pigeons ; ainsi, j'ai eu en ma
possession une famille de Barbes, descendant de ceux de sir
J. Sebright, et une autre famille descendant de la même souche
mais élevée par un autre éleveur ; or, ces deux familles diffé-

---

[75] *Ueber Beständigkeit der Arten.*
[76] *On Sheep,* p. 315.

raient l'une de l'autre d'une manière très-appréciable. Nathusius,
dont la compétence en ces matières est incontestable, fait remarquer que, chez les Courtes-cornes, dont l'aspect est très-uniforme
(la couleur exceptée), chaque troupeau porte comme une em-
preinte du caractère individuel et des goûts de celui qui l'élève,
de sorte que les divers troupeaux diffèrent quelque peu les uns
des autres [77]. Le bétail Hereford a acquis ses caractères actuels
bien tranchés vers 1769, à la suite d'une sélection attentive
opérée par M. Tomkins [78] ; or, cette race vient récemment de se
séparer en deux branches, dont l'une a la face blanche, et présente
encore quelques légères différences sur d'autres points [79] ; mais on
n'a aucune raison pour croire que cette séparation, dont l'origine
est inconnue, ait été intentionnelle ; on peut très-probablement
attribuer ces différences à ce que les divers éleveurs ont porté
leur attention sur des points différents. De même, en 1810, la
race de porcs du Berkshire était bien différente de ce qu'elle était
en 1780 ; depuis 1810, deux sous-races distinctes au moins ont
porté ce même nom [80]. Les animaux se multiplient avec une
grande rapidité ; or, si nous réfléchissons que, chaque année, on
en abat un grand nombre et qu'on en conserve quelques-uns pour
la reproduction, il en résulte que lorsqu'un même éleveur choisit, pendant un laps de temps, les individus à conserver, il est à
peu près impossible que ses goûts individuels n'influent pas sur
les caractères de ses produits, et n'impriment un cachet particulier à son troupeau, sans qu'il ait aucune intention préconçue
de modifier la race.

La sélection inconsciente, au sens le plus étroit du terme,
c'est-à-dire la conservation des animaux les plus utiles, et la destruction, ou tout au moins l'abandon de ceux qui le sont moins,
sans aucun souci de l'avenir, a dû se pratiquer dès les temps les
plus reculés, et chez les nations les plus barbares. Les sauvages
ont souvent à souffrir de la famine, et sont quelquefois chassés
de leur pays par la guerre. On ne saurait douter que, dans ces
cas, ils cherchent à sauver leurs animaux les plus utiles. Lors—

---

[77] *Ueber Shorthorn Rindvieh*, 1857, p. 51.
[78] Low, *Domesticated Animals*, 1845, p. 363.
[79] *Quarterly Review*, 1849, p. 392.
[80] H. Von Nathusius, *Vorstudien... Schweineschadel*, 1864, p. 140.

que les indigènes de la Terre de Feu sont vivement pressés par
le besoin, ils mangent les vieilles femmes, de préférence à leurs
chiens, car, disent-ils : « les vieilles femmes ne servent à rien,
tandis que les chiens attrapent les loutres. » Si la famine continue et qu'à défaut de vieilles femmes ils en soient réduits à
manger leurs chiens, le même raisonnement doit certainement
les porter à conserver les meilleurs. M. Oldfield, qui a beaucoup
étudié les indigènes de l'Australie, m'apprend qu'ils sont enchantés de pouvoir se procurer un chien européen dressé à
chasser le kangourou, et il ajoute que, plusieurs fois, un père a
tué son enfant, pour que la mère puisse allaiter le précieux animal. Plusieurs espèces de chiens seraient évidemment utiles aux
Australiens pour chasser les kangourous et les opossums, et aux
Fuégiens pour attraper le poisson et les loutres ; or, la conservation, dans chacun de ces pays, des chiens les plus propres à
ces chasses finirait par amener la formation de deux races très-
distinctes.

Il en est de même des plantes. Dès l'aurore de la civilisation,
la meilleure variété connue à chaque période a dû être plus généralement cultivée, et la graine semée de temps à autre ; il a dû
en résulter une sorte de sélection dès une époque très-reculée,
mais sans type de perfection préconçu ni aucune pensée d'avenir.
Nous profitons aujourd'hui d'une sélection qui s'est continuée
d'une manière inconsciente et à des intervalles plus ou moins
rapprochés pendant des milliers d'années. C'est ce que prouvent
les intéressantes recherches de Oswald Heer sur les habitations
lacustres de la Suisse, que nous avons résumées dans un chapitre
précédent ; il a démontré, en effet, que les graines de nos variétés
actuelles de froment, d'orge, d'avoine, de pois, de fèves, de lentilles et de pavots, dépassent en grosseur celles qui étaient cultivées en Suisse pendant la période néolithique et pendant la
période du bronze. Les peuples anciens de la période néolithique,
possédaient un pommier sauvage beaucoup plus grand que celui
qui croît actuellement dans le Jura [81]. Les poires décrites par

[81] Dr Christ, dans Rütimeyer, *Pfahlbauten*, 1861, p. 226.

Pline étaient évidemment très inférieures en qualité à celles que
nous cultivons à présent. Nous pouvons actuellement réaliser
d'une autre manière les effets d'une sélection et d'une culture
prolongées, car, aujourd'hui, personne ne songerait à obtenir
une pomme de premier choix de la graine d'un vrai pommier
sauvage, ou une poire succulente et fondante d'un poirier sauvage. Alph. de Candolle m'apprend qu'il a eu occasion de voir à
Rome, sur une ancienne mosaïque, une image du melon, et
comme les Romains, gourmands comme ils l'étaient, ne men-
tionnent pas ce fruit, il en conclut que le melon a dû être
grandement amélioré depuis l'époque classique.

Plus récemment, Buffon, [52] comparant les fleurs, les fruits et
les légumes cultivés de son temps avec de très bons dessins faits
cent cinquante ans auparavant, fut frappé des améliorations
énormes réalisées pendant ce laps de temps, et il ajoute que ces
fleurs et ces légumes anciens seraient non-seulement dédaignés
par un horticulteur, mais même par un jardinier de village.
Depuis Buffon, l'amélioration a fait de rapides progrès ; tous les
fleuristes qui comparent les fleurs actuelles avec celles figurées
dans les livres publiés il n'y a pas bien longtemps sont étonnés
des changements survenus. Un amateur [53] rappelle, au sujet des
variétés de Pélargoniums produites par M. Garth vingt-deux ans
auparavant, « combien elles avaient fait fureur ; elles paraissaient
alors constituer l'extrême perfection, et aujourd'hui on ne daignerait pas les honorer d'un regard ; on n'en doit pas moins de
la reconnaissance à ceux qui ont compris ce qu'on pouvait faire,
et qui l'ont fait. » M. Paul [54], l'éminent horticulteur, fait remarquer à propos de ces fleurs dont les figures, dans l'ouvrage de
Sweet, l'avaient tellement charmé dans sa jeunesse, « qu'elles ne
sont cependant comparables en rien aux Pélargoniums actuels.
Ici encore la nature n'a pas avancé par bonds ; l'amélioration a
été graduelle, et, si on avait négligé ces phases progressives, on
n'aurait pas obtenu les beaux résultats actuels. » Le Dahlia s'est
amélioré d'une manière analogue, suivant une direction imprimée

---

[52] Passage cité dans *Bull. Soc. d accl.*, 1858, p. 11.
[53] *Journal of Horticulture.* 1862, p. 394.
[54] *Gardener's Chronicle*, 1857, p. 85.

par la mode, et par une série de modifications lentes et successives [85]. On a signalé des changements graduels et continus chez
beaucoup d'autres fleurs ; ainsi, un ancien fleuriste [86], après
avoir décrit les principales variétés d'œillets cultivés en 1813,
ajoute : « c'est à peine si on daignerait aujourd'hui employer les
œillets d'alors pour garnir des bordures. » L'amélioration de
tant de fleurs, et le nombre de variétés qui ont été produites,
sont des faits d'autant plus remarquables, que le plus ancien
jardin en Europe destiné à la culture des fleurs, celui de Padoue,
ne remonte qu'à l'an 1545 [87].

*Effets de la sélection, manifestés par le fait que les parties les
plus estimées par l'homme sont celles qui présentent les plus
grandes différences.* — Il est une autre preuve générale de l'influence qu'exerce une sélection prolongée, qu'elle soit d'ailleurs
méthodique ou inconsciente, ou les deux à la fois ; il suffit, en
effet, de comparer les différences qui existent entre les variétés
d'espèces distinctes, qu'on recherche à cause des qualités de certaines parties, comme, par exemple, les feuilles, les tiges, les
tubercules, les graines, les fruits ou les fleurs. La partie qui a le
plus de valeur pour l'homme est toujours celle qui présente les
plus grandes différences. Chez les arbres qu'on cultive pour les
fruits, ceux-ci sont toujours plus gros que chez l'espèce parente ;
chez les arbres cultivés pour la graine, comme les noisetiers,
les noyers, les amandiers, les châtaigniers, etc., c'est la graine
elle-même qui est plus grosse ; Sageret explique ce fait par la
sélection appliquée pendant des siècles au fruit dans le premier
cas, et à la graine dans le second. Gallesio fait la même observation. Godron insiste sur la diversité des tubercules de la pomme
de terre, des bulbes de l'oignon, et des fruits du melon ; les
autres parties de ces mêmes plantes se ressemblent d'ailleurs
beaucoup [88].

[85] M. Wildman, *Gardener's Chronicle,* 1843, p. 86.
[86] *Journal of Horticulture,* 24 Oct. 1865, p. 239.
[87] Prescott, *History of Mexico,* vol. II, p. 61.
[88] Sageret, *Pomologie physiologique,* 1830, p. 47. — Gallesio, *Teoria,* etc., 1816, p. 88.
— Godron, *De l'Espèce,* 1839, t. II, p. 63, 67, 70. — J'ai cité, dans les dixième et
onzième chapitres, quelques détails sur les pommes de terre, auxquels je pourrais ajouter des
observations analogues sur l'oignon. J'ai aussi indiqué combien les remarques de Naudin sur
les variétés du melon concordent avec les miennes.

Pour m'assurer de l'exactitude de mes impressions à cet égard, j'ai cultivé les unes auprès des autres un grand nombre de variétés de la même espèce. Toute comparaison quant à la somme des différences entre des organes très-différents est nécessairement très-vague; je me bornerai donc à indiquer les résultats obtenus dans quelques cas. Nous avons vu, dans le neuvième chapitre, combien les variétés du chou diffèrent au point de vue du feuillage et des tiges qui sont les parties recherchées, et se ressemblent au point de vue des fleurs, des capsules et des graines. Chez sept variétés du radis, les racines différaient énormément au point de vue de la couleur et de la forme, sans qu'il fût possible d'apprécier aucune différence chez le feuillage, les fleurs, ou les graines. Le contraste est frappant, au contraire, si nous comparons les fleurs des variétés de ces deux plantes avec celles des espèces que nous cultivons comme ornement dans nos jardins, ou leurs graines avec celles de nos variétés de maïs, de pois, de haricots, etc., que nous recherchons et que nous élevons pour la graine. Nous avons vu que les variétés de pois ne diffèrent que peu, si ce n'est par la hauteur de la plante, un peu par la forme des cosses, mais beaucoup par le pois lui-même, qui est le point essentiel, et celui auquel on applique la sélection. Les variétés du *Pois sans parchemin* diffèrent beaucoup plus au point de vue de la gousse, laquelle, comme on le sait, est recherchée pour l'alimentation. J'ai cultivé douze variétés de fèves; une d'elles, dite *Dwarf fan*, différait seule par son apparence générale; deux, par la couleur des fleurs, qui étaient albinos chez l'une et entièrement, au lieu de partiellement pourpres chez l'autre; plusieurs différaient beaucoup par la forme et la grosseur de la gousse, mais encore plus par la fève même, la partie recherchée de la plante et celle qui est l'objet de la sélection. La fève dite *Toker*, par exemple, est deux fois et demie aussi longue et aussi large que la féverole, elle est plus mince et affecte une forme différente.

Les variétés du groseillier diffèrent considérablement au point de vue du fruit, mais à peine au point de vue des fleurs ou des organes de la végétation. Chez le prunier, les différences sont également plus grandes chez les fruits que chez le feuillage ou les fleurs. Les graines du fraisier, au contraire, qui correspondent

au fruit du prunier, ne diffèrent presque pas du tout ; tandis que
chacun sait combien le fruit, — qui chez la fraise n'est qu'un
réceptable développé, — est différent chez les diverses variétés
Chez les pommiers, les poiriers et les pêchers, les fleurs et les
feuilles diffèrent considérablement, mais pas autant que les
fruits. Les pêchers chinois à fleurs doubles prouvent, d'autre
part, qu'on a obtenu des variétés de cet arbre, différant plus par
la fleur que par le fruit. Si, comme cela est extrêmement probable, le pêcher est un descendant modifié de l'amandier, il s'est
opéré des changements remarquables, chez une même espèce,
dans la pulpe charnue des fruits du premier, et dans les noyaux
du second.

Lorsque des parties se trouvent en rapport aussi intime l'une
avec l'autre que le sont la pulpe (quelque puisse être sa nature
au point de vue homologique) et le noyau, si l'une d'elles est
modifiée, l'autre l'est en général aussi, mais pas nécessairement
au même degré. Chez le prunier, par exemple, quelques variétés
produisent des prunes presque semblables, mais dont les noyaux
diffèrent beaucoup ; d'autres, au contraire, produisent des fruits
très-dissemblables, mais dont les noyaux sont presque identiques ; en règle générale, bïen que les noyaux n'aient pas fait
l'objet d'une sélection, ils varient beaucoup chez les diverses variétés du prunier. Dans d'autres cas, des organes entre lesquels
on ne peut saisir aucune relation apparente varient ensemble, en
raison de quelque rapport inconnu, et sont, par conséquent, susceptibles, sans intention de la part de l'homme, de céder simultanément à l'action de la sélection. Ainsi, les graines des variétés de Giroflées (*Matthiola*), qui ont été choisies uniquement
pour la beauté de leurs fleurs, diffèrent considérablement au
point de vue de la grosseur et de la couleur. Des variétés de
laitues qu'on ne cultive que pour les feuilles produisent également des graines diversement colorées. Généralement, en vertu
de la loi de la corrélation, quand une variété diffère beaucoup des
autres par un caractère, elle en diffère jusqu'à un certain point
par plusieurs autres. J'ai observé ce fait en cultivant les unes
auprès des autres un grand nombre de variétés d'une même espèce, car, dressant successivement des listes des variétés qui
différaient le plus par le feuillage et le mode de croissance, puis

par les fleurs, les capsules, et enfin par les graines mûres, je trouvai ordinairement que les mêmes noms se représentaient dans deux, trois ou quatre de mes listes. Mais les plus fortes différences portaient toujours, autant que j'ai pu en juger, sur les organes pour lesquels la plante est spécialement cultivée.

Si nous songeons que toute plante a dû être en premier lieu cultivée par l'homme en raison de l'utilité qu'elle pouvait avoir pour lui, que ses variations n'ont été qu'une conséquence souvent très-postérieure de la culture, nous ne pouvons pas expliquer la plus grande diversité des parties les plus recherchées par l'hypothèse que l'homme ait primitivement choisi les espèces ayant une tendance spéciale à varier dans une direction particulière. Le résultat doit donc être attribué au fait que les variations de ces parties ont été successivement conservées, et ainsi continuellement accumulées, tandis que les autres variations ont été négligées et se sont perdues, à l'exception de celles qui, par corrélation, accompagnaient les premières. Nous pouvons donc conclure qu'on pourrait, par une sélection prolongée, arriver à créer des races aussi différentes sur un point de conformation quelconque, que le sont, par leurs caractères utiles et recherchés, celles qu'on cultive actuellement.

Nous n'observons rien de semblable chez les animaux ; mais l'homme n'a pas réduit en domesticité un assez grand nombre d'espèces pour qu'une comparaison soit utile. Chez les moutons, on recherche la laine ; or, la laine diffère chez les diverses races beaucoup plus que le poil chez le gros bétail. On ne demande aux moutons, aux chèvres, aux bêtes à cornes, en Europe tout au moins, et aux porcs, ni force ni agilité ; aussi ne possédons-nous pas de races différant les unes des autres sous ce rapport, comme le cheval de course et le cheval de trait. Mais ces qualités sont recherchées chez le chameau et chez le chien, aussi trouvons-nous dans la première espèce le rapide dromadaire et le pesant chameau ; et, dans la seconde, le lévrier et le dogue. On recherche encore plus, chez le chien, la finesse des sens et certaines facultés mentales, et chacun sait combien les races diffèrent les unes des autres sous ces rapports. Dans les pays où, par contre, comme dans les îles Polynésiennes et en Chine, le chien n'a d'autre utilité que de servir d'aliment, on assure qu'il

est très-stupide [89]. Blumenbach fait remarquer que certains chiens,
tels que le basset, ont une conformation si remarquablement appropriée à certaines exigences, que, dit-il, « je ne puis me per-
suader que cette structure bizarre puisse n'être que la conséquence accidentelle d'une dégénérescence [90]. » Si Blumenbach
avait songé au grand principe de la sélection, il n'aurait pas prononcé le mot de dégénérescence, et il n'aurait pas été étonné que
les chiens et les autres animaux se soient si complétement adaptés
au service de l'homme.

Nous pouvons conclure, en somme, que les parties ou les caractères qui sont les plus recherchés, — qu'il s'agisse des feuilles,
des tiges, des tubercules, des bulbes, des fleurs, des fruits ou des
graines chez les plantes, de la taille, de la force, de l'agilité, du
pelage ou de l'intelligence chez les animaux, — présentent invariablement les plus grandes différences quant à la nature et au
degré. Ce résultat doit être évidemment attribué à ce que
l'homme a, pendant une longue série de générations, conservé
les variations qui lui étaient utiles, et négligé les autres.

Je terminerai ce chapitre par quelques remarques sur un sujet important. Chez les animaux comme la girafe, dont toute la
conformation est si admirablement adaptée à certains besoins,
on a supposé que toutes les parties ont dù être simultanément
modifiées, et on a objecté que cela est presque impossible dans
l'hypothèse de la sélection naturelle. Mais, en raisonnant ainsi, on
a tacitement admis que les variations ont dù être très-grandes et
très-brusques. Si le cou d'un ruminant venait à s'allonger subitement de façon très-considérable, il n'est pas douteux que les
membres antérieurs et le dos devraient simultanément se modifier et se renforcer ; mais il est certain que le cou, la tête, la
langue ou les membres antérieurs d'un animal pourraient s'allonger un peu, sans que les autres parties du corps dussent nécessairement présenter des modifications correspondantes ; mais,
ainsi légèrement modifié, l'individu, pendant une disette, par
exemple, possédant un léger avantage sur les autres, et pouvant
atteindre aux branchilles d'arbres un peu plus élevées, aurait

---

[89] Godron, *De l'Espèce*, t. II. p. 27.
[90] *The Anthropological Treatises of Blumenbach*, 1856, p. 292.

plus de chance de survivre ; car quelques bouchées de plus ou de moins dans la journée peuvent constituer toute la différence entre la vie et la mort. La répétition du même fait, et l'entre-croisement éventuel des survivants, amèneraient un progrès, si lent et si fluctuant qu'il puisse être, vers la structure si étonnamment coordonnée de la girafe. Si le pigeon Culbutant courte-face, avec sa tête globuleuse, son petit bec conique, son corps rond, ses petites ailes et ses pattes courtes, — tous caractères bien harmonisés, — eût été une espèce naturelle, on aurait regardé sa conformation comme parfaitement adaptée à son genre de vie ; cependant, nous savons que les éleveurs inexpérimentés doivent porter successivement leur attention sur chaque point sans chercher à améliorer toute la structure à la fois. Le lévrier, ce type parfait de grâce, de symétrie, de légèreté et de vigueur, ne le cède à aucune espèce naturelle sous le rapport d'une conformation admirablement coordonnée, avec sa tête effilée, son corps svelte, sa poitrine profonde, son abdomen relevé, sa queue de rat et ses longs membres musculeux, tout lui permettant d'atteindre une grande rapidité, et de forcer une proie faible. Or, d'après ce que nous savons de la variabilité des animaux, et des procédés différents que les éleveurs emploient pour améliorer leurs souches, — les uns s'occupant d'un point, les autres d'un autre, quelques-uns ayant recours aux croisements pour corriger les défauts, et ainsi de suite, — nous pouvons être certains que, si nous pouvions embrasser toute la série des ancêtres d'un lévrier de premier ordre, en remontant jusqu'à son point de départ, le chien-loup sauvage, nous verrions un nombre infini de gradations insensibles, tantôt dans un caractère, tantôt dans un autre, mais conduisant toutes vers le type actuel. C'est par des degrés aussi peu considérables et aussi incertains que ceux-là que la nature, nous pouvons en être certains, a progressé dans sa marche vers l'amélioration et le développement.

On peut appliquer aux organes séparés le même raisonnement qu'à l'organisme entier. Un auteur [91] a récemment soutenu qu'

[91] M. J. J. Murphy, dans son adresse d'inauguration à la Soc. d'Hist. naturelle de Belfast (*Belfast Northern Whig*, 19 Nov. 1866), emprunte contre mes idées la série des arguments employés précédemment avec plus de circonspection par le Rév. C Pritchard, président de la Société royale d'Astronomie, dans son sermon prêché devant la British Association à Nottingham en 1866.

« il n'y a rien d'exagéré à supposer que, pour perfectionner un organe comme l'œil, il faille l'améliorer d'emblée dans dix sens différents. Or, il est aussi improbable qu'on puisse produire et amener de cette manière à la perfection un organe complexe de cette nature, qu'il est improbable qu'on puisse produire un poëme ou une démonstration mathématique en jetant au hasard des lettres sur une table. » Si l'œil subissait brusquement de grandes modifications, il faudrait sans doute qu'un grand nombre de parties fussent simultanément modifiées, pour que l'organe pût continuer d'être utile.

Mais en est-il de même quand il s'agit de modifications plus légères? Il y a des personnes qui ne voient distinctement que dans une lumière affaiblie, circonstance qui dépend, je crois, d'une sensibilité anormale de la rétine, et qui est héréditaire. Or, s'il était très-avantageux pour un oiseau par exemple, de bien voir pendant le crépuscule, tous les individus doués d'une grande sensibilité de la rétine l'emporteraient dans la lutte pour l'existence et auraient plus de chances de survivre; or, pourquoi ceux qui auraient l'œil plus grand ou la pupille plus dilatable ne jouiraient-ils pas des mêmes avantages sans que ces modifications dussent nécessairement être simultanées? Des croisements ultérieurs entre ces individus résulteraient des produits doués des avantages respectifs de leurs ascendants. De légers changements successifs de cette nature amèneraient peu à peu l'œil de l'oiseau diurne à ressembler à celui du hibou, qu'on a fréquemment invoqué comme un excellent exemple d'adaptation. La myopie, qui est souvent héréditaire, permet à celui qui en est affecté de voir distinctement un petit objet à une distance assez rapprochée pour être indistinct pour un œil ordinaire; il y a donc là une apparition soudaine d'une aptitude qui, dans certaines conditions, peut être avantageuse. Les Fuégiens, à bord du *Beagle*, apercevaient les objets éloignés beaucoup plus distinctement que nos matelots, malgré leur longue pratique; j'ignore si cette aptitude dépend de la sensibilité nerveuse, ou d'une faculté quelconque d'ajustement du foyer de l'œil, mais il est probable qu'elle peut être légèrement augmentée par d'autres modifications successives et de diverses natures. Les animaux amphibies, qui voient aussi bien dans l'eau et dans l'air, doivent posséder, et, ainsi que l'a démontré M. Plateau [92], possèdent effectivement des yeux construits de la façon suivante : « La cornée est toujours plate, ou au moins très-aplatie devant le cristallin, sur un espace égal au diamètre de cette lentille, tandis que les parties latérales peuvent être très-bombées. » Le cristallin est à peu près sphérique, et les humeurs de l'œil ont presque la densité de l'eau. Or, si nous supposons qu'un animal terrestre acquière peu à peu des habitudes de plus en plus aquatiques, il est évident qu'il suffirait de très-faibles changements d'abord dans les courbures de la cornée ou du cristallin, puis dans la densité des humeurs, ou inversement, modifications qui pourraient survenir successivement, pour lui permettre de voir facilement dans l'eau, sans altérer sérieusement la vision aérienne. Il est impossible, cela va sans dire, de conjecturer comment l'œil des vertébrés a pu acquérir primitivement sa conformation fondamentale, car nous ne saurions indiquer quelle était la structure de cet organe chez les premiers ancêtres de la classe. Quant aux animaux qui occupent les derniers degrés de l'échelle animale, on peut, au contraire, indiquer par analogie, comme j'ai essayé de le faire dans l'*Origine des espèces* [93], les états de transition par lesquels l'œil a probablement dû passer chez les animaux les plus infimes.

[92] *Sur la Vision des Poissons et des Amphibies;* traduit dans *Ann. et Mag. of Nat. Hist.* vol. XVIII, 1866, p. 469.

[93] *Origine des Espèces,* trad. sur la sixième édition, p. 196 (Paris, Reinwald)

CHAPITRE XXI

LA SÉLECTION (*suite.*)

Action de la sélection naturelle sur les produits domestiques. — Importance réelle de certains caractères insignifiants en apparence. — Circonstances favorables à la sélection par l'homme. — Facilité à empecher les croisements, et nature des conditions. — Attention et persévérance nécessaires. — Circonstances favorables résultant de la production d'un grand nombre d'individus. — Il n'y a pas de formation de races distinctes lorsqu'il n'y a pas de sélection. — Tendance à la dégénérescence des animaux très-améliorés. — Tendance chez l'homme à pousser à l'extrême la sélection de chaque caractere, d'où divergence des caractères, et rarement convergence. — Tendance qu'ont les caractères à continuer à varier dans la direction suivant laquelle ils ont déjà varié. — La divergence des caractères, jointe à l'extinction des variétés intermédiaires, conduit à la différenciation de nos races domestiques. — Limites à la sélection. — Importance de la durée du temps. — Origine des races domestiques. — Résumé.

Action de la sélection naturelle, ou de la persistance du plus apte, sur les productions domestiques. — Nous n'avons sur ce point que des connaissances très-limitées. Toutefois, comme les animaux élevés par les sauvages doivent se procurer leurs aliments, sinon complétement, du moins en grande partie, on ne peut guère douter que, dans divers pays, certaines variétés ayant une constitution différente et des caractères divers doivent mieux réussir que d'autres et faire ainsi l'objet de la sélection naturelle. C'est peut-être la raison pour laquelle le petit nombre d'animaux domestiques élevés par les sauvages affectent, ainsi que plusieurs auteurs en ont fait la remarque, l'aspect sauvage de leurs maîtres, et ressemblent également à des espèces naturelles. La sélection naturelle doit aussi agir sur les races domestiques même dans les pays civilisés depuis longtemps, et surtout dans les parties plus sauvages de ces pays. Il est évident, en effet, que des variétés ayant des habitudes, une constitution

ou une conformation très-différentes doivent mieux s'adapter à
des régions différentes, les unes aux montagnes, les autres aux
plaines basses et aux riches pâturages. Autrefois, par exemple,
on avait établi les moutons Leicester améliorés sur les collines
de Lammermoor; puis un éleveur intelligent a fait remarquer
que « les maigres pâturages de cette localité ne contenaient pas
les éléments nécessaires à l'alimentation de moutons aussi gros ;
en effet, le volume de leur corps diminua peu à peu ; chaque génération devint inférieure à la génération précédente ; et, lorsque
les printemps étaient rigoureux, à peine les deux tiers des
agneaux pouvaient–ils résister aux tempêtes qui se déchaînent
dans cette région »[1]. De même, le bétail qui habite les montagnes
du nord du pays de Galles et des Hébrides ne peut pas supporter
le croisement avec les races plus grandes et plus délicates qui
habitent les régions basses. Deux naturalistes français en décrivant les chevaux de la Circassie ont fait remarquer que les plus
robustes et les plus vigoureux peuvent seuls survivre, car ils sont
exposés à d'extrêmes vicissitudes climatériques, il leur faut chercher une nourriture chétive et peu abondante, et se défendre
sans cesse contre les attaques des loups[2].

Chacun a dû être frappé de la grâce, de la puissance et de la
vigueur du coq de Combat. Qui n'a remarqué son air hardi et
confiant, son cou ferme quoique allongé, son corps com-
pacte, ses ailes et ses cuisses puissantes, son bec fort et mas-
sif à la base, ses ergots durs et acérés, placés bas sur la jambe,
et son plumage serré, lisse, véritable cotte de mailles, qui
lui sert d'armure défensive ? L'homme n'a pas contribué seul
par une sélection attentive à améliorer le coq de Combat pendant
de nombreuses générations, la sélection naturelle y a contribué
aussi, car, comme le fait remarquer M. Tegetmeier[3], les oiseaux
les plus courageux, les plus actifs et les plus forts, ont successivement terrassé dans l'arène, de génération en génération, leurs
antagonistes inférieurs, et sont restés en définitive les seuls pro-
créateurs de leur espèce.

---

[1] Youatt, *On Sheep,* p. 325 ; *On Cattle*, p. 62, 69.
[2] MM. Lherbette et Quatrefages, *Bull. Soc. d'accl.*, t. VIII, 1861, p. 311.
[3] *The Poultry Book*, 1866, p. 123 ; Tegetmeier, *The Homing or Carrier pigeon*, 1871,
p. 45-58.

Chaque district de l'Angleterre possédait autrefois sa race propre de gros bétail et de moutons ; ces races étaient pour ainsi dire appropriées au sol, au climat et aux pâturages des localités où elles vivaient, et semblaient avoir été créées par elles et pour elles[4]. Il nous est dans ce cas impossible de discerner les effets de l'action directe des conditions d'existence — de l'usage ou des habitudes, — de la sélection naturelle, — et de cette sorte de sélection, que l'homme a exercée par intervalles et de façon inconsciente, même dès les temps les plus reculés.

Étudions maintenant l'action de la sélection naturelle sur les caractères spéciaux. Bien qu'il soit difficile de résister à la nature, l'homme cependant lutte contre sa puissance, quelquefois avec succès. Les faits que nous aurons à citer prouvent aussi que la sélection naturelle agirait puissamment sur plusieurs de nos produits domestiques, s'ils n'étaient protégés contre ses effets. Ce point a une grande importance, car nous apprenons ainsi que des différences, très-légères en apparence, pourraient certainement déterminer la persistance d'une forme, dans le cas où elle serait obligée de lutter par elle-même pour son existence. Quelques naturalistes ont pu penser, comme je le pensais moi-même autrefois, que, bien que la sélection, agissant dans des conditions naturelles, puisse déterminer la conformation des organes essentiels, elle ne doit cependant pas affecter les caractères que nous regardons comme ayant peu d'importance ; c'est cependant là une erreur à laquelle nous expose l'ignorance où nous sommes des caractères qui peuvent avoir une valeur réelle pour un être organisé.

Lorsque l'homme cherche à faire reproduire un animal ayant quelque sérieux défaut de conformation, ou chez lequel les rapports mutuels de certaines parties ne sont pas bien équilibrés, il échoue, ou il ne réussit qu'en partie ; en tout cas, il rencontre beaucoup de difficultés car il a à lutter contre une forme de la sélection naturelle. Nous avons déjà parlé d'un essai fait dans le Yorkshire, pour produire du bétail à croupe très-développée, essai auquel on dut renoncer parce que trop de vaches péris-

---

[4] Youatt, *Sheep*, p. 312.

saient pendant le vêlage. M. Eaton[5] dit, à propos de l'élevage
des Culbutants courte-face : « Je suis convaincu qu'il est mort
dans l'œuf bien plus de jeunes ayant une tête et un bec parfaits
à notre point de vue qu'il n'en est éclos ; et, la raison, c'est qu'un
oiseau à face extrêmement courte ne peut, avec son bec, atteindre
et briser sa coquille, et doit nécessairement périr. » Voici un cas
plus curieux, dans lequel la sélection naturelle n'intervient qu'à
de longs intervalles. Pendant les saisons normales, le bétail
niata peut brouter aussi bien que le bétail ordinaire, mais il arrive parfois, comme cela a eu lieu de 1827 à 1830, que les
plaines de La Plata souffrent de sécheresses prolongées qui
grillent les pâturages ; dans ces circonstances, le bétail ordinaire et les chevaux périssent par milliers, mais il en survit un
certain nombre qui ont pu se nourrir de branchilles d'arbres,
de roseaux, etc. Cette ressource est interdite au bétail niata à
cause de sa mâchoire retroussée et de la forme de ses lèvres, il
est donc nécessairement condamné à périr avant l'autre bétail,
si on ne vient pas à son aide. Roulin nous apprend qu'il existe
en Colombie une race de bétail presque dépourvu de poils, qu'on
appelle Pelones; ce bétail réussit bien dans son pays natal très-
chaud, mais il est trop délicat pour les Cordillères ; la sélection
naturelle, dans ce cas, ne fait que limiter l'extension de la variété. Il est une foule de races artificielles qui, évidemment, ne
survivraient jamais à l'état de nature, telles que les lévriers Ita-
liens, — les chiens Turcs sans poils et presque édentés, — les
pigeons Paons, qui ne peuvent pas voler contre le vent, — les
pigeons Barbes, dont la vue est gênée par le développement des
caroncules autour des yeux, — les coqs Huppés qui sont dans le
même cas, à cause de leur énorme huppe, — les taureaux et les
béliers sans cornes, qui, ne pouvant tenir tête à d'autres mâles,
ont ainsi peu de chance de laisser une postérité, — les plantes
sans graines, et beaucoup d'autres cas analogues.

Les naturalistes systématiques n'attachent généralement que
peu d'importance à la couleur ; voyons donc jusqu'à quel point
la couleur affecte indirectement nos productions domestiques,
et quelle serait son action si on exposait ces dernières à l'action

---

[5] *Treatise on the Almond Tumbler*, 1851, p. 33.

complète de la sélection naturelle. Je démontrerai dans un chapitre subséquent que certaines particularités constitutionnelles
très-étranges, entraînant une susceptibilité à l'action de certains poisons, sont en corrélation avec la couleur de la peau. Je
me contenterai de citer ici un seul exemple que j'emprunte au
professeur Wyman. Étonné de voir que tous les porcs d'une partie de la Virginie sont noirs, il apprit que ces animaux se
nourrissent de racines du *Lachnanthes tinctoria*, qui colore
leurs os en rose, et occasionne la chute des sabots chez tous les
porcs autrement colorés. De là, l'obligation pour les fermiers de
n'élever que les individus noirs de la portée, parce qu'ils ont
seuls la chance de vivre. C'est là un exemple de la sélection artificielle et de la sélection naturelle agissant simultanément. Dans
le Tarentin, les habitants n'élèvent que des moutons noirs, parce
que l'*Hypericum crispum* y est abondant; cette plante, qui
tue les moutons blancs au bout d'une quinzaine de jours, n'exerce
aucune action sur les moutons noirs [6].

La couleur et la tendance à certaines maladies paraissent
avoir de fréquents rapports chez l'homme aussi bien que chez les
animaux inférieurs. Ainsi, les terriers blancs sont plus sujets à
la maladie des chiens que les terriers d'aucune autre couleur [7].
Dans l'Amérique du Nord, les pruniers sont fréquemment atteints
d'un mal que Downing [8] n'attribue pas à des insectes ; les variétés
à fruits pourpres y sont les plus sujettes, et les variétés à fruits
verts ou jaunes ne sont jamais atteintes avant que les autres
soient entièrement couvertes de nodosités. D'un autre côté, les
pêchers, dans l'Amérique du Nord, sont affectés d'une maladie
appelée *yellows* (jaunisse), qui paraît être spéciale à ce continent;
quand cette maladie apparut, elle sévit surtout sur les fruits à
pulpe jaune, dont les neuf dixièmes furent atteints. Les fruits à
pulpe blanche sont très-rarement affectés; ils ne le sont jamais
dans certaines parties du pays. A l'île Maurice, les cannes à sucre
blanches ont été depuis quelques années si fortement atteintes
par une maladie non encore déterminée, qu'un grand nombre
de planteurs ont dû renoncer à cultiver cette variété bien qu'ils

[6] Dr Heusinger, *Wochenschrift für die Heilkunde,* Berlin, 1846, p. 279.
[7] Youatt, *On the Dog,* p. 232.
[8] *The Fruit-trees of America,* 1845, p. 270 ; pêchers, p. 466.

aient importé de nouvelles plantes de Chine pour tenter de nouveaux essais; ils ne cultivent plus que la canne rouge [9]. Or, si
ces plantes avaient eu à lutter avec d'autres plantes rivales, il
n'est pas douteux que leur existence n'eût rigoureusement dé-
pendu de la coloration de la chair ou de l'enveloppe du fruit, si
peu importants que ces caractères puissent d'ailleurs paraître.

La couleur semble avoir aussi quelques rapports avec les
attaques des parasites. Les poussins blancs sont certainement
beaucoup plus sujets que les poulets de couleur foncée aux
baillements, maladie causée par un ver parasite qui se loge dans
la trachée [10]. En France, l'expérience a prouvé que les papillons
du ver à soie qui produisent des cocons blancs résistent mieux à
la maladie que ceux qui produisent des cocons jaunes [11]. On a
observé des faits analogues chez les plantes; un très-bel oignon
blanc nouveau importé de France en Angleterre, planté à côté
d'autres variétés, fut seul attaqué par un champignon parasite [12].
Les verveines blanches sont surtout sujettes à la rouille [13]. Pendant la première période de la maladie de la vigne, près de Malaga, les variétés blanches furent les plus attaquées, et les
vignes rouges et noires, bien que croissant au milieu des plantes
malades, ne souffrirent pas du tout de la maladie. En France,
des groupes entiers de variétés échappèrent relativement, tandis
que d'autres, comme les chasselas, n'ont pas offert une seule
exception; j'ignore si, dans ce cas, on a observé quelque rapport
entre la couleur et la disposition à la maladie [14]. Nous avons
vu dans un précédent chapitre qu'une variété du fraisier est tout
particulièrement sujette à la rouille.

On sait que, dans plusieurs cas, la distribution et même
l'existence de certains animaux supérieurs dans leurs conditions
naturelles dépendent de la présence des insectes. A l'état domestique, les animaux à robes claires souffrent le plus : les habitants
de la Thuringe [15] n'aiment pas le bétail blanc, gris ou de couleur

[9] *Proc. Roy. Soc. of Arts and Sciences of Mauritius*, 1852, p. 135.
[10] *Gardener's Chronicle*, 1856, p. 379.
[11] Quatrefages, *Maladies actuelles du ver à soie*, 1859, p. 12, 214.
[12] *Gard. Chronicle*, 1851, p. 595.
[13] *Journ. of Horticulture*, 1862, p. 476.
[14] *Gardener's Chronicle*, 1852, p. 435, 691.
[15] Bechstein, *Naturg. Deutschlands*, 1801, vol. I, p. 310.

claire, parce qu'il est bien plus fortement incommodé par différentes mouches que le bétail brun, rouge ou noir. On a remarqué qu'un nègre albinos [16] était tout particulièrement sensible
aux piqûres des insectes. Dans les Indes occidentales [17], on
a constaté que les seules bêtes à cornes propres au travail sont
celles qui ont un pelage noir ; les bêtes à cornes blanches sont
extrêmement tourmentées par les insectes, et elles sont d'autant
plus faibles et plus apathiques qu'elles sont plus blanches.

Dans le Devonshire [18], il existe un préjugé contre les porcs
blancs : on prétend que le soleil fait lever des ampoules sur leur
peau ; j'ai connu quelqu'un qui, dans le Kent, ne voulait pas de
porcs blancs pour la même raison. L'action exercée par le soleil
sur les fleurs paraît dépendre aussi de la couleur ; ainsi les Pélargoniums foncés souffrent davantage, et il résulte de plusieurs
observations que la variété dite « *drap d'or* » ne peut pas supporter une exposition au soleil, qui n'a aucune action sur beaucoup
d'autres. Un amateur affirme que les verveines de couleur foncée,
ainsi que les variétés écarlates, s'altèrent sous l'action du soleil ;
les variétés plus claires résistent mieux, et la bleue pâle paraît
être la plus résistante de toutes. De même pour les pensées (*Viola
tricolor*) ; la chaleur convient aux variétés tachetées, mais elle
détruit les belles diaprures de certaines autres variétés [19]. On a
observé en Hollande, pendant une saison extrêmement froide,
que toutes les jacinthes à fleurs rouges avaient été de qualité
très-inférieure. Plusieurs agriculteurs admettent que le froment
rouge est beaucoup plus robuste dans les climats septentrionaux
que le froment blanc [20].

Chez les animaux, les variétés blanches plus apparentes sont
plus sujettes à être la proie des animaux carnassiers et des
oiseaux de proie. Dans les parties de la France et de l'Allemagne
où les faucons abondent, on évite d'élever des pigeons blancs ;
car, comme le fait remarquer Parmentier, les individus blancs

[16] Prichard, *Phys. Hist. of Mankind*, 1851, vol. I, p. 224.
[17] G. Lewis, *Journ. of Residence in West Indies; Home and Col. Library*, p. 100.
[18] Youatt (édit. Sidney), *On the Pig*, p. 24. J'ai cité, *Descendance de l'Homme*, des cas analogues relatifs à l'homme.
[19] *Journal of Horticulture*, 1862, p. 476, 498 ; 1865, p. 460. — Pour les Pensées, voir *Gard. Chronicle*, 1863, p. 628.
[20] *Des Jacinthes et de leur culture*, 1768, p. 53. — Pour le froment, *Gard. Chronicle*, 1846, p. 653

sont toujours les premières victimes du milan. En Belgique, où
on a formé tant de sociétés pour l'élève des pigeons voyageurs,
on proscrit pour la même raison la couleur blanche [21]. Le professeur G. Jaeger [22] trouva un jour quatre pigeons tués par des
faucons, ils étaient tous blancs; un autre jour il eut occasion
d'examiner l'aire d'un faucon; toutes les plumes qu'il y trouva
provenaient de pigeons blancs ou jaunes. On assure d'autre part
que, sur la côte occidentale de l'Irlande, le *Falco ossifragus*
(Linn.) attaque de préférence les poulets noirs, de sorte que
dans les villages on évite autant que possible d'élever des oiseaux
de cette couleur. M. Daudin [23] dit au sujet des lapins blancs qu'on
élève en Russie dans les garennes, que leur couleur est désavan-
tageuse et les expose à être attaqués, parce qu'on peut pendant
les nuits claires les apercevoir à une grande distance. Dans le
Kent, un propriétaire, qui avait essayé de peupler ses bois avec
une variété de lapin très-robuste mais presque blanche, explique
de la même manière la prompte disparition de ces animaux. Il suffit
de suivre un chat blanc rôdant autour de sa proie, pour s'apercevoir bientôt des désavantages que lui occasionne sa couleur.

La cerise blanche de Tatarie est moins promptement attaquée
par les oiseaux que les autres variétés, soit que par sa couleur
elle se confonde avec les feuilles, soit que de loin elle paraisse
n'être pas mûre. La framboise jaune, qui se reproduit fidèlement
par semis, est très-peu attaquée par les oiseaux, qui paraissent
en faire peu de cas; on peut donc se dispenser de l'entourer de
filets, comme on est obligé de le faire pour les framboises
rouges [24]. Cette immunité, profitable pour le jardinier, ne serait,
à l'état de nature, avantageuse ni pour le framboisier ni pour le
cerisier dont nous venons de parler, car leur dissémination
dépend surtout des oiseaux. J'ai remarqué, pendant plusieurs
hivers, que quelques houx à baies jaunes, obtenus par semis
de la graine d'un arbre sauvage trouvé par mon père, demeuraient
toujours couverts de fruits, tandis qu'il ne restait pas une baie

[21] W. B. Tegetmeier, *The Field*, 25 Fév. 1865. — Pour les volailles noires, Thompson,
Nat. Hist. of Ireland, 1849, vol. I, p. 22.
[22] *In Sachen Darwin's contra Wigand*, 1874, p. 70.
[23] *Bull. Soc. d'accl.*, t. VII, 1860, p. 359.
[24] *Transact. Hort. Soc.*, vol. I, 2ᵉ série, 1835, p. 275. — Framboises, *Gard. Chronicle*,
1855, p. 154; et 1863, p. 245.

rouge sur les arbres voisins appartenant à l'espèce ordinaire. Une
personne de ma connaissance possède dans son jardin un sorbier
(*Pyrus aucuparia*) dont les baies, bien qu'ayant la couleur habi-
tuelle, sont toujours dévorées par les oiseaux avant celles de
tous les autres arbres. Cette variété du sorbier serait donc plus
facilement disséminée, et la variété du houx à baies jaunes le
serait moins que les variétés ordinaires de ces deux arbres.

Outre la couleur, d'autres différences insignifiantes peuvent
quelquefois avoir de l'importance pour les plantes cultivées, et
en auraient une très-grande si, livrées à elles-mêmes, elles
avaient à lutter pour leur existence contre de nombreux concurrents. Les pois à gousses minces, nommés *Pois sans parchemin*,
sont beaucoup plus attaqués par les oiseaux que les pois communs [25]. D'autre part, le pois à cosse pourpre, dont la coque est
dure, résiste beaucoup mieux aux attaques des mésanges (*Parus
major*) que toutes les autres variétés ; le même oiseau fait aussi
beaucoup de mal aux noix à coques minces [26] ; on a observé qu'il
néglige l'aveline, pour se porter plus volontiers sur les autres
variétés de noisettes croissant dans un même verger [27].

Certaines variétés du poirier à écorce tendre sont rapidement
ravagées par les coléoptères perforants, tandis que d'autres leur
résistent beaucoup mieux [28]. Dans l'Amérique du Nord, il importe beaucoup que les fruits à noyau aient la peau lisse ou ru-
gueuse ; en effet, le charançon attaque surtout les fruits lisses et
dépourvus de duvet, et il n'est pas rare de les voir tous tomber
de l'arbre aux deux tiers de leur maturité. La pêche lisse est
donc plus attaquée que la pêche ordinaire. Une variété particulière du cerisier Morello, qu'on cultive dans l'Amérique du Nord,
est aussi, sans cause connue, plus sujette que les autres cerisiers
à être dévorée par ces insectes [29]. Certaines variétés du pommier
ont, sans que nous puissions en indiquer la cause, le privilège
de ne pas être infestées par le coccus. D'autre part, dans un grand
verger, les pucerons se sont exclusivement portés sur un poirier

[25] *Gardener's Chronicle*, 1843, p. 806.
[26] *Ibid.*, 1850, p. 732.
[27] *Ibid.*, 1860, p. 956.
[28] J. de Jonghe, *Gard. Chron.*, 1860, p. 120.
[29] Downing, *Fruit-trees of North America*, p. 266, 501 ; cerisier, p. 198.

Nélis d'hiver, et n'ont touché aucune autre variété [30]. La présence de petites glandes sur les feuilles des pêchers et des abricotiers n'aurait pour les botanistes aucune importance, puisqu'elles existent ou font défaut chez des sous-variétés très-voisines, descendues d'une même souche; on sait cependant [31] que l'absence de ces glandes favorise le développement de la rouille, qui est très-nuisible à ces arbres.

Certaines variétés sont, plus promptement que d'autres de la même espèce, attaquées par divers ennemis, en raison de quelque différence dans la saveur ou la quantité de matière nutritive qu'elles renferment. Le bouvreuil (*Pyrrhula vulgaris*) fait beaucoup de tort à nos arbres fruitiers, dont il dévore les bourgeons floraux, et on a vu une paire de ces oiseaux dépouiller, en deux jours, un gros prunier de presque tous ses bourgeons; on a constaté qu'ils se portent surtout sur certaines variétés [32] de pommiers et d'épines (*Cratægus oxyacantha*). M. Rivers signale un exemple frappant de ce genre de préférence qu'il a observé dans son jardin; il possédait deux rangées d'une certaine variété de pruniers [33] qu'il était obligé de protéger avec beaucoup de soin, parce qu'ils étaient, pendant l'hiver, dépouillés de tous leurs bourgeons, tandis que les autres variétés, qui croissaient dans le voisinage, étaient épargnées. Les racines (ou élargissements de la tige) du navet de Suède de Laing sont plus exposées à la destruction que celles des autres variétés, à cause de la préférence que les lièvres ont pour elles; ces animaux, ainsi que les lapins, dévorent aussi le seigle ordinaire avant celui de la Saint-Jean, lorsque les deux variétés croissent ensemble [34]. Dans le midi de la France, lorsqu'on veut établir un verger d'amandiers, on sème les graines de la variété amère pour qu'elles ne soient pas mangées par les mulots [35]; ce qui nous explique l'utilité du principe amer de l'amande.

Il est d'autres différences légères auxquelles on serait disposé

---

[30] *Gardener's Chronicle*, 1849, p. 755.
[31] *Journ. of Hort.*, 1865, p. 254.
[32] M. Selby, *Magaz. of Zoology and Botany*, Edinburgh. vol. II, 1838, p. 393.
[33] La reine Claude de Bavay, *Journ. of Horticulture*, 27 Déc. 1864, p. 511.
[34] M. Pusey, *Journ. of Roy. Agric. Soc.*, vol. VI, p. 179. — Pour le navet de Suède, voir *Gardener's Chronicle*. 1847, p. 91.
[35] Godron, *O. C.*, t. II, 98.

à n'attribuer aucune importance et qui, néanmoins, sont parfois
très-avantageuses aux animaux et aux plantes. Le groseillier dit
whitesmith, dont nous avons déjà parlé, pousse ses feuilles plus
tard que les autres variétés ; il en résulte que les fleurs n'étant
pas protégées, le fruit avorte souvent. M. Rivers [36] a observé que,
chez une variété de cerisier, les pétales de la fleur sont très-re-
courbés en dehors ; en conséquence, la gelée détruit fréquemment les stigmates ; chez une autre variété, au contraire, la gelée reste sans action sur le stigmate, parce que les pétales des
fleurs sont recourbés en dedans. La paille du froment Fenton
est remarquable par sa hauteur inégale, fait auquel un observateur compétent attribue le grand rendement de cette variété,
parce que les épis, étant placés à diverses hauteurs au-dessus
du sol, sont moins pressés les uns contre les autres. Le même
auteur affirme que, chez les variétés très-droites, les barbes divergentes sont utiles aux épis, en ce qu'elles atténuent les chocs
mutuels auxquels ils sont exposés lorsqu'ils sont agités par le
vent [37]. Si on cultive ensemble plusieurs variétés d'une plante,
et qu'on en récolte indistinctement les produits, il est évident
que les formes plus robustes et plus productives l'emporteront
graduellement sur les autres, par une sorte de sélection naturelle ; c'est ce qui, d'après le col. Le Couteur [38], se produit dans
nos champs de froment, car, comme nous l'avons déjà démontré, aucune variété ne possède des caractères complétement uniformes. Plusieurs horticulteurs m'ont assuré que le même fait
se produirait dans nos jardins, si on n'avait pas soin de séparer
les graines des diverses variétés. Lorsqu'on fait couver ensemble
les œufs de canards sauvages et de canards domestiques, les canetons sauvages périssent presque tous, parce qu'ils sont plus
petits, et n'obtiennent pas leur part légitime de nourriture [39].

Nous avons cité assez de faits pour prouver que la sélection
naturelle contrarie souvent, et favorise parfois la sélection exercée par l'homme. Ces faits nous enseignent en outre que nous
devons être très-circonspects dans le jugement que nous portons

[36] *Gard. Chronicle*, 1866, p. 732.
[37] *Gard. Chronicle*, 1862, p. 820, 821.
[38] *On the Varieties of Wheat*, p. 59.
[39] Hewitt, *Journ. of Horticulture*, 1862, p. 773.

sur l'importance que peuvent avoir certains caractères à l'état de nature, tant chez les animaux que chez les plantes, qui, dès le moment de leur naissance jusqu'à celui de leur mort, ont à lutter pour leur existence, laquelle dépend de conditions que nous ignorons complétement.

Circonstances favorables à la sélection par l'homme. — C'est la variabilité qui rend la sélection possible ; la variabilité à son tour, comme nous le verrons par la suite, dépend principalement de changements dans les conditions d'existence, et obéit à des lois très-complexes et en grande partie inconnues. La domestication même très-prolongée ne cause parfois qu'une variabilité peu considérable, ainsi que nous l'avons vu pour l'oie et le dindon. Il est toutefois probable que, dans presque tous les cas, sinon tous, les faibles différences qui existent chez chaque individu, animal ou plante, suffiraient, à condition que l'on employât une sélection suivie et attentive, pour donner naissance à des races distinctes. Nous avons vu ce que peut faire la sélection appliquée à de simples différences individuelles, chez les bêtes bovines, les moutons, les pigeons, etc., appartenant à une même race, mais élevée pendant un certain nombre d'années par des éleveurs différents sans que ceux-ci aient aucune intention de modifier la race. Les différences qu'on peut constater entre les chiens courants qu'on élève pour la chasse dans des districts différents, et beaucoup d'autres cas analogues constituent des preuves du même fait [40].

Pour que la sélection amène un résultat, il est évident qu'il faut éviter le croisement de races distinctes ; il en résulte que la fidélité et la continuité des unions, comme chez le pigeon, est favorable à son application ; au contraire, l'impossibilité des accouplements réguliers, comme chez le chat, est un empêchement à la formation de races distinctes. C'est en vertu de ce principe qu'on a pu, sur le territoire borné de l'île de Jersey, améliorer les qualités laitières du bétail avec une rapidité impossible à obtenir dans un pays aussi étendu que la France, par exemple [41]. Si le libre entre-croisement, d'une part, constitue un

---

[40] *Encyclop. of Rural Sports*, p. 405.
[41] Col. Le Couteur, *Journ. Roy. Agricult. Soc.*, vol. IV, p. 43.

danger manifeste, d'autre part, les unions consanguines constituent un danger caché. Les conditions d'existence défavorables
dominent la puissance de la sélection. On ne serait jamais parvenu à former nos grosses races perfectionnées de bestiaux et
de moutons sur les pâturages des montagnes ; on n'aurait pas pu
élever nos gros chevaux de trait dans des îles arides et inhospi-
talières, comme les îles Falkland, où même la taille des légers
chevaux de La Plata diminue rapidement. Il semble presque
impossible d'élever en France certaines races de moutons anglais, car, dès que les agneaux sont sevrés, leur vigueur décroît à
mesure que la chaleur de l'été augmente [42] ; il serait impossible
de faire allonger sous les tropiques la laine du mouton ; on a pu
cependant, au moyen de la sélection, conserver presque complétement le mouton mérinos dans des conditions très-diverses et
souvent même défavorables. La puissance de la sélection est si
grande que, chez des races de chiens, de moutons et de poulets
de toutes tailles, de pigeons à bec court et à bec long, ainsi que
chez d'autres races, ayant les caractères les plus opposés, on a pu
conserver et même augmenter certains caractères spéciaux, tout
en les élevant sous le même climat et en leur donnant la même
nourriture. En outre, la sélection est favorisée ou contrariée
par les effets de l'usage ou de l'habitude. Jamais on n'aurait pu
créer nos porcs perfectionnées s'ils eussent eu à chercher eux-
mêmes leur nourriture ; pas plus qu'on n'eût pu amener au
point où ils en sont actuellement arrivés, nos lévriers de chasse
et nos chevaux de course, sans un dressage et un entraînement
constants.

Les déviations très-marquées de conformation ne se présentent
que rarement, l'amélioration de chaque race n'est donc généralement que le résultat de la sélection de légères différences individuelles, qui exigent une attention extrême, beaucoup de perspicacité, et une persévérance à toute épreuve. Il est aussi
très-important d'élever à la fois un certain nombre d'individus
de la race à perfectionner, car on a ainsi plus de chance de
voir surgir des variations dans le sens voulu, et en même temps
plus de latitude pour rejeter ou pour éliminer les individus qui

[42] Malingié-Nouel, *Journ. R. Agric. Soc.*, vol. XIV, 1853, p. 215, 217.

varieraient dans un sens contraire. Mais, pour obtenir un grand nombre d'individus, il faut nécessairement que les conditions d'existence favorisent la multiplication de l'espèce ; il est probable que si, par exemple, le paon avait pu se reproduire aussi facilement que l'espèce galline, nous en posséderions depuis longtemps plusieurs races distinctes. L'importance du grand nombre, quand il s'agit de plantes, ressort du fait que les horticulteurs l'emportent toujours dans les expositions sur les amateurs, en ce qui concerne la création de nouvelles variétés. On estimait, en 1845, qu'on obtenait annuellement par semis en Angleterre de 4,000 à 5,000 Pélargoniums, et cependant on voit rarement paraître une variété perfectionnée [43]. MM. Carter, dans l'Essex, qui cultivent par hectares entiers, pour en vendre la graine, les Lobélias, les Némophilas, les Résédas, etc., obtiennent chaque saison des variétés nouvelles, ou quelques améliorations d'anciennes variétés [44]. A Kew, d'après M. Beaton, où on cultive beaucoup de semis de plantes communes, on voit apparaître de nouvelles formes de Laburnums, de Spirées et d'autres arbrisseaux [45]. Il en est de même chez les animaux ; Marshall fait remarquer que les moutons, dans une partie du Yorkshire, appartiennent à des gens pauvres et forment pour la plupart des petits troupeaux, il en résulte qu'on ne constate jamais une amélioration [46]. On demandait à lord Rivers comment il avait fait pour avoir toujours des lévriers de premier ordre ; il répondit : « J'en produis beaucoup et j'en tue beaucoup. » C'est là, comme le fait remarquer un autre éleveur, le secret de sa réussite, et c'est aussi ce qui arrive aux éleveurs de poulets : les exposants qui remportent des succès élèvent beaucoup et gardent les meilleurs produits [47].

Il en résulte que l'aptitude à reproduire de bonne heure, et à des intervalles rapprochés, comme cela est le cas pour les pigeons, les lapins, etc., facilite la sélection ; cette aptitute permet à l'éleveur d'obtenir de prompts résultats ce qui l'encourage à persévérer. Ce n'est pas accidentellement que la grande majorité

[43] *Gardener's Chronicle*, 1845, p. 273.
[44] *Journal of Horticulture*; 1862, p. 157.
[45] *Cottage Gardener*, 1860, p. 368.
[46] *A Review of Reports*, 1808, p. 406.
[47] *Gard. Chronicle*, 1853, p. 45,

des plantes culinaires et agricoles qui ont fourni des races nombreuses sont annuelles ou bisannuelles, par conséquent susceptibles d'une propagation et par suite d'une amélioration rapides. Le chou-marin, l'asperge, l'artichaut, le topinambour,
les pommes de terre et les oignons sont seuls vivaces. Les oignons se propagent, d'ailleurs, comme des plantes annuelles, et,
de toutes les plantes précitées, la pomme de terre exceptée, aucune n'a fourni plus d'une ou deux variétés. Sur les bords de
la Méditerrannée, on obtient souvent les artichauts par semis et
M. Bentham m'apprend que, dans ces pays, on en compte plusieurs
espèces. Les arbres fruitiers, qui ne se propagent pas rapidement par semis, ont produit il est vrai une foule de variétés,
mais non pas des races permanentes ; si nous en jugeons, d'ailleurs, par les restes préhistoriques, ces variétés ont été produites
à une époque comparativement récente.

Une espèce peut être très-variable sans donner naissance à des
races distinctes si, pour une cause quelconque, la sélection n'intervient pas. Il serait évidemment très-difficile d'appliquer la sélection à de légères variations chez des poissons à cause du milieu dans lequel ils vivent ; aussi, bien qu'on sache que la carpe
est un poisson extrêmement variable dont on s'est beaucoup occupé en Allemagne, on a réussi seulement, me dit lord A. Rus-
sell, à obtenir une variété bien tranchée, la *Spiegel-carpe* qu'on
a soin d'isoler de l'espèce ordinaire. D'autre part, une espèce
voisine, le poisson doré, qu'on peut élever dans des bocaux, et
dont les Chinois se sont beaucoup occupés, a donné naissance à
des races nombreuses [48]. Ni l'abeille, qui est semi-domestique
depuis une époque très-reculée, ni la cochenille, qui a été cultivée par les anciens Mexicains, n'ont fourni de races nouvelles ;
il serait impossible, en effet, d'accoupler une reine abeille avec
un mâle donné, et très-difficile d'accoupler des cochenilles.
D'autre part, on a soumis les vers à soie à une sélection rigoureuse, aussi a-t-on obtenu des races nombreuses. Nous avons
déjà fait remarquer que les chats, auxquels on ne peut appliquer
aucune sélection, par suite de leurs habitudes vagabondes et
nocturnes qui empêchent de les accoupler à volonté, n'ont pas

---

[48] Isid. Geoffroy Saint-Hilaire, *Hist. nat. gén.*, t. III, p. 49. — Pour la cochenille, p. 46.

fourni de races distinctes dans un même pays. En Orient, les chiens sont regardés avec horreur et on néglige absolument de s'occuper de leur élevage ; aussi, comme l'a fait remarquer le professeur Moritz Wagner [49] on ne compte qu'une seule race de chiens dans les pays orientaux. En Angleterre, l'âne varie beaucoup au point de vue de la taille et de la couleur ; mais comme c'est un animal de peu de valeur, qui n'est élevé que par des gens pauvres, il n'a été l'objet d'aucune sélection et, par conséquent, n'a pas produit de races distinctes. L'infériorité de nos ânes ne doit pas être attribuée au climat, car, dans l'Inde, ils sont encore plus petits qu'en Europe. Mais tout change lorsqu'on applique la sélection à cet animal. Près de Cordoue, à ce que m'apprend M. W. E.-Webb (Févr. 1860), où on les élève avec beaucoup de soins, ils ont été considérablement perfectionnés, et un âne étalon a atteint le prix de 5,000 francs. Dans le Kentucky on a importé d'Espagne, de Malte et de France, des ânes destinés à produire des mulets ; ces ânes avaient en moyenne 1^m,42 de hauteur. Avec des soins les Kentuckiens sont arrivés à augmenter leur taille jusqu'à 1^m,50 et quelquefois même jusqu'à 1^m,62. Les prix qu'atteignent ces beaux animaux montrent combien ils sont appréciés. Un mâle célèbre s'est vendu plus de vingt-cinq mille francs. On envoie ces ânes de choix dans les concours de bétail, où un jour spécial est consacré à leur exposition [50].

On a observé des faits analogues chez les plantes. Dans l'archipel Malais, le muscadier est extrêmement variable ; mais, faute de sélection, il n'en existe pas de races distinctes [51]. Le réséda commun (*Reseda odorata*), dont les fleurs sans apparence n'ont de valeur qu'à cause de leur parfum, est resté dans le même état que lorsqu'il a été introduit [52]. Nos arbres forestiers communs sont très-variables, comme on peut s'en assurer dans toutes les pépinières considérables ; mais, comme ils n'ont pas la valeur des arbres fruitiers, et qu'ils ne fournissent de la graine que fort tard, on ne leur a appliqué aucune sélection ; aussi, comme le fait

---

[49] *Die Darwin'sche Theorie und das Migrationsgesetz der Organismen*. 1868, p. 19.
[50] Cap. Marryat, *Journ. Asiatic Soc. of Bengal*, vol. XXVIII, p. 229.
[51] M. Oxley, *Journ. of the Indian Archipelago*, vol. II, 1848, p. 645.
[52] M. Abbey, *Journ. of Horticulture*, Déc. 1863, p. 430.

remarquer M. Patrick Matthews[53], n'ont-ils pas fourni de races
distinctes, se couvrant de feuilles à des époques différentes, attei-
gnant à des hauteurs diverses, ou produisant des bois propres à
des usages variés. Nous n'avons acquis que quelques variétés bizarres et à demi-monstrueuses, qui ont sans doute surgi brusquement, telles que nous les voyons aujourd'hui.

Quelques botanistes ont soutenu que les plantes ne peuvent
avoir une tendance aussi prononcée à varier qu'on le suppose
généralement, parce que bien des espèces croissant depuis longtemps dans les jardins botaniques, ou cultivées sans intention
d'année en année, au milieu de nos céréales, n'ont pas produit
de races distinctes; mais ce fait s'explique tout naturellement, car
la sélection n'est pas intervenue pour propager leurs légères variations. Si on essayait sur une grande échelle la culture d'une
plante de nos jardins botaniques ou de la première mauvaise
herbe venue, et qu'un jardinier habile, chargé de surveiller les
moindres variétés et d'en semer la graine, ne réussissait pas
ainsi à produire des races distinctes, l'argumentation pourrait
avoir quelque valeur.

L'étude des caractères spéciaux démontre également l'importance de la sélection. Ainsi, chez la plupart des races gallines,
la forme de la crête et la couleur du plumage ont attiré l'attention
des éleveurs et constituent des caractères propres à chaque race;
au contraire, chez les Dorkings, où la mode n'a jamais réclamé
l'uniformité de la crête ni de la coloration, la plus grande diversité règne sous ces deux rapports. On peut observer chez les
Dorkings purs et de parenté rapprochée, des crêtes en forme de
rose, des crêtes doubles, ou en forme de coupe, etc., et toutes
les colorations possibles, tandis que les autres points dont on
s'est préoccupé et auxquels on tient, tels que la forme générale
du corps et la présence d'un doigt additionnel, ne font jamais défaut. On s'est du reste assuré qu'on peut, aussi bien chez cette
race que chez toute autre, fixer une couleur déterminée[54].

Pendant la formation ou l'amélioration d'une race, on remarque

---

[53] On Naval Timber, 1831, p. 107.
[54] M. Baily, Poultry Chronicle, vol. II, 1854, p. 150. — Vol. I, p. 342. — Vol. III,
p. 245.

toujours une très-grande variabilité des caractères sur lesquels porte spécialement l'attention, et dont on recherche ardemment le moindre perfectionnement pour s'en emparer et le propager. Ainsi, chez les pigeons Culbutants à courte face, la petitesse du bec, la forme de la tête et le plumage, — la longueur du bec et les caroncules chez le Messager, — la queue et son port chez les pigeons Paons, — la crête et la face blanche chez le coq Espagnol, — la longueur des oreilles chez les lapins à longues oreilles sont des points éminemment variables. Il en est de même dans tous les cas, et les prix élevés qu'atteignent les animaux de premier ordre sont une preuve de la difficulté qu'il y a à les amener au plus haut degré de perfection. Ceci justifie l'importance des récompenses qu'on accorde pour les races hautement perfectionnées, comparées à celles qu'on délivre pour les races anciennes qui ne sont pas actuellement en voie d'amélioration rapide [55]. Nathusius fait une remarque analogue [56] à propos des caractères moins uniformes du bétail Courtes-cornes perfectionné et du cheval anglais, comparés au bétail commun de la Hongrie et aux chevaux des steppes asiatiques. Ce défaut d'uniformité des points de l'organisation qui subissent l'influence de la sélection, dépend surtout de l'énergie de la tendance au retour, mais il dépend aussi jusqu'à un certain point de la continuation de la variabilité des parties qui ont récemment varié. Nous devons nécessairement admettre cette continuité de la variabilité dans un même sens, car sans elle aucune amélioration dépassant un certain terme de perfection ne serait possible; or, nous savons que cela n'est pas généralement le cas.

Comme conséquence de la variabilité continue, et plus spécialement du retour, toutes les races très-perfectionnées dégénèrent rapidement, si on les néglige ou si on cesse de leur appliquer la sélection. Youatt en donne un exemple frappant à propos d'une race de bétail élevée autrefois dans le Glamorganshire, mais qui n'avait pas été nourrie d'une manière suffisante. Dans son traité sur le cheval, M. Baker conclut que, chez toutes les races, la dégénérescence est proportionnelle à la négligence dont on fait

---

[55] *Cottage Gardener*, Déc. 1855, p. 171. — Janv. 1856, p. 248, 323.
[56] *Ueber Shorthorn Rindvieh*, 1857, p. 51.

preuve à leur égard [57]. Si on permettait à un nombre considérable de bêtes à cornes, de moutons ou autres animaux appartenant à une même race, de s'entre-croiser librement sans leur appliquer la sélection et sans changements dans les conditions d'existence, il n'est pas douteux qu'au bout d'une centaine de générations, ils ne fussent bien loin de la perfection du type ; mais, d'après ce que nous pouvons voir chez les races ordinaires de chiens, de bétail, de pigeons, etc., qui ont longtemps conservé à peu près les mêmes caractères, sans avoir été l'objet de soins particuliers, nous n'avons pas de raisons pour supposer qu'ils dussent s'écarter complétement de leur type.

Les éleveurs croient généralement que les caractères de tous genres se fixent par une hérédité longtemps prolongée. J'ai cherché à démontrer dans le quatorzième chapitre que cette opinion peut se formuler de la manière suivante : tout caractère ancien, aussi bien que récent, tend à se transmettre et ceux qui ont résisté depuis longtemps déjà aux influences contraires, continuent ordinairement à leur résister encore et, par conséquent, à se transmettre fidèlement.

Tendance chez l'homme à pousser la sélection à l'extrême. — Dans l'application de la sélection il faut noter comme un point important que l'homme cherche toujours à en pousser les effets à l'extrême. Ainsi, pour les qualités utiles, son désir d'obtenir des chevaux et des chiens aussi rapides, d'autres aussi forts que possible, n'a pas de limite ; il demande à certains moutons une laine d'une finesse extrême, à d'autres une laine très-longue, et il cherche à produire des fruits, des graines, des tuburcules et les. autres parties utiles des plantes, aussi gros et aussi succulents que possible. Cette tendance est encore plus prononcée chez les éleveurs d'animaux d'ornement ; car la mode, comme nous le voyons par nos vêtements, va toujours aux extrêmes. Nous avons cité plusieurs exemples à propos des pigeons, en voici encore un autre emprunté à M. Eaton. Après avoir décrit une nouvelle variété nommée l'Archange, il ajoute : « Je ne sais ce que les éle—

[57] *The Veterinary*, vol. XIII, p. 720. — Youatt, *On Cattle*. p. 51.

veurs comptent faire de cet oiseau, et s'ils veulent le ramener, pour la tête et le bec, au type du Culbutant ou à celui du Messager, mais ce n'est pas progresser que de le laisser comme ils l'ont trouvé. » Ferguson remarque, à propos des poulets, que leurs caractères, quels qu'ils puissent être, doivent être complétement développés ; une petite particularité est disgracieuse parce qu'elle viole les lois existantes de la symétrie. M. Brent dit encore, à propos des sous-variétés du canari Belge, « que les amateurs vont toujours aux extrêmes et ne font aucun cas des qualités qui ne sont pas définies [58]. »

Cette tendance, qui conduit nécessairement à la divergence des caractères, explique l'état actuel des diverses races domestiques, et nous aide à comprendre comment les chevaux de course et de gros trait, les lévriers et les dogues, qui sont les extrêmes opposés par tous leurs caractères, — comment des variétés aussi distinctes que les poules Cochinchinoises et les poules Bantams, les pigeons Messagers et les pigeons Culbutants, peuvent dériver d'une même souche. Une race ne s'améliore que lentement, les variétés inférieures négligées d'abord ne tardent donc pas à disparaître. Nous pouvons, dans certains cas, à l'aide d'anciens documents écrits, ou grâce à l'existence de variétés intermédiaires, dans quelques pays où d'anciennes modes subsistent encore, retracer partiellement les changements graduels par lesquels certaines races ont passé. C'est donc la sélection méthodique ou inconsciente, tendant toujours vers un but extrême, jointe à l'abandon et à l'extinction lente des formes intermédiaires et moins estimées, qui est la cause de toutes les modifications, et c'est à cette cause que nous pouvons attribuer les résultats étonnants obtenus par l'homme.

Il est quelques cas où la sélection, tendant à un but exclusivement utile, a conduit vers une convergence des caractères. Les diverses races de porcs améliorés, ainsi que l'a démontré Nathusius [59], ont certains caractères communs, tels que le raccourcissement des pattes et du museau, le grossissement du corps, l'absence de poils, et la petitesse des défenses. On peut

[58] J.-M. Eaton, *A Treatise on Fancy Pigeons*, p. 82. — Ferguson, *Rare and Prize Poultry*, p. 162. — Brent, *Cottage Gardener*, Oct. 1860, p. 13.
[59] *Die Racen des Schweines*, 1860, p. 48.

observer aussi une certaine convergence des caractères dans les
contours analogues du corps chez les bêtes bovines améliorées
appartenant à des races distinctes [60]. Je ne connais pas d'autres
exemples de ce fait.

La divergence soutenue des caractères dépend de ce que les
mêmes parties continuent à varier dans la même direction; la
divergence en est même une preuve manifeste. La tendance à
une simple variabilité générale ou à une plasticité de l'organisation peut être transmise héréditairement même par un seul
parent, comme l'ont démontré Gärtner et Kölreuter, qui ont
produit des hybrides variables descendant de deux espèces, dont
une seule est susceptible de variations. Il est probable en soi que,
lorsqu'un organe a varié dans une certaine direction, il continue
à varier encore dans le même sens si, autant qu'on en peut juger,
les conditions qui ont déterminé la première variation restent
les mêmes. C'est ce que reconnaissent tous les horticulteurs, qui,
lorsqu'ils remarquent un ou deux pétales additionnels sur une
fleur, sont à peu près certains d'obtenir, au bout de quelques
générations, des fleurs doubles chargées de pétales. Quelques
plants du chêne Moccas pleureur obtenus par semis possédaient
ce même caractère au point que leurs branches traînaient par
terre. Un descendant par semis de l'if Irlandais fastigié, différait
beaucoup de la forme parente, par l'exagération de l'aspect fastigié de ses branches [61]. M. Shirreff, qui a si bien réussi à créer de
nouvelles variétés de froment, assure qu'on peut toujours considérer une bonne variété comme le précurseur d'une meilleure [62].
M. Rivers a fait la même observation sur les roses, qu'il cultive
sur une grande échelle. Sageret [63], parlant des progrès futurs des
arbres fruitiers, admet comme principe très-important que plus
les plantes se sont écartées de leur type primitif, plus elles tendent
à s'en écarter encore. Cette remarque semble très-fondée; nous
ne saurions, en effet, comprendre autrement la grande somme
des différences qu'on observe souvent chez les diverses variétés

---

[60] M. de Quatrefages, *Unité de l'espèce humaine*, 1865, p. 119, renferme quelques excellentes remarques à ce sujet.
[61] Verlot, *Des Variétés*, 1865, p. 94.
[62] M. Patrick Shirreff, *Gard. Chronicle*, 1858, p. 771.
[63] *Pomologie physiologique*, 1830, p. 106.

dans les parties ou les qualités recherchées, tandis que les autres parties conservent à peu près leurs caractères primitifs.

La discussion qui précède nous amène naturellement à nous demander quelle limite on peut assigner à la variation d'une partie de l'organisme ou d'une qualité, et, par conséquent, s'il y a une limite aux effets de la sélection ? Élèvera-t-on jamais un cheval plus rapide qu'Éclipse ? Peut-on pousser plus loin les perfectionnements de notre bétail et de nos moutons de prix ? Obtiendra-t-on dés groseilles plus pesantes que celles exposées à Londres en 1852 ? La betterave produira-t-elle en France une plus forte proportion de sucre ? Les variétés futures du froment ou d'autres grains produiront-elles des récoltes plus abondantes que nos variétés actuelles ? On ne peut répondre à ces questions d'une façon positive ; mais il est évident, en tout cas, qu'il serait aventureux de répondre par la négative. Il est probable que, dans certaines directions, la limite des variations a pu être atteinte. Youatt croit par exemple qu'on a déjà, chez quelques-uns de nos moutons, poussé la réduction des os au point d'entraîner une grande faiblesse de constitution [64]. Mais, en présence des grandes améliorations apportées récemment à notre bétail et à nos moutons, et surtout à nos porcs ; en présence de l'augmentation étonnante du poids de nos volailles, depuis peu d'années, il serait téméraire d'affirmer que nous ayons atteint la perfection.

On a souvent affirmé qu'*Éclipse* n'a jamais été surpassé au point de vue de la vitesse et ne le sera jamais ; cependant, quelques-unes de nos autorités les plus compétentes en ces matières affirment que nos chevaux de course actuels sont plus rapides que ne l'était *Éclipse* [65]. Jusque tout récemment on aurait pu penser qu'il était impossible de créer une nouvelle variété du froment plus productive que la plupart des anciennes variétés, et cependant le major Hallett est parvenu à le faire grâce à une sélection attentive. En un mot, les juges les plus compétents admettent que, chez presque tous nos animaux et chez presque toutes nos plantes, le dernier terme de perfection n'a pas encore été atteint, même quand il s'agit de caractères qui ont

[64] Youatt, *On Sheep*, p. 521.
[65] Stonehenge, *British rural sports*, éd. 1871, p. 384.

été portés à un haut degré de perfectionnement. Ainsi, par
exemple, bien que le pigeon Culbutant ait été grandement
modifié, M. Eaton [66] estime « que le champ est encore aussi
ouvert à de nombreux concurrents, qu'il l'était il y a un siècle ».
A bien des reprises on a affirmé que l'on avait atteint la perfection pour les fleurs, et toujours on a fait mieux. Il est peu de
fruits qui aient été plus perfectionnés que la fraise, et cependant
un auteur compétent [67] croit que nous sommes encore loin des
limites extrêmes auxquelles on peut arriver.

Sans doute, il est une limite au delà de laquelle on ne peut
modifier l'organisation d'un animal si l'on tient compte de son
utilité et même de sa vie. Il se peut, par exemple, que nos chevaux de course aient atteint l'extrême degré de vitesse auquel
peut prétendre un animal terrestre. Mais, comme le fait si bien
remarquer M. Wallace [68], il ne s'agit pas tant de savoir « s'il est
possible d'obtenir des modifications infinies ou illimitées dans
un seul sens ou dans tous les sens, que de savoir si la sélection a pu accumuler chez les variétés des différences analogues à celles que nous observons dans la nature ». Or, il est
évident que bien des parties de l'organisme de nos animaux
domestiques dont l'homme s'est occupé ont été beaucoup plus
modifiées que les parties correspondantes chez les espèces naturelles appartenant aux mêmes genres ou aux mêmes familles.
Nous n'avons, pour nous en assurer, qu'a comparer aux espèces
appartenant aux mêmes groupes naturels la forme et la taille de
nos chiens de chasse et de nos chiens de combat, de nos chevaux de courses et de nos chevaux de trait, le bec et beaucoup
d'autres caractères de nos pigeons, la grosseur et la qualité de
nos fruits.

Le temps est un élément essentiel pour la formation de nos
races domestiques, en ce qu'il permet la naissance d'individus
innombrables, qui, placés dans des conditions diverses, deviennent
variables. La sélection méthodique a été parfois pratiquée dès
une époque reculée jusqu'à nos jours, même par des peuples à
demi civilisés, et a dû, dans les temps anciens, produire quelques

[66] *A Treatise on the Almond Tumbler*, p. 1.
[67] M. J. de Jonghe, *Gardener's Chronicle*, 1858, p. 173.
[68] *Contributions to the Theory of Natural selection*, 2ᵉ édit. 1871, p. 292.

résultats. La sélection inconsciente doit avoir été encore plus efficace, car, pendant de longues périodes, les individus ayant le plus de valeur ont dû être conservés, et les moins estimés négligés. Dans le cours des temps, surtout dans les pays les moins civilisés, la sélection naturelle a dû modifier certaines variétés. On croit généralement, bien que nous n'ayons que peu ou point de renseignements à cet égard, que les caractères nouveaux se fixent avec le temps, et qu'après être restés longtemps fixes ils ont pu redevenir variables sous l'influence de nouvelles conditions.

Nous commençons vaguement à entrevoir le laps de temps qui s'est écoulé depuis que l'homme a commencé à domestiquer les animaux et à cultiver les plantes. Les habitants des cités lacustres de la Suisse, pendant la période néolithique, avaient déjà réduit quelques animaux en domesticité et cultivé quelques plantes. Si on peut s'en fier à la linguistique, on connaissait alors l'art de labourer et d'ensemencer la terre, et les principaux animaux étaient réduits en domesticité à une époque si reculée que le Sanscrit, le Grec, le Latin, le Gothique, le Celte et le Slave n'avaient pas encore divergé d'une langue mère commune [69].

Il est à peine possible d'exagérer les effets de la sélection pratiquée de différentes manières et dans divers endroits pendant des milliers de générations. Tout ce que nous savons, et encore plus, tout ce que nous ne savons pas [70] relativement à l'histoire de la plupart de nos races, et même des plus modernes, s'accorde avec l'idée que leur formation, due à l'action de la sélection inconsciente ou méthodique, a été extrêmement lente et insensible. Lorsqu'un homme s'occupe un peu plus que d'ordinaire de la reproduction de ses animaux, il est presque certain de les améliorer un peu. Ils sont, par conséquent, appréciés dans son voisinage immédiat, et d'autres suivent son exemple. Leurs caractères spéciaux, quels qu'ils puissent être, sont alors lentement, mais constamment augmentés, quelquefois par la sélection méthodique, mais presque toujours par la sélection inconsciente. Enfin, une branche qu'on peut appeler une sous-variété, devient un peu plus connue, reçoit un nom local et se répand. Cette pro-

[69] Max Müller, *Science of Language*, 1861, p. 223.
[70] Youatt, *On Cattle*, p. 116, 128.

pagation, qui, dans les temps anciens et moins civilisés, a dû
être extrêmement lente, est actuellement très-rapide. Lorsque la
nouvelle variété a acquis un caractère distinct, l'histoire de son
développement, à laquelle on n'a fait aucune attention, est complétement oubliée, car, comme le fait remarquer Low, rien ne
s'efface plus promptement de la mémoire que les faits de ce
genre [71].

Dès qu'une race s'est ainsi formée, il arrive souvent qu'en
vertu d'une opération analogue, elle se divise en branches et
en sous-variétés nouvelles, car des variétés différentes con-
viennent à des conditions nouvelles et sont recherchées selon
les circonstances. La mode change, et, même ne dût-elle du-
rer qu'un laps de temps peu prolongé, l'hérédité est assez
puissante pour qu'il en résulte probablement quelque effet sur
la race. Les variétés vont ainsi s'accroissant en nombre, et
l'histoire nous prouve combien elles ont augmenté depuis les
plus anciens documents qui sont à notre disposition [72]. A mesure
qu'une nouvelle variété se forme, on néglige les variétés précédentes, intermédiaires et inférieures, et elles disparaissent. Lorsqu'une race ayant peu de valeur n'est représentée que par un
petit nombre d'individus, son extinction devient inévitable au
bout d'un temps plus ou moins long, soit par suite de causes
accidentelles, soit par suite des effets des unions consanguines,
et sa disparition, surtout quand il s'agit de races bien distinctes,
attire l'attention. La formation d'une race domestique nouvelle
s'opère si lentement qu'elle n'est pas remarquée; mais sa disparition constituant un fait relativement brusque, on en tient souvent compte, et on la regrette lorsqu'il est trop tard.

Quelques auteurs ont voulu établir une distinction absolue
entre les races artificielles et les races naturelles. Ces dernières
ont des caractères plus uniformes, sont d'origine ancienne et ont
une grande analogie avec les espèces naturelles. On les trouve
généralement dans les pays peu civilisés, où elles ont été probablement largement modifiées par la sélection naturelle, et
beaucoup moins par la sélection inconsciente et méthodique de

---

[71] *Domesticated Animals*, p. 188.
[72] Volz, *Beitrage zur Kulturgeschichte*, 1852, p. 99.

l'homme. Les conditions physiques du pays qu'elles habitent
ont dû aussi agir sur elles directement et pendant de longues périodes. D'autre part, les races prétendues artificielles n'ont pas
des caractères aussi uniformes : quelques-unes offrent des particularités à demi monstrueuses, comme les terriers à jambes
torses si utiles pour la chasse aux lapins [73], les bassets, les moutons ancons, le bétail niata, les races gallines huppées, les pigeons Paons, etc. ; leurs caractères spéciaux ont généralement
surgi brusquement, bien qu'ils aient été ultérieurement augmentés dans beaucoup de cas par une sélection attentive. D'autres
races, qu'on doit certainement qualifier d'artificielles, car elles
ont été fortement modifiées par la sélection méthodique et par
le croisement, telles que le cheval de course anglais, les chiens
terriers, le coq de Combat anglais, le Messager d'Anvers, etc.,
n'ont cependant pas une apparence qu'on puisse qualifier de non
naturelle ; il ne me semble donc pas qu'on puisse tracer une ligne
de démarcation absolue entre les races naturelles et les races artificielles.

Il n'est pas surprenant que les races domestiques aient généralement un aspect différent de celui des espèces naturelles.
L'homme ne choisit pas les modifications favorables à l'animal,
mais celles qui lui plaisent ou qui lui sont utiles, et surtout
celles qui, par leur intensité et leur brusque apparition, frappent
ses regards, et sont dues à quelque perturbation importante de
l'organisme. Son attention se porte exclusivement sur les organes externes, et, lorsqu'il arrive à modifier des organes internes, — quand, par exemple, il réduit les os et les tissus, ou
charge les viscères de graisse, ou développe la précocité, etc.,
— il y a de grandes chances pour qu'en même temps il affai-
blisse la constitution de l'animal. D'autre part, quand un animal
doit, pendant toute sa vie, lutter contre une foule d'ennemis et
de concurrents, dans des circonstances extrêmement complexes
et susceptibles de changements, les modifications les plus variées
des organes internes ou externes, celles des fonctions et des rapports mutuels des diverses parties de l'organisme, sont toutes
soumises à une épreuve sévère, et conservées ou rejetées. La

[73] Blaine, *Encyclop. of Rural sports*, p. 213.

sélection naturelle contrarie souvent les efforts faibles et capricieux tentés par l'homme pour obtenir certaines améliorations ;
s'il n'en était pas ainsi, les résultats de ses travaux comparés à
ceux de la nature, seraient encore plus différents. Néanmoins, il
ne faudrait pas exagérer l'importance des différences qui existent
entre les espèces naturelles et les races domestiques ; les plus
savants naturalistes ont souvent eu à discuter si ces dernières
descendent d'une ou plusieurs souches primitives, fait qui suffit
à prouver qu'il n'y a aucune différence esentielle entre les espèces et les races.

Les races domestiques propagent leur type bien plus exactement, et pendant bien plus longtemps, que la plupart des naturalistes ne sont disposés à l'admettre ; les éleveurs n'ont aucun
doute sur ce point. Demandez à quiconque a longtemps élevé du
bétail Courtes-cornes ou Hereford, des moutons Southdown ou
Leicester, des poules Espagnoles ou de Combat, des pigeons
Messagers ou Culbutants, si ces races ne descendraient pas d'ancêtres communs, et il se moquera probablement de vous. L'éleveur
admet qu'il peut espérer obtenir des moutons à laine plus fine ou
plus longue, possédant une meilleure charpente ; ou des poules
plus belles, ou des pigeons Messagers ayant le bec un peu plus
long, de manière à remporter le prix à une exposition ; mais il
ne va certes pas au delà. Il ne songe pas à ce que peut produire
l'addition d'un grand nombre de légères modifications successives,
accumulées pendant un laps de temps considérable, pas plus qu'il
ne pense à l'existence antérieure d'une foule de variétés reliant
comme les anneaux d'une chaîne les différentes lignes divergentes
de la descendance. Il croit, comme nous avons eu occasion de le
faire remarquer dans les premiers chapitres de cet ouvrage,
que toutes les races principales, dont il s'occupe depuis longtemps,
sont des productions primitives et indépendantes. Par contre, le
naturaliste systématique qui n'entend rien à l'art de l'éleveur, qui
ne prétend point savoir ni comment ni quand les diverses races
domestiques se sont formées, et qui n'a pas vu les degrés intermédiaires, parce qu'ils n'existent plus, ne met cependant pas en
doute que ces races descendent d'une source primitive unique.
Mais, demandez-lui si les espèces naturelles voisines qu'il a si
bien étudiées ne pourraient pas aussi descendre d'un ancêtre

commun, c'est lui qui à son tour peut-être repoussera la supposition avec indignation. Le naturaliste et l'éleveur peuvent ainsi se donner mutuellement une utile leçon.

Résumé de la sélection par l'homme. — Il est évident que la sélection méthodique a produit et produit encore des effets étonnants. Elle a été pratiquée parfois dans l'antiquité, et elle l'est encore par des peuples à demi civilisés. On s'est attaché tantôt à des caractères ayant une haute importance, tantôt à des caractères insignifiants, et on les a modifiés. Il est inutile de revenir encore sur le rôle qu'a joué la sélection inconsciente ; pour juger de son action il suffit d'observer les différences qui existent chez les troupeaux élevés séparément ; il suffit d'observer aussi les changemements graduels éprouvés par les animaux, à mesure que les circonstances se sont peu à peu modifiées, soit qu'ils restent dans une même localité soit qu'on les transporte dans d'autres pays. L'étendue des différences qui existent entre les diverses variétés sur les points qui ont pour l'homme le plus de valeur, comparés à ceux qui n'en ont pas, et que, par conséquent, il a laissé de côté, démontre les effets combinés de la sélection méthodique et de la sélection inconsciente. La sélection naturelle détermine souvent la portée de celle de l'homme. Nous avons quelquefois le tort de supposer que les caractères qui paraissent insignifiants au naturaliste systématique ne sont susceptibles de jouer aucun rôle dans la lutte pour l'existence, et se trouvent par conséquent en dehors de l'action de la sélection naturelle ; nous avons cité de nombreux exemples pour prouver combien grande est notre erreur à cet égard.

La variabilité, qui seule rend la sélection possible, a elle-même pour cause principale, comme nous le démontrerons ci après, les changements des conditions d'existence. La sélection devient parfois difficile, ou même impossible, si les conditions d'existence sont contraires à la qualité ou au caractère recherchés. Elle est parfois arrêtée par une diminution de la fécondité, ou par un affaiblissement de la constitution, qui sont la conséquence des unions consanguines trop prolongées. Pour que la sélection méthodique réussisse, il faut absolument une attention soutenue, une grande perspicacité et une patience à toute épreuve ; les mêmes qualités, quoique moins indispensables, sont égale-

ment utiles quand il s'agit de la sélection inconsciente. Il est
nécessaire d'élever un grand nombre d'individus, afin d'augmenter les chances de voir surgir des variations de la nature de celles
qu'on cherche à obtenir, et aussi pour pouvoir rejeter tous
les animaux qui auraient le moindre défaut, ou tous ceux de
nature inférieure. Le temps est donc un important élément de
succès ; de même aussi la reproduction précoce et rapide aide
puissamment au but que l'on se propose. L'accouplement facile
des animaux, leur réunion dans un espace limité, constituent
aussi des conditions avantageuses, en ce qu'elles empêchent le
libre croisement. Là où la sélection n'est pas appliquée, il ne
se forme pas des races distinctes. Lorsqu'on ne fait aucune attention à certaines qualités ou à certaines parties du corps, ces qualités ou ces parties restent telles quelles, ou présentent des
variations flottantes, tandis que d'autres qualités ou d'autres
parties peuvent se modifier profondément et de façon permanente. Par suite de la tendance au retour et de la persistance de
la variabilité, les organes qui, grâce à la sélection sont en voie
d'amélioration rapide sont aussi extrêmement variables. Il en résulte que les animaux très-perfectionnés dégénèrent vite lorsqu'on
les néglige ; mais nous n'avons aucune raison de croire que si
les conditions d'existence restent ce qu'elles étaient, les effets
d'une sélection longtemps prolongée, doivent s'effacer promptement et complétement.

L'homme, qui applique la sélection méthodique ou la sélection inconsciente aux qualités utiles ou agréables, tend toujours
à les pousser à l'extrême ; ce fait est important, en ce qu'il conduit à une divergence continue des caractères, et, dans quelques
cas très-rares, à leur convergence. La possibilité d'une divergence
continue repose sur la tendance que manifeste chaque organe ou
chaque point de la conformation à varier toujours dans le sens où
il a commencé à le faire ; les améliorations constantes et graduelles qu'ont subies, pendant de longues périodes, une foule
d'animaux et de plantes, nous en fournissent la preuve. Ce principe de la divergence des caractères, combiné avec l'abandon et
l'extinction de toutes les variétés antérieures, intermédiaires et
inférieures, explique les grandes différences qui existent entre
nos diverses races et les font paraître très-distinctes. Bien qu'il

soit possible que, pour certains caractères, nous ayons atteint la
limite extrême des modifications qu'on puisse leur faire subir,
nous avons de bonnes raisons pour croire que nous sommes
loin d'y être parvenus dans la majorité des cas. Enfin, la différence entre la sélection naturelle et la sélection telle qu'elle est
pratiquée par l'homme, nous explique comment il se fait que les
races domestiques par leur aspect général diffèrent parfois, mais
non pas toujours, des espèces naturelles voisines.

Dans ce chapitre et ailleurs, j'ai parlé de la sélection comme
de la cause dominante ; toutefois, son action dépend d'une
manière absolue de ce que, dans notre ignorance, nous appelons
la variabilité spontanée ou accidentelle. Supposons qu'un architecte soit obligé de construire un édifice avec des pierres non
taillées, tombées dans un précipice. La forme de chaque fragment
peut être qualifiée d'accidentelle ; cependant, cette forme a été
déterminée par la force de la gravitation, par la nature de la
roche, et par la pente du précipice, toutes circonstances qui
dépendent de lois naturelles ; mais il n'y a aucun rapport entre
ces lois et l'emploi que le constructeur fait de chaque fragment.
De même, les variations de chaque individu sont déterminées par
des lois fixes et immuables, mais qui n'ont aucun rapport avec
la conformation vivante qui est lentement construite par la sélection naturelle ou artificielle.

Si notre architecte réussit à élever un bel édifice, utilisant pour
les voûtes les fragments bruts en forme de coin, les pierres
allongées pour les linteaux, et ainsi de suite, nous devrions bien
plus admirer son travail que s'il l'eût exécuté au moyen de
pierres taillées tout exprès. Il en est de même de la sélection,
qu'elle soit pratiquée par l'homme ou par la nature ; car, bien que
la variabilité constitue une condition indispensable, lorsque nous
considérons un organisme très-complexe et parfaitement adapté,
la variabilité comparée à la sélection, occupe relativement à
celle-ci une position très-inférieure, de même que la forme de
chaque fragment utilisé par notre architecte devient insignifiante
relativement à l'habileté avec laquelle il a su en tirer parti.

CHAPITRE XXII

CAUSES DE LA VARIABILITÉ.

La variabilité n'accompagne pas nécessairement la reproduction. — Causes invoquées par quelques savants. — Différences individuelles. — La variabilité, quelle que soit la nature, est une conséquence des changements dans les conditions d'existence. — Nature de ces changements. — Climat, alimentation, excès de nourriture. — De légers changements suffisent. — Effets de la greffe sur la variabilité des arbres obtenus par semis. — Les produits domestiques s'habituent à des changements de condition. — Action accumulée des changements de condition. — Variabilité attribuée à la reproduction consanguine et à l'imagination de la mère. — Du croisement comme cause d'apparition de caractères nouveaux. — Variabilité résultant du mélange des caractères et des effets du retour. — Mode et époque d'action des causes qui provoquent la variabilité, soit directement, soit indirectement par le système reproducteur.

Nous allons maintenant, autant que cela nous est possible, examiner les causes de la variabilité presque universelle de nos produits domestiques. Le sujet est obscur, mais il est utile que nous nous rendions compte de notre ignorance même. Quelques savants, le Dr Prosper Lucas, par exemple, considèrent la variabilité comme une conséquence nécessaire de la reproduction, et comme une loi fondamentale autant que la croissance ou l'hérédité. D'autres ont récemment, et peut-être sans intention, encouragé cette manière de voir en regardant l'hérédité et la variabilité comme des principes égaux et antagonistes. Pallas a soutenu, avec quelques auteurs, que la variabilité dépend exclusivement du croisement de formes primordiales distinctes. D'autres l'attribuent à un excès de nourriture, et, chez les animaux, à un excès relativement à l'exercice qu'ils peuvent prendre, ou encore aux effets d'un climat plus favorable. Il est très-probable que toutes ces causes contribuent au résultat. Mais je crois que nous devons nous placer à un point de vue plus élevé, et conclure que les

êtres organisés, soumis pendant plusieurs générations à des
changements de conditions, tendent à varier ; en outre, que la
nature des variations subséquentes dépend beaucoup plus de la
constitution de l'individu que de la nature des conditions elles-
mêmes.

Les savants qui admettent que la loi naturelle veut que chaque
individu diffère quelque peu de tous les autres peuvent soutenir
avec raison que le fait est vrai, non-seulement pour tous les animaux domestiques et les plantes cultivées, mais aussi pour tous
les êtres organisés à l'état de nature. Par suite d'une longue pratique, le Lapon reconnaît chacun de ses rennes et lui donne un
nom, bien que, comme le dit Linné, « je n'ai jamais compris
qu'on puisse distinguer un individu d'un autre dans ces multi-
tudes de rennes qui ressemblent à des fourmis sur une fourmilière. » En Allemagne, des bergers ont parié qu'ils reconnaîtraient
chacun des moutons composant un troupeau de cent têtes, qu'ils
ne connaissaient que depuis quinze jours, et ils ont gagné leur
pari. Cette perspicacité n'est rien encore comparée à celle qu'ont
pu acquérir certains fleuristes. Verlot en signale un qui pouvait
distinguer 150 variétés de camélias non en fleur, et on assure
qu'un ancien horticulteur hollandais, le célèbre Voorhelm, qui
possédait plus de 1,200 variétés de jacinthes, les reconnaissait
au bulbe seul sans presque jamais se tromper. Nous devons for-
cément en conclure que les bulbes des jacinthes, ainsi que les
feuilles et les branches du camélia, diffèrent réellement, bien
qu'ils paraissent à un œil inexercé impossibles à distinguer les
uns des autres [1].

Les fourmis appartenant à une même fourmilière se reconnaissent toutes. J'ai souvent porté des fourmis d'une même espèce (*Formica rufa*) d'une fourmilière dans une autre, habitée
par des milliers d'individus, mais les intrus étaient à l'instant
reconnus et mis à mort. J'ai pris alors quelques fourmis
dans une grande fourmilière ; je les ai enfermées dans une bou-
teille sentant l'assa fœtida, et, vingt-quatre heures après, je les
ai réintégrées dans leur domicile ; menacées d'abord par leurs

[1] *Des Jacinthes*, etc., Amsterdam, 1768, p. 43 ; Verlot, *Des Variétés*, etc., p. 86. —
Pour le Renne, voir Linné, *Tour in Lapland* (trad. par M. J P. Smith, vol. I, p 314). —
Le fait relatif aux bergers allemands est donné sur l'autorité du Dr Weinland.

camarades, elles furent cependant bientôt reconnues et purent rentrer. Il en résulte que chaque fourmi peut, indépendamment de l'odeur, reconnaître une camarade, et que si tous les membres de la même communauté n'ont pas quelque signe de ralliement ou mot de passe, il faut qu'ils aient quelques caractères appréciables qui leur permettent de se reconnaître.

La dissemblance entre frères et sœurs et entre plantes levées de la graine d'une même capsule peut en partie s'expliquer par l'inégale fusion des caractères des deux parents, et par un retour plus ou moins complet à des caractères appartenant aux ancêtres des deux côtés ; mais ceci ne fait que reculer la difficulté dans le temps, car quelles sont les causes qui ont fait différer les parents ou les ancêtres? De là, la probabilité de l'hypothèse que, en dehors des conditions extérieures, il existe une tendance innée à la variation[2]. Mais les graines mêmes nourries dans une même capsule ne sont pas soumises à des conditions complétement uniformes, parce qu'elles tirent leur nourriture de points divers, et nous verrons par la suite que cette différence suffit souvent pour affecter sérieusement les caractères de la plante future. La ressemblance moins grande des enfants successifs d'une même famille, comparés aux jumeaux, qui souvent se ressemblent à un point si extraordinaire par l'apparence extérieure, par les dispositions mentales et par la constitution, semble prouver que l'état des parents au moment même de la conception, ou la nature du développement embryonnaire subséquent, exercent une influence directe et puissante sur les caractères du produit.

---

[2] Müller, *Physiologie*, vol. II, p. 1662. — Quant à la ressemblance des jumeaux au point de vue de la constitution, voici un cas curieux rapporté dans la *Clinique médicale* de Trousseau, t. I, p. 253: « J'ai donné mes soins à deux frères jumeaux, tous deux si extraordinairement ressemblants, qu'il m'était impossible de les reconnaître, à moins de les voir l'un à côté de l'autre. Cette ressemblance physique s'étendait plus loin ; ils avaient, permettez-moi l'expression, une similitude pathologique plus remarquable encore. Ainsi, l'un d'eux, que je voyais aux néo-thermes à Paris, malade d'une ophthalmie rhumatismale, me disait : « En ce moment mon frère doit avoir une ophthalmie comme la mienne. » Et, comme je m'étais récrié, il me montrait quelques jours après une lettre qu'il venait de recevoir de ce frère, alors à Vienne, et qui lui écrivait en effet : « J'ai mon ophthalmie, tu dois avoir la tienne. » Quelque singulier que ceci puisse paraître, le fait n'en est pas moins exact; on ne me l'a pas raconté, je l'ai vu, et j'en ai vu d'autres analogues dans ma pratique. Ces deux jumeaux étaient aussi tous deux asthmatiques à un effroyable degré. Originaires de Marseille, ils n'ont jamais pu demeurer dans cette ville, où leurs intérêts les appelaient souvent, sans être pris de leurs accès ; jamais ils n'en éprouvaient à Paris. Bien mieux, il leur suffisait de gagner Toulon pour être guéris de leurs attaques de Marseille. Voyageant sans cesse, et dans tous pays pour leurs affaires, ils avaient remarqué que certaines localités leur étaient funestes, et que dans d'autres ils étaient exempts de tout phénomène d'oppression. »

Néanmoins, lorsque nous réfléchissons aux différences individuelles qui existent entre les êtres organisés à l'état de nature, comme le prouve le fait que chaque animal sauvage reconnaît sa femelle, ainsi qu'à la diversité infinie de nos nombreuses variétés domestiques, nous pouvons être tentés, quoique, selon moi, à tort, de regarder la variabilité comme étant, en définitive, une conséquence nécessaire de la reproduction.

Les savants qui adoptent cette hypothèse n'admettraient probablement pas que chaque variation séparée ait une cause déterminante propre. Bien que nous puissions rarement établir les rapports de cause à effet, les considérations que nous allons présenter semblent cependant nous amener à la conclusion que toute modification doit avoir une cause distincte et n'est pas le résultat de ce que, dans notre ignorance, nous qualifions d'accident. Le Dr William Ogle m'a communiqué le cas suivant qui me paraît instructif. Deux jumelles, très–semblables sous tous les rapports, avaient chacune le petit doigt de chaque main tordu ; chez les deux enfants, la seconde petite molaire de la mâchoire supérieure droite à la seconde dentition, se trouvait déplacée, car, au lieu d'être sur l'alignement des autres elle sortait du palais derrière la première. Aucune particularité semblable ne se rencontrait chez les parents ni chez les autres membres de la famille ; mais le fils d'une de ces filles eut plus tard la dentition dans la même condition. Or, comme les deux enfants présentaient la même déviation de conformation, ce qui exclut complétement toute idée d'accident, nous sommes obligés d'admettre qu'il a dû y avoir une cause précise et suffisante pour affecter autant d'enfants qu'elle aurait pu se présenter de fois. Il est possible, bien entendu, que ce soit là un simple exemple d'atavisme, c'est–à–dire de retour au caractère de quelque ancêtre depuis longtemps oublié, ce qui affaiblirait beaucoup la valeur de l'argument. M. Galton m'a cité, en effet, un autre exemple de jumelles qui avaient le petit doigt tordu, caractère dont elles avaient hérité de leur grand-mère maternelle.

Examinons maintenant les arguments généraux qui me paraissent favorables à l'hypothèse que les variations de toutes sortes et de tous degrés sont directement ou indirectement causées par les conditions d'existence auxquelles chaque être organisé, et surtout ses ancêtres, ont été exposés.

Personne ne met en doute le fait que les produits domestiques sont plus variables que les êtres organisés qui n'ont jamais été soustraits à leurs conditions naturelles. Les monstruosités se confondent si insensiblement avec les simples variations qu'on ne peut établir de ligne de démarcation entre les unes et les autres ; tous ceux qui ont fait une étude spéciale des premières admettent qu'elles sont beaucoup plus fréquentes chez les animaux et chez les plantes domestiques que chez les animaux et les plantes sauvages [3], et que, chez les plantes, on observe aussi bien des monstruosités à l'état naturel qu'à l'état cultivé. A l'état de nature, les individus appartenant à une même espèce sont exposés à des conditions à peu près uniformes, car ils sont rigoureusement maintenus à leur place par une foule de concurrents, et ils sont depuis longtemps habitués à ces mêmes conditions ; mais on ne saurait dire que ces conditions présentent une uniformité absolue, et, en conséquence, les individus sont susceptibles de varier dans une certaine mesure. Les conditions dans lesquelles se trouvent nos produits domestiques sont bien différentes ; ils sont à l'abri de toute concurrence ; ils n'ont pas seulement été soustraits à leurs conditions naturelles et souvent arrachés à leur pays natal, mais souvent aussi ils ont été transportés dans diverses régions, où on les a traités d'une manière différente, de sorte qu'ils ne sont jamais restés longtemps soumis à des conditions tout à fait semblables. Il en résulte que tous nos produits domestiques, à de rares exceptions près, varient beaucoup plus que les espèces naturelles. L'abeille, qui cherche elle-même sa nourriture, et qui conserve la plupart de ses habitudes naturelles, est, de tous les animaux domestiques, celui qui varie le moins ; l'oie vient probablement ensuite ; encore cet oiseau varie-t-il beaucoup plus qu'aucun oiseau sauvage, au point qu'on ne peut avec certitude le rattacher à aucune espèce naturelle. On ne pourrait guère nommer une seule plante cultivée depuis longtemps et propagée par semis qui ne soit devenue

[3] Isid. Geoffroy Saint-Hilaire, *Hist. des anomalies*, t. III, p. 352. — Moquin-Tandon, *Tératologie végétale*, 1841, p. 115.

variable au plus haut degré : le seigle commun (*Secale cereale*) a fourni des variétés moins nombreuses et moins marquées que la plupart de nos autres plantes cultivées [4] ; mais il est douteux qu'on ait apporté grande attention aux variations de cette plante, la moins estimée de toutes nos céréales.

La variation par bourgeons, que nous avons si longuement discutée dans un chapitre précédent, prouve que la variabilité ainsi que le retour à des caractères antérieurs perdus depuis longtemps ne dépendent en aucune façon de la reproduction séminale. Personne n'oserait soutenir que l'apparition subite d'une rose moussue sur un rosier de Provence soit un retour à un état antérieur, car cette particularité n'a jamais été observée chez aucune espèce naturelle ; on peut en dire autant des feuilles panachées et laciniées ; on ne saurait davantage attribuer à l'atavisme l'apparition de pêches lisses sur un pêcher ordinaire. Quant aux variations par bourgeons, elles rentrent plus directement dans notre sujet, car elles se présentent beaucoup plus fréquemment chez les plantes cultivées depuis longtemps, que chez celles qui ont été l'objet d'une culture moins attentive ; on ne connaît, en effet, que très-peu de cas authentiques de variations par bourgeons chez des plantes vivant strictement dans leurs conditions naturelles. J'en ai signalé un relatif à un frêne croissant dans une propriété d'agrément, et l'on peut de temps à autre remarquer sur des hêtres et quelques autres arbres des rameaux qui se couvrent de feuilles à d'autres époques que leurs voisines. Mais il est difficile de supposer que nos arbres forestiers, en Angleterre, vivent dans des conditions tout à fait naturelles ; on élève, en effet, les jeunes plants dans des pépinières où on les entoure de soins, puis on les transplante souvent dans des endroits où des arbres sauvages de la même espèce n'auraient pas poussé naturellement. On regarderait comme un prodige de voir un églantier croissant dans une haie, produire une rose moussue par une variation de bourgeons, ou de voir un prunellier ou un cerisier sauvage porter une branche dont le fruit aurait une forme ou une couleur différente de celle du fruit ordinaire ; on considérerait comme un prodige plus extraordi-

---

[4] Metzger, *Die Getreidearten*, 1841, p. 39.

naire encore, que ces branches variables fussent capables de se propager, non-seulement par greffe, mais aussi par semis; cependant, des cas analogues se sont souvent présentés chez nombre de nos plantes et de nos arbres cultivés.

Ces diverses considérations nous autorisent presque à conclure que la variabilité résulte directement ou indirectement des changements des conditions d'existence ; ou, pour présenter le fait sous une autre forme : il n'y aurait pas de variabilité s'il était possible de maintenir, pendant un grand nombre de générations, tous les individus d'une même espèce dans des conditions d'existence absolument uniformes.

De la nature des changements dans les conditions d'existence qui causent la variabilité. — Depuis les temps les plus reculés jusqu'à nos jours, sous tous les climats et dans les circonstances les plus diverses, les êtres organisés de toute espèce ont varié sous l'action de la domestication ou de la culture. C'est ce que prouvent les races domestiques de mammifères et d'oiseaux appartenant à des ordres différents, les poissons dorés aussi bien que les vers à soie, et les plantes nombreuses qu'on cultive dans toutes les parties du monde. Dans les déserts de l'Afrique septentrionale, le palmier datte a produit trente-huit variétés ; dans les plaines fertiles de l'Inde, il existe une foule de variétés du riz et d'autres plantes ; les habitants d'une seule île Polynésienne cultivent vingt-quatre variétés de l'arbre à pain, autant du bananier, et vingt-deux variétés d'arums ; le mûrier, tant dans l'Inde qu'en Europe, a produit un grand nombre de variétés servant à la nourriture des vers à soie ; enfin, on utilise en Chine, pour divers usages domestiques, soixante-trois variétés du bambou [5]. Ces faits, auxquels nous pourrions en ajouter une foule d'autres, prouvent qu'un changement quelconque dans les conditions d'existence suffit pour déterminer la variabilité, — les modifications différentes agissant sur des organismes différents.

[5] Pour le palmier dattier, Vogel, *Ann. and Mag. of Nat. Hist.*, 1834, p. 460. — Variétés indiennes, Dr F. Hamilton. *Trans. Linn. Soc.*, vol. XIV, p. 296. — Pour les variétés cultivées à Tahiti, voir le Dr Bennett dans Loudon, *Magaz. of Nat. Hist.*, vol. V, 1832 p. 484. — Ellis, *Polynesian Researches*, vol. I, p. 370, 375. — Sur vingt variétés du Pandanus et autres arbres dans les îles Mariannes, *Hooker's Miscellanies*, vol. I, p. 308. — Pour le Bambou en Chine, voir Huc, *Chinese empire*, vol. II, p. 307.

A. Knight [6] attribuait la variation des animaux et des plantes à une alimentation plus abondante et à un climat plus favorable que ceux naturels à l'espèce. Un climat plus doux est cependant loin d'être nécessaire, car le haricot, auquel les gelées du printemps font beaucoup de mal, et les pêchers, qu'il faut abriter derrière des murs, ont beaucoup varié en Angleterre; il en est de même de l'oranger dans le nord de l'Italie, où il peut tout au plus se maintenir [7]. Nous ne devons pas non plus négliger le fait, bien qu'il ne se rattache pas immédiatement à notre sujet actuel, que, dans les régions arctiques, les plantes et les mollusques sont extrêmement variables [8]. Il ne semble d'ailleurs pas qu'un changement de climat, plus ou moins favorable, soit une des causes les plus puissantes de la variabilité; Alph. de Candolle démontre, en effet, dans sa *Géographie botanique*, que le pays natal d'une plante, où, dans la plupart des cas, elle a été le plus longtemps cultivée, est aussi celui où elle a fourni le plus grand nombre de variétés.

Il est douteux que le changement de la nature de l'alimentation soit une cause très-puissante de variabilité. Il est peu d'animaux domestiques qui aient plus varié que les pigeons ou les poules, bien que l'alimentation soit ordinairement la même pour tous et surtout pour les pigeons les plus perfectionnés. Notre gros bétail et nos moutons n'ont pas non plus, sous ce rapport, été soumis à de bien grands changements; il est probable, même dans ce dernier cas, que l'alimentation a été à l'état domestique beaucoup moins variée qu'à l'état de nature [9].

De toutes les causes qui déterminent la variabilité, l'excès de nourriture, quelle que soit la nature de cette dernière, est probablement la plus puissante. A Knight insiste sur ce point relativement aux plantes et Schleiden partage aujourd'hui cette manière de voir, surtout au point de vue des éléments inorganiques con-

[6] *Treatise on the culture of the Apple*, etc., p. 3.
[7] Gallesio, *Teorio*, etc., p. 125.
[8] Dr Hooker, *Memoir on Artic plants, Linn. Transactions*, vol. XXIII, part. II. — M. Woodward, grande autorité dans la matière, signale, *Rudimentary Treatise*, 1856, p. 355, les mollusques des régions arctiques comme remarquablement sujets aux variations.
[9] Bechstein, *Naturg. der Stubenvogel*, 1840, p. 238, donne quelques renseignements sur ce point ; il constate que la couleur de ses canaris a varié bien qu'ils fussent tous nourris de la même manière.

tenus dans les aliments [10]. Pour procurer plus d'aliments à une plante, il suffit d'ordinaire de la faire croître séparément, ce qui empêche les autres plantes de dérober les éléments nutritifs à ses racines. J'ai été souvent étonné de la vigueur avec laquelle poussent nos plantes sauvages communes, lorsqu'on les plante isolément, bien que dans un sol peu fumé. Faire croître les plantes isolément est, en un mot, le premier pas vers la culture. Le renseignement suivant, emprunté à un grand producteur de graines de toutes espèces, indique quelle est son opinion au sujet de l'action de l'excès de nourriture sur la variabilité : « Notre règle invariable est de cultiver dans un sol maigre et non fumé lorsque nous voulons conserver intacte la souche d'une sorte de graine ; nous faisons le contraire lorsque nous voulons en obtenir des quantités, mais nous avons souvent lieu de nous en repentir [11]. » Carrière, qui s'est tant occupé des graines des plantes d'ornement, dit aussi : « On remarque en général que les plantes de vigueur moyenne sont celles qui conservent le mieux leurs caractères. »

Chez les animaux, ainsi que Bechstein l'a fait remarquer, le manque d'un exercice suffisant a peut-être, indépendamment de tout effet direct résultant du défaut d'usage d'organes particuliers, joué un rôle important comme cause de la variabilité. Nous entrevoyons vaguement que, lorsque les fluides organisés et nutritifs ne sont pas dépensés par la croissance ou par l'usure des tissus, ils doivent se trouver en excès ; or, comme la croissance, la nutrition et la reproduction sont intimement connexes, cette surabondance peut déranger l'action propre des organes reproducteurs, et affecter, par conséquent, les caractères des descendants. On peut objecter, il est vrai, que l'excès de nourriture ou des fluides organisés du corps, n'entraîne pas nécessairement la variabilité. L'oie et le dindon ont été, depuis bien des générations, parfaitement nourris et cependant ils n'ont que peu varié. Nos arbres fruitiers et nos plantes culinaires, qui sont si variables, sont cultivés depuis une époque très-reculée, et, bien qu'ils reçoivent probablement plus de nourriture qu'à l'état de

[10] Schleiden, La plante. — Alex. Braun, Bot. Memoirs Ray. Society, 1853. p. 313.
[11] MM. Hardy and Son de Maldon, Gardener's Chronicle, 1856, p. 458. Carrière, Production et fixation des Variétés, 1865, p. 31.

nature, ils ont dû, pendant bien des générations, en recevoir une
quantité à peu près égale et on pourrait supposer qu'ils se sont
peut-être habitués à cet excès. Quoi qu'il en soit, je suis disposé
à croire avec Knight, que l'excès de nourriture est une des causes
les plus puissantes de la variabilité.

Que nos diverses plantes cultivées aient ou non reçu un excès
de nourriture, toutes ont été exposées à des changements de di-
verse nature. On greffe sur différentes souches et on cultive dans
divers sols une multitude d'arbres fruitiers. On transporte de
place en place les graines des plantes agricoles et culinaires et,
pendant le dernier siècle, les rotations de nos récoltes et les engrais employés ont été considérablement modifiés.

De légères modifications de traitement suffisent souvent pour
déterminer la variabilité, conclusion qui paraît découler du
simple fait que nos animaux domestiques et nos plantes cultivées
ont varié en tout temps et partout. Des graines prises sur nos
arbres forestiers communs, semées sous le même climat, dans
des terrains peu fumés, et ne se trouvant d'ailleurs pas dans des
conditions artificielles, produisent des plantes qui varient beaucoup, comme on peut s'en assurer en examinant toute pépinière
un peu considérable. J'ai démontré précédemment combien de
variétés le *Cratægus oxyacantha* a produites, et, cependant, cet
arbre n'a été l'objet de presque aucune culture. Dans le Staf-
fordshire, j'ai soigneusement examiné un grand nombre de
Geranium phœum et de *G. pyrenaicum*, deux plantes indigènes
qui n'ont jamais été très-cultivées. Ces plantes s'étaient spontanément répandues dans un champ non cultivé, et le feuillage,
les fleurs, en un mot presque tous les caractères des semis qui
en étaient résultés avaient varié à un degré extraordinaire, sans
qu'ils eussent cependant été exposés à de grands changements de
conditions.

Quant aux animaux, Azara[12] a remarqué avec quelque surprise que, tandis que les chevaux sauvages des Pampas affectent
toujours une des trois couleurs dominantes, et le bétail toujours
une couleur uniforme, ces animaux, élevés dans les fermes non
encloses, où on les garde à un état qu'on peut à peine appeler

[12] *Quadrupèdes*, etc., 1801, t. I, p. 319.

domestique, et où ils sont soumis à des conditions presque
identiques à celles où se trouvent les chevaux sauvages, affectent
cependant une grande diversité de couleurs. De même, il existe
dans l'Inde certaines espèces de poissons d'eau douce, qu'on ne
soumet à aucun traitement particulier autre que celui de les élever dans de vastes viviers ; ce léger changement suffit cependant
pour déterminer chez eux une grande variabilité [13].

Quelques faits sur l'action de la greffe méritent toute notre attention au point de vue de la variabilité. Cabanis affirme que,
lorsqu'on greffe certains poiriers sur le cognassier, leurs graines
engendrent plus de variétés que les graines du même poirier
greffé sur le poirier sauvage [14]. Mais comme le poirier et le cognassier sont des espèces distinctes, bien qu'assez voisines pour
qu'on puisse parfaitement les greffer l'une sur l'autre, la variabilité qui en résulte n'a rien de surprenant, car nous pouvons
en trouver la cause dans la différence de nature entre la souche
et la greffe. On sait que plusieurs variétés de pruniers et de pêchers de l'Amérique du nord se reproduisent fidèlement par
semis ; mais, d'après Downing [15], lorsqu'on greffe une branche
d'un de ces arbres sur une autre souche, elle perd la propriété
de reproduire son propre type par semis, et redevient comme
les autres, c'est-à-dire que ses produits sont très-variables. Voici
encore un exemple : la variété du noyer dite *Lalande* pousse ses
feuilles entre le 20 avril et le 15 mai, et ses produits obtenus par
semis héritent invariablement de la même propriété ; plusieurs
autres variétés de noyer poussent leurs feuilles en juin. Or, si
on greffe la variété Lalande qui pousse ses feuilles en mai, sur
une autre souche de la même variété qui pousse aussi ses feuilles
en mai, bien que la souche et la greffe aient toutes deux la
même période précoce de feuillaison, les produits de ce semis
poussent leurs feuilles à des époques différentes, et parfois aussi
tardivement que le 5 juin [16]. Ces faits prouvent de quelles causes
minimes et obscures peut dépendre la variabilité.

---

[13] M'Clelland, *On Indian Cyprinidæ, Asiatic Researches,* vol. XIX, part. II, 1839, p. 266,
268, 313.
[14] Sageret, *Pomologie Phys.,* 1830, p. 43. Toutefois Decaisne dispute cette assertion.
[15] *The Fruits of America,* 1845, p. 5.
[16] M. Cardan, *Comptes rendus,* déc. 1848.

Il convient de signaler ici l'apparition d'excellentes variétés nouvelles d'arbres fruitiers et de froment dans les bois et autres localités incultes, circonstance qui est des plus anormales. En France, on a découvert dans les bois un assez grand nombre de bonnes variétés de poires ; ce fait s'est produit assez souvent pour que Poiteau affirme que les meilleures variétés de nos fruits cultivés ont été bien rarement obtenues par les pépiniéristes [17]. En Angleterre, au contraire, on n'a pas que je sache trouvé une seule bonne variété de poire à l'état sauvage ; M. Rivers m'apprend qu'il ne connaît pour le pommier qu'un seul exemple de ce fait ; on a trouvé la variété dite *Bess Poole*, dans un bois du Nottinghamshire. Cette différence entre les deux pays peut s'expliquer en partie par le climat plus favorable de la France, mais surtout par le grand nombre de plantes qui, dans ce pays, lèvent de graines dans les bois ; c'est au moins ce qu'il est permis de conclure de la remarque faite par un horticulteur français [18], qui considère comme une calamité l'habitude qu'on a d'abattre périodiquement, comme bois à brûler, une grande quantité de poiriers avant qu'ils aient porté des fruits. Les variétés nouvelles qui surgissent ainsi dans les bois, bien que ne recevant pas un excès de nourriture, peuvent s'être trouvées exposées à de brusques changements de conditions ; mais il est permis de douter que ce soit là la cause réelle de leur production. Il est toutefois probable qu'elles descendent d'anciennes variétés cultivées dans les vergers du voisinage [19], fait qui expliquerait leur variabilité ; en outre, sur un grand nombre de plantes en voie de variation, il y a toujours quelques chances en faveur de l'apparition d'une forme ayant de la valeur. Ainsi, dans l'Amérique du nord, où les arbres fruitiers surgissent souvent dans des endroits incultes, le poirier Washington a été trouvé dans une haie, et la pêche Empereur dans un bois [20].

Quant au froment, il semble, d'après certains auteurs [21], que la rencontre de nouvelles variétés dans des endroits déserts soit un fait ordinaire. On a trouvé le froment Fenton dans une carrière, sur les détritus d'une pile de basalte et il est probable que, dans cette situation, la plante pouvait se procurer une quantité suffisante de nourriture. Le froment Chidham provient d'un épi trouvé dans une haie, et le froment Hunter fut découvert sur le bord d'une route en Écosse ; mais on ne dit pas si cette dernière variété croissait là où elle a été trouvée [22].

---

[17] M. Alexis Jordan mentionne quatre poires excellentes trouvées dans les bois, *Mémoires Acad. de Lyon*, t. II, 1852, p. 159, et fait allusion à quelques autres. La remarque de Poiteau est citée dans *Gardener's Magazine*, t. IV, 1828, p. 385. — Voir *Gard. Chronicle*, 1862 p. 335, pour une nouvelle variété de poires trouvée en France dans une haie. — Loudon, *Encyclop. of Gardening*, p. 901. M. Rivers m'a donné des renseignements analogues.

[18] Duval, *Hist. du Poirier*, 1849, p. 2.

[19] Von Mons, *Arbres fruitiers*, 1835, t. I, p. 446, dit avoir trouvé dans les bois des plantes ressemblant à toutes les principales races cultivées de poiriers et de pommiers ; cet auteur regarde ces variétés sauvages comme des espèces aborigènes.

[20] Downing, *O. C.*, p. 422. — Foley, *Trans. Hort. Soc.*, t. VI, p. 412.

[21] *Gardener's Chronicle*, 1847, p. 244.

[22] *Gard. Chronicle*, 1841, p. 383 ; 1850, p. 700 ; 1854, p. 650.

Nous ne saurions dire si nos produits domestiques parvien-
dront jamais à s'habituer assez complétement aux conditions
dans lesquelles ils vivent actuellement, pour cesser de varier.
Mais, il ne faut pas oublier que nos produits domestiques ne sont
jamais longtemps exposés à des conditions complétement uniformes, et il est certain que nos plantes les plus anciennement
cultivées, ainsi que nos animaux, continuent toujours à varier,
car tous ont encore récemment éprouvé des améliorations évidentes. Il semble toutefois que, dans quelques cas, les plantes
se soient habituées aux nouvelles conditions. Ainsi Metzger, qui,
pendant nombre d'années, a cultivé en Allemagne des variétés de
froment importées de divers pays [23], remarque que quelques variétés d'abord très-variables sont graduellement, une entre autres
au bout de vingt-cinq ans, devenues complétement fixes, sans
qu'on doive, à ce qu'il paraît, attribuer ce résultat à une sélection
des formes les plus constantes.

*Action accumulatrice des changements des conditions d'exis-
tence.* — Nous avons tout lieu de croire que l'action du changement des conditions d'existence s'accumule de manière à ce
qu'aucun effet ne se manifeste chez une espèce, avant qu'elle ait
été, pendant plusieurs générations, soumise à une culture ou à
une domestication continues. L'expérience universelle nous
prouve que, lorsqu'on introduit de nouvelles fleurs dans nos jardins, elles ne varient pas d'abord, mais que, plus tard et à fort
peu d'exceptions près, elles finissent toutes par se modifier à des
degrés divers. Le nombre des générations nécessaires pour que
cet effet se produise, ainsi que les progrès graduels de la variation, ont été constatés dans quelques cas, entre autres pour le
Dahlia [24]. Après plusieurs années de culture, le *Zinnia* n'a que
tout récemment commencé à varier (1860) d'une manière un
peu marquée. Pendant les sept ou huit premières années de sa
culture, le *Brachycome iberidifolia* a conservé sa couleur primitive ; il a ensuite revêtu la teinte lilas, pourpre et d'autres
nuances analogues [25]. La rose d'Écosse a subi des variations ana-

[23] *Die Getreidearten*, 1843, p. 66, 116, 117.
[24] Sabine, *Hort. Transact.* t. III, p. 225. — Bronn, *Geschischte*, etc., vol. II, p. 119.
[25] *Journ. of Hortic.*, 1861, p. 112. — *Gard. Chronicle*, 1860, p. 852, sur le *Zinnia*.

logues. Un grand nombre d'horticulteurs compétents sont d'accord sur ce point. M. Salter [26] affirme que « la principale difficulté consiste à rompre avec la forme et la couleur primitives de l'espèce, et qu'il faut guetter toute variation naturelle de la graine ou des branches ; car, ce point obtenu, et si léger que soit le changement, tout le reste dépend de l'horticulteur. » M. de Jonghe qui a réussi à produire des variétés nouvelles de poires et de fraises [27], remarque au sujet des premières, « qu'en principe, plus un type a commencé à varier, plus il tend à continuer à le faire, et que plus il a dévié du type primitif, plus il a de disposition à s'en écarter encore davantage.» Nous avons déjà discuté ce dernier point en traitant du pouvoir que possède l'homme d'augmenter dans un même sens toutes les modifications au moyen de la sélection continue ; or, ce pouvoir dépend de la tendance de la variabilité à continuer dans la direction suivant laquelle elle a commencé. Vilmorin [28] soutient même que, lorsqu'on recherche une variation particulière, la première chose à faire est d'arriver à obtenir une variation quelconque, et de choisir les individus les plus variables, alors même qu'ils varieraient dans une mauvaise direction ; car, une fois les caractères fixes de l'espèce rompus, la variation désirée apparaît tôt ou tard.

La plupart de nos animaux ayant été réduits en domesticité à une époque très-reculée, nous ne saurions dire s'ils ont varié promptement ou lentement, lorsqu'ils ont été soumis pour la première fois à de nouvelles conditions d'existence. Le Dr Bachman [29] assure avoir vu des dindons provenant d'œufs de l'espèce sauvage, perdre leurs teintes métalliques et se tacheter de blanc à la troisième génération. M. Yarrell m'a informé, il y a bien des années, que les canards sauvages élevés dans le parc de Saint-James, et qui n'avaient jamais été croisés, dit-on, avec le canard domesmestique, avaient perdu leur vrai plumage après quelques générations. Un observateur [30] attentif qui a souvent élevé des ca-

[26] *The Chrysanthemum*, etc., 1865, p. 3.
[27] *Gardener's Chronicle*, 1855, p. 54. — *Journal of Horticult.*, 9 mai 1865, p. 363.
[28] Cité par Verlot, *des Variétés*, etc., 1865, p. 28.
[29] *Examination of the Characteristics of Genera and Species*, Charleston, 1855, p. 14.
[30] M. Hewitt, *Journ. of Hortic*, 1863, p. 39.

nards provenant d'œufs de l'oiseau sauvage, et qui a évité tout
croisement avec les races domestiques, a donné sur les changements qu'ils ont graduellement éprouvés des détails dont nous
avons déjà parlé. Cet éleveur a observé qu'il ne pouvait faire reproduire ces canards sauvages pendant plus de cinq ou six générations, car ils perdent alors les caractères qui constituent leur
beauté. Le collier blanc qui entoure le cou du mâle devient
alors beaucoup plus large et plus irrégulier et quelques plumes
blanches apparaissent sur les ailes des canetons. Le volume de
leur corps augmente beaucoup; leurs pattes deviennent moins
fines et ils perdent leur port élégant. Il se procura alors de
nouveaux œufs de canards sauvages mais les mêmes phénomènes se reproduisirent. Ces exemples relatifs au canard et
au dindon sauvages, nous prouvent que, comme les plantes,
les animaux ne s'écartent de leur type primitif qu'après avoir
subi l'action de la domestication pendant plusieurs générations.
M. Yarrell m'a appris, d'autre part, que les Dingos australiens,
élevés au Jardin Zoologique de Londres, produisent invariablement, dès la première génération, des petits marqués de blanc
ou d'autres couleurs; mais il faut observer que ces Dingos ont
été probablement pris chez les indigènes, qui les élevaient déjà
à l'état semi-domestique. Il est certainement remarquable que
les changements de conditions ne produisent, autant que nous
pouvons en juger, aucun effet de prime-abord, et qu'ils ne déterminent qu'ultérieurement une modification des caractères de
l'espèce. J'essayerai, dans le chapitre sur la pangénèse, d'élucider un peu cette question.

Revenons aux causes auxquelles on attribue la variabilité.
Quelques auteurs [31] admettent que cette tendance résulte des
unions consanguines, qui amènent aussi la production de monstruosités. Nous avons signalé, dans le dix-septième chapitre,
quelques faits qui semblent indiquer que les monstruosités
sont parfois dues à cette cause; on ne peut douter d'ailleurs
que les unions consanguines ne déterminent un affaiblissement

---

[31] Devay, *Mariages consanguins*, p. 97, 125. J'ai rencontré deux ou trois naturalistes
qui partagent la même opinion.

de la constitution et une diminution de la fécondité, points qui
pourraient peut-être provoquer la variabilité; mais nous n'avons
pas de preuves suffisantes à cet égard. D'autre part, la reproduction consanguine, lorsqu'elle n'est pas poussée à l'extrême,
et au point de devenir nuisible, bien loin de déterminer la variabilité, tend au contraire à fixer les caractères de chaque race.

On croyait autrefois, et quelques personnes partagent encore
cette opinion, que l'imagination de la mère peut affecter
l'enfant qu'elle porte dans son sein [32]. Cette hypothèse n'est
évidemment pas applicable aux animaux inférieurs qui pondent
des œufs non fécondés, ni aux plantes. Mon père tient du Dr William Hunter que, pendant bien des années, dans un grand
hôpital d'accouchements à Londres, on interrogeait chaque femme
avant ses couches, pour savoir si quelque événement de nature
à impressionner vivement son esprit lui était arrivé pendant sa
grossesse, et la réponse était enregistrée. On n'a pas une seule
fois pu trouver la moindre coïncidence entre les réponses des
femmes et les cas d'anomalies qui se sont présentés ; mais, souvent, après avoir eu connaissance de la nature de l'anomalie,
elles indiquaient alors une autre cause. Cette croyance à la puissance de l'imagination de la mère provient peut-être de ce que
les enfants d'un second mariage ressemblent parfois au premier
mari, ce qui certainement se présente parfois, ainsi que nous
l'avons vu dans le onzième chapitre.

Du croisement comme cause de variabilité. — Nous avons
déjà vu que Pallas [33] et quelques autres naturalistes soutiennent
que la variabilité est entièrement due au croisement. Si on veut
dire par là que de nouveaux caractères spontanés n'apparaissent
jamais chez nos races domestiques, mais que tous doivent dériver de certaines espèces primitives, la doctrine est à peu près
absurde ; car elle impliquerait que des formes comme le lévrier
d'Italie, les carlins, les bouledogues, les pigeons Grosse-gorge
et les pigeons Paons, etc., ont pu exister à l'état de nature. Mais
cette hypothèse peut avoir une signification toute différente, à

---

[32] Müller invoque des arguments concluants contre cette hypothèse, *Physiologie*, 1842
t. II, p. 545. (Trad. française.)
[33] *Acta Acad. Saint-Pétersbourg*, 1780, part. II, p. 84, etc.

savoir que le croisement d'espèces distinctes est la seule cause
de l'apparition de nouveaux caractères, et que, sans son aide,
l'homme n'aurait pas pu obtenir les diverses races qu'il possède.
Cependant, comme des caractères nouveaux résultent dans certains cas de variations de bourgeons, nous pouvons conclure
que le croisement n'est pas la cause unique de la variabilité.
En outre, il est évident que certaines races d'animaux, telles
que les races de lapins, de pigeons, de canards, etc., et les
variétés de plusieurs plantes, sont les descendants modifiés
d'une seule espèce sauvage. Il est toutefois probable que le croisement de deux formes, surtout lorsque l'une d'elles ou toutes
deux ont été longtemps domestiquées ou cultivées, ajoute à la
variabilité des produits, indépendamment du mélange des caractères dérivés des deux formes parentes, ce qui implique que
des caractères nouveaux apparaissent réellement. Mais il ne faut
pas oublier les faits signalés dans le treizième chapitre, qui prouvent nettement que le croisement amène souvent une réapparition
de caractères depuis longtemps perdus ; du reste, dans la plupart
des cas, il serait impossible de distinguer entre le retour à d'anciens caractères et l'apparition de particularités nouvelles;
d'ailleurs, que les caractères soient nouveaux ou anciens, ils
n'en sont pas moins nouveaux pour la race chez laquelle ils
apparaissent.

Gärtner [34] déclare, et son expérience sur ce point a une grande valeur,
que, lorsqu'il a croisé des plantes indigènes non cultivées, il n'a jamais observé aucun caractère nouveau chez les produits du croisement ; mais
il ajoute que les caractères des parents se combinent parfois chez les
descendants de façon tellement bizarre qu'ils peuvent sembler nouveaux. Il
admet, d'autre part, que, dans les croisements de plantes cultivées, des
caractères nouveaux ont parfois apparu, mais il croit devoir les attribuer
à la variabilité ordinaire, et nullement au fait du croisement. La conclusion opposée me paraît cependant la plus probable. Kölreuter affirme que les
hybrides du genre *Mirabilis* varient presque à l'infini ; il décrit des caractères nouveaux et singuliers dans la forme des graines, la couleur des anthères, la grosseur des cotylédons, l'odeur particulière, la floraison précoce
et l'occlusion des fleurs pendant la nuit. Il fait, au sujet d'un lot de ces
hybrides, la remarque qu'ils présentaient précisément les caractères in-

[34] *Bastarderzeugung*, p. 249, 255, 295.

verses de ce qu'on aurait dû attendre d'eux étant donnés leurs parents [35].

Le professeur Lecoq [36] confirme ces faits, et assure que beaucoup d'hybrides du *Mirabilis jalapa* et du *M. multiflora* pourraient être pris pour des espèces distinctes et diffèrent du *M. jalapa* beaucoup plus que les autres espèces du même genre. Herbert [37] a aussi décrit certains Rhododendrons hybrides dont le feuillage s'écartait autant de celui de tous les autres que s'ils eussent appartenu à une espèce différente. La pratique ordinaire des horticulteurs prouve que les croisements et les recroisements de plantes distinctes, mais voisines, telles que les espèces de Petunias, de Calcéolaires, de Fuchsias, de Verbenas, etc., déterminent une grande variabilité, ce qui doit rendre probable l'apparition de caractères nouveaux. M. Carrière [38] constate que l'*Erythrina cristagalli* a été pendant bien des années multiplié par semis sans avoir fourni une seule variété; mais que, croisé avec l'*E. herbacea*, forme voisine, la résistance fut vaincue, et qu'il surgit une foule de variétés, très-différentes au point de vue de la grosseur, de la forme et de la couleur des fleurs.

La croyance générale, et, du reste, assez bien fondée, que le croisement entre des espèces distinctes, outre le mélange des caractères, augmente beaucoup la variabilité, a conduit quelques botanistes à affirmer [39] qu'un genre ne renfermant qu'une seule espèce, ne varie jamais, même à l'état cultivé. On ne saurait admettre une proposition aussi absolue; mais il est probablement vrai que la variabilité des genres monotypiques cultivés est moindre que celle des genres renfermant des espèces nombreuses, et cela indépendamment de tout effet dû au croisement. J'ai déjà démontré, dans l'*Origine des espèces*, que les espèces appartenant à des petits genres produisent ordinairement, à l'état de nature, moins de variétés que celles qui appartiennent à de grands genres. Il en résulte que les espèces des petits genres doivent probablement produire sous l'influence de la culture moins de variétés que les espèces déjà variables des genres plus grands.

Bien que nous n'ayons pas actuellement des preuves suffisantes pour affirmer que le croisement des espèces qui n'ont jamais été cultivées détermine l'apparition de nouveaux caractères, ce fait paraît se produire chez celles qui sont déjà devenues un peu variables grâce à la culture. Il en résulte que le croisement, comme tout autre changement dans les conditions d'existence, semble être un des éléments déterminants, et probablement un des plus puissants, de la variabilité. Mais, ainsi que nous l'avons précédemment fait remarquer, il est rare que nous puissions distinguer entre l'apparition de caractères réellement nouveaux et la réapparition de ceux perdus depuis longtemps, et que le croisement semble évoquer. Voici un exemple qui prouve

[35] *Nota Acta*, etc., 1794, p. 378; 1795, p. 307, 313, 316; 1787, p. 407.
[36] *De la Fécondation*, 1862, p. 311.
[37] *Amaryllidaceæ*, 1837, p. 362.
[38] Extrait dans *Gard. Chronicle*, 1860, p. 1081.
[39] C'était l'opinion de A. P. de Candolle, *Dict. class. d'hist. nat.*, t. VIII, p. 405. — Puvis, *de la Dégénération*, 1837, p. 37, discute le même sujet.

combien il est difficile de distinguer entre les deux cas. On peut diviser les espèces de *Datura* en deux groupes : celles à fleurs blanches et à tiges vertes, et celles à fleurs pourpres et à tiges brunes. Or, Naudin [40] a croisé le *Datura lævis* avec le *D. ferox*, appartenant tous deux au groupe à fleurs blanches et a obtenu deux cent cinq hybrides, qui tous avaient une tige brune et des fleurs pourpres, de sorte qu'ils ressemblaient aux espèces de l'autre groupe du genre, et non pas à leurs propres parents. Ce fait surprit tellement Naudin qu'il examina attentivement les deux espèces parentes; il trouva que les jeunes *D. ferox* purs avaient, aussitôt après leur germination, des tiges pourpre foncé, s'étendant depuis les jeunes racines jusqu'aux cotylédons, et que cette teinte persistait toujours ensuite sous la forme d'un anneau entourant la base de la tige de la plante plus âgée. Or, j'ai démontré dans le treizième chapitre que la persistance ou l'exagération d'un caractère précoce est si intimement liée au retour qu'elle dépend évidemment du même principe. Il en résulte que nous devons probablement regarder les fleurs pourpres et les tiges brunes de ces hybrides, non comme des caractères nouveaux dus à la variabilité, mais comme un retour à l'état antérieur de quelque ancêtre éloigné.

Ajoutons maintenant quelques mots à ce que, dans les chapitres précédents, nous avons dit de la transmission et de la combinaison inégales des caractères propres aux deux formes parentes. Lorsqu'on croise deux espèces ou races, les produits de la première génération sont généralement uniformes, mais ceux des générations suivantes présentent la plus grande diversité de caractères. Kölreuter [41] affirme que quiconque veut obtenir des hybrides des variétés à l'infini n'a qu'à les croiser et à les recroiser. On observe aussi une grande variabilité lorsque les hybrides sont absorbés par des croisements répétés avec l'une ou l'autre de leurs formes parentes, encore plus, lorsqu'on mélange, par des croisements successifs, trois ou surtout quatre espèces distinctes. Au delà, Gärtner [42], à qui nous empruntons les faits précédents, n'a pas pu effectuer d'unions ; mais Max Wichura [43] a réussi à réunir chez un seul hybride six espèces distinctes de saules. Le sexe des espèces parentes affecte d'une manière inexplicable la variabilité des hybrides ; Gärtner [44] affirme que, lorsqu'un hybride est employé comme père avec une des espèces parentes pures, ou une troisième espèce comme mère, les produits sont plus variables que lorsque le même hybride sert de mère, les formes parentes pures ou la troisième espèce servant de père. Ainsi les semis du *Dianthus barbatus*, croisés avec le *D. chinensi-barbatus* hybride, sont plus variables que ceux provenant de ce dernier hybride fécondé par le *D. barbatus* pur. Max Wichura [45] a obtenu un résultat analogue avec ses

[40] *Comptes rendus*, 21 nov. 1864, p. 838.
[41] *Nova acta*, etc., 1794, p. 391.
[42] *Bastarderzeugung*, p. 507, 516, 572.
[43] *Die Bastardbefruchtung*, etc., 1865, p. 24.
[44] *O. C.*, p. 452, 507.
[45] *O. C.*, p. 56.

saules hybrides. Gärtner [46] affirme, en outre, que le degré de variabilité diffère parfois chez les hybrides provenant de croisements réciproques entre les deux mêmes espèces, avec cette seule différence que, dans un cas, on emploie d'abord une espèce comme père, et dans l'autre comme mère. En résumé, nous voyons que, en dehors de toute apparition de nouveaux caractères, la variabilité des générations successivement croisées est fort complexe, soit parce que les produits participent inégalement aux caractères des deux formes parentes, soit surtout par suite de leur tendance inégale à faire retour à ces mêmes caractères, ou à ceux d'ancêtres plus reculés.

Sur le mode et la période d'action des causes qui déterminent la variabilité. — Ce sujet est très-obscur ; nous n'avons d'ailleurs qu'un seul point à considérer ici, c'est-à-dire, nous demander si les variations héréditaires proviennent de ce que certaines parties sont affectées après leur formation, ou de ce que le système reproducteur est affecté avant leur formation ; dans le premier cas, à quelle période de la croissance ou du développement l'effet se produit-il ? Nous verrons, dans les deux chapitres suivants, que diverses actions, telles qu'une alimentation abondante, une exposition à un climat différent, l'augmentation ou la diminution d'usage des parties, etc., prolongées pendant plusieurs générations, modifient certainement tout l'organisme, ou au moins certains organes. En tout cas, il est évident que, dans les variations par bourgeons, cette action ne peut s'exercer par l'intermédiaire du système reproducteur.

Examinons d'abord le rôle que joue le système reproducteur comme cause de la variabilité. Nous avons constaté, dans le dix-huitième chapitre, que de très-légers changements dans les conditions d'existence exercent une influence considérable sur le degré de stérilité. Il n'est donc pas improbable que des êtres engendrés par un système si facilement affecté ne dussent l'être eux-mêmes, et ne pas hériter, ou hériter en excès, des caractères propres à leurs parents. Nous savons que le système reproducteur chez certains groupes d'êtres organisés, avec des exceptions dans chacun, est beaucoup plus facilement affecté que chez d'autres groupes par des changements dans les conditions d'existence ; ainsi, chez les oiseaux de proie plus que chez les mammifères carnassiers, et chez les perroquets plus que chez les pigeons ; ce fait concorde avec les variations, capricieuses en apparence au point de vue du mode et du degré, que subissent divers groupes d'animaux et de plantes sous l'influence de la domestication.

[46] *0. C.,* p. 423.

Kölreuter[47] avait déjà été frappé du parallélisme qui existe entre l'excessive variabilité des hybrides croisés et recroisés de diverses manières, — le système reproducteur de ces hybrides est, en effet, toujours plus ou moins affecté, — et la variabilité des plantes anciennement cultivées. Max Wichura[48] va plus loin encore ; il démontre que, chez un grand nombre de nos plantes très-perfectionnées par la culture, comme les jacinthes, les tulipes, les auricules, les mufliers, les pommes de terre, les choux, etc., chez lesquelles on n'a pas pratiqué l'hybridation, les anthères contiennent comme celles des hybrides, beaucoup de grains de pollen irréguliers. Il signale aussi, chez certaines formes sauvages, la même coïncidence entre l'état du pollen et un haut degré de variabilité, chez beaucoup d'espèces de *Rubus*, par exemple, tandis que chez le *R. cœsius* et le *R. idœus*, qui sont peu variables, le pollen est sain. On sait aussi que, chez beaucoup de plantes cultivées, telles que la banane, l'ananas, l'arbre à pain, et d'autres mentionnées précédemment, les organes reproducteurs ont été affectés au point que ces végétaux sont d'ordinaire complétement stériles, et lorsqu'ils produisent de la graine, les plantes qui en proviennent, à en juger par le nombre des variétés cultivées, doivent être variables à un haut degré. Ces faits indiquent qu'il existe un certain rapport entre l'état des organes reproducteurs et la tendance à la variabilité ; mais nous ne devons pas en conclure que ce rapport soit rigoureux. Bien que le pollen d'un grand nombre de nos plantes cultivées puisse être plus ou moins altéré, nous avons vu qu'elles n'en fournissent pas moins plus de graines, et que nos animaux les plus anciennement domestiqués sont aussi plus féconds que les espèces correspondantes à l'état de nature. Le paon est presque le seul oiseau qui soit moins fécond à l'état domestique qu'à l'état sauvage, et il a très-peu varié. Ces considérations semblent indiquer que les conditions d'existence provoquent selon les circonstances la stérilité ou la variabilité, et non que la stérilité provoque la variabilité. En résumé, il est probable que toute cause affectant les organes de la reproduction doit également affecter les produits, — c'est-à-dire les descendants qu'ils engendrent.

L'époque de la vie à laquelle agissent les causes déterminant la variabilité est encore un point obscur, qui a été discuté par plusieurs auteurs[49]. Nous citerons, dans le chapitre suivant, quelques cas relatifs à des modifications héréditaires résultant de l'action directe de changements dans les conditions d'existence, cas où il n'y a pas à douter que les causes n'aient agi sur l'animal mûr ou presque mûr. Certaines monstruosités, qu'on ne peut pas nettement distinguer de variations peu importantes, sont souvent causées par des lésions survenues à l'embryon dans l'utérus ou dans l'œuf. Ainsi, I. Geoffroy Saint-Hilaire[50] affirme que les femmes pauvres, obligées

[47] *Dritte Fortsetzung*, etc., 1766, p. 85.
[48] *O. C.*, p. 92. — Voir sur le même sujet, Rev. M. J. Berkeley, *Journ. of Roy. Hort. Soc.*, 1866, p. 80.
[49] Le Dr P. Lucas donne l'historique des opinions sur ce sujet : *Hérédité naturelle*, 1847, t. I, p. 175.
[50] *Histoire des anomalies,* t. III, p. 499.

de se livrer, lors même qu'elles sont enceintes, à de pénibles travaux, et les femmes non mariées forcées de dissimuler leur grossesse, donnent, beaucoup plus souvent que les autres, naissance à des monstres. Les œufs de poule, dressés sur la pointe ou dérangés d'une manière quelconque, produisent fréquemment des poulets monstrueux. Il semblerait toutefois que les monstruosités complexes soient plus fréquemment déterminées à une période tardive qu'au commencement de la vie embryonnaire ; mais cela peut provenir en partie de ce qu'un point endommagé à l'origine affecte ensuite, par sa croissance anormale, les autres points de l'organisation développés ultérieurement ; or, ce fait aurait moins de chance de se présenter chez les parties atteintes à une époque plus avancée [51]. Lorsqu'un organe devient monstrueux par atrophie, il reste ordinairement un rudiment qui indique également que son développement avait déjà commencé.

Les insectes ont quelquefois les pattes ou les antennes dans un état monstrueux, bien que les larves dont ils proviennent ne soient pourvues d'aucun de ces organes ; ces cas, d'après Quatrefages [52], nous permettent d'apprécier le moment précis auquel la marche normale du développement a été troublée. Toutefois, comme le genre de nourriture donné à une chenille modifie quelquefois les couleurs du papillon, sans que la chenille ait elle-même été affectée, il paraît possible que d'autres caractères de l'insecte parfait puissent être indirectement modifiés par la larve. Il n'y a pas de raison pour supposer que des organes devenus monstrueux ont toujours été influencés pendant leur développement ; la cause peut avoir agi sur l'organisation à une époque antérieure. Il est même probable que les éléments sexuels mâles ou femelles, ou tous deux, peuvent, avant leur union, avoir été affectés de manière à déterminer des modifications chez des organes qui ne se développent qu'à une période avancée de la vie, à peu près comme un enfant peut hériter de son père d'une maladie qui ne se déclare que dans la vieillesse.

Les faits précités prouvent que, dans un grand nombre de cas, il existe entre la variabilité et la stérilité qui résultent du changement des conditions d'existence un rapport très-étroit ; nous pouvons donc conclure que la cause déterminante agit souvent dès le commencement, c'est-à-dire sur les éléments sexuels avant la fécondation. Nous pouvons également conclure des variations de bourgeons qu'une affection de l'élément sexuel féminin peut déterminer la variabilité, car le bourgeon semble être analogue à un ovule. Mais l'élément mâle paraît beaucoup plus souvent affecté par un changement des conditions, du moins d'une manière visible, que l'élément femelle ou l'ovule ; or, les recherches de Gärtner et de Wichura nous ont appris qu'un hybride employé comme père, croisé avec une espèce pure, donne des produits plus variables que ne le fait le même hybride employé comme mère. Enfin, il est acquis que la variabilité peut être transmise par

---

[51] *Ibid.*, p. 392, 502. Les mémoires de M. Dareste à ce sujet ont une grande importance.

[52] *Métamorphoses de l'homme*, etc., 1862, p. 129.

les deux éléments sexuels, car Kölreuter et Gärtner[53] ont trouvé que, lorsqu'on croise deux espèces, il suffit que l'une d'elles soit variable pour que leur produit le soit aussi.

Résumé. — Nous pouvons conclure des faits cités dans ce chapitre que la variabilité des êtres organisés soumis à la domestication, quelque générale que soit cette variabilité, n'est pas une conséquence nécessaire de la croissance et de la reproduction, mais résulte des conditions auxquelles les parents ont été exposés. Des changements de toute nature dans les conditions d'existence peuvent, quelque légers qu'ils soient, suffire pour déterminer la variabilité. L'excès de nourriture est peut-être la cause excitante la plus efficace. Les animaux et les plantes restent encore variables pendant une longue période après qu'ils ont été réduits en domesticité ; mais les conditions dans lesquelles ils se trouvent ne demeurent jamais longtemps tout à fait constantes. Avec le temps ils s'habituent assez à certains changements pour devenir moins variables ; il est donc possible qu'à l'origine de leur domestication, ils aient été bien plus variables qu'ils ne le sont aujourd'hui. Il semble prouvé que les effets des changements des conditions s'accumulent, de sorte qu'il faut que deux ou plusieurs générations soient soumises à des conditions nouvelles avant que l'action de celles-ci devienne appréciable. Le croisement de formes distinctes, déjà variables, augmente la tendance à une variabilité ultérieure chez les produits, par un mélange inégal des caractères des ascendants, par la réapparition de caractères perdus depuis longtemps, et par l'apparition de caractères absolument nouveaux. L'action directe des circonstances ambiantes sur l'ensemble de l'organisme, ou sur quelques-unes de ses parties seulement, déterminent quelques variations ; d'autres sont déterminées indirectement par le fait que le système reproducteur est affecté comme il l'est chez tous les êtres organisés qui, soustraits à leurs conditions naturelles, deviennent souvent stériles. Les causes qui provoquent la variabilité agissent sur l'organisme adulte, sur l'embryon, et probablement aussi sur les éléments sexuels, avant la fécondation.

[53] *Dritte Fortsetzung,* etc., p. 123. — *Bastarderzeugung,* p. 249.

CHAPITRE XXIII

ACTION DIRECTE ET DÉFINIE DES CONDITIONS EXTÉRIEURES D'EXISTENCE.

Modifications légères de la couleur, de la taille, des propriétés chimiques et de l'état des tissus, déterminées chez les plantes par l'action définie d'un changement dans les conditions d'existence. — Maladies locales. — Modifications apparentes causées par le changement du climat, de la nourriture, etc.—Action d'une alimentation particulière, et de l'inoculation de poisons sur le plumage des oiseaux. — Coquilles terrestres. — Modifications déterminées par l'action définie des conditions extérieures chez les etres à l'état de nature. — Comparaison des arbres européens et américains. — Galles. — Effets des champignons parasites. — Considérations contraires à l'admission de l'influence puissante du changement des conditions extérieures. — Séries parallèles de variétés. — L'étendue des variations ne correspond pas au degré de changement dans les conditions. — Variation par bourgeons. — Production des monstruosités par des moyens artificiels. — Résumé.

Si nous nous demandons comment il se fait que la domestication ait amené la modification de tel ou tel caractère, nous sommes dans la plupart des cas très-embarrassés pour le dire. Plusieurs naturalistes, surtout ceux de l'école française, attribuent toutes les modifications à l'influence des milieux, c'est-à-dire aux changements de climat, avec toutes ses variations de chaleur et de froid, d'humidité et de sécheresse, de lumière et d'électricité; à la nature du sol, et aux diverses qualités de l'alimentation et à sa quantité. J'entends par l'expression *action définie*, dont nous nous servirons dans ce chapitre, une action de nature telle que, lorsqu'un grand nombre d'individus appartenant à une même variété se sont trouvés soumis pendant plusieurs générations à un changement quelconque dans les conditions physiques de leur existence, tous ou presque tous se modifient de la même manière. Je pourrais comprendre sous ce terme

d'action définie, les effets de l'habitude ou ceux de l'usage ou du
défaut d'usage des divers organes ; mais mieux vaudra en faire,
dans le chapitre suivant, l'objet d'une étude spéciale. Par l'expression, *action indéfinie*, j'entends une action qui fait varier un
individu dans une direction et un autre individu dans un autre
sens, comme nous le remarquons si souvent chez les plantes et
chez les animaux après qu'ils ont été soumis pendant quelques
générations à de nouvelles conditions d'existence. Toutefois
nous connaissons trop peu les causes et les lois des variations
pour pouvoir établir une classification satisfaisante. L'action des
changements de conditions, qu'elle produise des résultats définis ou non, est tout à fait distincte des effets de la sélection ;
en effet, la sélection dépend de la conservation par l'homme de
certains individus ou de leur persistance dans des circonstances
naturelles complexes et variées et n'a aucun rapport avec la
cause originelle de chaque variation particulière.

Je citerai d'abord en détail tous les faits que j'ai pu réunir,
faits qui semblent prouver que le climat, l'alimentation, etc.,
ont agi d'une manière assez énergique et assez définie sur l'organisation de nos produits domestiques, pour amener la formation de nouvelles sous-variétés ou races, sans l'entremise de la
sélection naturelle ou de la sélection par l'homme. Je présenterai
ensuite les faits et les considérations contraires à cette conclusion, et, enfin, nous aurons à peser et à apprécier la valeur des
arguments qui étayent l'une et l'autre opinion.

Lorsque nous remarquons qu'il existe dans chaque pays de
l'Europe, et qu'on rencontrait même autrefois dans chaque district de l'Angleterre, des races distinctes de presque tous nos
animaux domestiques, nous sommes fortement portés à attribuer leur origine à l'action définie des conditions physiques de
chaque pays, et telle a été, en effet, la conclusion de beaucoup
de savants. Mais il ne faut pas perdre de vue que l'homme doit
annuellement faire un choix des animaux qu'il réserve pour la
reproduction, et de ceux qu'il destine à être abattus. Nous avons
vu aussi que la sélection méthodique et la sélection inconsciente
ont été pratiquées dès une époque très-reculée et le sont encore
parfois par les peuples les plus barbares, à un point qu'on n'aurait pas soupçonné. Il est donc très-difficile d'apprécier jusqu'à

quel point les différences qui existent dans les conditions extérieures, entre les divers districts de l'Angleterre, par exemple,
auraient pu suffire pour modifier, les races qui y ont été élevées.
On pourrait objecter qu'un grand nombre d'animaux et de
plantes sauvages ont erré pendant des siècles dans toute l'étendue de la Grande-Bretagne, tout en conservant leurs caractères
propres, et qu'en conséquence les différences de conditions entre
les diverses localités ne pourraient pas avoir modifié de façon
bien tranchée les différentes races indigènes de bétail, de moutons, de porcs et de chevaux. Nous trouvons encore plus de difficulté à distinguer entre la sélection et les effets définis des conditions d'existence, lorsque nous cherchons à comparer des
formes naturelles très-voisines, habitant deux pays peu dissemblables au point de vue du climat ou de la nature du sol, etc.,
comme l'Europe et l'Amérique du Nord, car il est évident que,
dans ce cas, la sélection naturelle doit avoir rigoureusement agi
pendant une longue série de siècles.

Le professeur Weismann [1] est disposé à croire que lorsqu'une
espèce variable pénètre dans un pays nouveau et isolé, il est peu
probable que les variations soient proportionnellement aussi
nombreuses, bien qu'elles puissent présenter la même nature
générale qu'auparavant. Après un laps de temps plus ou moins
long cette espèce tend à revêtir des caractères presque uniformes
grâce au croisement incessant des individus variables ; mais
comme la proportion des individus variables dans différentes directions n'est pas la même dans les deux cas, il en résulte la
production de deux formes quelque peu différentes l'une de
l'autre. Dans les cas de cette nature, il semble, mais c'est là
une erreur, que le changement des conditions ait déterminé
certaines modifications définies, tandis qu'il a seulement provoqué une variabilité indéfinie accompagnée de variations en
nombre légèrement disproportionnel. Cette hypothèse ne laisse
pas que d'expliquer dans une certaine mesure les légères différences que l'on remarquait chez les animaux domestiques qui
habitaient autrefois les diverses parties de la grande Bretagne et
chez les bestiaux à demi sauvages enfermés dans les divers parcs

---

[1] Le i i l u E fi s de i l ol rung auf die Artbildung, 1872.

anglais ; ces animaux, en effet, ne pouvaient errer dans le pays
entier et s'entrecroiser librement, mais ils se croisaient librement
dans le district ou dans le parc où ils étaient contonnés.

Il est si difficile de reconnaître dans quelle mesure le changement des
conditions a déterminé des modifications définies de l'organisation qu'il n'est
pas inutile de citer le plus de faits possibles propres à démontrer que de
très-légères différences survenant dans un même pays, ou pendant les
différentes saisons, peuvent exercer des effets appréciables, au moins sur les
variétés qui sont déjà dans un état peu stable. Les fleurs d'ornement sont
précieuses à cet égard, parce qu'elles sont extrêmement variables, et qu'on
les observe avec beaucoup d'attention. Tous les horticulteurs sont unanimes
à reconnaître que de très-légères différences dans la nature des composts
artificiels dans lesquels on les plante, dans le sol naturel de la localité, et
dans l'état de la saison, affectent certaines variétés. Ainsi, un juge compétent [2],
écrivant sur les OEillets, remarque que « nulle part la variété dite *amiral
Curzon* ne possède la couleur, la taille et la vigueur qu'elle atteint dans
le Derbyshire ; la *Flora Garland* de Slough ne trouve nulle part ailleurs
son égale, et les fleurs riches en couleur réussissent mieux que partout
ailleurs à Woolwich et à Birmingham. Et, cependant, les mêmes variétés
n'atteignent jamais un égal degré de perfection dans deux de ces localités,
bien qu'élevées et soignées par les plus habiles fleuristes. » Le même auteur
recommande à l'horticulteur d'avoir cinq natures différentes de sols et de
fumier, et de chercher à les adapter aux appétits des plantes diverses qu'il
cherche à améliorer, sous peine d'insuccès.

Il en est de même du Dahlia [3] ; la variété dite *Lady Cooper* réussit rarement
près de Londres, mais prospère dans d'autres localités ; pour d'autres variétés,
c'est l'inverse ; il en est enfin qui réussissent à peu près également dans des
situations variées. Un horticulteur [4] habile s'était procuré des boutures
d'une variété ancienne et bien connue de la Verveine (*Pulchella*) laquelle,
pour avoir été propagée dans une autre situation, présentait une nuance
un peu différente ; les deux variétés furent ensuite multipliées par boutures
et tenues distinctes ; cependant, il devint difficile de les distinguer dès la
seconde année, et elles se confondirent complétement pendant la troisième.

L'état de la saison exerce une influence spéciale sur certaines variétés de
Dahlias ; deux variétés qui, en 1841, avaient été excellentes, furent très-
mauvaises l'année suivante. Un amateur célèbre [5] raconte qu'en 1861
plusieurs variétés de Rosiers avaient tellement dévié de leur type, qu'on
pouvait à peine les reconnaître ; en 1862 [6] les deux tiers de ses Auricules
produisirent des touffes centrales de fleurs remarquables par leur déviation

[2] *Gardener's Chronicle*, 1853, p. 183.
[3] M. Wildman, *Floricultural Soc.*, 7 Fév. 1843 ; *Gardener's Chronicle*, 1843, p. 86.
[4] M. Robson, *Journ. of Hort.*, 13 Fév. 1866, p. 122.
[5] *Jour. of Hort.*, 1861, p. 24.
[6] *Ibid.*, 1862, p. 83.

du type ; il ajoute que quelques variétés de cette plante peuvent être bonnes pendant une saison et mauvaises pendant la saison suivante, le contraire arrivant à d'autres variétés. L'éditeur du *Gardener's Chronicle* [7] a constaté, en 1845, une tendance singulière chez beaucoup de Calcéolaires à revêtir une forme tubulaire. Les variétés tachetées de la Pensée [8] n'acquièrent leurs vrais caractères que lorsque la chaleur s'établit, d'autres variétés par contre perdent leurs belles couleurs à ce même moment.

On a observé des faits analogues sur les feuilles : M. Beaton [9] affirme qu'il a obtenu par semis, pendant six ans, à Shrubland, vingt mille plantes de *Pelargonium Punch*, sans observer un seul cas de feuilles panachées; tandis qu'à Surbiton, dans le Surrey, plus d'un tiers des semis de la même variété avaient les feuilles panachées. Sir F. Pollock m'apprend que le sol d'un autre district dans le Surrey tend fortement à déterminer la panachure des feuilles. Verlot [10] affirme que le Fraisier panaché conserve ce caractère tant qu'il croît dans un sol sec, mais qu'il le perd promptement dès qu'on le transplante dans un sol frais et humide. M. Salter, connu par ses succès dans la culture des plantes panachées, m'apprend qu'en 1859, dans des rangées de fraisiers plantés suivant le mode ordinaire, il trouva dans une d'elles plusieurs plantes, inégalement éloignées les unes des autres, qui étaient devenues simultanément panachées et, fait singulier, toutes exactement de la même manière. Ces plantes furent enlevées, mais pendant les trois années suivantes d'autres plantes de la même rangée devinrent panachées, sans qu'aucune de celles des rangées avoisinantes ait présenté cette particularité.

Les propriétés chimiques, les odeurs et les tissus des plantes, se modifient souvent en vertu de changements qui nous paraissent insignifiants. On dit qu'en Écosse la ciguë ne renferme pas de conicine. La racine de l'*Aconitum napellus* devient inoffensive dans les climats très-froids. La culture affecte facilement les propriétés médicinales de la Digitale. Le *Pistacia lentiscus* ne produit pas de résine dans le midi de la France dont le climat paraît cependant lui convenir, puisqu'il y croît en abondance. En Europe, le *Laurus sassafras* perd l'odeur qui le caractérise dans l'Amérique du Nord [11]. On pourrait citer beaucoup d'autres faits analogues, faits d'autant plus remarquables qu'on aurait dû croire que des composés chimiques définis ne sont susceptibles de se modifier ni en qualité ni en quantité.

Le bois du faux acacia américain (*Robinia*), poussant en Angleterre, est à peu près sans valeur, comme l'est celui du chêne au Cap de Bonne-Espérance [12]. Le chanvre et le lin, d'après le Dr Falconer, prospèrent et

[7] *Gardener's Chronicle*, 1845, p. 660.
[8] *Ibid.*, 1863, p. 628.
[9] *Journ. of Hort.*, 1861, p. 64, 309.
[10] *Des Variétés*, etc., p. 76.
[11] Engel, *Sur les propr. médicales des Plantes*, 1860, p. 10, 25. — Pour les changements dans les odeurs, voir les expériences de Dalibert, citées dans Beckman, *Inventions*, vol. II, p. 344 ; et Nees, dans Férussac, *Bull. des Sc. nat.*, 1824, t. I, p. 60. — Pour la rhubarbe. *Gard. Chronicle*, 1849, p. 355 ; et 1862, p. 1123.
[12] Hooker, *Flora Indica*, p. 32.

produisent beaucoup de graines dans les plaines de l'Inde, mais leurs fibres sont cassantes et sans valeur. En Angleterre, d'autre part, le chanvre ne produit pas cette matière résineuse qu'on emploie si largement dans l'Inde comme substance narcotique et enivrante.

De faibles différences de climat et de culture influencent très-fortement le fruit du melon ; aussi, d'après Naudin, il vaut toujours mieux améliorer une ancienne variété que d'en introduire une nouvelle dans une localité. La graine du melon de Perse produit à Paris des fruits inférieurs à ceux des variétés les plus ordinaires, mais donne à Bordeaux des produits exquis [13]. On importe annuellement du Thibet à Kashmir [14] de la graine qui donne des fruits pesant de quatre à dix livres, mais les plantes provenant de la graine obtenue au Kashmir ne produisent l'année suivante que des fruits de deux à trois livres. Les variétés américaines de pommiers qui, dans leur pays, produisent des fruits magnifiques et richement colorés, ne donnent en Angleterre que des pommes ternes et de qualité médiocre. Il existe en Hongrie beaucoup de variétés du haricot, remarquables par la beauté de leur graine, mais le Rév. M. J. Berkeley [15] a constaté que cette qualité ne se conserve pas en Angleterre, et que souvent la couleur des graines y change considérablement. Nous avons vu, dans le neuvième chapitre, à propos du froment, les effets remarquables sur le poids du grain résultant de son transport du nord au midi de la France, et *vice versâ*.

Alors même que l'homme ne peut apercevoir aucun changement chez les animaux ou chez les plantes qui ont été exposés à un nouveau climat ou à un traitement différent, les insectes peuvent quelquefois le reconnaître. Une même espèce de Cactus a été importée dans l'Inde, de Canton, de Manille, de l'île Maurice, et des serres chaudes de Kew ; il s'y trouve également un cactus soi-disant indigène, autrefois introduit de l'Amérique du Sud ; toutes ces plantes appartiennent à une même espèce et paraissent absolument semblables, cependant la cochenille ne réussit que sur la plante indigène, où elle se multiplie abondamment [16]. Humboldt a remarqué [17] que les blancs nés sous la zone torride peuvent impunément marcher pieds nus dans un appartement où un Européen, récemment débarqué, serait exposé aux attaques du *Pulex penetrans*. Cet insecte, qui n'est autre que la

---

[13] Naudin, *Ann. Sc. nat.*, 4° série, Bot., t. XI, 1859, p. 81. — *Gard. Chron.*, 1859, p. 464.

[14] *Moorcroft Travels*, etc., vol. II, p. 143.

[15] *Gardener's Chronicle*, 1861, p. 1113.

[16] Royle, *Productive Resources of India*, p. 59.

[17] *Personal narrative* (trad. angl., vol. V, p. 101). Ce fait a été confirmé par Karsten, *Beitrag zur Kenntniss der Rhynchoprion*, Moscou, 1854, p. 39, et d'autres.

chique, sait donc distinguer, ce que l'analyse chimique la plus
délicate ne saurait faire, une différence entre le sang et les tissus
d'un Européen, et ceux d'un blanc né dans le pays. Cette perspicacité de la chique n'est cependant pas si étonnante qu'elle le
paraît d'abord ; car, d'après Liebig [18], le sang des hommes ayant
un teint différent, quoique habitant un même pays, émet une
odeur différente.

Il convient d'ajouter quelques mots sur les maladies spéciales à certaines
localités, à certaines altitudes ou à certains climats, car on y trouve la
preuve de l'influence des circonstances extérieures sur le corps humain. Les
maladies particulières à certaines races humaines ne rentrent pas dans notre
sujet, car elles doivent dépendre essentiellement de la constitution de la
race, constitution qui est elle-même le résultat de causes inconnues. La
plique polonaise se trouve, sous ce rapport, dans une situation presque intermédiaire, car elle attaque rarement les Allemands habitant les environs de
la Vistule, où tant de Polonais en sont gravement atteints ; d'autre part,
elle épargne les Russes, qui descendent, dit-on, de la même souche primitive
que les Polonais [19]. L'altitude d'une localité paraît souvent régler l'apparition des maladies ; la fièvre jaune ne dépasse pas au Mexique une élévation
de 924 mètres ; au Pérou, les populations ne sont affectées du *verugas*
qu'entre 600 et 1600 mètres d'altitude ; on pourrait encore citer d'autres
cas analogues. Une maladie cutanée connue sous le nom de *bouton d'Alep*
se déclare à Alep et certaines localités voisines chez presque tous les enfants indigènes, et quelques étrangers ; il paraît prouvé que ce mal singulier
provient de l'usage de certaines eaux. Dans l'île d'ailleurs si salubre de
Sainte-Hélène, on redoute la scarlatine comme la peste ; des faits analogues
ont été observés au Chili et au Mexique [20]. On a reconnu que, même dans
les départements français, les diverses infirmités qui rendent les conscrits
impropres au service sont très-inégalement réparties, fait qui révèle, ainsi
que le remarque Boudin [21], que plusieurs d'entre elles sont endémiques, ce
qu'on n'aurait jamais soupçonné sans cela. On ne saurait étudier la distribution des maladies sans être frappé des minimes différences dans les conditions ambiantes qui peuvent déterminer la nature et la gravité des maladies
qui affectent l'homme au moins temporairement.

Les modifications dont nous venons de parler sont extrêmement légères
et paraissent, autant que nous en pouvons juger, causées dans la plupart
des cas par des changements de conditions également peu prononcés. Mais
ces conditions agissant pendant une série de générations finiraient par produire un effet marqué.

[18] *Chimie organique* (trad. angl., 1re édit.), p. 369.
[19] Prichard, *Phys. Hist. of Mankind*, 1851, vol. I, p. 155.
[20] Darwin, *Voyage d'un Naturaliste* (Paris, Reinwald).
[21] *Géographie et statistique médicales*, 1857, t. I, p. 44 et 52 ; t. II, p. 315.

Chez les plantes, un changement considérable de climat produit quelquefois des résultats très-marqués. J'ai signalé dans le neuvième chapitre le cas le plus remarquable que je connaisse, relatif à quelques variétés de maïs importées en Allemagne des régions plus chaudes de l'Amérique, et qui se transformèrent dans le cours de deux ou trois générations. Le Dʳ Falconer m'apprend qu'il a vu une variété anglaise de pommier (*Ribston-pippin apple*), un chêne himalayen, un prunier et un poirier, revêtir dans les régions les plus chaudes de l'Inde, un aspect pyramidal ou fastigié ; le fait est d'autant plus intéressant, qu'une espèce tropicale chinoise de Pyrus possède naturellement ce même mode de croissance. Si, dans ce cas, cette modification dans l'aspect paraît avoir été causée par la grande chaleur, nous savons cependant que de nombreux arbres fastigiés ont pris naissance dans nos pays tempérés. Dans le Jardin Botanique de Ceylan, le pommier [22] pousse de nombreux jets souterrains, fournissant constamment des petites tiges qui s'élèvent autour de l'arbre. Les variétés du chou qui forment des têtes en Angleterre cessent de le faire dans certains pays tropicaux [23]. Le *Rhododendron ciliatum*, cultivé à Kew, produit des fleurs beaucoup plus grandes et beaucoup plus pâles que celles qu'il porte dans les montagnes de l'Himalaya où il est indigène, au point que le Dʳ Hooker [24] n'aurait pas pu reconnaître l'espèce par ses fleurs seules. Nous pourrions citer beaucoup d'autres cas analogues.

Les expériences de Vilmorin et de Buckman sur les carottes et le panais prouvent qu'une nourriture abondante produit sur les racines de ces plantes des effets héréditaires et définis, sans que leurs autres parties éprouvent presque aucun changement. L'alun agit directement sur la couleur des fleurs de l'Hydrangea [25]. La sécheresse paraît généralement favoriser la villosité des plantes. Gärtner a observé que les Verbascums hybrides deviennent extrêmement velus lorsqu'on les fait croître en pots. M. Masters, d'autre part, affirme que l'*Opuntia leucotricha*, qui, sous l'action d'une chaleur humide, se recouvre de beaux poils blancs, n'offre rien de semblable lorsqu'on le tient à une chaleur sèche [26]. Une foule de variations légères, qui ne valent pas la peine d'être détaillées, persistent seulement aussi longtemps que les plantes croissent dans certains terrains. Sageret [27], d'après ses observations, en cite quelques exemples. Odart, qui insiste beaucoup sur la permanence des variétés de la vigne, reconnaît [28] que quelques-unes d'entre elles, soumises à un traitement différent ou croissant sous un autre climat, varient légèrement au point de vue de la teinte du fruit et de l'époque de sa maturation. Quelques auteurs ont nié que la greffe cause la moindre dif-

---

[22] Sir J. E. Tennent, *Ceylon*, vol. I, 1859, p. 89.
[23] Godron, *O. C.*, t. II, p. 52.
[24] *Journ. Hort. Soc.*, t. VII, 1852, p. 117.
[25] *Ibid.*, t. I, p. 160.
[26] Lecoq, sur la villosité des plantes, *Geog. Bot.*, t. III, p. 287, 291. — Gartner, *O. C.*, p. 261. — Masters, sur l'Opuntia, *Gardener's Chronicle*, 1846, p. 444.
[27] *Pomologie phys.*, p. 136.
[28] *Ampélographie*, 1849, p. 19.

férence dans la plante greffée, mais on a des preuves nombreuses que le fruit est quelquefois légèrement affecté au point de vue de la grosseur et de la saveur, les feuilles au point de vue de la durée, et les fleurs au point de vue de leur aspect [29].

Les faits cités dans le premier chapitre prouvent que les chiens européens dégénèrent dans l'Inde, tant au point de vue de la conformation que des instincts ; mais les changements qu'ils éprouvent sont de nature telle, qu'ils peuvent être dus en partie à un retour vers une forme primitive, comme dans le cas des animaux marrons. Dans quelques parties de l'Inde, le dindon perd de sa taille, et les appendices pendants de son bec se développent énormément [30]. Nous avons vu combien le canard sauvage perd rapidement ses caractères lorsqu'il est domestiqué, par suite du changement et de l'abondance de la nourriture, et du manque d'exercice. Sous l'action directe du climat humide et des maigres pâturages des îles Falkland, la taille du cheval décroît très-rapidement. D'après des informations qui m'ont été transmises, il paraît que cela est aussi, jusqu'à un certain point, le cas chez les moutons en Australie.

Le climat exerce une action très-définie sur le poil des animaux ; dans les Indes Occidentales, trois générations suffisent pour déterminer un grand changement dans la toison des moutons. Le Dr Falconer [31] constate que le dogue et la chèvre du Thibet, amenés de l'Himalaya au Kashmir, perdent leur fine laine. A Angora, non-seulement les chèvres, mais aussi les chiens de bergers et les chats, ont un poil fin et laineux, et M. Ainsworth [32] attribue l'épaisseur de leur toison aux hivers rigoureux, et leur lustre soyeux à la chaleur des étés. Burnes [33] a positivement constaté que les moutons Karakools perdent leur toison particulière noire et frisée lorsqu'on les transporte dans un autre pays. Même en Angleterre, on m'a assuré que la laine de deux races de moutons avait été légèrement modifiée par le fait que les troupeaux avaient pâturé dans des localités différentes [34]. On a affirmé aussi [35] que des chevaux restés pendant plusieurs années dans des mines de houille profondes, en Belgique, s'étaient recouverts d'un poil velouté, analogue à celui de la taupe. Ces cas sont sans doute en rapport intime avec le changement du poil qui a naturellement lieu hiver et été. On a vu occasionnellement apparaître des variétés nues de plusieurs animaux domestiques, mais nous n'avons aucune raison pour croire que ces cas doivent être rattachés en aucune manière à l'action du climat auquel ces animaux ont été exposés [36].

[29] Gärtner, O. C., p. 606, a réuni presque tous les cas connus. A. Knight, Trans. Hort. Soc., vol. II, p. 160, va jusqu'à soutenir qu'il n'y a que peu de variétés absolument permanentes par leurs caractères, lorsqu'on les propage par bourgeons ou par greffes.

[30] M. Blyth, Ann. and Mag. of Nat. Hist., vol. XX, 1847, p. 391.

[31] Nat. Hist. Review, 1862, p. 113.

[32] Journ. of Roy. Geogr. Soc., t. IX, 1839, p. 275.

[33] Travels in Bokhara, t. III, p. 151.

[34] Sur l'influence des pâturages marécageux sur la laine, Godron, O. C., t. II, p. 22.

[35] I. Geoff. Saint-Hilaire, Hist. nat. gén., t. III, p. 438.

[36] Azara a fait quelques excellentes remarques à ce sujet. Hist. des quadrupèdes du Para-

Il paraît probable, à première vue, que l'augmentation de la taille, la tendance à l'engraissement, la précocité et les modifications apportées à la forme de nos races améliorées de bétail, de moutons et de porcs, résultent directement de l'abondance de la nourriture. Cette opinion, que partagent un grand nombre de juges compétents, est probablement fondée en grande partie. Mais, en ce qui concerne la forme, nous ne devons pas méconnaître l'influence prépondérante de la diminution de l'usage des membres et des poumons. Et, pour ce qui est de la taille, nous savons que la sélection agit encore plus puissamment que l'abondance de nourriture, car c'est seulement ainsi que nous pouvons nous expliquer comme me le fait remarquer M. Blyth, l'existence simultanée, dans un même pays, des races de moutons grandes et petites, des poules Cochinchinoises et des Bantams, des petits pigeons Culbutants et des Runts, qui tous sont élevés ensemble, et tous abondamment pourvus de nourriture. Néanmoins, il n'est pas douteux que nos animaux domestiques n'aient, indépendamment de l'accroissement ou de la diminution dans l'usage de certaines parties, été modifiés par les conditions dans lesquelles on les a placés, sans le concours de la sélection. Le professeur Rütimeyer [37] a démontré, par exemple, que l'on peut reconnaître les os des animaux domestiques au milieu de ceux des animaux sauvages, à leur aspect général et grâce à l'état de leur surface. Il n'est pas possible, après avoir lu l'excellent ouvrage de Nathusius [38], de mettre en doute que, chez les races les plus améliorées du porc, l'abondance de l'alimentation n'ait exercé des effets marqués sur la forme générale du corps, sur la largeur de la tête et de la face, et même sur les dents. Nathusius appuie beaucoup sur le cas d'un porc de race pure du Berkshire, qui, à l'âge de deux mois, fut atteint d'une maladie des organes digestifs, et fut conservé jusqu'à l'âge de dix-neuf mois pour servir à des expériences; à cet âge il avait déjà perdu plusieurs des traits caractéristiques de sa race ; sa tête était devenue longue, étroite, fort grosse relativement à son petit corps et à ses longues jambes. Mais, dans ce cas et quelques autres, nous ne devons pas conclure que, parce que certains caractères ont pu se perdre, peut-être par retour, sous l'influence d'un certain genre de traitement, ils doivent primitivement avoir été produits par un traitement opposé.

Quant au lapin redevenu sauvage dans l'île de Porto-Santo, nous sommes d'abord fortement tentés d'attribuer la totalité de ses changements — la diminution de sa taille, l'altération de sa couleur, et la perte de certaines marques caractéristiques, — à l'action définie des nouvelles conditions dans lesquelles il s'est trouvé. Mais, dans tous les cas de cette nature, nous avons en plus à compter avec la tendance au retour vers des ancêtres plus ou moins reculés, et la sélection naturelle des différences les plus délicates.

La nature de l'alimentation semble quelquefois déterminer certaines par-

guay, t. II, p. 337. — Voir sur une famille de souris nues produite en Angleterre, Proc. Zool. Soc., 1856, p. 38.

[37] Die Fauna der Pfahlbauten, 1861, p. 15.
[38] Schweineschädel, 1864, p. 99.

ticularités, ou être en relation étroite avec elles. Pallas a affirmé, il y a longtemps, que les moutons sibériens dégénèrent et perdent leur énorme queue, lorsqu'on les éloigne de certains pâturages salins ; et Erman [39] a constaté plus récemment que le même fait se produit chez les moutons Kirghises quand on les amène à Orenbourg.

On sait que, nourris avec du chènevis, les bouvreuils et quelques autres oiseaux deviennent noirs. M. Wallace m'a communiqué quelques cas encore plus remarquables de même nature. Les naturels de l'Amazone nourrissent le perroquet vert commun (*Chrysotis festiva*, Linn.) avec la graisse de gros poissons Siluroïdes, et les oiseaux ainsi traités deviennent magnifiquement panachés de plumes rouges et jaunes. Dans l'archipel Malais, les naturels de Gilolo, modifient, en employant les mêmes moyens, les couleurs d'un autre perroquet, le *Lorius garrulus*, et produisent ainsi ce qu'ils appellent le LORI RAJAH ou *Lori roi*. Dans les îles Malaises et l'Amérique du Sud, ces perroquets, soumis à une nourriture végétale naturelle, comme le riz, conservent leurs couleurs propres. M. Wallace [40] rapporte un cas encore plus singulier. Les Indiens (Amérique du Sud) emploient un procédé curieux pour modifier les couleurs des plumes de beaucoup d'oiseaux. Ils arrachent les plumes de la partie qu'ils veulent teindre, et inoculent dans la blessure un peu de la sécrétion laiteuse de la peau d'un petit crapaud. Les plumes repoussent avec une couleur jaune brillant, et, si on les arrache de nouveau, on dit qu'elles repoussent de la même couleur, sans l'aide d'aucune opération nouvelle.

Bechstein [41] ne doute en aucune façon que, chez les oiseaux tenus en cage à l'abri de la lumière, les couleurs du plumage ne soient au moins temporairement affectées. On sait que la coquille des mollusques terrestres se modifie dans différentes localités suivant l'abondance du calcaire. I. Geoffroy Saint-Hilaire [42] cite le cas de l'*Helix lactea* qui a récemment été importé d'Espagne dans le midi de la France et à Rio de la Plata, et qui présente actuellement dans ces deux pays une apparence différente, mais on ne sait si on doit l'attribuer au climat ou à la nourriture. Quant à l'huître commune, M. F. Buckland m'apprend qu'il peut généralement reconnaître les coquilles de différentes localités ; les jeunes huîtres apportées du pays de Galles, et déposées dans des bancs d'huîtres indigènes, commencent au bout de deux mois à prendre les caractères de ces dernières. M. Coste [43] rapporte un cas de même nature beaucoup plus remarquable, relatif à de jeunes huîtres prises sur les côtes d'Angleterre et qui, transportées dans la Méditerranée, modifièrent de suite leur mode de croissance, et formèrent des rayons saillants et divergents, semblables à ceux de la coquille des vraies huîtres de la Méditerranée. La même coquille présentant les deux modes de croissance a

---

[39] *Travels in Siberia*, vol. I, p. 228.
[40] A. R. Wallace, *Travels on the Amazon and Rio Negro*, p. 294.
[41] *Naturgesch. der Stubenvogel*, 1840, p. 262, 308.
[42] *Hist. nat. gén.*, t. III, p. 402.
[43] *B ll. Soc. Imp. d'Acclimat.*, t. VIII, p. 351.

été exposée devant une société scientifique à Paris. Enfin, on sait que des chenilles, nourries d'aliments différents, peuvent acquérir elles-mêmes une autre coloration, ou produire des papillons de couleur différente [44].

Ce serait outre-passer les limites que je me suis imposées que de vouloir discuter ici jusqu'à quel point les êtres organisés sont, à l'état de nature, modifiés d'une manière définie par les changements des conditions extérieures. J'ai, dans l'*Origine des espèces*, résumé rapidement les faits relatifs à ce sujet, et j'ai démontré l'influence de la lumière sur les couleurs des oiseaux, du voisinage de la mer sur les teintes sombres des insectes et sur la succulence des plantes. M. Herbert Spencer [45] a récemment discuté ce sujet dans son entier sur des bases larges et générales ; il admet que, chez tous les animaux, les conditions extérieures agissent différemment sur les tissus internes et externes, qui diffèrent invariablement dans leur structure intime. De même, les surfaces supérieure et inférieure des vraies feuilles, ainsi que celles des tiges et des pétioles, lorsque ces organes revêtent les fonctions et occupent la position des feuilles, sont dans des conditions différentes par rapport à la lumière, etc., et, par conséquent, diffèrent probablement au point de vue de la structure. Mais, ainsi que le reconnaît M. Herbert Spencer, il est très-difficile de distinguer entre les effets de l'action des conditions physiques, et ceux de l'accumulation par sélection naturelle des variations héréditaires qui sont utiles à l'organisme, et qui ont surgi en dehors de l'action définie de ces conditions.

Bien que nous ne nous occupions pas ici de l'action définie des conditions d'existence sur les êtres organisés à l'état de nature, je puis cependant ajouter que, depuis quelques années, on a recueilli de nombreux témoignages à cet égard. Aux Etats-Unis, par exemple, M. J. A. Allen a clairement démontré que, chez plusieurs espèces d'oiseaux, la couleur, la grandeur du corps et du bec, la longueur de la queue diffèrent à mesure qu'on s'avance du nord au sud ; différences qu'il faut attribuer à l'action directe du climat [46]. Je puis citer un cas à peu près analogue

[44] Expériences de M. Gregson sur l'*Abraxus grossulariata*, *Proc. Entom. Soc.*, 1862. Ces expériences ont été confirmées par M. Greening, *Proc. of Northern Entom. Soc.*, juillet 1862. — Pour les effets de l'alimentation sur les chenilles, voir M. Michely, *Bull. Soc. Imp. d'Accl.*, t. VIII, p. 563. — Dahlbom, pour des faits semblables chez les Hyménoptères, Westwood, *Modern Classif. of Insects*, t. II, p. 98. — Dr L. Moller, *Die Abhængigkeit der Insecten*, 1867, p. 70.

[45] *The principles of Biology*, t. II, 1866. Les présents chapitres étaient écrits lorsque j'ai eu connaissance de l'ouvrage de M. Herbert Spencer, de sorte que je n'ai pas pu m'en servir autant que je l'eusse probablement fait.

[46] Le professeur Weismann est arrivé à peu près aux mêmes conclusions relativement à certains papillons européens, *Ueber den Saison-Dimorphismus*, 1875. Je pourrais renvoyer aussi à plusieurs ouvrages récents sur le même sujet ; voir, par exemple, Kerner, *Gute und schlechte Arten*, 1866.

relativement aux plantes. M. Meehan [47] a comparé vingt-neuf
espèces d'arbres américains, appartenant à divers ordres, aux
formes européennes les plus voisines, cultivées toutes dans un
même jardin, les unes près des autres, et autant que possible
dans les mêmes conditions. M. Meehan a observé qu'à de très-
rares exceptions près, chez les espèces américaines comparativement aux espèces européennes, la chute des feuilles a lieu
plus tôt dans la saison, et qu'avant de tomber, elles revêtent une
teinte plus brillante ; que les feuilles sont moins profondément
dentelées ; que les bourgeons sont plus petits ; que les arbres
ont une croissance plus irrégulière et ont moins de petites branches ; enfin que les graines sont plus petites. Or, comme ces
arbres voisins appartiennent à des ordres absolument différents,
et qu'ils sont adaptés à des stations très-différentes, on ne peut
guère supposer que ces particularités aient pour eux aucune
utilité spéciale dans l'ancien ou le nouveau monde ; s'il en est
ainsi, on ne saurait attribuer ces différences à l'action de la
sélection naturelle, et il faut les attribuer à l'action longtemps
prolongée d'un climat différent.

Galles. — Une autre catégorie de faits mérite notre attention,
bien que ne se rattachant pas aux plantes cultivées. Je veux
parler de la production des galles. Chacun connaît ces produits
velus d'un rouge vif, qui se trouvent sur le rosier sauvage, ainsi
que les diverses galles qu'on rencontre sur le chêne ; quelques-
unes de ces dernières ressemblent à des fruits, et ont quelquefois
un côté aussi richement coloré que la plus belle pomme. Ces
vives couleurs ne peuvent rendre aucun service, ni à l'insecte
qui produit la galle, ni à l'arbre qui la porte, et sont probablement le résultat direct de l'action de la lumière, de même que
les pommes de la Nouvelle-Ecosse ou du Canada sont plus brillamment colorées que les pommes anglaises. D'après les dernières recherches d'Osten-Saken, les diverses espèces de chêne
ne fournissent pas moins de cinquante-huit espèces de galles,
produites par le Cynips, et ses sous-genres ; M. B. D. Walsh [48]
affirme qu'il pourrait augmenter considérablement cette liste.

[47] *Proc. Acad. Nat. Soc. of Philadelphia*, 28 janvier 1862.
[48] *Proc. Ent. Soc. Philadelphia*, déc. 1866, p. 284 ; pour le saule, *ibid.*, 1864, p. 546.

Une espèce américaine de saule, le *Salix humilis*, porte dix
sortes distinctes de galles. Les feuilles qui partent des galles de
divers saules anglais diffèrent complétement par leur forme des
feuilles naturelles. Les jeunes pousses de genévrier et de pin
produisent, lorsqu'elles sont piquées par certains insectes, des
monstruosités semblables à des fleurs et à des cônes ; la même
cause détermine chez les fleurs de certaines plantes un changement complet d'apparence. Il se produit des galles dans toutes
les parties du monde ; M. Thwaites m'en a envoyé plusieurs de
Ceylan ; les unes aussi symétriques qu'une fleur composée à
l'état de bourgeon ; les autres lisses et sphériques comme une
baie ; d'autres protégées par de longues épines ; d'autres enve-
loppées d'une sorte de laine jaune, formée de longs poils cellu-
leux ; d'autres couvertes de poils en touffes régulières. La structure interne de quelques galles est simple, elle est très-complexe chez d'autres ; ainsi M. Lacaze-Duthiers [49] n'a pas figuré
dans la noix de galle commune moins de sept couches concen-
triques, formées de tissus distincts, à savoir : la couche épidermique, la sous-épidermique, la spongieuse, l'intermédiaire, puis
la couche protectrice dure, formée de cellules ligneuses singulièrement épaissies, et, enfin, la masse centrale pleine de grains
de fécule servant à la nourriture des larves.

Les galles sont produites par des insectes appartenant à divers
ordres, mais le plus grand nombre d'entre elles sont l'œuvre
d'espèces du genre Cynips. La discussion de M. Lacaze-Duthiers
prouve absolument que la croissance de la galle est causée
par la sécrétion vénéneuse de l'insecte ; or, chacun sait combien
est virulent le poison sécrété par les guêpes et les abeilles, qui
appartiennent au même ordre que les Cynips. Les galles croissent avec une rapidité extraordinaire, et on dit qu'elles atteignent leur développement complet en quelques jours [50] ; il est
certain qu'elles sont presque complétement développées avant
l'éclosion des larves. La plupart de ces insectes étant extrêmement petits, la gouttelette de poison sécrété doit être aussi
infiniment petite, et doit probablement agir sur une ou deux

[49] *Histoire des Galles, Ann. des sciences nat.*, 3ᵉ série, Bot., t. XIX, 1853, p. 273.
[50] Kirby and Spence, *Entomology*, 1818, vol. 1, p. 450. — Lacaze-Duthiers, *O. C.*,
p. 284.

cellules seulement qui, étant anormalement stimulées, s'accroissent rapidement par une sorte de segmentation. Les galles, comme le fait remarquer M. Walsh [51], offrent des caractères définis et constants, chaque sorte conservant son type exact aussi bien qu'aucun autre être organisé indépendant. Le fait devient encore plus remarquable lorsque nous voyons que, par exemple, sur les dix sortes de galles qui se forment sur le *Salix humilis*, il y en a sept produites par des *Cecidomyides*, qui, quoique spécifiquement distincts, se ressemblent au point que, dans la plupart des cas, il est difficile et quelquefois impossible de distinguer les uns des autres les insectes adultes [52]. D'après une analogie largement justifiée, nous pouvons admettre que la nature du poison sécrété par des insectes si voisins ne doit pas beaucoup varier; il suffit cependant d'une aussi légère différence pour déterminer des résultats bien divers. Dans quelques cas, la même espèce d'insectes produit sur des espèces distinctes de saules des galles qu'on ne peut distinguer les unes des autres; le *Cynips fecundatrix* a produit sur le chêne Turc, auquel il n'est point spécialement attaché, la même galle que sur le chêne Européen [53]. Ces derniers faits semblent prouver que la nature du poison a beaucoup plus d'influence pour déterminer la forme de la galle, que le caractère spécifique de l'arbre qui la porte.

Puisque la sécrétion vénéneuse d'insectes appartenant à des ordres différents possède la faculté spéciale d'affecter la croissance de diverses plantes; puisqu'une légère différence dans la nature du poison suffit pour produire des résultats très-dissemblables; et, enfin, comme nous savons que les combinaisons chimiques sécrétées par les plantes sont très-susceptibles de modifications par suite de changements dans les conditions d'existence, il est possible que certaines parties d'une plante puissent être affectées par l'action de ses propres sécrétions modifiées. Comparons, par exemple, le calice visqueux et moussu d'une rose moussue, qui surgit subitement par variation de bourgeons sur un rosier de Provence, avec la galle

---

[51] *Proc. Entom. Soc. Philadelphia*, 1864, p. 558.
[52] *Ibid.*, 1864, p. 633; et 1866, p. 275.
[53] *Ibid.*, 1864, p. 411, 495, 545; 1866, p. 278.

de mousse rouge qui croît sur la feuille inoculée d'un églantier, et dont chaque filament se ramifie symétriquement comme un sapin microscopique, portant une extrémité glandulaire et sécrétant une matière gommeuse et odoriférante [54]. Ou comparons, d'une part, une pêche avec sa peau velue, son enveloppe charnue, son noyau dur et son amande ; et, d'autre part, une des galles les plus complexes avec ses couches épidermique, spongieuse et ligneuse, enveloppant un tissu chargé de grains de fécule. Il y a évidemment une certaine analogie entre ces conformations normales et anormales. Ou encore, réfléchissons à ces perroquets dont le plumage s'embellit par suite de quelque changement dans le sang, déterminé par le fait qu'on les a nourris de certains poissons, ou qu'on leur a inoculé localement le venin d'un crapaud. Je suis loin de vouloir soutenir que la rose moussue, la coquille dure du noyau de la pêche, ou les vives couleurs des oiseaux, proviennent effectivement d'une modification chimique de la sève ou du sang, mais ces exemples relatifs aux galles et aux perroquets sont éminemment propres à nous démontrer que des agents extérieurs peuvent singulièrement et puissamment affecter la conformation. En présence de semblables faits, aucune modification apparaissant dans un être organisé quelconque ne doit nous étonner.

Je puis signaler ici les effets remarquables qu'exercent quelquefois sur les plantes les champignons parasites. Reissek [55] a décrit un *Thesium* qui, attaqué par un *OEcidium*, s'était fortement modifié et avait revêtu quelques-uns des traits caractéristiques de certaines espèces, et même de certains genres voisins. « En supposant, » remarque Reissek, « que l'état primitivement déterminé par le champignon fût par la suite devenu constant, on eût certainement regardé cette plante trouvée à l'état sauvage comme formant une espèce distincte, ou appartenant même à un genre nouveau. » Je cite cette remarque pour montrer combien cette plante a dû être profondément, bien que très-naturellement, modifiée par le champignon parasite. M. Meehan [56] affirme aussi que trois espèces d'*Euphorbia* et de *Portulaca oleracea* qui croissent naturellement couchées se redressent quand elles sont attaquées par l'*OEcidium*. Dans les mêmes conditions l'*Euphorbia maculata* devient

[54] Lacaze-Duthiers, *O. C.*, p. 325, 328.
[55] *Linnæa*, vol. XVII, 1843, cité par Dr M. T. Masters, *Royal Institution*, mars 16, 1860.
[56] *Proc. Acad. Nat. Soc. Philadelphia*, 16 juin 1874 et 23 juillet 1875.

noueux, les petites branches deviennent comparativement lisses et la forme des feuilles se modifié ; sous tous ces rapports cette espèce se rapproche alors d'une espèce voisine, l'E. *hypericifolia*.

Faits et considérations contraires à l'opinion que les conditions extérieures puissent être une cause efficace de modifications définies de la conformation. — J'ai fait allusion aux différences légères qui existent entre les espèces vivant naturellement dans des pays distincts, sous des conditions différentes, différences que nous sommes d'abord disposés à attribuer, probablement avec raison dans un grand nombre de cas, à l'action définie des conditions ambiantes. Mais il faut songer qu'il y a un bien plus grand nombre d'animaux et de plantes qui ont une distribution fort étendue, qui se sont trouvés par conséquent exposés aux influences climatériques les plus diverses, et qui ont cependant conservé une grande uniformité de caractères. Quelques auteurs, comme nous l'avons déjà fait remarquer, attribuent les variétés de nos plantes culinaires et agricoles à l'action définie des conditions auxquelles elles ont été soumises dans les diverses parties de la Grande-Bretagne ; mais il y a environ deux cents plantes [57] qui, se rencontrant dans tous les comtés de l'Angleterre, ont dû, pendant une longue période, être exposées à des différences considérables de climat et de sol, sans cependant différer les unes des autres. De même, certains animaux et certaines plantes, s'étendent sur de vastes parties du globe, tout en conservant les mêmes caractères.

Malgré les faits précédemment cités relatifs à l'apparition de maladies locales toutes particulières, de modifications étranges déterminées dans la structure des plantes par l'inoculation du poison de quelques insectes, et autres cas analogues, il y a cependant une multitude de variations, telles que le crâne modifié du bouledogue et du bétail niata, les longues cornes du bétail cafre, les doigts réunis des porcs à sabots pleins, l'énorme huppe et le crâne saillant des coqs huppés, le jabot des pigeons Grosses-gorges et une foule d'autres cas semblables, que nous ne pouvons guère attribuer à l'action définie, dans le sens précédemment spécifié du terme, des conditions extérieures. Il existe certainement dans chaque cas quelque cause déterminante ; mais lorsque parmi d'innombrables individus exposés presque aux mêmes conditions, nous n'en voyons qu'un seul qui soit affe té, nous pouvons en

[57] Hewett C. Watson, *Cybele Britannica*, vol. I, 1847, p. 11.

conclure que la constitution de l'individu entre pour une part beaucoup plus importante dans le résultat, que les conditions dans lesquelles il a pu se trouver. Il semble même qu'en règle générale, les variations très-apparentes ne surviennent que rarement, et chez un individu seulement sur des milliers, bien que tous, autant que nous en pouvons juger, aient été exposés à peu près aux mêmes conditions. Les variations les plus fortement accusées se confondant graduellement et insensiblement avec les plus insignifiantes, nous sommes conduits à penser que chaque variation légère résulte bien plus de différences innées de constitution, quelle qu'en puisse être la cause, que d'une action définie des conditions ambiantes.

La considération d'exemples, comme ceux que nous fournissent les races gallines et les pigeons, qui ont varié et qui varieront sans doute encore dans des directions opposées, bien qu'étant depuis bien des générations placés dans des conditions presque semblables, nous conduit à la même conclusion. Quelques-uns, par exemple, naissent avec un bec, des ailes, une queue, des pattes, etc., un peu plus longs ; chez d'autres, ces mêmes parties sont un peu plus courtes. Par une sélection longtemps continuée de semblables différences individuelles légères, qui surgissent chez des oiseaux enfermés dans une même volière, on pourrait certainement former des races très-distinctes, et cette sélection prolongée, si importants que fussent ses résultats, ne ferait autre chose que conserver les variations qui nous paraissent surgir d'une manière spontanée.

Ces exemples nous prouvent que les animaux domestiques varient sur une foule de points, bien qu'ils soient tous traités d'une manière aussi uniforme que possible. D'autre part, nous savons que des animaux et des plantes exposés à des conditions très-différentes, tant à l'état de nature qu'à l'état domestique, ont varié presque de la même manière. M. Layard me dit avoir remarqué chez les Cafres de l'Afrique australe, un chien très-semblable au chien Esquimau. Dans l'Inde, les pigeons offrent presque la même diversité de couleurs qu'en Europe, et j'ai vu des pigeons tachetés ou simplement barrés, venant de la Sierra-Leone, de Madère, d'Angleterre et de l'Inde. On produit constamment, dans différentes parties de la Grande-Bretagne, de nouvelles variétés de fleurs, mais les juges de nos concours reconnaissent que plusieurs sont à peu près identiques à d'anciennes variétés. On a produit dans l'Amérique du Nord un grand nombre d'arbres fruitiers et de végétaux culinaires nouveaux, qui diffèrent des variétés européennes de la même manière générale que celles-ci le font les unes des autres, et jamais on n'a soutenu que le climat de l'Amérique ait communiqué aux nombreuses variétés qui croissent dans ce pays aucun caractère général qui permette de les reconnaître. Néanmoins, si l'on tient compte des faits signalés précédemment par M. Meehan au sujet des arbres forestiers européens et américains, il serait téméraire d'affirmer qu'avec le temps, les variétés formées dans les deux pays n'acquerraient pas quelques caractères distinctifs. Le docteur M. Masters relate un fait important [58] relatif à ce sujet ; il a semé des graines de l'*Hybiscus*

[58] *Gardener's Chronicle*, 1857, p. 629.

Syriacus provenant de la Palestine et de la Caroline du Sud, où les plantes mères ont dû se trouver soumises à des conditions bien différentes ; les plants provenant de ces semis avaient deux branches semblables, dont l'une avait les feuilles obtuses et des fleurs pourpres ou écarlates, et l'autre les feuilles allongées et des fleurs plus ou moins roses.

Nous pouvons aussi conclure à une influence prépondérante de la constitution de l'organisme sur l'action définie des conditions extérieures, d'après les faits que nous avons cités relativement à des séries parallèles de variétés, — point important que nous discuterons plus complétement par la suite. Nous avons démontré que des sous-variétés des différentes sortes de froment, de courges, de pêches et d'autres plantes et, jusqu'à un certain point, des variétés de volailles, de pigeons et de chiens, peuvent se ressembler ou différer les unes des autres d'une manière correspondante et parallèle. Dans d'autres cas, une variété d'une espèce peut ressembler à une autre espèce, ou les variétés de deux espèces distinctes se ressembler. Bien que ces ressemblances parallèles soient sans doute souvent le résultat d'un retour aux caractères d'un ancêtre commun, il est des cas dans lesquels, lorsque de nouveaux caractères apparaissent tout d'abord, il faut attribuer la ressemblance à l'hérédité d'une constitution semblable et, par conséquent, à une tendance à varier d'une manière analogue. Nous voyons quelque chose de semblable dans le cas d'une monstruosité réapparaissant souvent chez la même espèce d'animaux et, d'après le Dr Maxwell Masters, chez une même espèce de plantes.

Nous pouvons au moins conclure que la somme des modifications que les animaux et les plantes ont éprouvées sous l'influence de la domestication ne correspond pas à l'importance des changements de conditions auxquelles ils ont été exposés. Parcourons la liste des oiseaux domestiques dont l'origine nous est beaucoup mieux connue que celle de la plupart de nos mammifères. Le pigeon a varié en Europe plus peut-être qu'aucun autre oiseau ; cependant le pigeon est une espèce indigène et il n'a pas été soumis à des changements extraordinaires de conditions. Les volailles qui sont originaires des fourrés brûlants de l'Inde ont varié presque autant que le pigeon, tandis que ni le paon, qui provient du même pays, ni la pintade native des déserts arides de l'Afrique, n'ont varié, si ce n'est un peu au point de vue de la couleur. Le dindon du Mexique n'a également varié que peu. Le canard, natif d'Europe, a, au contraire, produit quelques races bien distinctes ; et, comme c'est un oiseau aquatique, il doit avoir été soumis à de bien plus grands changements d'habitudes que le pigeon ou la volaille, qui ont cependant varié beau-

coup plus que lui. L'oie, native d'Europe et aquatique comme le
canard, a varié moins qu'aucun autre oiseau domestique, le paon
excepté.

La variation par bourgeons a une importance considérable au
point de vue où nous nous plaçons actuellement. Dans quelques
cas, lorsque, par exemple, tous les yeux ou tous les bourgeons
d'une même pomme de terre, tous les fruits d'un prunier ou
toutes les fleurs d'une même plante, ont varié simultanément et
subitement de la même façon, on pourrait soutenir que la variation provient de l'action directe et définie d'un changement dans
les conditions auxquelles les plantes ont été exposées; il y a,
toutefois, d'autres cas où il serait difficile d'admettre cette hypothèse. Des caractères nouveaux n'existant ni chez les espèces
parentes, ni chez aucune espèce voisine, apparaissent parfois par
variation de bourgeons; nous ne pouvons, dans ces cas au moins,
attribuer ces variations à un effet de retour.

Il n'est pas inutile d'étudier avec attention quelque cas frappant de variation par bourgeons, celui du pêcher par exemple.
Cet arbre a été cultivé par millions dans diverses parties du
globe, il a été traité de différentes manières, greffé sur des souches variées, planté en plein vent, en espalier, ou élevé en serre,
et cependant chaque bourgeon de chaque sous-variété reste
conforme à son type. Mais, parfois, à de longs intervalles, en
Angleterre ou sous le climat bien différent de la Virginie, un
arbre produit tout à coup un seul bourgeon, et celui-ci produit
à son tour une branche qui ne porte que des pêches lisses. Ces
pêches diffèrent des pêches ordinaires par la grosseur, le goût
et la surface extérieure; elles en diffèrent même au point que
quelques botanistes ont soutenu qu'elles sont spécifiquement
distinctes; de plus, les caractères qu'elles ont si subitement
acquis sont assez permanents pour qu'un pêcher lisse, produit
d'une variation par bourgeons, se soit propagé par semis. Il faut
ajouter qu'il n'y a aucune distinction fondamentale à établir
entre la variation par bourgeons et la variation par reproduction
séminale, car on a obtenu des pêchers lisses en semant des
noyaux de pêche, et inversement des pêchers proprement dits
en semant des noyaux de la pêche lisse. Or, peut-on concevoir
des conditions d'existence plus semblables que celles auxquelles

sont exposés les bourgeons d'un même arbre? Cependant, sur des milliers de bourgeons produits par un arbre, un seul a subitement, sans cause apparente, produit une pêche lisse, et, cas bien plus extraordinaire encore, un même bourgeon floral a produit un fruit en partie pêche vraie, en partie pêche lisse. En outre, sept ou huit variétés du pêcher ont produit des pêches lisses par variation de bourgeons; ces pêches diffèrent un peu, il est vrai, les unes des autres, mais ce sont toujours des pêches lisses. Il existe évidemment quelque cause interne ou externe qui détermine un changement de la nature du bourgeon du pêcher, mais je ne saurais trouver un ordre de faits plus propres à nous imposer la conviction que ce que nous appelons les conditions d'existence n'ont sur les variations particulières qu'une influence insignifiante, en comparaison de celle que doit exercer l'organisation ou la constitution de l'être qui varie.

Les travaux de Geoffroy Saint-Hilaire, et plus récemment ceux de Dareste et autres, ont permis d'affirmer que les œufs de la poule, secoués, dressés sur la pointe, perforés, recouverts partiellement d'un vernis, etc., produisent des poulets monstrueux. Ces monstruosités peuvent résulter directement des conditions peu naturelles du traitement qu'on fait subir à l'œuf, mais les modifications qui en sont le résultat ne sont pas de nature définie. M. Camille Dareste [59] fait remarquer que « les diverses espèces de monstruosités ne sont pas déterminées par des causes spécifiques; les actions extérieures qui modifient le développement de l'embryon agissent uniquement en causant une perturbation dans le cours normal de l'évolution. » Il compare le résultat à ceux que nous offrent les maladies ; un refroidissement subit, par exemple, affecte un seul individu parmi beaucoup d'autres, et provoque chez lui, soit un rhume, soit un mal de gorge, des rhumatismes ou une pleurésie. Les matières contagieuses agissent d'une manière analogue [60]. Voici un exemple encore plus frappant résultant d'une expérience faite sur des pigeons : sur sept pigeons mordus par un serpent à

[59] *Mémoire sur la production artificielle des monstruosités*, 1862, p. 8-12. — *Recherches sur les conditions, etc., chez les monstres*, 1863, p. 6. — Un extrait des expériences de Geoffroy se trouve dans l'ouvrage de son fils, *Vie, travaux*, etc., 1847, p. 290.
[60] Paget. *Lectures on Surgical Pathology*, 1853, vol. I, p. 483.

sonnette [61], les uns eurent des convulsions ; le sang se coagula chez les uns et resta liquide chez les autres ; on observa chez les uns des points ecchymosés sur le cœur, chez les autres sur les intestins, etc.; chez d'autres, enfin, on ne constata de lésions appréciables sur aucun organe. On sait que l'abus de la boisson occasionne diverses maladies chez différents hommes ; mais les effets de l'intempérance ne sont pas les mêmes dans les pays froids et dans les pays tropicaux [62], dans ce cas nous pouvons constater l'influence définie de conditions opposées. Les faits que nous venons de citer nous permettent de nous faire une idée aussi exacte que possible, dans l'état actuel de la science, de l'action directe, mais non pas définie, que les conditions extérieures exercent sur les modifications de la conformation.

Résumé.— D'après les faits relatés dans ce chapitre, on ne peut douter que de très-légers changements des conditions d'existence exercent parfois, souvent même, une action définie sur nos produits domestiques ; or, comme l'influence des conditions modifiées tend à causer une variabilité générale ou indéterminée, dont les effets peuvent s'accumuler, il en est peut–être de même de leur action définie. Il en résulte que des modifications considérables de conformation peuvent provenir de l'action de conditions extérieures différentes agissant pendant une longue série de générations. Dans quelques cas, on a observé qu'un changement important de climat, d'alimentation, ou d'autres circonstances a rapidement produit un effet considérable sur l'ensemble des individus qui y ont été exposés. C'est ce qui est arrivé pour l'homme aux Etats-Unis, pour les chiens européens dans l'Inde, pour les chevaux aux îles Falkland ; probablement chez plusieurs animaux à Angora, pour les huîtres étrangères transportées dans la Méditerranée, et pour le maïs transporté d'un climat dans un autre. Nous avons vu qu'un changement de conditions affecte facilement les composés chimiques sécrétés par les plantes, ainsi que l'état de leurs tissus. Il semble exister un rapport entre certains caractères et certaines conditions, de sorte que si celles-ci se modifient, le caractère se perd ; — ainsi par

---

[61] Dr Mitchell, *Researches upon the Venom of the Rattlesnake,* janv. 1861, p. 67.
[62] M. Sedgwick, *British and Foreign Medico-Chirurg. Review,* juillet 1863, p. 175.

exemple, chez les couleurs des fleurs, chez quelques plantes culinaires, chez le fruit du melon, chez les moutons à grosse queue, et chez la toison particulière de quelques autres races de moutons.

La production des galles sur les plantes et le changement de plumage chez les perroquets nourris d'aliments spéciaux, ou auxquels on a inoculé le venin du crapaud, nous prouvent quelles grandes et singulières modifications de structure et de couleur peuvent être le résultat défini de changements chimiques dans les liquides nutritifs ou les tissus.

Nous savons aujourd'hui avec une certitude presque absolue que les conditions auxquelles ils ont été longtemps exposés peuvent amener diverses modifications définies chez les êtres organisés à l'état de nature, ainsi, par exemple, chez les oiseaux et les autres animaux habitant le nord et le sud des États-Unis et chez les arbres américains comparés à leurs représentants en Europe. Mais, dans bien des cas, il est très-difficile de distinguer entre les résultats définis du changement des conditions, et l'accumulation par sélection naturelle des variations indéfinies avantageuses qui ont pu surgir. Si, par exemple, une plante avait à se modifier pour pouvoir s'adapter à une station humide au lieu d'une station sèche, nous n'avons pas de raisons pour croire que les variations voulues dussent surgir plus fréquemment si la plante primitive habitait une station un peu plus humide qu'à l'habitude. Si la station est exceptionnellement sèche ou humide, des variations appropriant légèrement la plante à des conditions d'existence directement opposées doivent occasionnellement apparaître, comme nous le prouvent certains autres cas.

L'organisation et la constitution de l'être est d'ordinaire un élément beaucoup plus important, pour déterminer le mode de variation, que la nature des conditions elles-mêmes. Cela nous est prouvé par l'apparition, sous des conditions différentes, de modifications semblables, et inversement de modifications dissemblables surgissant dans des conditions à peu près analogues; mieux encore, par le fait que des variétés parallèles apparaissent fréquemment chez certaines races, ou même chez des espèces distinctes; et, enfin, par l'apparition fréquente de certaines monstruosités chez une même espèce. Nous avons aussi fait remarquer qu'il n'y a aucun rapport intime entre l'étendue des variations des oiseaux domestiques et l'importance des changements auxquels ils ont été soumis.

Revenons aux variations par bourgeons. Si nous considérons les millions de bourgeons qui ont été produits par un grand nombre d'arbres, ·avant qu'un seul ait varié, nous sommes bien embarrassés pour savoir quelle peut être la cause précise de chaque variation. Rappelons le cas cité par A. Knight d'un prunier âgé de quarante ans, de la variété *Magnum bonum* à prunes jaunes, variété ancienne, qui a été pendant très-longtemps propagée par greffes sur diverses souches en Europe et dans l'Amérique du Nord, et sur laquelle a surgi tout à coup un unique bourgeon qui a produit une variété à fruits rouges. Nous devons nous rappeler aussi que des variétés, et même des espèces distinctes, — comme les pêches, les pêches lisses et les abricots, — certaines roses et certains camélias, — bien qu'éloignées par un nombre immense de générations d'un ancêtre commun, et cultivées dans des conditions très-différentes, ont produit des variétés très-analogues par variation de bourgeons. Si nous méditons ces faits, nous ne pouvons échapper à la conviction que, dans des cas pareils, la nature de la variation ne doit dépendre que peu des conditions auxquelles la plante a été soumise, et non spécialement de ses caractères individuels, mais bien plus de la nature générale ou de la constitution, héritée de quelque ancêtre reculé, du groupe entier d'êtres voisins auquel la plante appartient. Ceci nous conduit à conclure que, dans la plupart des cas, les conditions d'existence ne jouent, comme causes de modifications particulières, qu'un rôle très–secondaire, comparable au rôle que joue l'étincelle dans l'ignition d'une masse combustible, c'est-à-dire que la nature de la flamme dépend de la matière combustible, et non de l'étincelle [63].

Chaque variation légère doit, sans aucun doute, résulter d'une cause déterminante ; mais il est aussi impossible d'espérer de découvrir la cause de chacune, que de dire pourquoi un refroi-

---

[63] Le professeur Weismann soutient énergiquement cette hypothèse, *Saison-Dimorphismus der Schmetterlinge*. 1875, p. 40-43.

dissement ou un poison affectent un homme d'une autre façon qu'un autre. Même dans le cas de modifications résultant d'une action définie des conditions d'existence, lorsque tous ou presque tous les individus semblablement exposés sont affectés de la même manière, il est rare que nous puissions établir un rapport précis entre la cause et l'effet. Nous démontrerons dans le chapitre suivant que l'augmentation ou la diminution d'usage des divers organes amène des effets héréditaires, et nous verrons ensuite que certaines variations sont intimement reliées les unes aux autres par la corrélation et par d'autres lois ; mais, au delà, nous ne pouvons actuellement expliquer ni les causes ni la nature de la variabilité des êtres organisés.

CHAPITRE XXIV

LOIS DE LA VARIATION. — USAGE ET DÉFAUT D'USAGE.

Nisus formativus, ou puissance coordonnatrice de l'organisation. — Sur les effets de l'augmentation ou de la diminution de l'usage des organes. — Changement dans les habitudes.
— Acclimatation des animaux et des plantes. — Méthodes diverses pour opérer l'acclimatation. — Arrêts de développement. — Organes rudimentaires.

J'ai l'intention de consacrer ce chapitre et les deux chapitres
suivants à la discussion aussi approfondie que le permet la difficulté du sujet, des diverses lois qui régissent la variabilité. On
peut grouper ces lois ainsi que suit : les effets de l'usage et du
défaut d'usage, outre les changements d'habitudes et l'acclimatation, — les arrêts de développement — les variations corrélatives, — la cohésion des parties homologues, — la variabilité
des parties multiples, — les compensations de croissance, — la
position des bourgeons par rapport à l'axe de la plante, — et
enfin les variations analogues. Ces divers sujets se confondent si
bien les uns avec les autres que leur distinction est souvent arbitraire.

Il convient de discuter d'abord aussi briévement que possible
cette puissance coordinatrice et réparatrice qui, à des degrés divers, est commune à tous les êtres organisés, et que les physiologistes avaient autrefois dénommée le *nisus formativus*.

Blumenbach et d'autres [1] ont soutenu que le principe en vertu duquel
l'hydre coupée en morceaux peut se reconstituer en deux ou plusieurs animaux complets est le même que celui qui fait qu'une lésion, chez un animal
supérieur, peut se guérir par cicatrisation. Les cas comme celui de l'hydre

---

[1] *Essay on generation* (trad. angl., p. 18). — Paget, *Lectures on Shurgical Pathology,*
1853, vol. I, p. 209.

sont évidemment analogues à la division spontanée ou génération fissipare
des animaux inférieurs et au bourgeonnement des plantes. Entre ces cas
extrèmes et celui d'une simple cicatrice, nous pouvons observer toutes les gradations. Spallanzani[2], ayant coupé les pattes et la queue d'une salamandre, obtint six reproductions successives de ces membres dans l'espace de trois mois ;
de sorte que l'animal reproduisit pendant une seule saison six cent quatre-vingt-
sept os parfaits. A quelque point que la section ait été faite, la partie man-
quante, et rien de plus, se reproduisit exactement. Quand un os malade a été
enlevé, « un os nouveau acquiert parfois graduellement la forme régulière, et
les attaches des muscles, des ligaments, etc., et devient aussi complet qu'il
l'était auparavant[3] ».

Cette puissance de régénération n'est cependant pas toujours parfaite : la
queue régénérée du lézard diffère de la queue normale par la forme de ses
écailles ; chez certains orthoptères les grosses pattes postérieures se reproduisent avec de plus petites dimensions[4] ; la cicatrice blanche qui, chez les
animaux supérieurs, rejoint les bords d'une profonde entaille, n'est pas formée de peau parfaite, car le tissu élastique ne s'y produit que longtemps
après[5]. « L'activité du *nisus formativus*, dit Blumenbach, est en raison
inverse de l'âge du corps organisé. » On peut ajouter que sa puissance est
d'autant plus grande que les animaux sont placés plus bas sur l'échelle de
l'organisation, ceux-ci correspondant aux embryons des animaux plus élevés appartenant à la même classe. Les observations de Newport[6] fournissent
une excellente démonstration de ce fait ; il a observé, en effet, que les myriapodes, dont le développement complet dépasse à peine celui des larves
des insectes parfaits, peuvent régénérer leurs pattes et leurs antennes jusqu'à leur dernière mue, ce que peuvent aussi faire les larves d'insectes, mais
pas les insectes parfaits, sauf toutefois ceux appartenant à un seul ordre.
Les salamandres correspondent par leur développement aux têtards ou larves
des batraciens anoures, et tous deux possèdent à un haut degré ce pouvoir
de régénération, mais pas les batraciens anoures adultes.

L'absorption joue souvent un rôle important dans les réparations des
lésions. Lorsqu'un os est rompu et que les fragments ne se ressoudent pas,
les extrémités sont résorbées et arrondies de manière à former une fausse
jointure ; ou, si les extrémités se réunissent, mais en chevauchant, les parties qui dépassent sont enlevées[7]. Un os démis et non replacé se crée une
nouvelle articulation. Les tendons déplacés et les veines variqueuses se
creusent de nouveaux lits dans les os contre lesquels ils s'appuient. Virchow fait remarquer que l'absorption entre en jeu pendant la crois-

---

[2] *E say on Animal Reproduction* (trad. angl., 1769, p. 79.)
[3] Carpenter, *Principles of Comparative Physiology*, 1854, p. 479.
[4] Charlesworth's, *Mag. of Nat. Hist.*, vol. I, 1837, p. 145.
[5] Paget, *Lectures*, etc., vol. I, p. 239.
[6] Cité dans Carpenter, *Comparative Phys.*, p. 479.
[7] La discussion du professeur Marey sur la faculté de coadaptation dans toutes les parties
de l'organisation est de tous points excellente. Voir, *La Machine animale*, 1873, chap. IX.
Paget, *O. C.*, p. 257.

sance des os ; les parties qui, pendant la jeunesse, sont pleines, se creusent
pour recevoir le tissu médullaire à mesure que l'os augmente en grosseur.
Pour bien comprendre les cas nombreux de régénération jointe à la résorp-
tion, nous devons nous rappeler que la plupart des parties de l'organisation, bien que conservant la même forme, se renouvellent constamment, de
sorte qu'une partie qui ne se renouvellerait pas serait naturellement exposée
à une absorption complète.

Quelques cas qu'on rattache ordinairement au prétendu *nisus formativus*
paraissent d'abord constituer un phénomène différent, car d'anciennes conformations peuvent non-seulement être régénérées, mais il s'en forme de
nouvelles. Ainsi, après une inflammation, il se développe de fausses membranes pourvues de vaisseaux, de lymphatiques et de nerfs ; lorsqu'un ovule
échappé des trompes de Fallope tombe dans l'abdomen, il se produit abondamment une lymphe plastique qui s'organise en une membrane richement
pourvue de vaisseaux sanguins, et le fœtus est ainsi nourri pendant quelque temps. Dans certains cas d'hydrocéphale, les lacunes ouvertes dans le
crâne sont occupées par de nouveaux os, qui se raccordent par des sutures
parfaitement dentelées[8]. La plupart des physiologistes, surtout sur le continent, ont abandonné la croyance au blastème ou lymphe plastique, et Virchow [9] soutient que toute structure ancienne ou nouvelle est formée par la
prolifération de cellules préexistantes. Dans cette hypothèse, les fausses
membranes, ainsi que les tumeurs cancéreuses ou autres, sont simplement des développements anormaux de produits normaux, ce qui nous
fait comprendre pourquoi ils ressemblent aux structures voisines ; par
exemple, lorsqu'une fausse membrane revêt dans les cavités séreuses un
épithélium exactement semblable à celui de la membrane séreuse originelle, ou lorsque des adhérences de l'iris deviennent noires apparemment
par suite d'une formation de cellules pigmentaires analogues à celles de
l'uvée [10].

Cette puissance de régénération, bien que quelquefois imparfaite, constitue
une admirable disposition, prête à parer à diverses éventualités, même à
celles qui ne se présentent que rarement [11]. Mais elle n'est pas plus étonnante que la croissance et le développement de chaque être, surtout de
ceux qui se propagent par génération fissipare. J'ai mentionné ce sujet,
parce que nous pouvons en conclure que lorsqu'une partie quelconque augmente considérablement en grosseur, ou est tout à fait supprimée par la
variation et la sélection continue, le pouvoir coordinateur de l'organisation
doit constamment tendre à ramener peu à peu l'harmonie entre toutes les
parties.

Effets de l'augmentation et de la diminution de l'usage des

---

[8] Blumenbach, *O. C.*, p. 52, 54.
[9] *Pathologie cellulaire* (trad. angl., 1860, p. 27, 441).
[10] Paget, *O. C.*, vol. I, p. 357.
[11] *Ibid.*, p. 150.

organes. — Il est incontestable, nous citerons d'ailleurs des preuves nombreuses à cet égard, que toute augmentation d'usage ou d'activité fortifie les muscles, les glandes, les organes des sens, etc., et que le défaut d'usage ou l'inactivité les affaiblit. Ranke [12] a prouvé expérimentalement que l'afflux sanguin augmente considérablement dans les parties qui accomplissent un travail et que l'afflux diminue quand la partie est au repos. En conséquence, si le travail est fréquent, la grosseur des vaisseaux augmente et la partie est mieux nourrie. M. Paget [13] explique aussi par une augmentation de l'afflux sanguin les poils longs, épais et foncés qui croissent quelquefois, même chez de jeunes enfants, près de surfaces atteintes d'inflammation persistante, ou d'os fracturés. Lorsque Hunter enta l'ergot d'un coq sur la crête, qui est richement pourvue de vaisseaux sanguins, l'ergot dans un cas, poussa en spirale, et atteignit 15 centimètres de longueur : dans un autre cas, il se dirigea en avant comme une corne, et devint si long que l'oiseau ne pouvait plus toucher le sol avec son bec. Il résulte des intéressantes observations de M. Sedillot [14], que lorsqu'on enlève à un animal une partie d'un des os de la jambe, l'os voisin augmente jusqu'à ce qu'il ait atteint un volume égal à celui des deux os dont il doit remplir les fonctions. On peut en voir la preuve chez les chiens auxquels on a enlevé le tibia ; le péroné, qui est naturellement presque filiforme et environ cinq fois plus petit que le premier, s'accroît rapidement, atteint bientôt les dimensions du tibia, et les dépasse même. Or, il semble d'abord difficile de croire qu'une augmentation de poids agissant sur un os droit puisse, par des alternatives de pression, amener un afflux sanguin plus considérable dans les vaisseaux du périoste et fournir ainsi à l'os une nourriture plus abondante. Néanmoins, les observations de M. Spencer [15], sur le renforcement de la courbure concave des os arqués des enfants rachitiques, pourraient faire croire à la possibilité du fait.

Le mouvement de balancement du tronc de l'arbre tend à aire augmenter dans une grande proportion la croissance du

---

[12] *Die Blutvertheilung, etc., der Organe.* 1871, cité par Jæger, *In Sachen Darwin's,* 1874, p. 48. Voir aussi H. Spencer, *Principles of Biology,* 1866, vol. II, chap. iii-v.

[13] *O. C.,* vol. I, p. 71.

[14] *Comptes rendus,* 26 sept. 1864, p. 539.

[15] *O. C.,* vol. II, p. 243.

tissu ligneux dans les parties soumises à la tension. Le professeur Sachs croit, et il cite plusieurs raisons à l'appui de cette
hypothèse, que ce développement du tissu ligneux provient de
ce que l'écorce exerce une pression moins considérable sur ces
parties, et non pas comme l'affirment Knight et H. Spencer de
ce que les mouvements du tronc facilitent l'ascension de la sève[16].
Mais, l'exemple du lierre fortement cramponné à de vieilles murailles, prouve que des tissus ligneux très-durs peuvent se former
sans qu'il soit besoin d'aucun mouvement. Il est, dans tous ces
cas, très-difficile de démêler les effets d'une sélection prolongée,
de ceux résultant de l'augmentation de l'action ou du mouvement
dans la partie ou de toute autre cause. M. H. Spencer [17] reconnaît cette difficulté et cite comme exemple les épines des
arbres, et les coquilles des noisettes. Nous avons là un tissu
ligneux très-dur sans possibilité d'aucun mouvement et sans que
nous puissions apercevoir aucune cause directement agissante ;
or, comme la dureté de ces parties est évidemment avantageuse
à la plante, nous pouvons probablement attribuer ce résultat à
la sélection de prétendues variations spontanées. Chacun sait
qu'un travail pénible épaissit l'épiderme des mains, et, lorsque
nous voyons que, chez les enfants, longtemps avant leur naissance, l'épiderme est plus épais sur la plante des pieds que sur
toutes les autres parties du corps, comme l'a observé avec admiration Albinus [18], nous sommes tout naturellement conduits à
attribuer ce fait aux effets héréditaires de l'usage ou d'une pression longtemps continuée. La même manière de voir pourrait
s'étendre peut-être jusqu'aux sabots des quadrupèdes, mais qui
osera déterminer jusqu'à quel point la sélection naturelle peut
avoir contribué à la formation de structures d'une importance
si évidente pour l'animal ?

On n'a qu'à considérer les membres des ouvriers pratiquant divers mé-
tiers pour acquérir la preuve que l'usage renforce les muscles ; or, lorsqu'un muscle se fortifie, les tendons et les crêtes osseuses auxquelles ils
s'attachent s'agrandissent, et il doit en être de même pour les vaisseaux

---

[16] *The Principles of Biology*, vol. II, p. 269. Sachs, *Text book of Botany*, 1875,
p. 734.
[17] *Ibid.*, vol. II, p. 273.
[18] Paget, *Lectures on Pathology*, vol. II, p. 209.

sanguins et les nerfs. Lorsque, au contraire, comme chez quelques fana-
tiques orientaux, un membre ne sert pas, ou que le nerf qui lui transmet
la puissance nerveuse est détruit, les muscles dépérissent. De même, lorsque l'œil est détruit, le nerf optique s'atrophie, quelquefois au bout de
quelques mois [19]. Le Protée possède des branchies aussi bien que des poumons, et Schreibers [20] a observé que lorsque l'animal est forcé de vivre
dans des eaux profondes, les branchies se développent au triple de leur
grandeur ordinaire, tandis que les poumons s'atrophient partiellement.
Lorsque, d'autre part, l'animal reste dans une eau peu profonde, les poumons deviennent plus grands et plus vasculaires, tandis que les branchies
disparaissent plus ou moins complétement. Les modifications de ce genre
n'ont d'ailleurs que peu d'intérêt pour nous, car nous ne savons pas si
elles tendent à devenir héréditaires.

Il y a tout lieu de croire que, dans bien des cas, la diminution de l'u-
sage de certains organes a affecté les parties correspondantes chez les descendants, mais nous n'avons pas de preuves que ce résultat se produise dans
le cours d'une seule génération. Il semblerait plutôt que, comme dans les
cas de variabilité générale et non définie, il faille que plusieurs générations
aient subi le changement d'habitudes pour que le résultat en soit appréciable. Nos volailles domestiques, nos canards et nos oies ont perdu la
faculté de voler, non-seulement comme individus, mais comme races ; car
nous ne voyons jamais un poulet effrayé prendre son vol comme un jeune
faisan. Ces remarques m'ont conduit à comparer avec soin les os des
membres des volailles, des canards, des pigeons et des lapins domestiques,
avec ceux des formes parentes sauvages ; les résultats de cette comparaison
ayant été précédemment exposés en détail, je me bornerai ici à en récapi-
tuler les résultats. Chez les pigeons domestiques, la longueur du sternum,
la saillie de sa crête, la longueur des omoplates et de la fourchette, la longueur des ailes mesurées du bout d'un radius à l'autre, sont toutes réduites
relativement aux mêmes parties chez le pigeon sauvage. Les rémiges et les
rectrices sont toutefois plus longues, mais il n'y a pas entre ce fait et l'u-
sage des ailes et de la queue, plus de connexion qu'il n'y en a entre le poil
allongé d'un chien et l'exercice qu'il a pu prendre ordinairement. Les pieds
des pigeons ont diminué de volume, sauf chez les races à bec long. Chez
les poules, la crête du sternum est moins proéminente, et souvent déformée
ou monstrueuse ; les os de l'aile sont devenus relativement plus légers que
ceux des pattes et se sont raccourcis relativement à ceux de la forme
souche, le *Gallus bankiva*. Chez les canards, la crête du sternum est affectée
comme dans les cas précédents ; la fourchette, les coracoïdiens et les omoplates sont plus légers relativement à l'ensemble du squelette ; les os des
ailes sont plus courts et plus légers, et ceux des pattes plus longs et plus

[19] Müller, *Physiologie*. — Le prof. Reed a relaté, *Phys. and Anat. Researches*, p. 10,
les circonstances qui accompagnent l'atrophie des membres des lapins après la destruction du
nerf.

[20] Cité par Lecoq, *Géogr. bot.*, t. I, 1854, p. 182.

lourds, tant relativement les uns aux autres qu'au squelette entier, comparativement aux mêmes os chez le canard sauvage. La diminution de la grosseur et du poids des os dans les cas précités est probablement le résultat indirect de la réaction exercée sur eux par les muscles affaiblis qui s'y attachent. Je n'ai pas comparé les rémiges du canard domestique à celles du canard sauvage, mais Gloger [21] affirme que, chez le canard sauvage, les extrémités des rémiges atteignent presque à l'extrémité de la queue, tandis que chez le canard domestique c'est à peine si elles arrivent jusqu'à la base. Il signale aussi une plus grande épaisseur des pattes, et il ajoute que la membrane interdigitale est réduite ; je n'ai cependant pas pu constater cette dernière différence.

Le lapin domestique a le corps et le squelette plus grands et plus pesants que l'animal sauvage ; les os des membres sont plus lourds en proportion ; mais, quel que soit le terme de comparaison employé, ni les os des membres ni les omoplates n'ont augmenté de longueur, en proportion avec l'accroissement des dimensions du reste du squelette. Le crâne s'est très-sensiblement rétréci, et, d'après les mesures que nous avons données de sa capacité, nous devons conclure que son étroitesse résulte d'une diminution du volume du cerveau, résultant de l'inactivité mentale des animaux vivant en captivité.

Nous avons vu, dans le huitième chapitre, que les papillons du ver à soie, qui ont, pendant des siècles, vécu en étroite captivité, sortent du cocon avec les ailes déformées, impropres au vol, souvent très-réduites dans leurs dimensions et même tout à fait rudimentaires, selon Quatrefages. Cet état des ailes peut être dû au même genre de monstruosité qui s'observe souvent chez les lépidoptères sauvages qu'on élève artificiellement, ou à une tendance inhérente commune aux femelles de beaucoup de Bombyx, d'avoir les ailes à un état plus ou moins rudimentaire ; mais on doit probablement attribuer une partie de l'effet à un défaut d'usage longtemps prolongé.

Les faits qui précèdent prouvent que certaines parties du squelette des animaux réduits en domesticité depuis une époque très-reculée ont subi des modifications en poids et en volume par suite de l'augmentation ou de la diminution d'usage, mais, comme nous l'avons vu, sans s'être modifiés au point de vue de la forme ou de la structure. Chez les animaux vivant à l'état de nature et exposés parfois à une concurrence rigoureuse la diminution tendrait à devenir plus considérable, car dans la lutte il serait avantageux pour l'animal sauvage que tout détail de conformation superflu ou inutile fût supprimé. Chez les animaux domestiques nourris abondamment, il ne semble, par contre, y avoir

[21] Das Abändern der Vögel, 1833, p. 74.

aucune économie de croissance, ni aucune tendance à l'élimination des détails de conformation superflus ou insignifiants. J'aurai, d'ailleurs, à revenir sur ce point.

Nathusius a démontré que, chez les races améliorées du porc, on peut attribuer au défaut d'exercice le raccourcissement des jambes et du museau, la forme des condyles articulaires de l'occiput et la position des mâchoires, dont les canines supérieures se projettent d'une manière anormale en avant des canines inférieures. En effet, les races perfectionnées n'ont pas à chercher leur nourriture ni à fouiller la terre avec leur groin. Ces modifications de conformation, qui sont toutes strictement héréditaires, caractérisent plusieurs races améliorées, de sorte qu'elles ne peuvent être dérivées d'une souche unique domestique ou sauvage [22]. Le professeur Tanner a remarqué que, chez les races améliorées de bétail, les poumons et le foie sont considérablement réduits en volume, comparativement à ce que sont ces mêmes organes chez les animaux jouissant d'une entière liberté [23] ; la diminution de ces organes affecte la forme générale du corps. La cause de la diminution des poumons chez les races améliorées provient évidemment du peu d'exercice qu'elles prennent ; il est probable que le foie est affecté par l'alimentation artificielle et très-nourrissante qu'on met abondamment à leur portée. Le Dr Wilckens [24] affirme de son côté qu'on observe certaines différences dans les diverses parties du corps entre les races d'animaux domestiques habitant les plaines et celles habitant les localités alpestres, ce qui provient évidemment de leurs habitudes différentes ; ces différences portent par exemple sur la longueur du cou et des membres antérieurs et sur la forme des sabots.

On sait que, lorsqu'on lie une artère, les branches anastomosées, étant forcées de livrer passage à une plus grande quantité de sang, augmentent en diamètre, augmentation qui ne tient pas à une simple extension des parois, puisque celles-ci deviennent plus fortes. Relativement aux glandes, M. Paget remarque que lorsqu'un des deux reins est détruit, l'autre grossit

---

[22] Nathusius, *Die Racen des Schweines*, 1860, p. 53, 57. — *Vorstudien... Schweines châdel*, 1864, p. 103, 130, 133. Le prof. Lucae accepte et développe les conclusions de Von Nathusius, *Der Sch idel des Maskenschweines*, 1870.
[23] *Journal of Agric. of Highland Soc.*, 1860, p. 321.
[24] *Landwirth. Wochenblatt*, n° 10.

souvent beaucoup et devient ainsi capable de remplir les fonctions des deux [25]. Si nous comparons les dimensions et l'activité de sécrétion des mamelles des vaches réduites depuis longtemps en domesticité et celles de certaines espèces de chèvres domestiques chez lesquelles les mamelles touchent presque le sol, à l'état de ces organes chez les mêmes animaux sauvages ou à demi-domestiqués, nous constatons une différence énorme. Une bonne vache laitière peut, chez nous, donner environ $22^{lit},7$ de lait, tandis qu'une vache de premier ordre, chez les Damaras de l'Afrique du Sud [26], par exemple, donne rarement plus de $1^{lit},70$ par jour, et refuserait absolument d'en donner si on lui enlevait son veau. Nous pouvons attribuer la grande valeur de nos vaches et de certaines espèces de chèvres sous ce rapport, soit à une sélection continue des meilleures laitières, soit aux effets héréditaires d'une augmentation de l'activité des glandes lactifères, provoquée par l'art humain.

Il est évident, ainsi que nous l'avons vu dans le douzième chapitre, que la myopie est héréditaire, et les recherches statistiques de M. Giraud-Teulon prouvent que la vision constamment appliquée à des objets rapprochés engendre la myopie. Les vétérinaires sont unanimes à reconnaître que la ferrure et la marche continuelle sur des routes dures, occasionnent chez les chevaux l'éparvin, les suros, etc., et que ces affections tendent à devenir héréditaires. Autrefois, dans la Caroline du Nord, on ne ferrait pas les chevaux, et on assure qu'alors ils n'éprouvaient aucune de ces maladies qui affectent les jambes et les pieds [27].

Tous nos quadrupèdes domestiques descendent, autant que nous pouvons le savoir, d'espèces à oreilles redressées; cependant, on ne pourrait en trouver que bien peu chez lesquels il n'y ait pas une race au moins ayant les oreilles pendantes. Les chats en Chine, les chevaux dans quelques parties de la Russie, les moutons en Italie et ailleurs, le cochon d'Inde en Allemagne, les chèvres et le bétail dans l'Inde, les lapins, les porcs et les chiens dans tous les pays depuis longtemps civilisés, ont les oreilles tombantes. Chez les animaux sauvages, qui se servent de l'oreille comme d'un cornet acoustique pour saisir les moindres sons et surtout pour s'assurer de la direction d'où ils viennent, on ne rencontre, à l'exception de l'éléphant, aucune espèce ayant les oreilles pendantes. Cette incapacité à redresser l'oreille est donc certainement un résultat de la domesti-

[25] Paget, O. C., 1853, vol. I, p. 27.
[26] Andersson, Travels in South Africa, p. 318. — Pour des cas analogues dans l'Amérique du Sud, Aug. Saint-Hilaire, Voyage dans la province de Goyaz, t. I, p. 71.
[27] Brickell, Nat. Hist. of North Carolina, 1739, p. 53.

cation ; quelques auteurs [28] l'ont attribuée à un défaut d'usage,
parce que les animaux vivant sous la protection de l'homme ne
sont pas obligés de se servir habituellement de leurs oreilles. Le
col. H. Smith [29] constate que dans les antiques représentations
du chien, à l'exception d'un seul cas en Égypte, aucune sculpture
des premiers temps de l'art grec n'a figuré de chien à oreilles
complétement pendantes ; les chiens à oreilles à demi pendantes
font défaut dans les monuments les plus anciens, tandis que ce
caractère augmente graduellement dans les ouvrages de l'époque
romaine. Godron [30] a aussi remarqué que les porcs des anciens
Égyptiens n'avaient pas les oreilles pendantes. Il est à remarquer
que cette chute des oreilles n'entraîne nullement une diminution de grandeur ; bien au contraire, à voir des animaux aussi
différents que le sont nos lapins de fantaisie, quelques races indiennes de la chèvre, nos épagneuls, nos limiers et nos autres
chiens, ayant tous des oreilles très-allongées, il semblerait que le
défaut d'usage eût réellement déterminé une augmentation considérable de ces organes, qui, chez les lapins, a même été jusqu'à
affecter la conformation du crâne.

M. Blyth m'a fait remarquer que chez aucun animal sauvage
la queue n'est enroulée ; tandis que les porcs et quelques races
de chiens présentent ce caractère à un haut degré. Cette particu-
lurité paraît donc bien être un résultat de la domestication, mais
sans que nous puissions affirmer qu'elle résulte d'une diminution
de l'usage de la queue.

On sait qu'un travail pénible épaissit promptement l'épiderme
des mains. Dans une localité de Ceylan, les moutons ont les ge-
noux recouverts de callosités cornées, qui proviennent de l'habitude qu'ils ont de s'agenouiller pour brouter les herbages
courts. Cette particularité distingue les troupeaux de Jaffna de
ceux des autres parties de l'île, mais on ne dit pas si elle est
héréditaire [31].

La membrane muqueuse qui tapisse l'estomac est le simple

---

[28] Livingstone, cité par Youatt, *On Sheep,* p. 142. — Hodgson, *Journ. of Asiat. Soc. of
Bengal.* vol. XVI, 1847, p. 1006, etc. Le Dr Wilckens, au contraire, combat vivement cette
hypothèse, *Jahrbuch der deutschen Viehzucht,* 1866.
[29] *Naturalist's Library,* Dogs, vol. II, 1840, p. 104.
[30] Godron, *de l'Espèce,* t. 1, 1859 p. 367.
[31] Sir J. E. Tennent, *Ceylan,* 1859. vol. II, p. 351.

prolongement de la peau extérieure du corps ; il n'est donc pas étonnant que la texture de cette membrane soit affectée par le genre d'alimentation ; mais cette membrane est aussi le siège d'autres modifications plus intéressantes. Hunter a observé, il y a très-longtemps, que la paroi musculaire de l'estomac d'une mouette (*Larus tridactylus*) s'était épaissie au bout d'une année pendant laquelle l'oiseau avait été nourri principalement avec des graines. Le Dr Edmondston affirme qu'un changement analogue se produit périodiquement dans l'estomac du *Larus argentatus* des îles Shetland lorsqu'au printemps cet oiseau fréquente les champs de blé et se nourrit de grains. Le même observateur a aussi constaté une grande modification de l'estomac d'un corbeau qui avait longtemps été soumis à une alimentation végétale. Menetries a observé chez un hibou (*Strix grallaria*) traité d'une manière analogue, une modification de la forme de l'estomac, dont la membrane interne était devenue semblable à du cuir ; le volume du foie avait aussi augmenté. On ne sait si ces modifications des organes digestifs pourraient, dans le cours des générations, devenir héréditaires [32].

L'augmentation ou la diminution de la longueur des intestins qui paraît résulter d'un changement du régime alimentaire, est plus remarquable, parce qu'elle caractérise certains animaux à l'état domestique, et doit par conséquent être héréditaire. Le système absorbant si complexe, les vaisseaux sanguins, les nerfs et les muscles se modifient nécessairement en même temps que les intestins. D'après Daubenton, les intestins du chat domestique sont plus longs d'un tiers que ceux du chat sauvage d'Europe ; or, bien que cette espèce ne soit pas la forme souche de l'animal domestique, la comparaison est probablement juste, comme l'a remarqué Isidore Geoffroy, à cause de la grande analogie qu'ont entre elles les différentes espèces de chats. Cet accroissement de longueur paraît dû à ce que le chat domestique est moins exclusivement carnassier que ne le sont les espèces félines sauvages, car on voit des chats qui mangent les substances végétales aussi volontiers que la viande. Cuvier affirme que les

---

[32] Hunter, *Essays and Observations*, 1861, vol. II, p. 329. — Dr Edmondston, cité par Macgillivray. *British Birds*, vol. V, p. 380. — Menetries, cité dans Bronn, *Geschichte der Natur*, vol. II, p. 110.

intestins du porc domestique sont proportionnellement beaucoup plus longs que ceux du sanglier. Chez le lapin domestique comparé au lapin sauvage, la modification s'est produite en sens inverse, ce qui résulte probablement des aliments beaucoup plus nutritifs qu'on donne au lapin domestique [33].

Changements héréditaires des habitudes d'existence. — Ce sujet, en tant qu'il porte sur les facultés mentales des animaux, se confond tellement avec l'instinct, que je me bornerai à rappeler ici les exemples tels que l'apprivoisement de nos animaux domestiques, — les chiens qui tombent en arrêt ou qui rapportent, — le fait qu'ils n'attaquent pas les petits animaux élevés par l'homme, etc. Il est rare qu'on puisse dire quelle part il faut attribuer dans ces changements aux simples habitudes, ou à la sélection des individus qui ont varié dans la direction voulue, indépendamment des circonstances particulières dans lesquelles ils ont pu se trouver.

Nous avons déjà vu que les animaux peuvent s'habituer à un changement de régime ; voici encore quelques autres exemples de ce fait. Dans les îles polynésiennes et en Chine, on nourrit exclusivement le chien avec des matières végétales, et le goût de cet animal pour ce genre de nourriture est héréditaire dans une certaine mesure [34]. Nos chiens de chasse ne touchent pas les os du gibier de plume, tandis que d'autres chiens les dévorent avec avidité. On a, dans quelques parties du monde, nourri les moutons avec du poisson. Le porc domestique aime l'orge, le sanglier la dédaigne ; cette aversion paraît même être partiellement héréditaire, car quelques jeunes marcassins élevés en captivité refusaient de toucher à ce grain, tandis que d'autres de la même portée s'en régalaient [35]. Un de mes parents a élevé des jeunes porcs issus d'une truie chinoise par un sanglier sauvage ; on les laissait en liberté dans le parc, et ils étaient assez apprivoisés pour venir d'eux-mêmes à la maison prendre leur nourriture, mais ils ne voulurent jamais toucher aux lavures que les autres porcs dévoraient avec avidité. Dès qu'un animal s'est habitué à un régime qui n'est

[33] Isi l. Geoffroy Saint-Hilaire, *Hist. nat. gén.*, t. III, p. 427, 441.
[34] Gilbert White, *Nat. Hist. Selborne*, 1825, vol. II, p. 121.
[35] Burdach, *Traité de physiol.*, t. II, p. 257 cité par le Dr P. Lucas, *l'Hérédité Nat* vol. I, p. 388.

pas le sien, ce qu'il ne peut ordinairement faire que pendant le jeune âge, il prend de l'aversion pour sa véritable nourriture, comme Spallanzani l'a constaté chez un pigeon qui avait été long-temps nourri avec de la viande. Les individus appartenant à une même espèce n'acceptent pas tous avec la même facilité un chan-gement de régime; on cite à cet égard le cas d'un cheval qui s'ha-bitua très-vite à manger de la viande, tandis qu'un autre serait mort de faim plutôt que d'y toucher [36]. Les chenilles du *Bombyx hesperus* se nourrissent à l'état de nature des feuilles du *Café diable;* mais certaines chenilles, après avoir été élevées sur l'ailanthe, ne voulurent plus manger les feuilles du *Café diable* et se laissèrent mourir de faim [37].

On a pu habituer des poissons de mer à vivre dans l'eau douce, mais les changements de ce genre chez les poissons et chez les autres animaux marins ayant été surtout observés à l'état de nature, ils ne rentrent pas dans notre sujet actuel. La domestication a profondément modifié, ainsi que nous l'avons vu précédemment, — la durée de la période de la gestation, — l'époque de la maturité, — les époques et la fréquence de la reproduction. On a constaté un changement dans l'époque de la ponte chez l'oie d'Egypte [38]. Le canard mâle sauvage est mono-game, le canard domestique est polygame. Quelques races gal-lines ont perdu l'habitude de couver. Les allures du cheval, le genre de vol chez certaines races de pigeons, se sont modifiés et sont devenus héréditaires. Les bestiaux, les chevaux et les co-chons ont appris à brouter sous l'eau sur les rives du fleuve St-John, Floride orientale, où la vallisnérie s'est considérable-ment propagée. Le professeur Wyman a observé des vaches qui gardaient la tête dans l'eau pendant un laps de temps variant entre 15 et 35 secondes [39]. La voix diffère chez certaines espèces de pigeons et de coqs; il y a des races criardes, comme le canard chanterelle, ou le chien spitz; d'autres sont silencieuses, comme le canard commun et le chien d'arrêt. Il existe une grande diffé-rence entre les diverses races de chiens dans la manière de

[36] Colin, *Phys. comp. des animaux domestiques*, 1854, t. I, p. 426.
[37] M. Michely, de Cayenne, *Bull. soc. d'accl.*, t. VIII, 1861, p. 563.
[38] Quatrefages, *Unité de l'espèce humaine*, 1861, p. 79.
[39] *The American naturalist*, Avr. 1874, p. 237.

chasser le gibier, et dans l'ardeur avec laquelle ils poursuivent leur proie.

Chez les plantes l'époque de la végétation change facilement, et devient héréditaire, les froments d'été et d'hiver par exemple, l'orge et la vesce ; mais nous aurons à revenir sur ce point à propos de l'acclimatation. Les plantes annuelles deviennent parfois vivace sous l'influence d'un nouveau climat ; le Dr Hooker m'apprend que cela est arrivé, en Tasmanie, pour la giroflée et le réséda. Inversement certaines plantes vivaces peuvent devenir annuelles, comme le ricin en Angleterre, et, d'après le capitaine Mangles, beaucoup de variétés de pensées. Von Berg [40] a obtenu en semant de la graine du *Verbascum phœniceum*, qui est ordinairement bisannuel, des variétés tant annuelles que vivaces. Quelques arbrisseaux à feuilles caduques deviennent toujours verts dans les pays chauds [41]. Le riz a besoin de beaucoup d'eau, mais on connaît une variété indienne qui peut croître sans irrigations [42]. Quelques variétés d'avoine et autres céréales de nos pays se plaisent mieux dans certains sols [43]. Le règne animal et le règne végétal pourraient fournir une multitude d'autres exemples analogues. Nous les mentionnons ici parce qu'ils expliquent des différences analogues qu'on observe chez des espèces naturelles voisines, et parce que de semblables changements d'habitudes, qu'ils soient dûs à l'usage ou au défaut d'usage, à l'action directe des conditions extérieures, ou à ce qu'on nomme la variation spontanée, sont de nature à déterminer des modifications de conformation.

Acclimatation. — Les remarques précédentes nous amènent naturellement au sujet très-discuté de l'acclimatation, à propos duquel on peut poser deux questions distinctes. Les variétés descendant d'une même espèce diffèrent-elles au point de vue de l'aptitude à supporter des climats divers ? Et, si elles diffèrent sur ce point, comment certaines variétés sont-elles parvenues à s'adapter à d'autres climats ? Nous avons vu que les chiens euro-

[40] *Flora,* 1835, vol. II, p. 504.
[41] Aph. de Candolle *Géographie botanique,* t. II, p. 1078.
[42] Royle, *Illustrations of the Botany of the Himalaya, p.* 19.
[43] *Gardener's Chronicle,* 1850, p. 204, 219.

péens ne réussissent pas bien dans l'Inde, et on affirme [44] que, dans ce pays, on n'est jamais parvenu à conserver longtemps le terre-neuve vivant ; on peut, il est vrai, soutenir avec quelque semblant de raison que ces races du nord sont spécifiquement distinctes des formes indigènes du chien qui prospèrent dans ces contrées. On peut faire la même remarque relativement aux diverses races de moutons, qui, selon Youatt [45], ne peuvent vivre plus de deux ans au Jardin Zoologique de Londres quand elles viennent de pays tropicaux. Les moutons sont cependant susceptibles d'un certain degré d'acclimatation, car les mérinos élevés au Cap de Bonne-Espérance s'adaptent bien mieux au climat de l'Inde, que ceux importés directement d'Angleterre [46]. Il est à peu près certain que les races gallines descendent d'une même espèce unique ; cependant, la race espagnole, dont l'origine est très-probablement méditerranéenne [47], quoique très-belle et très-vigoureuse en Angleterre, y souffre plus du froid qu'aucune autre race. Le ver à soie Arrindy importé du Bengale, et le ver de l'ailante provenant de la province de Shan Tung, en Chine, appartiennent à une même espèce, comme nous autorise à le croire leur identité dans les divers états de chenille, de cocon et de papillon [48] ; ils diffèrent cependant beaucoup au point de vue de la constitution, car la forme indienne ne prospère que sous des latitudes chaudes, tandis que l'autre, beaucoup plus robuste, résiste au froid et à la pluie.

Les plantes sont plus rigoureusement adaptées au climat que les animaux. Ceux-ci peuvent, à l'état domestique, résister à de si grandes diversités de climat que nous trouvons à peu près les mêmes espèces dans les pays tropicaux et dans les pays tempérés, tandis que les plantes cultivées y sont très-différentes. Le champ d'investigation est donc bien plus vaste pour les plantes que pour les animaux, et on peut dire sans exagération que presque toutes les plantes cultivées depuis longtemps présentent des variétés douées de constitutions adaptées à des climats très-divers ; je me bornerai à en citer quelques-unes. On a élevé, dans l'Amérique du Nord, un

[44] Rev. R. Everest, *Journ. Asiat. Soc. of Bengal*, vol. III, p. 19.
[45] Youatt, *On Sheep*, 1838, p. 491.
[46] Royle, *Prod. Resources of India*, p. 153.
[47] Tegetmeier, *Poultry Book*, 1866, p. 102.
[48] Dr R. Paterson, dans un mémoire communiqué à la Société botanique du Canada, citée dans le *Reader*, 1863, 13 nov.

grand nombre d'arbres fruitiers, et les publications horticoles, entre autres celles de Downing, contiennent des listes des variétés qui sont les plus aptes à résister au climat rigoureux des États du Nord et du Canada. Un grand nombre de variétés de poiriers, de pruniers et de pêchers américains sont excellentes dans leur pays, mais ce n'est que tout récemment qu'on en a vu réussir en Angleterre; les pommiers n'y réussissent jamais [49]. Bien que les variétés américaines puissent supporter un hiver plus rigoureux que le nôtre, nos étés ne sont pas assez chauds pour elles. En Europe comme en Amérique, les arbres fruitiers ont des constitutions diverses, mais on n'y fait pas grande attention, car les mêmes pépiniéristes n'ont pas à s'occuper de grandes étendues de pays. La poire *Forelle* a une floraison précoce, et lorsqu'elle vient de fleurir, moment critique, on a observé en France et en Angleterre qu'elle peut impunément supporter un froid de 7 à 10 degrés centigrades au-dessous de zéro, température qui tue les fleurs, épanouies ou non, de tous les autres poiriers [50]. Cette aptitude de la fleur à résister au froid et à produire ensuite du fruit ne dépend pas invariablement de la vigueur de la constitution générale [51]. A mesure qu'on avance vers le nord, le nombre des variétés aptes à résister au climat décroît rapidement, ainsi que le prouve la liste des variétés de cerisiers, de pommiers et de poiriers, qu'on peut cultiver dans les environs de Stockholm [52]. Près de Moscou, le prince Troubetzkoy a planté en pleine terre, à titre d'essai, plusieurs variétés de poiriers ; une seule, la *Poire sans pepins*, a pu résister aux froids de l'hiver [53]. Ces remarques prouvent que nos arbres fruitiers peuvent différer les uns des autres comme le font les espèces distinctes d'un même genre, au point de vue de l'adaptation constitutionnelle à différents climats.

L'adaptation au climat est souvent très-rigoureuse chez les variétés de beaucoup de plantes. C'est ainsi qu'on a pu constater, après des essais réitérés, que très-peu de variétés anglaises de froment peuvent être cultivées en Écosse [54], la quantité laissant d'abord à désirer, puis ensuite la qualité du grain. Le Rév. J.-M. Berkeley a semé du grain venant de l'Inde, et n'a obtenu que des épis très-maigres sur un sol qui eût certainement produit une abondante récolte de froment anglais [55] ; dans ce cas, la variété avait été transportée d'un climat plus chaud à un climat plus froid ; mais on connaît un cas inverse : du froment importé de France dans les Indes occidentales, ne produisit que des épis stériles ou ne contenant que deux ou trois misérables grains, tandis que les variétés locales croissant à côté produisaient une énorme récolte [56]. Voici un autre exemple d'adaptation à un cli-

[49] *Gardener's Chronicle*, 1848, p. 5.
[50] *Ibid.*, 1860, p. 938.
[51] J. de Jonghe, de Bruxelles, *Gard. Chronicle*, 1857, p. 612.
[52] Ch. Martins, *Voyage Bot., cotes sept. de la Norwege*, p. 26.
[53] *Journ. de l'Acad. horticole de Grand*, cité dans *Gard. Chron.*, 1859, p. 7.
[54] *Gard. Chron*, 1851, p. 396.
[55] *Ibid.*, 1862, p. 235.
[56] D'après Labat, cité dans *Gard. Chronicle*, 1862, p. 235.

mat un peu plus froid ; une sorte de froment qui, en Angleterre, peut être
indifféremment employée comme une variété d'hiver ou d'été, semée à Gri-
gnan, en France, sous un climat plus chaud, se comporta exactement comme
un froment d'hiver [57].

Les botanistes admettent que toutes les variétés du maïs appartiennent
à une même espèce, et nous avons vu qu'à mesure que, dans l'Amérique
septentrionale, on s'avance davantage vers le nord, les variétés cultivées
dans chaque zone fleurissent et mûrissent dans des périodes de plus en plus
courtes ; il en résulte que les hautes variétés plus méridionales, et qui mûrissent lentement, ne réussissent pas dans la Nouvelle-Angleterre, ni celles
de ce pays au Canada. Je n'ai vu affirmer nulle part que les variétés méridionales fussent tuées par un degré de froid que les variétés du nord peuvent
impunément supporter, bien que cela soit probable ; mais on doit considérer
comme une forme d'acclimatation la production de variétés précoces, quant
à la floraison et à l'époque de la maturation des graines. C'est ce qui, d'a-
près Kalm, a permis de pousser la culture du maïs de plus en plus vers le
nord de l'Amérique. Les recherches d'Alph. de Candolle, semblent prouver
que, depuis la fin du siècle dernier, la culture du maïs en Europe a dépassé
d'environ trente lieues au nord ses anciennes limites [58]. Je puis citer, d'a-
près Linné [59], un cas analogue ; en Suède, le tabac du pays, obtenu par semis, mûrit un mois plus tôt, et est moins sujet à avorter que les plantes
provenant de graines étrangères.

Au contraire du maïs, la limite de la culture pratique de la vigne paraît
avoir, depuis le moyen âge, reculé un peu vers le midi [60] ; mais cela peut
provenir de ce que le commerce des vins est devenu plus libre et plus
facile, d'où il résulte qu'il est préférable de faire venir du vin du midi que
de cultiver la vigne dans le nord. Néanmoins, le fait que la vigne ne s'est
pas étendue vers le nord montre que, depuis plusieurs siècles, l'acclimatation
de cette plante n'a point fait de progrès. Il y a cependant des différences
marquées dans la constitution des diverses variétés ; les unes sont très-ro-
bustes, tandis que d'autres, comme le muscat d'Alexandrie, exigent, pour
réussir, une haute température. D'après Labat [61], la vigne importée de
France aux Indes occidentales ne réussit que très-difficilement, tandis que
celle importée de Madère ou des îles Canaries prospère admirablement.

Gallesio cite des détails intéressants sur l'acclimatation de l'oranger en Italie.
Pendant plusieurs siècles, l'oranger doux y avait été propagé exclusivement
par greffe ; il souffrait si souvent de la gelée, qu'il fallait le protéger ; l'hiver
rigoureux de 1709, et surtout celui de 1763, détruisit un si grand nombre
d'arbres, qu'on dut en lever de nouveaux du semis de la graine de l'orange
douce et, au grand étonnement des habitants, les fruits se trouvèrent être

[57] MM. Edwards et Colin, *Ann. sc. nat. bot.*, 2ᵉ série, t. V, p. 22.
[58] *Géog. Bot.*, p. 337.
[59] *Actes suédois*, 1739-40, vol. I. — Kalm, *Travels*, vol. II, p. 166, cite un cas analogue
relatif à des cotonniers obtenus par semis dans le New-Jersey de graines venant de la Caroline.
[60] Alph. de Candolle, *O. C.*, p. 339.
[61] *Gardener's Chronicle*, 1862, p. 235.

doux. Les plants ainsi obtenus étaient plus grands, plus productifs et plus robustes que les précédents ; aussi a-t-on depuis cette époque continué à les lever de graine. Gallesio en conclut qu'on a plus fait pour l'acclimatation de l'oranger en Italie, dans les soixante années pendant lesquelles ces nouvelles variétés ont accidentellement pris naissance, que tout ce qui avait été obtenu auparavant pendant plusieurs siècles par la greffe des anciennes variétés [62]. Risso affirme que certaines variétés portugaises de l'oranger, sont beaucoup plus sensibles au froid et beaucoup plus délicates que d'autres [63].

Le pêcher était connu du temps de Théophraste, 322 ans avant J.-C. [64]. D'après des autorités citées par le Dr Rolle [65], il était si délicat lors de son introduction en Grèce, qu'il portait rarement des fruits, même dans l'île de Rhodes. Si ces faits sont exacts, le pêcher a dû, en s'étendant depuis deux mille ans dans le centre de l'Europe, devenir beaucoup plus robuste. Actuellement les diverses variétés diffèrent beaucoup sous ce rapport ; quelques variétés françaises ne réussissent pas en Angleterre ; et, dans les environs de Paris, la *Pavie de Bonneuil* ne mûrit que très-tard, même cultivée en espalier ; elle ne convient donc qu'aux climats méridionaux [66].

Une variété du *Magnolia grandiflora*, créée par M. Roy, résiste à une température inférieure de plusieurs degrés à celle que peuvent supporter toutes les autres. Il y a également de grandes différences sous ce rapport entre les variétés du camélia. Une variété particulière du rosier *Noisette* résista, en 1860, à un hiver rigoureux, et échappa seule, intacte et bien portante, à la destruction universelle de tous les autres rosiers *Noisettes*. A New-York, l'if d'Irlande est très-robuste, mais l'if commun l'est beaucoup moins. Parmi les variétés de la patate (*Convolvulus batatas*) les unes sont mieux adaptées à un climat chaud, les autres à des climats plus froids [67].

Les plantes que nous avons citées jusqu'à présent sont aptes à résister, à l'état adulte, à des degrés inusités de froid ou de chaud ; les cas suivants ont trait à des plantes jeunes. On a observé [68] dans une plantation de jeunes *Araucarias* du même âge, croissant les uns près des autres et dans la même exposition, qu'après l'hiver exceptionnellement rigoureux de 1860-61, au milieu de plantes frappées de mort, un grand nombre d'individus paraissaient n'avoir pas été affectés par la gelée. Le

---

[62] Gallesio, *Teoria*, etc., 1816, p. 125. — *Traité du Citrus*, 1811, p. 359.
[63] *Essai sur l'histoire des orangers*, 1813, p. 20.
[64] Alph. de Candolle, *O. C.*, p. 882.
[65] *Ch. Darwin's Lehre von der Entstehung*, etc., 1862, p 87.
[66] Decaisne, cité dans *Gard. Chronicle*, 1865, p. 271.
[67] Pour le magnolia, voir Loudon, *Gard. Mag.*, vol. XIII, 1837, p. 21. — Pour les roses et les camellias, *Gard. Chron.* 1860, p. 384. — Pour l'if, *Journ. of Hort.*, mars 1863, p. 174. — Pour la patate, col. von Siebold, dans *Gard. Chron.*, 1855, p. 822.
[68] *Gardener's Chronicle*, 1861, p. 239.

Dr Lindley fait remarquer à propos de ce cas et d'autres semblables : « Au nombre des leçons que cet hiver rigoureux nous
a données, nous avons appris que les individus d'une même
espèce peuvent différer considérablement au point de vue de l'aptitude qu'ont certaines plantes à résister à un froid rigoureux. »
Dans la nuit du 24 mai 1836, il gela très-fort près de Salisbury,
et tous les haricots (*Phaseolus vulgaris*) d'une plate-bande périrent, sauf environ un sur trente, qui échappa complétement [69].
Le même jour de mai, en 1864, à la suite d'une forte gelée dans
le Kent, sur deux rangées de *P. multiflorus* cultivées dans mon
jardin, contenant 390 plantes du même âge et placées sans la
même exposition, toutes, à l'exception d'une douzaine, noircirent
et périrent. Dans une rangée voisine contenant la variété *Fulmer*
naine (*P. vulgaris*), une seule plante échappa. Une gelée encore
plus intense survint quatre jours plus tard ; sur les douze plantes
qui avaient résisté la première fois, trois seulement survécurent
et n'eurent pas même l'extrémité des feuilles brunies, bien
qu'elles ne fussent ni plus hautes ni plus vigoureuses que les
autres. A voir ces trois individus isolés au milieu de tous les
autres noircis, flétris et morts, il était impossible de ne pas être
convaincu qu'ils devaient en différer beaucoup par leur aptitude
constitutionnelle à résister au froid.

Ce n'est pas ici le lieu de démontrer que les individus sauvages appartenant à une même espèce, croissant naturellement à
différentes altitudes ou sous diverses latitudes, s'y acclimatent
jusqu'à un certain point, comme le prouve la différence dans la
manière dont se comportent les produits de leurs graines semées
dans un autre pays. J'ai cité quelques exemples à cet égard dans
l'*Origine des espèces* ; je me contenterai d'en citer encore un.
M. Grigor, de Forres [70], a constaté que les produits de semis du
pin d'Ecosse (*Pinus sylvestris*) provenant de graine du continent,
ou de celle des forêts écossaises, diffèrent beaucoup les uns des
autres. La différence s'aperçoit déjà à un an, et devient encore

---

[69] Loudon's, *Gardener Magazine*, vol. XII, 1836, p. 378.
[70] *Gardener's Chronicle*, 1865, p. 699. M. G. Maw cite, *Gard. Chron.* 1870, p. 895, un
grand nombre d'exemples frappants ; il a rapporté du sud de l'Espagne et du nord de l'A-
frique plusieurs plantes qu'il a cultivées, en Angleterre, auprès de variétés septentrionales ;
il a observé chez elles de grandes différences non-seulement au point de vue de la rusticité
pendant l'hiver mais aussi de la manière de se comporter pendant l'été.

plus sensible à deux ans ; mais l'effet de l'hiver sur ces dernières plantes altère tellement les produits des semis de la graine
du continent, et leur communique à tous une teinte brune telle,
qu'ils sont invendables au mois de mars ; les plantes levées de
la graine du pin d'Ecosse indigène, croissant dans les mêmes ·
conditions et à côté des premières, sont plus fortes, quoique
plus courtes, et restent vertes, de sorte que les deux pépinières
peuvent être distinguées à une grande distance. On a observé
des faits analogues chez les semis de mélèzes.

En Europe, les variétés robustes étant seules estimées, on néglige généralement celles qui, plus délicates, exigent plus de chaleur. Il s'en produit
cependant quelquefois. Ainsi Loudon [71] décrit une variété d'ormeau de Cor-
nouailles qui est presque toujours vert, et dont les jeunes pousses sont souvent tuées par les gelées d'automne ; son bois n'a, par conséquent, que peu
de valeur. Les horticulteurs savent que certaines variétés sont plus délicates que d'autres ; ainsi, toutes les variétés du broccoli sont plus délicates
que celles du chou ; mais il y a encore sous ce rapport des différences entre
les sous-variétés du broccoli lui-même ; les formes roses ou pourpres sont
plus robustes que le « broccoli blanc du Cap, » mais on ne peut compter
sur elles si le thermomètre tombe au-dessous de 4,5 degrés centigrades. Le
broccoli « Walcheren » est moins délicat que le précédent, et quelques
autres variétés peuvent supporter un froid plus intense que le Walcheren [72]. Les choux-fleurs grainent mieux dans l'Inde que les choux [73].
Pour citer un exemple chez les fleurs : onze plantes levées de la graine
d'une passe-rose, dite la *Reine des Blanches* [74], étaient beaucoup plus
délicates que plusieurs autres produites par semis. On peut supposer que
toutes les variétés délicates réussiraient mieux sous un climat plus chaud
que le nôtre. On sait que certaines variétés d'arbres fruitiers, comme le
pêcher, supportent mieux que d'autres d'être forcées en serre ; fait qui
dénote ou une flexibilité d'organisation ou quelque différence constitutionnelle. Un même cerisier, forcé, a graduellement, dans le cours de quelques
années, changé l'époque de sa végétation [75]. Peu de Pelargoniums peuvent
résister à la chaleur d'un poêle, mais l'*Alba multiflora*, à ce qu'assure un
très-habile jardinier, peut supporter pendant tout l'hiver une température
énorme, sans être plus éprouvée que dans une serre ordinaire ; la variété
Blanche-fleur semble avoir été faite pour fleurir l'hiver, comme certaines
bulbes, et se reposer l'été [76]. On ne peut donc douter que l'*Alba multiflora*

[71] *Arboretum et Fruticetum*, t. III, p. 1376.
[72] M. Robson, *Journ. of Hort.*, 1861, p. 23.
[73] Dr Bonavia, *Report of Agric. Hort. Soc. of Oudh*, 1866.
[74] *Cottage Gardener*, avril 1850, p. 57.
[75] *Gardener's Chronicle*, 1841, p. 291.
[76] M. Beaton, *Cottage Gardener*, mars 1860, p. 377. — *Gard. Chron.*, 1845, p. 226.

ne doive avoir une constitution bien différente de celle des autres variétés de Pelargoniums, et qu'elle pourrait probablement supporter un climat équatorial.

Nous avons vu, d'après Labat, que la vigne et le froment doivent être acclimatés pour pouvoir réussir dans les Indes occidentales. Des faits analogues ont été observés à Madras : des graines de réséda, provenant les unes d'Europe, les autres de Bangalore (dont la température moyenne est beaucoup au-dessous de celle de Madras), ont été semées en même temps; toutes deux germèrent d'abord également bien ; mais, peu de jours après être sorties de terre, les premières périrent toutes ; les autres ont survécu et sont devenues belles et vigoureuses. De même, la graine de navets et de carottes recueillie à Hyderabad réussit mieux à Madras que celle provenant d'Europe ou du Cap de Bonne-Espérance [77].

M. J. Scott, du Jardin Botanique de Calcutta, m'apprend que les graines du pois de senteur (*Lathyrus odoratus*), provenant d'Angleterre, produisent des plantes à petites feuilles et à tiges épaisses et rigides, qui fleurissent rarement et ne produisent jamais de graines; celles levées de graines venant de France fleurissent un peu mieux, mais toutes les fleurs sont stériles. Les plantes levées de la graine des pois de senteur, croissant à Darjeeling, dans l'Inde septentrionale et originaires de l'Angleterre, peuvent, au contraire, être cultivées avec succès dans les plaines de l'Inde, car elles fleurissent et grainent avec profusion, et ont des tiges molles et grimpantes. Dans quelques-uns des cas précités, ainsi que me le fait remarquer le Dr Hooker, on doit peut-être attribuer la meilleure réussite au fait que les graines ont mieux mûri sous un climat plus favorable; mais on ne peut guère étendre cette manière de voir à un aussi grand nombre de cas, comprenant ceux de plantes qui, ayant été cultivées sous un climat plus chaud que celui de leur pays d'origine, s'adaptent à un climat encore plus chaud. Nous pouvons donc conclure que les plantes peuvent, jusqu'à un certain point, s'accoutumer à un climat plus chaud ou plus froid que le leur, ce dernier cas étant celui qui a été le plus fréquemment observé.

Examinons maintenant par quels moyens l'acclimatation peut s'effectuer, soit par l'apparition spontanée de variétés douées d'une constitution différente, soit par les effets de l'usage ou de l'habitude. En ce qui concerne le premier mode, il n'y a point de preuves qu'un changement dans la constitution du produit ait aucun rapport direct avec la nature du climat habité par les parents. Il est certain, au contraire, que des variétés robustes et délicates d'une même espèce apparaissent dans un même pays. Les nouvelles variétés nées ainsi spontanément peuvent s'adapter

---

[77] *Gardener's Chronicle*, 1841, p. 439.

de deux manières à des climats légèrement différents : premièrement, en ce qu'elles peuvent, soit jeunes, soit adultes, résister à
un froid intense, comme le poirier cultivé à Moscou, ou à une
haute température, comme quelques Pelargoniums, ou avoir des
fleurs qui supportent la gelée, comme le poirier Forelle. Secondement, les plantes peuvent s'adapter à des climats très-différents
du leur, par le seul fait qu'elles fleurissent et produisent leur
fruit plus tôt ou plus tard dans la saison. Dans les deux cas, tout
le rôle de l'homme dans l'acclimatation se borne à la sélection
et à la conservation des nouvelles variétés. L'acclimatation peut
encore s'effectuer d'une manière inconsciente, sans intention
directe de la part de l'homme de s'assurer une variété plus
robuste, simplement en obtenant par semis des plantes délicates,
et en tentant de pousser leur culture de plus en plus vers le
nord, comme cela a eu lieu pour le maïs, l'oranger et le pêcher.

La question de savoir, dans l'acclimatation des animaux et des
plantes, quelle part d'influence il convient d'attribuer à l'hérédité
des habitudes, est beaucoup plus difficile à résoudre. Il est probable que, dans un grand nombre de cas, l'intervention de la
sélection naturelle a dû compliquer le résultat. Il est évident que
les moutons de montagne peuvent résister à des froids et à des
tourmentes de neige qui anéantiraient les races des plaines ; mais
comme les moutons montagnards ont été exposés à ces influences
de temps immémorial, tous les individus délicats ont dû être
détruits, et les plus robustes seuls conservés. Il en est de même
pour les vers à soie Arrindy de l'Inde et de la Chine ; mais qui
pourrait préciser la part que peut avoir prise la sélection naturelle
à la formation des deux races, actuellement adaptées à des climats
si différents ? Il semble à première vue probable que les nombreux
arbres fruitiers qui s'accommodent si bien des étés chauds et des
hivers froids de l'Amérique du Nord, et qui réussissent si mal
sous notre climat, ont dû s'adapter par habitude ; mais si nous
réfléchissons à la multitude des plantes obtenues annuellement
par semis en Amérique et dont aucune ne pourrait réussir si elle
ne possédait une constitution appropriée, il est très-possible que
la simple habitude n'ait contribué en rien à leur acclimatation.
D'autre part, lorsque nous apprenons que les moutons mérinos

élevés pendant un nombre peu considérable de générations au Cap de Bonne-Espérance, et que quelques plantes d'Europe cultivées pendant quelques générations seulement dans les régions plus froides de l'Inde, supportent mieux le climat des parties plus chaudes de ce pays, que les moutons ou les graines importés directement d'Angleterre, il faut bien accorder quelque influence à l'habitude. La même conclusion nous paraît ressortir des faits signalés par Naudin [78] à propos des races de melons et des courges, qui, après avoir été longtemps cultivées dans l'Europe septentrionale, sont devenues plus précoces et exigent moins de chaleur pour mûrir que les variétés de la même espèce récemment importées des régions tropicales. L'habitude paraît exercer un effet évident dans la conversion réciproque et après un petit nombre de générations, des froments, des orges et des vesces d'hiver et d'été. Le même fait s'est produit probablement pour les variétés du maïs, qui, transportées des États méridionaux dans ceux du nord de l'Amérique, ou en Allemagne, se sont bientôt accoutumées à leur nouveau séjour. Les vignes transportées de Madère aux Indes occidentales, qui y réussissent, à ce qu'on dit, mieux que les plantes importées directement de France, nous offrent un exemple d'une certaine acclimatation de l'individu, en dehors de toute production de nouvelles variétés par semis.

L'expérience ordinaire des agriculteurs a de la valeur; or, ils recommandent toujours beaucoup de prudence quand on essaie d'introduire dans un pays les produits d'un autre pays. Les anciens auteurs agricoles de la Chine recommandent la conservation et la culture des variétés propres à chaque pays. Columelle écrivait à l'époque classique : « Vernaculum pecus peregrino longe præstantius est [79]. »

On a souvent traité de chimériques toutes les tentatives faites pour acclimater soit des animaux, soit des plantes. On peut, sans doute, dans la plupart des cas, qualifier ainsi les essais de ce genre, si on les tente en dehors de la production de variétés nouvelles douées d'une constitution différente. L'habitude, bien que très-prolongée, produit rarement des effets sur une

---

[78] Cité par Asa Gray dans *Améric. Journ. of Science*, 2ᵉ série, janv. 1865, p. 106.
[79] *Mémoires sur les Chinois*, t. XI, 1786, p. 60. — La citation de Columelle se trouve dans Carlier, *Journal de physique*, t. XXIV, 1784.

plante propagée par bourgeons ; elle ne semble agir qu'au travers
de générations séminales successives. Le laurier, le laurier-cerise,
etc., le topinambour, qu'on propage par boutures ou tubercules,
sont probablement encore aussi délicats en Angleterre qu'ils l'é-
taient lors de leur introduction ; il paraît en être de même pour
la pomme de terre, qui, jusqu'à ces derniers temps, avait été
rarement propagée par semis. Mais on ne saurait réussir à acclimater les animaux ou les plantes obtenues par semis, si on ne
conserve intentionnellement ou d'une manière inconsciente, les
individus les plus robustes. On a souvent cité le haricot comme
exemple d'une plante qui n'est pas devenue plus robuste depuis
son introduction en Angleterre. Une excellente autorité [80] nous
apprend toutefois que de la fort belle graine importée de l'é-
tranger a produit des plantes qui, après avoir fleuri avec profusion,
ont presque toutes avorté, tandis que des plantes voisines provenant de graine anglaise ont produit des gousses en abondance ;
or, ce fait indique pourtant un certain degré d'acclimatation chez
nos plantes anglaises. Nous avons eu aussi occasion de voir
des jeunes haricots, doués d'une certaine aptitude à résister à la
gelée, mais personne, que je sache, n'a jamais séparé ces plantes
plus robustes pour empêcher tout croisement accidentel, ni
ensuite recueilli la graine, et continué ainsi année par année.
On peut, toutefois, objecter avec raison que la sélection naturelle
devrait avoir exercé un effet décisif sur les haricots les plus
robustes, car ceux-ci auraient dû être préservés, tandis que les
plus délicats auraient dû périr pendant chaque printemps
rigoureux. Mais il faut songer qu'une augmentation de vigueur
aurait simplement pour résultat que les jardiniers, toujours
désireux d'obtenir les récoltes les plus précoces sèmeraient
leurs graines quelques jours plus tôt qu'auparavant. Or,
comme l'époque des semailles dépend beaucoup de la nature
du sol, de la latitude de la localité et de la saison, et que
de nouvelles variétés sont souvent importées du dehors, il est
bien difficile d'affirmer que notre haricot ne soit pas devenu un
peu plus robuste. Je n'ai pu, en consultant d'anciens ouvrages sur l'horticulture, trouver aucun renseignement qui

[80] MM. Hardy and Son, *Gardener's Chronicle*, 1856, p. 589.

me permette de répondre d'une manière satisfaisante à cette
question.

En résumé, les faits qui précèdent prouvent que, bien que l'habitude ait quelque influence sur l'acclimatation, l'agent le plus
efficace est, sans contredit, l'apparition d'individus présentant
quelque différence de constitution. Mais, comme nous ne connaissons aucun exemple, ni chez les animaux ni chez les plantes,
d'une sélection longuement continuée pratiquée à l'égard des
individus les plus robustes, bien qu'on reconnaisse que la sélection est indispensable pour la fixation et l'amélioration de tout
autre caractère, il n'est pas étonnant que l'homme ait fait si peu
de progrès dans le sens de l'acclimatation d'animaux domestiques
et de plantes cultivées. A l'état de nature, il n'est pas douteux
que de nouvelles races et de nouvelles espèces n'aient dû
s'adapter à des climats très-différents, grâce à la variation aidée
par l'habitude et réglée par la sélection naturelle.

ARRÊTS DE DÉVELOPPEMENT : ORGANES RUDIMENTAIRES ET ATROPHIÉS. —
Les modifications de la conformation, dues à un arrêt de développement,
assez considérables et assez sérieuses pour mériter la qualification de monstruosités, sont assez fréquentes chez les animaux domestiques, mais comme
elles diffèrent beaucoup des conformations normales, nous n'entrerons pas
dans de grands détails à leur égard. Ainsi, la tête entière peut être représentée par une petite saillie molle en forme de mamelon, et les membres
par de simples papilles. Ces rudiments de membres se transmettent parfois
par hérédité, comme on l'a observé chez un chien [81].

Un grand nombre d'anomalies moindres paraissent dues à des arrêts de
développement. Nous savons rarement, sauf dans les cas de lésion directe chez
l'embryon, quelle peut être la cause de ces arrêts. Nous pouvons conclure
de ce que l'organe affecté n'est presque jamais entièrement atrophié, et qu'il
en reste généralement un rudiment, que la cause n'agit pas ordinairement
dans toutes les premières périodes du développement embryonnaire. Les
oreilles externes sont représentées par de simples vestiges chez une race
chinoise de moutons, et chez une autre, la queue se réduit à un petit bouton
enfoui dans la graisse [82]. Il reste un petit tronçon de queue chez les chiens
et chez les chats sans queue. La crête et les caroncules sont très-rudimen-
taires chez certaines races gallines, ainsi que les ergots chez la race Cochinchinoise. Chez le bétail de la race Suffolk sans cornes, on peut souvent, chez

[81] Isid. Geoffroy Saint-Hilaire, *His. nat. des anomalies*, 1836, t. II, p. 210, 223, 224,
395. — *Philos. Transact.*, 1775, p. 313.
[82] Pallas, dans Youatt, *On Sheep*, p. 25.

les jeunes individus, sentir des rudiments de cornes [82] ; chez les espèces à l'état de nature, le plus grand développement relatif des organes rudimentaires pendant les premières périodes de l'existence est très-caractéristique. Chez les races de bétail et de moutons sans cornes, on a observé d'autres rudiments singuliers consistant en petites cornes pendantes, fixées à la peau seulement, qui tombent quelquefois et repoussent. Chez les chèvres sans cornes, d'après Desmarest [84], les protubérances osseuses qui portent normalement les cornes existent à l'état de simples rudiments.

Chez les plantes cultivées, il n'est pas rare de rencontrer les pétales, le étamines, et les pistils, représentés par des rudiments semblables à ceux qu'on observe chez les espèces naturelles. Il en est de même de la graine dans quelques fruits ; ainsi, près d'Astrakhan, il existe une variété de raisin qui ne renferme que des traces de graines, si petites et placées si près du pédoncule qu'on ne les aperçoit pas en mangeant le fruit [85]. Chez quelques variétés de la courge, les vrilles, selon Naudin, sont représentées par des rudiments ou des productions monstrueuses. Chez le broccoli et le choufleur, la plupart des fleurs ne peuvent s'épanouir et contiennent des organes rudimentaires. Chez le *Muscari comosum*, les fleurs supérieures et centrales sont brillamment colorées, mais rudimentaires ; la culture augmente cette tendance à l'atrophie, et toutes les fleurs deviennent rudimentaires, mais les étamines et les pistils avortés sont plus grands chez les fleurs inférieures que chez les fleurs supérieures. Chez le *Viburnum opulus*, d'autre part, les fleurs extérieures ont naturellement les organes de fructification incomplets, et la corolle est très-grande ; à l'état domestique, la même particularité s'étend jusqu'au centre, et toutes les fleurs sont affectées de même. Chez les Composées, le doublement des fleurs consiste dans un plus grand développement des corolles des fleurons du centre, qui sont ordinairement stériles à un certain degré ; on a observé [86] que le doublement marche toujours progressivement de la circonférence au centre, c'est-à-dire en allant des fleurons externes qui contiennent si souvent des organes rudimentaires, à ceux du disque. J'ajouterai encore que chez les *Asters*, les graines prises sur les fleurons de la circonférence sont celles qui produisent le plus grand nombre de fleurs doubles [87]. Dans ces divers cas, on observe donc une tendance naturelle chez certaines parties à devenir rudimentaires, tendance qui, sous l'influence de la culture, paraît tantôt partir de l'axe de la plante, tantôt se diriger vers lui. Je dois mentionner, pour prouver que les modifications que subissent les espèces naturelles et les variétés artificielles sont régies par les mêmes lois, le fait que, chez une série d'espèces du genre Carthame, appartenant aussi aux Composées, on remarque une tendance à l'avortement de l'aigrette des graines, allant de la circonférence au centre du disque ; ainsi

[82] Youatt, *On Cattle*, 1834, p. 174.
[84] *Encyclop. méthodique*, 1820, p. 483 ; p. 500, pour la chute des cornes chez le zébu.
[85] Pallas, *Travels*, trad. angl., vol. I, p. 243.
[86] M. Beaton, *Journ. of Hortic.*, mai 1861, p. 133.
[87] Lecoq, *de la Fécondation*, 1862, p. 233.

d'après A. de Jussieu [88], l'avortement n'est que partiel chez le *Carthamus creticus*, et plus étendu chez le *C. lanatus ;* car, chez cette dernière espèce, deux ou trois des graines centrales sont seules pourvues d'une aigrette, les graines voisines sont tout à fait nues, ou ne portent que quelques poils ; enfin chez le *C. tinctorius*, les graines centrales sont même privées d'aigrette, et l'atrophie est complète.

Lorsque, chez les animaux et chez les plantes à l'état domestique, un organe disparaît en laissant une trace rudimentaire, la perte est en général subite, comme chez les races sans cornes ou sans queue ; et on peut regarder ces cas comme des monstruosités héréditaires. Dans quelques cas, cependant, la disparition a été graduelle, et résulte en partie de la sélection, la crête et les caroncules rudimentaires de certaines races gallines par exemple. Nous avons vu aussi que, chez quelques oiseaux domestiques, le défaut d'usage a légèrement diminué les ailes, et il est probable que la même cause a contribué à la réduction considérable de ces organes chez certains Bombyx, qui n'ont plus que des rudiments d'ailes.

Les organes rudimentaires sont très-communs chez les espèces à l'état de nature, et, ainsi que plusieurs naturalistes l'ont observé, ils sont généralement variables ; car, étant inutiles, la sélection naturelle n'exerce sur eux aucune action et ils sont plus ou moins sujets aux effets de retour. Il en est certainement de même pour les parties devenues rudimentaires sous l'influence de la domestication. Nous ne savons pas quelles phases les organes rudimentaires ont pu traverser, à l'état de nature, pour arriver au point de réduction qu'ils ont actuellement atteint, mais nous observons si constamment, chez les espèces d'un même groupe, les gradations les plus insensibles entre un organe tout à fait rudimentaire et le même organe parfaitement développé, que nous devons admettre que le passage d'un état à l'autre a dû être extrêmement graduel. Il est douteux qu'un changement aussi brusque que la suppression totale d'un organe ait jamais pu être avantageuse à une espèce à l'état de nature ; car les conditions auxquelles les organismes sont étroitement adaptés, ne changent d'ordinaire que très-lentement. En supposant même le cas de la disparition subite d'un organe par arrêt de développement chez un individu, l'entre-croisement avec les autres individus de la même espèce en déterminerait la réapparition plus ou moins complète, de sorte que sa réduction finale

---

[88] *Annales du Muséum,* t. VI, p. 319.

ne pourrait être effectuée que par la marche lente d'un défaut
d'usage continu, ou par la sélection naturelle. Il est très-probable que, par suite de changements dans les habitudes d'existence, les organes aujourd'hui rudimentaires ont commencé par
servir de moins en moins ; le défaut d'usage les a fait diminuer,
puis enfin ils sont devenus inutiles et superflus. Mais comme la
plupart des parties ou des organes ne servent pas pendant la
première période de l'existence, le défaut d'usage ne doit amener
leur réduction qu'à un âge un peu plus avancé ; or, en vertu du
principe de l'hérédité aux âges correspondants, la diminution de
l'organe se transmet au descendant à un âge un peu avancé. La
partie ou l'organe doit donc conserver sa grandeur naturelle
chez l'embryon et nous savons qu'il en est ainsi. Dès qu'une
partie devient inutile, un autre principe, celui de l'économie de
croissance, entre en jeu, car il est avantageux pour un individu
exposé à une concurrence rigoureuse d'économiser le développement d'une partie inutile ; en conséquence, les individus chez
lesquels la partie inutile est la moins développée ont un léger
avantage sur les autres. Mais, comme M. Mivart l'a fait remarquer
avec beaucoup de justesse, dès que la partie est très-réduite, l'é-
conomie résultant d'une plus ample diminution devient absolument insignifiante, de sorte que cette diminution ne peut plus
être l'œuvre de la sélection naturelle. Cette remarque est absolument juste si la partie est formée de simple tissu cellulaire,
exigeant peu de nourriture. Quelle cause peut donc amener la
réduction subséquente d'un organe déjà très-réduit ? Les nombreuses gradations qui existent entre les organes à l'état parfait
et les plus simples rudiments prouvent que cette réduction s'o-
père à l'état de nature. M. Romanes [89] a, je crois, jeté beaucoup
de lumière sur ce problème difficile. Voici, en quelques mots,
quelle est son hypothèse : toutes les parties sont variables dans
une certaine mesure et fluctuent, pour ainsi dire, en grosseur autour d'une moyenne. Or, quand, pour une cause quelconque, une
partie a déjà commencé à diminuer, il est très-improbable que les

[89] J'ai suggéré dans *Nature*, vol. VIII, p. 432, 505, que chez les individus exposés à des
conditions défavorables toutes les parties doivent tendre à diminuer, et que dans ces conditions toute partie que la sélection naturelle n'entretient pas doit, en raison des croisements
tende à diminuer lentement. M. Romanes a exposé son hypothèse dans trois communications
subséquentes, *Nature*, 12 mars, 9 avril et 2 juillet 1874.

variations soient aussi grandes dans le sens de l'augmentation que
dans le sens de la diminution; la diminution antérieure prouve,
en effet, que les circonstances n'ont pas été favorables au développement, tandis que rien n'arrête les variations dans la direction contraire. S'il en est ainsi, les croisements longtemps
continués entre individus chez lesquels un organe varie davantage dans le sens de la diminution, doivent amener lentement une
diminution plus considérable. En ce qui concerne l'atrophie totale d'un organe, il est probable qu'un autre principe distinct,
dont nous discuterons l'action dans le chapitre sur la pangenèse,
entre aussi en jeu.

Les animaux et les plantes élevés par l'homme n'ont pas à
lutter rigoureusement et constamment pour l'existence, le principe d'économie n'a donc pas à entrer en jeu pour aider à la diminution d'un organe. Cela est tellement vrai que certains organes, qui sont naturellement rudimentaires chez les espèces
parentes, se redéveloppent partiellement chez leurs descendants
domestiques. Ainsi, comme presque tous les autres ruminants,
les vaches ont quatre tétines actives et deux rudimentaires; mais
chez les individus domestiques, ces dernières se développent
quelquefois beaucoup et donnent du lait. Les mamelles atrophiées, qui, chez les animaux domestiques mâles, et aussi chez
l'homme, se sont, dans quelques cas très-rares, complétement
développées et ont sécrété du lait, offrent peut-être un cas analogue. Les pattes postérieures du chien portent les traces d'un
cinquième doigt, qui, chez certaines grandes races, bien que
restant rudimentaire, se développe un peu et est pourvu d'un
ongle. Chez la poule commune, les ergots et la crête sont rudimentaires, mais, chez quelques races, ces organes peuvent se
développer, indépendamment de l'âge ou de la maladie des
ovaires. L'étalon a des dents canines, la jument n'a que les
vestiges des alvéoles, qui, d'après M. G. T. Brown, vétérinaire
distingué, contiennent fréquemment des petits nodules osseux
irréguliers. Ces nodules peuvent quelquefois se développer et
former une dent imparfaite, qui perce la gencive, se recouvre
d'émail et peut occasionnellement atteindre le tiers ou le quart
de la longueur des canines de l'étalon. J'ignore si, chez les

plantes, le redéveloppement des organes rudimentaires a lieu plus fréquemment sous l'influence de la culture qu'à l'état naturel. Le poirier est peut-être dans ce cas, car, sauvage, il porte des épines qui, quoique utiles comme agent protecteur, ne sont autre chose que des branches à l'état rudimentaire ; or, lorsque l'arbre est cultivé, ces épines se convertissent de nouveau en branches.

CHAPITRE XXV

LOIS DE LA VARIATION (*suite*). — VARIABILITÉ CORRÉLATIVE.

Explication du terme corrélation. — Rapports de la corrélation avec le développement. — Modifications en rapport avec l'augmentation ou la diminution des organes. — Variations corrélatives des parties homologues. — Analogie entre les pattes emplumées des oiseaux et les ailes. — Corrélation entre la tête et les extrémités. — Entre la peau et les appendices dermiques. — Entre les organes de la vue et de l'ouïe. — Modifications corrélatives dans les organes des plantes. — Monstruosités corrélatives. — Corrélation entre le crâne et les oreilles. — Entre le crâne et les huppes de plumes. — Entre le crâne et les cornes. — Corrélation de croissance compliquée par les effets accumulés de la sélection naturelle. — Corrélation entre la couleur et quelques particularités constitutionnelles.

Toutes les parties de l'organisation ont, les unes avec les autres des rapports plus ou moins intimes ; ces rapports sont parfois si insignifiants qu'on pourrait presque en contester l'existence chez les animaux composés, ou les bourgeons d'un même arbre par exemple. On remarque même, chez les animaux supérieurs, certaines parties qui ne sont point en corrélation intime, car on peut totalement en supprimer une ou la rendre monstrueuse sans qu'aucune autre partie du corps soit affectée. Mais il est des cas où, lorsqu'une partie varie, d'autres varient toujours ou presque toujours simultanément avec elle ; ces parties sont alors soumises à la loi de la variation corrélative. Toutes les parties du corps sont admirablement coordonnées relativement aux habitudes spéciales et au genre de vie de chaque être organisé et peuvent être regardées, ainsi que le dit le duc d'Argyll dans son *Règne de la loi*, comme étant en corrélation mutuelle dans ce but. En outre, chez les groupes étendus d'animaux, certaines conformations coexistent toujours ; ainsi, une forme particulière d'estomac accompagne une dentition spéciale, et on peut dire que, dans un certain sens, ces structures sont en corrélation. Mais ces cas ne se rattachent pas nécessairement à la loi que nous avons à discuter dans ce chapitre, car nous ignorons si les variations initiales ou primitives des différentes parties avaient des rapports les unes avec les autres ; il se peut, en effet, que des différences légères individuelles, portant tantôt sur un point tantôt sur un autre, aient été conservées jusqu'à l'acquisition finale d'une conformation parfaitement coadaptée ; je me propose, d'ailleurs, de revenir bientôt sur ce point. De même, chez certains groupes d'animaux, les mâles seuls sont armés, ou parés de belles couleurs, et ces caractères sont évidemment en corrélation avec les organes reproducteurs mâles, puisqu'ils disparaissent avec la suppression de ces derniers. Toutefois, nous avons vu dans le douzième chapitre qu'une même particularité peut se présenter à un âge quelconque, chez l'un ou l'autre sexe, et être ensuite exclusivement transmise au même sexe à l'âge correspondant. Nous nous trouvons dans ces cas en présence d'une hérédité limitée par le sexe et par l'âge ou en corrélation ; mais rien ne nous autorise à supposer que la cause originelle de la variation doive nécessairement se rattacher aux organes reproducteurs ou à l'âge de l'être affecté.

Dans certains cas de variations réellement corrélatives, il nous est quelquefois possible de saisir la nature des rapports ; mais dans la plupart des cas elle nous échappe, et elle doit certainement varier suivant les cas. Il est rare que nous puissions dire laquelle de deux parties se trouvant en corrélation a varié la première et provoqué les changements de l'autre, ou bien si les variations des deux parties sont le résultat simultané de l'action d'une cause commune. La variation corrélative a, au point de vue qui nous occupe, une importance majeure, car, si une partie est modifiée par une sélection continue, soit naturelle, soit appliquée par l'homme, d'autres parties de l'organisation doivent être inévitablement modifiées en même temps. Il doit donc résulter de ce fait de la corrélation que, chez nos animaux et chez nos plantes domestiques, les variétés ne diffèrent les unes des autres que rarement ou jamais par un caractère seul.

Un des cas les plus simples de la corrélation consiste en ce qu'une modification, qui apparaît pendant les premières phases du développement, tend à influencer le développement ultérieur de la partie qu'elle a atteinte, ainsi que celui des autres parties qui peuvent être en rapport intime avec la première. Isidore Geoffroi Saint-Hilaire[1] affirme que l'on peut constamment observer ce fait dans les monstruosités des animaux, et Moquin-Tandon[2] remarque que chez les plantes, l'axe ne pouvant devenir monstrueux sans affecter de quelque manière les organes qu'il produit subséquemment, les anomalies de l'axe sont presque toujours accompagnées de déviations de conformation chez les organes qui en dépendent. Nous verrons plus loin que, chez les races de chiens à museau court, certains changements histologiques affectant les éléments primitifs des os arrêtent leur développement et les raccourcissent, ce qui modifie la position des molaires qui se développent subséquemment. Il est probable que certaines modifications affectant les larves doivent affecter aussi la conformation de l'insecte parfait. Mais il ne faut pas aller trop loin dans ce sens, car, pendant le cours normal du développement, on sait que certaines espèces subissent une série de changements extraordinaires, tandis que d'autres espèces très-voisines arrivent à l'état parfait sans subir beaucoup de changements de conformation.

L'augmentation ou la diminution des dimensions du corps entier ou de certaines parties du corps, accompagnée de l'augmentation ou de la diminution en nombre de certains organes ou d'une modification quelconque de ces derniers, constitue un autre cas très-simple de corrélation. Ainsi, les éleveurs de pigeons ont cherché à développer chez les Grosses-gorges la longueur du corps, et nous avons vu que le nombre des vertèbres de ces pigeons a ordinairement augmenté, et que les côtes se sont élargies. On a, au contraire, cherché à réduire le corps des Culbutants, et, en conséquence, le nombre des côtes et des rémiges primaires a diminué. On s'est appliqué chez les pigeons-Paons à développer la queue si fortement étalée et à augmenter le nombre des

---

[1] *Hist. des anomalies*, t. III, p. 392. — Le professeur Huxley part du même principe pour expliquer les différences remarquables, quoique normales, dans l'arrangement du système nerveux des mollusques, dans son mémoire *Morphology of the Cephalous Mollusca*, dans *Philos. Trans.*, 1853, p. 55.

[2] *Éléments de Tératologie végétale*, 1841, p. 113.

rectrices, et les vertèbres caudales ont également augmenté en grosseur et en nombre. Chez les Messagers, on a appliqué la sélection à la longueur du bec, et la langue s'est allongée, mais non pas proportionnellement à l'allongement du bec ; chez cette même race et chez d'autres ayant de grosses pattes, le nombre des scutelles des doigts est plus grand que chez les races à petits pieds. Nous pourrions citer beaucoup d'autres cas analogues. On a observé en Allemagne que la durée de la gestation est un peu plus longue chez les grandes races de bétail que chez les petites. Chez nos animaux très-améliorés de tous genres, la période de la maturité a avancé, tant en ce qui concerne le développement complet du corps que l'époque de la reproduction ; en conséquence de ce fait, les dents se développent beaucoup plus promptement, de-sorte qu'à la grande surprise des agriculteurs 'es anciennes règles établies pour l'appréciation de l'âge d'un animal par l'état de sa dentition ont cessé d'être exactes [3].

Variations corrélatives des parties homologues. — Les parties homologues tendent à varier de la même manière ; c'est, en effet, ce à quoi on pouvait s'attendre, car ces parties ont une forme et une structure identiques pendant les premières périodes du développement embryonnaire, et sont exposées aux mêmes conditions tant dans l'œuf que dans le sein maternel. La symétrie que l'on remarque, chez la plupart des animaux, entre les organes homologues ou correspondants des deux côtés du corps, est l'exemple le plus simple de la variation corrélative ; mais cette symétrie peut faire quelquefois défaut, comme chez les lapins n'ayant qu'une oreille, chez les cerfs à une corne, ou chez les moutons à cornes multiples, qui ont parfois une corne supplémentaire sur un des côtés de la tête. Chez les fleurs à corolles régulières, les pétales varient généralement de la même manière, et, comme nous le voyons chez l'œillet de Chine, affectent souvent des formes très-compliquées et très-élégantes ; mais chez les fleurs à corolles irrégulières, bien que les pétales soient homologues, la symétrie fait souvent défaut, comme dans les variétés du muflier ou dans la variété du haricot (*Phaseolus multiflorus*) dont le pétale étendard est blanc.

---

[3] Prof. Simonds, sur l'âge du bœuf, du mouton, etc., *Gardener's* Chron., 1854, p. 588.

Les membres antérieurs et postérieurs sont homologues chez les vertébrés, et tendent à varier de la même manière, comme nous le voyons chez les races de chevaux et de chiens à jambes longues ou courtes, grosses ou minces. Isidore Geoffroy [4] a appelé l'attention sur la tendance qu'ont les doigts additionnels à apparaître chez l'homme, non-seulement sur le côté droit et le côté gauche, mais aussi sur les extrémités supérieures et inférieures. Meckel a aussi fait remarquer [5] que, lorsque les muscles du bras s'écartent par le nombre ou la disposition de leur type normal, ils tendent presque toujours à imiter ceux de la jambe, et inversement, les muscles de la jambe imitent, lorsqu'ils varient, la disposition de ceux du bras.

Chez plusieurs races distinctes de pigeons et de volailles, les pattes et les deux doigts externes sont emplumés, au point de ressembler à de petites ailes, chez le pigeon Tambour par exemple. Chez le Bantam à pattes emplumées, les plumes qui croissent sur le côté extérieur de la patte, et généralement sur les deux doigts externes, sont parfois, d'après M. Hewitt [6], excellente autorité en ces matières, plus longues que les rémiges ; il cite un cas où elles avaient atteint une longueur de 24 centimètres ! M. Blyth m'a fait remarquer que ces plumes des pattes ressemblent aux rémiges primaires, et n'ont aucun rapport avec le duvet fin qui croît naturellement sur les pattes de quelques oiseaux, tels que le « *Grouse* » (tétras rouge) et le Hibou. On peut donc supposer que l'excès d'alimentation a déterminé d'abord une surabondance du plumage, puisqu'il s'est développé, en vertu du principe de la variation homologue, des plumes sur les pattes, dans la position correspondante à celle qu'elles occupent sur l'aile, c'est-à-dire sur la face extérieure des tarses et des doigts. L'exemple suivant de corrélation, qui, pendant longtemps, m'a paru inexplicable, semble confirmer cette hypothèse : chez les pigeons de toutes races, les deux doigts externes, lorsque les pattes sont emplumées, sont toujours partiellement réunis par une membrane. Ces deux doigts externes

[4] *Hist. des anomalies,* t. I, p. 674.
[5] Cité par I. G. Saint-Hilaire, *Hist. des anomalies,* t. I, p. 635.
[6] W. B. Tegetmeier, *Poultry Book,* 1866, p. 250,

correspondent à notre troisième et à notre quatrième doigt[7] ; or, dans l'aile du pigeon ou de tout autre oiseau, le premier et le cinquième doigts sont entièrement atrophiés, le second est rudimentaire et porte ce qu'on appelle l'aile bâtarde, tandis que le troisième et le quatrième sont complétement enveloppés par la peau, et forment ensemble l'extrémité de l'aile. Il en résulte que, chez les pigeons à pattes emplumées, non-seulement la face extérieure est garnie d'une rangée de longues plumes semblables aux rémiges, mais les mêmes doigts qui, dans l'aile, sont complétement réunis par la peau, le deviennent partiellement dans la patte. Le principe de la variation corrélative des parties homologues nous permet ainsi de comprendre le singulier rapport qui existe entre les pattes emplumées et la membrane qui réunit les deux doigts externes.

A. Knight [8] a fait remarquer que la tête et les membres varient d'ordinaire simultanément dans leurs proportions générales ; comparons, par exemple, ces parties chez le cheval de course et chez le cheval de gros trait, ou chez le lévrier et chez le dogue ; une tête de dogue sur un corps de lévrier constituerait évidemment une monstruosité. Le boule-dogue moderne a, il est vrai, des membres déliés, mais ce caractère est le résultat d'une sélection récente. Les mesures données dans le sixième chapitre nous ont prouvé que, chez toutes les races de pigeons, il y a corrélation entre la longueur du bec et la grosseur des pieds. L'opinion la plus probable semble donc être que le défaut d'usage tend, dans tous les cas, à déterminer une diminution des pieds et que le bec devient en même temps plus court ; mais que, par corrélation, chez les races qu'on a cherché à pourvoir d'un long bec, les pieds ont, malgré le défaut d'usage, augmenté en grosseur.

On peut, dans le cas suivant, remarquer une certaine corrélation entre les pieds et le bec : M. Bartlett a reçu à plusieurs reprises des animaux qu'on prétendait être des hybrides entre le canard et la poule et j'ai eu occasion d'en voir un ; ces animaux étaient tout simplement des canards à l'état semi-mons-

---

[7] Les naturalistes ont des opinions quelque peu différentes relativement aux homologies des doigts des oiseaux, mais plusieurs partagent l'avis que nous exprimons. Voir à ce sujet, Dr E. S. Morse, *Annals of the Lyceum of Nat. Hist. of New York*, vol. X, 1872, p. 16.

[8] A. Walker, *On intermarriage*, 1838, p. 160.

trueux; chez tous la membrane interdigitale faisait défaut ou était considérablement réduite et chez tous aussi le bec était étroit et mal conformé.

En même temps que le bec s'est allongé chez les pigeons, la langue et les orifices des narines ont pris aussi un plus grand développement. Mais l'augmentation de l'orifice des narines est peut-être en rapport plus direct avec le développement de la peau caronculeuse de la base du bec, car lorsqu'il existe beaucoup de caroncules autour des yeux, les paupières augmentent jusqu'à doubler de longueur.

Il paraît y avoir une certaine corrélation même au point de vue de la couleur entre la tête et les extrémités. C'est ainsi que chez les chevaux, les balzanes accompagnent généralement l'étoile blanche frontale [9]. Chez les lapins et le bétail blancs, on observe souvent des marques foncées sur le bout des oreilles et sur les pieds. Chez les chiens noir et feu appartenant à diverses races, des taches feu au-dessus des yeux accompagnent presque toujours des pattes de la même couleur. Ces derniers cas de colorations connexes peuvent être dus soit au retour soit à la variation analogue, — points sur lesquels nous aurons à revenir, — mais ils ne jettent aucun jour sur la question de leur corrélation primitive. M. H. W. Jackson m'apprend qu'il a observé plusieurs centaines de chats à pattes blanches qui tous avaient des taches blanches plus ou moins apparentes sur le devant du cou ou de la poitrine.

La position pendante des énormes oreilles des lapins de fantaisie est due en partie à l'atrophie des muscles résultant d'un défaut d'usage, et en partie au poids et à la longueur des oreilles, points auxquels on a appliqué la sélection pendant un grand nombre de générations. Cet agrandissement des oreilles et leur changement de position ont non-seulement déterminé une modification dans la forme, la dimension et la direction du méat auditif, mais ont aussi légèrement affecté le crâne tout entier; c'est ce qui est très-évident chez les lapins demi-lopes, qui,

---

[9] *The Farrier and Naturalist,* vol. I, 1828, p. 456. Une personne qui s'est occupée de cette question m'écrit que les trois quarts des chevaux qui ont la face blanche ont aussi les jambes blanches.

n'ayant qu'une oreille pendante, n'ont pas les deux moitiés du crâne complétement symétriques. C'est là un cas curieux de corrélation entre des os durs et des organes aussi mous et, physiologiquement parlant, aussi insignifiants que les oreilles externes. Le résultat est certainement dù en grande partie à l'action purement mécanique du poids des oreilles, de même que par la pression on peut aisément modifier la forme du crâne des enfants.

La peau et ses appendices, les poils, les plumes, les sabots, les cornes et les dents, sont homologues dans le corps entier. On sait que la couleur de la peau et des poils varie généralement de façon simultanée; Virgile recommande aux bergers de s'assurer que la bouche et la langue du bélier sont noires, de crainte qu'ils n'engendrent pas des agneaux d'un blanc pur. Chez une même race humaine [10], il y a également corrélation entre la couleur de la peau et celle des cheveux, et l'odeur émise par les glandes cutanées; les poils varient généralement d'une même manière sur tout le corps par la longueur, la finesse ou la frisure. Le fait est également vrai pour les plumes, comme le prouvent les races frisées de poules et de pigeons.

Le coq commun porte toujours sur le cou et sur les reins des plumes affectant une apparence particulière que nous avons désignées sous le nom de plumes sétiformes : or, chez la race Huppée, les deux sexes sont caractérisés par la présence d'une touffe de plumes sur la tête, mais, chez le mâle, ces plumes ont toujours par corrélation le caractère sétiforme. La longueur des rémiges et des rectrices varie simultanément, quoique ces plumes soient implantées sur des parties non homologues, de sorte que chez les pigeons à ailes longues ou courtes la queue affecte aussi généralement des dimensions correspondantes. Le cas du pigeon Jacobin est encore plus curieux, car il a des rémiges et des rectrices remarquablement longues ; ce qui semble provenir d'une corrélation entre ces plumes et les plumes allongées et renversées qu'il porte derrière le cou et qui constituent le capuchon.

Les sabots et les poils sont des appendices homologues; Azara [11], en effet, a constaté qu'au Paraguay il naît souvent des

---

[10] Godron, *de l'Espèce*, t. II, p. 217.
[11] *Quadrupèdes*, etc., t. II, p. 333.

chevaux de couleurs diverses, dont le poil est crépu et tordu comme les cheveux du nègre. Cette particularité est fortement héréditaire, et, fait remarquable, les chevaux ainsi caractérisés ont des sabots absolument semblables à ceux du mulet. Les poils de la crinière et de la queue sont toujours plus courts qu'à l'ordinaire et varient de dix à quinze centimètres de longueur ; de sorte qu'il y a là, comme chez le nègre, une corrélation entre la frisure et la longueur des poils.

Youatt [12], en parlant des cornes du mouton, remarque qu'on ne rencontre des cornes multiples chez aucune race ayant de la valeur, car [leur présence indique généralement une toison longue et grossière. Plusieurs races tropicales du mouton, qui portent des poils au lieu de laine, ont les cornes semblables à celles de la chèvre. Sturm [13] déclare expressément que, chez les différentes races, plus la laine est frisée, et plus les cornes sont tordues en spirale. Nous avons vu, dans le troisième chapitre, parmi d'autres faits analogues, que les cornes de l'ancêtre de la race Mauchamp, si célèbre par sa laine, affectaient une forme particulière. Les habitants d'Angora affirment [14] que les chèvres blanches à cornes fournissent seules la toison à longues mèches bouclées si admirée, celle des chèvres sans cornes est beaucoup plus courte. Ces exemples nous autorisent à conclure à quelque corrélation entre les variations du poil ou de la laine et celles des cornes [15]. Ceux qui pratiquent l'hydropathie savent que l'application fréquente de l'eau froide stimule la peau, [or, tout ce qui stimule la peau tend à augmenter la croissance des poils, comme le prouve la présence anormale de poils dans le voisinage de surfaces anciennement atteintes d'inflammation. Le professeur Low [16] admet que, chez les diverses races du bétail anglais, l'épaisseur de la peau et la longueur des poils dépendent de l'humidité du climat. Ceci nous indique comment l'humidité du

[12] Youatt, *On Sheep*, p. 142.
[13] *Ueber Racen, Kreuzungen*, etc., 1825, p. 24.
[14] Conolly, *The Indian Field*, févr. 1859, t. II, p. 266.
[15] J'ai dit dans le troisième chapitre que « les poils et les cornes ont des rapports si étroits les uns avec les autres, qu'ils tendent à varier simultanément ». Le Dr Wilckens, *Darwins' Theorie, Jahrbuch der Deutschen Viehzucht*, 1866, 1re part. traduit ainsi mes paroles : « lang, und grobhaarige Thiere sollen geneigter sein, lange und viele Horner zu bekommem », puis il discute à juste titre cette proposition ; mais on peut, je crois, avoir pleine confiance dans ce que j'ai réellement dit en m'appuyant sur les autorités que je viens de citer.

climat peut agir sur les cornes, — d'abord en affectant directement la peau et le poil, puis en second lieu, par corrélation, les cornes. La présence ou l'absence des cornes, comme nous allons le voir, agit par corrélation sur le crâne, tant chez le gros bétail que chez le mouton.

Quant aux poils et à la dentition, M. Yarrell [17] a constaté l'absence d'un grand nombre de dents chez trois chiens Égyptiens nus, et chez un terrier sans poils. Les incisives, les canines et les prémolaires étaient les plus affectées, mais, dans un cas, toutes les dents, à l'exception de la grande molaire tuberculeuse de chaque côté, faisaient défaut. On a observé chez l'homme [18] plusieurs cas frappants de calvitie héréditaire accompagnée d'un manque total ou partiel des dents.

M. W. Wedderburn m'a communiqué un cas analogue relatif à une famille Indoue du Scinde. Dix individus mâles de cette famille, dans le cours de quatre générations, n'avaient chacun que quatre petites incisives très-faibles et huit molaires postérieures. Les hommes ainsi affectés n'avaient que peu de poils sur le corps et devenaient chauves de bonne heure. Ils souffraient aussi beaucoup de la chaleur à cause de la sécheresse de leur peau. Il est à remarquer qu'aucune des femmes de la famille ne fut affectée de la même façon et ce fait me rappelle qu'en Angleterre les hommes sont beaucoup plus enclins que les femmes à la calvitie. Bien que les femmes de la famille dont je viens de parler n'aient pas été affectées, elles transmettaient la tendance à leurs fils, qui, dans aucun cas, ne l'ont transmise eux-mêmes à leurs propres enfants. L'affection se produisait donc seulement dans les générations alternantes ou à des intervalles plus longs. M. Sedgwick assure qu'il existe un rapport analogue entre les cheveux et les dents, dans les cas, fort rares d'ailleurs, où les cheveux ont repoussé à un âge avancé, car les dents repoussent ordinairement aussi.

J'ai déjà fait remarquer que la diminution remarquable de la grandeur des crocs du porc domestique se rattache probable-

---

[16] *Dome licated a1 nals*, etc., p. 307, 338. Le Dr Wilckens *Landwirth. Wochenblatt*, n° 10, 1869, fait les mêmes remarques relativement aux animaux domestiques de l'Allemagne.

[17] *Procee ing Zooloq. Soc.*, 1833, p. 113.

[18] Sedgwick, *Brit. and Foreign Med. Chir. R i w*, 1863, p. 453.

ment à la disparition des soies, résultant de la protection qu'il trouve à l'état domestique; et que la réapparition des crocs chez les porcs qui, redevenus sauvages, sont exposés à toutes les intempéries, dépend probablement aussi de la réapparition des soies. J'ajouterai ici un fait avancé par un agriculteur [19], à savoir que les porcs qui ont peu de poils sont plus sujets à perdre la queue, fait qui dénote une faiblesse du système tégumentaire. On peut obvier à ces inconvénients par un croisement avec une race plus velue.

Les cas précédents semblent indiquer quelque rapport entre l'absence des poils et un défaut dans le nombre ou la grosseur des dents. Les cas suivants ont trait à un développement anormal des poils qui paraît être en corrélation soit avec le manque de dents soit aussi avec leur surabondance. M. Crawfurd a vu, à la cour de Birmanie [20], un homme d'une trentaine d'années, dont tout le corps, les pieds et les mains exceptés, était couvert de poils soyeux et droits, qui atteignaient, sur les épaules et l'épine dorsale, une longueur de 125 millimètres. Lors de sa naissance, les oreilles seules étaient velues. Il n'arriva à la puberté et ne perdit ses dents de lait qu'à l'âge de vingt ans, époque à laquelle elles furent remplacées par cinq dents à la mâchoire supérieure, quatre incisives et une canine, et quatre incisives à la mâchoire inférieure; toutes ces dents étaient petites. Cet homme avait une fille, qui n'eut, en naissant, des poils que dans les oreilles; mais ils ne tardèrent pas à se répandre sur tout le corps. Lorsque le capitaine Yule [21] visita la même cour, il trouva cette fille adulte; elle offrait l'aspect le plus étrange, car son nez même était couvert d'un poil serré et doux. Comme son père, elle n'avait que des incisives. Le roi ayant réussi à la marier, elle eut deux enfants dont un garçon qui, à l'âge de quatorze mois avait des poils sortant des oreilles, et qui portait une barbe et une moustache. Cette particularité étrange avait donc été héréditaire pendant trois générations, et les molaires avaient fait défaut chez le grand-père et chez la mère; mais on ne pouvait savoir s'il en serait de même chez l'enfant.

[19] *Gardener's Chronicle*, 1849, p. 205.
[20] *Embassy to the Court of Ava*, vol. I, p. 320.
[21] *Narrative of a Mission to the Court of Ava in* 1855, p. 94.

On a récemment signalé en Russie un cas analogue relatif à un homme âgé de cinquante-cinq ans et à son fils, qui tous deux avaient la face couverte de poils. Le Dr Alex. Brandt m'a envoyé de nombreux renseignements ainsi qu'un échantillon des poils coupés sur la joue. Le père a une dentition très-défectueuse ; il n'a que quatre incisives à la mâchoire inférieure et deux à la mâchoire supérieure. Le fils, âgé d'environ trois ans, n'a que quatre incisives à la mâchoire inférieure. Le Dr Brandt m'écrit que ce phénomène est évidemment dû à un arrêt de développement des poils et des dents. Ces deux cas nous prouvent combien ces arrêts de développement sont indépendants des conditions d'existence, car on ne saurait en imaginer de plus dissemblables que celles d'un paysan russe et celles d'un indigène de la Birmanie [22].

M. Wallace m'a signalé un autre cas un peu différent observé par le Dr Purland, dentiste ; c'est celui d'une danseuse espagnole, Julia Pastrana, qui, fort belle femme d'ailleurs, avait des poils sur le front et une barbe épaisse ; mais le fait intéressant pour nous est qu'elle avait, tant à la mâchoire supérieure qu'à la mâchoire inférieure, une double rangée de dents irrégulières, l'une au dedans de l'autre ; le Dr Purland en a conservé un moule. Sa face très-prognathe par suite de la surabondance des dents, ressemblait à celle du gorille. Ces cas, ainsi que ceux des chiens nus, nous font penser à deux ordres de mammifères, — les Édentés et les Cétacés, — dont les enveloppes dermiques sont très-anormales, et qui sont très-remarquables aussi au point de vue du manque ou de la surabondance des dents.

On considère généralement les organes de la vue et de l'ouïe, comme homologues tant entre eux qu'avec les divers appendices dermiques ; ces différentes parties sont donc susceptibles d'être affectées simultanément d'une manière anormale. M. White Cowper remarque que tous les cas de double microphthalmie qu'il a pu observer étaient accompagnés d'un état défectueux du système dentaire. Certaines formes de cécité semblent associées à la couleur des cheveux ; deux époux, tous deux bien constitués,

---

[22] Je dois à l'obligeance de M. Chauman de Saint-Pétersbourg d'excellentes photographies de cet homme et de son fils qui depuis ont été personnellement exhibés à Paris et Londres.

le mari brun et la femme blonde, eurent neuf enfants, qui tous naquirent aveugles ; cinq d'entre eux, à cheveux foncés et à iris brun, furent atteints d'amaurose, les quatre autres blonds à iris bleu, furent à la fois affectés d'amaurose et de cataracte. On pourrait citer plusieurs exemples prouvant qu'il existe une certaine relation entre diverses affections des yeux et des oreilles ; ainsi, Liebreich constate que sur deux cent quarante et un sourds muets à Berlin, quatorze étaient affectés de rétinite pigmentaire, affection fort rare cependant. M. White Cowper et le Dr Earle ont remarqué que le daltonisme, ou incapacité à distinguer les diverses couleurs, est souvent accompagné d'une incapacité correspondante à distinguer les sons musicaux [23].

Voici un cas encore plus curieux : les chats blancs sont presque toujours sourds lorsqu'ils ont les yeux bleus. Je croyais autrefois que la règle était invariable, mais j'ai depuis eu connaissance de quelques exceptions authentiques. Les deux premières observations à ce sujet furent publiées en 1829 et se rapportaient à des chats anglais et persans ; le Rév. W. T. Bree, qui possédait une chatte de cette dernière race, constate que, chez les petits d'une même portée, tous ceux qui, comme la mère, étaient blancs aux yeux bleus, étaient sourds comme elle, tandis que ceux qui portaient la moindre tache colorée sur leur fourrure, avaient l'ouïe parfaitement développée [24]. Le Rév. W. Darwin Fox m'apprend qu'il a pu constater une douzaine de cas de cette corrélation chez des chats anglais, persans et danois ; il ajoute que si un des yeux n'est pas bleu, le chat entend. D'autre part, il n'a jamais rencontré un chat blanc aux yeux de la couleur ordinaire qui fût sourd. En France, le Dr Sichel [25] a observé pendant vingt ans des cas semblables ; il a observé, en outre, dans un cas, que, au bout de quatre mois, l'iris des yeux d'un chat commença à prendre une couleur foncée, et que l'animal commença en même temps à percevoir les sons.

[23] M. Sedgwick, *Medico-Chirurg. Review*, juillet 1861, p. 198 ; avril 1863, p. 455 et 458. — Professeur Devay, *Mariages consanguins*, 1862, p. 116, cite Liebreich.
[24] London, *Mag. of Nat. Hist.*, t. 1, 1829, p. 66, 178. — Dr P. Lucas, *Héréd. nat.*, t. I, p. 423, sur l'hérédité de la surdité chez les chats. M. Lawson Tait affirme, *Nature*, 1878, p. 323, que les chats mâles seuls sont sujets à cette affection ; je ne crois pas que cette remarque soit fondée. Le premier cas observé en Angleterre par M. Bree se rapportait à une chatte et M. Fox m'apprend qu'il a possédé une femelle blanche aux yeux bleus complètement sourde ; il a observé d'autres femelles dans les mêmes conditions.
[25] *Ann. sc. nat. Zoologie*, 3e sér., 1847, t. VIII, p 239.

Ce cas de corrélation a paru merveilleux à plusieurs personnes. Il n'y a cependant rien d'extraordinaire dans ce rapport entre les yeux bleus et la fourrure blanche ; nous avons déjà vu d'ailleurs que les organes de la vision et de l'ouïe sont fréquemment affectés simultanément. Dans le cas actuel, la cause gît probablement dans un léger arrêt de développement du système nerveux relié aux organes des sens. Pendant les neuf premiers jours, alors qu'ils ont les yeux fermés, les jeunes chats paraissent absolument sourds, car on peut faire tout près d'eux alors qu'ils dorment ou qu'ils veillent un grand bruit de ferraille sans produire aucun effet ; mais il ne faut pas faire cet essai en criant près de leurs oreilles, car, même endormis, ils sont très-sensibles au moindre souffle. Tant que les yeux sont fermés, l'iris est sans doute bleu, car, chez tous les jeunes chats que j'ai pu observer, cet organe conserve encore cette couleur quelque temps après que les yeux sont ouverts. Si nous supposons donc que le développement des organes de la vue et de l'ouïe soit arrêté à la phase des paupières fermées, les yeux resteraient bleus d'une manière permanente, et les oreilles seraient incapables de percevoir des sons ; ainsi s'expliquerait ce cas singulier de corrélation. Toutefois, comme la couleur de la robe est déterminée longtemps avant la naissance, et qu'il y a un rapport évident entre les yeux bleus et la fourrure blanche, il est évident qu'une cause primaire doit agir à une période antérieure.

Examinons maintenant quelques exemples de variabilité corrélative empruntés au règne végétal. Les feuilles, les sépales, les pétales, les étamines et les pistils sont toutes des parties homologues. Nous savons que, chez les fleurs doubles, les étamines et les pistils varient de la même manière et revêtent la forme et la couleur des pétales. Chez l'ancolie double (*Aquilegia vulgaris*), les verticilles successifs d'étamines sont convertis en cornes d'abondance enfermées les unes dans les autres et qui ressemblent aux pétales. Chez certaines fleurs, les sépales imitent les pétales. Dans quelques cas, la couleur des fleurs et des feuilles varie simultanément ; chez toutes les variétés du pois commun qui ont les fleurs pourpres, les stipules portent une tache de même couleur.

M. Faivre affirme qu'il y a corrélation évidente entre la cou-

leur des fleurs de certaines variétés de *Primula sinensis* et la
couleur de la surface inférieure des feuilles ; il ajoute que les variétés à fleurs frangées ont presque toujours des calices volumineux ressemblant à des ballons [26]. Chez d'autres plantes, la couleur des feuilles, des fruits et des graines varie simultanément,
chez une variété singulière du sycomore à feuilles pâles, récemment décrite en France [27], par exemple, ainsi que chez le cou-
drier pourpre, dont les feuilles, l'enveloppe de la noisette, et la
pellicule qui recouvre l'amande sont toutes de couleur pourpre [28].
Les pomologistes peuvent, jusqu'à un certain point, d'après la
grandeur et l'apparence des feuilles des plantes obtenues par
semis, prévoir la nature probable des fruits, car, ainsi que le fait
remarquer Van Mons [29], les variations des feuilles sont généralement accompagnées de quelques modifications de la fleur, et par
conséquent du fruit. Chez le melon serpent, dont le fruit mince
et tortueux atteint jusqu'à un mètre de longueur, la tige de la
plante, le pédoncule de la fleur femelle, et le lobe médian de la
feuille, sont tous allongés d'une manière remarquable. D'autre
part, plusieurs variétés de *Cucurbita*, qui ont des tiges naines,
produisent toutes, comme l'a remarqué Naudin, des feuilles ayant
la même forme particulière. M. G. Maw m'apprend que toutes
les variétés de pelargoniums écarlates qui ont des feuilles étroites
ou imparfaites, ont aussi des fleurs étroites ; la différence existant
entre la variété dite *Brillante* et la variété parente dite *Tom-
Pouce*, en est un remarquable exemple. On peut soupçonner que
le cas singulier décrit par Risso [30], relatif à une variété de l'oranger qui produit sur les jeunes pousses des feuilles arrondies à
pétioles ailés, et ensuite des feuilles allongées portées sur des
pétioles longs et dépourvus d'ailettes, a quelque rapport avec le
changement remarquable de forme et de nature que subit le
fruit dans le cours de son développement.

L'exemple suivant indique une corrélation apparente entre
la forme et la couleur des pétales, les deux caractères étant

[26] *Revue des cours scientifiques*, 5 juin, 1869, p. 430.
[27] *Gardener's Chornicle*, 1864, p. 1202.
[28] Verlot, *des Variétés*, 1865, p. 72.
[29] *Arbres fruitiers*, 1836, t. II, p. 204, 226.
[30] *Annales du Muséum*, t. XX, p. 188.

influencés par la saison. Un observateur très-expérimenté [31]
remarque que, « en 1842, tous les Dahlias tirant sur l'écarlate,
étaient profondément dentelés, au point que chaque pétale
ressemblait à une scie, les dents ayant chez quelques-uns une
profondeur de sept millimètres ». Les Dahlias dont les pétales
affectent à leur extrémité une autre couleur que le reste, sont
très-inconstants, et il arrive, pendant certaines saisons, que quelques-unes des fleurs ou même toutes revêtent une couleur uniformes ; on a aussi observé chez plusieurs variétés[32] que, lorsque
ce cas se présente, les pétales perdent leur forme propre et s'al-
longent beaucoup. On peut, il est vrai, attribuer ce fait à un
effet de retour à l'espèce primitive au point de vue de la couleur
et de la forme.

Dans les cas de corrélation dont nous nous sommes occupés
jusqu'à présent, nous pouvons, en partie du moins, saisir le rapport qui paraît exister entre les variations produites ; je vais citer
maintenant des exemples chez lesquels la nature de ce rapport
défie toute conjecture, ou reste du moins très-obscure. Dans
son ouvrage sur les anomalies, Isid. Geoffroy Saint-Hilaire [33]
insiste fortement sur le fait, « que certaines anomalies coexistent
« rarement entre elles, d'autres fréquemment, d'autres enfin
« presque constamment, malgré la différence très-grande de leur
« nature, et quoiqu'elles puissent paraître *complétement indé-*
« *pendantes* les unes des autres ». On observe quelque chose
d'analogue dans certaines maladies ; ainsi, pendant une affection
assez rare des capsules surrénales (dont les fonctions sont inconnues), la peau devient bronzée ; sir J. Paget m'apprend, en
outre, que dans la syphilis héréditaire les dents de lait ainsi que
celles de la seconde dentition, affectent une forme particulière et
caractéristique. Le professeur Rolleston m'apprend aussi que les
dents incisives présentent quelquefois un anneau vasculaire qui
paraît être en corrélation avec un dépôt de tubercules dans le
poumon. Dans d'autres cas de phthisie et de cyanose, les ongles

---

[31] *Gardener's Chronicle*, 1843, p. 877.
[32] *Ibid.*, 1845, p. 102.
[33] *Hist. des anomalies*, t. III, p. 402. — Camille Dareste, *Recherches sur les conditions*, etc. 1863, p. 48.

et les extrémités des doigts deviennent rugueux comme des glands. Je ne crois pas que jusqu'à présent on ait expliqué cas cas singuliers de corrélations maladives.

Le fait déjà cité d'après M. Tegetmeier, relatif aux jeunes pigeons de toutes races qui, adultes, ont un plumage blanc, jaune, bleu argenté, ou isabelle, sortent de l'œuf presque nus, tandis que les pigeons d'autres couleurs naissent abondamment couverts de duvet, est aussi bizarre qu'inexplicable. Les variétés blanches du paon [34], comme on l'a observé en France, ont une taille inférieure à celle de la race ordinaire colorée ; on ne saurait expliquer ce fait par un affaiblissement constitutionnel résultant de l'albinisme, car les taupes blanches sont généralement plus grosses que les taupes ordinaires.

Examinons des caractères plus importants ; le bétail niata des Pampas est remarquable par son front court, son museau retroussé et sa mâchoire inférieure recourbée. Les os nasaux et maxillaires supérieurs sont très-raccourcis, il n'y a pas de jonction entre eux, et tous les os sont légèrement modifiés, jusqu'au plan de l'occiput. A en juger d'après le cas analogue que présente le chien, cas dont nous parlerons plus loin, il est probable que le raccourcissement des os nasaux et des os adjacents est la cause immédiate des autres modifications du crâne, y compris la courbure de la mâchoire inférieure, bien que nous ne puissions retracer les diverses phases qu'ont dû traverser ces modifications.

La race galline huppée porte sur la tête une grosse touffe de plumes ; le crâne est perforé de trous nombreux, de sorte qu'on peut enfoncer une épingle dans le cerveau, sans toucher aucun os. Il est évident qu'il existe entre la présence de cette huppe et les lacunes du tissu osseux une corrélation quelconque, ce que prouvent les perforations analogues du crâne chez les canards et les oies pourvus d'une huppe. Quelques auteurs y verraient probablement un cas de compensation de croissance. En traitant des races gallines, j'ai démontré que, chez la race huppée, la touffe de plumes a probablement commencé par être petite,

---

[34] Rév. E. S. Dixon, *Ornamental Poultry*, 1848, p. 111. — Isid. Geoffroy, *Anomalies*, t. I, p. 211.

puisqu'elle s'est agrandie grâce à l'influence d'une sélection continue et qu'elle reposait alors sur une masse charnue ou fibreuse;
puis enfin, comme son volume augmentait toujours, le crâne est
devenu de plus en plus saillant, jusqu'à acquérir sa conformation extraordinaire actuelle. Ce développement continu du crâne
a déterminé par corrélation des modifications dans la forme et
même les rapports réciproques des os maxillaires supérieurs et
nasaux, dans la forme des ouvertures des narines, dans la largeur de l'os du frontal, dans la forme des apophyses postéro-la-
térales des os frontaux et écailleux, et dans la direction du méat
osseux de l'oreille. La configuration interne du crâne et celle du
cerveau ont également été remarquablement modifiées. Quant
aux autres cas analogues relatifs aux races gallines, nous pouvons renvoyer aux détails que nous avons déjà donnés à leur
sujet, à propos des saillies et des dépressions qu'un changement
de forme de la crête a, chez quelques races, déterminées par
corrélation à la surface du crâne.

Chez notre gros bétail et nos moutons, il y a un rapport étroit
entre les cornes et la grosseur du crâne ainsi que la forme des
os frontaux; Cline [35] a constaté que le crâne d'un bélier armé
pèse cinq fois autant que celui d'un bélier dépourvu de cornes
ayant le même âge. Lorsque le bétail devient inerme, la largeur
des os frontaux diminue vers le sommet, et les cavités, entre les
plaques osseuses, sont moins profondes et ne s'étendent pas au
delà des frontaux [36].

Il convient de nous arrêter un instant pour faire remarquer
que les effets de la variabilité corrélative, ceux de l'augmentation
d'usage des parties, et ceux de l'accumulation, grace à la sélection naturelle, des variations dites spontanées, doivent, dans
bien des cas, se confondre de façon inextricable. Empruntons à
M. Herbert Spencer l'exemple du grand élan Irlandais : il fait
remarquer que, lorsque cet animal a acquis ses bois gigan-
tesques pesant plus de cent livres, d'autres changements coor-
donnés avec celui-là ont dû devenir indispensables dans sa con-

[35] *On the Breeding of Domestic Animals*, 1829, p. 6.
[36] Youatt, *On Cattle*, 1834, p. 283.

formation, — à savoir : un crâne plus épais pour les porter ; un
renfoncement des vertèbres cervicales, ainsi que de leurs ligaments ; un élargissement des vertèbres dorsales pour supporter
le cou, des jambes antérieures plus puissantes ; toutes ces parties recevant la quantité nécessaire de vaisseaux sanguins, de
muscles et de nerfs. Comment toutes ces modifications de structure remarquablement coordonnées ont-elles pu être acquises?
Dans mon hypothèse, la sélection sexuelle a déterminé le développement graduel des bois de l'élan mâle, c'est-à-dire que les
mâles les mieux armés ont vaincu ceux qui l'étaient moins bien
qu'eux, et ont, par conséquent, laissé un plus grand nombre de
descendants. Mais il n'est pas absolument nécessaire que les
diverses parties du corps aient toutes simultanément varié.
Chaque mâle présente des différences individuelles, et, dans une
même localité, ceux qui ont des bois un peu plus pesants, ou le
cou plus fort, ou le corps plus vigoureux, ou qui sont les plus
courageux, sont ceux qui accaparent le plus de femelles, et
laissent la descendance la plus nombreuse. Les descendants héritent à un degré plus ou moins prononcé des mêmes qualités ;
ils se croisent occasionnellement, ou s'allient avec d'autres individus variant d'une manière également favorable ; les produits
de ces unions, les mieux doués sous tous les rapports, continuent
à multiplier ; et ainsi de suite, toujours progressant et se rapprochant tantôt par un point, tantôt par un autre, de la conformation actuelle et si bien coordonnée de l'élan mâle. Pour mieux
faire comprendre notre pensée, représentons-nous les phases
probables par lesquelles ont passé nos races de chevaux de
course et de gros trait, pour arriver à leur type de perfection.
Si nous pouvions embrasser la série complète des formes intermédiaires qui relient un de ces animaux à son premier ancêtre
commun et non amélioré, nous verrions une quantité innom-
brable d'individus, qui, dans chaque génération, ne présentent
pas des améliorations égales dans toute leur conformation,
mais qui se perfectionnent tantôt sur un point, tantôt sur un
autre, et qui, cependant, acquièrent chaque jour davantage les
caractères propres à nos chevaux de course ou à nos chevaux de
trait, qui sont, par leur construction, si admirablement adaptés,
les uns pour la vitesse les autres pour la puissance de traction.

Bien que la sélection naturelle [37] ait dû tendre ainsi à déterminer chez l'élan mâle sa conformation actuelle, il est cependant présumable que les effets héréditaires de l'usage et la réaction mutuelle d'une partie sur l'autre ont pris une part égale ou même supérieure au résultat définitif. A mesure que les cornes ont graduellement augmenté en poids, les muscles du cou et les os auxquels ils s'attachent, ont dû devenir plus gros et plus forts, et réagir sur le corps et les membres ; n'oublions pas non plus que, à en juger par l'analogie, certaines parties du crâne paraissent tendre tout d'abord à varier corrélativement avec les membres. L'augmentation du poids des cornes a dû aussi réagir directement sur le crâne, de la même manière que lorsqu'on supprime un des os de la jambe d'un chien, l'autre, qui doit alors supporter le poids entier du corps, grossit rapidement. Les faits cités relativement au bétail à cornes et sans cornes, nous autorisent presque à conclure que, par suite de la corrélation qui existe entre le crâne et les cornes, ces deux parties doivent réagir directement l'une sur l'autre. Enfin, la croissance et l'usure subséquente des muscles et des os plus développés, doivent exiger un afflux plus considérable de sang, et par conséquent un supplément d'alimentation qui, à son tour provoque un accroissement d'activité dans la mastication, la digestion, la respiration et les excrétions.

Corrélation entre la couleur et les particularités constitutionnelles. — La croyance à un rapport, chez l'homme, entre le teint et la constitution est très-ancienne et est encore partagée actuellement par quelques-unes de nos meilleures autorités [38]. Ainsi le Dr Beddoe a démontré dans ses tableaux [39], qu'il existe

[37] M. Herbert Spencer, *Principles of Biology*, 1864, vol. I, p. 452, 468, émet une opinion différente, et dit ce qui suit : « Nous avons vu qu'il y a des raisons pour croire que, à mesure que les facultés essentielles se multiplient et que le nombre des organes qui coopèrent à une fonction donnée augmente, l'équilibre indirect engendré par la sélection naturelle devient de moins en moins propre à déterminer des adaptations spécifiques, et contribue seulement à maintenir l'appropriation générale de la constitution aux conditions extérieures. » Cette hypothèse en vertu de laquelle la sélection naturelle ne doit avoir que peu d'influence sur les modifications des animaux supérieurs me surprend beaucoup lorsque j'observe les effets incontestables que la sélection par l'homme a pu déterminer chez nos mammifères et chez nos oiseaux domestiques.
[38] Le Dr Lucas, *O. C.*, t. II, p. 88-94, paraît contraire à cette hypothèse.
[39] *British medical Journal*, 1862, p. 433.

un certain rapport entre la disposition à la phthisie et la couleur des cheveux, des yeux et de la peau. On a aussi affirmé [40] que, pendant la campagne de Russie, les soldats de l'armée française originaires du midi, et ayant un teint brun, supportaient mieux un froid intense que les soldats originaires du nord, au teint blond; mais de semblables affirmations sont sujettes à erreur.

J'ai cité dans le second chapitre sur la sélection plusieurs exemples prouvant que, chez les animaux comme chez les plantes, des différences de coloration sont quelquefois en corrélation avec des différences constitutionnelles, qui se manifestent par une plus ou moins grande immunité contre certaines maladies, les attaques de plantes ou d'animaux parasites, l'action du soleil et celle de certains poisons. Lorsque tous les animaux appartenant à une même variété jouissent d'une immunité de ce genre, nous ne pouvons pas être certains qu'elle soit en corrélation avec la couleur; mais, lorsque plusieurs variétés appartenant à une même espèce et affectant des couleurs semblables, présentent ce caractère, tandis que des variétés autrement colorées ne sont pas également favorisées, il nous faut croire à une corrélation de cette nature. Ainsi, aux États-Unis, plusieurs variétés de pruniers à fruits pourpres, sont beaucoup plus affectés par certaines maladies que les variétés à fruits verts ou jaunes. D'autre part, certaines variétés de pêches à chair jaune souffrent d'une autre maladie bien plus fortement que les variétés à chair blanche. A l'île Maurice, il en est de même des cannes à sucre rouges comparées aux blanches. Les oignons et les verveines de couleur blanche sont plus sujets à la rouille, et, en Espagne, les raisins blancs ont été beaucoup plus ravagés par l'oïdium que les variétés colorées. Les pélargoniums et les verveines de couleur foncée sont plus promptement brûlés par le soleil que les variétés affectant d'autres couleurs. On regarde les froments rouges comme plus robustes que les blancs, et on a constaté en Hollande que, pendant un hiver rigoureux, les jacinthes rouges avaient beaucoup plus souffert que les variétés d'autres couleurs. Chez les animaux, la maladie des chiens attaque surtout le terrier blanc; les poulets blancs sont particulièrement affectés

---

[40] Boudin, *Géographie médicale,* t. I, p. 406.

par un ver parasite de la trachée ; les porcs blancs par l'action
du soleil, et le bétail blanc par les mouches. D'autre part, en
France, les vers à soie produisant des cocons blancs ont été
moins éprouvés par le champignon parasite que ceux qui
donnent des cocons jaunes.

Les cas fort curieux de résistance à l'action de certains poisons végétaux, liée à la couleur, sont jusqu'à présent entièrement inexplicables. J'ai déjà cité, d'après le professeur Wyman,
un cas remarquable relatif à des porcs de Virginie, qui tous,
les noirs exceptés, avaient été fortement éprouvés pour avoir
mangé des racines du *Lachnanthes tinctoria.* D'après Spinola et
d'autres [41], le sarrasin (*Polygonum fagopyrum*), lorsqu'il est en
fleur, est fort nuisible aux porcs blancs ou tachetés de cette
couleur, s'ils sont exposés à la chaleur du soleil, mais n'a
aucune action sur les porcs noirs. D'après deux mémoires cités
précédemment, le *Hypericum crispum* de Sicile, est vénéneux
pour les moutons blancs seulement ; leur tête enfle, leur laine
tombe, et ils périssent souvent ; mais, d'après Lecce, cette
plante n'est vénéneuse que lorsqu'elle croît dans les marais ; fait
qui n'a rien d'improbable, car nous savons combien les principes vénéneux des plantes peuvent être influencés par les conditions extérieures dans lesquelles elles se trouvent.

On a cité dans la Prusse orientale trois exemples de chevaux
blancs et tachetés de blanc, qui ont été gravement malades pour
avoir mangé des vesces atteintes de rouille et de miellat ; tous
les points de la peau portant des poils blancs s'étaient enflammés
et gangrenés. Le Rév. J. Rodwell m'apprend que quinze chevaux de trait, bais et alezans, et, à l'exception de deux d'entre
eux, ayant tous des balzanes et des marques blanches sur la tête,
ont été mis au vert dans une prairie couverte d'ivraie fortement attaquée dans certaines parties par les pucerons, et qui
était par conséquent atteinte de miellat et probablement de
rouille. Chez tous les chevaux ayant des parties blanches, celles-ci s'enflèrent et se couvrirent de croûtes. Les deux chevaux

---

[41] Ce fait et, lorsque le contraire n'est pas indiqué, les faits suivants sont empruntés à un
travail tres-curieux du prof. Heusinger, *Wochenschrift fur Thkunde,* mai 1846, p. 277. Set-
tegast affirme, *Die Thierzucht,* 1868, p. 39, que les moutons blancs ou tachetés de blanc, de
meme que les cochons sont incommodés quand ils mangent du sarrazin et en meurent quelquefois ; cette plante n'exerce pas la moindre influence sur les individus à toison noire.

qui n'avaient aucune tache blanche, échappèrent complétement.
A Guernesey les chevaux qui mangent la petite ciguë (*Æthusa
cynapium*), sont quelquefois violemment purgés ; cette plante
exerce une action particulière sur le nez et les lèvres, y déterminant des crevasses et des ulcères, surtout chez les chevaux
qui ont le museau blanc [42]. Chez le bétail, en dehors de toute
action vénéneuse, Youatt et Erdt ont observé des cas de maladies cutanées, entraînant beaucoup de perturbations constitutionnelles (une fois à la suite d'une exposition à un soleil ar-
dent), et affectant, à l'exclusion de toutes les autres parties du
corps, uniquement les points où il se trouvait un poil blanc. On
a observé des cas analogues chez le cheval [53].

Il résulte de ces faits que non-seulement les parties de la
peau qui portent des poils blancs diffèrent d'une manière remarquable de celles revêtues de poils d'autre couleur, mais encore qu'il doit de plus y avoir de grandes différences constitutionnelles en corrélation avec la couleur des poils ; car, dans les
cas précités, les poisons végétaux ont déterminé la fièvre, l'en-
flure de la tête, d'autres accidents et même la mort, chez tous
les animaux blancs ou tachetés de blanc.

[42] M. Mogford, *Veterinarian,* cité dans *The Field,* 22 janv. 1861, p. 545.
[43] *Edinburgh Veterinary Journal,* oct. 1860, p. 347.

CHAPITRE XXVI

LOIS DE LA VARIATION (*suite*). — RÉSUMÉ.

De l'affinité des parties homologues. — De la variabilité des parties multiples et homologues. — Compensation de croissance. — Pression mécanique. — De la position des fleurs sur l'axe de la plante et des graines dans leur capsule, comme déterminant des variations. — Variétés analogues ou parallèles. — Résumé des trois derniers chapitres.

De l'affinité des parties homologues. — Geoffroy Saint-Hilaire a le premier formulé cette loi, qu'il désigna sous la dénomination de la *Loi de l'affinité de soi pour soi.* Depuis, son fils Isidore Geoffroy a complétement discuté cette question et a démontré que cette loi s'applique quand il s'agit des monstres du règne animal [1]; Moquin-Tandon a fait un travail semblable sur les monstruosités des plantes. Cette loi semble impliquer que les parties homologues s'attirent réciproquement et finissent par s'unir. On a observé, sans doute, des cas plus étonnants encore où ces parties se confondent absolument l'une avec l'autre. Rien n'est plus propre à le faire comprendre que les monstres à deux têtes réunis par le sommet face à face, dos à dos, comme l'antique Janus, ou obliquement par les côtés. Dans un cas où les deux têtes se trouvaient réunies presque face à face, mais un peu obliquement, il y avait quatre oreilles, et, d'un côté, une face parfaite, évidemment formée par la fusion de deux demi-faces. Quand deux corps ou deux têtes sont unis, chaque os, chaque muscle, chaque vaisseau ou chaque nerf, occupant la ligne de jonction, semble avoir recherché son semblable pour se confondre complétement avec lui. Lereboullet [2], qui a étudié de très-près la formation des monstres doubles

---

[1] *Hist. des anomalies,* 1832, t. I, p. 22, 537-556 ; t. III, p. 462.
[2] *Comptes rendus,* 1855, p. 855, 1029.

chez les poissons, a pu suivre dans quinze cas la marche graduelle de la fusion de deux têtes distinctes en une seule. Les
autorités les plus compétentes n'admettent plus aujourd'hui que,
dans ces cas, les parties homologues s'attirent l'une l'autre, mais
que, pour employer les expressions de M. Lowne [3] « comme l'u-
nion a lieu avant que la différenciation des organes distincts se soit
produite, ces organes se forment en continuité les uns des autres ». Il ajoute que les organes déjà différenciés ne s'unissent
probablement jamais pour former des organes homologues.
M. Dareste [4] ne se prononce pas positivement contre la *loi du soi
pour soi*, mais il conclut en disant : « On se rend parfaitement
compte de la formation des monstres, si l'on admet que les embryons qui se soudent appartiennent à un même œuf; qu'ils s'u-
nissent en même temps qu'ils se forment, et que la soudure ne
se produit que pendant la première période de la vie embryonnaire, celle où les organes ne sont encore constitués que par des
blastèmes homogènes. »

Quelle que soit la façon dont s'effectue la fusion anormale des
parties homologues, ces cas jettent quelque lumière sur la présence fréquente d'organes qui sont doubles pendant la période
embryonnaire (et pendant toute l'existence chez les individus
appartenant à une espèce inférieure de la même classe), mais
qui ensuite, s'unissent, en vertu du développement normal pour
ne plus former qu'un seul organe.

Moquin-Tandon [5] a dressé, dans le règne végétal, une longue
liste de cas prouvant combien il est fréquent de voir des parties
homologues, telles que les feuilles, les pétales, les étamines et
les pistils, aussi bien que des agrégations de parties homologues, comme les bourgeons et les fruits, se fusionner normalement et anormalement les unes avec les autres avec une
parfaite symétrie.

Variabilité des parties multiples et homologues. — Isidore
Geoffroy [6] insiste sur le fait que, lorsqu'un organe se répète souvent chez un même animal, il tend tout particulièrement à varier

[3] *Catalogue of the Teratological series in the Museum of the R. Coll. of surgeons*, 1872,
p. 16.
[4] *Archives de Zool. Expér.* Janv. 1874, p. 78.
[5] *Tératologie végétale*, 1841, livre. III.
[6] *O. C.*, t. III, p. 4, 5, 6.

au point de vue du nombre et de la conformation. Quant au nombre, on peut, je crois, regarder le fait comme suffisamment démontré ; mais les preuves dérivent surtout des êtres organisés, placés dans les conditions naturelles, et dont nous n'avons pas à nous occuper ici. Lorsque les vertèbres, les dents, les rayons des nageoires des poissons, les rectrices des oiseaux, les pétales, les étamines, les pistils, et les graines sont très-nombreux, leur nombre est ordinairement variable. Les preuves de la variabilité des parties multiples ne sont pas si décisives, mais cette variabilité, si tant est qu'elle existe, dépend probablement de ce que les parties multiples ayant une importance physiologique moindre que les parties uniques, le type parfait de conformation a été moins rigoureusement fixé par la sélection naturelle.

Compensation de croissance ou Balancement. — Cette loi, en tant qu'elle s'applique aux espèces naturelles, a été formulée presque en même temps par Gœthe et par Geoffroy Saint-Hilaire. Elle implique que lorsque la matière organisée se porte en abondance sur une partie, d'autres en souffrent et subissent une diminution. Plusieurs savants, surtout parmi les botanistes, admettent cette loi ; d'autres la repoussent. Autant que je puis en juger, elle s'applique parfois, mais on en a probablement exagéré l'importance. Il est à peine possible de distinguer entre les effets supposés de la compensation de croissance, et ceux d'une sélection longtemps prolongée, qui peut, elle aussi, et simultanément, provoquer l'augmentation d'une partie et la diminution d'une autre. En tout cas, il n'est pas douteux qu'un organe peut augmenter considérablement sans qu'on remarque aucune diminution correspondante dans les parties adjacentes ; ainsi, pour en revenir à notre exemple de l'élan Irlandais, on pourrait se demander quelle partie a souffert par suite de l'immense développement des bois ?

Nous avons déjà fait remarquer que la lutte pour l'existence n'existe presque pas pour nos produits domestiques ; il en résulte qu'ils ne sont que rarement soumis à l'action de la loi de l'économie de croissance, et nous ne devons pas nous attendre à trouver chez eux des exemples fréquents de compensation. Il

en existe cependant ; Moquin-Tandon a décrit une fève monstrueuse[7], chez laquelle les stipules étaient énormément développées, tandisque les folioles paraissaient tout à fait atrophiées ; ce
cas est intéressant en ce qu'il représente l'état naturel du
Lathyrus aphaca, qui a des stipules très-grandes et des feuilles
réduites à de simples fils semblables à des vrilles. De Candolle[8] a
observé que les variétés du *Raphanus sativus* à petites racines produisent beaucoup de graines contenant une grande
quantité d'huile, tandis que les variétés à grosses racines produisent peu d'huile ; il en est de même du *Brassica asperifolia.*
D'après Naudin, les variétés du *Cucurbita pepo,* qui produisent
de gros fruits, ne fournissent qu'un petit nombre de graines ;
celles à petits fruits donnent de la graine en abondance. Enfin,
dans le dix-huitième chapitre, j'ai cherché à démontrer que,
chez un grand nombre de plantes cultivées, un traitement artifi-
ficiel gêne l'action complète des organes reproducteurs, et que
ces plantes deviennent ainsi plus ou moins stériles ; en conséquence, en guise de compensation, le fruit peut s'agrandir considérablement, et, chez les fleurs doubles, les pétales devenir
extrêmement nombreux.

Quant aux animaux, il est difficile de produire des vaches qui
soient d'abord bonnes laitières et ensuite susceptibles de bien
engraisser. Chez les races gallines à grandes huppes et à longues
barbes, la crête et les caroncules sont généralement assez
réduits : mais il y a des exceptions à cette règle. Il est probable
que l'absence complète de la glande huileuse chez les pigeons
Paons se rattache au grand développement de la queue.

De la pression mécanique comme cause de modification. —
On a lieu de croire que, dans quelques cas, une simple pression
mécanique a pu affecter certaines conformations. Vrolik et
Weber,[9] soutiennent que la forme de la tête humaine est in-
fluencée par celle du bassin de la mère. Les reins diffèrent beaucoup de forme suivant les oiseaux, et Saint-Ange[10] croit que
cette forme dépend de celle du bassin, qui lui-même est étroite-

---

[7] *O. C.,* p. 156. — Voir aussi mon ouvrage sur les plantes grimpantes (Paris, Reinwald)
[8] *Mémoires du Muséum,* etc., t. VIII, p. 178.
[9] Prichard, *Phys. Hist. of Mankind,* 1851, vol. I, p. 324.
[10] *Ann. sc. nat.,* 1re série, t. XIX, p. 327.

ment lié à leurs différents modes de locomotion. Chez les serpents, les viscères sont déplacés d'une manière bizarre, comparativement à leur position chez les autres vertébrés, ce que quelques naturalistes ont attribué à la forme allongée de leur corps; mais, ici encore, comme dans tant d'autres cas, il est impossible de démêler les résultats directs dus à des causes de cette nature de ceux qui peuvent dépendre de la sélection naturelle. Godron soutient [11] que l'atrophie de l'éperon au côté interne de la fleur des Corydalis, est causée par la pression mutuelle des bourgeons entre eux et contre la tige, pression à laquelle ils sont soumis pendant la première période de leur croissance, alors qu'ils sont encore sous le sol. Quelques botanistes admettent que la différence singulière qui existe dans la forme tant de la graine que de la corolle, entre les fleurons externes et les fleurons internes de certaines Composées et de certaines Ombellifères, est due à la pression exercée sur les fleurons internes; mais cette conclusion me paraît douteuse.

Les faits précités ne se rapportant pas à des produits domestiques ne rentrent pas strictement dans notre sujet actuel. Il n'en est pas de même du cas suivant : H. Müller [12] a démontré que, chez les chiens à face courte, quelques-unes des molaires sont placées dans une position un peu différente de celle qu'elles occupent chez les autres chiens, et surtout chez ceux à museau allongé; or, comme il le fait remarquer, tout changement héréditaire dans la disposition des dents mérite l'attention, vu leur importance pour la classification. Cette différence de position provient du raccourcissement de certains os de la face, et du défaut d'espace qui en est la conséquence, et le raccourcissement résulte d'un état particulier et anormal du cartilage fondamental des os.

DE LA POSITION RELATIVE DES FLEURS PAR RAPPORT A L'AXE ET DES GRAINES DANS LES CAPSULES, COMME DÉTERMINANT LA VARIATION. — Nous avons, en décrivant dans le treizième chapitre diverses fleurs péloriques, prouvé que leur production est due soit à un arrêt de développement, soit à un retour vers un état antérieur. Moquin-Tandon a remarqué que les fleurs qui oc-

---

[11] *Comptes rendus*, Déc. 1864, p. 1039.
[12] *Ueber fotales Rachites, Würzburger Med. Zeitschrift*, 1860, vol. I, p. 265.

cupent le sommet de la tige principale ou d'une branche latérale, sont plus aptes à devenir péloriques que celles placées sur les côtés [13], et il cite, entre autres cas, celui du *Teucrium campanulatum*. Chez une autre Labiée que ·j'ai cultivée, le *Galeobdolon luteum*, les fleurs péloriques se produisent toujours sur le sommet de la tige, où il n'y a pas habituellement de fleurs. Chez le *Pélargonium*, une *seule* fleur de la touffe est souvent pélorique, et, lorsque cela arrive, j'ai depuis plusieurs années consécutives remarqué que c'est toujours la fleur centrale ; cela paraît même être si fréquent, qu'un observateur [14] cite le nom de dix variétés fleurissant à la même époque, et chez chacune desquelles la fleur centrale est pélorique. Quelquefois plusieurs fleurs d'une grappe sont péloriques, et alors il va sans dire qu'il s'en trouve parmi les fleurs latérales. Chez le *Pélargonium* commun, le sépale supérieur forme un nectaire qui adhère au pédoncule de la fleur ; les deux pétales supérieurs diffèrent un peu par la forme des trois pétales inférieurs, et sont marqués de nuances foncées ; les étamines sont relevées et de longueurs graduées. Chez les fleurs péloriques, le nectaire est atrophié ; tous les pétales se ressemblent par la forme et la couleur, les étamines se redressent et diminuent en nombre, de manière que, dans son ensemble, la fleur ressemble à celle du genre voisin des *Erodium*. La corrélation entre ces changements se montre surtout lorsqu'un des deux pétales supérieurs perd sa tache foncée, car alors le nectaire ne s'atrophie pas entièrement, mais est ordinairement beaucoup moins long [15].

Morren a décrit [16] une Calcéolaire dont la fleur remarquable en forme de flasque avait dix centimètres de longueur, et était presque entièrement pélorique ; elle se trouvait au sommet de la plante, avec une fleur normale de chaque côté. Le professeur Westwood [17] a aussi décrit trois fleurs péloriques semblables, qui toutes occupaient sur la branche la position centrale. On a aussi constaté que chez le *Phalænopsis*, genre d'Orchidées, la fleur terminale est quelquefois pélorique.

J'ai remarqué chez un Cytise qu'un quart environ des racèmes produisaient des fleurs terminales qui avaient perdu leur structure papilionacée ; ces fleurs n'apparaissaient qu'après que les autres fleurs sur les mêmes racèmes étaient presque toutes flétries. Les plus péloriques avaient six pétales, dont chacun était marqué de stries noires comme celles de l'étendard. La carène paraît résister au changement mieux que les autres pétales. Dutrochet [18] a décrit en France un cas semblable qui, avec le mien, forment, à ce que je crois, les deux seuls cas de pélorie qui aient été observés chez le cytise. Dutrochet fait remarquer que, chez cet arbre, les racèmes ne portent

[13] *Tératologie*, etc., p. 192.
[14] *Journ. of Horticulture*, juillet 1861, p. 253.
[15] Il serait intéressant de féconder par le même pollen les fleurs centrales et latérales du pélargonium et de quelques autres plantes très-améliorées, en les protégeant contre les insectes, puis de semer les graines à part, pour observer quelles sont celles qui varient le plus.
[16] Cité dans *Journ. of Hort.*, févr. 1863, p. 152.
[17] *Gard. Chron.*, 1866, p. 612, — Pour le Phalænopsis, *id.*, 1867, p. 211.
[18] *Mémoires... des végétaux*, 1837, t. II, p. 170.

pas normalement une fleur terminale, de sorte que, comme chez le Galéob-
dolon, leur position et leur structure sont toutes deux des anomalies qui
probablement se rattachent de quelque façon l'une à l'autre. Le Dr Masters
a décrit brièvement une autre légumineuse [19], une espèce de trèfle, chez laquelle les fleurs supérieures et centrales, étaient régulières et avaient perdu
leur apparence papilionacée. Chez quelques-unes de ces plantes, les têtes de
fleurs étaient aussi prolifères. Enfin, le *Linaria* produit deux sortes de fleurs
péloriques, dont les unes ont les pétales simples, les autres les ont éperonnés.
Ainsi que le fait remarquer Naudin [20], les deux formes se rencontrent assez
souvent sur la même plante, mais la forme éperonnée occupe presque invariablement le sommet de l'épi.

La tendance qu'a la fleur centrale ou terminale à devenir plus fréquemment pélorique que les autres, résulte probablement de ce que le bourgeon
qui occupe l'extrémité de la pousse reçoit plus de sève et devient en conséquence plus vigoureux que ceux qui sont placés plus bas [21]. J'ai insisté
sur ce rapport entre la pélorie et la position centrale, d'abord parce qu'on
sait que quelques plantes produisent normalement une fleur terminale différant par sa conformation des fleurs latérales, mais surtout à cause du cas
suivant qui prouve qu'il existe une relation entre cette même position et la
tendance à la variabilité ou au retour. Un botaniste très-compétent [22] assure
que lorsqu'une *Auricula* produit une fleur latérale, elle est ordinairement
conforme à son type, mais que si la fleur pousse au centre de la plante, il y
a autant de chances pour qu'elle ait une autre couleur que celle qu'elle de
vrait avoir. Le fait est si connu que certains fleuristes enlèvent régulièrement
les touffes centrales. Je ne sais si, dans les variétés très-améliorées, il faut
attribuer la déviation du type dans les touffes centrales à un effet de retour.
M. Dombrain assure que, quelle que puisse être l'imperfection la plus commune chez chaque variété, c'est dans la touffe centrale qu'elle s'exagère le
plus. Ainsi telle variété, ayant le défaut de produire au centre de la fleur
un petit fleuron vert, ce dernier devient très-grand dans les inflorescences
centrales. Chez quelques-unes de ces dernières que m'a envoyées M. Dombrain, tous les organes de la fleur étaient petits, avaient une structure rudimentaire et affectaient la couleur verte, de sorte qu'un léger changement de
plus les aurait convertis en petites feuilles. Nous voyons, dans ce cas, une
tendance marquée à la prolification, — terme qui, en botanique, signifie la
production par une fleur, d'une branche, d'une fleur ou d'un bouquet de
fleurs. Or, le Dr Masters [23] a constaté que la fleur supérieure ou centrale
d'une plante est généralement la plus sujette à la prolification. Ainsi, chez
les variétés d'Auricules, la perte des caractères propres et la tendance à la

---

[19] *Journ. of Hort.*, juillet 1861, p. 311.

[20] *Nouvelles archives du Muséum*, t. I, p. 137.

[21] Hugo von Mohl, *Cellule végétale* (trad. angl.), 1852, p. 76.

[22] Rev. H. H. Dombrain, *Journ. of Hort.*, 1861, p. 174 et 234. — 1852, Avril,
p. 83.

[23] *Trans. Linn. Soc.*, t. XXIII, 1861, p. 360.

prolification et à la pélorie, sont tous des faits connexes dus, soit à des arrêts de développement, soit à un retour vers un état antérieur.

Voici un cas plus intéressant : Metzger [24] a cultivé en Allemagne plusieurs variétés de maïs originaires des parties chaudes de l'Amérique ; il a remarqué qu'au bout de deux ou trois générations, comme nous l'avons déjà indiqué, les grains avaient beaucoup changé quant à la forme, la grosseur et la couleur ; il a constaté, chez deux espèces, que, dès la première génération, tandis que les grains inférieurs de chaque épi avaient conservé leurs caractères propres, ceux du sommet commençaient à ressembler au type qui, à la troisième génération, devait être celui de tous les grains. Comme nous ne connaissons pas l'ancêtre primitif du maïs, nous ne saurions dire si ces changements peuvent être attribués à un effet de retour.

Le retour, déterminé par la position de la graine dans la capsule, a agi d'une manière évidente dans les deux cas suivants. Le pois « *Blue Impérial* » descend du « *Blue Prussian* », et a la graine plus grosse et les gousses plus larges que son ancêtre. M. Masters [25] de Canterbury, le créateur de nouvelles variétés de pois, a constaté chez le *Blue Impérial* une forte tendance à faire retour à la souche parente, retour qui a lieu de la manière suivante : « le dernier pois de la gousse (ou celui qui est le plus en dessus) est souvent beaucoup plus petit que les autres ; et, si on recueille ces pois et qu'on les sème à part, un plus grand nombre d'entre eux font retour à la forme originelle que ceux pris dans d'autres parties de la gousse. »
M. Chaté [26] dit qu'en levant des giroflées de semis, il réussit à en obtenir quatre-vingts pour cent à fleurs doubles, en ne laissant grener que quelques branches secondaires ; mais, en outre, au moment de recueillir les graines, il faut mettre à part celles de la partie supérieure des gousses, parce qu'on a reconnu que les plantes provenant des graines situées dans cette position produisent quatre-vingts pour cent de fleurs simples. Or, la production de fleurs simples par des graines de fleurs doubles est un cas évident de retour. Ces faits, ainsi que le rapport qui paraît exister entre la position centrale, la pélorie et la prolification, prouvent d'une manière fort intéressante qu'il suffit d'une bien petite différence, — telle qu'une circulation plus facile de la sève vers une partie d'une même plante — pour déterminer d'importants changements de conformation.

Variation analogue ou parallèle. — J'entends par ce terme que des caractères analogues apparaissent parfois chez les diverses races ou variétés descendant d'une même espèce, mais beaucoup plus rarement chez celles qui proviennent d'espèces très-distinctes. Il s'agit donc ici, non pas comme jusqu'à présent des causes de la variation, mais de ses résultats. Les variations

[24] *Die Getreidearten*, 1843, p. 208, 209.
[25] *Gard. Chron.*, 1850, p. 198.
[26] Cité dans *Gardener's Chronicle*, 1866, p. 74.

analogues, au point de vue de leur origine, peuvent se grouper
en deux classes principales : la première comprend celles dues
à des causes inconnues agissant sur des êtres organisés ayant à
peu près la même constitution, et qui, en conséquence, varient
d'une manière semblable ; la seconde, les variations dues à une
réapparition de caractères ayant appartenu à un ancêtre plus ou
moins éloigné. On ne peut toutefois établir que théoriquement
ces deux divisions principales ; car, comme nous le verrons
bientôt, elles se confondent l'une avec l'autre.

Nous pouvons ranger dans le premier groupe des variations analogues
qui ne sont pas dues au retour, les nombreux cas d'arbres appartenant à
des ordres bien différents qui ont produit des variétés pleureuses et fasti-
giées. Le hêtre, le noisetier et l'épine-vinette ont produit des variétés à
feuilles pourpres, et, comme l'a fait remarquer Bernhardi, une multitude de
plantes les plus diverses ont produit des variétés à feuilles profondément
découpées [27]. Des variétés provenant de trois espèces distinctes de Brassi-
cées ont la tige ou, pour employer l'expression ordinaire, la racine, fortement élargie en forme de masses globuleuses. Le pêcher à fruit lisse descend du pêcher ordinaire ; or, les variétés de ces deux arbres offrent un parallélisme frappant dans la couleur de la chair du fruit, qui peut être rouge,
blanche ou jaune, — dans le noyau, qui peut-être adhérent ou non à la
pulpe, — dans la grosseur des fleurs, — dans les feuilles qui peuvent être
dentelées ou crénelées, pourvues de glandes sphériques ou réniformes, ou
en être totalement privées. Il faut remarquer que chaque variété du pêcher
à fruit lisse n'a point dérivé ses caractères d'une variété correspondante du
vrai pêcher. Les diverses variétés d'un genre très-voisin, l'abricotier, diffèrent aussi les unes des autres de la même manière. Dans aucun de ces cas,
nous n'avons de raison pour admettre qu'il y ait eu réapparition de caractères anciennement perdus, et pour la plupart, il est certain qu'un pareil
retour n'a pas eu lieu.

Trois espèces du genre *Cucurbita* ont engendré une foule de races qui
ont des caractères si semblables, que, d'après Naudin, on peut les grouper
en séries rigoureusement parallèles. Plusieurs variétés du melon sont intéressantes en ce qu'elles ressemblent, par certains caractères importants, à
d'autres espèces appartenant soit au même genre, soit à des genres voisins ; ainsi, l'une d'elles produit un fruit qui, tant à l'intérieur qu'à l'extérieur, ressemble tellement à celui d'une espèce très-distincte, le concombre,
qu'on peut à peine le distinguer de ce dernier ; une autre produit un fruit
cylindrique, allongé et tordu comme un serpent ; chez une troisième, les
graines sont adhérentes à une partie de la pulpe ; chez une quatrième, le

[27] *Ueber den Begriff der Pflanzenart*, 1834, p. 14.

fruit arrivé à maturité se fendille et tombe en morceaux ; or, toutes ces particularités remarquables caractérisent des espèces appartenant à des genres voisins. L'apparition d'autant de caractères singuliers n'est guère explicable par un retour vers une ancienne forme unique, mais nous devons cependant admettre que tous les membres de la famille ont dû hériter d'un ancêtre reculé une constitution presque semblable. Nos céréales, ainsi que beaucoup d'autres plantes, nous offrent des exemples analogues.

En dehors des effets directs du retour, nous observons chez les animaux moins de cas de variations analogues. Nous pouvons remarquer quelque chose de ce genre dans la ressemblance qui existe entre les races de chiens à museau court, tels que les mops et les bouledogues ; chez les races à pattes emplumées de poules, de pigeons et de canaris ; dans la coloration des races les plus diverses du cheval ; dans le fait que tous les chiens noir et feu ont des taches sus-orbitaires et les pattes couleur feu, mais le retour peut avoir joué un rôle dans ce dernier cas. Low [28] a constaté que plusieurs races de bétail ont tout autour du corps une large bande blanche ; caractère qui est fortement héréditaire, et résulte parfois d'un croisement. Il y a peut-être là un premier pas vers un retour à un type originel et ancien, car, ainsi que nous l'avons démontré dans le troisième chapitre, il a autrefois existé, et il existe même encore dans plusieurs parties du globe, à l'état sauvage ou à peu près, du bétail blanc, avec les oreilles, les pieds et l'extrémité de la queue, de couleur foncée.

Quant aux variations analogues du second groupe, c'est-à-dire dues au retour, les pigeons nous en offrent les meilleurs exemples. Chez toutes les races les plus distinctes, nous voyons parfois apparaître des sous-variétés présentant identiquement la coloration de l'espèce souche, le Biset, avec les barres noires sur l'aile, le croupion blanc, la queue barrée, etc., et on ne peut douter que ces caractères ne soient un effet de retour. Il en est de même pour des détails de moindre importance : les Turbits ont ordinairement la queue blanche, mais il naît de temps à autre un oiseau à queue foncée et barrée de noir ; les Grosses-gorges ont normalement les rémiges blanches, mais il n'est pas rare de voir apparaître un individu dont quelques rémiges primaires sont foncées. Dans tous ces cas, nous retrouvons des caractères propres au Biset, mais nouveaux pour la race, et qui sont évidemment un effet du retour. Chez quelques variétés domestiques, les barres alaires, au lieu d'être noires comme chez le biset, sont élégamment bordées de différentes couleurs ; elles offrent alors une très-grande analogie avec les bandes alaires de certaines espèces naturelles appartenant à la même famille, comme le *Phaps chalcoptera* ; ce qui doit probablement s'expliquer par le fait que toutes les espèces de la famille descendent d'un même ancêtre et ont une tendance à varier de la même manière. Ceci nous explique peut-être aussi pourquoi certains pigeons Rieurs roucoulent presque comme les tourterelles et pourquoi certaines races offrent des particularités bizarres dans leur ma-

---

[28] *Domesticated animals*, 1845, p. 351.

nière de voler ; car quelques espèces naturelles, comme le *C. torquatrix* et le *C. palumbus* sont aussi singulièrement fantasques sous ce rapport. Dans d'autres cas, une race, au lieu d'avoir des caractères similaires à ceux d'une espèce distincte, ressemble à quelque autre race; ainsi, on voit des Runts qui tremblent et relèvent un peu la queue, comme les pigeons Paons ; et des Turbits qui gonflent la partie supérieure de leur œsophage, comme les Grosses-gorges.

On observe souvent certaines marques qui caractérisent d'une manière persistante toutes les espèces d'un genre, tout en différant par la nuance ; c'est ce qui arrive aux variétés du pigeon. Ainsi, au lieu d'un plumage général bleu ardoisé avec des barres alaires noires, on rencontre des variétés blanches avec des barres rouges, ou noirès avec des barres blanches ; chez d'autres, comme nous venons de le voir, les barres alaires sont élégamment zonées de différentes teintes. Le pigeon Heurté a pour caractère un plumage tout blanc, à l'exception d'une tache sur la queue et sur le front, mais ces taches peuvent être rouges, jaunes ou noires. Chez le Biset et chez beaucoup de variétés, la queue est bleue, et les rectrices externes sont extérieurement bordées de blanc ; nous trouvons une coloration inverse chez une sous-variété du pigeon Moine, qui a la queue blanche avec le côté externe des rectrices extérieures bordé de noir [39].

Chez quelques espèces d'oiseaux, les mouettes, par exemple, certaines parties colorées paraissent comme lavées, et j'ai observé exactement le même aspect sur la barre foncée terminale de la queue de certains pigeons et sur le plumage entier de certaines variétés du canard. Des faits analogues se rencontrent chez les végétaux.

Plusieurs sous-variétés de pigeons portent sur la partie postérieure de la tête des plumes renversées et quelque peu allongées ; ce fait ne peut certainement pas être attribué à un retour à la forme souche, qui ne présente aucune trace d'une pareille conformation ; mais, si nous songeons qu'il y a des sous-variétés de l'espèce galline, du dindon, du canari, du canard et de l'oie, qui toutes ont des huppes ou des plumes renversées sur la tête, et si nous nous rappelons qu'on pourrait à peine indiquer un seul groupe naturel un peu considérable d'oiseaux, dont quelque membre ne porte aussi une touffe de plumes sur sa tête, nous pouvons soupçonner qu'il y a là un effet de retour vers quelque forme primitive excessivement reculée.

Plusieurs races gallines ont les plumes pailletées ou barrées, caractère qui ne peut être dérivé de l'espèce primitive, le *Gallus bankiva* ; bien qu'il soit possible que quelque ancêtre primitif de cette espèce ait été pailleté, et qu'un autre ancêtre antérieur ou postérieur ait été barré. Mais, comme un grand nombre de gallinacés sont pailletés ou barrés, il est plus probable que les diverses races gallines domestiquées ont revêtu ce plumage en vertu de la tendance héréditaire, chez tous les membres d'une même famille, à varier d'une manière semblable. On peut invoquer le même principe pour

[39] Bechstein, *Naturg. Deutschlands*, vol. IV, 1795, p. 31.

expliquer l'absence des cornes chez les brebis de certaines races, qui, sous
ce rapport, se trouvent dans le même cas que les femelles d'autres ruminants
à cornes creuses ; la présence sur les oreilles de certains chats domestiques
de pinceaux de poils comme ceux du lynx ; et le fait que les crânes des
lapins domestiques diffèrent souvent les uns des autres précisément par les
mêmes traits qui caractérisent les crânes des diverses espèces du genre Le-
pus.

Je ne rappellerai plus qu'un seul cas dont nous nous sommes déjà occupés. Maintenant que nous savons que la forme sauvage parente de l'âne a
ordinairement les membres rayés, nous pouvons presque affirmer que l'apparition occasionnelle de raies transversales sur les jambes de l'âne domestique est le résultat direct d'un effet de retour ; mais ceci n'explique pas la
courbure angulaire ou la bifurcation de l'extrémité inférieure de la bande
scapulaire. De même, lorsque nous voyons des chevaux isabelle ou d'autres
couleurs porter des raies sur le dos, sur les épaules et sur les jambes, nous
sommes, pour des raisons précédemment indiquées, portés à croire qu'elles
reparaissent en vertu d'un retour direct vers la forme sauvage primitive.
Mais, lorsque des chevaux portent deux ou trois bandes scapulaires, dont
l'une est parfois fourchue à son extrémité inférieure ; lorsqu'ils ont des
raies sur la tête, ou que, comme certains poulains, ils présentent, sur la plus
grande partie du corps, des raies faiblement marquées, soudées les unes
au-dessous des autres sur le front, ou irrégulièrement ramifiées sur d'autres
points, il serait peut-être téméraire d'attribuer des caractères aussi divers
à la réapparition de ceux qui ont pu appartenir au cheval sauvage primitif.
Comme il y a trois espèces africaines du genre qui sont fortement rayées,
et comme nous avons vu que le croisement des espèces non rayées produit
souvent des hybrides qui le sont d'une manière très-marquée, si nous nous
rappelons en outre que le croisement détermine très-certainement la réapparition de caractères depuis longtemps perdus, l'opinion la plus probable
est que les raies en question sont le fait d'un retour, non au cheval sauvage, l'ancêtre immédiat, mais à l'ancêtre rayé, le point de départ et le
progéniteur du genre entier.

J'ai discuté longuement le sujet de la variation analogue,
d'abord parce qu'on sait que les variétés d'une même espèce
ressemblent fréquemment à des espèces distinctes, — fait qui se
trouve en parfaite harmonie avec ceux dont nous venons de nous
occuper et qui s'explique par la théorie de la descendance. En
second lieu, parce que ces faits ont une haute importance, en ce
qu'ils prouvent, comme je l'ai fait précédemment remarquer,
que chaque variation insignifiante est soumise à des lois, et est
déterminée bien plus par la nature de l'organisme lui-même que
par celle des conditions auxquelles l'individu variable a pu être

exposé. Enfin, parce que ces faits se rattachent, dans une certaine mesure, à une troisième loi plus générale, que M. B. D. Walsh [30] a désignée sous le nom de loi d'*égale variabilité*, et qu'il formule de la manière suivante : « Si un caractère quelconque est très-variable chez une espèce d'un groupe, il tend également à l'être aussi chez les espèces voisines ; et lorsqu'un caractère quelconque est parfaitement constant chez une espèce d'un groupe, il tend également à l'être chez les autres espèces voisines. »

Ceci me conduit à rappeler que, dans le chapitre sur la sélection, j'ai fait quelques remarques tendant à prouver que, chez les races domestiques actuellement en voie rapide d'amélioration, ce sont surtout les caractères ou les parties les plus recherchées qui varient le plus. Ceci découle naturellement de ce que les caractères récemment choisis par sélection, tendent constamment à faire retour au type précédent moins amélioré, car ils sont toujours sous l'influence des causes, quelles qu'elles puissent être, qui ont déterminé la première variation. Le même principe s'applique aux espèces naturelles, car, ainsi que je l'ai constaté dans l'*Origine des Espèces*, les caractères génériques sont moins variables que les caractères spécifiques ; or, ces derniers sont ceux qui, depuis l'époque où toutes les espèces appartenant à un même genre ont divergé de leur ancêtre commun, ont été modifiés par la variation et par la sélection naturelle, tandis que les caractères génériques sont ceux qui n'ont subi aucune modification depuis une période beaucoup plus reculée, et sont par conséquent moins variables aujourd'hui. Nous nous approchons par là de la loi d'égale variabilité de M. Walsh. On peut ajouter que les caractères sexuels secondaires sont rarement utiles pour caractériser des genres distincts, parce que ordinairement ils diffèrent beaucoup chez les espèces d'un même genre, et sont très-variables chez les individus d'une même espèce. Nous avons constaté aussi, dans les premiers chapitres de cet ouvrage, à quel point les caractères sexuels secondaires peuvent devenir variables sous l'influence de la domestication.

---

[30] *Proc. Entom. Soc. of Philadelphia,* oct. 1863, p. 213.

Nous avons vu dans le vingt-troisième chapitre qu'un changement des conditions extérieures exerce parfois, souvent même,
une action définie sur l'organisation, de sorte que tous, ou
presque tous les individus qui s'y trouvent exposés, se modifient
d'une manière analogue. Mais le résultat de beaucoup le plus fréquent du changement des conditions, qu'il agisse directement
sur l'organisme ou indirectement par son influence sur le système reproducteur, est une ·variabilité flottante et non définie.
Nous avons tenté d'établir, dans les trois chapitres qui précèdent, quelques-unes des lois qui paraissent régir cette variabilité.

L'augmentation d'usage ajoute à la grosseur des muscles, et
en même temps développe les vaisseaux sanguins, les nerfs, les
ligaments, les arêtes osseuses auxquelles ils s'attachent, et enfin
l'os entier. Il en est de même pour les diverses glandes. L'accroissement de l'activité fonctionnelle fortifie les organes des
sens. Une augmentation intermittente de pression épaissit l'épiderme. Un changement dans la nature des aliments modifie les
parois de l'estomac et peut accroître ou diminuer la longueur
des intestins. Le défaut persistant d'usage, d'autre part, affaiblit
et réduit toutes les parties de l'organisme. Chez les animaux
qui, pendant un certain nombre de générations, n'ont pris que
peu d'exercice, les poumons diminuent et avec eux se modifie
la charpente osseuse de la poitrine, puis la forme du corps entier. Les ailes dont nos oiseaux anciennement domestiqués ne
se servent presque plus, ont légèrement diminué, et avec
elles, la crête sternale, les omoplates, les coracoïdiens et la
fourchette.

Si, chez les animaux domestiques, la réduction résultant du
défaut d'usage d'un organe ne va jamais jusqu'à n'en laisser
qu'un rudiment, nous avons tout lieu de croire qu'à l'état de
nature, le contraire a dû souvent arriver ; en effet, dans ce dernier cas, l'économie de croissance et le croisement de nombreux
individus variables augmentent les effets du défaut d'usage. Les

causes de cette différence entre les animaux à l'état domestique et ceux à l'état de nature sont probablement que le temps nécessaire pour qu'un aussi grand changement ait pu s'opérer a manqué à nos animaux domestiques, mais surtout que ceux-ci n'ont pas subi l'action de la loi de l'économie de croissance. Nous voyons même, au contraire, certaines conformations, rudimentaires chez les espèces parentes sauvages, se développer partiellement chez leurs descendants domestiques. Lorsque des rudiments se forment ou persistent à l'état domestique, ils semblent toujours provenir d'un brusque arrêt de développement ; ils n'en présentent pas moins un grand intérêt, car ils prouvent que les rudiments sont les restes d'organes autrefois parfaitement développés.

Les habitudes corporelles, périodiques et mentales, — bien que nous ayons laissé de côté ces dernières dans cet ouvrage, — se modifient par la domestication, et les changements sont souvent héréditaires. Ces modifications d'habitudes chez un être organisé, surtout quand il vit à l'état de nature, doivent avoir pour résultat une augmentation ou une diminution de l'usage de certains organes, et doivent par conséquent y déterminer des modifications. Les habitudes persistantes, et surtout la naissance accidentelle d'individus présentant une constitution un peu différente, permettent aux animaux domestiques et aux plantes cultivées de s'acclimater peu à peu et les mettent à même de s'adapter à un climat différent de celui sous lequel avait vécu l'espèce parente.

En vertu du principe de la corrélation de la variabilité, considéré dans son sens le plus absolu, lorsqu'une partie varie, les autres varient aussi simultanément ou successivement. Ainsi, la modification d'un organe pendant les premières phases de l'évolution embryonnaire peut affecter d'autres parties qui ne se développent qu'ultérieurement. Lorsqu'un organe comme le bec s'allonge ou se raccourcit, les parties adjacentes ou en corrélation avec lui, telles que la langue et les orifices des narines, tendent à varier de la même manière. Lorsque le corps entier augmente ou diminue de volume, il en résulte des modifications de diverses parties ; ainsi, chez les pigeons, les côtes augmentent ou diminuent en nombre et en largeur. Les parties homologues,

qui sont identiques pendant les premières périodes du développement, tendent à varier de la même manière lorsqu'elles se
trouvent exposées à des conditions analogues; ainsi, par
exemple, le côté droit et le côté gauche du corps, les membres
antérieurs et postérieurs. Il en est de même pour les organes de
la vue et de l'ouïe, les chats blancs aux yeux bleus, par exemple,
sont presque toujours sourds. On remarque, dans tout le corps,
un rapport évident entre la peau et ses divers appendices, poils,
plumes, sabots, cornes et dents. Au Paraguay, les chevaux à poil
frisé ont des sabots de mulet; la laine et les cornes du mouton
varient souvent simultanément; les chiens sans poils ont une
dentition imparfaite ; les hommes très-poilus ont une dentition
anormale, soit par défaut; soit par excès. Les oiseaux à longues
rémiges ont ordinairement de longues rectrices. Lorsque la face
externe des pattes et des doigts des pigeons se couvre de longues
plumes, les deux doigts externes sont réunis par une membrane,
car la patte entière tend alors à se rapprocher de la conformation de l'aile. Il existe un rapport évident entre la huppe de
plumes sur la tête, et d'étonnantes modifications du crâne
de plusieurs races gallines, et, à un moindre degré, entre les
longues oreilles pendantes des lapins et la conformation de leur
crâne. Chez les plantes, les feuilles et diverses parties de la fleur
et du fruit varient souvent simultanément de façon corrélative.

Nous remarquons, dans certains cas, une corrélation réelle,
sans que nous puissions même faire une conjecture sur la nature des rapports; ainsi, par exemple, pour diverses maladies
et pour certaines monstruosités. Il en est de même pour la
corrélation qui paraît exister entre la coloration du pigeon
adulte, et la présence du duvet chez le jeune oiseau. Nous avons
cité de nombreux exemples de particularités constitutionnelles
dont la corrélation avec la couleur est manifestée par l'immunité
dont jouissent des individus affectant une certaine nuance, contre
diverses maladies, contre l'atteinte de parasites, ou contre l'action de poisons végétaux.

La corrélation constitue un fait important; car, chez les
espèces, et à un moindre degré chez les races domestiques, nous
voyons constamment que certaines parties ont été très-modifiées
dans un but utile, mais qu'il s'en trouve invariablement aussi

certaines autres qui ont été également plus ou moins modifiées, sans que nous puissions reconnaître aucun avantage aux changements qu'elles ont éprouvés. Il convient sans doute d'être très-réservés à ce sujet, car nous ignorons complétement quelle peut être l'utilité des diverses parties de l'organisme ; mais de nombreux exemples nous autorisent à penser que bien des modifications n'ont aucune utilité directe, et ne sont que le résultat corrélatif d'autres changements utiles et avantageux.

Au commencement de leur développement, les parties homologues tendent souvent à se confondre les unes avec les autres. Les organes multiples et homologues sont tout particulièrement susceptibles de varier au point de vue du nombre, et probablement de la forme. La quantité de matière organisée n'étant pas illimitée, le principe de la compensation intervient parfois, de sorte que lorsqu'une partie se développe beaucoup, les parties adjacentes tendent à diminuer, mais la compensation est probablement moins importante que le principe plus général de l'économie de croissance. Les parties dures peuvent, par simple pression mécanique, affecter parfois les parties molles adjacentes. Chez les plantes, la position des fleurs sur l'axe, et celles des graines dans la capsule, déterminent des modifications de structure par suite d'une circulation plus libre de la sève, mais ces changements sont souvent dus à un effet de retour. Les modifications, quelle que soit leur cause, sont jusqu'à un certain point réglées par un pouvoir coordinateur ou *nisus formativus*, qui n'est en somme qu'un reste d'une forme très-simple de la reproduction, existant encore chez un grand nombre d'organismes inférieurs et connue sous le nom de génération fissipare et de bourgeonnement. Enfin, la sélection exercé par l'homme peut avoir une profonde influence sur les effets des lois qui régissent directement ou indirectement la variabilité ; il en est de même de la sélection naturelle, en ce qu'elle favorise tous les changements qui peuvent être avantageux à une race, et qu'elle s'oppose aux modifications défavorables.

Les races domestiques qui descendent d'une même espèce, ou de deux ou plusieurs espèces voisines, sont aptes à faire retour aux caractères dérivés de leur ancêtre commun, et comme elles reçoivent par hérédité une constitution à peu près semblable, elles sont aptes à varier d'une manière analogue ; ces deux causes réunies déterminent l'apparition fréquente de variétés analogues. Lorsque nous réfléchissons à toutes ces lois, si imparfaitement que nous les comprenions, et que nous songeons à tout ce qui nous reste encore à découvrir, nous ne devons nullement être surpris de la manière complexe dont toutes nos productions domestiques ont varié et continuent encore à le faire.

CHAPITRE XXVII

HYPOTHÈSE PROVISOIRE DE LA PANGENÈSE.

Remarques préliminaires. — *Première partie :* — Faits à examiner en se plaçant à un même point de vue, à savoir : les divers modes de reproduction ; la régénération des parties amputées ; les hybrides par greffe ; l'action directe do l'élément mâle sur l'élément femelle; le développement ; l'indépendance fonctionnelle des unités du corps ; la variabilité ; l'hérédité ; le retour ou atavisme.

Deuxième partie. — Énoncé de l'hypothèse. — Degré d'improbabilité des suppositions nécessaires. — Explication par l'hypothèse des divers groupes de faits spécifiés dans la première partie. — Conclusion.

Nous avons, dans les chapitres précédents, discuté des groupes considérables de faits, relatifs aux variations par bourgeons, aux diverses formes de l'hérédité, aux causes et aux lois de la variation ; il est évident que ces sujets, ainsi que les divers modes de la reproduction, ont certains rapports les uns avec les autres. J'ai donc été amené à imaginer, ou plutôt, je me suis vu obligé de concevoir une hypothèse qui établisse dans une certaine mesure et de façon tangible un lien entre ces divers faits. Je me suis trouvé, en un mot, dans la position de quiconque veut s'expliquer, fût-ce même de façon imparfaite, comment il se fait qu'un caractère que possédait un ancêtre éloigné, réapparait tout à coup chez le descendant ; pourquoi les effets de l'usage ou du défaut d'usage d'un membre se transmettent à l'enfant ; pourquoi l'élément sexuel mâle peut agir parfois, non pas uniquement sur les ovules, mais sur la mère toute entière ; comment l'union du tissu cellulaire de deux plantes-peut produire un hybride en dehors de toute action des organes de la génération ; pourquoi, après une amputation, un membre peut se reformer et prendre les proportions exactes de l'ancien membre; comment il se fait qu'un

même organisme puisse être produit par des modes d'action
aussi différents que la reproduction par bourgeon et la génération
séminale ; enfin, pourquoi chez deux formes voisines, l'une, dans
le cours de son développement, traverse les métamorphoses les
plus complexes dont l'autre est absolument exempte, bien que
les deux formes arrivées à l'âge adulte soient absolument identiques. Je sais parfaitement que les opinions que je vais développer ne constituent qu'une hypothèse provisoire ; toutefois, en
attendant qu'on en propose une plus complète, cette hypothèse
pourra servir à grouper une multitude de faits, qui, jusqu'à
présent, sont restés sans lien efficace, et n'ont été rattachés les
uns aux autres par aucune cause. Whewell, l'historien des sciences
d'induction, fait remarquer avec raison : « les hypothèses, quelque incomplètes ou même quelque erronées qu'elles soient,
peuvent souvent rendre de grands services à la science. » C'est
à ce point de vue que je me place, pour formuler l'hypothèse de
la Pangenèse qui implique que chaque partie séparée de l'organisation entière se reproduit elle-même. Il en résulte que les ovules,
les spermatozoaires et les grains de pollen, — l'œuf ou la graine
fécondés, aussi bien que les bourgeons, — comprennent une
multitude de germes émanant de chacune des parties séparées
ou de chacune des unités de l'organisme [1].

---

[1] Plusieurs écrivains ont vivement critiqué cette hypothèse ; il importe donc en toute jus-
tice d'indiquer les articles les plus importants écrits à ce sujet. Le meilleur mémoire sans
contredit qui soit parvenu à ma connaissance est celui du professeur Delpino, intitulé : *Sulla
Darwiniana teoria della Pangenesi*, 1869. Le professeur Delpino repousse l'hypothèse que
j'ai avancée, et j'ai tiré grand profit des critiques qu'il fait à ce sujet. M. Mivart (*Genesis of
species*, 1871, ch. X) adopte les mêmes idées que Delpino, mais n'invoque aucun nouvel
argument important. Le Dr Bastian (*The Beginnings of Life*, 1872, vol. II, p. 98) dit
que l'hypothèse « semble, être un reste de l'antique philosophie plutot qu'elle ne paraît découler de la doctrine de l'évolution ». Il cherche, en outre, à prouver que je n'aurais pas dû
employer le terme Pangenèse dont le Dr Gros s'était servi précédemment en lui attribuant
un autre sens. Le Dr Lionel Beale (*Nature*, 11 mai 1871, p. 26) se moque de toute
la doctrine; ses remarques sont très-acerbes, et quelquefois assez justes. Le professeur Wigand (*Schriften der Gesell. der gesammt. Naturwissen. zu Marburg*, vol. IX, 1870), considère
que l'hypothèse ne repose pas sur des données scientifiques, et qu'il est par conséquent inutile de la discuter. M. G. H. Lewes (*Fortnightly Review*, 1er nov. 1868) semble considérer que
l'hypothèse peut être utile, mais il la critique assez vivement. M. F. Galton (*Proc. Royal
Society*, vol. XIX, p. 393) après avoir décrit ses importantes expériences sur la transmission
du sang entre des variétés distinctes de lapins, conclut en disant que, dans son opinion, les
résultats qu'il a obtenus, sont absolument contraires à la doctrine de la Pangenèse. Il m'apprend que, subséquemment à la publication de son mémoire, il a continué ses expériences sur
une plus grande échelle, pendant plus de deux générations, sans avoir remarqué le moindre
signe d'hybridité chez les nombreux descendants de ces lapins. Je me serais certainement
attendu à ce que le sang contînt des gemmules, mais ce n'est pas là une partie nécessaire de
l'hypothèse, qui s'applique surtout aux plantes et aux animaux inférieurs. M. Galton, dans
une lettre adressée à *Nature* (27 avril 1871, p. 502), critique aussi plusieurs expressions

Je me propose, dans la première partie, d'énumérer aussi brièvement que possible les groupes de faits qui me paraissent devoir être reliés les uns aux autres ; toutefois, certaines questions que je n'ai pas encore discutées jusqu'à présent me forceront d'entrer dans des détails assez longs. Dans la seconde partie du chapitre, j'énoncerai l'hypothèse elle-même. Après avoir fait remarquer combien les suppositions nécessaires auxquelles elle entraîne sont improbables en elles-mêmes, nous verrons si elle permet de rattacher à une cause unique les divers faits qu'il s'agit de relier.

PARTIE I.

On peut considérer la reproduction à deux points de vue principaux c'est-à-dire la reproduction sexuelle et la reproduction asexuelle. Cette dernière s'opère de bien des façons : par la formation de bourgeons de différentes espèces, et par la fissiparité, c'est-à-dire par une division spontanée ou artificielle. On sait que si l'on coupe en morceaux certains individus inférieurs on obtient autant d'individus parfaits qu'on avait de morceaux ; Lyonnet, par exemple, a coupé un *Naïs* ou ver d'eau douce, en près de quarante morceaux et a obtenu autant de vers parfaits [2]. Il est probable que, chez quelques protozoaires, on pourrait pousser la division beaucoup plus loin, et que, chez certaines plantes inférieures, chaque cellule reproduirait la forme parente. Johannes Müller pensait qu'il existe une distinction importante entre la gemmation et la fissiparité ; dans ce dernier cas, en effet, la partie divisée, quelque petite qu'elle soit, est plus complétement développée qu'un bourgeon, qui représente aussi une formation plus jeune ; toutefois, la plupart des physiologistes sont aujourd'hui convaincus que ces deux modes de reproduction sont essentiellement analogues [3]. Le

incorrectes dont je me suis servi. D'autre part, plusieurs écrivains ont défendu l'hypothèse que j'ai formulée, mais il serait inutile de renvoyer à leurs articles. Je puis toutefois citer l'ouvrage du Dr Ross, *The Graft Theory of disea e ; being an application of M. Darwin's hypothesis of Pangene is,* 1872, car il relate plusieurs exemples intéressants qu'il discute avec beaucoup de soin.

[2] Cité par Paget, *Lectures on Pathology,* 1853, p. 159.

[3] Le Dr Lachmann fait observer (*Annales and Mag. of Nat. History,* 2e sér. vol. XIX, 1857, p. 231) relativement aux infusoires que « la fissiparité et la gemmation se rapprochent par degrés insensibles et finissent par se confondre ». De son coté M. W. C. Minor (*Annales and Mag. of Nat. History,* 3e sér. vol. XI, p. 328) démontre que, chez les Annélides, la distinction faite entre le fonctionnement et le bourgeonnement n'est pas une distinction fondamentale. Voir aussi l'ouvrage du professeur Clark, *Mind in Nature,* New-York, 1865, p. 62, 94.

professeur Huxley a fait remarquer que la fissiparité n'est guère qu'un mode de bourgeonnement particulier, et le professeur H. J. Clark a démontré avec beaucoup de détails qu'il existe parfois une sorte de moyen terme ou de compromis, si l'on peut s'exprimer ainsi, entre la division spontanée et le bourgeonnement. Après l'amputation d'un membre, ou après que le corps entier a été coupé en deux, on dit que les extrémités coupées se mettent à bourgeonner [4] ; or, comme la papille qui se forme la première se compose comme celle d'un bourgeon ordinaire de tissus cellulaires non développés, l'expression est évidemment correcte. Nous pouvons observer, d'ailleurs, les liens qui rattachent les deux procédés d'une autre manière : Trembley a observé, en effet, que chez l'hydre la reproduction de la tête, après une première amputation, s'arrête aussitôt que l'animal produit des gemmules reproductives [5].

Il existe une gradation si parfaite entre la production par fissiparité de deux ou plusieurs individus complets et la régénération sur le corps de l'animal d'une partie lésée, si minime qu'elle soit, qu'il est impossible de mettre en doute les liens qui rattachent les deux opérations. Or, comme à chaque phase du développement une partie amputée se trouve remplacée par une autre partie dans le même état de développement, nous devons admettre aussi, avec Sir J. Paget, que « les forces qui déterminent le développement de l'embryon sont identiques à celles qui agissent pour la réparation des lésions ; ou, en d'autres termes, que les forces qui amènent d'abord l'organisme à sa perfection sont aussi celles qui l'y ramènent, lorsque cette perfection a disparu » [6]. En résumé, nous pouvons conclure que les diverses formes de bourgeonnement, la reproduction par fissiparité, la réparation des lésions et le développement de l'organisme constituent les effets d'une seule et même cause.

Génération sexuelle. — L'union des deux éléments sexuels semble, à première vue, établir une distinction profonde entre la génération sexuelle et la génération asexuelle. Toutefois, la

---

[4] Voir Ronnet, *Œuvres d'hist. nat.*, vol. V, 1781, p. 339, pour quelques remarque sur le bourgeonnement des membres amputés des salamandres.
[5] Paget, *Lectures on Pathology*, 1853, p. 158.
[6] *Ibid.*, p. 152, 164.

conjugaison des algues, au moyen de laquelle le contenu de deux
cellules s'unit en une seule masse capable de développement,
nous présente probablement le premier pas vers l'union sexuelle;
Pringsheim, dans son mémoire sur l'accouplement des zoos-
pores [7], prouve que la conjugaison se transforme graduellement
en une véritable reproduction sexuelle. En outre, les cas de parthénogénèse, aujourd'hui complétement authentiques, prouvent
qu'il n'existe pas, entre la génération sexuelle et la génération
asexuelle, une distinction aussi absolue qu'on le croyait d'abord;
en effet, il arrive parfois, il arrive même souvent dans certains
cas, que des ovules produisent des êtres parfaits, sans avoir été
fécondés par le mâle. Les ovules, chez la plupart des animaux
inférieurs et même chez les mammifères, semblent doués d'une
certaine puissance parthénogénétique, car ils traversent les premières phases de la segmentation sans avoir été fécondés [8].
D'ailleurs, comme Sir J. Lubbock l'a démontré le premier, et
comme l'admet aujourd'hui Siebold, on ne peut distinguer des
vrais ovules les pseudovules qui n'ont pas besoin de fécondation.
Leuckart [9] a affirmé, en outre, que les germes des larves du
Cecidomyia se forment à l'intérieur de l'ovaire, mais qu'ils n'ont
pas besoin non plus d'être fécondés. Il convient aussi d'observer
que, dans la génération sexuelle, les ovules et l'élément mâle
jouissent d'un égal pouvoir au point de vue de la transmission aux
descendants de tous les caractères particuliers à l'un ou l'autre
parent. Ce fait apparaît clairement quand on accouple les
hybrides *inter se*; en effet, les caractères appartenant aux deux
grands-parents réapparaissent souvent chez le descendant soit à
l'état parfait, soit par segments. Ce serait une erreur de supposer
que le mâle transmet certains caractères, et la femelle certains
autres caractères, bien que, sans aucun doute, un sexe possède
quelquefois, en raison de causes inconnues, un pouvoir de
transmission beaucoup plus intense que l'autre sexe.

Quelques auteurs ont affirmé cependant qu'un bourgeon diffère

---

[7] *Annals and Mag. of Nat. Hist.*, avril 1870, p. 272.

[8] Bischoff cité par von Siebold : *Ueber Parthenogenesis ; Sitzung der Math. phys. Classe*,
Munich, 4 nov. 1870, p. 240. Voir aussi Quatrefages, *Annales des sc. Nat. zoolog.* 3ᵉ sér.
1850, p. 138.

[9] *On the asexual reproduction of Cecidomyide Larvæ*, dans *Ann. and Mag. of Nat. Hist.* 1866,
p. 167, 171.

essentiellement d'un germe fécondé, en ce que le premier reproduit toujours le caractère parfait du parent, tandis que les germes fécondés donnent naissance à des êtres variables. Or la ligne de démarcation est loin d'être aussi absolue. Nous avons cité, dans le onzième chapitre, de nombreux exemples tendant à prouver que les bourgeons se développent parfois de façon à former des plantes possédant des caractères absolument nouveaux; nous avons démontré en outre que les variétés ainsi produites se propagent, pendant un temps plus ou moins long, par bourgeon, et parfois même par graine. Néanmoins, il faut admettre que les êtres produits sexuellement sont beaucoup plus sujets à varier que ceux provenant d'une reproduction asexuelle; nous essayerons plus loin d'expliquer ce fait en partie. Les mêmes causes générales déterminent, d'ailleurs, la variabilité dans les deux cas, et cette variabilité est soumise aux mêmes lois. Il en résulte que les variétés nouvelles provenant de bourgeons ne peuvent se distinguer de celles provenant de graines. Bien que les variétés provenant de bourgeons conservent ordinairement leur caractère pendant plusieurs générations successives par bourgeons, elles n'en font par moins retour dans quelques cas à leurs anciens caractères, après une longue série de ces générations. Cette tendance au retour chez les variétés provenant de bourgeons est un des points de contact les plus remarquables parmi ceux qui existent entre la reproduction par bourgeons et la reproduction séminale.

Il y a, toutefois, une différence très-générale entre les organismes reproduits sexuellement et ceux qui le sont asexuellement.

Les premiers, dans le cours de leur développement traversent bien des phases pour passer d'un état initial inférieur à l'état parfait; c'est ce que nous prouvent les métamorphoses des insectes et de beaucoup d'autres animaux, ainsi que les métamorphoses mystérieuses des vertébrés. Les animaux propagés asexuellement par bourgeons ou par fissiparité commencent, au contraire, leur développement à l'état où se trouve l'animal qui a produit le bourgeon ou le segment, et ils n'ont par conséquent pas à traverser quelques-unes des phases inférieures du développement [10]. Plus tard, ces animaux avancent

---

[10] Prof. Allman, *Transact. Roy. s c. of Edinburgh*, vol. XXVI, 1870, p. 102.

même souvent en organisation comme cela se produit, par exemple, dans bien des cas de générations alternantes. En parlant ainsi des générations alternantes, je me range à l'avis des naturalistes qui considèrent ce phénomène comme le résultat essentiel d'un bourgeonnement intérieur ou d'une génération fissipare. Toutefois, le docteur L. Radlkofer [11] affirme que certaines plantes inférieures, telles que les mousses et certaines algues subissent une métamorphose rétrogressive quand elles se propagent asexuellement.

Quant au résultat final, nous pouvons comprendre dans une certaine mesure comment il se fait que les êtres propagés par bourgeons n'aient pas à traverser les premières phases du développement ; en effet, la conformation acquise à chaque état de développement chez un organisme quel qu'il soit, doit correspondre à ses habitudes particulières. Or, s'il y a place pour l'existence de beaucoup d'individus arrivés à un même état quelconque de développement, il est plus naturel que ces individus se multiplient pendant cette phase et non pas qu'ils rétrogradent d'abord pour revêtir une conformation inférieure ou plus simple qui ne s'accommoderait peut-être pas des conditions ambiantes.

Les diverses considérations qui précèdent nous autorisent à conclure que la différence entre la génération sexuelle et la génération asexuelle est loin d'être aussi considérable qu'elle le paraît d'abord. Le point principal sur lequel portent ces différences est qu'un ovule ne peut continuer à vivre et ne peut se développer complétement à moins qu'il ne s'unisse avec l'élément mâle ; mais cette différence même n'est pas absolue comme le prouvent les cas nombreux de parthénogenèse. Ceci nous amène naturellement à nous demander quelle peut être la cause de la nécessité du concours des deux éléments sexuels dans la génération ordinaire.

Les graines et les œufs rendent souvent d'immences services en ce qu'ils permettent la dissémination des plantes et des animaux et leur conservation pendant une ou plusieurs saisons à l'état latent, si nous pouvons nous exprimer ainsi ; mais les

---

[11] *Ann. and Mag. of Nat. Hist.* 2ᵘ sér. vol. XX, 1857, p. 153, 455.

graines ou les œufs non fécondés ainsi que les bourgeons détachés, pourraient rendre exactement les mêmes services dans les
deux cas. Nous pouvons indiquer, toutefois, deux avantages importants qu'assure le concours des deux sexes, ou plutôt le
concours de deux individus appartenant à des sexes contraires ;
car, comme je l'ai démontré dans un chapitre précédent, la
structure de chaque organisme semble spécialement adaptée à
l'union au moins accidentelle de deux individus. Quand le changement des conditions d'existence rend les espèces essentiellement variables, le libre entre-croisement des individus variables
tend à approprier chaque forme à la place qu'elle occupe dans la
nature ; or, le croisement ne peut s'opérer qu'au moyen de la
génération sexuelle. Toutefois, il est extrêmement douteux que
les avantages qui en résultent aient une importance suffisante
pour expliquer de façon satisfaisante l'origine des relations
sexuelles. En second lieu, j'ai cité un grand nombre de faits pour
démontrer que, de même qu'un léger changement dans les conditions d'existence constitue un avantage pour chaque créature,
de même aussi le changement opéré dans le germe par l'union
sexuelle avec un autre individu constitue un avantage pour chaque
organisme ; or, les modes nombreux qui existent dans la nature
pour atteindre ce but, la plus grande vigueur des organismes de
toute espèce à la suite d'un croisement, — fait qui a été prouvé
par l'expérience directe — ainsi que les effets désastreux des
unions consanguines longtemps continuées, m'autorisent à croire
que ce dernier avantage est très-considérable.

Pourquoi le germe qui, avant l'imprégnation, subit un certain
développement, cesse-t-il de progresser et finit-il par périr à
moins qu'il ne s'unisse à l'élément mâle ? Pourquoi, d'autre part,
l'élément mâle qui, chez quelques insectes, peut rester actif
pendant quatre ou cinq ans et chez quelques plantes pendant
plusieurs années, finit-il aussi par périr à moins qu'il n'agisse sur
le germe ou qu'il ne s'unisse avec lui ? Ce sont là des questions
auxquelles il est impossible de répondre de façon satisfaisante.
Toutefois, il est probable que les deux éléments sexuels périssent
au cas où ils ne s'unissent pas, simplement parce qu'ils contiennent trop peu de matière formative, pour pouvoir se développer de façon indépendante. Quatrefages, a démontré que chez

le Térédo[12], comme l'avaient d'ailleurs, démontré auparavant Prevost et Dumas pour d'autres animaux, plus d'un spermatozoaire est nécessaire pour féconder un œuf. Newport[13] a aussi prouvé par de nombreuses expériences que si l'on applique un très-petit nombre de spermatozoaires aux œufs des batraciens, ces derniers ne sont imprégnés qu'en partie et l'embryon ne se développe jamais complétement. La segmentation plus ou moins considérable de l'œuf dépend aussi du nombre des spermatozoaires. Kölreuter et Gärtner ont obtenu des résultats à peu près analogues pour les plantes; Gärtner après avoir fait des essais successifs sur une mauve, en augmentant toujours le nombre des grains de pollen, a trouvé que trente grains ne suffisent pas pour féconder le stigmate de façon à amener la production d'une seule graine[14]; quarante grains suffisent, au contraire, pour amener la production de quelques graines assez petites.Les grains de pollen du *mirabilis*, sont extrêmement gros, et l'ovaire de la fleur ne contient qu'un seul ovule; ces circonstances ont conduit Naudin[15] à faire les expériences suivantes : il a fécondé une fleur avec trois grains de pollen et a obtenu d'excellents résultats; il a fécondé ensuite 12 fleurs, chacune avec deux grains de pollen, et 17 fleurs, chacune avec un seul grain; or, dans chacun de ces deux groupes, une fleur seule produisit de la graine; il importe de remarquer, en outre, que les plantes produites par ces deux graines n'atteignirent jamais les dimensions ordinaires et portèrent des fleurs remarquablement petites. Ces faits nous autorisent à conclure que la quantité des matières particulières contenues dans les spermatozoaires et dans les grains de pollen constituent un élément essentiel dans l'acte de la fécondation, au point de vue non seulement du développement complet de la graine, mais aussi de la vigueur de la plante produite par cette graine. Quelque chose d'analogue se passe dans certains cas de parthénogénèse, c'est-à-dire quand l'élément mâle est complétement exclu; M. Jourdain[16] s'est assuré, en effet, que sur cin-

---

[12] *Annales des sc. nat.*, 3ᵉ sér. 1850, vol. XIII.
[13] *Transac. Phil. soc*, 1851, p. 196, 208, 210; 1853, p. 245, 247.
[14] *Beitrage zur Kentniss*, etc., 1844, p. 345.
[15] *Nouvelles archives du Muséum*, vol. I, p. 27.
[16] Sir J. Lubbock, *Nat. Hist. Review*, 1862, p. 345. Weijenberg a aussi obtenu (*Nature*, décem. 21, 1871, p. 149) deux générations successives par les femelles non fécondées d'un autre lépidoptère, le *Liparis dispar*. Ces femelles ne produisirent qu'un vingtième environ du

quante huit mille œufs environ pondus par des papillons de ver
à soie qui n'avaient pas été accouplés, un grand nombre traver-
sèrent les premières phases du développement embryonnaire,
ce qui prouve que ces œufs non imprégnés étaient capables de se
développer par eux-mêmes, mais vingt neuf seulement produisirent des vers à soie. Ce principe de quantité semble s'appliquer même dans la reproduction fissipare artificielle, car
Hæckel [17] a trouvé qu'en coupant en morceaux les œufs segmen-
tés et fécondés ou les larves des *siphonophores* (polypes) le développement est d'autant plus lent que les morceaux sont plus
petits et que les larves produites sont d'autant plus imparfaites
et tendent davantage à la monstruosité que ces morceaux sont
aussi plus petits. Il semble donc probable que, quand il s'agit
d'éléments sexuels séparés, une quantité insuffisante de matières
formatives constitue la cause principale de leur incapacité à une
existence prolongée et au développement, à moins que ces éléments ne se combinent et n'augmentent ainsi le volume les uns
les autres. Il semble étrange qu'on ait adopté l'hypothèse en
vertu de laquelle la fonction des spermatozoaires est de communiquer la vie à l'ovule, car l'ovule est déjà doué de vie avant
l'imprégnation et subit ordinairement un certain degré de développement indépendant. Il en résulte donc que la génération
sexuelle et la génération asexuelle ne diffèrent pas essentiellement
l'une de l'autre ; en outre, nous avons déjà démontré que la reproduction asexuelle, le développement et la faculté de régénération constituent les effets d'une seule et même loi.

Régénération des parties amputées. — Il importe de discuter
ce sujet un peu plus en détail. Une multitude d'animaux inférieurs et quelques vertébrés possèdent cette faculté étonnante.
Spallanzani, par exemple, a coupé six fois de suite, les pattes et
la queue d'une même salamandre, et Bonnet [18] a fait huit fois la
même expérience ; après chaque amputation, les membres ont
repoussé sans devenir trop grands ou sans rester trop petits. Un

nombre des œufs qu'elles pondent ordinairement. En outre les chenilles provenant de ces œufs
non fécondés possédèrent beaucoup moins de vitalité que celles provenant d'œufs fécondés.
A la troisième génération parthénogénétique les œufs ne produisirent pas une seule chenille.

[17] *Entwickelungsgeschichte der Siphonophora*, 1869, p. 73.

[18] Spallanzani, *An essay on Animal reproduction*, 1769. Bonnet, *Œuvres d'hist. nat.*, vol. V,
part. I.

animal voisin, l'axolotl perdit un membre qui repoussa de façon anormale ; on amputa ce membre qui repoussa une seconde fois de façon parfaite[19]. Les nouveaux membres, dans ce cas, procèdent par bourgeonnement et traversent les mêmes phases régulières de développement que chez le jeune animal. Chez le jeune *Amblystoma Lurida*, par exemple, trois doigts se développent d'abord; puis le quatrième, puis enfin le cinquième sur les pieds de derrière ; on observe ces mêmes phases de développement quand un membre amputé repousse[20].

Cette faculté est ordinairement beaucoup plus intense pendant la jeunesse de l'animal, ou pendant les premières phases de son développement, que lorsqu'il est arrivé à l'âge adulte. Les larves ou têtards des batraciens possèdent aussi cette faculté, mais les batraciens adultes ne la possèdent pas. Les insectes arrivés à maturité, sauf un ordre toutefois, ne jouissent pas de cette faculté, tandis que les larves de la plupart des espèces en jouissent pleinement[21]. En règle générale, les animaux, placés très-bas sur l'échelle reproduisent les parties perdues beaucoup plus facilement que ceux qui ont une organisation plus complète. Les myriapodes nous offrent un excellent exemple de ce fait; on constate, cependant, quelques étranges exceptions ; ainsi, par exemple, les Nemertéens, bien qu'ayant une organisation inférieure, ne possèdent guère cette faculté. Chez les vertébrés ayant une organisation beaucoup plus complexe, telle que les oiseaux et les mammifères, cette faculté est extrêmement rare[22].

La faculté de la régénération doit exister dans toutes les parties du corps des animaux que l'on peut diviser en un grand nombre de morceaux dont chacun reproduit un animal complet. Toutefois, je crois que le professeur Lessona[23] se rapproche beaucoup de la vérité quand il maintient que l'aptitude à la régénération est ordi-

---

[19] Vulpian, cité par le Prof. Faivre, *La variabilité des espèces*, 1868, p. 112.
[20] Dr P. Hoy, *The American naturali t*, sept. 1871, p. 579.
[21] Dr Günther cité par Owen, *Anatomy of Vertebrates*, 1866, vol I, p. 567 Spallanzani a fait des observations analogues.
[22] On a exposé devant l'Association Britannique, à Hull, en 1853, une grive qui avait perdu un tarse et ce membre assurait-on s'était repro luit trois fois, perdu qu'il avait été chaque fois, je présume à la suite d'une maladie. Sir J. Paget m'informe qu'il conserve quelques doutes relativement aux faits signalés par Sir J. Simpson (*M nthly Journal of medical science*, Edinburgh, 1848, nouv. sér. vol. II, p. 890 à propos le la régénération chez l'homme de membres perdus alors que le fœtus est encore dans la matrice.
[23] *Atti della soc. Ital. di sc. Nat.*, vol. XI, 1869, p. 493.

nairement localisée et spécialisée, en ce sens qu'elle tend surtout à
remplacer certaines parties que chaque animal est plus ou moins
exposé à perdre. A l'appui de cette hypothèse, le professeur
Lessona cite un fait très-intéressant, c'est que la Salamandre terrestre ne peut pas reproduire les membres qu'elle a perdus, tandis
qu'une autre espèce du même genre, la Salamandre aquatique
possède, comme nous venons de le voir, cette faculté développée
au plus haut degré ; or, chez ce dernier animal, les membres, la
queue, les yeux et les mâchoires sont très-exposés aux attaques
des autres poissons [24]. D'ailleurs, l'aptitude à la régénération
est localisée dans une certaine mesure même chez la Salamandre
aquatique ; en effet, M. Philipeaux [25] a prouvé que cette faculté
ne s'exerce plus, si on enlève le membre antérieur tout entier
ainsi que l'os scapulaire. Il est aussi très-remarquable, car c'est
là une exception à une règle très-générale, que les jeunes Salamandres aquatiques ne possèdent pas cette faculté au même degré
que les adultes [26] ; je ne saurais dire, d'ailleurs, si les jeunes sont
plus actifs que les adultes et peuvent, par conséquent, échapper
plus facilement que ces derniers aux morsures de leurs ennemis.
Le *Diapheromera femorata*, comme les autres insectes du même
ordre, possède la faculté de régénérer une patte qu'il a perdue, ce
qui doit arriver souvent, car les pattes de cet insecte sont très—
longues ; mais, de même que chez la Salamandre cette aptitude
est localisée, car le D. Scudder [27] a prouvé que si l'on enlève en
même temps que le membre l'articulation trochanto-fémorale,
l'insecte ne peut le reproduire. Si l'on saisit un crabe par l'une
de ses pattes, celle-ci se sépare à la jointure de la base et elle est
ensuite remplacée par une nouvelle patte ; on admet généralement
que c'est là une disposition spéciale pour la sécurité de l'animal.
Enfin, on sait que les mollusques gastéropodes, ont la faculté de
reproduire leur tête quand ils l'ont perdue ; or, Lessona a démontré que les poissons leur mangent souvent la tête, tandis que
le reste du corps est protégé par la coquille.

Nous pourrions signaler des cas analogues chez les plantes ;

---

[24] Lessona affirme qu'il en est ainsi dans le mémoire que nous venons de citer. Voir aussi,
The Americain naturalist, sept. 1871, p. 579.
[25] *Comptes-rendus*, 1er octobre 1866 et juin 1867.
[26] Bonnet, *OEuvres, Hist. Nat.*, vol. V, p. 294.
[27] *Proc. Boston soc. of nat. hist.*, vol. XII, 1868-69, p. 1.

on sait, en effet, que les feuilles non décidues et les jeunes tiges
ne repoussent pas parce que ces parties sont facilement remplacées par la formation de nouveaux bourgeons ; l'écorce des arbres
et les tissus sous-jacents du tronc repoussent, au contraire, très-
facilement, probablement en raison de ce que le diamètre du tronc
augmente très-rapidement, et de ce que ces parties sont très-
exposées aux attaques des animaux.

Hybrides par greffe. — Des essais innombrables, faits dans
toutes les parties du monde, ont prouvé qu'on peut insérer des
bourgeons dans une souche, et que les plantes provenant de ces
bourgeons ne sont pas affectées au delà de ce qu'on peut expliquer
par un changement d'alimentation. On sait, en outre, que les
plantes obtenues par semis des graines produites par ces bourgeons ne participent pas au caractère de la souche, bien que ces
plantes [soient plus sujettes à varier que les semis de la même
variété croissant sur ses propres racines. Enfin, un bourgeon
peut produire une variété nouvelle très-distincte, sans que les
autres bourgeons de la même plante soient affectés. Nous pouvons
donc, d'accord avec presque tous les naturalistes, tirer de ces faits
la conclusion que chaque bourgeon est un individu distinct et
que les éléments qui contribuent à sa formation ne s'étendent
pas au delà des parties développées ultérieurement. Nous avons
vu, cependant, dans nos quelques remarques sur l'hybridité par
la greffe, que les bourgeons comprennent certainement de la
substance formative, qui se combine parfois avec la substance
contenue dans les tissus d'une variété ou d'une espèce distincte
et qu'il en résulte une plante intermédiaire entre les deux formes
parentes.

Nous avons vu que, chez la pomme de terre, par exemple, les
bourgeons d'une espèce greffés sur une autre espèce produisent
des tubercules affectant des caractères intermédiaires au point
de vue de la couleur, de la grosseur, de la forme et de l'état de
la surface ; qu'en outre, les tiges, les feuilles, et même certaines
particularités constitutionnelles telles que la précocité, sont aussi
intermédiaires. Après avoir cité ces faits bien établis, il semble
suffisant d'ajouter que des hybrides par greffe ont été produits
chez le Laburnum, chez l'Oranger, chez la Vigne, chez le Rosier, etc. Toutéfois, nous ne saurions dire dans quelles conditions,

cette forme si rare de reproduction devient possible. En tous cas, ces différents faits nous prouvent que les éléments destinés à la formation d'un individu, ayant la faculté de se confondre avec ceux d'un individu distinct, « et c'est là le caractère principal de la génération sexuelle », n'existe pas seulement chez les organes reproducteurs mais aussi chez les bourgeons et le tissu cellulaire des plantes, ce qui constitue un fait ayant la plus grande importance physiologique.

Action directe de l'élément mâle sur la femelle. — Nous avons cité dans le onzième chapitre un grand nombre de faits qui tendent à prouver qu'un pollen étranger affecte parfois la plante mère de façon directe. Ainsi, quand Gallesio féconda une fleur d'oranger avec le pollen du citronnier, il obtint des fruits qui portaient des bandes de peau de citron bien caractérisée. Plusieurs botanistes ont observé que, chez les pois, la couleur de l'enveloppe de la graine, et même celle de la cosse est directement affectée par le pollen d'une variété distincte. Il en est de même du fruit du pommier qui se compose du calice modifié et de la partie supérieure de la tige de la fleur. Dans les cas ordinaires, ces parties sont entièrement formées par la plante mère. Nous voyons ici que les éléments formateurs contenus dans l'élément mâle ou pollen d'une variété peut affecter et hybridiser, non pas les parties que ces éléments doivent légitimement affecter, c'est-à-dire les ovules, mais qu'ils affectent les tissus en partie développés déjà d'une variété ou d'une espèce distincte. Ceci nous ramène vers la formation d'un hybride par greffe chez lequel les éléments formateurs, contenus dans les tissus d'un individu, se combinent avec ceux contenus dans les tissus d'une variété ou d'une espèce distincte, ce qui donne lieu à la création d'une forme nouvelle et intermédiaire, sans qu'il soit besoin de l'intervention des organes sexuels mâles ou femelles.

Chez les animaux qui ne se reproduisent qu'à l'âge adulte ou à peu près, et chez lesquels toutes parties sont alors pleinement développées, il est presque impossible que l'élément mâle affecte directement l'élément femelle. Toutefois, nous connaissons des cas analogues et parfaitement authentiques dans lesquels l'élément mâle a affecté la femelle ou ses ovules, de telle façon que, fécondée par un autre mâle, ses descendants sont affectés et

métissés par le premier mâle. Il serait facile d'expliquer ce fait
si l'on pouvait admettre que les spermatozoaires restent vivants
dans le corps de la femelle pendant le long intervalle qui s'est
quelquefois écoulé entre les deux actes de fécondation ; mais
personne ne saurait admettre que cela soit possible chez les animaux supérieurs.

Développement. — Le germe fécondé parvient à la maturité
après avoir subi un grand nombre de modifications. Ces modifications sont parfois légères et graduelles, telles que celles qu'on
observe chez l'enfant, qui finit par devenir un homme ; ou elles
sont considérables et soudaines, comme les métamorphoses de la
plupart des insectes. D'ailleurs, nous pouvons constater toutes
les gradations entre ces extrêmes, parfois même chez une même
classe d'animaux. Ainsi, comme sir John Lubbock [28] l'a démontré, un insecte Éphémère mue environ vingt fois et subit à
chaque mue une modification de structure très-légère, mais en
même temps très-apparente. Ces modifications, comme le fait
remarquer sir John Lubbock, nous révèlent probablement les
phases normales du développement qui sont cachées et précipi-
tées ou supprimées chez la plupart des autres insectes. Dans les
métamorphoses ordinaires, les parties et les organes semblent
s'être modifiés pour former les parties correspondantes de la
phase suivante du développement. Mais il y a une autre forme
de développement que le professeur Owen a nommée Métagenèse.
Dans ce cas, les parties nouvelles « ne se moulent pas sur la surface intérieure des parties anciennes. La force plastique a changé
son champ d'opération. Le revêtement extérieur et tout ce qui
donnait une forme et un caractère à l'individu précédent a péri
et est rejeté sans retour ; en un mot, il n'y a pas eu de transformation pour contribuer à constituer les parties correspondantes
de l'individu nouveau. Ces phénomènes sont dus à un développement nouveau et distinct, etc. [29] » Toutefois, la métamorphose, dans bien des cas, se confond si bien avec la métagenèse,
qu'il est impossible de tirer entre les deux une ligne de démarca-

[28] *Transact. Linn. soc.*, vol. XXIV, 1863, p. 62.
[29] *Parthenogenesis*, 1849, p. 25, 26. Le professeur Huxley (*Medical Times*, 1856, p. 637,
a fait quelques excellentes remarques à ce sujet relativement au développement des astéries ;
il a prouvé que la métamorphose se confond avec la gemmiparité.

tion absolue. Par exemple, dans le dernier changement que subissent les cirripèdes, le canal alimentaire et quelques autres
organes sont moulés sur des parties existant antérieurement ;
mais les yeux se développent sur une partie entièrement différente du corps ; les extrémités des membres de l'animal à l'état
parfait se forment à l'intérieur des membres de la larve et n'en
sont, pourrait-on dire, qu'une métamorphose ; mais les parties
de la base et le thorax entier se développent dans un plan formant un angle droit avec les membres et le thorax de la larve.
Il nous paraît que cet ensemble de phénomènes pourrait recevoir
le nom de Métagénèse. Le procédé métagénétique est poussé
à un degré extrême dans le développement de quelques Echinodermes, car l'animal, dans la seconde phase de son développement, se forme presque comme un bourgeon à l'intérieur de l'a-
nimal qui traverse la première phase ; puis, ce dernier est rejeté
comme une vieille défroque qui, cependant, conserve encore
parfois une vitalité indépendante durant une courte période [30].

Si, au lieu d'un seul individu, plusieurs individus se dévelop-
paient ainsi par métagénèse à l'intérieur d'une forme préexistante,
le phénomène recevrait le nom de génération alternante. Les
jeunes développés de cette façon ressemblent parfois étroitement
à la forme parente, comme chez les larves des Cécidomyies, ou
en diffèrent à un degré extraordinaire, comme chez beaucoup de
vers parasites et d'acalèphes. Toutefois, cette ressemblance ou
cette différence ne constitue pas un phénomène essentiellement
autre, pas plus d'ailleurs que l'amplitude ou la rapidité des
changements, dans les métamorphoses des insectes.

Cette question du développement a une importance considérable pour le sujet qui nous occupe. Quand un organe, l'œil par
exemple, se forme métagénésiquement dans une partie du corps
où, pendant la phase antérieure du développement, il n'existait
pas d'œil, nous devons regarder cet organe comme une formation nouvelle et indépendante. L'indépendance absolue des conformations nouvelles, comparativement aux conformations anciennes, bien que ces formations correspondent au point de vue
de la structure et de la fonction, est encore plus évidente quand

---

[30] Prof. J. Reay Greene, dans Gûnther's, *Record of zoolog. Lit.*, 1865, p. 625.

plusieurs individus se développent à l'intérieur d'une forme an-
técédente comme dans les cas de génération alternante. Le même
principe exerce probablement une action considérable même
dans le cas d'une croissance qui semble continue; nous aurons
occasion de revenir sur ce point quand nous étudierons l'hérédité des modifications aux âges correspondants.

Un autre groupe de faits absolument distincts, nous conduit à
la même conclusion, c'est-à-dire à l'indépendance des parties
qui se développent successivement. On sait que beaucoup d'animaux appartenant à un même ordre, et qui, par conséquent, ne
diffèrent pas considérablement les uns des autres, traversent
des phases de développement absolument différentes. Ainsi, certains Coléoptères, qui ne sont en aucune façon très-différents d'autres insectes du même ordre, subissent ce qu'on a appelé une
hyper-métamorphose, c'est-à-dire qu'ils passent par une phase
primitive tout à fait différente de la phase larvaire vermiforme
ordinaire. Fritz Müller a fait remarquer que, chez un même sous-
ordre de crustacés, les macroures, l'écrevisse de rivière éclot
sous la forme qu'elle garde plus tard; le jeune homard a les
pattes divisées comme le Mysis; le Palémon nait sous la forme
d'un Zoé et le Péneus sous celle d'un Nauplie; or, tous les
naturalistes savent combien ces formes larvaires diffèrent étonnamment les unes des autres[31] « Quelques autres crustacés, selon
le même auteur, partent d'un même point et arrivent à peu près
au même but, tout en offrant de grandes différences dans les
phases intermédiaires de leur évolution. Je pourrais citer des
cas encore plus frappants relativement aux Echinodermes. Le
professeur allemand fait remarquer au sujet des Méduses: « la
classification des hydroïdes serait relativement très-simple, si,
comme on l'a soutenu à tort, les Méduses identiques génériquement provenaient toujours de polypes également semblables génériquement; et si, d'autre part, les polypes génériquement
identiques engendraient toujours des Méduses appartenant au
même genre. » De son côté, le docteur Strethill Wright re-

---

[31] Fritz Müller, *Für Darwin*, 1864, p. 65, 71. La plus haute autorité en matière de
crustacés, le Prof. Milne-Edwards, insiste (*Annales des Sci. Nat.* 2ᵉ sér. zoolog., vol. III,
p. 322) sur la différence que l'on remarque dans les métamorphoses des genres très-voisins.

marque : « Dans l'histoire de la vie des hydroïdes, une phase quelconque planariforme, polypiforme ou médusiforme peut faire défaut. [32]»

Les plus savants naturalistes croient ordinairement aujourd'hui que tous les membres d'un même ordre ou d'une même classe, les méduses ou les crustacés macroures, par exemple, descendent d'un ancêtre commun. Pendant la ligne de la descendance, ils ont beaucoup divergé au point de vue de la conformation, mais ils n'en ont pas moins conservé un grand nombre de points communs ; cette divergence et cette conservation des caractères se sont produites bien que ces organismes aient parcouru et parcourent encore une série de métamorphoses étonnamment différentes. Ce fait prouve combien, dans le cours des diverses phases du développement, chaque conformation reste indépendante tant de celles qui la précèdent que de celles qui la suivent.

Indépendance fonctionnelle des éléments ou unités du corps. — Les physiologistes s'accordent à reconnaître que l'organisme entier se compose d'une foule de parties élémentaires, indépendantes les unes des autres dans une grande mesure. Chaque organe, dit Claude Bernard [33], a sa vie propre, son autonomie ; il peut se développer et se reproduire par lui-même indépendamment des tissus adjacents. Une haute autorité allemande, Virchow [34] affirme encore plus énergiquement que chaque système se compose « d'une masse considérable de petits centres d'action... — Chaque élément possède son action spéciale propre, et, bien qu'il emprunte à d'autres parties l'action stimulante de son activité, il n'en exécute pas moins seul ses fonctions spéciales.... Chaque cellule épithéliale et chaque fibre musculaire mène en quelque sorte l'existence de parasite relativement au reste du corps...... Chaque corpuscule osseux possède effectivement des conditions de nutrition qui lui sont propres. » Chaque élément, comme le fait remarquer sir J. Paget, vit pendant le temps qui lui est assigné, meurt, et est remplacé après

---

[32] Prof. Allman, *Ann. and Mag. of Nat. hist.* 3ᵉ sér., vol. XIII, 1864, p. 348: Dʳ S. Wright, *Ibid.*, vol. VIII, 1861, p. 127. Voir aussi p. 358 pour des faits analogues observés par Sars.
[33] *Tissus vivants*, 1866, p. 22.
[34] *Cellular Pathology*, 1860, p. 14, 18, 83, 460.

avoir été rejeté ou absorbé [35]. Aucun physiologiste, je suppose,
ne met en doute que, par exemple, chaque corpuscule osseux du
doigt ne diffère du corpuscule correspondant qui se trouve dans
l'articulation correspondante de l'orteil ; il est même à peu près
certain que les corpuscules osseux placés des deux côtés du corps
diffèrent, bien qu'ils soient de nature presque identique. Cette
presque identité se manifeste, de façon curieuse, par les nombreuses maladies qui affectent de manière semblable les points
correspondants placés au côté droit et au côté gauche du corps ;
ainsi, sir J. Paget [36] a dessiné un bassin malade dans lequel l'os
avait pris la forme la plus complexe ; or, « il ne se trouve pas un
point, pas une ligne d'un côté, qui ne soit exactement reproduit
de l'autre ».

Un grand nombre de faits viennent appuyer cette hypothèse de la vie indépendante de chacun des petits éléments du
corps. Virchow affirme qu'un seul corpuscule osseux ou qu'une
seule cellule de la peau peut devenir malade. L'ergot d'un coq,
greffé dans l'oreille d'un bœuf, y a vécu pendant huit ans, et a
atteint le poids de 396 grammes et l'étonnante longueur de 24
centimètres, de sorte que l'animal paraissait avoir trois cornes [37].
On a greffé la queue d'un cochon sur le dos du même animal, et
la queue reprit sa sensibilité. Le Dr Ollier [38] a inséré sous
la peau d'un lapin un fragment du périoste d'un jeune chien et
il se forma un véritable tissu osseux. On pourrait citer un grand
nombre de faits analogues. La présence fréquente de poils et de
dents parfaitement développées, même de dents de la seconde
dentition dans certaines tumeurs de l'ovaire, est un fait qui conduit à la même conclusion. M. Lawson Tait signale une tumeur
dans laquelle on a trouvé « plus de 300 dents ressemblant sous
bien des rapports à des dents de lait ; il en signale une autre
pleine de poils qui avaient poussé sur un petit espace pas plus
grand que le bout du petit doigt, puis qui étaient tombés ; il aurait
fallu la vie entière d'un individu pour que la quantité de poils
contenue dans la tumeur poussât, tombât et repoussât, sur une
superficie égale du scalpe. »

[35] Paget, *Surgical Pathology*, vol. I, 1853, p. 12, 14.
[36] *Ibid.*, p. 19.
[37] Mantegazza, *Degli innesti animali*, etc., Milano. 1865, p. 51.
[38] *De la production artificielle des os*, p. 8.

Chacun des innombrables éléments autonomes du corps est-il une cellule ou le produit modifié d'une cellule? C'est là une question extrêmement douteuse, en admettant même que l'on élargisse le terme cellule de façon à comprendre sous cette dénomination jusqu'aux corps en forme de cellule mais sans parois et sans noyau [40]. La doctrine *omnis cellula e cellulâ* est admise pour les plantes et l'est aussi très-généralement pour les animaux [41]. Ainsi Virchow, grand partisan de la théorie cellulaire, affirme, tout en admettant qu'il existe des difficultés, que chaque atome de tissu dérive de cellules, celles-ci de cellules antérieures, et ainsi de suite jusqu'à l'œuf qu'il considère comme une grande cellule. Chacun admet que les cellules qui conservent toujours une même nature, se multiplient par division spontanée ou prolifération. Mais, quand un organisme subit pendant son développement de grandes modification de structure, il faut admettre que la nature des cellules a dû se modifier considérablement aussi, car à chaque phase de l'évolution on suppose qu'elles proviennent directement de cellules antérieures. Les défenseurs de la théorie cellulaire attribuent ce changement à quelque propriété inhérente aux cellules elles-mêmes, et non pas à une action extérieure. D'autres soutiennent que les cellules et les tissus de toute nature peuvent se former, indépendamment de cellules prééxistantes, aux dépens du blastème ou lymphe plastique. Quélle que soit, d'ailleurs, l'hypothèse que l'on adopte, on n'en admet pas moins que le corps se compose d'une multitude d'unités organiques, dont chacune est douée d'attributs qui lui sont propres, et qui sont, dans une certaine mesure, indépendantes les unes des autres. Nous pourrons par conséquent nous servir indifféremment des termes cellules ou unités organiques, ou simplement unités.

Variabilité et hérédité. — Nous avons vu, dans le vingt-deuxième chapitre, que la variabilité n'est pas un principe de

---

[39] *Ibid.*, G. Saint-Hilaire, *Hist. des Anomalies*, vol. II, p. 549, 560, 562 ; Virchow, *Ibid.*, p. 484 ; Lawson Tait, *The Pathology of diseases of the Ovaries*, 1874, p. 61, 62.

[40] Pour la classification la plus récente des cellules, voir Ernst Hæckel, *Generelle Morphologie*, vol. II, 1866, p. 275.

[41] Dr W. Turner, *The present aspect of cellular Pathology*, dans *Edinburgh Medical Journal*, avril 1863.

même ordre que la vie ou la reproduction, mais qu'elle résulte de causes spéciales et principalement de changements dans les conditions d'existence, agissant pendant plusieurs générations successives. La variabilité flottante ainsi causée semble provenir en partie de ce que le système sexuel est facilement affecté au point de devenir souvent impuissant ; lorsqu'il n'est pas aussi gravement affecté, il n'en perd pas moins très-souvent une partie de ses fonctions normales qui consistent à transmettre exactement aux descendants les caractères des parents. Toutefois, de nombreux exemples de variations par bourgeons nous prouvent qu'il n'existe pas un lien nécessaire intime entre la variabilité et le système sexuel. Bien que nous puissions rarement tracer la nature des liens qui unissent ces causes et ces effets, il est très-probable qu'un grand nombre de déviations de structure proviennent de ce que les changements apportés aux conditions d'existence agissent directement sur l'organisation, indépendamment des organes reproducteurs. Nous sommes à peu près certains qu'il doit en être ainsi, quand tous ou presque tous les individus qui ont été exposés à des changements semblables sont affectés définitivement de la même manière ; nous avons cité plusieurs exemples de ce fait. Mais il est difficile de comprendre pourquoi le descendant est affecté alors que les parents ont été exposés à de nouvelles conditions et pourquoi il est indispensable, dans la plupart des cas, que plusieurs générations aient été exposées à ces conditions nouvelles.

Comment, d'autre part, expliquer les effets héréditaires de l'usage ou du défaut d'usage de certains organes ? Le canard domestique vole moins et marche davantage que le canard sauvage ; or, les os de ces membres ont augmenté ou diminué de façon correspondante comparativement à ceux des membres du canard sauvage. Un cheval est dressé à prendre certaines allures, et le poulain qu'il produit hérite de la même disposition. Le lapin domestique s'apprivoise par la captivité ; le chien devient intelligent par son association avec l'homme, il apprend à aller ramasser le gibier et à le rapporter ; or, ces diverses facultés mentales ainsi que ces diverses aptitudes corporelles, sont toutes héréditaires. La physiologie ne présente, sans contredit, aucun problème plus intéressant. Comment se fait-il que l'usage ou le défaut d'usage d'un certain membre, ou de certaines parties du cerveau puisse affecter un petit groupe de cellules reproductrices situées dans une partie éloignée du corps, et cela de telle façon que l'être engendré par ces cellules hérite des caractères de l'un de ses parents ou de tous deux? Il serait fort à désirer que l'on pût répondre même incomplétement à cette question.

Nous avons démontré dans les chapitres consacrés à l'étude de l'hérédité qu'une multitude de caractères nouvellement acquis, qu'ils soient d'ailleurs nuisibles ou avantageux, qu'ils aient ou non une importance quelconque pour l'existence de l'individu, se transmettent souvent fidèlement, fréquemment même quand un seul des deux parents possède ce nouveau caractère, si bien que nous sommes autorisés à conclure que l'hérédité est la règle et la non-hérédité l'anomalie. Dans quelques cas, un caractère n'est pas héréditaire parce que les conditions d'existence s'opposent directement à son développement; il ne l'est pas dans beaucoup d'autres, parce que ces mêmes conditions déterminent incessamment une variabilité nouvelle, chez les arbres fruitiers greffés et chez les fleurs très-cultivées par exemple. Enfin, il est quelques cas où on peut attribuer le défaut d'hérédité à des effets du retour, en conséquence desquels l'enfant ressemble à ses grands-parents ou à des ancêtres plus éloignés, au lieu de ressembler à ses parents immédiats.

L'hérédité a ses lois. Les caractères qui font leur première apparition à un certain âge tendent à reparaître à l'âge correspondant; souvent aussi, ils semblent s'associer à certaines saisons de l'année et reparaissent chez le descendant pendant la saison correspondante; s'ils font leur apparition chez un sexe à un âge assez avancé de la vie, ils tendent à reparaître exclusivement chez le même sexe à la période correspondante de l'existence.

Le principe du retour auquel nous venons de faire allusion est un des attributs les plus remarquables de l'hérédité. Il prouve que la transmission d'un caractère et son développement, qui vont ordinairement ensemble et qui échappent ainsi à notre attention, n'en constituent pas moins deux propriétés distinctes; ces propriétés, dans quelques cas, sont même antagonistes, car chacune d'elles agit alternativement dans les générations successives. Le retour n'est pas un événement rare dépendant de quelque combinaison de circonstances favorables ou extraordinaires ; il se produit au contraire si régulièrement chez les animaux et chez les plantes provenant de croisements, et si fréquemment chez les races non croisées, qu'il constitue évidemment une partie essentielle du principe de l'hérédité. Nous savons que les changements dans les conditions d'existence ont le pouvoir d'évoquer, pour ainsi dire, des caractères perdus depuis longtemps, ainsi que le prouve l'étude des animaux redevenus sauvages. L'acte du croisement a, par lui-même, ce pouvoir à un très-haut degré. N'est-il pas étonnant que des caractères qui ont disparu pendant des vingtaines, des centaines, ou même des milliers de générations, réapparaissent soudainement dans un état de développement complet, comme nous le voyons chez les pigeons et les poulets de race pure et surtout de race croisée, ou bien encore comme le prouve la présence de raies chez les chevaux isabelle et d'autres exemples analogues ? Un grand nombre de monstruosités sont dans le même cas ; ainsi, le développement d'organes rudimentaires ou la brusque réapparition d'un organe qui a dû exister chez quelque ancêtre très-reculé, mais dont il ne restait pas la moindre trace, comme la cinquième étamine chez quelques Scrofulariées. Nous avons déjà vu que le retour joue un rôle dans la reproduction par bourgeon, et nous savons qu'il se manifeste quelquefois pendant la croissance d'un même individu, surtout, mais non pas exclusivement, lorsqu'il a une origine croisée, ainsi, par exemple, les poulets, les pigeons, les bestiaux et les lapins qui, en avançant en âge, ont fait retour par la couleur à un de leurs parents ou à un de leurs ancêtres.

Nous sommes donc conduits à admettre, comme nous l'avons déjà expliqué, que tout caractère susceptible de réapparition est présent à l'état latent dans chaque génération, de même à peu près que, chez les animaux mâle et femelle, les caractères secondaires du sexe opposé existent à l'état latent, prêts à se développer si les organes reproducteurs subissent une lésion. Cette comparaison des caractères sexuels secondaires, latents chez les deux sexes, avec les autres caractères latents est d'autant plus justifiée que nous avons cité le cas d'une poule qui a repris, en

avançant en âge, quelques-uns des caractères masculins, non pas
de sa race mais d'un ancêtre éloigné ; nous avons vu, en conséquence, se produire chez elle le redéveloppement des caractères
latents appartenant aux deux catégories. Nous pouvons être certains qu'il existe à l'état latent, chez chaque être vivant, une foule
de caractères perdus depuis longtemps, prêts à se développer
dans des conditions convenables. Comment rendre intelligible,
comment relier aux autres faits cette propriété si commune et en
même temps si admirable du retour, ce pouvoir de rappeler à la
vie des caractères perdus depuis longtemps ?

PARTIE II.

Je viens de rappeler les principaux faits qu'il serait désirable
de pouvoir rattacher les uns aux autres par quelque lien intelligible. Je crois que la chose est possible si nous faisons les
hypothèses suivantes. Je dois déclarer tout d'abord que la principale hypothèse me semble fondée, et qu'on peut également appuyer les autres par diverses considérations physiologiques. On
admet universellement que les cellules ou les unités qui constituent le corps se multiplient par division spontanée ou par prolifération tout en conservant la même nature, et qu'elles se convertissent ultérieurement pour former les diverses substances et les
divers tissus qui composent le corps. Mais, à côté de ce mode de
multiplication, je suppose que les unités engendrent des petits granules qui se dispersent dans le système tout entier ; que ces granules, quand ils reçoivent une nutrition suffisante, se multiplient
par division spontanée et se développent ultérieurement en cellules semblables à celles dont ils dérivent. Nous pourrions donner
à ces granules le nom de gemmules. Emises par toutes les parties
du système, ces gemmules se réunissent pour former les éléments sexuels et leur développement dans la génération suivante
constitue un être nouveau ; mais elles peuvent également se
transmettre à l'état latent à des générations futures et se développer alors. Ce développement dépend de leur union avec
d'autres gemmules partiellement développées, ou des cellules
naissantes qui les précèdent dans le cours régulier de la crois-

sance. Nous verrons, lorsque nous discuterons l'action directe
du pollen sur la plante mère, pourquoi j'emploie le terme d'union.
Je suppose que les gemmules sont émises par chaque unité, non-
seulement pendant l'état adulte, mais aussi pendant chaque
phase du développement, mais non pas nécessairement pendant
toute l'existence de la même unité. Je suppose, enfin, que les
gemmules à l'état latent ont une affinité mutuelle les unes pour
les autres, d'où résulte leur agrégation en bourgeon ou en élément sexuel. Ce ne sont donc pas les organes reproducteurs ou
les bourgeons qui engendrent de nouveaux organismes, mais les
unités dont chaque individu est composé. Ces suppositions constituent l'hypothèse provisoire que je désigne sous le nom de
pangenèse. Divers auteurs ont avancé déjà des idées à peu près
semblables [42].

Avant de chercher à démontrer jusqu'à quel point ces suppositions sont probables en elles-mêmes, et dans quelle mesure
elles relient et expliquent les divers groupes de faits dont nous
nous sommes occupés, je crois devoir donner un exemple, aussi
simple que possible de l'hypothèse. Si un protozoaire est, comme
il le parait sous le microscope, formé d'une petite masse homogène de matières gélatineuses, une petite parcelle ou gemmule
émise par un point quelconque et nourrie dans des circonstances
favorables, devra nécessairement reproduire le tout ; mais si la
surface supérieure et la surface inférieure différaient l'une de

[42] M. G. H. Lewes (*Fortnightly Review*, 1er nov. 1868, p. 506), appelle l'attention sur les nombreux savants qui ont soutenu des hypothèses à peu près semblables. Il y a plus de deux mille ans, Aristote combattait une hypothèse de cette nature que soutenaient, d'après le Dr Ogle, Hippocrate et quelques autres. Ray (*Wisdom of God*, 2e éd. 1692, p. 68), dit que « chaque partie du corps semble contribuer à la formation de la semence ». Les « molécules organiques » de Buffon (*Hist. Nat. gén.*, éd. de 1749, vol. II, p. 54, 62, 329, 333, 420, 425) semblent au premier abord identiques aux gemmules de mon hypothèse, mais elles sont essentiellement différentes. Bonnet (*Œuvres d'Hist. Nat.* 4e éd. 1781, vol. V, part. 1, p. 334) admet l'existence dans les membres de germes adaptés à la réparation de toutes les pertes possibles ; mais il ne dit pas s'il suppose que ces germes sont les mêmes que ceux qui existent dans les bourgeons et dans les organes sexuels. Le professeur Owen (*Anatomy of Vertebrates*, 1868, vol. III, p. 813) dit qu'il ne remarque aucune différence fondamentale entre les opinions qu'il a soutenues dans son ouvrage, *Parthenogenesis* (1849, p. 5-8) et qu'il considère maintenant comme erronées, et mon hypothèse de la pangenèse ; mais un critique (*Journ. of Anat. and phys.*, mai 1869, p. 441) démontre combien ces deux hypothèses sont réellement différentes. Je pensais autrefois que les « unités physiologiques » de M. Herbert Spencer (*Principles of Biology*, vol. 1, chap. IV et VIII, 1863-64) concordaient exactement avec mes gemmules, mais je sais aujourd'hui qu'il n'en est rien. Enfin, le professeur Mantegazza dans une revue critique de la première édition du présent ouvrage (*Nuova Antologia*, Maggio 1868) affirme que dans ses *Elementi di Igiene* (3e édit. p. 540) il a nettement prévu la doctrine de la pangenèse,

l'autre et de la partie centrale, au point de vue de la conformation du tissu, ces trois parties devraient émettre des gemmules
qui, agrégées par affinité mutuelle, formeraient des bourgeons
ou des éléments sexuels, et finiraient par se développer pour
former un organisme semblable à celui dont elles dérivent.

La même hypothèse peut s'appliquer à un animal supérieur;
il faut seulement admettre, dans ce cas, l'émission de milliers
de gemmules par les différentes parties du corps pendant chaque
phase du développement; ces gemmules se développent par leur
union avec des cellules naissantes, préexistantes dans un ordre
régulier de succession.

Les physiologistes soutiennent, comme nous l'avons vu, que
chaque unité du corps, bien que dans une grande mesure dé-
pendante des autres, n'en jouit pas moins d'une certaine indépendance ou d'une certaine autonomie, et a la faculté de se multiplier par division spontanée. Je vais un peu plus loin et je
suppose que chaque unité émet des gemmules libres, qui sont
dispersées dans le système entier et qui peuvent, étant données
certaines circonstances et certaines conditions, se développer de
façon à former des unités semblables. On ne saurait dire, d'ailleurs, que ce soit là une hypothèse gratuite et peu probable. Il
est évident que les éléments sexuels ou les bourgeons contiennent de la matière formative de certaine nature, susceptible de
développement; or, la production des hybrides de greffe nous
autorise aujourd'hui à conclure que des matières semblables sont
dispersées dans les tissus des plantes, et peuvent se combiner
avec celles appartenant à une autre plante distincte pour engendrer un être nouveau qui possède des caractères intermédiaires.
Nous savons aussi que l'élément mâle peut agir directement sur
les tissus partiellement développés de la plante-mère et sur la
progéniture future des femelles. La matière formative qui est
ainsi dispersée dans les tissus des plantes et qui est apte à se
développer dans chaque unité ou partie, doit être engendrée
par un moyen quelconque. Or, mon hypothèse principale veut
que cette matière se compose de petites parcelles ou gemmules,
émises par chaque unité ou cellule [43].

---

[43] M. Lowne (*Journal of Queckett Microscopical club*, 23 sept. 1870) a observé certains
changements remarquables dans les tissus de la larve d'une mouche, ce qui le porte à croire

Mais je dois supposer, en outre, que les gemmules, avant leur développement, ont la faculté de se multiplier beaucoup elles-mêmes par division spontanée, comme les organismes indépendants. Delpino maintient « qu'il répugne à toute analogie d'admettre la multiplication par fissiparité de corpuscules analogues aux graines ou bourgeons, etc. » Mais c'est-là, ce me semble, une objection assez étrange, car Thuret[44] a vu le zoospore d'une algue se diviser spontanément, et chaque moitié germer. Hœckel a divisé en plusieurs morceaux l'œuf segmenté d'un siphonophore, et chacun de ces morceaux s'est développé. L'extrême petitesse des gemmules, qui, par leur nature, doivent différer à peine des organismes les plus simples et les plus infimes, ne constitue d'ailleurs pas une improbabilité à leur croissance et à leur multiplication.

Une grande autorité, le docteur Beale[45] dit « que les petites cellules de la levûre peuvent émettre des bourgeons ou gemmules qui ont moins de 2 dix-millionièmes de millimètre de diamètre »; et il pense que « ces gemmules peuvent pratiquement se subdiviser *ad infinitum* ».

Un germe de petite vérole assez petit pour être transporté par le vent doit se multiplier lui-même des milliers de fois chez la personne inoculée; il en est de même des germes contagieux de la fièvre typhoïde[46]. On s'est assuré récemment[47] qu'une petite parcelle des excrétions muqueuses d'un animal affecté de la peste introduite dans le sang d'un bœuf parfaitement sain, se multiplie si rapidement que, dans un court espace de temps « la masse entière du sang, pesant plusieurs livres, se trouve infectée et que chaque petite parcelle de ce sang contient assez de poison pour communiquer à son tour, en moins de quarante-huit heures, la maladie à un autre animal ».

Sans doute, il paraît peu probable que des gemmules restent à l'état libre et non développé dans un même corps, depuis la

<hr />

« qu'il est possible que les organes et les organismes se développent parfois grâce à l'agrégation de gemmules excessivement petites, telles que les comporte l'hypothèse de M. Darwin. »

[44] *Ann. des Sc. Nat.* 3ᵉ sér. *Bot.* vol XIV, 1850, p. 244.

[45] *Disease Germs*, p. 20.

[46] Voir à ce sujet quelques intéressants mémoires du Dᵣ Beale dans *Medical Times and Gazette*, 9 sept. 1865, p. 273, 330.

[47] *Third Report of the R. Comm. on the Cattle plague.*

jeunesse jusqu'à la vieillesse, mais il importe de se rappeler que des graines restent souvent dans la terre et des bourgeons dans l'écorce d'un arbre à l'état dormant, pour ainsi dire, pendant un laps de temps très considérable. La transmission de ces gemmules de génération en génération paraît encore plus improbable ; mais, là encore, nous devons nous rappeler que beaucoup d'organes rudimentaires et inutiles se sont transmis pendant un nombre infini de générations. Nous allons voir que la transmission longtemps continuée de gemmules non développés explique parfaitement un grand nombre de faits.

Nous supposons que l'unité, ou chaque groupe d'unités semblables, dispersée dans le corps entier, émet ces gemmules qui sont toutes contenues dans l'ovule le plus petit, dans chaque spermatozoaire, dans chaque grain de pollen; or, comme certains animaux et certaines plantes produisent un nombre étonnant de grains de pollen et d'œufs, il en résulte que le nombre et la petitesse des gemmules doivent être inconcevables [48]. Mais, si l'on considère la petitesse des molécules et combien il en faut pour former le plus petit granule d'une substance ordinaire quelconque, cette objection, relativement aux gemmules, n'est pas insurmontable. Se basant sur les recherches de sir William Thompson, mon fils, Georges, trouve qu'un cube de verre ou d'eau ayant deux millionièmes de millimètre de côté doit contenir entre seize millions de millions et cent trente un mille millions de millions de molécules. Sans doute, les molécules dont se compose un organisme sont plus grandes que celles qui composent une substance inorganique parce qu'elles sont plus complexes, et probablement beaucoup de molécules se réunissent pour former une gemmule; mais il importe d'observer qu'un cube ayant deux millionièmes de millimètre de côté est beaucoup plus petit qu'un grain de pollen, qu'un ovule ou qu'un bourgeon, et, en conséquence, nous comprenons facilement qu'un

[48] M. F. Buckland a trouvé 6,867,840 œufs chez une morue (*Land and water*, 1868, p. 62). Un ascaris produit environ 64,000,000 d'œufs (Carpenter, *C mp. Phys.*, 1854, p. 590). M. J. Scott, du jardin Botanique d'Edimbourg, a calculé comme je l'avais fait pour les orchidées britanniques (*Fertilisation of orchids*, p. 344), le nombre des graines contenues dans une capsule d'Acropera, et il en trouve 371,250. Or, cette plante produit plusieurs fleurs par racème et plusieurs racèmes par saison. M. Scott a vu chez un genre voisin, le Gongora, vingt capsules sur un seul racème ; or dix racèmes semblables sur l'Acropera produiraient plus de 74,000,000 de graines.

de ces corps puisse contenir un nombre énorme de gemmules.

Les gemmules provenant de chaque partie ou de chaque organe doivent être absolument dispersées dans le système tout entier. Nous savons, par exemple, qu'un petit fragment de la feuille d'un Bégonia suffit pour reproduire la plante toute entière ; nous savons aussi que, si on coupe un ver d'eau douce en petits morceaux, chacun de ces morceaux reproduit l'animal entier. Cette dispersion absolue des gemmules n'a rien, d'ailleurs, qui doive nous étonner, si nous tenons compte de leur petitesse et de la perméabilité de tous les tissus organiques. Un cas intéressant signalé par sir J. Paget, nous prouve que la matière se transporte facilement d'une partie du corps à une autre, sans l'aide de vaisseaux ; il a observé, en effet, une dame dont les cheveux perdaient leur couleur pendant des attaques de névralgie pour la recouvrer quelques jours après l'attaque. Toutefois, chez les plantes et probablement chez les animaux composés, tels que les coraux, les gemmules ne s'épandent pas ordinairement d'un bourgeon à l'autre, mais restent fixés dans les parties qui se développent chez chaque bourgeon séparé ; il nous est impossible de donner l'explication de ce fait.

L'affinité élective que nous supposons exister chez chaque gemmule pour la cellule particulière qui la précède dans l'ordre normal du développement est appuyée par beaucoup d'analogies. Dans tous les cas ordinaires de reproduction sexuelle, les éléments mâles et femelles ont certainement une affinité mutuelle les uns pour les autres ; ainsi, on admet qu'il existe environ dix mille espèces de Composées, et on ne peut douter que si on pouvait placer simultanément ou successivement sur le stigmate d'une espèce quelconque, le pollen de toutes les autres, elle ne choisit le pollen qui lui convient le mieux. Cette capacité élective est d'autant plus étonnante qu'elle doit avoir été acquise depuis que les nombreuses espèces qui forment cette famille ont divergé de leur ancêtre commun. Quelque opinion que l'on puisse avoir sur la nature de la reproduction sexuelle, il faut admettre que la matière formative de chaque partie, contenue dans les ovules et dans l'élément mâle, réagit l'une sur l'autre, en vertu de quelque loi d'affinité spéciale, de sorte que les parties correspondantes exercent une certaine influence les

unes sur les autres ; ainsi, un veau produit d'une vache à courtes
cornes, par un taureau à longues cornes, a les cornes affectées
par l'union des deux formes, de même que le produit de deux
oiseaux à queues diversement colorées, a la queue affectée.

Les divers tissus du corps, comme l'ont fait remarquer plusieurs physiologistes [49], ont une affinité pour plusieurs substances organiques spéciales, que ces substances soient naturelles
ou étrangères au corps. Ainsi, par exemple, les cellules des reins
attirent l'urée contenue dans le sang ; le Curare affecte certains
nerfs, la Cantharide (*Lytta vesicatoria*) affecte les reins ; et les
matières virulentes de certaines maladies, telles que la petite
vérole, la fièvre scarlatine, la coqueluche, la morve et la rage
affectent certaines parties définies du corps.

On a supposé aussi que le développement de chaque gemmule
dépend de son union avec une autre cellule, ou unité, qui vient
de commencer son évolution et qui la précède dans l'ordre
normal de la croissance. Nous avons prouvé dans la discussion
consacrée à ce sujet que la matière formative contenue dans le
pollen des plantes, matière qui, en vertu de notre hypothèse, se
compose de gemmules, peut s'unir avec les cellules particulièrement développées de la plante mère, et les modifier. Comme les
tissus des plantes, autant que nous pouvons le savoir, se forment
seulement par la prolifération de cellules préexistantes, nous
devons en conclure que les gemmules provenant d'un pollen
étranger ne se développent pas pour former des cellules nouvelles et séparées, mais pénètrent dans les cellules naissantes de
la plante mère, et les modifient. On pourrait comparer ce phénomène à ce qui se passe dans l'acte de la fécondation ordinaire,
pendant laquelle le contenu des tubes polliniques pénètre dans
le sac embryonnaire fermé, contenu dans l'ovule, et détermine le
développement de l'embryon. Si l'on admet cette hypothèse, on
peut dire littéralement que les gemmules provenant du pollen
étranger fécondent les cellules de la plante mère. Dans ce cas et
dans tous les autres, les gemmules convenables doivent se combiner dans un ordre normal avec les cellules naissantes préexis-

[49] Paget, *Lectures on Pathology*, p. 27 ; Virchow, *Cellular Pathology*, p. 123, 126,
249 ; Claude Bernard, *Des Tissus vivants*, p. 177, 210, 237 ; Muller, *Physiology*
p. 290.

tantes, grâce à leurs affinités électives. Une légère différence de nature entre les gemmules et les cellules naissantes ne saurait empêcher leur union mutuelle et leur développement, car nous savons que, dans le cas de la reproduction ordinaire, de légères différences entre les éléments sexuels favorisent de façon très-prononcée leur union et leur développement subséquent, aussi bien que la vigueur du produit.

Jusqu'à présent notre hypothèse nous a permis de jeter un peu de lumière, mais bien obscure encore, sur les problèmes qui nous entourent; mais il faut avouer que beaucoup de points restent absolument douteux. Ainsi, il serait inutile de se demander à quelle période du dévelppement. chaque unité du corps émet ses gemmules, car toute la question de l'évolution des divers tissus est encore loin d'être éclaircie. Nous ne saurions dire si les gemmules se réunissent simplement dans les organes reproducteurs à certaines époques par un moyen qui nous est inconnu, ou si, une fois réunies, elles se multiplient rapidement à l'intérieur de ces organes, ce que semble indiquer l'afflux du sang au moment du rut. Nous ne savons pas non plus pourquoi les gemmules se réunissent pour former des bourgeons dans certains endroits définis, ce qui amène la croissance symétrique des arbres et des coraux. Il nous est impossible de dire si l'usure ordinaire des tissus est compensée par les gemmules, ou simplement par la prolifération des cellules préexistantes. Si les gemmules servent à réparer ou à compenser cette usure constante, comme semblent l'indiquer les liens intimes qui existent entre la compensation de l'usure, la régénération, le développement et surtout les changements périodiques que subissent certains animaux mâles, au point de vue de la structure et de la couleur, nous pouvons nous expliquer dans une certaine mesure les phénomènes de la vieillesse dont le pouvoir de reproduction est si amoindri, ainsi que le sujet obscur de la longévité. Les animaux châtrés qui ne perdent pas d'innombrables gemmules pendant l'acte de la reproduction ne vivent pas plus longtemps que les mâles parfaits; ce fait semble prouver que les gemmules ne servent pas à la réparation ordinaire des tissus fatigués, à moins qu'on n'admette que les gemmules se multiplient dans des proportions considérables, dès qu'ils sont réunis en petit nombre à l'intérieur des organes reproducteurs [50].

Certains faits, et particulièrement celui que nous avons déjà cité relativement à l'ergot d'un coq, qui prit un développement si énorme après avoir été greffé dans l'oreille d'un bœuf, semblent prouver que les mêmes cellules ou unités peuvent vivre pendant une longue période et continuer à se multiplier, sans se modifier par leur union avec des gemmules libres de quelque espèce que ce soit. Jusqu'à quel point l'absorption d'une nourriture particulière provenant des tissus environnants, indépendamment de l'union avec des gemmules d'une nature distincte, permet-elle aux unités de se modifier pendant leur croissance normale ? C'est encore là un point douteux [51]. Nous apprécierons mieux cette difficulté si nous nous rappelons quelle est la croissance complexe et cependant symétrique des cellules des plantes, inoculées par le venin de l'insecte des galles. On admet généralement que certaines excroissances et certaines tumeurs polypoïdes chez les animaux sont le produit direct par prolifération de cellules normales qui sont devenues anormales [52]. Pendant la croissance régulière et la réparation des os, les tissus parcourent, comme le fait remarquer Virchow [53], toute une série de permutations et de substitutions. « Les cellules du cartilage peuvent se convertir par une transformation directe en cellules à moelle et rester telles ; ou elles peuvent se convertir d'abord en tissus osseux, puis en tissus médullaires ; ou, enfin, elles peuvent se convertir d'abord en moelle et ensuite en os. Les permutations de ces tissus, si voisins les uns des autres et, cependant, si complétement distincts au point de vue de l'aspect extérieur, sont extrêmement variables.» Mais, comme ces tissus changent ainsi de nature à tout âge, sans changement apparent dans leur nutrition, nous devons supposer, en vertu de notre hypothèse, que les gemmules émises par une espèce de tissu se combinent avec les cellules d'une autre espèce de tissu et provoquent ainsi des modifications successives.

[50] Le prof. Ray Lankester a discuté plusieurs des points qui portent sur la pangenèse dans un intéressant mémoire, *On comparative longevity in man and the lower animals*, 1870, p. 38, 77, etc.

[51] Dr Ross, *Graft theory of Disease*, 1872, p 53.

[52] Virchow, *Cellular Pathology*, p. 60, 162, 245, 441, 454.

[53] *Ibid.*, p. 412-426.

Nous avons lieu de croire qu'il faut l'union de plusieurs gemmules pour amener le développement d'une même unité ou cellule, car nous ne pourrions expliquer autrement l'insuffisance d'un seul grain de pollen ou même de deux ou trois, ou l'insuffisance d'un certain nombre de spermatozoaires. Mais nous ne savons pas si les gemmules de toutes les unités sont libres et séparées les unes des autres, ou si elles sont dès l'origine agrégées en petits groupes. Une plume, par exemple, a une structure complexe, et, comme chaque partie de cette plume est sujette à des variations héréditaires, j'en conclus que chaque plume engendre un grand nombre de gemmules ; mais il est possible que ces gemmules soient réunies en une gemmule composée. La même remarque s'applique aux pétales des fleurs, qui sont souvent très-complexes, dont chaque creux et chaque bosse répond à un besoin spécial, de sorte que chaque partie doit s'être séparement modifiée, et que ces modifications sont devenues héréditaires ; il en résulte qu'en vertu de notre hypothèse chaque cellule ou unité a dû émettre des gemmules séparées. Mais nous voyons parfois la moitié d'une anthère, ou une petite partie du filament, prendre la forme d'un pétale ; nous voyons aussi des parties ou de simples bandes du calice, prendre la couleur et la texture de la corolle ; il est donc probable que les gemmules émises par chaque cellule du pétale ne sont pas groupées de façon à composer une gemmule complexe, mais qu'elles restent libres et séparées. Dans un cas aussi simple même que celui d'une cellule parfaite, avec son contenu protoplasmique, son noyau et ses parois, nous ne saurions dire si le développement dépend d'une gemmule composée provenant de chacune de ses parties [54].

Après avoir ainsi cherché à démontrer que plusieurs faits analogues confirment jusqu'à un certain point les diverses données précédentes, examinons dans quelle mesure notre hypothèse ramène à un point de vue unique les divers cas énumérés dans la première partie de ce chapitre. Toutes les formes de reproduction se confondent les unes avec les autres par des degrés insensibles, toutes concordent au point de vue du pro-

---

[54] Voir quelques critiques sur ce point par Delpino et par M. G. H. Lewes, *Fortnightly review*, 1er nov. 1868, p. 509.

duit; il est impossible, en effet, d'établir une distinction entre
les organismes produits par des bourgeons, par la division spontanée ou par des germes fécondés ; ces organismes sont sujets à
des variations de la même nature et à des retours de la même
espèce; or, comme, en vertu de notre hypothèse, toutes les
formes de reproduction dépendent d'un groupement de gemmules émanant du corps entier, il nous est facile de comprendre
cette concordance remarquable. La parthénogénèse n'a, dès lors,
plus rien d'étonnant, et, si nous ne savions quels avantages
considérables résultent de l'union d'individus des deux sexes,
nous pourrions nous étonner que la parthénogénèse ne se
présente pas plus souvent. La formation des hybrides de greffe
et l'action de l'élément mâle sur les tissus de la plante mère
aussi bien que sur la future progéniture de la femelle, constituent de grandes anomalies dans toutes les théories ordinaires
formulées sur la reproduction ; notre hypothèse nous permet
de les expliquer. Les organes reproducteurs ne créent pas effectivement les éléments sexuels ; ces organes servent simplement
à déterminer l'agrégation des gemmules et peut-être leur multiplication d'une façon spéciale. Toutefois, ces organes, ainsi que
leurs parties accessoires, ont de hautes fonctions à remplir ; ils
adaptent l'un ou l'autre des éléments sexuels à une existence
temporaire indépendante, et les préparent à une union mutuelle.
La sécrétion stigmatique agit sur le pollen d'une plante appartenant à la même espèce, d'une façon toute différente que sur le
pollen d'une autre plante appartenant à une famille ou à un
genre distinct.

Les spermatophores des Céphalopodes ont des structures si
étonnamment complexes qu'on les a pris autrefois pour des vers
parasites ; les spermatozoaires de certains animaux possèdent
des attributs, qui, observés chez un animal indépendant, seraient
considérés comme un instinct dirigé par des organes des sens,
lorsque, par exemple, le spermatozoaire d'un insecte se fraie un
chemin au travers du micropyle infiniment ténu de l'œuf.

L'antagonisme que l'on a longtemps observé [55], à peu d'exceptions près, entre la croissance active et la reproduction

---

[55] M. H. Spencer (*Principles of Biology*, t. II. p. 430) a longuement discuté l'antagonisme entre la croissance et la reproduction.

sexuelle [26], entre la réparation des lésions et la gemmation, et, chez les plantes, entre la multiplication rapide par bourgeons, par rhizomes, etc., et la production des graines, s'explique en partie par le fait que les gemmules n'existent pas en nombre suffisant pour permettre aux deux modes de reproduction de s'accomplir simultanément.

La physiologie offre peu de faits plus étonnants que l'aptitude à la régénération, c'est-à-dire que, par exemple, un limaçon puisse reproduire sa tête, une salamandre ses yeux, sa queue ou ses pattes exactement à l'endroit où ils ont été enlevés. Ce phénomène s'explique par la présence de gemmules émises par chaque partie, et disséminées dans le corps entier. J'ai entendu comparer ce phénomène à la réparation des angles brisés d'un cristal au moyen de la recristallisation ; les deux cas ont au moins ceci de commun que, dans l'un, la cause agissante est la polarité des molécules et, dans l'autre, l'affinité des gemmules pour certaines cellules naissantes. Mais nous nous trouvons ici en présence de deux objections qui s'appliquent non–seulement à la réparation d'une partie ou à la régénération d'un individu coupé en morceaux, mais aussi à la génération fissipare et au bourgeonnement. La première objection est que la partie reproduite se trouve dans le même état de développement que celui de l'individu qui a été amputé ou coupé en morceaux; dans le cas de bourgeons, que les êtres nouveaux ainsi produits se trouvent dans le même état de développement que le parent qui a bourgeonné. Ainsi, par exemple, une Salamandre adulte dont on a coupé la queue ne produit pas une queue larvaire; un crabe ne reproduit pas non plus une patte larvaire. Quant aux bourgeons, nous avons démontré, dans la première partie de ce chapitre, que le nouvel être ainsi produit ne rétrograde pas, c'est-à-dire qu'il n'a pas à passer par les phases antérieures que le germe fécondé doit traverser. Néanmoins, les organismes qui

---

[26] Le saumon m' le reproduit de bonne heure. Le Triton et le Siredon sont capables de reproduction l rsq'ils o t encore leurs branchies l rvaires, d'après Filippi et Duméril (*Ann. a d Mag o Nat. H t.*, 3 érie, 186ô, p. 157). — E. Hackel (*Monatsbericht Akad. Wiss. Berlin*, 18 3) a observé l c s surprenant d'une méduse pourvue d'organes reproducteurs actifs, qui pro luisit p r gemmation une forme toute différente de la méduse, ayant elle-même la propriété de se reproduire par génération sexuelle. Krohn a démontré *Ann. and Mag. of Nat. H t.*, 3e série, vol. XIX, 1862, p. 6) que d'autres méduses, quoique parfaitement munies d'organes sexuels, se propagent par gemmes. Voir aussi Kolliker, *Morphologie und Entwicke- ng g schichte des Pennatuliden lammes*, 1872, p. 12.

se multiplient par bourgeons doivent, selon notre hypothèse, contenir d'innombrables gemmules émanant de chaque partie, ou unité des premières phases du développement, or, pourquoi ces gemmules ne reproduisent-ils pas le membre amputé ou le corps entier dans une phase antérieure correspondante du développement?

Delpino a soulevé une seconde objection : il soutient que les tissus d'une Salamandre ou d'un Crabe adulte, par exemple, dont on a amputé un membre, sont déjà différenciés et ont traversé tout le cours de leur développement ; comment, dans ce cas, ces tissus peuvent-ils, en vertu de notre hypothèse, attirer les gemmules de la partie qu'il s'agit de reproduire et se combiner avec eux? Pour répondre à ces deux objections, nous devons nous rappeler les témoignages que nous avons cités, témoignages tendant à prouver que, dans un grand nombre de cas tout au moins, la faculté de la régénération est une faculté locale, acquise dans le but de réparer des lésions spéciales auxquelles chaque individu en particulier est exposé ; et que, dans le cas de la génération par bourgeon, ou de la génération fissipare, cette faculté a été acquise dans le but de multiplier rapidement l'organisme à une période de l'existence où il peut exister en grand nombre. Ces considérations nous portent à croire que, dans tous ces cas, il existe un groupe de cellules naissantes ou de gemmules partiellement développées, conservées dans ce but spécial soit localement, soit dans le corps entier, et toutes prêtes à se combiner avec les gemmules émanant des cellules qui se présentent ensuite dans l'ordre normal de l'évolution. Si l'on admet cette dernière hypothèse, elle suffit pour répondre aux deux objections que nous venons de signaler. Quoi qu'il en soit, la pangenèse semble jeter un jour considérable sur la faculté étonnante de la régénération.

Il résulte aussi de l'explication que nous venons de donner, que les éléments sexuels diffèrent des bourgeons en ce qu'ils ne contiennent pas des cellules naissantes ou des gemmules dans un état de développement quelque peu avancé, de sorte que les gemmules appartenant aux phases antérieures, sont les seules qui se développent d'abord. Comme les jeunes animaux et ceux qui occupent un degré inférieur sur l'échelle des organismes sont ceux qui sont le plus ordinairement doués de la faculté de la régénération, il est probable aussi que ces animaux conservent des cellules à l'état naissant, ou des gemmules partiellement développées, plus facilement que les animaux dont le développement a déjà subi une longue série de phases. Je puis ajouter que, bien qu'on puisse découvrir des ovules chez toutes ou chez presque toutes les femelles dès l'âge le plus tendre, on a toute raison de croire que les gemmules, émanant de parties qui se modifient pendant l'âge adulte, pénètrent aussi dans les ovules.

La pangenèse concorde parfaitement avec la plupart des faits constatés relatifs à l'hybridité. Nous devons croire, en raison des faits précédemment cités, qu'il faut plusieurs gemmules pour amener le développement de chaque cellule ou unité. Mais la parthénogénèse, et principalement les cas dans lesquels l'embryon est seulement formé en partie, nous permettent de conclure que l'élément femelle contient ordinairement des gemmules en nombre presque suffisant pour un développement indépendant, de sorte que, quand l'élément femelle est uni à l'élément mâle, les gemmules se trouvent en excès. Or, quand on croise deux espèces ou deux races l'une avec l'autre, le produit ne diffère ordinairement pas, ce qui prouve que les deux éléments sexuels ont un pouvoir égal en vertu de l'hypothèse que tous deux contiennent les mêmes gemmules. Les hybrides et les métis ont ordinairement des caractères intermédiaires à ceux des deux formes parentes. Parfois, cependant, ils ressemblent plus étroitement à l'un de leurs parents par une partie du corps, et au second par une autre partie, ou même par toute leur conformation.

Ce fait s'explique, si l'on admet que les gemmules sont en excès dans le germe fécondé et que ceux provenant de l'un des parents possèdent sur ceux provenant de l'autre parent quelque supériorité au point de vue du nombre, de l'affinité ou de la vigueur. Les formes croisées affectent quelquefois la couleur, ou certains autres caractères de l'un ou l'autre parent, caractères qui se présentent sous forme de raies ou de taches ; ce fait se produit pendant la première génération ou par retour, pendant les générations suivantes, que ces générations s'effectuent par bourgeon ou qu'elles soient sexuelles ; nous avons cité plusieurs exemples de ce fait, dans le onzième chapitre. Dans ces cas, nous devons admettre avec Naudin [57] que l'*essence* ou l'*élément* des deux espèces, termes que je traduis par le mot gemmule, a une affinité pour son semblable, et se groupe ainsi en raies ou en taches distinctes ; nous avons, dans le quinzième chapitre, en discutant l'incompatibilité qui paraît exister entre certains caractères et s'opposer à leur fusion, donné les raisons qui paraissent justifier l'admission d'une affinité mutuelle de ce genre. Lorsqu'on croise deux formes, il n'est pas rare de voir que l'une l'emporte sur l'autre au point de vue de la transmission des caractères. Nous pouvons encore expliquer ce fait en supposant que les gemmules de l'une des formes possèdent une supériorité sur celles de l'autre, au point de vue du nombre, de la vigueur ou de l'affinité. Dans quelques cas, cependant, certains caractères sont présents chez une des formes, et existent à l'état latent chez l'autre ; ainsi, par exemple, il existe, chez tous les pigeons, une tendance latente à devenir bleus, et, quand on croise un pigeon bleu avec un pigeon ayant une couleur quelconque, la teinte bleue est ordinairement prépondérante chez le produit. On trouvera l'explication de cette forme de prépondérance quand nous aborderons l'étude de l'atavisme ou retour.

Lorsqu'on croise l'une avec l'autre deux espèces distinctes, on sait qu'elles ne produisent pas le nombre normal de descendants; sur ce point, nous devons nous borner à dire que le développement de chaque organisme dépendant d'affinités très exactement balancées entre une foule de gemmules et de cellules naissantes, il n'y a pas lieu de s'étonner que le mélange de gemmules émanant de deux espèces distinctes cause un manque total ou partiel de développement.

Nous avons démontré dans le dix-neuvième chapitre que la stérilité des hybrides provenant de l'union de deux espèces distinctes dépend exclusivement d'une affection des organes reproducteurs; toutefois, nous ne pouvons pas dire pourquoi ces organes sont ainsi affectés et nous ne savons pas non plus pourquoi les conditions artificielles d'existence, bien que compatibles

---

[57] *Nouvelles Archives du Muséum.* vol. I, p. 151.

avec la santé des individus, déterminent la stérilité; pourquoi enfin les unions consanguines trop longtemps continuées ou les unions illégitimes des plantes dimorphes et trimorphes produisent le même résultat. Cette affection, qui porte seulement sur les organes reproducteurs et non pas sur l'organisation entière, concorde parfaitement avec la faculté qui semble aller toujours en augmentant chez les hybrides pour la propagation par bourgeon; cette propagation implique, en effet, selon notre hypothèse, que les cellules des hybrides émettent des gemmules hybrides, qui se réunissent en bourgeons, mais qui ne s'agrègent pas dans les organes reproducteurs en quantité suffisante pour constituer les éléments sexuels. De même, un grand nombre de plantes sorties de leur condition naturelle, cessent de produire de la graine, et se propagent activement par bourgeons. Nous verrons bientôt que la pangenèse explique la tendance prononcée vers le retour que manifestent tous les organismes croisés, animaux ou végétaux.

Chaque organisme arrive à la maturité après une période plus longue ou plus courte de croissance et de développement; le terme *croissance* s'applique à une simple augmentation du volume, le terme développement à des modifications de la conformation. Les changements peuvent être insignifiants et très-graduels chez l'enfant par exemple, qui croît et se développe de façon à devenir un homme; parfois, ils sont nombreux, brusques et légers, comme dans les métamorphoses de certains insectes éphémères; parfois, enfin, ils sont en petit nombre et très-violents, comme chez la plupart des autres insectes. Chaque partie nouvellement formée peut se mouler dans une partie correspondante existant antérieurement, et on en conclut, à tort je crois, que cette partie nouvelle provient du développement de la partie ancienne; ou bien, la partie nouvelle peut se former dans une partie distincte du corps comme dans les cas extrêmes de métagenèse. Un œil, par exemple, peut se développer à un endroit du corps où aucun œil n'existait précédemment. Nous avons vu aussi que des organismes voisins, dans le cours de leurs métamorphoses, atteignent parfois à peu près la même conformation, après avoir passé par des formes complétement différentes; ou inversement, qu'après avoir passé par des formes à peu près analogues, ils affectent une conformation définitive absolument dissemblable. Il est très-difficile dans ces cas, d'accepter l'explication ordinaire en vertu de laquelle les cellules ou unités, premièrement formées, possèdent le pouvoir inhérent, indépendamment de toute cause extérieure, de produire des conformations nouvelles, absolument différentes au point de vue de la forme, de la position et de la fonction. Tous ces cas, au contraire, s'expliquent facilement par l'hypothèse de la pangenèse. Les unités, pendant chaque phase du développement, émettent des gemmules, qui, se multipliant, sont transmises aux descendants. Dès que, chez le descendant, une cellule particulière ou unité se développe partiellement, elle s'unit avec la gemmule de la cellule qui doit la suivre, ou, pour parler métaphoriquement, est fécondée par elle, et ainsi de suite. Mais les organismes ont souvent été soumis à des conditions d'existence modifiées pendant une certaine phase de leur développement, et, en conséquence, ils ont été aussi légèrement modifiés; les gemmules émises par ces parties modifiées, tendront évidemment à reproduire des parties modifiées de la même façon. Ce phénomène peut se répéter jusqu'à ce que, pendant une phase particulière du développement, les changements qu'affecte la structure de la partie deviennent considérables, mais il n'en résulte pas nécessairement que ces changements affectent d'autres parties, formées précédemment ou ultérieurement. Ce fait nous explique l'indépendance remarquable des conformations que l'on observe dans les métamorphoses successives et surtout dans les métagenèses successives de beaucoup d'animaux. Toutefois, quand il s'agit de maladies qui surviennent pendant la vieillesse, postérieurement à l'âge ordinaire de la procréation, et qui n'en sont pas moins parfois héréditaires, comme, par exemple, les affections du cerveau et du cœur, nous devons supposer que ces organes ont été affectés à un âge antérieur et ont émis des gemmules maladives, mais que l'affection n'est devenue visible ou nuisible qu'après la croissance prolongée de la partie. Tous les changements de structure qui se produisent régulièrement pendant notre vieillesse nous représentent probablement les effets d'une détérioration de croissance, et non pas d'un vrai développement.

Le principe de la formation indépendante de chaque partie, grâce à l'union des gemmules convenables avec certaines cel—

lules naissantes, outre l'excès des gemmules provenant de chaque parent, et leur multiplication spontanée subséquente, jette beaucoup de lumière sur un groupe de faits très-différents, qui sont inexplicables, si l'on adopte toute autre théorie relative au développement. Je fais allusion aux organes ou aux membres qui se multiplient de façon anormale, ou qui subissent une transposition. Le Dr. Elliott Coues [58] a observé, par exemple, un curieux poulet monstrueux, qui portait une jambe *droite* additionnelle parfaite, articulée sur le côté *gauche* du pelvis. Les poissons rouges portent souvent des nageoires additionnelles placées sur différentes parties du corps. Quand on ampute la queue d'un lézard, l'animal reproduit souvent une double queue. Une Salamandre, dont Bonnet divisa longitudinalement le pied, reproduisit des doigts additionnels. Valentin coupa l'extrémité caudale d'un embryon, et, trois jours après, il observa la production de rudiments d'un pelvis double, et de membres postérieurs doubles [59]. Lorsque des grenouilles, des crapauds, etc., naissent avec des membres doubles, comme cela arrive parfois, cette duplication ne peut être due, ainsi que le fait remarquer Gervais [60], à la fusion complète de deux embryons, sauf les membres, car les larves sont dépourvues de membres. Le même argument s'applique [61] à certains insectes qui naissent avec des pattes ou des antennes multiples, car ils proviennent aussi de la métamorphose de larves apodes ou privées d'antennes. Alphonse Milne-Edwards [62], a décrit le cas curieux d'un crustacé, chez lequel un des pédoncules oculaires, portait, au lieu d'un œil complet, une simple cornée imparfaite, au centre de laquelle s'était développée une partie d'antenne. On a signalé [63] le cas d'un homme, chez lequel, pendant les deux dentitions, une molaire remplaçait la deuxième incisive de gauche, particularité qu'il tenait de son grand-père paternel. On connaît plusieurs cas [64] de dents additionnelles qui se sont développées dans l'orbite de l'œil et sur le palais, prin-

---

[58] *Scientific opinion*, 10 nov. 1869, p. 488.
[59] Todd, *Cyclopæd. of Anat. and Phys.* vol. IV, 1849-52, p. 975.
[60] *Comptes-rendus*, 14 nov. 1865, p. 800.
[61] Quatrefages, *Métamorphoses de l'homme*, etc., 1862, p. 129.
[62] Günther, *Zoological record*, 1864, p. 279.
[63] Sedgwick, *Medico-Chirurg. Review*, avril 1863, p. 454.
[64] Isid. G. Saint-Hilaire, *Hist. des Anomalies*. vol 1, 1832, p. 435, 637 : vol. II, p. 560.

cipalement chez les chevaux. Des poils se développent parfois
dans des situations singulières, dans la substance du cerveau
par exemple [65]. Certaines races de moutons portent une grande
quantité de cornes sur le front. On a compté jusqu'à cinq ergots,
sur chacune des pattes de certains coqs de combat. Chez le poulet
huppé, le mâle porte une huppe formée de plumes semblables à
celles de la collerette, tandis que la huppe de la poule est composée de plumes ordinaires. Chez les pigeons et chez les poulets
à pattes emplumées, on voit pousser, sur le côté externe des
pattes et des doigts, des plumes semblables à celles de l'aile. Les
parties élémentaires d'une même plume peuvent même se trans-
poser, car, chez l'oie de Sébastopol, des barbules se développent sur
les filaments divisés de la tige. Des ongles imparfaits apparaissent parfois sur le moignon des doigts amputés de l'homme [66].
Il est intéressant d'observer que, chez les Sauriens qui affectent
la forme du serpent, et qui constituent une série aux membres
toujours plus imparfaits, les extrémités des phalanges disparaissent d'abord, et les ongles se produisent sur ce qui reste de ces
phalanges et parfois même sur des parties qui n'appartiennent
plus aux phalanges [67].

Des cas analogues se présentent si souvent chez les plantes
qu'ils n'excitent plus chez nous une surprise suffisante. On
remarque, en effet, à chaque instant, la présence de pétales,
d'étamines et de pistils additionnels. J'ai vu une foliole de la
feuille composée du *Vicia sativa*, remplacée par une vrille; or,
la vrille possède souvent des propriétés particulières telles que
le mouvement spontané et l'irritabilité. Le calice revêt parfois,
en totalité ou par raies, la couleur et la texture de la corolle.
Les étamines se transforment si fréquemment plus ou moins
complétement en pétales qu'on n'y fait plus aucune attention;
mais, comme les pétales ont des fonctions spéciales à remplir,
c'est-à-dire à protéger les organes qu'ils enveloppent, à attirer
les insectes, et, dans bien des cas, à diriger leur entrée par des
dispositions spéciales, nous ne pouvons guère expliquer la trans-

[65] Virchow, *Cellular pathology*, 1860, p. 66.
[66] Muller, *Physiology*, 1833, vol. 1, p. 407. On m'a récemment signalé un cas
analogue.
[67] Dr Fürbringer, *Die Knochen, etc., bei den Schlangenähnlichen Sauriern*, résumé dans
Journ of Anat. and Phys. mai 1870, p. 286.

foimation des étamines en pétales, simplement par un excès de nutrition artificielle. En outre, on observe parfois que le bord d'un pétale contient un des produits les plus élevés de la plante, c'est-à-dire le pollen ; j'ai vu, par exemple, la masse pollinique d'un ophrys, qui constitue une structure très-complexe, se développer sur le bord d'un pétale supérieur. On a observé que des segments du calice du pois commun s'étaient partiellement transformés en carpelles renfermant des ovules, et que les extrémités s'étaient converties en stigmates. M. Salter et le docteur Maxwell Masters ont trouvé du pollen dans les ovules de la fleur de la passion, et dans ceux de la rose. Des bourgeons se développent parfois dans les positions les moins naturelles, sur le pétale d'une fleur par exemple. Nous pourrions citer un grand nombre de faits analogues [8].

Je ne sais ce que pensent les physiologistes de faits semblables à ceux qui précèdent. D'après la doctrine de la pangenèse, les gemmules des organes transposés se développent dans un mauvais endroit parcequ'elles s'unissent avec des cellules impropres ou des groupes de cellules à l'état naissant ; or, ce phénomène peut résulter d'une légère modification de leurs affinités électives. Nous ne devons pas nous étonner, d'ailleurs, que les affinités des cellules et des gemmules soient sujettes à varier, quand nous nous rappelons les cas si curieux signalés dans le dix-huitième chapitre, relativement à des plantes qui refusent absolument de se laisser féconder par leur propre pollen, bien qu'elles soient complétement fécondes avec le pollen de tout autre individu appartenant à la même espèce, et, dans quelques cas, avec le pollen d'individus appartenant à une espèce distincte. Il est évident que les affinités électives sexuelles de cette plante, pour employer l'expression de Gärtner, se sont modifiées. Les cellules des parties adjacentes ou homologues doivent avoir à peu près la même nature, elles doivent donc être aussi très-aptes à acquérir par variation les affinités électives les unes des autres ; ce qui explique, dans une certaine mesure, la pré-

[8] Moquin-Tandon, *Tératologie vég.*, 1841. p. 218, 220, 353. Pour le pois, voir *Gard. Chron.* 1866, p. 897. Pour le pollen dans les ovules, Dr Masters, *Science Review*, oct. 1873, p. 369. Le Rev. J. M. Berkeley a décrit un bourgeon qui s'est développé sur un pétale d'un Clarkia, *Gard. Chron.* 28 av. 1866.

sence de cornes nombreuses sur la tête de certains moutons, la présence de plusieurs ergots sur les pattes de certains poulets, celles de plumes de la collerette sur la tête de certains coqs, et l'apparition, sur les pattes de certains pigeons, d'une membrane interdigitale et de plumes ressemblant à celles des ailes, car la patte est l'homologue de l'aile. Tous les organes des plantes sont homologues et partent d'un axe commun ; il est donc tout naturel qu'ils soient très-sujets à transposition. Il faut remarquer que, lorsqu'une partie composée, telle qu'un membre ou une antenne additionnelle, surgit dans une fausse position, il suffit pour cela que les premières gemmules aient été mal attachées, car, en se développant, elles attirent les autres gemmules, suivant l'ordre normal de la succession, tout comme dans la régénération d'un membre amputé. Quand des parties homologues et ayant une structure semblable, telles que les vertèbres des serpents, ou les étamines des fleurs polyandriques, 'etc., se répètent souvent dans un même organisme, les gemmules très-voisines par leur nature, doivent être extrêmement nombreuses, ainsi que les points avec lesquels elles doivent s'unir ; or, ces considérations nous permettent de comprendre jusqu'à un certain point la loi posée par Isidore Geoffroy Saint-Hilaire, à savoir, que les parties déjà multiples, sont très-sujettes à varier en nombre.

La variabilité dépend souvent, comme j'ai essayé de le démontrer, de ce que les organes reproducteurs sont affectés par la modification des conditions d'existence ; dans ce cas, les gemmules émises par les différentes parties du corps s'agrègent probablement en groupes irréguliers, où les unes sont en excès et où les autres font défaut. On ne saurait dire si un excès des gemmules conduit à un accroissement de volume d'une partie quelconque ; nous savons, au contraire, que le manque partiel des gemmules, sans conduire nécessairement à l'atrophie du membre, peut causer chez lui des modifications considérables. De même, en effet, qu'on peut facilement hybrider une plante si on a soin d'exclure son propre pollen, de même les cellules se combineraient probablement très-facilement avec d'autres gemmules voisines, si les gemmules voulues venaient à faire défaut ;

nous venons de voir un exemple de ce fait, en nous occupant des parties transposées.

Les variations causées par l'action du changement des conditions affectent directement, comme nous l'avons vu par de nombreux exemples, certaines parties du corps; ces parties émettent, en conséquence, des gemmules modifiées qui se transmettent aux descendants. Si l'on se place au point de vue ordinaire, il est impossible d'expliquer qu'un changement de conditions, agissant sur l'embryon, le jeune ou l'adulte puisse causer des modifications héréditaires. Il est encore plus difficile de comprendre que les effets longtemps continués de l'usage ou du non-usage d'une partie ou que des modifications dans les habitudes du corps et de l'esprit puissent devenir héréditaires. On ne saurait guère, d'ailleurs, poser un problème plus complexe. Si l'on adopte notre hypothèse, il suffit de supposer pour le résoudre que la structure des cellules se modifie et que ces cellules émettent des gemmules modifiées de façon analogue. Ce fait peut se produire à une période quelconque du développement et la modification devient héréditaire à une période correspondante; en effet, les gemmules modifiées s'unissent dans tous les cas ordinaires avec des cellules normales précédentes et se développent, par conséquent, à la période même pendant laquelle la modification a d'abord apparu. Quant aux habitudes mentales ou aux instincts, nous ignorons si profondément les rapports qui existent entre le cerveau et la faculté de la pensée que nous ne saurions dire positivement si une habitude invétérée provoque une modification du système nerveux; cela, tout au moins, semble très-probable Mais quand cette habitude, ou un attribut mental quelconque, ou bien encore la folie, devient héréditaire, nous devons admettre qu'il y a réellement eu transmission de quelques modifications effectives [69] ; or, d'après notre hypothèse, cela implique que les gemmules dérivées de cellules nerveuses modifiées, se transmettent aux descendants.

Il faut ordinairement qu'un organisme soit exposé pendant plusieurs générations à des conditions ou à des habitudes mo-

[69] Sir H. Holland, *Medical notes*. 1839, p. 32.

difiées pour que les changements qui en résultent deviennent
héréditaires chez les descendants. Il se peut que cela provienne
en partie de ce que les modifications ne sont pas d'abord assez
tranchées pour attirer l'attention, mais cette explication est
insuffisante, et je ne peux expliquer ce fait qu'en admettant que
les gemmules émises par chaque unité ou partie, avant d'avoir
éprouvé aucune modification, se transmettent en grand nombre
aux générations successives, tandis que les gemmules émises
par la même unité, après une modification, se multiplient sous
l'influence des conditions favorables qui ont causé cette modification, jusqu'à ce qu'elles finissent par devenir assez nombreuses
pour l'emporter sur les anciennes gemmules et les supplanter ;
nous aurons, en nous occupant du retour, à citer bien des faits qui
appuient fortement cette supposition.

Il importe de signaler ici une difficulté : nous avons vu qu'il
existe une différence importante dans la fréquence, bien que non
pas dans la nature des variations, qui se produisent chez les
plantes selon qu'elles sont propagées par génération sexuelle, ou
par génération asexuelle. Si la variabilité dépend de l'action
imparfaite des organes reproducteurs, motivée par un changement des conditions, il est facile de comprendre que les plantes
propagées asexuellement soient beaucoup moins variables que
celles propagées sexuellement. Quant à l'action directe du changement des conditions, nous savons que les organismes produits
par des bourgeons ne traversent pas les premières phases du
développement; ces organismes ne sont donc pas exposés, pendant cette période de l'existence où la structure se modifie le
plus facilement, aux diverses causes qui amènent la variabilité,
dans les mêmes conditions que le sont les embryons et les jeunes
formes larvaires ; je ne prétends pas dire toutefois que ce soit là
une explication suffisante.

Quant aux variations dues au retour, nous constatons une différence analogue entre les plantes propagées par bourgeon et
celles propagées par semis. On peut propager facilement par
bourgeon beaucoup de variétés, mais ces variétés font ordinairement retour aux formes parentes dès qu'on cherche à les propager par semis. De même, on peut multiplier autant qu'on le veut,
les plantes hybrides par bourgeon, mais dès qu'on cherche à les

propager par semis, elles sont continuellement sujettes au retour,
c'est–à–dire à la perte de leurs caractères hybrides, ou, en
d'autres termes, de leurs caractères intermédiaires. Je ne saurais
donner aucune explication suffisante de ces faits. Certaines
plantes à feuillage panaché, les Phlox à fleurs rayées, les Épines-
vinettes à fruits sans graine, se propagent facilement par bourgeons et conservent leurs caractères si on prend ces bourgeons
sur la tige ou sur les branches ; mais si l'on prend ces bourgeons
sur les racines on obtient presque invariablement des plantes qui
ont perdu leurs caractères et qui font retour à leur ancienne condition. Ce dernier fait est également inexplicable à moins
d'admettre que les bourgeons développés sur les racines soient
aussi distincts des bourgeons développés sur la tige, que ces
derniers le sont les uns des autres ; nous savons, en effet, que
les bourgeons développés sur la tige se comportent, comme des
organismes indépendants.

En résumé, nous voyons que, d'après l'hypothèse de la pangenèse, la variabilité dépend de deux groupes au moins de causes
distinctes. En premier lieu, du manque, de l'excès et de la transposition des gemmules, outre le développement de celles qui
sont longtemps restées à l'état latent sans que les gemmules elles-
mêmes aient subi aucune modification ; ces causes justifient
amplement une grande variabilité flottante ; en second lieu de
l'action directe du changement des conditions sur l'organisation, et de celle de l'augmentation de l'usage ou du non-usage
des parties ; dans ce cas, les gemmules émises par les unités
modifiées sont elles-mêmes modifiées, et, quand elles se sont
suffisamment multipliées, elles supplantent les anciennes gemmules et contribuent à la formation de structures nouvelles.

Examinons maintenant les lois de l'hérédité. Si nous supposons qu'un protozoaire gélatineux homogène vienne à varier et
à prendre une couleur rougeâtre, un des atomes détachés de la
masse conserverait naturellement la même couleur en arrivant à
un développement complet ; ceci nous représente la forme la
plus simple de l'hérédité [70]. On peut étendre la même hypothèse

_____

' C'est l'hypothèse adoptée par le prof. Haeckel, *Generelle Morphologie*, vol. II,
p. 181.

aux unités infiniment nombreuses, et infiniment diverses qui constituent le corps entier d'un animal supérieur ; les atomes séparés représentent, en effet, nos gemmules. Nous avons déjà suffisamment discuté le principe important de l'hérédité à un âge correspondant. Il est possible d'expliquer l'hérédité restreinte au sexe et à la saison de l'année, chez les animaux, par exemple, qui deviennent blancs en hiver, en admettant que les affinités électives des unités du corps sont quelque peu différentes chez les deux sexes, surtout pendant l'âge mûr, et qu'elles le sont aussi chez un des sexes ou chez tous les deux pendant différentes saisons, de sorte qu'elles s'unissent avec des gemmules différentes. Il importe de se rappeler à cet égard que, dans la discussion sur la transposition anormale des organes, nous avons invoqué quelques raisons qui nous permettent de croire que ces affinités électives se modifient facilement. J'aurai, d'ailleurs, bientôt à revenir sur l'hérédité sexuelle et sur celle qui affecte l'animal pendant quelques saisons seulement. Ces diverses lois peuvent donc s'expliquer dans une grande mesure par l'hypothèse de la pangenèse, tandis qu'elles ne peuvent l'être par aucune autre hypothèse.

Toutefois, il semble, à première vue, qu'on puisse invoquer une objection très-grave contre notre hypothèse ; on peut, en effet, amputer une partie ou un organe pendant plusieurs générations successives sans que la partie supprimée cesse de se produire chez le descendant, à moins que l'opération n'ait causé une maladie. On a, par exemple, pendant bien des générations, coupé la queue des chiens et des chevaux sans qu'il se soit produit aucun effet héréditaire ; nous avons vu, toutefois, qu'il est probable que certaines races de chiens de berger sont dépourvues de queue par suite d'une hérédité de ce genre. Les Juifs ont pratiqué la circoncision depuis un temps très-reculé, et, dans la plupart des cas, les effets de l'opération ne sont pas visibles chez le descendant, bien que quelques auteurs affirment qu'un effet héréditaire se produit parfois. Si l'hérédité dépend de la présence de gemmules émises par toutes les unités du corps et disséminées dans tout le corps, comment se fait-il que l'amputation ou la mutilation d'une partie, surtout si elle a été exercée sur les deux sexes, n'affecte pas invariablement le descendant ? Il est probable, selon notre hypothèse, que les gemmules se multiplient et se transmettent pendant une longue série de générations, comme le prouve, par exemple, la réapparition de raies colorées chez les chevaux, et, chez l'homme, la réapparition de muscles et d'autres structures qui étaient propres à ses ancêtres moins bien organisés. Nous pourrions citer beaucoup d'autres exemples. Il en résulte donc que l'hérédité continue d'une partie qui a été amputée pendant de nombreuses générations ne constitue pas une anomalie réelle, parce que les gemmules anciennement émises par la partie se multiplient et se transmettent de génération en génération.

Nous n'avons parlé jusqu'à présent que de mutilations qui ne sont pas suivies d'une action morbide; quand l'opération est suivie de maladie, il est incontestable que le manque du membre ou de l'organe devient quelquefois héréditaire. Nous avons cité quelques exemples de ce fait dans un chapitre précédent, et notamment celui d'une vache qui perdit une corne, perte suivie de suppuration; les veaux que cette vache mit bas subséquemment étaient privés d'une corne du même côté de la tête. Toutefois, les preuves indiscutables données à cet égard sont celles que nous avons empruntées à Brown-Sequard, relativement aux cochons d'Inde; quand on leur coupe le nerf sciatique, ces animaux mangent eux-mêmes leurs doigts de pied qui sont atteints de gangrène, et, dans treize cas au moins, les doigts manquaient sur les pieds correspondants de leurs descendants. L'hérédité est d'autant plus remarquable dans certains de ces cas, qu'un seul des parents était affecté; mais nous savons qu'un seul des parents transmet souvent un défaut congénital; par exemple, les descendants de bestiaux sans cornes appartenant à l'un ou l'autre sexe, bien que croisés avec des animaux parfaits, sont souvent privés de cornes. Comment donc pouvons-nous expliquer par notre hypothèse le fait que les mutilations deviennent parfois fortement héréditaires, si elles sont accompagnées de maladies ? Il est probable que toutes les gemmules des parties mutilées ou amputées sont graduellement attirées à la surface malade pendant que la plaie se referme et y sont détruites par l'action morbide qui s'est fixée en cet endroit.

Il convient d'ajouter quelques mots sur l'atrophie complète des organes. Quand une partie ou un organe vient à diminuer,

par suite d'un défaut d'usage continué pendant plusieurs générations, le principe de l'économie de croissance, joint au croisement, tend à diminuer cet organe davantage encore, ainsi que
nous l'avons précédemment expliqué; mais on ne saurait expliquer ainsi l'atrophie complète ou presque complète d'une petite
papille de tissus cellulaires, par exemple, qui représente un pistil ou d'un petit nodule d'os microscopique, qui représente une
dent. Dans certains cas où la suppression n'est pas encore tout à
fait complète et où un rudiment reparaît accidentellement en
vertu du retour, les gemmules dispersées, émises par cette partie,
doivent, selon notre hypothèse, exister encore; nous devons
donc supposer que les cellules chez lesquelles le rudiment se dé-
veloppait autrefois perdent leur affinité pour ces gemmules, sauf
toutefois dans les cas accidentels de retour. Quand l'atrophie est,
au contraire, complète et définitive, les gemmules elles-mêmes
périssent sans doute; il n'y a rien là qui soit improbable, car,
bien qu'un grand nombre de gemmules actives, mais latentes
depuis longtemps, continuent d'exister dans chaque organisme
vivant, il doit y avoir cependant une limite à ce nombre; or, il
est tout naturel de supposer que les gemmules émises par ces
parties réduites et inutiles sont plus sujettes à périr que celles
émises récemment par d'autres parties, qui se trouvent encore
en pleine activité fonctionnelle.

Il nous reste un dernier sujet à discuter, c'est-à-dire le retour
ou l'atavisme. Le retour repose sur le principe que la transmission et le développement, bien qu'agissant ordinairement de
concert, n'en constituent pas moins deux facultés distinctes; or,
la transmission des gemmules et leur développement ultérieur
nous indiquent comment ce principe peut s'appliquer. Nous en
avons la preuve absolue dans les cas, par exemple, où le grand-
père transmet à son petit-fils, par l'intermédiaire de sa fille, des
caractères que cette dernière ne possède pas et ne peut même
pas posséder. Mais, avant d'aller plus loin, il convient de dire
quelques mots des caractères latents ou dormants. La plupart des
caractères secondaires qui appartiennent à un sexe existent à
l'état latent chez l'autre sexe, c'est-à-dire que des gemmules
aptes à se développer pour former les caractères sexuels secondaires mâles existent chez la femelle, et, réciproquement, que

les caractères secondaires femelles existent chez le mâle; et, la preuve, c'est que certains caractères masculins physiques et intellectuels apparaissent chez la femelle quand ses ovaires sont atteints de maladie ou qu'ils cessent d'agir dans la vieillesse. De même, certains caractères femelles se développent chez les mâles qui ont été châtrés, ainsi, par exemple, certaines formes de cornes chez le bœuf et l'absence de bois chez le cerf châtré.

De légers changements dans les conditions d'existence, dus à la captivité, suffisent parfois pour empêcher le développement des caractères masculins chez les animaux mâles, bien que les organes reproducteurs de ces animaux n'aient subi aucune lésion permanente. Dans les nombreux cas où les caractères masculins se renouvellent périodiquement, ces caractères demeurent à l'état latent pendant certaines saisons ; dans ces cas, l'hérédité limitée par le sexe et par la saison agissent de concert. Enfin, les caractères masculins demeurent ordinairement à l'état latent chez les animaux mâles, jusqu'à ce qu'ils soient parvenus à l'âge où ils peuvent se reproduire. Nous avons cité précédemment un exemple très-curieux relatif à une poule qui revêtit les caractères masculins, non pas de sa propre race, mais d'un ancêtre très-éloigné ; cet exemple prouve le rapport intime qui existe entre les caractères sexuels latents et le retour ordinaire.

Chez les animaux et chez les plantes qui se manifestent ordinairement sous plusieurs formes, chez certains papillons, décrits par M. Wallace, où il a observé trois formes femelles et une forme mâle, ou bien encore chez les espèces trimorphes du *Lythrum* et de l'*Oxalis*, chaque individu doit posséder à l'état latent des gemmules aptes à reproduire ces différentes formes.

On rencontre parfois des insectes dont un côté du corps ou un quart du corps ressemble à l'insecte mâle, et dont l'autre moitié ou les trois autres quarts du corps ressemblent à l'insecte femelle. Les deux côtés du corps affectent parfois une structure étonnamment différente et sont séparés l'un de l'autre par une ligne de démarcation bien tranchée. Comme les gemmules émises par chaque partie existent chez chaque individu des deux sexes, il faut attribuer ce phénomène aux affinités électives des cellules naissantes, qui, dans ces cas, diffèrent des deux côtés du corps. Ce même principe s'applique chez les animaux, qui, comme certains gastéropodes et les *Verruca*, chez les Cirripèdes, ont les deux côtés du corps construits normalement sur un plan très-différent. Cependant, chez un nombre presque égal d'individus, chacun des deux côtés du corps est modifié d'une même façon.

Le retour, dans le sens ordinaire du mot, agit si constamment qu'il forme évidemment une partie essentielle de la loi générale de l'hérédité. Il se manifeste, quel qu'ait été le mode de propagation de l'individu, soit par bourgeon, soit par reproduction sexuelle; parfois même, on peut l'observer chez un individu à mesure qu'il avance en âge. Le changement des conditions d'existence et surtout le croisement développent ordinairement la tendance au retour. Les formes croisées possèdent la plupart du temps, pendant la première génération, des caractères presque intermédiaires à ceux de leurs deux parents; mais, pendant la génération suivante, le descendant fait ordinairement retour à l'un ou l'autre de ses grands-parents et parfois même à des ancêtres plus éloignés. Comment pouvons-nous expliquer ces faits? Chaque unité de l'hybride doit, en vertu de la doctrine de la pangenèse, émettre une grande quantité de gemmules hybrides, car il est facile de propager abondamment par bourgeons les plantes croisées. Mais, en vertu de la même hypothèse, les gemmules provenant des deux formes parentes pures doivent aussi exister à l'état latent chez l'hybride; or, comme ces gemmules conservent leur condition normale, il est probable qu'elles peuvent se multiplier dans des proportions considérables pendant la vie de chaque hybride. Il en résulte que les éléments sexuels d'un hybride contiennent à la fois des gemmules pures et des gemmules hybrides; quand deux hybrides s'accouplent, la combinaison des gemmules pures, provenant de l'un des hybrides, avec les gemmules pures des mêmes parties provenant de l'autre hybride, doit nécessairement amener un retour complet, car ce n'est pas être trop hardi que de supposer que les gemmules non modifiées et non détériorées, ayant une même nature, sont tout particulièrement aptes à se combiner. La combinaison des gemmules pures avec les gemmules hybrides amènerait un retour partiel. Enfin, les gemmules hybrides, provenant des deux parents hybrides, reproduiraient simplement la forme hybride primitive [71]. On peut observer, à chaque instant, ces divers degrés de retour.

Nous avons démontré dans le quinzième chapitre que certains caractères sont antagonistes ou tout au moins ne se confondent pas facilement ; il en résulte que, quand on croise deux animaux dont les caractères sont antagonistes, il pourrait se faire que les gemmules ne fussent pas présentes en quantité suffisante chez le mâle seul pour la reproduction de ses caractères particuliers, et qu'il en fût de même chez la femelle ; dans ce cas, des gemmules dormantes provenant de la même partie chez quelque ancêtre reculé pourraient facilement l'emporter et causer la réapparition d'un caractère perdu depuis longtemps. Quand, par exemple, on croise, l'un avec l'autre, un pigeon noir et un pigeon blanc, ou un poulet noir et un poulet blanc, couleurs qui ne se confondent pas facilement, on obtient ordinairement chez les pigeons un plumage bleu, évidemment dérivé du biset, et chez les poulets un plumage rouge provenant du coq de forêt sauvage. On observe parfois le même résultat, sans qu'il y ait eu croisement de race, si l'on place les animaux dans certaines conditions favorables à la multiplication et au développement de certaines gemmules latentes, quand on laisse, par exemple, les animaux redevenir sauvages et faire retour à leur caractère primitif. Nous avons vu qu'il faut plusieurs spermatozoaires, ou plusieurs grains de pollen, pour amener la fécondation ; nous avons vu aussi que le temps favorise la multiplication des gemmules ; nous pouvons donc en conclure qu'il faut un certain nombre de gemmules pour amener le développement d'un caractère ; c'est ce qui explique peut-être les faits curieux observés par M. Sedgwick relatifs à certaines maladies qui apparaissent régulièrement toutes les deux générations. On peut expliquer de la même façon, avec plus ou moins de certitude, l'hérédité de certaines autres modifications nuisibles. Il en résulterait, comme j'en ai entendu faire la remarque, que certaines maladies gagnent en vigueur en sautant une génération. D'ailleurs, comme nous l'avons déjà fait remarquer, il n'est guère plus

[1] Voir Naudin, *Nouvelles Archive du Muséum*, vol. I, p. 151.

étonnant de voir des gemmules latentes se transmettre pendant plusieurs générations successives, que de voir des organes rudimentaires ou même seulement la tendance à la production d'un rudiment se perpétuer pendant des siècles ; toutefois, nous n'avons aucune raison pour supposer que les gemmules latentes puissent se transmettre et se propager toujours. Quelque petites et quelque nombreuses que soient les gemmules, on ne saurait admettre qu'un organisme puisse en nourrir un nombre infini, émises par chaque partie du corps de chaque ancêtre, pendant une longue série de modifications et de générations ; mais il serait possible d'admettre que certaines gemmules, placées dans des conditions favorables, pourraient se conserver et se multiplier beaucoup plus longtemps que certaines autres. En résumé, l'hypothèse que nous défendons ici nous permet d'expliquer dans une certaine mesure le fait étonnant que l'enfant peut s'écarter du type de ses deux parents pour ressembler à un de ses grands-parents, ou même à un de ses ancêtres séparé de lui par plusieurs centaines de générations.

CONCLUSION.

Sans aucun doute, l'hypothèse de la pangenèse, appliquée aux grandes classes de faits que nous venons de discuter, constitue un tout extrêmemement complexe, mais il en est de même des faits. La principale supposition que nous ayons à faire est que toutes les unités du corps, outre la propriété qu'on leur reconnaît généralement aujourd'hui de se multiplier par divisions spontanées, émettent des petites gemmules qui sont dispersées dans le système tout entier. Il ne nous semble d'ailleurs pas qu'on puisse considérer cette supposition comme trop hardie, car les faits d'hybridité par greffe nous permettent d'affirmer qu'il existe dans les tissus des plantes certaines matières formatives, aptes à se combiner avec des matières analogues contenues dans un autre individu, et aptes aussi à reproduire chaque unité de l'organisme tout entier. Mais il nous faut admettre aussi que les gemmules croissent, se multiplient et se groupent en bourgeons et en éléments sexuels, et que leur développement dépend de leur union avec d'autres cellules ou unités naissantes. Nous admettons, en outre, que ces gemmules peuvent se transmettre à l'état latent à des générations successives, comme les graines enfouies dans le sol.

Les gemmules émises par chaque unité différente du corps, chez un animal ayant une organisation supérieure, doivent être excessivement nombreuses et extrêmement petites. Chaque unité constitutive de chaque partie doit émettre ses gemmules pendant toutes les phases de son développement et nous savons que certains insectes subissent vingt métamorphoses au moins. Toutefois, les mêmes cellules peuvent continuer long-temps à s'accroître par division spontanée, ou même se modi-fier en absorbant des aliments particuliers, sans émettre néces-sairement des gemmules modifiées. En outre, tous les êtres organisés contiennent un grand nombre de gemmules latentes dé-rivées de leurs grands-parents ou d'ancêtres plus éloignés, mais non pas de tous les ancêtres qui les ont précédés. Chaque bour-geon, chaque ovule, chaque spermatozoaire, chaque grain de pollen, contient ces gemmules infiniment nombreuses et infiniment petites. Sans doute, on déclarera qu'il est impossi-ble d'admettre cette dernière proposition ; toutefois, le nombre et l'étendue ne constituent, en somme, que des difficultés rela-tives. Ne savons-nous pas, en effet, qu'il existe des organismes indépendants que les microscopes les plus parfaits et les plus puissants nous permettent à peine d'apercevoir, et dont les ger-mes doivent être excessivement petits. Des atomes de substance nuisible assez petits pour être transportés par le vent, ou pour se fixer sur du papier glacé, se multiplient assez rapidement pour infecter, en quelques instants, le corps d'un gros animal. Nous devrions réfléchir aussi au nombre et à la petitesse des mo-lécules qui composent une parcelle de matière ordinaire. Aussi ne faut-il pas attacher beaucoup de poids à cette difficulté qui paraît d'abord insurmontable, c'est-à-dire au nombre et à la pe-titesse des gemmules, qui, d'après notre hypothèse, doivent exis-ter dans chaque organisme.

Les physiologistes admettent ordinairement que les unités du corps sont autonomes ; je fais un pas de plus et j'admets qu'elles émettent des gemmules reproductrices. En conséquence, un organisme n'engendre pas son semblable comme un tout, mais chaque unité séparée engendre une unité semblable. Les naturalistes ont souvent affirmé que chaque cellule d'une plante possède la capacité potentielle de reproduire la plante entière ; or, cette cellule ne possède cette propriété que parce qu'elle contient des gemmules provenant de chaque partie de la plante. Quand une cellule ou unité se trouve modifiée en vertu d'une cause quelconque, les cellules qui en proviennent sont modifiées de la même manière. Si on accepte provisoirement notre hypothèse, on doit admettre que toutes les formes de la reproduction asexuelle sont fondamentalement les mêmes, soit que cette reproduction se fasse pendant la maturité de l'individu ou pendant sa jeunesse, et dépend de l'agrégation mutuelle et de la multiplication des gemmules. La régénération d'un membre amputé et la cicatrisation d'une blessure constituent un phénomène analogue à la reproduction asexuelle, mais se produisant seulement sur une partie du corps. Les bourgeons semblent contenir des cellules naissantes appartenant à la phase du développement existant au moment où le bourgeonnement se produit, et ces cellules sont prêtes à s'unir avec les gemmules provenant des cellules, qui leur succèdent immédiatement dans la série. Les éléments sexuels, au contraire, ne contiennent pas des cellules naissantes analogues ; l'élément mâle et l'élément femelle pris séparément ne contiennent pas un nombre suffisant de gemmules pour amener un développement indépendant, sauf toutefois dans les cas de parthénogenèse. Le développement de chaque organisme, y compris toutes les formes de la métamorphose et de la métagenèse, dépend de la présence de gemmules émises à chaque période de la vie, et du développement de ces gemmules à une période correspondante, en union avec les cellules précédentes. On peut dire que ces cellules sont fécondées par les gemmules qui les suivent immédiatement, dans l'ordre normal du développement. En conséquence, l'acte de la fécondation ordinaire et le développement de chaque partie de chaque organisme sont des phénomènes absolument analogues.

L'enfant, à proprement parler, ne croît pas, pour devenir un homme, mais il contient des germes qui se développent lentement et successivement et qui finissent par former l'homme ;

chez l'enfant, aussi bien que chez l'adulte, chaque partie engendre une partie semblable. On doit regarder l'hérédité comme une simple forme de croissance, semblable à la division spontanée d'un organisme unicellulaire inférieur. Le retour provient de ce que l'ancêtre a transmis à ses descendants des gemmules latentes, qui se développent éventuellement dans certaines conditions connues ou inconnues. On pourrait comparer chaque animal et chaque plante à une couche de terre pleine de graines, dont les unes germent rapidement, dont les autres restent inactives pendant une période plus ou moins longue, tandis que d'autres périssent. Quand nous entendons dire qu'un homme porte dans sa constitution les germes d'une maladie héréditaire, l'expression est en somme absolument correcte. Jusqu'à présent, on n'a pas encore essayé, que je sache, de relier l'une à l'autre, ces grandes catégories de faits ; l'hypothèse que je propose, très-imparfaite d'ailleurs, je le reconnais, est donc la première. En résumé, un être organisé est un microcosme, un petit univers, composé d'une foule d'organismes, doués de la propriété de se propager eux-mêmes, extraordinairement petits, et aussi nombreux que les étoiles du ciel.

CHAPITRE XXVIII

CONCLUSIONS.

Presque tous les chapitres se terminent par un résumé ; en outre, divers points, tels que les modes de reproduction, l'hérédité, le retour, les causes et les lois de la variation, etc., viennent d'être discutés dans le chapitre sur la pangenèse ; je me bornerai donc à ajouter ici quelques remarques générales sur les conclusions importantes qu'on peut tirer des nombreux détails donnés dans le cours de cet ouvrage.

Dans toutes les parties du monde, les sauvages réussissent aisément à apprivoiser des animaux ; il est probable que les animaux qui habitaient des régions ou les îles inhabitées ont dû être domptés encore plus facilement dès que l'homme a envahi ces régions. La soumission complète des animaux dépend généralement de leurs habitudes sociales, et de ce qu'ils acceptent l'homme comme chef du troupeau ou de la famille. Pour que la domestication soit complète, il faut que l'animal sauvage conserve sa fécondité dans ses nouvelles conditions d'existence, ce qui est bien loin d'être toujours le cas. Dans les premiers temps au moins, un animal qui n'avait pas pour l'homme une utilité directe ne méritait pas qu'on prît la peine de le réduire en domesticité. Par suite de ces diverses circonstances, le nombre des animaux domestiques n'a jamais été considérable. J'ai indiqué, dans le neuvième chapitre, ce qui a probablement amené la découverte des diverses plantes et quels ont dû être les premiers essais de culture. Lorsque l'homme a, pour la première fois, réduit en domesticité un animal ou une plante, il ne pouvait savoir s'ils resteraient féconds et se multiplieraient dans d'autres pays ; les considérations de cette nature n'ont donc pu en aucune façon influencer son choix. Nous savons que l'adaptation du renne et du chameau à des climats très-froids et très-chauds n'a point empêché leur domestication. L'homme pouvait encore moins prévoir si ces animaux et ces plantes devaient varier dans le cours des générations subséquentes, et engendrer ainsi de nouvelles races ; d'ailleurs, le peu de variabilité dont a fait preuve l'oie n'a pas empêché sa domestication dès une époque très-reculée.

A très-peu d'exceptions près, tous les animaux et toutes les plantes réduits depuis longtemps en domesticité ont beaucoup varié. Peu importent le climat où on les conserve, et le but pour lequel on les élève, que ce soit pour l'alimentation des hommes ou des animaux, pour la chasse ou pour le trait, pour leur toison, ou pour le simple agrément ; dans toutes ces circonstances, les animaux et les plantes domestiques ont produit des races qui diffèrent plus les unes des autres que ne le font les formes considérées à l'état naturel comme des espèces distinctes. Nous ne savons pas plus pourquoi certains animaux et certaines plantes ont plus varié que certaines autres à l'état domestique, que nous ne savons pourquoi, sous l'influence d'un changement dans les conditions d'existence, il en est qui sont devenus plus stériles que d'autres. Il nous faut juger de l'étendue des variations d'après le nombre et la diversité des races produites, bien que nous comprenions parfois que, dans certains cas, cette diversité ne s'est pas présentée, parce qu'on n'a pas cherché à accumuler les légères variations successives ; or, ces variations s'accumulent seulement si l'animal ou la plante a une grande valeur, si on le surveille avec soin, ou si on l'élève en grand nombre.

La variabilité flottante, et autant que nous pouvons en juger, indéfinie de nos productions domestiques, — la plasticité de toute leur organisation, — est un des faits essentiels qui ressortent des nombreux détails consignés dans les premières parties de cet ouvrage. Les animaux domestiques et les plantes cultivées ne doivent cependant pas avoir été exposés à des chan

gements des conditions d'existence plus considérables que n'ont
dû l'être un grand nombre d'espèces naturelles dans le cours
des changements incessants, géologiques, géographiques et climatériques qui se sont produits sur le globe entier. Les premiers
cependant ont dû généralement être soumis à des changements
plus soudains et à des conditions moins uniformément continues. L'homme a réduit en domesticité un grand nombre d'animaux et de plantes appartenant aux ordres les plus différents,
sans posséder, certainement, une sorte d'instinct prophétique qui
lui ait permis de choisir les espèces qui devaient varier le plus ;
nous pouvons en conclure que toutes les espèces naturelles, placées dans des conditions analogues, auraient en moyenne varié
au même degré. Personne, de nos jours, ne songerait à soutenir que les animaux et les végétaux ont été doués lors de leur
création d'une tendance à varier, tendance qui est demeurée longtemps à l'état passif, afin que les éleveurs futurs pussent, par
exemple, créer des races bizarres de poules, de pigeons ou de
canaris.

Il nous est bien difficile, et cela pour plusieurs raisons, d'apprécier l'étendue des modifications qu'ont éprouvées nos races
domestiques. Dans certains cas, la souche parente primitive s'est
éteinte ; on ne peut la reconnaître avec certitude, par suite des
grandes modifications qu'ont subies les individus que nous considérons comme ses descendants. Dans certains autres cas, deux
ou plusieurs formes très-voisines se sont croisées après avoir été
réduites en domesticité ; il est alors très-difficile d'apprécier la
quotité du changement qu'on doit attribuer à la variation seule
et celle qu'il convient d'attribuer à l'influence des souches
parentes. Toutefois, plusieurs savants ont probablement beaucoup exagéré l'importance des modifications que le croisement
des espèces distinctes a pu apporter chez nos produits domestiques. Quelques individus d'une forme ne peuvent en effet
affecter d'une manière permanente une autre forme existant en
nombre plus considérable ; car, sans une sélection attentive, la
trace du sang étranger s'efface promptement, et il est peu probable que de semblables précautions aient été prises lors des
époques barbares pendant lesquelles nos animaux ont été réduits
en domesticité.

Nous avons tout lieu de croire que plusieurs races du chien, du bœuf, du porc, et de quelques autres animaux, descendent de prototypes sauvages distincts ; toutefois, quelques naturalistes et un grand nombre d'éleveurs ont attribué une importance beaucoup trop considérable à l'origine multiple de nos animaux domestiques. Les éleveurs refusent d'envisager le sujet sous un même point de vue ; j'en ai connu un qui, tout en soutenant que toutes nos races gallines descendent d'au moins une demi-douzaine d'espèces primitives, protestait qu'il ne voulait rien préjuger quant à l'origine des pigeons, des canards, des lapins, des chevaux ou de tout autre animal. Les éleveurs ne tiennent aucun compte de l'improbabilité qu'un grand nombre d'espèces aient pu être réduites en domesticité à une époque primitive barbare. Ils ne songent pas à l'improbabilité qu'il ait pu exister à l'état de nature des espèces qui, eussent-elles ressemblé à nos races domestiques actuelles, se fussent trouvées au plus haut point anormales, comparées à toutes les espèces congénères. Ils soutiennent que certaines espèces qui existaient autrefois se sont éteintes ou sont inconnues, bien que le monde soit actuellement mieux exploré. La supposition de tant d'extinctions récentes n'est pas une difficulté pour eux, car ils ne jugent de sa probabilité que par la facilité ou la difficulté de l'extinction d'autres formes sauvages qui en sont voisines. Enfin ils ne s'occupent pas plus des lois de la distribution géographique que si ces lois étaient un simple résultat du hasard.

Il nous est donc souvent difficile, et les raisons que nous venons d'indiquer suffisent à le prouver, de juger exactement de l'étendue des changements que nos productions domestiques ont pu subir ; nous pouvons, toutefois, apprécier cette étendue dans les cas où nous savons que toutes les races descendent d'une espèce unique, telles que les races du pigeon, du lapin, du canard, et presque certainement de l'espèce galline ; or, nous pouvons, jusqu'à un certain point, étendre par analogie cette appréciation aux animaux domestiques qui descendent de plusieurs espèces sauvages. Il est impossible de lire les détails donnés, soit au commencement de cet ouvrage, soit dans un grand nombre d'autres ouvrages, ou de parcourir nos différentes expositions, sans être frappé de l'extrême variabilité de nos animaux domestiques et de nos plantes cultivées. Aucune partie de l'organisme n'échappe à cette tendance à varier. Les variations portent ordinairement sur des points vitaux ou physiologiques de peu d'importance, mais il en est de même pour les différences qui existent entre les espèces naturelles voisines. Souvent même, on remarque, quand il s'agit de ces caractères peu importants, plus de différences entre les races d'une même espèce qu'entre les espèces d'un même genre ; Isidore Geoffroy-Saint-Hilaire a signalé ce fait pour la taille, et il en est souvent de même pour la couleur, la contexture, la forme, etc., des poils, des plumes, des cornes, et des autres appendices dermiques.

On a souvent affirmé que les parties importantes ne varient jamais sous l'influence de la domestication, mais c'est là une profonde erreur. Il n'y a pour s'en convaincre qu'à étudier le crâne d'une de nos races les plus améliorées du porc, dont les condyles occipitaux sont considérablement modifiés, ou encore le crâne ainsi que d'autres parties du bœuf niata. De même, chez les diverses races du lapin, le crâne, le trou occipital, l'atlas et les vertèbres cervicales affectent des formes bien différentes. Chez le coq huppé, la forme du crâne et celle du cerveau ont été fortement modifiées ; chez certaines autres races gallines, le nombre des vertèbres et les formes des vertèbres cervicales se sont aussi modifiés. La forme de la mâchoire inférieure, la longueur relative de la langue, les dimensions des narines et des paupières, le nombre et la forme des côtes, la grosseur et l'apparence du jabot, ont varié chez les pigeons. Chez quelques mammifères, la longueur des intestins a beaucoup augmenté ou diminué. Chez les végétaux, nous remarquons des différences étonnantes dans les noyaux de divers fruits. Plusieurs caractères de haute importance, tels que la position sessile des stigmates sur l'ovaire, la position des carpelles dans le même organe, et sa saillie hors du réceptacle, ont varié chez les Cucurbitacées. Il serait inutile, d'ailleurs, de revenir sur les faits si nombreux cités dans les chapitres précédents.

On sait combien les dispositions mentales, les goûts, les habitudes, le son de la voix ont varié et sont devenus héréditaires chez nos animaux domestiques. Le chien nous offre l'exemple le plus frappant de modifications des facultés mentales, et on ne peut expliquer ces différences par la descendance de types sauvages distincts.

De nouveaux caractères peuvent apparaître ou disparaître pendant les diverses phases de la croissance, et devenir héréditaires à la période correspondante. Les différences que présentent les œufs des diverses races de poules, le duvet des poulets, et surtout les vers et les cocons de plusieurs races de vers à soie le prouvent surabondamment. Ces faits, tout simples qu'ils paraissent, jettent une grande lumière sur les caractères qui distinguent les formes larvaires des formes adultes d'espèces naturelles voisines, et sur l'ensemble de l'embryologie. Les caractères nouveaux apparaissant à un âge assez avancé peuvent s'attacher exclusivement au sexe chez lequel ils ont apparu d'abord, ou se développer beaucoup plus chez un sexe que chez l'autre, ou encore, après s'être d'abord fixés sur un sexe se transporter sur le sexe opposé. Ces faits, et surtout la circonstance que les caractères nouveaux paraissent spécialement, sans cause connue, s'attacher au sexe mâle, ont une assez grande portée relativement à la tendance qu'ont les animaux, à l'état de nature, à acquérir des caractères sexuels secondaires.

On a prétendu que nos races domestiques ne diffèrent pas au point de vue des particularités constitutionnelles; mais une pareille assertion est insoutenable. Chez notre bétail amélioré, chez nos porcs, etc., la période de la maturité, y compris celle de la deuxième dentition, a été considérablement avancée. La durée de la gestation varie beaucoup, et elle s'est modifiée d'une manière permanente dans un ou deux cas. L'époque à laquelle paraît le duvet et le premier plumage diffère chez certaines races de volailles et de pigeons. Le nombre des mues qu'ont à subir les vers à soie varie aussi. L'aptitude à l'engraissement, à la production du lait, ou à celle d'un grand nombre de petits ou d'œufs à chaque portée ou pendant la vie, diffère beaucoup suivant les races. On peut remarquer des degrés différents d'adaptation au climat, diverses tendances à certaines maladies, aux attaques des parasites, et à l'action de certains poisons végétaux. Chez les plantes, l'adaptation à certains terrains, l'énergie de la résistance à la gelée, l'époque de la floraison et de la fructification, la durée de la vie, l'époque de la chute des feuilles, ou l'aptitude à les conserver pendant l'hiver, les proportions et la nature de certains composés chimiques des tissus ou de la graine, sont aussi des caractères variables.

Il existe toutefois une différence constitutionnelle très-importante entre les races domestiques et les espèces ; je veux parler de la stérilité qui résulte presque invariablement, à un degré plus ou moins prononcé, du croisement des espèces, et de la fécondité parfaite des races domestiques les plus distinctes, lorsqu'on les croise entre elles, à l'exception d'un petit nombre de plantes seulement. Il est certainement très-remarquable qu'un grand nombre d'espèces très-voisines, présentant de très-petites différences, ne produisent, lorsqu'on les unit, qu'un petit nombre de descendants, plus ou moins stériles, ou restent elles-mêmes complétement stériles ; tandis que les unions de races domestiques qui diffèrent les unes des autres d'une manière très-marquée, sont parfaitement fécondes, et produisent des descendants également féconds. Ce fait n'est cependant pas aussi inexplicable qu'il peut le paraître d'abord. En premier lieu, nous avons démontré, dans le dix-neuvième chapitre, que la stérilité des espèces croisées ne dépend pas des différences de leur conformation extérieure ou de leur constitution générale, mais résulte exclusivement de différences dans le système reproducteur, différences analogues à celles qui déterminent la diminution de la fécondité des unions et des produits illégitimes des plantes dimorphes et trimorphes. En second lieu, la doctrine de Pallas en vertu de laquelle les espèces, après une domestication prolongée, perdent leur tendance naturelle à la stérilité lorsqu'on les croise, paraît avoir une grande probabilité, et nous ne pouvons guère échapper à cette conclusion, lorsque nous songeons à la parenté et à la fécondité actuelle des diverses races du chien, du bétail indien et européen, et des principales races du porc. Il ne serait donc pas raisonnable de s'attendre à ce que nos races domestiques restent stériles lorsqu'on les croise, alors que nous admettons en même temps que la domestication élimine la stérilité normale des espèces croisées. Nous ne savons pas pourquoi les systèmes reproducteurs d'espèces voisines se trouvent invariablement modifiés de manière à être mutuellement incapables d'agir les uns sur les autres, — bien qu'à un degré inégal chez les deux sexes, comme le prouve la différence de fécondité que présentent dans les mêmes espèces les croisements réciproques, — mais nous pouvons avec grande probabilité, attribuer ce fait à ce que la plupart des espèces naturelles ont été habituées à des conditions extérieures presque uniformes pendant un temps beaucoup plus long que les races domestiques; or, nous savons que le changement des conditions exerce une influence spéciale et puissante sur le système reproducteur. Cette différence peut expliquer l'action différente des organes reproducteurs dans les croisements entre les races domestiques et dans ceux entre les espèces. Il convient probablement aussi d'attribuer à cette même cause le fait que l'on peut transporter subitement la plupart des races domestiques dans un autre climat, ou les placer dans des conditions très-différentes, sans que leur fécondité en soit altérée; tandis qu'une foule d'espèces cessent de pouvoir reproduire pour avoir été exposées à des changements infiniment moins considérables.

A part la fécondité, les descendants issus de croisements entre les variétés domestiques ressemblent à ceux issus de croisements entre les espèces en ce qu'ils affectent à un degré inégal les caractères de leurs parents, dont l'un l'emporte souvent sur l'autre, et en ce qu'ils ont une même aptitude au retour. Une variété ou une espèce peut, après des croisements répétés, en absorber une autre complétement. Les races ressemblent aux espèces à beaucoup d'autres égards. Les races, en effet, héritent quelquefois de caractères nouveaux avec autant de fixité que les espèces; et, chez les unes comme chez les autres, les conditions qui déterminent la variabilité et les lois qui la régissent paraissent être les mêmes. On peut classer les variétés domestiques en groupes subordonnés, comme les espèces dans les genres, et ceux-ci dans les familles et dans les ordres, et la classification peut être naturelle ou artificielle, c'est-à-dire fondée sur des caractères arbitraires. Pour les variétés, la classification naturelle repose certainement, et, chez les espèces, semble reposer sur la communauté de descendance, jointe à l'étendue des modifications que les formes ont subies. Les caractères qui distinguent les diverses variétés domestiques sont plus variables que ceux qui distinguent les espèces, sauf toutefois certaines espèces polymorphes; mais ce degré de variabilité plus grande ne doit pas étonner, car les variétés ont été d'ordinaire exposées récemment à des conditions d'existence fluctuantes et ont dû être plus sujettes aux croisements ; en outre, la plupart subissent encore actuellement des modifications par suite de la sélection inconsciente ou méthodique dont elles sont l'objet de la part de l'homme.

En règle générale, les variétés domestiques diffèrent certainement plus les unes des autres, par des parties moins importantes de leur organisation, que ne le font les espèces ; et, lorsqu'il se présente des différences importantes, elles sont rarement bien fixes, fait qu'explique la sélection exercée par l'homme. Celui-ci ne peut pas observer les modifications internes des organes importants, et il ne s'en occupe pas tant qu'elles ne sont pas incompatibles avec la santé et la vie. Qu'importe à l'éleveur un léger changement des molaires de ses porcs, une molaire supplémentaire chez le chien, ou toute autre modification de l'intestin ou de quelque organe interne ? L'éleveur cherche à obtenir des bestiaux dont la viande soit bien lardée de graisse, qui s'accumule en masses considérables dans l'abdomen de ses moutons ; il y est arrivé. Qu'importe au fleuriste une modification de la structure de l'ovaire ou des ovules ? Les organes importants sont certainement sujets à de nombreuses variations légères, qui seraient probablement héréditaires, car beaucoup d'étranges monstruosités sont héréditaires ; l'homme pourrait donc, sans aucun doute, déterminer également des modifications dans ces organes. Toutefois, lorsqu'il a provoqué des modifications dans des organes importants, il l'a généralement fait sans intention, par suite d'une corrélation avec quelque autre partie apparente. Ainsi, par exemple, il a provoqué un développement d'arêtes et de protubérances osseuses sur le crâne de certaines races gallines, en s'occupant de la forme de la crête, et, dans le cas de la race Huppée, en cherchant à développer la touffe de plumes qui orne la tête. En s'inquiétant de la forme extérieure du pigeon Grosse-Gorge, il a énormément augmenté les dimensions de l'œsophage, le nombre des côtes ainsi que leur largeur. En augmentant par une sélection attentive les caroncules de la mandibule supérieure du pigeon Messager, il a beaucoup modifié la forme de la mandibule inférieure, et ainsi dans une foule d'autres cas. Les espèces naturelles, au contraire, ont été exclusivement modifiées pour leur propre avantage, en vue de les approprier aux conditions d'existence les plus diverses, et afin de leur permettre d'échapper à leurs ennemis et de lutter contre une foule de concurrents. Dans des conditions aussi complexes, il doit donc souvent arriver que des modifications très-variées, portant aussi bien sur des parties importantes que sur des parties insignifiantes, aient pu être avantageuses ou même nécessaires, et aient été acquises lentement mais sûrement, par la persistance des plus aptes. Des modifications indirectes ont dû de même résulter de la loi des variations corrélatives.

Les races domestiques offrent souvent des caractères anormaux ou semi-monstrueux, comme le lévrier italien, le bouledogue, l'épagneul Blenheim et le limier parmi les chiens, quelques races de bétail et de porcs, plusieurs races gallines, et les principales races de pigeons. Les différences entre ces races anormales portent surtout sur des parties qui, chez les espèces naturelles voisines, ne diffèrent que peu ou pas du tout. Ceci s'explique par le fait que l'homme, surtout dans les commencements, applique la sélection à des déviations de structure apparentes et demi-monstrueuses. Il faut, toutefois, procéder avec circonspection avant d'indiquer quelles déviations méritent la qualification de monstrueuses; car il est à peu près certain que si la brosse de crins qui garnit le poitrail du dindon mâle avait apparu d'abord chez l'oiseau domestique, on l'eût regardée comme une monstruosité ; la grande touffe de plumes qui orne la tête du coq Huppé, a été considérée comme telle, bien que la huppe se rencontre chez un grand nombre d'oiseaux. Nous pourrions considérer comme une monstruosité la peau caronculeuse qui entoure la base du bec du pigeon Messager anglais, et, cependant, nous ne qualifions pas ainsi l'excroissance globuleuse charnue qui se trouve à la base du bec du *Carpophaga oceanica*.

Quelques savants ont voulu établir une ligne de séparation bien tranchée entre les races artificielles et les races naturelles ; mais, bien que, dans les cas extrêmes, la distinction soit assez nette, elle est arbitraire dans la plupart des autres cas. La différence entre les unes et les autres provient surtout du genre de sélection qui a été appliqué. Les races artificielles sont celles qui

ont été améliorées par l'homme avec intention; elles ont souvent un aspect peu naturel, et sont très-sujettes à perdre leurs
qualités par retour et par continuation de leur variabilité. Les
races dites naturelles, au contraire, sont celles qu'on trouve
dans les pays à demi civilisés, et qui habitaient autrefois des districts séparés dans presque tous les pays de l'Europe. Ces dernières ont été rarement l'objet d'une sélection intentionnelle de
la part de l'homme, mais elles ont été influencées soit par une
certaine sélection inconsciente, soit par la sélection naturelle,
car les animaux élevés dans les pays à demi civilisés ont encore
à pourvoir par eux-mêmes, dans une assez grande mesure, à
leurs propres besoins. En outre, ces races naturelles ont dû être
influencées directement par les modifications, d'ailleurs légères,
qui ont pu survenir dans les conditions ambiantes.

Il y a une distinction beaucoup plus importante à faire, c'est-à-
dire que certaines races, depuis leur origine, ont été modifiées
d'une manière assez lente et assez insensible, pour que nous
puissions à peine dire quand et comment la race s'est formée, même
si nous avions ses ancêtres sous les yeux, et aussi que certaines
autres races ont eu pour point de départ une déviation demi-
monstrueuse de conformation, qui peut ensuite avoir été augmentée par sélection. D'après ce que nous savons de leur histoire, et
d'après leur apparence générale, nous pouvons presque affirmer
que le cheval de course, le lévrier, le coq de combat, etc., se sont
formés et améliorés lentement, comme cela a aussi été le cas pour
quelques races de pigeons. Il est constaté, au contraire, que les
moutons ancons et mauchamps, le bétail niata, les bassets et les
mops, les poules sauteuses et frisées, les pigeons culbutants à
courte-face, les canards à bec recourbé, etc., ainsi qu'une foule
de variétés de plantes, ont apparu subitement à peu près dans
l'état où elles sont aujourd'hui. La fréquence de cas pareils
pourrait faire supposer à tort que les espèces naturelles ont dû
souvent avoir une origine soudaine analogue. Mais nous n'avons
pas de preuves de l'apparition, ou du moins de la propagation
continue, à l'état de nature, de brusques modifications de conformation, et on pourrait opposer à cette hypothèse quelques
raisons générales.

Nous avons, d'autre part, des preuves nombreuses qu'à l'état

de nature, il apparaît constamment de légères variations individuelles de toutes sortes, et ceci nous amène à conclure que les
espèces doivent généralement leur origine au développement par
la sélection naturelle, non de modifications brusques, mais de
différences très-légères, suivant une marche comparable à l'a-
mélioration lente et graduelle qu'ont éprouvée nos chevaux de
course, nos lévriers et nos coqs de combat. Chaque détail de
conformation étant, chez chaque espèce, précisément adapté à
ses conditions d'existence, il en résulte qu'il doit être fort rare
qu'un point de l'organisation soit seul modifié, sans cependant,
comme nous l'avons vu, que toutes les modifications coadaptées
aient dû nécessairement se réaliser d'une manière absolument
simultanée. Toutefois, un grand nombre de modifications ont
d'emblée des rapports mutuels en vertu de la loi de la corrélation ;
d'où il résulte que les espèces même très-voisines ne diffèrent
presque jamais les unes des autres par un seul caractère. Cette
remarque peut aussi s'appliquer jusqu'à un certain point aux
races domestiques, car, lorsqu'elles diffèrent beaucoup les unes
des autres, elles diffèrent aussi généralement sous beaucoup de
rapports.

Quelques naturalistes n'hésitent pas à affirmer [1] que les espèces
sont des productions absolument distinctes, qui ne sont jamais
reliées les unes aux autres par des chaînons intermédiaires, tandis que, d'après eux, on peut toujours rattacher les variétés domestiques les unes aux autres ou à leurs ancêtres. Or, si nous
pouvions toujours trouver les formes qui relient les unes aux
autres nos diverses races de chiens, de chevaux, de bêtes bovines, de moutons, de porcs, etc., il eût été inutile de discuter
pendant si longtemps pour savoir si elles descendent d'une ou de
plusieurs espèces. Le genre lévrier, si je puis me servir de cette
expression, ne se rattache à aucune autre race, à moins peut-être
de remonter jusqu'aux anciens monuments égyptiens. Le bouledogue anglais constitue aussi une race très-distincte. Dans tous
ces cas nous devons, bien entendu, exclure les races croisées,
puisque par le moyen du croisement on peut relier les espèces
naturelles les plus distinctes. Par quels chaînons pouvons-nous

---

[1] Godron, *de l'Espèce*, 1859, t. II, p. 44, etc.

rattacher aux autres races gallines la race Cochinchinoise ?
En cherchant parmi les races encore conservées dans des pays
éloignés, et en compulsant les données historiques, nous pouvons établir la filiation entre le biset comme ancêtre, et les pigeons Culbutants, Messagers et Barbes ; mais nous ne pouvons
le faire pour les Turbits et les Grosses-Gorges. Les diverses
races domestiques sont plus ou moins distinctes selon l'étendue
des modifications qu'elles ont subies, et en conséquence surtout de l'extinction des races intermédiaires et moins estimées,
que, pour cette raison, on a négligées.

On soutient, il est vrai, que, tout en admettant que les races
domestiques ont subi de nombreuses modifications on n'en peut
rien conclure sur celles que peuvent avoir subies les espèces naturelles ; on prétend, en effet, que les races domestiques ne sont
que des formes temporaires, qui tendent toujours à faire retour
à leur forme primitive dès qu'elles recouvrent la liberté.
M. Wallace [2] a combattu cet argument avec beaucoup d'autorité;
nous avons, en outre, cité, dans le treizième chapitre, une foule
de faits prouvant qu'on a beaucoup exagéré, chez les animaux et
chez les végétaux revenus à l'état sauvage, cette tendance au
retour, qui existe cependant jusqu'à un certain point. Il serait
contraire à tous les principes développés dans cet ouvrage
que les animaux domestiques, placés dans de nouvelles
conditions, et contraints à lutter pour leurs besoins contre
une foule d'autres concurrents, ne se modifient pas à la longue.
Il ne faut pas non plus oublier qu'il existe, chez tous les êtres
organisés, un grand nombre de caractères latents, prêts à se développer dans des conditions convenables ; chez les races modifiées depuis une époque récente, la tendance au retour est
d'ailleurs tout particulièrement active. Mais l'antiquité de diverses races prouve clairement qu'elles restent presque constantes tant que les circonstances extérieures demeurent les
mêmes.

Quelques savants ont hardiment soutenu que l'étendue des
variations dont nos productions domestiques sont susceptibles
est rigoureusement limitée, mais cette assertion ne repose que

---

[2] *Journ. Proc. Linn. Soc.*, 1858, vol. III, p. 60.

sur de bien faibles bases. Que son étendue soit ou non limitée
dans une direction particulière quelconque, la tendance à la variabilité générale semble illimitée. Le bétail, le mouton, le porc,
ont été domestiqués et ont varié dès les temps les plus reculés,
comme le prouvent les recherches de Rütimeyer et d'autres, et
cependant ces animaux ont reçu tout récemment des perfectionnements considérables, ce qui implique une variabilité continue
de la conformation. Le froment, ainsi que nous le prouvent les
débris trouvés dans les habitations lacustres de la Suisse, est une
des plantes dont la culture est la plus ancienne, et, cependant,
on voit actuellement apparaître parfois des variétés nouvelles et
supérieures. Il est possible qu'on n'arrive jamais à produire des
bœufs plus grands ou à proportions plus belles que nos animaux
actuels, un cheval plus rapide qu'Éclipse, ou une groseille plus
grosse que la variété dite *London ;* mais il serait téméraire de
prétendre qu'à ces divers points de vue, on ait définitivement
atteint la dernière limite. On a déjà souvent affirmé qu'on était
arrivé à la perfection pour certaines fleurs et pour certains fruits,
et cependant le type n'a pas tardé à être dépassé. On ne par-
viendra peut-être pas à obtenir une race de pigeons à bec plus
court que celui du Culbutant courte-face actuel, ou à bec plus
long que celui du Messager anglais, car ces oiseaux ont une
constitution faible, et sont mauvais reproducteurs ; mais ces becs
courts et longs sont les points que, depuis cent cinquante ans environ, on a constamment cherché à améliorer, et quelques autorités très-compétentes refusent d'admettre que la dernière limite
du possible ait encore été atteinte. Bien des raisons nous autorisent aussi à supposer que certaines conformations qui ont aujourd'hui atteint leur développement maximum, après être demeu-
rées constantes pendant une longue série de générations, peuvent,
sous l'influence de nouvelles conditions d'existence, recommen-
cer une nouvelle série de variations, et en conséquence donner
prise de nouveau à la sélection. Néanmoins, ainsi que le fait remarquer avec raison M. Wallace [3], il doit y avoir chez les productions tant naturelles que domestiques, une limite aux modifications possibles dans certaines directions ; il y a, par exemple,

---

[3] *The Quarterly Journal of Science*, oct. 1867, p. 486.

une limite à la rapidité que peut atteindre un animal terrestre, parce qu'elle est déterminée par les frottements à vaincre, le poids à porter, et l'énergie avec laquelle les fibres musculaires peuvent se contracter. Le cheval de course anglais peut être arrivé à cette limite, mais il surpasse déjà en rapidité son ancêtre sauvage et toutes les autres espèces du genre.

Le Culbutant courte-face a un bec plus court, et le Messager anglais un bec plus long, relativement à la grandeur du corps qu'aucune espèce naturelle de la même famille. Nos pommiers et nos groseilliers portent des fruits plus gros que ceux des espèces naturelles appartenant aux mêmes genres. Il en est de même dans beaucoup d'autres cas.

A voir les différences qui existent entre beaucoup de races domestiques, il n'est pas surprenant que quelques naturalistes aient conclu qu'elles descendent de plusieurs souches primitives, d'autant que, jusque tout récemment, on a tenu peu de compte du principe de la sélection, et qu'on ne reconnaissait pas la grande antiquité de l'homme comme éleveur d'animaux. La plupart des naturalistes admettent toutefois assez volontiers que nos diverses races domestiques, quelque dissemblables qu'elles soient, descendent d'une souche unique, bien qu'ils ne connaissent guère l'art de l'élevage, qu'ils ne puissent retrouver les chaînons qui relient ces races les unes aux autres, ni dire où et quand elles ont pris naissance. Ces mêmes naturalistes déclarent cependant, avec une circonspection toute philosophique, qu'ils ne pourront jamais admettre qu'une espèce naturelle descend d'une autre, avant d'avoir sous les yeux tous les chaînons intermédiaires. Or, les éleveurs tiennent exactement le même langage relativement aux races domestiques ; ainsi, l'auteur d'un excellent traité sur les pigeons ne saurait admettre que les pigeons Messagers et les pigeons Paons descendent du biset sauvage, « tant qu'on n'aura pas retrouvé tous les chaînons intermédiaires et qu'on ne pourra pas les reproduire à volonté ». Il est sans doute difficile de concevoir les effets considérables qui peuvent résulter de l'accumulation de légers changements pendant de nombreuses générations, mais quiconque veut comprendre l'origine des races domestiques ou des espèces naturelles doit vaincre cette difficulté.

Nous avons tout récemment discuté les causes qui provoquent la variabilité et les lois qui la régissent, je me bornerai donc à en rappeler ici les points principaux. Le fait que les animaux domestiques sont, plus que les espèces vivant à l'état de nature, sujets à de légères variations de conformation et aux monstruosités, et que les espèces jouissant d'une distribution très-étendue varient beaucoup plus que celles qui n'habitent que des régions circonscrites, nous autorise à conclure que la variabilité dépend principalement de changements dans les conditions d'existence, sans pour cela méconnaître les effets d'une combinaison inégale des caractères dérivés des deux parents, et ceux du retour vers les ancêtres. Les changements dans les conditions d'existence ont une tendance spéciale à rendre plus ou moins impuissants les organes reproducteurs ; il en résulte que ceux-ci ne transmettent pas fidèlement les caractères des parents. Le changement des conditions agit aussi sur l'organisation d'une manière définie et directe, de sorte que la plupart des individus de la même espèce qui s'y trouvent exposés se modifient d'une manière analogue ; mais, nous pouvons rarement dire pourquoi telle ou telle partie est affectée plutôt que telle autre. Toutefois, dans la plupart des cas, les changements des conditions semblent exercer une influence indéfinie et causer des variations diverses, à peu près de la même manière que l'exposition au froid ou l'absorption d'un même poison peuvent affecter différemment des individus divers. Nous avons lieu de croire qu'un excès habituel d'aliments très-nutritifs, ou simplement leur excès relativement à l'usure de l'organisation par l'exercice, est une cause tout particulièrement propre à déterminer la variabilité. Lorsque nous considérons les croissances symétriques et complexes que peut provoquer une parcelle infiniment petite du poison d'un gall-insecte, nous devons croire que de légers changements apportés à la nature chimique de la sève ou du sang peuvent entraîner des modifications extraordinaires de structure.

L'augmentation de l'usage d'un muscle et des parties connexes, ainsi que la plus grande activité d'une glande ou d'un autre organe, entraînent une augmentation de leur développement. Le défaut d'usage produit l'effet contraire. Chez les produits domestiques, les organes deviennent quelquefois rudimentaires par atrophie, mais il est peu probable que ce résultat ait jamais été amené par le défaut d'usage seul. Au contraire, chez les espèces naturelles, le défaut d'usage semble avoir transformé en rudiments un grand nombre d'organes par suite de l'intervention du principe de l'économie de croissance et du croisement. L'atrophie complète peut seulement s'expliquer par l'hypothèse discutée dans le chapitre précédent; c'est-à-dire par la destruction finale des germes ou gemmules émanés de ces parties inutiles. On peut attribuer cette différence entre les races domestiques et les espèces naturelles à ce que le défaut d'usage n'a pas pu agir sur les premières pendant un temps suffisamment long, et aussi à ce que leur position les dispense de la lutte pour l'existence à laquelle sont soumises toutes les espèces à l'état de nature, et dont une des conséquences est une stricte économie dans le développement de chaque partie du corps. La loi de la compensation ou du balancement paraît néanmoins affecter nos productions domestiques dans une certaine mesure.

Chaque partie de l'organisme devient très-variable à l'état domestique, et les variations font facilement l'objet de la sélection consciente aussi bien qu'inconsciente; il est donc très-difficile de distinguer entre les effets directs des conditions d'existence et ceux de la sélection des variations non définies. Il est possible, par exemple, que les pattes de nos chiens aquatiques et celles des chiens américains, qui ont à voyager beaucoup sur la neige, soient devenues partiellement palmées en raison du fait qu'ils s'efforcent d'écarter beaucoup les doigts; mais il est plus probable que la palmure, comme la membrane interdigitale de certains pigeons, a apparu spontanément, et s'est ensuite augmentée par la conservation pendant une longue série de générations des meilleurs nageurs ou de ceux qui pouvaient le mieux marcher sur la neige. Un éleveur qui voudrait réduire la taille de ses Bantams ou de ses pigeons Culbutants ne songerait pas à les affamer, mais il choisirait toujours les plus petits individus qui surgiraient spontanément. Les mammifères naissent quelquefois dépourvus de poils, et il s'est formé des races nues, mais il n'y a pas lieu de croire que ce fait résulte de la chaleur du climat. La haute température du climat des tropiques détruit souvent la toison des moutons; l'humidité et le froid agissent,

au contraire, comme stimulants pour la croissance du poil ;
mais qui pourra décider jusqu'à quel point l'épaisse fourrure
des animaux arctiques, ou leur couleur blanche, est due à l'action directe d'un climat rigoureux, et quelle est la part qu'il
convient d'attribuer à la conservation, pendant une longue série
de générations, des individus les mieux protégés ?

De toutes les lois qui régissent la variabilité, celle de la corrélation est une des plus importantes. Dans un grand nombre de
cas de légères déviations de conformation aussi bien que des
monstruosités les plus accentuées, nous ne pouvons pas même
soupçonner quel peut être le genre de corrélation qui les relie ;
mais nous savons que les parties homologues — telles que les
membres antérieurs et postérieurs, les poils, les cornes et les
dents, — parties semblables dans les premières phases du développement, et qui se trouvent soumises à des conditions également semblables, sont aptes à se modifier d'une manière analogue. Les parties homologues, ayant une même nature,
tendent à se confondre les unes avec les autres et à varier en
nombre lorsqu'elles sont multiples.

Bien que chaque variation ait pour cause directe ou indirecte
quelque changement dans les conditions ambiantes, nous ne devons jamais oublier que l'action de celles-ci est essentiellement
réglée par la nature de l'organisation sur laquelle elles agissent.
En effet, des organismes différents, placés dans des conditions
analogues, peuvent varier de manières différentes, tandis que
d'autres organismes très-voisins, placés dans des conditions dissemblables varient souvent d'une manière très-analogue. C'est
ce que prouvent les cas où une même modification peut se représenter à de longs intervalles chez une même variété, et aussi les
divers cas remarquables que nous avons signalés de variations
analogues ou parallèles ; et s'il est quelques-uns de ces derniers
qu'on peut attribuer au retour, d'autres ne peuvent s'expliquer
ainsi.

La variabilité de nos produits domestiques est complexe au
plus haut degré en raison de l'action indirecte des changements
des conditions sur l'organisation, parce que ces changements affectent les organes reproducteurs ; en raison de leur action directe sur les individus, action directe dont les effets dépendent

de légères différences constitutionnelles, et qui fait varier certains individus appartenant à une même espèce tantôt d'une même manière, tantôt d'une manière différente; en raison des effets de l'augmentation ou de la diminution de l'usage des parties; en raison enfin de la corrélation. L'organisation dans son entier devient ainsi légèrement plastique. Bien que chaque modification doive avoir sa cause déterminante, et être soumise à une loi, nous pouvons si rarement saisir le rapport précis entre la cause et l'effet, que nous sommes portés à parler des variations comme si elles se produisaient d'une manière spontanée. Nous pouvons même les appeler accidentelles, mais dans le sens seulement que nous attacherions au terme en disant, par exemple, qu'un fragment de rocher tombant d'une hauteur doit sa forme à un accident.

Il n'est pas inutile d'examiner quels effets produiraient des conditions artificielles d'existence chez un grand nombre d'animaux de la même espèce, pouvant librement s'entre-croiser sans l'intervention d'aucune sélection, et de considérer ensuite les résultats obtenus lorsque la sélection intervient. Supposons que cinq cents bisets sauvages aient été enfermés dans une volière dans leur pays natal, nourris comme les pigeons le sont ordinairement, et qu'on ne les ait pas laissé augmenter en nombre. Les pigeons se propagent très-rapidement; je suppose donc qu'il aurait fallu annuellement en tuer mille ou quinze cents. Au bout de plusieurs générations, nous pouvons affirmer que quelques-uns des pigeonneaux auraient présenté certaines variations tendant à devenir héréditaires; actuellement, en effet, on observe souvent de légères déviations de conformation qui sont héréditaires. Nous n'en finirions pas si nous voulions entreprendre l'énumération de la multitude des parties qui varient encore ou qui ont récemment varié. Une foule de variations corrélatives se présenteraient : — entre la longueur des rémiges et celle des rectrices, — entre le nombre des rémiges primaires, le nombre et la largeur des côtes, et le volume et la forme du corps, — entre le nombre des scutelles et la grandeur des pattes, — entre la longueur du bec et celle de la langue, — entre la grandeur des narines et celle des paupières, la forme de la mandibule inférieure et le développement des caroncules, — entre la nudité

des oiseaux hors de l'éclosion et la couleur de leur plumage futur,
— entre la grandeur des pattes et celle du bec, — et une foule
d'autres points. Enfin, comme nous supposons nos oiseaux enfermés dans une volière, où ils ne se serviraient que rarement de
leurs ailes et de leurs pattes, certaines parties de leur squelette,
telles que le sternum, les omoplates et les membres, subiraient
en conséquence une certaine diminution de volume.

Comme il faudrait, dans le cas que nous supposons, tuer
chaque année sans choisir un assez grand nombre d'oiseaux,
une variété nouvelle n'aurait aucune chance de persister assez
longtemps pour se reproduire ; d'ailleurs, les variations qui surgiraient étant très-variées, il n'y aurait que fort peu de chances
en faveur de l'accouplement de deux oiseaux ayant varié
d'une manière analogue ; il se pourrait néanmoins qu'un oiseau
présentant une variation vînt à la transmettre seul à sa descendance, laquelle se trouvant exposée aux mêmes conditions qui
ont déterminé la première variation, hériterait en outre de son
ascendant modifié de la tendance à varier de la même manière. Il
en résulte que si les conditions étaient de nature à provoquer
une variation particulière, tous les oiseaux pourraient, au bout
d'un certain temps, se trouver semblablement modifiés. Mais il
arriverait plutôt qu'un oiseau varierait dans un sens, et un autre
dans un sens différent; l'un aurait un bec plus long, un second
un bec plus court; l'un aurait quelques plumes noires, un autre
des plumes blanches ou rouges. Or, comme tous ces oiseaux
s'entre-croiseraient continuellement, le résultat final serait un
ensemble d'individus, différant légèrement les uns des autres
par beaucoup de points, mais certainement plus que les bisets
primitifs. En tout cas, il n'y aurait aucune tendance à la formation de plusieures races distinctes.

Si, au contraire, on traitait, comme nous venons de le dire,
deux groupes de pigeons, l'un en Angleterre, l'autre dans un pays
tropical, en leur donnant des aliments dissemblables, différe-
raient-ils après un certain nombre de générations? Si nous considérons les faits cités dans le vingt-troisième chapitre, et les
différences qui existaient autrefois entre les races de bétail, de
moutons, etc., dans presque toutes les contrées de l'Europe,
nous sommes fortement tentés d'admettre que nos deux groupes

se modifieraient d'une manière différente grâce à l'influence du
climat et de la nourriture. Mais les preuves de l'action définie
des changements de conditions sont insuffisantes dans la plupart
des cas; pour ce qui concerne les pigeons, j'ai eu l'occasion
d'examiner une grande collection de ces oiseaux domestiques,
que Sir W. Elliot m'a envoyée de l'Inde, et j'ai constaté qu'ils
présentaient des variations remarquablement analogues à celles
des pigeons européens.

Si on enfermait ensemble un nombre égal d'individus appartenant à deux races distinctes, il y a lieu de penser que, jusqu'à
un certain point, ils préféreraient s'accoupler avec leur propre
type, mais cependant ils pourraient aussi s'entre-croiser; or, l'accroissement de la vigueur et de la fécondité de la descendance
croisée amènerait un mélange plus prompt qu'on ne le suppo-
serait peut-être. La prépondérance de certaines races sur
d'autres aurait aussi pour effet que la descendance combinée ne
présenterait pas des caractères rigoureusement intermédiaires.
J'ai aussi démontré que l'acte du croisement détermine par lui-
même une tendance au retour, de sorte que les produits croisés tendraient à faire retour à l'état du biset primitif et finiraient peut-être, avec le temps, par ne pas avoir des caractères
beaucoup plus hétérogènes que dans notre premier cas, celui
d'oiseaux de la même race enfermés ensemble.

Je viens de dire que les produits du croisement gagnent en
vigueur et en fécondité; c'est ce dont les faits cités au dix-septième
chapitre, ne permettent pas de douter ; bien que la démonstration
soit moins facile, il est probable que les unions consanguines
longtemps continuées ont des conséquences nuisibles. Si, chez les
hermaphrodites de tous genres, les éléments sexuels du même
individu agissaient habituellement les uns sur les autres, l'union
consanguine la plus intime deviendrait perpétuelle. Mais la conformation de tous les animaux hermaphrodites, autant toutefois que
j'ai pu m'en assurer, permet et souvent nécessite un croisement
avec un individu distinct. Chez les plantes hermaphrodites, nous
rencontrons constamment des dispositions parfaitement propres
à assurer ce résultat. Il n'y a rien d'exagéré à affirmer que, si
nous pouvons avec certitude conclure de leur structure à l'usage
des griffes et des canines d'un animal carnivore, ou à celui des

crochets et des plumules qui se trouvent sur les graines, nous pouvons affirmer avec une égale certitude que beaucoup de fleurs sont construites de manière à assurer leur croisement avec une plante distincte, et nous devons admettre la conclusion à laquelle nous sommes arrivés après discussion du sujet, — à savoir qu'il doit résulter un effet avantageux du concours sexuel d'individus distincts.

Pour en revenir à notre exemple : nous avons supposé que le nombre des oiseaux restait constant grâce à la destruction faite au hasard d'une certaine quantité d'individus ; mais si le moindre choix préside à la conservation des uns et à la destruction des autres, le résultat se modifie complétement. Si le propriétaire remarque une légère variation chez un de ses oiseaux, et désire former une race possédant ce caractère, il y arrivera en fort peu de temps par un accouplement convenable et une sélection attentive des petits. Une partie qui a varié une fois continue généralement à varier dans la même direction, il est donc facile, en conservant toujours les individus les plus fortement caractérisés, d'augmenter la somme des différences jusqu'à ce qu'on atteigne le type de perfection qu'on a déterminé d'avance ; c'est là ce qui constitue la sélection méthodique.

Si le propriétaire de la volière, sans songer à créer une race nouvelle, préférait, par exemple, les oiseaux à bec court, aux oiseaux à bec long, il tuerait de préférence les derniers quand il aurait à réduire le nombre de ses oiseaux ; or, il n'est pas douteux qu'avec le temps, il n'arrive ainsi à modifier sensiblement la race. Il est peu probable que deux personnes élevant des pigeons et agissant de cette manière préféreraient exactement les mêmes caractères ; nous savons, au contraire, qu'elles rechercheraient plutôt les caractères directement opposés, et que les deux groupes finiraient par devenir différents. C'est ce qui est arrivé, en effet, pour certaines familles de bétail, de moutons et de pigeons, qui ont été longtemps conservées, et dont les éleveurs se sont soigneusement occupés sans aucune intention de produire de nouvelles sous-races distinctes. Ce mode de sélection inconsciente intervient plus spécialement chez les animaux qui sont très-utiles à l'homme ; car chacun cherche à obtenir les meilleurs chiens, les meilleurs chevaux, les meilleures vaches, ou les meilleurs moutons, sans s'occuper de ce qui en arrivera ; or, ces animaux transmettent plus ou moins fidèlement leurs bonnes qualités à leurs descendants. Personne ne pousse la négligence jusqu'à choisir pour la reproduction des animaux inférieurs; les sauvages eux-mêmes, forcés par le besoin à tuer quelques-uns de leurs animaux, sacrifient les moins bons et conservent les meilleurs. Pour les animaux qu'on élève pour l'usage et non comme simple amusemement, différentes modes prévalent suivant les endroits, et déterminent la conservation et par conséquent la transmission d'une foule de particularités insignifiantes. La même marche a été suivie pour la culture de nos arbres fruitiers et de nos légumes ; les meilleurs ont toujours été les plus abondamment cultivés et ont occasionnellement produit par semis des plantes supérieures à leurs parents.

Les diverses races dont nous venons de parler, formées sans intention par les éleveurs, nous fournissent d'excellentes preuves de la puissance de la sélection inconsciente. Cette forme de sélection a probablement amené des résultats beaucoup plus importants que la sélection méthodique; elle est au point de vue théorique également plus importante en ce qu'elle ressemble beaucoup à la sélection naturelle. En effet, pendant la marche de l'opération, on ne sépare pas les animaux les meilleurs ou les plus estimés, on ne s'oppose pas à leur croisement avec d'autres individus de la même race ; on se borne à les préférer et à les conserver; ce qui, cependant, amène inévitablement leur augmentation et leur perfectionnement graduel, de sorte qu'en définitive ils finissent par prévaloir, à l'exclusion de l'ancienne forme parente.

Chez nos animaux domestiques, la sélection naturelle arrête la production de races présentant quelque déviation nuisible de structure. La sélection naturelle joue probablement un rôle plus important encore quand il s'agit d'animaux élevés par les sauvages ou des peuples à demi civilisés, car, dans diverses circonstances, ces animaux ont largement à pourvoir par eux-mêmes à leurs propres besoins ; il en résulte qu'ils ressemblent souvent beaucoup aux espèces naturelles.

Comme il n'y a pas de limite au désir qui porte l'homme à posséder des animaux et des plantes plus utiles sous tous les rapports, et que l'éleveur cherche toujours, en raison des fluctuations extrêmes de la mode, à obtenir des caractères de plus en plus prononcés, les races, grâce à l'action prolongée de la sélection méthodique et inconsciente, tendent constamment à s'écarter davantage de la souche parente, et à différer davantage les unes les autres lorsqu'on en a créé plusieurs, recherchées pour des qualités diverses. Ceci conduit à la divergence des caractères. Les sous-variétés améliorées et les races se formant lentement, les races anciennes et moins améliorées, sont négligées et diminuent en nombre. Lorsqu'il n'y a plus dans une localité que quelques individus d'une race, les unions consanguines, devenues indispensables, contribuent à l'extinction définitive, en diminuant la vigueur et la fécondité; les chaînons intermédiaires disparaissent et les races qui ont déjà divergé deviennent ainsi très-distinctes au point de vue des caractères.

Nous avons, dans les chapitres consacrés au pigeon, démontré par des détails historiques et par l'existence dans certains pays éloignés de sous–variétés intermédiaires, que les caractères de plusieurs d'entre elles ont constamment divergé, et que beaucoup de nos races anciennes et intermédiaires se sont éteintes. On pourrait citer d'autres exemples de l'extinction de races domestiques, le chien-loup irlandais, l'ancien chien courant anglais, et deux races de chiens en France, dont une avait une grande valeur [4]. M. Pickering [5] fait remarquer que le mouton figuré sur les plus anciens monuments égyptiens est actuellement inconnu, et qu'une des variétés au moins du bœuf existant autrefois en Égypte, s'est également éteinte. Il en a été de même pour certains animaux et pour plusieurs plantes cultivées par les anciens habitants de l'Europe pendant la période néolithique. Tschudi [6] a trouvé au Pérou, dans quelques tombeaux antérieurs à la dynastie des Incas, deux sortes de maïs actuellement inconnues dans le pays. Quant à nos fleurs et à nos végétaux culinaires, la production de variétés nouvelles et leur extinction n'ont pas cessé. Actuellement, les races améliorées déplacent les races plus anciennes avec une rapidité extraordinaire; c'est ce qui est

---

[4] M. Rufz de Lavison, *Bull. Soc. d'acclimat.*, déc. 1862, p. 1009.
[5] *Races of Man*, 1850, p. 315.
[6] *Travels in Peru* (trad. angl., p. 177).

arrivé tout récemment pour les porcs en Angleterre. Le bétail à longues cornes fut, dans son pays natal, « subitement balayé comme l'eût fait une épidémie meurtrière, » par l'introduction des courtes- cornes [7].

Nous pouvons voir tout autour de nous les immenses résultats produits par l'action prolongée de la sélection méthodique et de la sélection inconsciente, contenues et jusqu'à un certain point régularisées par la sélection naturelle. Il suffit pour le comprendre de comparer les animaux et les végétaux qu'on expose dans nos concours à leurs formes parentes quand nous les connaissons, ou consulter sur leur état antérieur les anciens documents historiques. Presque tous nos animaux domestiques ont engendré des races nombreuses et distinctes, à l'exception de ceux qu'on ne peut pas facilement soumettre à la sélection, tels que le chat, la cochenille et l'abeille. Ainsi que le veulent les principes sur lesquels repose la sélection, la formation de nos races a été lente et graduelle. L'homme qui, le premier, a remarqué et conservé un pigeon ayant l'œsophage un peu élargi, le bec un peu plus long, ou la queue un peu plus étalée que d'habitude, n'a jamais pensé qu'il avait fait le premier pas vers la création du grosse-gorge, du messager et du pigeon-paon. L'homme peut non-seulement créer des races anormales, mais aussi des races dont la conformation entière est admirablement adaptée et coordonnée pour répondre à certains besoins, comme les chevaux de course ou de trait, les lévriers et les bouledogues. Il n'est pas nécessaire que toutes les petites modifications de conformation, conduisant au type de perfection cherché, apparaissent à la fois dans toutes les parties du corps et fassent simultanément l'objet de la sélection. Bien que l'homme s'attache rarement à des différences qui portent sur les organes essentiels au point de vue physiologique, il a cependant si profondément modifié certaines races, que, trouvées à l'état sauvage, on les rangerait sans aucun doute dans des genres différents.

Le fait que les parties ou les qualités qui diffèrent le plus chez les diverses races animales ou végétales sont précisément celles que l'homme recherche le plus prouve quelle est la puissance

---

[7] Youatt, *On Cattle*, p. 200 ; et *On Pigs*, voir *Gard. Chron.*, 1854, p. 410.

de la sélection. Il suffit pour s'en assurer de comparer les différences que présentent les fruits produits par les variétés d'un même arbre fruitier, les fleurs des variétés des plantes de nos jardins, les graines, les racines ou les feuilles de nos plantes agricoles et culinaires, aux différences que présentent les autres parties moins estimées des mêmes plantes. Oswald Heer [8] nous a fourni une autre démonstration qui n'est pas moins frappante ; il a constaté, en effet, que les graines d'un grand nombre de végétaux, — froment, orge, avoine, pois, fèves, lentilles et pavots, — cultivées par les anciens habitants lacustres de la Suisse, étaient toutes plus petites que celles de nos variétés actuelles. Rütimeyer a aussi démontré que les moutons et le bétail élevés par les anciens habitants des cités lacustres étaient plus petits que ceux d'aujourd'hui. Le premier chien dont on ait retrouvé les restes dans les débris de cuisine du Danemark, était très-faible ; il a été remplacé pendant la période du bronze par un autre chien plus robuste, auquel en succéda un troisième encore plus fort pendant l'âge du fer. Pendant l'âge du bronze, le mouton du Danemark avait des membres extrêmement grêles, et le cheval était plus petit que le cheval actuel [9]. Sans doute, dans la plupart de ces cas, des races nouvelles et plus grandes ont dû venir de pays étrangers en même temps que de nouvelles hordes humaines ; mais il est peu probable que chacune de ces races plus fortes qui, avec le temps, a supplanté une race antérieure plus faible, ait dû descendre d'une espèce distincte et plus grande ; il est infiniment plus probable que les races domestiques de nos divers animaux se sont graduellement améliorées dans les différentes parties du grand continent européoasiatique, et se sont de là répandues dans les autres pays. L'augmentation graduelle de la taille de nos animaux domestiques constitue un fait d'autant plus frappant que certains animaux à demi ou tout à fait sauvages, tels que le cerf, l'aurochs, le sanglier [10], ont, dans le cours de la même période, diminué de grandeur.

[8] *Die Pflanzen der Pfahlbauten*, 1865.
[9] Morlot, *Soc. Vaud. des sciences nat.*, mars 1860, p. 298.
[10] Rütimeyer, *Die Fauna der Pfahlbauten*, 1861, p. 30.

Les conditions favorables à la sélection par l'homme sont : — une grande attention dans l'étude des caractères, — une infatigable persévérance, — la facilité d'accoupler ou de séparer les animaux, — la possibilité de les élever en grand nombre, de manière à pouvoir conserver les meilleurs et à rejeter ou à détruire les individus inférieurs. L'élevage d'un grand nombre d'animaux augmente encore les chances de l'apparition de déviations de conformation bien accusées. La longueur du temps constitue aussi un facteur très-important, car il faut accumuler par la sélection les variations successives de même nature pour qu'un caractère prenne tout son développement, ce qui ne peut s'effectuer qu'au bout d'une longue série de générations. Le temps aussi permet de fixer un caractère nouveau, ce qui résulte de l'élimination continuelle des individus qui font retour ou qui varient, et de la conservation de ceux chez lesquels le caractère cherché est héréditaire. Aussi, bien que certains animaux aient, dans de nouvelles conditions d'existence, varié très-rapidement sous certains rapports, comme les chiens dans l'Inde, et les moutons dans les Indes occidentales, la plupart des animaux et des végétaux qui ont produit des races fortement accusées ont été domestiqués très-anciennement, souvent même avant les temps historiques. Il en résulte que nous ne possédons aucun document relatif à l'origine de nos principales races domestiques ; aujourd'hui même, de nouvelles branches ou sous-races se forment si lentement que leur première apparition passe souvent inaperçue. Un éleveur porte son attention sur un point particulier, ou accouple simplement ses animaux avec plus de soin, et, au bout de quelque temps, ses voisins aperçoivent une légère différence ; celle-ci va en augmentant grâce à la sélection inconsciente et à la sélection méthodique ; il en résulte une nouvelle sous-race qui reçoit un nom local et se répand ; mais à ce moment, son histoire est presque oubliée. Quand cette nouvelle race s'est largement répandue, elle engendre à son tour d'autres branches ou sous-races, dont les meilleures réussissent et se propagent, et finissent par supplanter les autres plus anciennes, et ainsi de suite ; telle est toujours la marche du perfectionnement.

Dès qu'une race bien accusée est devenue fixe elle peut se

perpétuer pendant une période considérable si elle n'est pas remplacée par d'autres sous-races encore en voie d'amélioration, et si elle n'est pas exposée à des changements des conditions d'existence assez grands pour provoquer chez elle soit une variabilité ultérieure, soit un retour à des caractères anciennement perdus. C'est ce que nous autorise à penser l'antiquité de certaines races ; mais nous devons être circonspects sur ce point, car une même variation peut apparaître d'une manière indépendante après de longs intervalles, et dans des lieux très-éloignés les uns des autres. C'est très-probablement ce qui est arrivé pour le chien basset qui est figuré sur les anciens monuments égyptiens, pour le porc à sabots pleins [11] mentionné par Aristote, pour les volailles à cinq doigts décrites par Columelle, et certainement pour la pêche lisse. Les chiens représentés sur les monuments égyptiens, environ 2000 ans avant J.-C., prouvent que quelques-unes des races principales existaient déjà, mais il est extrêmement douteux qu'elles aient été identiques aux nôtres. Un gros dogue, sculpté sur une tombe assyrienne, 640 ans avant J.-C. ressemble absolument, dit-on, à ceux qu'on importe encore du Thibet dans la même région. Le vrai lévrier existait pendant la période classique romaine. Si nous en venons à une période plus récente, nous avons vu que, bien que la plupart des races du pigeon existassent il y a deux ou trois siècles, elles n'ont pas toutes conservé jusqu'à ce jour exactement les mêmes caractères ; il faut ajouter, toutefois, que, dans certains cas, chez le pigeon Heurté et chez le pigeon Culbutant terrestre de l'Inde on n'a pas recherché les modifications qui se sont produites.

De Candolle [12] a discuté à fond l'antiquité de diverses races de végétaux ; il constate que le pavot à graines noires était connu du temps d'Homère, que le sésame à graines blanches l'était par les anciens Égyptiens, et les amandes douces et amères par les Hébreux ; mais il n'est pas improbable que quelques-unes de ces variétés aient pu se perdre et reparaître. Une variété d'orge et, à ce qu'il semble, une variété de froment, qui toutes deux étaient très-anciennement cultivées par les habitants des cités

---

[11] Godron, *de l'Espèce*, t. I, p. 368.
[12] *Géogr. botanique*, 1855, p. 989.

lacustres de la Suisse, existent encore aujourd'hui. On affirme [13] qu'on a exhumé dans un ancien cimetière, au Pérou, une petite variété de courge qui est encore commune sur le marché de Lima. De Candolle fait remarquer que, dans les ouvrages et les gravures du xive siècle, on peut reconnaître les principales variétés du chou, de la rave et de la courge; c'est là d'ailleurs une époque relativement récente, et il n'est pas certain que ces plantes soient absolument identiques à nos sous-variétés actuelles. On affirme toutefois que le chou de Bruxelles, variété pendant qui dans quelques localités dégénère facilement, est resté pur plus de quatre siècles dans le pays dont on le croit originaire [14].

Les opinions que j'ai soutenues dans cet ouvrage et ailleurs, nous amènent à la conclusion que non-seulement les diverses races domestiques, mais aussi les genres les plus distincts et les ordres d'une même grande classe, — comme les mammifères, les oiseaux, les reptiles et les poissons, — descendent tous d'un ancêtre commun, et, en outre, que la grande somme des différences qui existent entre ces formes a pour cause primitive la simple variabilité. On reste frappé de stupeur si on se place à ce point de vue. Mais notre étonnement diminue quelque peu si nous réfléchissons que des êtres en nombre infini, pendant un laps de temps presque infini, ont été doués d'une organisation pour ainsi dire plastique, que chaque modification de conformation, quelque légère qu'elle soit, a été conservée si elle leur était avantageuse au milieu des conditions d'existence complexes dans lesquelles ils se trouvaient placés, tandis que toute modification nuisible a été rigoureusement éliminée. L'accumulation continuelle des variations utiles doit infailliblement conduire à des conformations aussi diverses, aussi admirablement adaptées à des buts variés, aussi parfaitement coordonnées, que celles que nous remarquons chez les animaux et chez les plantes qui nous entourent. Aussi, ai-je parlé de la sélection comme de

---

[13] Pickering, *Races of Man*, 1850, p. 318.
[14] *Journal of a Horticultural Tour*, par une députation de la C. le lo ian Hist. S c., 1823 p. 293.

la puissance par excellence, qu'elle soit appliquée par l'homme à la formation de ses races domestiques, ou qu'elle agisse dans la nature pour amener la formation des espèces. Je peux rappeler ici une métaphore employée dans un précédent chapitre ; si un architecte venait à construire un bel édifice sans employer des pierres taillées, mais en se contentant de choisir parmi les pierres tombées au fond d'un précipice celles en forme de coin pour les voûtes, les pierres longues pour les linteaux, et les pierres plates pour le toit, nous admirerions son habileté, et la regarderions comme l'agent principal. Or, les fragments de rochers, quoique indispensables à l'architecte, sont, relativement à l'édifice élevé par lui, dans le même rapport que le sont les variations fluctuantes des êtres organisés, aux conformations variées et admirables qu'ont ultérieurement acquises leurs descendants modifiés.

Quelques savants ont déclaré que la sélection naturelle n'explique rien, tant qu'on n'indique pas nettement la cause précise de chaque différence individuelle. Or, si on expliquait à un sauvage, ignorant totalement l'art de bâtir, comment l'édifice a été élevé pierre par pierre, et pourquoi on a employé pour les voûtes les fragments en forme de coin, et pour le toit les pierres plates, etc., et qu'on lui démontrât l'utilité de chaque partie et celle de la construction dans son entier, il serait déraisonnable de sa part de dire qu'on ne lui a rien expliqué, parce qu'on ne peut pas lui indiquer la cause précise de la forme de chaque fragment. Il en est à peu près de même quand on soutient que la sélection n'explique rien, parce que nous ignorons la cause de chaque différence individuelle dans la conformation de chaque être.

On peut dire que la forme des fragments qui se trouvent au fond du précipice est accidentelle, mais cela n'est pas rigoureusement exact ; la forme de chacun d'eux dépend, en effet, d'une longue suite d'événements, tous obéissant à des lois naturelles : de la nature de la roche, des lignes de dépôt ou leur clivage, de la forme de la montagne qui dépend elle-même de son soulèvement et de sa dénudation subséquente, et enfin de la cause qui a déterminé l'éboulement. Mais relativement à l'emploi qu'on peut faire des fragments, on peut dire que leur forme est rigoureusement accidentelle. Nous nous trouvons ici en face d'une difficulté, et je sais que je sors de mon sujet en l'abordant. Un Créateur omniscient doit avoir prévu toutes les conséquences qui peuvent résulter des lois qu'il a lui-même imposées. Mais peut-on raisonnablement soutenir qu'il ait ordonné avec intention, et nous employons ces mots dans leur acception ordinaire, que certains fragments de pierre prissent des formes telles que le constructeur pût, par leur moyen, élever son édifice? Si les diverses lois qui ont déterminé la forme de chaque fragment n'étaient pas prédéterminées en vue du constructeur, peut-on avec plus de probabilité soutenir qu'il ait, en vue de l'éleveur, spécialement ordonné chacune des innombrables variations de nos animaux et de nos plantes domestiques, variations dont un grand nombre n'ont aucune utilité pour l'homme, et qui, loin d'être avantageuses pour l'être lui-même, lui sont le plus souvent nuisibles? Le Créateur a-t-il ordonné que le jabot et les rectrices du pigeon variassent de façon à permettre à l'éleveur de pigeons de créer ses grotesques Grosses-gorges et ses races de Paons? A-t-il ordonné que la conformation et les qualités mentales du chien eussent à varier pour engendrer une race d'une indomptable férocité, pourvue de mâchoires capables de terrasser un taureau pour le divertissement brutal de l'homme? Mais si nous abandonnons le principe dans un cas, — si nous n'admettons pas que les variations du chien primitif aient été intentionnellement dirigées de façon à ce que le lévrier, par exemple, cette image parfaite de la symétrie et de la vigueur, ait pu se former, — on ne peut donner l'ombre d'une raison en faveur de l'hypothèse que les variations de nature semblable et résultant des mêmes lois générales qui, grâce à la sélection naturelle, ont été la base fondamentale de la formation des animaux les plus parfaitement adaptés, l'homme compris, aient été dirigées d'une manière spéciale et intentionnelle. Quelque désir que nous puissions en avoir, nous ne pouvons guère adopter les vues du professeur Asa Gray, lorsqu'il dit que « la variation a été dirigée suivant certaines lignes avantageuses, comme un ruisseau qui suit des lignes d'irrigation définies et utiles ». Si nous admettons que chaque variation particulière a été prédéterminée dès l'origine des temps, la plasticité de l'organisation, qui conduit à tant de déviations nuisibles dans la conformation, ainsi que cette puissance de reproduction surabondante qui amène inévitablement une lutte acharnée pour l'existence, et a pour conséquence la sélection naturelle, ou la persistance du plus apte, doivent paraître des lois superflues de la nature. D'autre part, un Créateur omnipotent et omniscient ordonne tout et prévoit tout; nous nous trouvons donc en présence d'une difficulté aussi insoluble que celle du libre arbitre et de la prédestination.

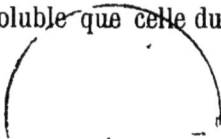

FIN DU DEUXIÈME ET DERNIER VOLUME.

TABLE DES MATIÈRES

CHAPITRE XIII.

CHAPITRE XIV.

CHAPITRE XV.

CHAPITRE XIX.

RÉSUMÉ DES QUATRE CHAPITRES PRÉCÉDENTS, AVEC REMARQUES SUR L'HYBRIDITÉ.

CHAPITRE XX.

SÉLECTION PAR L'HOMME.

CHAPITRE XXI.

LA SÉLECTION (suite).

CHAPITRE XXVI.

LOIS DE LA VARIATION (*suite*). — RÉSUMÉ.

CHAPITRE XXVII.

HYPOTHÈSE PROVISOIRE DE LA PANGENÈSE.

CHAPITRE XXVIII.

CONCLUSIONS.

INDEX.

avec les faisans et le *Gallus Sonneratii*, II, 21 ; races à peau noire, II, 204 ; noires, la proie de l'orfraie en Islande, II, 226 ; à cinq doigts, mentionnées par Columelle, II, 453 ; poulets à queue produits par des poules sans croupion, II, 4 ; croisements des Dorkings, II, 75 ; forme de la crète et couleur du plumage, II, 236 ; croisements de races de combat noires et blanches, II, 74 ; à cinq ergots, II, 410 ; race espagnole délicate pour le froid, II, 314 ; particularités du crâne de la race huppée, II, 344-345 .

Gallinula chloropus, II, 147.

Gallinula nesiotis, I, 313.

Gallus œneus, hybride du *G. varius* et de la race commune, I, 255.

Gallus bankiva, l'ancètre probable des races domestiques, I, 254, 257, 260, 266 ; (race de combat la plus voisine du),I, 246 ; croisement avec le *G. Sonneratii*, I, 255 ; (caractère et habitudes du), I, 255-258 ; II, 16, (différence entre les diverses races et le),I, 286 ; trou occipital, figure, I, 285 ; crâne figuré, I, 285 ; figure des vertèbres cervicales, I, 292 ; fourchette, I, 293 ; hérédité chez les races croisées, II, 15-16 ; hybrides du *G. varius* et du *bankiva*, I, 255 ; II, 16.(Nombre des œufs du), II, 36.

Gallus ferrugineus, I, 246.

Gallus furcatus, I, 255.

Gallus gigante s. I, 255.

Gallus Sonneratii, (caractères et habitudes du), I, 254 ; hybrides du, I, *id.*; II, 22.

Gallus Stanleyi, (hybrides du), I, 255.

Gallus Temminckii, probablement un hybride, I, 255.

Gallus varius (caractères et habitudes du), I, 255; (Hybrides et hybrides probables du), I, *id.*

GALTON, M. Goût qu'ont les sauvages pour apprivoiser les animaux ; I, 22 ; II, 151 ; bétail de Benguela, I, 96 ; hérédité du talent, I, 466

GAMBIER (lord), cultivateur de pensées, I, 465.

GARCILAZO de la Vega. Chasses annuelles des Incas péruviens, II, 201.

GARNETT, M Tendances migratoires des canards croisés, II, 22.

GARROD, Dr. Sur l'hérédité de la goutte, I, 466.

GASPARINI. Genre de courges, fondé sur des caractères du stigmate, I.

GAUDICHAUD. Variation par bourgeons chez le poirier, I, 414 ; pommier portant deux sortes de fruits, I, 432.

GAUDRY. Structure anormale des pieds du cheval, I. 55.

GAY. Sur la *Fragaria grandiflora*, I, 386; sur les *Viola lutea* et *tricolor*, 411 ; sur le nectaire de la *V. grandiflora*, I, 407.

GAYAL (domestication du), I, 90.

GAYOT, voir Moll.

GÆRTNER. Sur la stérilité des hybrids, I, 207 ; II, 87 ; stérilité acquise chez des variétés croisées de plantes, I, 394 ; stérilité chez des plantes transplantées, et dans le lilas en Allemagne, II, 155 ; stérilité mutuelle des fleurs bleues et rouges du mouron (*Anagallis arvensis*), II, 182 ; règles de transmission opposées dans le croisement, II, 47 ; sur les croisements végétaux, II, 83, 114, 117-118 ; sur les croisements répétés, II, 268 ; absorption par croisement d'une espèce par une autre, II, 68 ; croisements de variétés de pois, I, 443 ; croisements de maïs, II, 87 ; croisements d'espèces de *Verbascum*, II, 75, 89 ; retour chez les hybrides, II, 11, 26 ; de *Cercus*, I, 431 ; des *Tropæolum majus* et *minus*, I, 431 ; variabilité des hybrides, II, 266 ; hybrides variables d'un parent variable, II, 271 ; hybride de greffe produit sur la vigne par inoculation, I, 432 ; effets des greffes sur le sujet, I, 431 ; II, 280 ; tendance qu'ont les hybrides à produire des fleurs doubles, II, 163 ; production de fruits parfaits par des hybrides stériles, II, *id.*; affinité élective sexuelle, II, 173 ; impuissance par elles-mêmes des *Lobelia*, *Verbascum*, *Lilium* et *Passiflora*, II, 124 ; sur l'action du pollen, II, 88 ; fécondation des *Malva*, I, 448 ; II, 377 ; prépondérance du pollen, II, 180 ; prépondérance de transmission chez des espèces de *Nicotiana*, II, 45 ; variation par bourgeons chez le *Pelargonium zonale*, I, 416 ; chez l'*Œnothera biennis*, I, 421 ; chez l'*Achillea millefolium*, I, 455 ; effets de l'engrais sur la fécondité des plantes, II, 154 ; sur la contabescence, II, 136 ; hérédité de la plasticité, II, 240 ; villosité des plantes, II, 280.

GEGENBAUR. Sur le nombre des doigts, I, 472.

GEMMATION, II, 371.

GEMMULES, ou gemmes de cellules, II, 393.

GÉNÉALOGIES des chevaux, bétail, lévriers, porcs et races gallines de combat, I, 462.

GÉNÉRATION alternante, II, 375, 384, 408.

GÉNÉRATION sexuelle, II, 373-378.

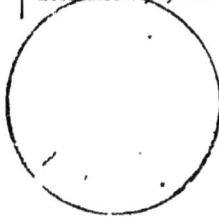

1154. — ABBEVILLE. — TYP. ET STÉR. GUSTAVE RETAUX.